51CTO学院丛书

跟老韩学 Linux运维

51CTO 学院策划
韩艳威◎著

人民邮电出版社
北京

图书在版编目（CIP）数据

跟老韩学Linux运维 / 韩艳威著. -- 北京 : 人民邮电出版社, 2018.12
（51CTO学院丛书）
ISBN 978-7-115-49258-6

Ⅰ. ①跟… Ⅱ. ①韩… Ⅲ. ①Linux操作系统 Ⅳ. ①TP316.85

中国版本图书馆CIP数据核字(2018)第203144号

内 容 提 要

本书系统全面地介绍了Linux指令在企业生产环境中的实战应用技巧。主要内容包括Linux指令概述，CentOS操作系统生产环境标准化安装及实际运维部署，CentOS系统对比Windows系统的启动流程，Linux初、中、高级运维指令，并结合正则表达式将指令运用到实际工作环境中。本书最后详细介绍了Linux系统安全加固及内核核心参数优化等内容。书中精选的上千个实例均来自于作者在Linux系统运维领域的一线实战经验。

本书既适合Linux初学者，也适合具有一定经验的Linux从业者，包括软件开发人员和测试人员等作为日常运维手册使用。本书还可作为各大培训机构及高职高专院校计算机专业的参考用书。

◆ 策　　划　51CTO学院
著　　　　韩艳威
责任编辑　张　爽
责任印制　焦志炜

◆ 人民邮电出版社出版发行　　北京市丰台区成寿寺路11号
邮编　100164　　电子邮件　315@ptpress.com.cn
网址　http://www.ptpress.com.cn
固安县铭成印刷有限公司印刷

◆ 开本：800×1000　1/16
印张：42　　　　2018年12月第1版
字数：939千字　　　　2024年7月河北第5次印刷

定价：138.00元

读者服务热线：(010)81055410　印装质量热线：(010)81055316
反盗版热线：(010)81055315
广告经营许可证：京东市监广登字20170147号

推荐语

本书作者曾与我供职于同一家公司，初次见面沟通，我就被作者的说话艺术所打动，他善于通过模型化的语言来阐述原理，思维缜密。本书作者不仅在基础运维和应用系统运维方面有丰富的经验，而且在数据库运维方面能够独当一面，这在我认识的运维同仁中为数不多。书中有循序渐进式的入门和练习讲解，有全面系统的运维生态的讲解，有作者对实战经验的侃侃而谈。日拱一卒，从作者的讲解步骤就能看出他的恒心和毅力，每一点内容都是作者亲自测试而来；步步为营，希望本书能够帮助读者打下扎实的基础，并得到技术能力的提升。

——追光动画运维部负责人　卞晋伟

Linux 指令和 Shell 脚本内容非常灵活，入门容易精通难，并且我们经常会碰到这样一个场景：有一个需求，通过互联网找到一个现成的脚本，貌似问题解决了，但是需求和环境稍微有变化，又要重新找一遍。日复一日，解决问题的能力并没有提高。要真正掌握 Linux 命令和脚本，最核心的是要有一份好的学习资料，本书就是一份很好的经验总结和资料。书中每一章都提供思维导图，每一节都是经验的总结。相信通过对本书的学习，读者可以大大缩短 Linux 指令和脚本的学习时间。让我们一起反复阅读这本书，加入 Linux 指令和脚本学习之旅，在这个过程中一起体验 Linux 深邃的哲学思想吧！

——云技术社区创始人　肖力

序

当本书作者找到我，告诉我他准备出一本 Linux 技术方面的书时，我欣喜万分，因为我知道，他是真正的实战派。他在多年实战过程中不断学习总结出的知识和经验，终于可以和更多的人分享了，这是他一直想做的事情。但让我始料未及的是，他想让我作序。开始被我推辞了，但他再三坚持，并给了我一个无法拒绝的理由：我要做的事不也是你一直在坚持做的吗？

确实如此，我们一直在做的是坚持用我们的微薄之力帮助更多家庭经济条件不好的学生，让他们能尽快地掌握一门技能，实现自我价值，改善家庭条件。

我利用一周的时间把本书看了一遍，看完后的心情由最初的兴奋变为感动。于是我欣然作序，真诚地将本书推荐给正在学习 Linux 和想要开始学习的读者们，因为我深知企业是多么渴求掌握这些技能的技术人员。

作者是一个靠笔表达想法的人，从他以往的技术博客和论坛的文字中不难看出。同时，他是一个善于总结思考、富有想象力的人，正是这种纯粹的、不含任何功利成分的痴迷态度，促使他在技术上不断提升。正是这种强烈的兴趣、对技术的痴迷、十多年的经验积累，加上质疑精神，成就了 Linux 技术学习领域的一本好书。“用知识改变命运，用知识造就财富”，这是作者编写这本书的初衷，同时也为了能帮助更多的人。

这些年我们见了很多刚踏入社会，理想就败给现实的青年人。美好瞬息而灭，灿烂顷刻即逝，于是越来越多的人忘记了曾经的梦想，开始麻木地活着。社会就像一条河，青年人就像是一颗颗的鹅卵石，要磨掉一些棱角来适应社会，同时要有一股锐气，只有这样，才能真正实现自我。

“人最宝贵的东西是生命，生命对我们只有一次。一个人的生命应该这样度过：当他回首往事的时候，不因虚度年华而悔恨，也不因碌碌无为而羞愧……”多么闪亮的格言！是信仰让保尔走出了一条无悔的人生道路，今天的青年人同样需要信仰。本书不讲信仰，但书中的知识也许能给你带来实实在在的财富。“淫慢则不能励精，险躁则不能冶性”，希望这句话能够帮助你在学习本书的过程中消除懒惰和虚荣心，提升自信。

学习从来都不是一蹴而就的事，特别是学习一门技术，最重要的是端正态度，正如荀子所云：“锲而舍之，朽木不折；锲而不舍，金石可镂”。然而，“两耳不闻窗外事，一心只读圣贤书”的“专一”我们并不赞同。当今社会瞬息万变，在互联网技术高速发展的今天，我们更应该在有一技之长的基础上，继续全面学习，汲取更多的知识和能量。

“靡不有初，鲜克有终”，这也是作者让我感动的地方，他在书中明确标示出了自己的QQ 群号、微信公众号和邮箱，供读者学习交流，并承诺为读者解疑，真正做到了“传道授业解惑也”。

在技术发展迅速的今天，称得上“应景之作”的书籍多如牛毛，但真正经过深入思考，用心写作的书是不多的。本书可以称得上是一个技术高手的呕心沥血之作，书中对每一项技术的介绍都经过深入思考和反复推敲，这样认真负责的做法在当今社会显得弥足珍贵。

本书是作者对自身经验和技术思维的高度总结与准确描述，有助于作者和读者之间的学习交流，同时有助于开展更多的科技创新工作。这里作者有一个观点：我们进行科技创新活动，其实和我们在日常生活中对所学知识的实际应用存在很大程度的关联。我们都强调学以致用，不能死读书，这个“死”说的就是我们在学习过程中理解知识和使用指导行为的缺失。所有人都希望自己可以接受理想化的学习指导，也希望教育者因势利导，对每个人的思维特点加以分析及修正，引领处在思维探索阶段的受教育者熟悉自己的思维特点，并且利用自己的思维特点发展自己。因此，我们希望通过这本书搭建的学习交流平台，让每一位在学习和实践中遇到问题的读者，都能第一时间得到指导和解答。正所谓“不是无知本身，而是对无知的无知，才是知识的死亡”，因此我愿意在成长的风雨道路上，时刻陪伴着你们，与时俱进，不断学习。

在探索的道路上，我看到了作者的毅力和决心。鲁迅曾说过：“世上本没有路，走的人多了，也便成了路”。当然，探索的路上一定会布满荆棘，但探索的旅途也一定有着美妙的景致。在知识的海洋里，我相信只要读者勤于学习和思考，定能“直挂云帆济沧海”。

岁月不居，天道酬勤；翰墨飘香，书海流韵。生命的酒杯，不可能总是盛满可口的甘醴，苦酒也是成长的滋味。一帆风顺，显示不出水手的坚强；百转千回，才能百炼成钢。愿你们青春灿烂，愿你们前途光明！

我郑重向读者推荐这本学习 Linux 技术的好书，相信这本书能够给予读者很多的帮助，同时也希望本书能够带领更多的有识青年进入 Linux 领域，为中国梦而奋斗。最后，我要向作者表示深深的敬意和衷心的祝贺！

博信文化传媒运营总监兼联合创始人
韦皓瀚

前　言

编写背景

本书作者从事 Linux 运维和 MySQL 相关的运维工作已经有近 10 年了，从早期在系统集成领域初涉 Linux，到后来专职做 Linux 系统管理和 MySQL 运维管理，再到现在的技术管理岗位，这期间经历和见证了太多的技术变更。本书内容正是作者从日常的运维工作中不断学习和总结而来的，非常有幸在此和读者分享。

Linux 作为当今使用最为广泛且流行的桌面级别和服务器级别的操作系统之一，其稳定性和易维护性常常令我感到不可思议，甚至叹为观止。作者维护的 CentOS 5.5 x86_64 位操作系统运行于某个 x86 硬件平台上，曾经运行了 5 年没有重启过，可见其稳定性之高。

读者在熟练掌握了本书内容之后，可以从事基本的 Linux 系统级别的管理工作。如果要从事更高级别的管理工作，还需要学习 Web 服务、中间件服务以及后端的数据库（DB）服务等内容。这里的数据库服务包括非关系型数据库（NoSQL）和关系型数据库管理系统（RDBMS）阵营的产品，如比较常见的 MySQL 服务，这些相关服务都需要读者去用心学习和熟练掌握。

本书是 Linux 高级系统架构师系列中的第一本书籍，后续会陆续推出《跟老韩学 Shell 编程》《跟老韩学 Python 自动化运维开发》《跟老韩学 Web 架构》等一系列书籍，为读者提供 Linux 高级系统架构师的完整成长路线。

本书特色

（1）模拟企业环境，实用至上。全书内容是作者近 10 年工作经验的总结，耗时约 500 个日夜完成。书中的每个章节都精选了近百个实例，作者对每个实例进行逐步分解、进化、升级修订，读者根据需要做简单修改后，即可在企业级 Linux 运维生产环境部署应用。

（2）结构合理，图文并茂。每个章节采用循序渐进的方式进行讲解，由浅入深、逐步引导，让读者更容易接受和吸收书中的知识。尤其对于初学者，入门学习时就能得到来自一线企业实战的技术分享，想必是一件十分愉悦的事情吧！每章结尾都有总结和思维导图，供读者复习，在梳理知识的同时能够明确每章的架构和层次，使读者轻松入门 Linux。

（3）网络及技术支持。读者在遇到问题时，可以及时联系作者，作者会尽可能地给予读者全方位的免费技术支持。

本书分为 10 章内容，主要介绍 Linux 指令在系统管理中的应用，围绕 Linux 应用级指令展开讲解。

第 1 章为 Linux 应用运维指令概述。

第 2 章介绍生产环境安装 Linux 操作系统及其部署规范。

第 3 章讲解 CentOS 6 系统的启动流程。

第 4 章讲解 Linux 用户、组以及文件的权限管理。

第 5 章讲解 Linux 应用运维中常见的基础指令。

第 6 章讲解 Linux 应用运维中常见的文件操作指令。

第 7 章讲解 Linux 网络监控指令。

第 8 章讲解 Linux 应用运维磁盘操作指令。

第 9 章讲解 Linux 应用高级运维指令。

第 10 章讲解企业生产环境 Linux 实用运维技巧。

建议和反馈

无论多么厉害的技术专家都是从零基础开始，一步一步走过来的。当然，他们的成长过程中肯定也有书籍的指导和前辈的点拨。本书作者愿意与广大读者共同努力，尽我所能来解答读者在学习过程中遇到的困惑，一起创造属于自己的美好未来。

读者可以关注如下微信公众号，有关本书的相关消息会第一时间在公众号中发布。同时欢迎读者提供关于本书的反馈意见，有利于我们提高能力，以帮助更多的读者。如果你对本书有任何问题或建议，可以加入本书 QQ 群（群 1：225308766，群 2：214357027）进行交流，也可以致信作者邮箱 3128743705@qq.com 或本书编辑邮箱 zhangshuang@ptpress.com.cn，我将不胜感激。

致谢

感谢编辑张爽在一年多的时间里为本书所做的大量工作，我从她那里学到了很多有关编辑和出版方面的知识。

感谢我的家人和朋友在本书编写过程中提供的大力支持！感谢提供宝贵意见的同事们，感谢提供技术支持的同学们！感恩我遇到的众多良师益友！

资源与支持

本书由异步社区出品，社区（https://www.epubit.com/）为您提供相关资源和后续服务。

提交勘误

作者和编辑尽最大努力来确保书中内容的准确性，但难免会存在疏漏。欢迎您将发现的问题反馈给我们，帮助我们提升图书的质量。

当您发现错误时，请登录异步社区，按书名搜索，进入本书页面，点击“提交勘误”，输入勘误信息，点击“提交”按钮即可。本书的作者和编辑会对您提交的勘误进行审核，确认并接受后，您将获赠异步社区的100积分。积分可用于在异步社区兑换优惠券、样书或奖品。

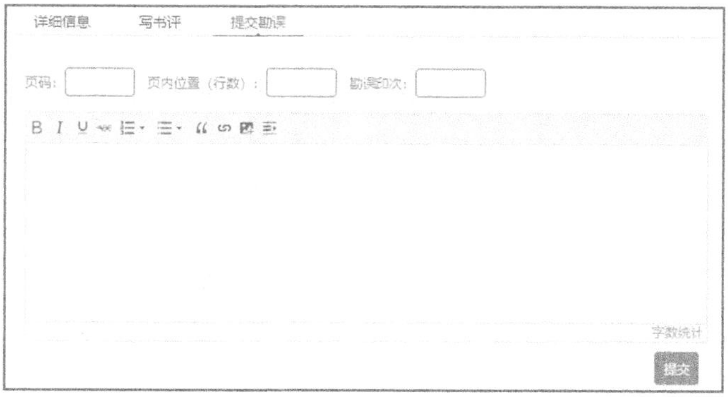

扫码关注本书

扫描下方二维码，您将会在异步社区微信服务号中看到本书信息及相关的服务提示。

与我们联系

我们的联系邮箱是 contact@epubit.com.cn。

如果您对本书有任何疑问或建议，请您发邮件给我们，并请在邮件标题中注明本书书名，以便我们更高效地做出反馈。

如果您有兴趣出版图书、录制教学视频，或者参与图书翻译、技术审校等工作，可以发邮件给我们；有意出版图书的作者也可以到异步社区在线提交投稿（直接访问 www.epubit.com/selfpublish/submission 即可）。

如果您是学校、培训机构或企业，想批量购买本书或异步社区出版的其他图书，也可以发邮件给我们。

如果您在网上发现有针对异步社区出品图书的各种形式的盗版行为，包括对图书全部或部分内容的非授权传播，请您将怀疑有侵权行为的链接发邮件给我们。您的这一举动是对作者权益的保护，也是我们持续为您提供有价值的内容的动力之源。

关于异步社区和异步图书

“**异步社区**”是人民邮电出版社旗下 IT 专业图书社区，致力于出版精品 IT 技术图书和相关学习产品，为作译者提供优质出版服务。异步社区创办于 2015 年 8 月，提供大量精品 IT 技术图书和电子书，以及高品质技术文章和视频课程。更多详情请访问异步社区官网 https://www.epubit.com。

“**异步图书**”是由异步社区编辑团队策划出版的精品 IT 专业图书的品牌，依托于人民邮电出版社近 30 年的计算机图书出版积累和专业编辑团队，相关图书在封面上印有异步图书的 LOGO。异步图书的出版领域包括软件开发、大数据、AI、测试、前端、网络技术等。

异步社区　　　　微信服务号

目　录

第1章 Linux应用运维指令概述

学习 Linux 运维命令是了解和掌握 Linux 操作的第一步，也是每个 Linux 初学者必须经历的过程。

本书完全按照实际的 Linux 应用运维中的工作命令来讲解并加以实践，力求让读者看完此书后，能掌握运维工作中使用频率比较高的实战类型的运维指令。

Linux 下的命令到底有多少？大部分人可能都不清楚。其中有一些命令是大多数系统中都包含的，这些命令基本上都包含在 GNU Coreutils 包中。当然，还有一些命令不包含在 Coreutils 包中，而是存在于一些基本且实用的软件中，如 sed、awk 和 grep 等。很多用户可能只用过其中的部分命令，而且可能只掌握了这部分命令的部分功能。很多 Linux 初学者面对这么多的命令往往不知道如何入手，于是就产生了如何学习 Linux 命令的疑问——到底哪些命令、哪些参数有用？

Linux 系统指令目前有 3000 个左右，而且随着操作系统版本的不断升级，命令数量会越来越多。这样规模庞大的命令群很容易造成 Linux 初学者手忙脚乱，甚至一些拥有多年 Linux 运维经验的人员有时也需要到网络上去查询一些命令。因此，作者就萌生了编写本书的想法，将自己多年运维工作过程中学习和积累的非常实用的命令整理出来，希望对广大的 Linux 初学者和有一定经验的应用运维从业者有所帮助和助益。

注意：本书中的命令和指令没有明显的分界线，指令更偏向于指实际的、具体的某个命令，是命令的单个最小实体。

1.1 为什么要熟练掌握命令行操作

一般所说的“命令行”是指 Linux 中直接操纵操作系统的底层命令，Linux 命令是对 Linux 系统进行管理的命令。其实，命令行就是沟通的语言，就像人与人之间沟通使用的语言。

用户和 Linux 内核之间沟通也需要一个双方都可以明白的语言，这就是命令行，用户输入命令后，内核就会明白用户要让它做什么。如果一时无法理解这些概念性的东西，也没有关系，因为随着命令行知识的不断积累，加上不断的练习，读者就会构建自己的知识体系，逐渐理解和掌握。

下面来解释为什么要熟练掌握命令行操作。

1.1.1 命令行执行速度快

命令行执行速度基于毫秒，非常之快。如此快的执行速度，意味着我们在使用脚本执行一般性的任务时，返回结果的速度同样会非常快，这是命令行的优势之一。

【实例 1-1】命令行执行速度演示

```
[root@linux_command ~]# ping qq.com -c 3
PING qq.com (14.17.32.211) 56(84) bytes of data.
64 bytes from 14.17.32.211 (14.17.32.211): icmp_seq=1 ttl=53 time=33.8 ms
64 bytes from 14.17.32.211 (14.17.32.211): icmp_seq=2 ttl=53 time=33.5 ms
64 bytes from 14.17.32.211 (14.17.32.211): icmp_seq=3 ttl=53 time=33.6 ms

--- qq.com ping statistics ---
3 packets transmitted, 3 received, 0% packet loss, time 2003ms
rtt min/avg/max/mdev = 33.586/33.678/33.839/0.240 ms
[root@linux_command ~]# ping qq.com -c 3 -w 3
PING qq.com (14.17.32.211) 56(84) bytes of data.
64 bytes from 14.17.32.211 (14.17.32.211): icmp_seq=1 ttl=53 time=33.6 ms
64 bytes from 14.17.32.211 (14.17.32.211): icmp_seq=2 ttl=53 time=33.4 ms
64 bytes from 14.17.32.211 (14.17.32.211): icmp_seq=3 ttl=53 time=33.4 ms

--- qq.com ping statistics ---
3 packets transmitted, 3 received, 0% packet loss, time 2003ms
rtt min/avg/max/mdev = 33.459/33.541/33.686/0.234 ms
```

上述代码中，ping 命令返回的结果均在毫秒级别。

1.1.2 命令行针对结果

命令行界面没有图形界面烦琐的“下一步”之类的操作，直接返回结果，干净利落。

下面的代码演示了查看当前登录服务器主机用户是谁，命令直接给出执行结果，即当前登录的用户是 root，简单明了。

【实例 1-2】命令行返回结果精准演示

```
whoami
```

输出当前操作系统的用户名。

```
[root@linux_command ~]# whoami
root
```

【实例 1-3】打印服务器 CPU 的信息

```
cat/proc/cpuinfo
```

用于打印服务器 CPU（中央处理器）的所有指标信息。

```
 [root@linux_command ~]# cat /proc/cpuinfo
processor       : 0
vendor_id       : GenuineIntel
cpu family      : 6
model           : 61
model name      : Intel Core Processor (Broadwell)
stepping        : 2
microcode       : 0x1
```

```
    cpu MHz          : 2099.996
    cache size       : 4096 KB
    physical id      : 0
    siblings         : 1
    core id          : 0
    cpu cores        : 1
    apicid           : 0
    initial apicid   : 0
    fpu              : yes
    fpu_exception    : yes
    cpuid level      : 13
    wp               : yes
    flags            : fpu vme de pse tsc msr pae mce cx8 apic sep mtrr pge mca
cmov pat pse36 clflush mmx fxsr sse sse2 ss syscall nx pdpe1gb rdtscp lm constant_
tsc rep_good nopl eagerfpu pni pclmulqdq ssse3 fma cx16 pcid sse4_1 sse4_2 x2apic
movbe popcnt tsc_deadline_timer aes xsave avx f16c rdrand hypervisor lahf_lm abm
3dnowprefetch fsgsbase bmi1 hle avx2 smep bmi2 erms invpcid rtm rdseed adx smap xsaveopt
    bogomips         : 4199.99
    clflush size     : 64
    cache_alignment  : 64
    address sizes    : 40 bits physical, 48 bits virtual
    power management:

    processor        : 1
    vendor_id        : GenuineIntel
    cpu family       : 6
    model            : 61
    model name       : Intel Core Processor (Broadwell)
    stepping         : 2
    microcode        : 0x1
    cpu MHz          : 2099.996
    cache size       : 4096 KB
    physical id      : 1
    siblings         : 1
    core id          : 0
    cpu cores        : 1
    apicid           : 1
    initial apicid   : 1
    fpu              : yes
    fpu_exception    : yes
    cpuid level      : 13
    wp               : yes
    flags            : fpu vme de pse tsc msr pae mce cx8 apic sep mtrr pge mca cmov pat
pse36 clflush mmx fxsr sse sse2 ss syscall nx pdpe1gb rdtscp lm constant_tsc rep_good
nopl eagerfpu pni pclmulqdq ssse3 fma cx16 pcid sse4_1 sse4_2 x2apic movbe popcnt
tsc_deadline_timer aes xsave avx f16c rdrand hypervisor lahf_lm abm 3dnowprefet
ch fsgsbase bmi1 hle avx2 smep bmi2 erms invpcid rtm rdseed adx smap xsaveopt
    bogomips         : 4199.99
    clflush size     : 64
    cache_alignment  : 64
    address sizes    : 40 bits physical, 48 bits virtual
    power management:
```

从上述代码中可以看到，中央处理器命令行返回（CPU）信息精准直观。

1.1.3 命令行反馈信息明确

命令行在执行过程中如果出错，就直接抛出错误；如果执行正确，那么默认什么都不返回。在信息的反馈力度和准确性方面毋庸置疑，非常干脆，这正是系统维护人员应该具备的素质和技术素养。

下面的指令判断/etc/passwd 文件是否存在，如果存在，则打印“File Exists...”；如果不存在，则打印“File not Exists...”。

【实例 1-4】判断文件是否存在

```
[root@linux_command ~]# [ -f /etc/passwd ] && echo 'File Exists...' || echo 'File not exists...'
File Exists...
```

从上述例子中可以看出，信息反馈非常明确。

下面的命令执行成功后，会返回数字 0，其中，seq 10 指令表示打印 1～10 的数字序列。

【实例 1-5】命令执行成功返回数字 0

```
[root@linux_command ~]# seq 10
1
2
3
4
5
6
7
8
9
10
[root@linux_command ~]# echo $?
0
```

在下面的代码演示中，命令执行失败后，返回结果为非 0 数字。

【实例 1-6】命令执行失败返回非 0 数字

```
[root@linux_command ~]# seq abc
seq: invalid floating point argument: abc
Try 'seq --help' for more information.
[root@linux_command ~]# echo $?
1
```

1.1.4 命令行便于调试

命令行的报错信息一般都是比较直观的。另外，我们平时在编写 Shell 脚本的时候，一般都是多个脚本独立编写，这样的好处是便于调试，也符合 Linux 系统本身的设计特点，目的就是体现“组合单一专用命令，完成复杂任务”的思想。因此，这也是我们在学习 Shell 脚本编写过程中非常重要的一个思想。

【实例 1-7】for 循环打印 1～15 的数字序列

```
[root@linux_command ~]# for num in $(seq 15);do echo $num;done
1
2
3
4
5
6
7
8
9
10
11
12
13
14
15
```

也可以采用下面的写法，和上面输出的结果是一致的。

```
[root@www.ansible.com ~]# for num in {1..15};do echo -e "\033[32;40m${num}\
033[0m";done
1
2
3
4
5
6
7
8
9
10
11
12
13
14
15
```

核心代码解析：

```
echo {1..15}
```

和下面的代码结果一致，表示 1～15 的数字序列。

```
echo `seq 15`
echo $(seq 15)
```

下面来看如果命令行写错了，该怎么处理。

【实例 1-8】命令执行失败演示

```
[root@linux_command ~]# for num in $(seq 15);do echo $num;;done
-bash: syntax error near unexpected token `;;'
```

上述代码中多了一个分号，从代码的报错提示中可以看到，信息提示非常准确，立刻就能识别是哪里出了问题。

1.2 命令行的意义和价值

Windows 操作系统更加侧重图形界面操作，更适合一般的用户，而对于追求效率和功能性的 Linux 系统运维工程师而言，命令行是他们的明智之选。

何以见得？可以通过下文的例子进行说明。

1.2.1　快速文件操作

快速文件操作主要是指在日常运维过程中对文件的复制、粘贴和移动。下面分别介绍在图形界面和命令行中操作文件的步骤。

1. 图形界面中的文件操作

- file1 和 file2 分别为文件操作的源文件夹和目标文件夹，如图 1-1 所示。
- 复制 file1 中的图片文件，如图 1-2 所示。
- 打开图 1-3 所示的目标文件夹，即 file2。
- 粘贴该图片文件，此时该图片将被复制到目标文件夹 file2 中，如图 1-4 所示。

图 1-1　源文件夹和目标文件夹准备文件夹

图 1-2　准备复制图片文件

2. 命令行中的文件操作

```
[root@linux_command ~]#cp  /path/filename  /path/dest
```

上述命令同样可以完成文件的复制操作，而且只需要一步（一条指令即可完成文件复制操作）。

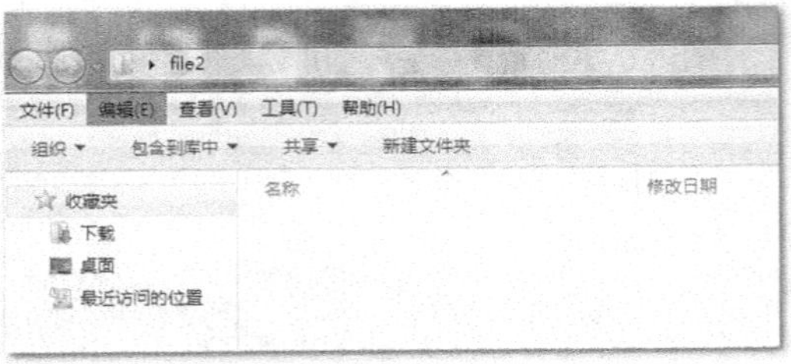

图 1-3　打开目标文件夹

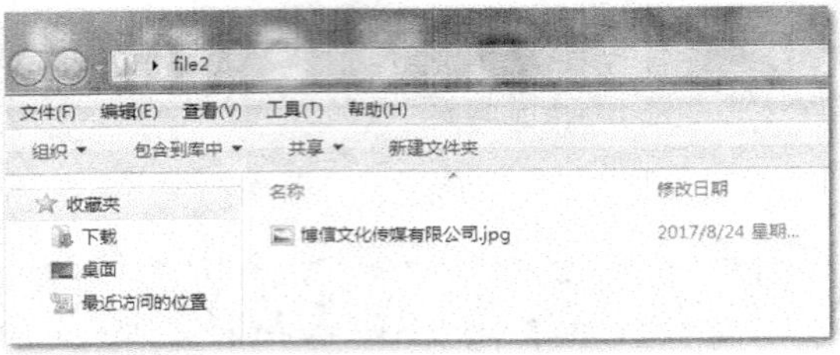

图 1-4　复制到目标文件夹

【实例 1-9】命令行文件操作演示

```
[root@linux_command ~]# cp -av /etc/passwd /tmp
'/etc/passwd_command ~]# cp -av[root@linux_command ~]# ls -la /tmp/passwd
-rw-r--r--. 1 root root 1444 Aug 23 20:48 /tmp/passwd
```

上述代码复制/etc/passwd 文件到/tmp 目录下。

1.2.2　快速操作软件

Windows 操作系统中安装软件通常需要经历如下 3 个步骤。

- 搜索需要安装的软件。
- 下载该软件。
- 进行安装。

而在 Linux 命令行中安装软件，只需要一个步骤即可完成。

【实例 1-10】命令行中安装 httpd 软件操作演示

```
yum -y install httpd
```

上述代码中，一条命令即可完成 httpd 软件的安装工作。

1.2.3　快速条件搜索

快速条件搜索在 Windows 操作系统中通常需要经历下面 3 个步骤。

- 打开搜索界面。
- 输入各种过滤条件。
- 进行搜索。

Windows 操作系统本身的搜索能力有限，主要体现在搜索条件的匹配及搜索速度方面，如果需要更为强大的搜索功能，可能需要借助图 1-5 所示的第三方搜索软件。

图 1-5 所示的软件功能很强大，例如搜索当前计算机中的所有以 CentOS 开头，中间是任意字符结尾是 ISO 镜像文件（*.iso 为正则表达式的描述方法），如图 1-6 所示。

图 1-5 搜索软件

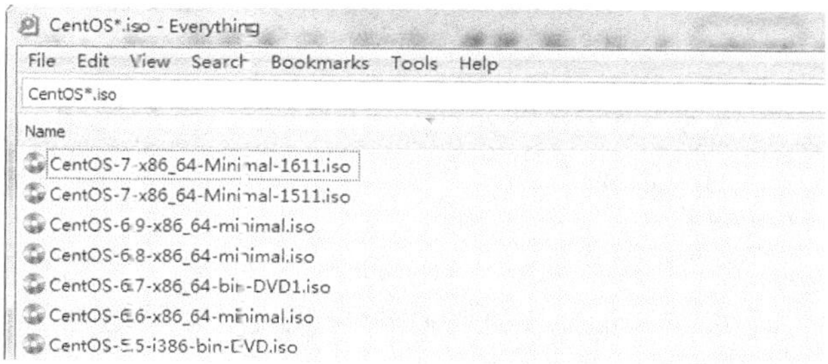

图 1-6 查找 ISO 镜像文件

而在 Linux 中，功能强大的 find 命令可以支持各种形式的搜索，其中包含尤其强大的正则表达式。

```
find /root -name [文件名]  根据文件名搜索（严格匹配）
find /root -iname [文件名] 不区分大小写
find /root -user [所有者名] 根据所有者来搜索
find /root -size +100M  根据大小搜索
find /root -size +100k -a -size -50M 范围搜索
find /root -size +100k -a -size -50M -exec ls -lh {} \;
```

上述代码中，使用 find 命令可以针对文件名、文件所有者、权限、文件大小等进行快速搜索，可见命令行功能之强大。

通过一条 find 命令就可以达到搜索的目的，不仅快捷，而且功能比图形界面更加强大。

这样的例子其实还有很多，从开发的角度来说，命令行为 Linux 应用运维或者高级运维带来了不少好处。下面以 3 个实例来说明命令行在速度及便捷性方面的优势。

【实例 1-11】查找根目录下名为 passwd 的文件，不区分大小写

```
find/-iname passwd
```

查找当前系统中根目录下，不区分大小写，名称为 passwd 的文件。

```
[root@linux_command ~]# find / -iname passwd
/sys/fs/selinux/class/passwd
/sys/fs/selinux/class/passwd/perms/passwd
/etc/passwd
/etc/pam.d/passwd
/tmp/passwd
/tmp/PASSWD
/usr/bin/passwd
```

上述代码中，“-iname”选项表示不区分大小写。

【实例 1-12】查找根目录下名为 passwd 的文件

```
find/-name passwd
```

查找当前系统中根目录下，名称为 passwd 的文件。

```
[root@linux_command ~]# find / -name passwd
/sys/fs/selinux/class/passwd
/sys/fs/selinux/class/passwd/perms/passwd
/etc/passwd
/etc/pam.d/passwd
/tmp/passwd
/usr/bin/passwd
```

上述代码中，“-name”选项代表查找根目录下名为 passwd 的文件。

【实例 1-13】查找/data 目录下，以“*.log”作为结尾并且是 20 天以前的所有文件。

```
find /data/ -type f -name "*.log" -mtime +20
```

查找当前系统中/data/目录下，名称为“*.log”结尾，时间是 20 天以前的文件。

```
[root@linux_command ~]# find /data/ -type f -name "*.log" -mtime +20
/data/sh/shell/grep.log
/data/1.log
/data/2.log
/data/3.log
/data/4.log
/data/5.log
/data/6.log
/data/7.log
/data/8.log
/data/9.log
```

上述代码中有以下几个条件。

- /data/代表查找路径。
- -type f 代表查找的类型为文件。
- -name “*.log”代表查找前面是任意字符，后面以 log 结尾。
- -mtime +20 代表查找日期为 20 天以前。

1.3 如何熟练运用命令行

1.3.1 给新手的入门建议

既然命令行对于程序员来说非常重要，那么如何快速学习并掌握呢？

首先，初学者不要设定过高的目标，只需要努力练习就可以了，这是基本的学习思想。不仅是学习 Linux 命令行及 Shell 编程，学习其他编程语言其实也是同样的思路，建议读者树立这种学习的思想意识。

大多数人不愿意使用命令行，一方面是因为平时工作和学习很少可以接触到，另一方面认为命令行很神秘和“高端”，学习难度很大。当我们尝试学习命令行时，可能会对包含大量命令说明的书籍或教程产生畏惧感，继而影响接下来的学习。

Linux 类操作系统大约有 3000 个命令，对于初学者来说，只需要从基本命令开始，如利用 ls、cd、pwd 和 cp 等基础的文件类操作指令进行练习，并尝试反复使用它。当习惯并适应这些命令以后，便可以更进一步，尝试编写一些自动化脚本来帮助你完成一些工作。相信我，到那个时候，你一定会喜欢上命令行，也一定会被它的高效所折服。

这里给读者提出以下几个建议。

- 理论和实践相结合。
- 对于常用命令，常使用、勤练习。
- 命令结合 Shell 脚本。
- 结合实际业务，功能高效。
- 对于常用命令和常用参数多总结。

1.3.2 命令行初涉

在/bin、/sbin、/usr/bin 和/usr/sbin 这几个目录中，存放的是系统所能执行的命令，其中，/bin 目录中保存的是任何用户都可以执行的命令，而/sbin 中保存的是只有 root 用户可以执行的命令。可以尝试在终端执行下面的命令，体验一下。如果读者还没有安装 Linux 操作系统，可以参考第 2 章的内容进行安装。

```
[root@linux_command ~]# ls -lhrt /usr/sbin/ |wc -l
469
```

Linux 常用命令数量为 100～300 个，对于初学者来说，如此多的命令，记忆量是非常大的。想要记住这些命令，还需要掌握一些规律和技巧。另外，读者在 Linux 服务器终端，连续按两次<Tab>键，即可弹出此操作系统当前所支持的最多的命令个数。

```
[root@linux_command ~]#
Display all 1434 possibilities? (y or n)
```

本书涉及的操作系统是最小化安装，显示的命令数量比较少。如果读者安装全部软件，连续按两次<Tab>键就会看到当前的系统上面有多个命令。

1.4 命令行格式一览

命令基本格式如下：

```
命令  [选项]  [参数]
```

大部分命令行都遵循这个格式，选项和参数根据使用场景进行选择是否使用。

【实例 1-14】命令行格式不带参数

```
[root@linux_command ~]# whoami
root
```

上述代码只有命令本身，没有任何选项和参数。

【实例 1-15】命令行格式带选项

```
ls -l
```

查看当前目录下所有文件的详细信息（时间、大小等信息）。

```
[root@linux_command ~]# ls -l
total 3449596
-rw-r--r--. 1 root root        139 Sep 17 22:58 \
-rw-r--r--. 1 root root       6481 Sep  9 22:20 -
-rw-r--r--. 1 root root        832 Sep  9 17:22 100M.log
-rw-r--r--. 1 root root       2751 Aug 31 16:45 111
-rw-r--r--. 1 root root        201 Sep  9 22:08 119.254.76.106
-rw-r--r--. 1 root root         10 Sep 12 18:00 1.txt
```

上述代码中，ls 命令带了一个“-l”选项。

如果有多个选项可以合并写，有多个参数并列写，如下代码所示。

【实例 1-16】命令行格式多选项合并

```
ls -l -h -r -t /data
```

查找/data/目录的所有文件，并以大小和访问时间等逆向排序。

```
 [root@linux_command ~]# ls -l -h -r -t /data
total 24K
-rw-------.  1 root  root  1.2K Apr 25  2017 anaconda-ks.cfg
drwxr-xr-x.  4 root  root    43 May 28 09:05 app
-rw-r--r--.  1 root  root     0 Jun 11 20:08 2.log
-rw-r--r--.  1 root  root     0 Jun 11 20:08 1.log
-rw-r--r--.  1 root  root     0 Jun 11 20:08 9.log
-rw-r--r--.  1 root  root     0 Jun 11 20:08 8.log
```

上面代码中的指令的选项（-l -h -r -t）和下面代码中的指令的选项（-lhrt）执行后的结果是一模一样的。

```
[root@linux_command ~]# ls -lhrt /data
total 24K
-rw-------. 1 root root 1.2K Apr 25  2017 anaconda-ks.cfg
drwxr-xr-x. 4 root root   43 May 28 09:05 app
-rw-r--r--. 1 root root    0 Jun 11 20:08 2.log
-rw-r--r--. 1 root root    0 Jun 11 20:08 1.log
-rw-r--r--. 1 root root    0 Jun 11 20:08 9.log
-rw-r--r--. 1 root root    0 Jun 11 20:08 8.log
-rw-r--r--. 1 root root    0 Jun 11 20:08 7.log
```

某个命令选项越多，使用过程中选择项也就越多，可以理解为此命令越强大。

无论是 Linux 操作系统自带的命令，还是第三方的外部命令，都提供了非常丰富的选项给使用者进行选择，熟练掌握常用命令的常用选项及参数，在很大程度上反映出了使用者的使用熟练程度，并能为今后的工作和学习打下坚实的基础。

1.4.1 命令本身

命令本身，是指在使用命令行操作过程中只使用到了命令自身的功能而已，如下面的 uptime 命令。

```
[root@linux_command ~]# uptime
 20:53:34 up 72 days, 19:05,  2 users,  load average: 0.00, 0.01, 0.05
```

uptime 命令查看当前系统运行的负载情况，这个命令没有选项和参数，只有命令本身。

1.4.2 命令选项

命令行的强大，不在于命令本身，而在于它有众多的选项供读者选择，以 ls 为例，ls 的帮助文档如下所示。

【实例 1-17】查看 ls 命令帮助

```
[root@linux_command ~]# ls --help
Usage: ls [OPTION]... [FILE]...
List information about the FILEs (the current directory by default).
Sort entries alphabetically if none of -cftuvSUX nor --sort is specified.

Mandatory arguments to long options are mandatory for short options too.
  -a, --all                  do not ignore entries starting with .
  -A, --almost-all           do not list implied . and ..
      --author               with -l, print the author of each file
  -b, --escape               print C-style escapes for nongraphic characters
      --block-size=SIZE      scale sizes by SIZE before printing them; e.g.,
                             '--block-size=M' prints sizes in units of
                             1,048,576 bytes; see SIZE format below
（中间内容和结尾略）
```

ls 命令选项有 60 个左右，针对不同的功能提供了不同的选项可供使用，非常强大。

【实例 1-18】查看当前目录下的所有文件，并显示详细信息

```
[root@linux_command ~]# ls -l
total 19756
-rw-r--r--. 1 root    root      832104 Apr 21  2015 nginx-1.8.0.tar.gz
-rw-r--r--. 1 root    root        4311 Oct 14  2011 nginx-release-centos-6-
0.el6.ngx.noarch.rpm
-rw-r--r--. 1 root    root     8213130 Jul  9 22:13 nginx_remi_tar.gz
```

上述代码用于查看当前目录下的文件和文件夹的详情 ls 命令只使用了 1 个选项，没有指定参数。查看当前目录下的文件和文件夹的详情。这个命令有 1 个选项，没有参数。

【实例 1-19】创建文件

```
[root@linux_command ~]# touch nginx.log
```

创建一个名为 nginx.log 的文件，这个命令没有选项，只有 1 个参数。

【实例 1-20】移动文件

```
[root@linux_command ~]# mv  nginx.log  /data/logs/nginx/
```

将 nginx.log 文件移动到/data/logs/nginx/文件夹下，此命令使用了两个参数，分别是原文件名称和移动到目标目录位置。

【实例 1-21】删除目录

```
[root@linux_command ~]# rm -rfv /file/
removed directory:
```

rm 强制删除目录 file，这个命令使用了“rfv”3 个选项，1 个参数“/file/”。

1.4.3 命令执行参数

命令本身和命令选项本质上都是命令，程序是由命令和数据组成的，单独的命令和选项存在是没有任何意义的。

命令最终是为了处理数据，命令处理的数据对象可以为某个文件和目录等。

【实例 1-22】打包目录

```
[root@linux_command ~]# tar -czvf nginx.tar.gz /usr/local/nginx/
```

上述代码将 nginx 项目目录打包压缩成 nginx.tar.gz，这个命令有多个参数和多个选项。

大部分 Linux 命令都符合这一语法规范，特殊情况除外。

只按照这个规律去不断实践和总结即可，没必要去刻意背诵这些命令，多用就可以熟能生巧。这些命令需要读者在实际的生产环境和工作中去不断练习、实践和总结，找出最适合自己的最佳实践。

下面这 4 个命令都是 Linux 操作系统的关机维护命令，在平时的运维工作中很少用到。

因为服务器每天一刻不停地运行在恒温 IDC 机房，除非是硬件维护或者服务器下架，否则很难用到下面的命令。

【实例 1-23】快速关机指令

```
shutdown -h now|0
power off
halt
init 0
```

从上述代码中也可以看到，命令行执行过程可以根据需要带选项或参数，简单、敏捷且高效。

【实例 1-24】查看多文件

```
[root@ linux_command ~]# ls -lhrt --full-time /etc/passwd /etc/shadow /etc/issue
-rw-r--r--. 1 root root   47 2017-03-28 18:25:08.000000000 +0800 /etc/issue
-rw-r--r--  1 root root 1.6K 2018-03-02 01:42:56.755814261 +0800 /etc/passwd
----------  1 root root 1.4K 2018-03-02 01:42:56.764814262 +0800 /etc/shadow
```

代码注解如下。

- ls 是命令本身。
- -lhrt 多个选项写在一起，作为 ls 指令的第 1 个选项，也可以理解为短格式选项（-）。
- --full-time 作为 ls 指令的第 2 个选项，可以理解为长格式选项（--）。
- /etc/passwd 是 ls 指令的第 1 个参数，也就是指令和选项的作用对象。
- /etc/shadow 是 ls 指令的第 2 个参数，也就是指令和选项的作用对象。
- /etc/issue 是 ls 指令的第 3 个参数，也就是指令和选项的作用对象。

1.5 命令行基本含义探讨

1.5.1 Linux 中常用命令单词缩写

许多 Linux 命令都是根据英文含义或其缩写而来，掌握了这些单词缩写所表达的含义，更有助于理解整个命令的含义，并掌握整个命令。

我们可以根据它的英文翻译去记忆，如表 1-1 所示。

表 1-1　命令行英文缩写含义示例

命令	命令缩写	含义
cd	change directory	切换目录
chown	change owner	改变所有者
cp	copy	复制文件或目录
df	disk free	磁盘分区统计

续表

命令	命令缩写	含义
du	disk usage	目录信息统计
env	environment	环境变量
ifconfig	interface configuration	网络接口配置信息
man	manual	手册，帮助文档
parted	partition editor	分区编辑器
rm	remove	删除文件或目录
su	switch user	切换用户

1.5.2 Linux 下命令分类

1．Linux 命令类型分类

Linux 的命令可以分为内部命令和外部命令。内部命令在系统启动时调入内存，是常驻内存的，所以执行效率高；而外部命令是系统的软件功能，用户需要时才从硬盘中读入内存。

内部命令：Shell 内部命令是指 bash（或其他版本）工具集中的命令。一般都会有一个与之同名的系统命令，比如 bash 中的 echo 命令与/bin/echo 是两个不同的命令，尽管它们行为大体相仿。内部命令比系统命令的执行效率更高，外部命令执行时往往需要 fork 一个子进程，而内部命令一般不用。

type 命令用来显示指定命令的类型，命令的类型可以是如下之一。

- alias 别名。
- keyword 关键字，Shell 保留字。
- function 函数，Shell 函数。
- builtin 内建命令，Shell 内建命令。
- file 文件，磁盘文件，外部命令。
- unfound 没有找到。

type 命令是 Linux 系统的一种自省机制，知道了是哪种类型，我们就可以针对性地获取帮助。比如内建命令可以用 help 命令来获取帮助，外部命令用 man 或者 info 来获取帮助。

type 命令的基本使用方式就是直接跟上命令名字。

type 命令常用参数如表 1-2 所示。

表 1-2　type 命令常用参数

选项	参数
-a	可以显示所有可能的类型，比如 pwd 是 shell 内建命令，也可以是外部命令
-p	只返回外部命令的信息，相当于 which 命令

续表

选项	参数
-f	只返回 shell 函数的信息
-t	只返回指定类型的信息

【实例 1-25】判断是否为内部命令

```
[root@linux_command ~]# type type
type is a shell builtin
[root@linux_command ~]# type -t type
builtin
[root@linux_command ~]# type cd
cd is a shell builtin
[root@linux_command ~]# type -t cd
builtin
```

如上代码所示，命令执行结果返回 builtin，是系统内置命令。

内部命令用户输入时系统调用的速率快，不是内置命令，系统将会读取环境变量文件.bash_profile、/etc/profile 去找 PATH 路径。

Linux 中所有的内置命令，可以通过 enable 命令来查看系统中所有的内置命令。

【实例 1-26】查看所有内部命令

```
[root@linux_command ~]# enable
enable .
enable :
enable [
enable alias
enable bg
enable bind
enable break
enable builtin
enable caller
enable cd
enable command
enable compgen
enable complete
enable compopt
enable continue
enable declare
enable dirs
enable disown
enable echo
enable enable
enable eval
enable exec
enable exit
enable export
enable false
enable fc
```

```
enable fg
enable getopts
enable hash
enable help
enable history
enable jobs
enable kill
enable let
enable local
enable logout
enable mapfile
enable popd
enable printf
enable pushd
enable pwd
enable read
enable readarray
enable readonly
enable return
enable set
enable shift
enable shopt
enable source
enable suspend
enable test
enable times
enable trap
enable true
enable type
enable typeset
enable ulimit
enable umask
enable unalias
enable unset
enable wait
[root@linux_command ~]# enable |wc -l
61
```

如上代码所示，当前操作系统中共有 61 个内部命令。

【实例 1-27】判断是否为外部命令

```
[root@linux_command ~]# whereis nginx
nginx: /usr/local/nginx
[root@linux_command ~]# type -t /usr/local/nginx/sbin/nginx
file
```

如上代码所示，显示结果为 file，代表 nginx 是外部命令。

Linux 系统下会有一个 hash 表，当你刚开机时这个 hash 表为空，每当你执行过一条命令时，hash 表会记录下这条命令的路径，就相当于缓存一样。第一次执行命令 shell，解释器默认会从 PATH 路径下寻找该命令的路径；当第二次使用该命令时，shell 解释器首先会查看 hash 表，没有该命令才会去 PATH 路径下寻找。输入 hash 可以查看 hash 表的内容，hash -p a b 添加一项 a 改名为 b，执行 b 时实际会执行 a 命令。

再提一下命令的调用，有些历史命令使用过后，会存在 hash 表中，当你再次输入该命令时，它的调用会是这样一个过程：hash->内置命令->PATH。

【实例 1-28】hash 表不存放内部命令

```
[root@linux_command ~]# pwd
/root
[root@linux_command ~]# ls
anaconda-ks.cfg  install.log  install.log.syslog
[root@linux_command ~]# hash -l
builtin hash -p /bin/cat cat
builtin hash -p /bin/ls ls
builtin hash -p /usr/bin/whereis whereis
```

从上述代码返回结果中可以看到，hash 表不存放系统内置命令。

2．Linux 命令执行优先级

Linux 命令执行的优先级为：

```
alias > 内部命令> hash > PATH
```

当然，如果 PATH 中也找不到相关命令路径，那么 Linux 终端就会返回类似“command not found”的错误提示。

3．内置命令和外部命令总结

在 RHEL6 操作系统中，which 指令只在 PATH 变量中搜索命令的绝对路径，内置命令是内置在 bash 中的，找不到命令的绝对路径。RHEL7 操作系统中优化了这一特性，内置命令在 PATH 环境中能找出命令的绝对路径。

1.6 Linux 命令基础环境准备

“工欲善其事，必先利其器”。学习 Linux 命令也是一样，要有练习 Linux 命令的环境，这样才能以最快的速度练习，以求做到熟练掌握，那么学习 Linux 命令及 Shell 脚本编程需要准备哪些工作呢？

1.6.1 购买云主机

学习 Linux 命令需要有环境，由于硬件条件方面的制约，因此在此提出几个建议，读者可以根据自己的实际情况来进行选择。选择虚拟主机或者 VPS，需要自己单独购买，经济上有一定压力的读者可以选择第 1.6.2 节中的方案。

- 技术方面：云服务器使用了云计算技术，而云计算技术整合了计算、网络、存储等各种软件和硬件技术；而独立服务器就是独立的，不会整合这些资源。
- 安全性：云服务器具有天然的防 ARP 攻击和 MAC 欺骗、快照备份、数据永久不丢失的功能；而独立服务器则不具有这方面的功能。
- 可靠性：云服务器是基于服务器集群的，因此硬件冗余度较高，故障率低；而独立服务器则相对来说硬件冗余较少，故障率较高。
- 灵活性：用户可以在线实时增加自己的配置，可扩展空间较大；而独立服务器则有局限性，如果有新的应用，只能再买一台了。
- 计算能力：云服务器是同等配置独立服务器计算能力的 4 倍，可满足高性能计算的要求。
- 稳定性：云服务器可以故障自动迁移，意思是如果一台云服务器出现故障，其上面的应用就自动迁移到其他云服务器上了；独立服务器则不存在这功能了。
- 节能性：云服务器基于云计算的自动迁移技术，也就是说，夜晚期间物理服务器的利用率不高，自动迁移技术会把应用集中到几台物理服务器上，其他的物理服务器就可以休眠了，这样就节能了。

目前云主机的厂商非常多，读者可以从厂商规模、技术团队、服务质量、整体价格、客服响应时间、故障反馈机制等多方面、多层次进行考察和了解。只有在了解到这些核心的指标后，才能为自己要购买的产品提供强有力的支撑。服务器运行的服务都是每天 24 小时开机运行的，不能有半点马虎，这样既是对自己负责，也是对产品和客户负责。

1.6.2 采用虚拟机

本地的个人 PC 机器安装 VMware 之类的虚拟软件，可以模拟出 CentOS、Ubuntu 等比较主流的服务器级别的操作系统来供读者练习。并且即使练习机器损坏，也不会对物理的宿主机有任何影响，非常方便，还节约成本。

VMware Workstation 是 VMware 公司出品的一款虚拟机软件。最初设计这种软件的目的是测试软件，比如要在 Windows 操作系统中测试 Linux 系统，完全不必在自己真实的计算机中安装系统，而是通过 VMware 虚拟的计算机进行测试，这样可以避免在真实的计算机中安装新系统带来的种种不便。利用虚拟机软件可以在一台电脑上模拟出若干台机器，这些虚拟机如同真实机一样各自拥有自己独立的操作系统、CPU、硬盘、内存及其他硬件。你可以像使用普通机器一样对它们进行分区、格式化、安装系统和应用软件等操作，所有的操作都不会对真实主机的硬盘分区和数据造成任何影响和破坏。

VMware 虚拟机的最大特点是不需要重新开机就能在一台电脑上同时运行多个操作系统，这与在同一台 PC 机上安装多操作系统是不同的。PC 机上的多操作系统安装，在任一时刻只能运行其中的一个系统，如果想切换到其他系统，必须重新启动机器。而在虚拟机环境下，多个操作系统可以同时运行，人们可以像对待标准的 Windows 应用程序那样在多个操作系统之间来回切换，不需要重新启动机器。在同一台主机上可以同时运行多个虚拟机，每个虚拟机都可安装操作系统，就如同一台独立的 PC。各虚拟机与虚拟机之间还可以进行对话、共享文件、应用网络资源，甚至可以运行 C/S 方式的应用。

具体有以下 4 个方面的优势。

- 试用各种软件，比如 360 公司新出了某某软件，你想试试效果，就可以在虚拟机里进行。
- 满足好奇心，比如你一直很想了解某某软件，可以在虚拟机里慢慢了解。
- 模拟，比如你想知道某某系统必需软件的作用，可以卸载该软件看看系统哪些方面会受到影响，但是这样很危险，可以在虚拟机里进行。
- 实验，研究病毒木马。

虚拟机的缺点是在做大型项目测试时，不如 VPS 或者云主机方便，因为个人使用的电脑是需要关机的，而云主机则是全年每天实时运行在 IDC 机房的。

以上两种可以作为我们学习 Linux 命令的基础环境，如果对实时的操控性能要求不高，可以选择在本地的物理机安装模拟虚拟机的软件进行练习。

另外，考虑到 License 授权及企业或个人采购费用的问题，也可以使用 Virtualbox 开源产品进行学习和实验测试。

1.6.3 下载 CentOS 镜像

社区企业操作系统（Community Enterprise Operating System，CentOS）是 Linux 发行版之一，它根据 Red Hat Enterprise Linux 依照开放源代码规定释出的源代码编译而成。由于出自同样的源代码，因此有些要求高度稳定性的服务器以 CentOS 替代商业版的 Red Hat Enterprise Linux 使用。两者的不同在于 CentOS 并不包含封闭源代码软件。

在 CentOS 官方网站上提供了 3 种 ISO 镜像文件，读者可自行下载。

- DVD ISO：标准安装版，一般下载这个即可（推荐）。
- Everything ISO：对完整版安装盘的软件进行补充，集成所有软件（包含 CentOS 7 的一套完整的软件包，可以用来安装系统或者填充本地镜像）。
- Minimal ISO：迷你版，小巧，安装快速，自带的软件少，适合快速迭代及自动化部署。

另外，推荐读者到国内的搜狐镜像站点去下载。

1.6.4 下载远程登录软件

PuTTY 是一款远程登录工具，用它可以非常方便地登录到 Linux 服务器上进行各种操作（命令行方式）。PuTTY 完全免费，而且无须安装（双击即可运行），支持多种连接类型（Telnet、SSH、Rlogin ...），使用简单，实在是一款十分值得推荐的工具。读者进入 PuTTY 官方网站即可免费下载 PuTTY，可以单独下载 PuTTY，也可以下载 PuTTY 工具包，工具包中包含了许多实用工具。

1.7 获取命令帮助技巧实战

1.7.1 内部命令帮助文档

内部命令帮助文档，一般使用 help 命令后面加参数，参数也就是命令本身。

内部命令帮助格式如下：

```
help COMMAND
```

【实例 1-29】查看 cd 内部命令的帮助

```
[root@linux_command ~]# help cd
cd: cd [-L|-P] [dir]
  Change the shell working directory.

  Change the current directory to DIR.  The default DIR is the value of the
  HOME shell variable.
  ...
```

从上述代码中可以看到，帮助文档信息很全面，非常好用。

【实例 1-30】查看 alias 内部命令的帮助

```
[root@linux_command ~]# type alias
alias is a shell builtin
[root@linux_command ~]# help alias
alias: alias [-p] [name[=value] ... ]
    Define or display aliases.

    Without arguments, `alias' prints the list of aliases in the reusable
    form `alias NAME=VALUE' on standard output.

    Otherwise, an alias is defined for each NAME whose VALUE is given.
    A trailing space in VALUE causes the next word to be checked for
    alias substitution when the alias is expanded.

    Options:
      -p        Print all defined aliases in a reusable format

    Exit Status:
    alias returns true unless a NAME is supplied for which no alias has been
defined.
```

上述代码中，首先使用 type 判断 alias 是否为内部命令，最后用 help 命令查看帮助。

alias 命令用来设置指令的别名，我们可以使用该命令可以将一些较长的命令进行简化。使用 alias 时，用户必须使用单引号将原来的命令引起来，防止特殊字符导致错误。

alias 命令的作用只局限于该次登入的操作。若要每次登入都能够使用这些命令别名，则可将相应的 alias 命令存放到 bash 的初始化文件/etc/bashrc 中。

命令别名设置：定义命令别名，格式为“命令别名='实际命令'”。

```
alias 新的命令='原命令 -选项/参数'
```

如下实例：

```
[root@linux_command ~]# alias my_name='echo -e "\033[32;40m My name is hanyanwei \033[0m"'
[root@linux_command ~]# my_name
 My name is hanyanwei
```

上述代码设置了 my_name 的别名为 My name is hanyanwei，当用户在终端输入 my_name 字符串时，会显示 My name is hanyanwei 这一串字符。

查看系统当前设置的别名：

```
[root@linux_command ~]# alias  -p
alias cp='cp -i'
alias egrep='egrep --color=auto'
alias fgrep='fgrep --color=auto'
alias grep='grep --color=auto'
alias l.='ls -d .* --color=auto'
alias li='My name is hanyanwei'
alias ll='ls -l --color=auto'
alias ls='My name is hanyanwei'
alias mv='mv -i'
alias my_name='echo -e "\033[32;40m My name is hanyanwei \033]0m"'
alias rm='rm -i'
alias which='alias | /usr/bin/which --tty-only --read-alias --show-dot --show-tilde'
```

-p：打印已经设置的命令别名。

1.7.2 外部命令帮助文档

大多数外部命令都可以使用--help 来获取帮助。

【实例 1-31】查看外部命令 who 帮助信息

```
[root@linux_command ~]# type -t who
file
[root@linux_command ~]# who --help
Usage: who [OPTION]... [ FILE | ARG1 ARG2 ]
Print information about users who are currently logged in.
```

```
  -a, --all         same as -b -d --login -p -r -t -T -u
  -b, --boot        time of last system boot
  -d, --dead        print dead processes
  -H, --heading     print line of column headings
  -l, --login       print system login processes
      --lookup      attempt to canonicalize hostnames via DNS
  -m                only hostname and user associated with stdin
  -p, --process     print active processes spawned by init
  -q, --count       all login names and number of users logged on
  -r, --runlevel    print current runlevel
  -s, --short       print only name, line, and time (default)
  -t, --time        print last system clock change
  -T, -w, --mesg    add user's message status as +, - or ?
  -u, --users       list users logged in
     --message      same as -T
     --writable     same as -T
     --help     display this help and exit
     --version  output version information and exit

If FILE is not specified, use /var/run/utmp.  /var/log/wtmp as FILE is common.
If ARG1 ARG2 given, -m presumed: 'am i' or 'mom likes' are usual.

GNU coreutils online help: <http://www.gnu.org/software/coreutils/>
For complete documentation, run: info coreutils 'who invocation'
```

外部命令帮助文档的获取有多种途径，基本上使用 man 即可满足需求。

外部命令是 Linux 系统中的实用程序部分，因为实用程序的功能通常都比较强大，所以其包含的程序量也会很大，在系统加载时并不随系统一起被加载到内存中，而是在需要时才将其调用内存。

通常外部命令的实体并不包含在 Shell 中，但是其命令执行过程是由 Shell 程序控制的。Shell 程序管理外部命令执行的路径查找、加载存放，并控制命令的执行。

外部命令是在 bash 之外额外安装的，通常放在/bin、/usr/bin、/sbin 和/usr/sbin 等路径下。

可通过“echo $PATH”命令查看外部命令的存储路径，比如 ls、vi 等。

```
  [root@linux_command ~]# echo $PATH
  /usr/local/sbin:/usr/local/bin:/usr/sbin:/usr/bin:/data/app/php:/data/app/
mysql/bin:/root/bin
```

1.7.3 man 手册查看帮助

在刚刚接触到 Linux 的时候，我们通常需要使用 man 来查阅一些命令的帮助信息。一般使用“man 命令名称”的格式就能进行简单的查询。

【实例 1-32】CentOS 安装 man 手册

```
yum -y install man
```

man 中文安装包如下代码所示：

```
yum -y install manpages-zh
```

如果查不到 manpages-zh 中文包，则可以使用如下命令搜索：

```
yum list |grep man.*zh
man-pages-zh-CN.noarch 1.5.2-4.el7 @base
```

由此可以找到以上安装包，如果找不到，执行 yum -y update 更新安装包。执行安装命令如下：

```
yum -y install man-pages-zh-CN.noarch
```

下面是关于 man 的应用技巧介绍。

Linux man 中的 man 就是 manual 的缩写，man 命令是按照章节存储的，用来查看系统中自带的各种参考手册，但是手册页分为好几个部分，Linux 的 man 手册的章节如表 1-3 所示。

表 1-3　　man 手册章节说明

章节编号	章节名称	章节主要内容
1	General Commands	用户在 shell 中可以操作的指令或者可执行文档
2	System Calls	系统调用的函数与工具等
3	Sunroutines	C 语言库函数
4	Special Files	设备或者特殊文件
5	File Formats	文件格式与规则
6	Games	游戏及其他
7	Macros and Conventions	表示宏、包及其他杂项
8	Maintenence Commands	表示系统管理员相关的命令

全屏显示在线帮助，按<q>退出，上、下键移动。格式：man 命令字。

- 输入？键，向前查找，如?-h，将会搜索含有“-h”的行。
- 输入/键，向后查找，如/-k，将会向后搜索“-k”的行。
- 用 N 或者 n（下一个）来控制上一个、下一个相关匹配项查看。

man 手册具体的分支选项使用如表 1-4 所示。

表 1-4　　man 手册功能按键指令说明

按键	功能
空白键	向下翻一页
[Page Down]	向下翻一页，↓为向下一行
[Page Up]	向上翻一页，↑为向上一行
[Home]	去到第一页
[End]	去到最后一页

续表

按键	功能
/string	向下搜寻 string 这个字串，如果要搜寻 handuoduo，就输入 /handuoduo
?string	向上搜寻 string 这个字串
n, N	利用 / 或 ? 来搜寻字串时，可以用 n 来继续下一个搜寻（不论是/或?），可以利用 N 来进行反向搜寻。举例来说，我以/handuoduo 搜寻 handuoduo 字串，那么可以用 n 继续往下查询，用 N 往上查询。若以?handuoduo 向上查询 handuoduo 字串，那我可以用 n 继续向上查询，用 N 反向查询
q	结束这次的 man page

在 Shell 中输入“man+数字+命令或函数”即可查到相关的命令和函数。若不加数字，那么 Linux man 命令默认从数字较小的手册中寻找相关命令和函数。

下面尝试看看不同的结果：

```
man 1 open
man 2 open
man 3 open
```

所有命令的联机帮助都有相同的基本格式，从第 1 行可以知道这是关于哪个命令的帮助，还可以知道这个帮助是位于哪一节的。

- 名字（NAME）部分包含命令的名字以及对这个命令的简短说明。
- 概要（SYNOPSYS）部分给出了命令的用法说明，包括命令格式、参数和选项列表。在联机帮助中方括号表示该选项不是一个必须的部分。
- 描述（DESCRIPTION）部分是关于命令功能的详细阐述，是这个命令的权威性解释。
- 选项（OPTIONS）部分给出了命令行中每一个选项说明。
- 参阅（SEE ALSO）部分包含了与这个命令相关的其他主题，有些帮助还有 BUG 部分。
- 使用带有-k 选项的 man 命令可以根据关键字搜索联机帮助。例如要查找“sysctl”的信息，在命令中输入 man -k sysctl 命令，显示结果如下所示：

```
s_sysctl (2)             - read/write system parameters
sysctl (2)               - read/write system parameters
sysctl (8)               - configure kernel parameters at runtime
sysctl.conf (5)          - sysctl(8) preload/configuration file
```

使用带有-f 选项的 man 命令可以根据关键字在联机帮助中搜索完全匹配的条目。同样查找“sysctl”的信息，在命令中输入 man -f sysctl 命令，显示结果如下所示：

```
sysctl (8)               - configure kernel parameters at runtime
sysctl (2)               - read/write system parameters
```

通过联机帮助来学习 Unix 就像在网络中寻找信息一样，经常能从某一个帮助主题找到相关信息，链接到其他有用或有趣的主题。还可以把“man page”转成文本文件，如下代码所示：

```
man ls | col -b >/tmp/man_ls.txt
```

1.7.4 history 命令技巧 10 例

作为 Linux 管理员，在出现问题时想查在过去某段时间内哪个用户在什么时间执行过什么命令。如果你经常使用 Linux 命令行，那么使用 history（历史）命令可以有效地提升效率。

Linux 操作系统本身会记录操作者执行过的命令，对操作审计、日志备份、系统异常处理等都有着举足轻重的作用。但是往往 history 往往又会被读者所忽略，因此本节就 history 命令在实际运维工作的使用做详细介绍。

【实例 1-33】让 history 显示时间戳

如果要让 history 在显示历史命令时同时显示记录命令的时间，则需要设置如下环境变量：

```
[root@linux_command ~]#export HISTTIMEFORMAT='%F %T '
```

还可以把配置信息写到配置文件里面，以便永久生效。

```
[root@linux_command ~]# echo "export HISTTIMEFORMAT='%F %T  '">>/etc/profile
[root@linux_command ~]# . /etc/profile
[注：读者也可以设置 alias 语句来查看最近的历史命令]
alias h1='history 10'
alias h2='history 20'
alias h3='history 30'
[root@linux_command ~]# h1
 1007  2017-08-26 12:56:21  . /etc/profile
 1008  2017-08-26 12:56:24  history
 1009  2017-08-26 12:56:44  vim history
 1010  2017-08-26 12:56:48  vim /etc/profile
 1011  2017-08-26 12:57:05  echo "export HISTTIMEFORMAT='%F %T  '">>/etc/profile
 1012  2017-08-26 12:57:06  . /etc/profile
 1013  2017-08-26 12:57:26  alias h1='history 10'
 1014  2017-08-26 12:57:30  h1
 1015  2017-08-26 12:57:42  history |tail
 1016  2017-08-26 12:57:47  h1
```

【实例 1-34】用<Ctrl+r>组合键搜索历史命令

按下<Ctrl+r>组合键后输入关键字，可以在历史命令中通过关键字来查找历史命令。例如，搜索“f”，则显示以前的命令中含有“f”的命令“ls -lhrt --full-time”。

```
[root@linux_command ~]# ls -lhrt --full-time |head -2
total 23M
-rw-r--r--. 1 root        root        4.3K  2011-10-14 18:45:20.000000000
+0800 nginx-release-centos-6-0.el6.ngx.noarch.rpm
(reverse-i-search)`f': ls -lhrt --full-time |head -2
[注：在命令行提示符下按下<Ctrl+R>，终端将显示如下提示]
(reverse-i-search)`f': ls -lhrt --full-time |head -2
[注：当看到你要的命令后按<Enter>键，就可以重新执行这条命令了]
```

【实例 1-35】执行历史命令中的特定命令

用 history 显示历史命令时，在每个命令前边都有一个编号，用“！+编号”可以重新执行该条命令。例如：

```
[root@linux_command ~]# history |less
   43  2017-08-26 12:55:13  df -Th
   44  2017-08-26 12:55:13  cat /etc/logrotate.d/php-fpm
   45  2017-08-26 12:55:13  ll /data/logs/
   46  2017-08-26 12:55:13  ll /data/logs/nginx/
   47  2017-08-26 12:55:13  vim /etc/logrotate.conf
   48  2017-08-26 12:55:13  cd /etc/logrotate.d/

[root@linux_command ~]# !43
df -Th
Filesystem          Type      Size  Used Avail Use% Mounted on
/dev/mapper/cl-root xfs        36G  4.5G   31G  13% /
devtmpfs            devtmpfs  990M     0  990M   0% /dev
tmpfs               tmpfs    1001M     0 1001M   0% /dev/shm
tmpfs               tmpfs    1001M   73M  928M   8% /run
tmpfs               tmpfs    1001M     0 1001M   0% /sys/fs/cgroup
/dev/vdb1           xfs        40G  941M   40G   3% /data
/dev/vda1           xfs      1014M  121M  894M  12% /boot
tmpfs               tmpfs     201M     0  201M   0% /run/user/0
```

【实例 1-36】用 HISTSIZE 控制历史命令的总数

修改环境变量 HISTSIZE 和 HISTFILESIZE 的值，可以控制命令历史记录储存的条数。例如，控制 bash 的命令历史记录的存储量为 6000 条。history 命令历史记录，默认只记录 1000 条，可以通过查看环境变量获得。

```
[root@linux_command ~]# echo $HISTSIZE
1000
[root@linux_command ~]# echo $HISTFILESIZE
1000
[root@linux_command ~]# echo 'HISTSIZE="6000"    #默认保留6000条'>>/etc/profile
[root@linux_command ~]# . /etc/profile
[root@linux_command ~]# echo $HISTSIZE
6000
```

【实例 1-37】消除命令历史连续重复条目

设置环境变量 HISTCONTROL 的值为 ignoredups，可以消除重复命令，即连续重复出现的命令只记录一次。

设置环境变量 HISTCONTROL 的值为 erasedups，可以消除整个命令历史中的重复命令，即在历史命令中，每个命令只记录一次。

【实例 1-38】强制 history 忽略某条特定命令

在执行一条命令时，你可以将环境变量 HISTCONTROL 的值设置为 ignorespace，并在该命令前加上一个空格来指示 history 忽略这条命令。在很多情况下这样做是没有必要的，因为我们通常都希望通过 history 来记录我们曾经做了哪些操作。

【实例 1-39】清除历史命令

通常 bash 在执行命令时不是马上把命令名称写入 history 文件的，而是存放在内部的 buffer 中，等 bash 退出时会一并写入。

不过，可以调用 history -w 命令要求 bash 立即更新 history 文件。如果要清空本次留在缓存中的历史命令，可以用 history -c 命令。

如果想要清空 history 曾经记录的所有命令，可以将文件.bash_history 清空，当然这样做比较“暴力”。

【实例 1-40】禁止 history 记录任何命令

如果想要禁用 history，不让 bash shell 记录任何命令，则将环境变量 HISTSIZE 设为 0 即可。

```
export HISTSIZE=0
```

【实例 1-41】让 history 在存储时忽略某些持定指令

我们在使用 Linux 的 bash 工作时，有些命令会频繁地使用，但其又不是很重要，没有必要被 history 记住，例如 ls。可以通过设置环境变量 HISTIGNORE 的值来让 history 忽略一些指定的命令。例如：

```
export HISTIGNORE="pwd:ls:ls
```

会频繁地使用，但其又不是很重要，没在 Linux 系统中，大部分环境变量的配置可以写在 profile 文件中，该文件在/etc 和～目录下都可能存在，只是在～目录下为带点的隐藏文件。

在～（用户家目录）目录下的.profile 隐藏文件通常会包含主目录下的.bashrc 隐藏文件，大部分的配置会保存在该文件中。

history 命令的用途确实很大，但需要小心安全的问题！尤其是 root 的历史记录档案，因为不小心的 root 会将很多的重要资料在执行过程中被记录在～/.bash_history 中。如果这个档案被解析了，后果不堪设想！

【实例 1-42】记录用户操作历史

Linux 用户操作记录一般通过命令 history 来查看历史记录，但是如果因为某人误操作而删除了重要的数据，那么 history 命令就不会有什么作用了。

以下方法可以实现通过记录登录 IP 地址和所有用户登录所操作的日志记录！

在/etc/profile 配置文件的末尾加入以下脚本代码就可以实现。

```
PS1="$`whoami`@`hostname`:"'[$PWD]-'
history
USER_IP=`who -u am i 2>/dev/null| awk '{print $NF}'|sed -e 's/[()]//g'`
if [ "$USER_IP" = "" ]
then
```

```
USER_IP=`hostname`
fi
if [ ! -d /data/history_command ]
then
mkdir /data/history_command
chmod 777 /data/history_command
fi
if [ ! -d /data/history_command/${LOGNAME} ]
then
mkdir /data/history_command/${LOGNAME}
chmod 300 /data/history_command/${LOGNAME}
fi
export HISTSIZE=4096
DT=`date +"%Y%m%d_%H%M%S"`
export HISTFILE="/data/history_command/${LOGNAME}/${USER_IP} history.$DT"
chmod 600 /data/history_command/${LOGNAME}/*history* >/dev/null 2>&1
```

通过上面的代码可以看出，在系统的/data 新建一个 history 目录（这个目录可以自定义），在目录中记录了所有的登录过系统的用户和 IP 地址，这也是监测系统安全的方法之一。

脚本自动生成的记录文件如下：

```
@linux_command:[/root]-ls -la /data/history_command/root/
total 8
d-wx------. 2 root root 100 Aug 26 16:50 .
drwxrwxrwx. 3 root root  18 Aug 26 16:50 ..
-rw-------. 1 root root 383 Aug 26 16:50 221.218.239.142 history.20170826_165029
-rw-------. 1 root root  23 Aug 26 16:50 221.218.239.142 history.20170826_165038
@linux_command:[/root]-cat /data/history_command/root/221.218.239.142\ history.
20170826_165038
whoami
ls -lhrt
uptime
```

1.7.5 命令快捷操作小技巧

Linux 命令行快捷操作如下所示。

- !#表示调用历史中第#条命令。
- !string 表示调用历史中最近一个以 string 开头的命令。
- !!表示上一条命令。

【实例 1-43】查看所有历史命令

```
[root@linux_command ~]# history
（前面内容略）
 1011  seq 10
 1012  echo $?
 1013  seq abc
 1014  echo $?
```

```
 1015  for in $(seq 15);do echo $i;done
 1016  for num in $(seq 15);do echo $num;done
 1017  for num in $(seq 15);do echo $num done
 1018  for num in $(seq 15);do echo $num ;;done
 1019  for num in $(seq 15);do echo $num done
 1020  for num in $(seq 15);do echo $num;done
 1021  for num in $(seq 15);do echo $num;;done
 1022  whoami
 1023  sleep 10
 1024  ls -lhrt --full-time
 1025  history
```

上述命令的返回结果中包括了全部执行过的历史命令。

【实例 1-44】执行历史命令中的第 1022 条命令。

```
[root@linux_command ~]# !1022
whoami
root
```

【实例 1-45】执行上一条命令中以 s 开头的命令

```
[root@linux_command ~]# !s
sleep 10
```

【实例 1-46】执行命令历史中的上一条指令

一个简单的 for 循环示例。

```
[root@linux_command ~]# for num in $(seq 6);do echo $num.log;done
1.log
2.log
3.log
4.log
5.log
6.log
```

使用!! 执行命令历史中的上一条指令。

```
[root@linux_command ~]# !!
for num in $(seq 6);do echo $num.log;done
1.log
2.log
3.log
4.log
5.log
6.log
```

1.8 本章小结及思维导图

在实际的运维工作当中，熟练使用命令行是一个非常重要的技能，尤其是在生产系统紧急排查故障时，都会要求用到命令行。试想这样一种场景：在机房巡检时，发现有服务器流量飙升至 300MB，此时怀疑是密码设置的太简单，操作系统的 SSH 远程连接服务密码被暴力破解了。此时如果没有一个清晰的思路和非常熟练地使用命令行的经历，是无法做到快速定位问题的。

虽然现在互联网很发达，但如果一些基本的系统维护命令用的不熟练，日后再来学习，是很浪费时间和精力的。

从第 3 章开始我们就要真正地进入命令行系列的学习了，这也是本书的宗旨，不单单是教会读者如何使用命令，更重要的是分享一些命令的使用场景和实际的运维工作当中给出相应的解决方案，不但让读者知其然，更知其所以然。冰冻三尺，非一日之寒。命令行的学习亦是如此，只有长期地实践积累，才能巧妙且灵活地使用。接下来，就开启 Linux 命令行之旅吧！本章内容的脉络图如图 1-7 所示。

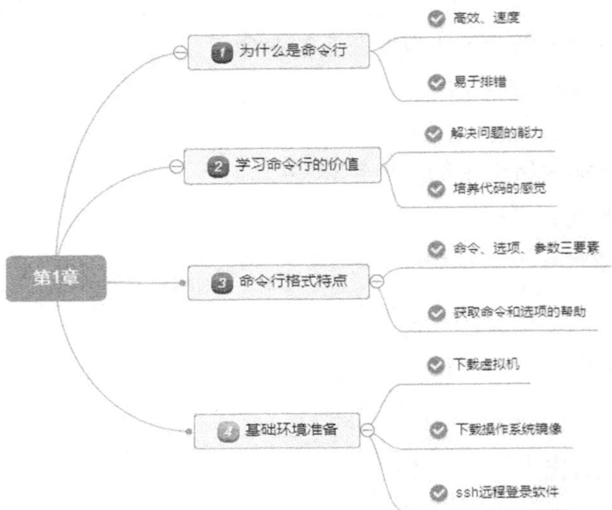

图 1-7　本章思维导图

第 2 章

高标准安装 Linux 操作系统

CentOS 实质上就是无支持版的 RHEL 操作系统。RHEL 发行系列在公司的普及，一是早年国内 Linux 图书几乎全都是以“RHEL 系”为例教学的，所以招到的人才几乎都是用 RH 系的；二是 RedHat 的技术实力的确要大大超过 Canonical，用 RedHat 的产品更让人放心。

目前国内互联网公司都是在使用 CentOS 操作系统，首先是 license 授权收费的问题；其次，CentOS 是自由开源的，可以免费使用，有利于公司节省成本、节约资源开销。

本章主要从以下几个维度进行讲解和阐述，主要涉及如下知识点。

- Linux 命令行实验环境准备，如虚拟机的安装和基本使用。
- CentOS 操作系统 6.9 及 7.3 的实战部署和标准安装等。
- 企业生产环境安装操作系统经验及建议。
- 配置 SSH 服务远程连接及建议。
- CentOS 操作系统 6.9 及 7.3 忘记密码修复实战。
- Ubuntu 操作系统的安装。

2.1 实验环境准备

出于学习成本的考虑，推荐使用个人 PC 电脑作为宿主机，宿主机软硬件推荐配置建议如下所示。

- Windows 7 64bit 操作系统。
- Intel i3 及以上系列的 CPU。
- 内存空间 8GB 以上。
- 硬盘空间 300GB 以上。
- 安装 Vmware10 版本的虚拟机软件。

采用虚拟机作为学习 Linux 命令实验环境，使用成本较低，这里主要介绍思路和理念来供读者参考。

1. 成本低廉

采用虚拟机学习成本很低，如果在实验过程中虚拟机崩溃了，那么宿主机（真实 PC 机）是不会受到任何影响的。对于宿主机而言，虚拟机就是其硬盘上的一个文件、一段连续的存储空间。

虚拟机还可以模拟出多台电脑，每台电脑上面都可以安装各自不同的操作系统，方便使用者学习体验各个操作系统的特性。个人 PC 机一般只安装一个操作系统，如个人 PC 安装的 Windows 7 操作系统，如果读者想体验 CentOS 6.9 操作系统、Ubuntu 操作系统、Windows 2012 操作系统，那么就需要购买多个 PC 机，在上面安装不同的操作系统。而虚拟机可以模拟出多台电脑，可以满足在个人 PC 机上面安装多个操作系统的需求，降低了学习成本。

2．安全性高

在使用虚拟机做计算机病毒实验时，可能会有病毒或者恶意的代码入侵你的操作系统，此时由于你的虚拟机和宿主机是完全隔离的，因此即使虚拟机被破坏，也不会影响宿主机的正常运行。

3．快照功能

在实验过程中，如果不小心删除了某个文件，由于给虚拟机做过快照，因此可以快速回滚到做快照之前的那个时间点，类似“时光机”，非常方便和快捷。还可以对单个虚拟机做 *N* 个快照副本，可以在需要时回滚到对应时间点的那个虚拟机运行状态。

4．虚拟机选型

推荐使用 VMware 公司的 VMware Workstation 虚拟机，读者也可使用开源的 Oracle 公司出品的 VM VirtualBox。读者请根据需要去下载试用，作者推荐使用 VMware Workstation 虚拟机，功能非常强大，对 KVM 虚拟化或者 Docker 容器支持也非常好。

2.1.1 下载安装 VMware Workstation10

读者可自行到 VMware 官方网站中下载 VMware Workstation10，安装过程非常简单，类似 Windows 操作系统上安装软件的步骤，基本都是单击鼠标执行“下一步”的操作。建议读者把 Vmware 软件安装到 D 盘中，安装命名规则如：“D:\app\Vmware10”，类似这种方式的命名，安装层次很清晰，按照这种方式来安装，方便后期管理和维护，降低维护的成本。

如果读者在安装过程中有什么问题，可以在 QQ 交流群里面及时提出，作者会第一时间给读者解难答疑。

2.1.2 CentOS 镜像下载建议

读者请自行到 CentOS 官方网站中下载 CentOS Project 项目完整版本和 mini 版本，实际工作中作者选用的是 mini 版本。CentOS 6.9 的 mini 版本在 700MB 左右，整体体积较小，适合光盘以及自动化部署。而内网机器在做 Yum 软件安装源时会用到 CentOS 完整版本，CentOS 6.9 的完整版本大小为 3～4GB。

这里建议读者在国内的一些开源镜像站点中下载，不会跨很多的网络路由节点，无论是从速度上，还是镜像的安全性和完整性方面都比较有保障。

这里推荐两个下载地址，分别是搜狐镜像下载站点和网易镜像下载站点。

提示：不要去一些非正规的站点下载，这样无论是从个人操作习惯，还是操作规范等方面都是没有依据的。因为小的镜像站点不能保证质量和完整性，一旦有非法后门植入，可能会盗走个人资料。

如果公司的数据被盗走，轻则直接影响到公司的业务，重则会导致公司破产倒闭，造成不可挽回的经济损失。因此在这一方面，我们一定要养成良好的操作行为规范、并建立相应的软件下载和安装标准，形成自己特色的知识库进行沉淀。只有这样，才能在未来的工作和学习中逐步建立运维规范和标准，久而久之形成良性循环。无论对公司，还是对个人的成长，都是非常有帮助的。

2.1.3 安装 CentOS 操作系统的 3 种方法

安装 CentOS 的 3 种方法如下。

1. 光盘安装

由于读者刚开始接触 Linux 操作系统，因此在此先进行手动安装的完整演示，后期会采用 PXE+Kickstart+http+tftp 自动化批量部署的方式来进行全自动多版本操作系统的安装。光盘安装的具体方式会在第 2.2 节中完整体现。

2. U 盘安装

光盘安装速度较慢，另外，采用光盘安装还需单独购买刻录机和光盘，因此就诞生了 U 盘安装操作系统，使用 U 盘安装操作系统有如下优势。

- U 盘读写比较方便，一般 CD/DVD 只能写入一次。
- U 盘比光盘快，而且声音小，光驱经常做系统容易损坏，而且费电。
- U 盘寿命肯定是有一点影响的，但是光盘还容易损坏，稍微一碰就不能读了。
- 系统文件如果有一点错误，可能导致无法启动系统。
- 系统急救时会用到，还有免费的，不需要刻录光盘。

3. 自动化安装部署

全自动安装 CentOS 操作系统，有如下两种全自动解决方案。

- PXE+Kickstart 无人值守安装操作系统。
- Cobbler 无人值守安装操作系统。

Cobbler 和 kickstart 两种安装方式有什么区别呢？

（1）Cobbler 是一个系统启动服务（boot server），可以通过网络启动（PXE）的方式来快速安装、重装物理服务器和虚拟机，支持安装不同的 Linux 发行版和 Windows。该工具使用 Python 开发，小巧轻便，使用简单的命令即可完成 PXE 网络安装环境的配置，同时还可以管理 DHCP、DNS 以及 yum 包镜像。

（2）Cobbler 使用命令行方式管理，也提供了基于 Web 的界面管理工具（Cobbler-web），还提供了 API 接口，方便二次开发使用。同时，它和 apache 做了深度整合。通过 Cobbler，可以实现对 RedHat/CentOS/Fedora 系统的快速部署，同时也支持 Suse 和 Debian（Ubuntu）系统。

（3）Cobbler 装机系统是较早前 Kickstart 的升级版，优点是比较容易配置，还自带 web 界面，易于管理，不足在于中文资料较少。和 Kickstart 不同的是，使用 Cobbler 不会因为在局域网中启动了 dhcp 而使有些机器默认从 pxe 启动，在重启服务器后加载 tftp 内容导致启动终止。

（4）通过配置 Cobbler 自动部署 DHCP、TFTP、HTTP，在安装过程中加载 Kickstart 无人值守安装应答文件实现无人值守。从客户端使用 PXE 引导启动安装。

（5）PXE+Kickstart 和 Cobbler 都可以完成操作系统的自动化安装，具体使用哪种安装方式取决于读者对哪种技术比较熟悉。这里推荐使用 PXE+Kickstart 的方式来安装，非常简单、快捷和高效。作者曾批量部署 100 台的 DELL R730 服务器，基本每 1～2 分钟一台，因为是并行安装，所以安装速度是非常快。

（6）采用全自动化定制安装操作系统还有如下优点。

- 采用全自动化安装，还可以按需安装多版本的操作系统，比如同时需要安装 CentOS 6.9 和 CentOS 7.4。
- 作者在实际的工作当中，尤其是第三方的业务，需要一些相对比较稳定的老一点的操作系统来安装和调试服务运行环境。
- 一些新技术需要安装最新的操作系统进行更好的驱动支持，比如要安装 KVM 虚拟化环境或 Docker 容器化环境，最好是安装最新版本的操作系统来部署，方便官方第一时间修复 bug 和改进性能，减少服务器运行过程中的崩溃率，提高服务器所运行服务的稳定性和可靠性。

2.1.4 操作系统安装核心要点提示

1. 语言选择

建议选择英文，如果刚开始做练习，也可以选择简体中文。

2. 时区选择

选择 Asia/Shang 东八区。

3. 最小化软件安装原则

最小化安装操作系统，减少操作系统漏洞和臃肿。

4. 分区和业务目录规划

分区最好和目录规划对应，方便后期维护，建议如下。

- /boot/efi 分区，Dell 服务器最新主板支持，不分配用 kickstart 无法完成磁盘分区。
- swap 20G 实际生产环境建议给 20GB 即可。
- /根分区，所有分区的父分区，线上环境一般建议给 100GB 左右。
- /data/分区，一般建议是分配本磁盘的所有空间。因为以后我们会在这个目录里面安装一些以后应用程序，比如 MySQL、Nginx、Apache、Tomcat 和 Redis 等。

5. 根据业务来组织目录

比如，应用程序安装目录为/data/app/{mysql,nfs,nginx,apache,php}等，数据目录为：

```
/data/mysql/mysql3316/data
/data/mysql/mysql3317/data
/data/mysql/mysql3318/data
```

6. 静态资源目录规划

静态资源目录规划包括图片存储和视频存储等，如下代码所示：

```
/data/static
/data/upload
/data/img1
/data/img2
/data/nfs1
/data/nfs2
```

7. 日志文件目录规划

操作系统本身的日志以及项目的日志规划如下代码所示：

```
/data/logs/nginx
/data/logs/apache
/data/logs/acess_www.booxin.vip
/data/logs/error_www.booxin.vip
/data/logs/acess_www.abc.vip
/data/logs/error_www.abc.vip
```

安装和部署操作系统前，只有做到良好的规划，才能为后续的运维自动化建立一个基本标准，从而形成良好的标准运维环境。

8. 生产环境标准化

- 操作系统的选择。
- 分区、目录规划、日志规划。
- 防火墙规则。
- 时区、语言选择。
- 时间同步规划。
- 定时任务规划

良好的规划是 Linux 系统管理员高效管理服务器的前提。

2.2 CentOS 6.9 生产环境高标准安装实战

生产环境在这里是指企业中实际运营业务环境的服务器，比如 Nginx 负载均衡器、PHP

接口服务器、Apache 服务器、Tomcat 服务器和 MySQL 服务器等。这些服务器放置到高标准的 IDC 机房里面会全天候不间断地运行，安装好操作系统以后，就不会轻易再重新安装了，不像个人 PC 电脑可以根据个人喜好和心情经常更换系统。

2.2.1 安装前基本规划说明

截止本书写作时，CentOS 6 系列最新版本为 CentOS 6.9，下面介绍 CentOS 6.9 的具体安装配置过程。在安装之前最好对要安装的服务器进行一个整体规划，包括但不限于以下方面。

- 操作系统版本的选择。
- 内外网、地址网段规划。
- 内外网 DNS 解析。
- 防火墙规则等基本安全策略配置。
- VPN 权限安全策略配置。
- 软件版本的选择和安装。
- 环境变量设置。
- 开发人员项目管理权限。
- 开机启动精简。
- 操作系统安全加固策略。
- 操作系统内核调优。
- 文件描述符优化。
- 定时任务配置。
- 内外网 Yum 源配置。
- 域名规则规划。
- Hosts 文件解析配置。
- root 密码策略。

2.2.2 生产服务器部署规划

表 2-1 所示为生产服务器标准配置信息表。

表 2-1 生产服务器标准配置信息表

操作系统	主机名	内网地址	外网|管理卡地址	DNS 地址
CentOS 6.9 x86_64bit	www.test1.com	192.168.1.58	119.254.109.18 10.16.100.1	114.114.114.114 8.8.8.8

2.2.3 生产操作系统版本选择建议

进行生产环境操作系统时，需要考虑 CentOS LiveCD、Live DVD 和 Bin DVD 这 3 个版本的区别是什么？

1. Bin DVD 版

Bin DVD 版就是普通安装版，需安装到计算机硬盘中才能用，Bin 一般都比较大，而且包含大量的常用软件，安装时无须再在线下载（大部分情况）。

2. Live DVD 版

Live DVD 版就是一个光盘 CentOS 系统，可通过光盘启动电脑，启动 CentOS 系统，有图形界面，也有终端。可以安装到计算机，但是有些内容可能还需要再次到网站下载（自动）。

3. Live CD 版

Live CD 版相比 Live DVD 是个精简的光盘 CentOS 系统。体积更小，便于维护使用。此外，还有个更迷你的 CentOS 系统版本，这里推荐大家使用 Mini 版本进行安装。

理论上说什么版本都可以的，不过版本越高功能越强大，而低版本的 CentOS 使用者比较多，维护过程中遇到问题比较容易寻求帮助，快速解决。

作者目前维护的公司在用的还有一部分是 CentOS 5.5 系列，目前最高出到了 CentOS 7.4，大部分公司使用 CentOS 5.8 到 CentOS 6.9 比较多。CentOS 6.9 系统镜像有 32 位和 64 位两个版本，并且还有专门针对服务器优化过的 minimal 版本，生产服务器一般都是大内存（4GB 以上内存）。建议安装 CentOS 6.9 x86_64 minimal.iso 版本，以便达到对服务器硬件的最有效利用，让操作系统对服务器资源调度和应用程序的使用达到最大化。

4. 作者建议

根据作者多年 Linux 及 MySQL 运维 DBA 从业经验，提出以下两个建议，仅供参考。

- 建议先使用安装 CentOS 6.9 x86_64 minimal 迷你版。
- 对于企业版，生产环境线上使用建议安装 CentOS 7.3 x86_64 minimal 迷你版。
- 具体选择哪个系列发行版本，还要和公司的实际业务和使用场景结合起来，并不是一成不变的，在求新和求稳之间把握好平衡点。

2.2.4 CentOS 6.9 下载地址相关说明

读者可以自行到维基百科中搜索下载 CentOS 6.9，下载地址相关说明如图 2-1 所示。

可以看到这是一个 3 行 7 列的表格。

- 第 1 列是操作系统版本大版本，目前是分为两个大的版本系列，一个是 CentOS 6 系列的，一个是 CentOS 7 系列的。

- 第 2 列是副版本号。
- 第 3 列是操作系统介质类型，一般常用的是 DVD，建议读者选择 DVD 下载安装。
- 第 4 列是软件包。
- 第 5 列是关于此版本的一些说明信息。
- 第 6 列是厂商类型。
- 第 7 列是此版本支持周期。

CentOS Linux Version	Minor release	CD and DVD ISO Images	Packages	Release Email	Release Notes	End-Of-Life
7	7 (1611)	Rolling: DVD, Minimal, Everything, LiveGNOME, LiveKDE (checksums) | Mirrors: x86_64	RPMs	CentOS	CentOS RHEL	30 June 2024
6	6.9	i386 x86_64	RPMs	CentOS	CentOS RHEL	30 Nov 2020**

图 2-1　CentOS 官方网站首页下载镜像信息列表

开始下载 CentOS 6.9 64 位 mini 版本，由于 CentOS 默认镜像是在国外，因此建议读者选择国内的搜狐镜像站点作为下载地址。

2.2.5 安装 CentOS 6.9 64 位的必备条件

安装 CentOS 6.9 64 位的必备条件如下。

- 安装 CentOS 6.9 系统的计算机内存必须等于或者大于 628MB（最小内存 628MB），才能启用图形安装模式。
- CentOS 6.9 的系统安装方式分为图形安装模式和文本安装模式。
- CentOS 6.9 文本安装模式不支持自定义分区，建议使用图形安装模式安装。
- CentOS 6.9 系统运行方式分为带图形界面、可以用鼠标操作的图形化方式和不带图形界面、直接用命令行操作的文本方式（CentOS minimal 版本默认是以文本方式运行，在系统安装的过程中没有系统运行方式的自定义选项）。
- 虚拟机安装 CentOS 6.9 建议内存设置大于等于 512MB，以便系统运行更流畅。

2.2.6 标准安装 CentOS 6.9 演示

1. 安装 VMware Workstation

首先是安装 VMware Workstation，前面已经介绍过如何下载，这里就不做演示了，只需要下一步安装即可，安装完成后的桌面效果图如图 2-2 所示。

图 2-2　VMware Workstation 图标

2. 准备好 CentOS 6.9 安装镜像

这里下载的是 CentOS 6.9 64 位 mini 版本安装镜像，如图 2-3 所示。

图 2-3 CentOS 6.9 mini 版安装镜像

3. 新建虚拟机

打开 VMware Workstation 软件，单击创建新的虚拟机按钮或者按<Ctrl+n>组合键新建虚拟机，安装向导，选择“自定义（高级）”，如图 2-4 所示。

4. 虚拟机硬件兼容性选择

一般选择默认即可，如图 2-5 所示。

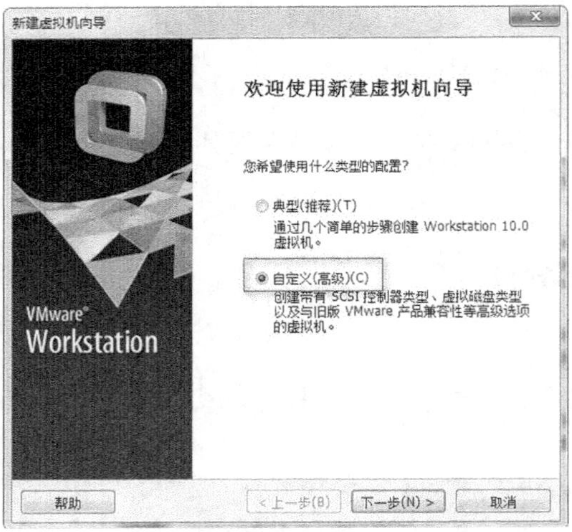

图 2-4 新建虚拟机向导

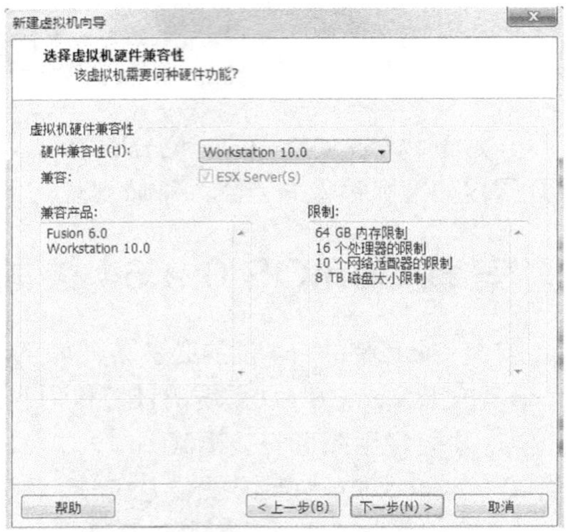

图 2-5 虚拟机硬件兼容性选择

5. 安装客户操作系统

如图 2-6 所示。

6. 安装操作系统类型

- 客户操作系统选择 Linux。
- 版本选择 CentOS 64 位。

如图 2-7 所示。

7. 虚拟机命名及安装位置

虚拟机命名及安装位置如图 2-8 所示。

8. 处理器信息配置

作者这里选择默认配置，如图 2-9 所示。如果读者的计算机配置很高，那么可以有针对性地选择对应的数字进行配置，前提是不能超过你的物理机器的 CPU（中央处理器）配置。

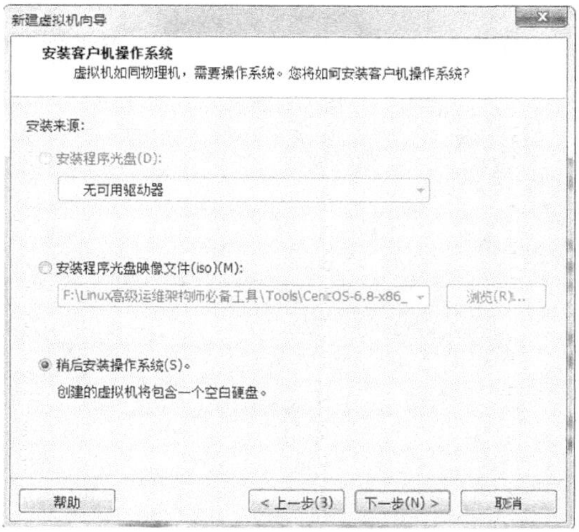

图 2-6　选择“稍后安装操作系统”

图 2-7　选择安装操作系统类型

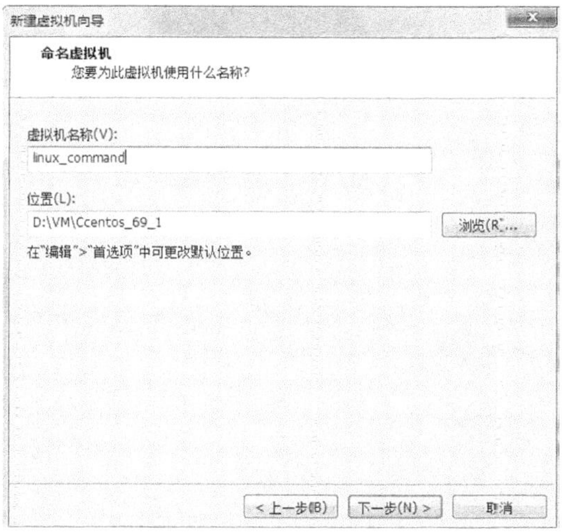

图 2-8　虚拟机命名及存放位置

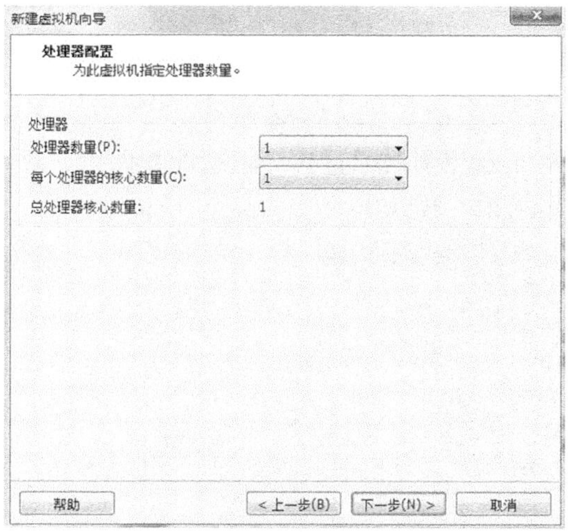

图 2-9　处理器信息配置

9. 内存配置

虚拟机内存的配置也取决于你的机器物理内存的配置。作者的本机内存是 12GB，为了使得安装和运行虚拟机的速度更快，因此我设置了 2048MB 内存。当然如果你的机器配置很高，那么也可以设置成 4096MB 或者 8096MB 进行配置。这里由于是实验环境，一般设置为 2048MB 即可，具体配置如图 2-10 所示。

10．网络配置

建议选择桥接网络，这是生产环境中用得最多的网络配置。桥接网络可以理解为这台虚拟机网络地址的地位和宿主机的网络的地位相同，都拥有各自的独立 IP 地址，相互之间没有依赖，如图 2-11 所示。

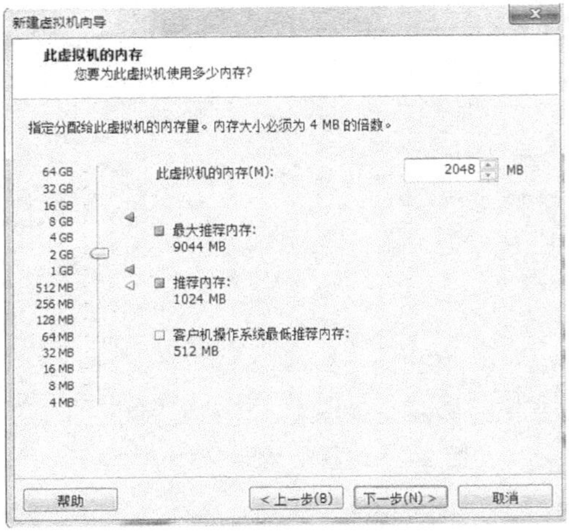

图 2-10　内存信息配置

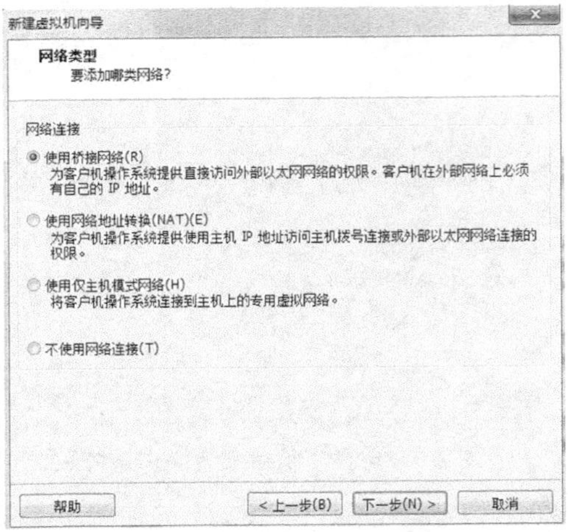

图 2-11　网络配置信息

11．I/O 控制器配置

I/O 控制器配置选择默认配置即可，如图 2-12 所示。

12．磁盘类型

磁盘类型采用默认的 SCSI 即可，如图 2-13 所示。

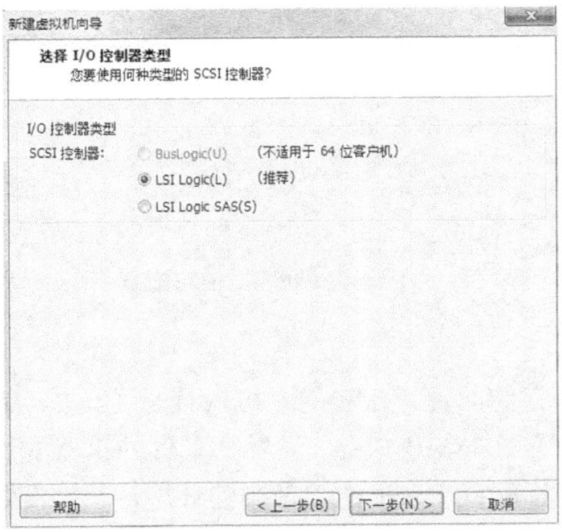

图 2-12　I/O 类型信息

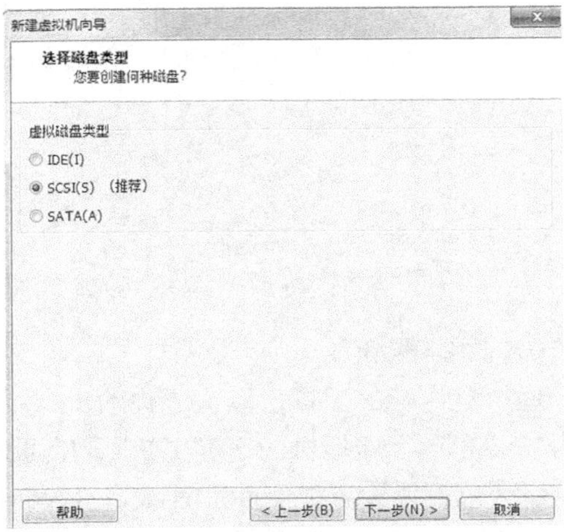

图 2-13　磁盘类型选择

13. 新建磁盘

新建磁盘，用来保存此操作系统安装的存放位置，如图 2-14 所示。

14. 指定磁盘大小

磁盘空间指定 20GB 即可，磁盘总空间的大小决定分区格式化文件系统的快慢，这里采用 20GB 就可以满足我们的实验需求了，如图 2-15 所示。

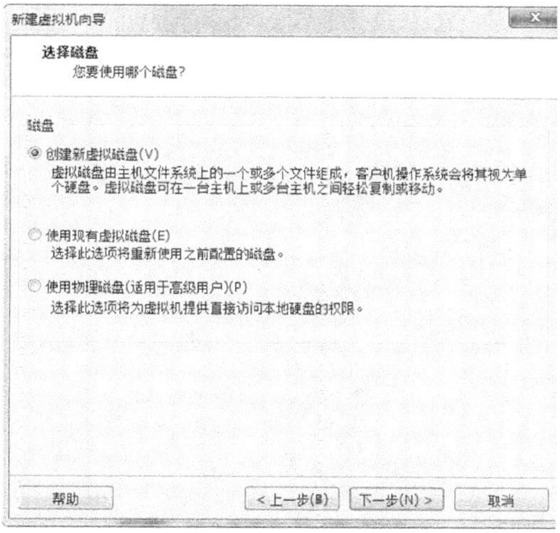

图 2-14　新建磁盘

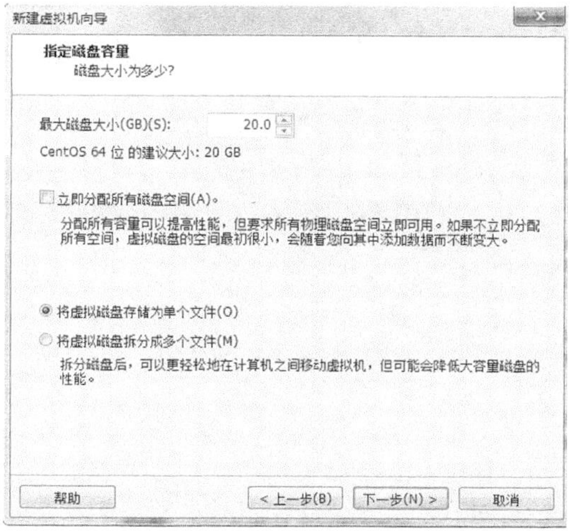

图 2-15　磁盘大小

将虚拟机磁盘文件存储为单个，方便携带，比如在家里安装了此虚拟机之后，上班时可以把整个虚拟磁盘复制到单位的电脑上继续学习和练习，非常方便。

15. 指定磁盘存放位置

一般采用默认存放位置即可，如图 2-16 所示。

16. 新建虚拟机预览

到这一步就基本完成了虚拟机的一个基本框架的搭建。

类似于我们去购买组装电脑一样，首先要选购 CPU、主板和内存、显卡、显示器、电源、机箱、硬盘、鼠标和键盘等一系列相关的硬件。然后主板上要匹配对应的 CPU，以及内存的频率等适配信息。最后，这些基本的硬件组装完成后，就可以采用 U 盘或者光盘安装想要的操作系统了，比如 Windows7、Windows10 等。

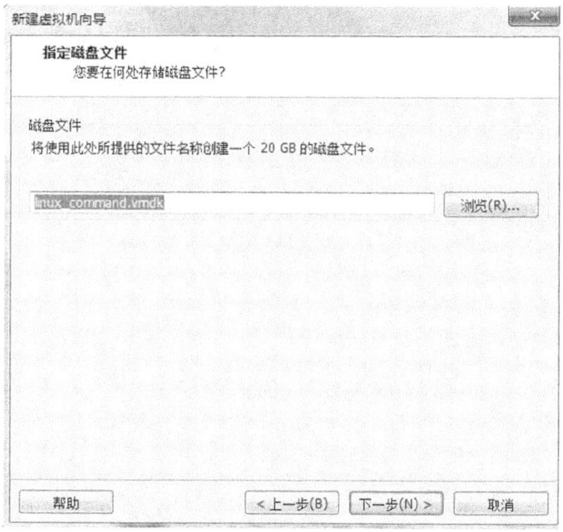

图 2-16　磁盘命名及存放位置

现在我们类似于完成了硬件的基本组成和

组装，当然你也可以选择自定义硬件来进行二次修改，我这里就不做改动了。下面我们就开始采用 ISO 镜像的方式来安装 CentOS 6.9，如图 2-17 所示。

17. 指定 ISO 镜像文件存储位置

鼠标单击下图中的“CD/DVD（IDE）自动检测”，指定 CentOS 6.9 ISO 镜像位置，如图 2-18 和图 2-19 所示。

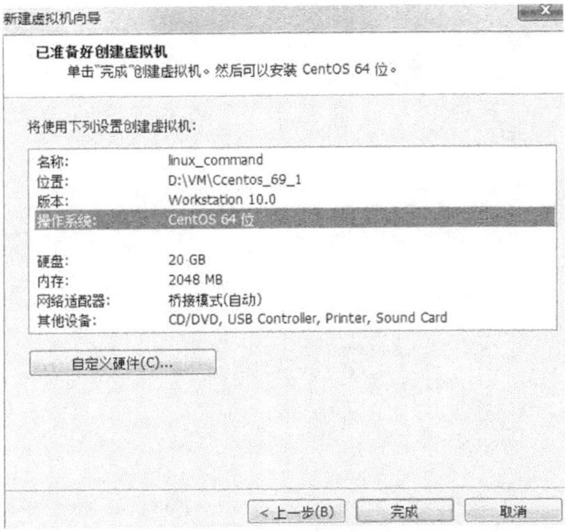

图 2-17 新建虚拟机预览

图 2-18 指定 CentOS 6.9 镜像

图 2-19 指定 CentOS 6.9 镜像

要注意勾选“启动时连接”，这样在启动安装操作系统时就会自动去寻找 CentOS 6.9 的 ISO 安装镜像了。

18. 准备开机启动

开机启动准备安装 CentOS 操作系统，用 ISO 镜像成功引导系统，会出现如图 2-20 所示的界面。

19. 开机引导界面说明

引导界面相关说明如图 2-21 所示。

图 2-20 准备启动引导安装系统

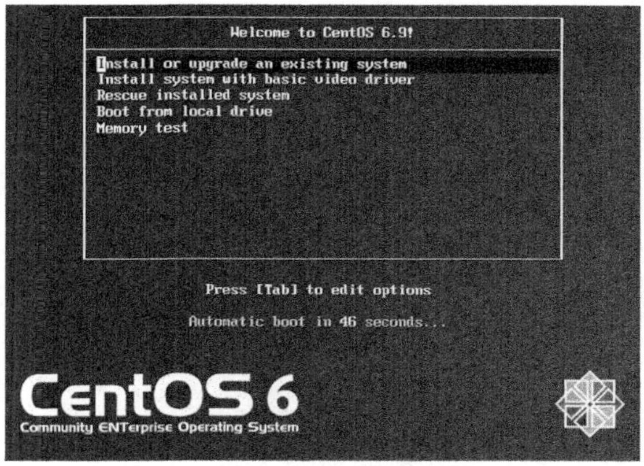

图 2-21 CentOS 6.9 ISO 镜像引导界面说明

ISO 镜像引导界面说明如下。

- Install or upgrade an existing system #安装或升级现有的系统。
- install system with basic video driver #安装过程中采用基本的显卡驱动。
- Rescue installed system #进入系统修复模式。
- Boot from local drive #退出安装从硬盘启动。
- Memory test #内存检测。

这里选择第一项——安装或升级现有的系统，按<Enter>键。

20. 安装介质检测

出现是否对 CD 媒体进行测试的提问界面，这里选择“skip”跳过测试，如图 2-22 所示。

21. 跳过校验介质下一步

直接跳过校验介质这一步，如图 2-23 所示。

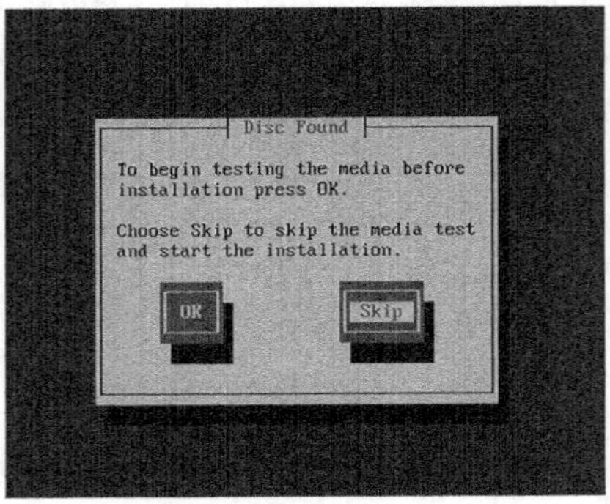

图 2-22　安装介质校验跳过

图 2-23　安装介质校验跳过下一步界面

22. 语言选择

一般建议选择英文，初学者也可以选择简体中文。建议在生产环境安装使用时还是采用英文作为第一选择，选择语言“English”。

生产服务器建议安装英文版本，如图 2-24 所示。

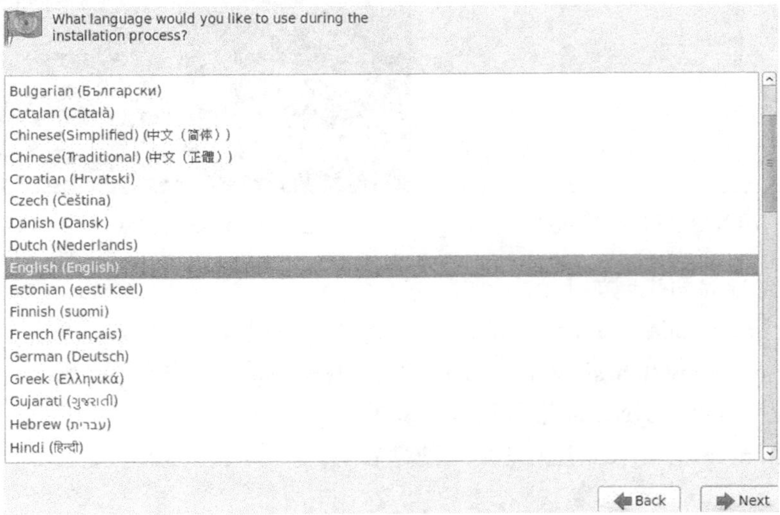

图 2-24　选择语言“English”

23. 键盘选择

生产环境键盘选择“U.S.English”，如图 2-25 所示。

24. 存储设备选择

选择第一项基本存储设备，一般的磁盘和 RAID 阵列都选择此项，如图 2-26 所示。

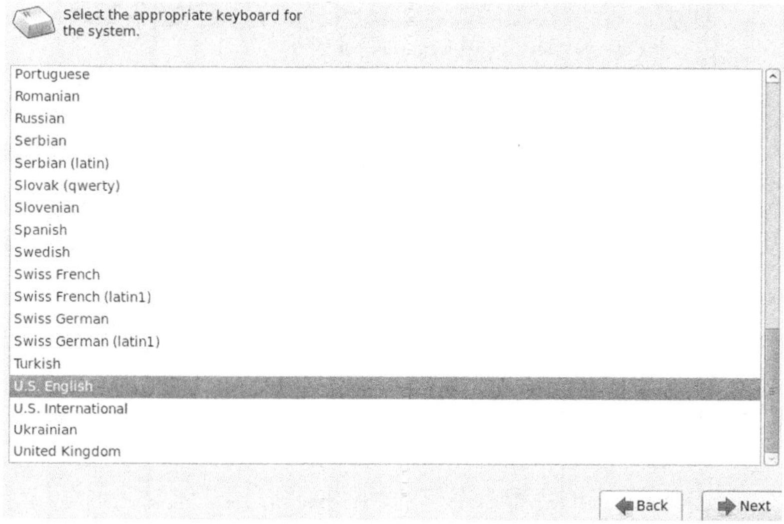

图 2-25　键盘选择

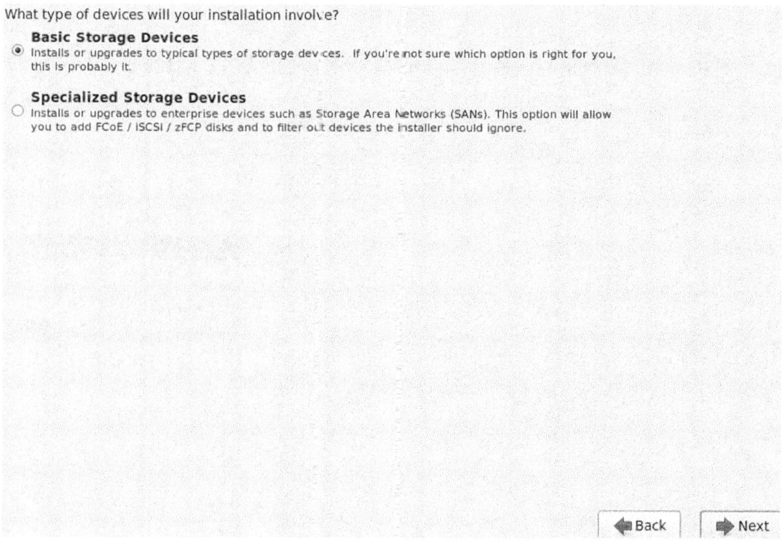

图 2-26　存储设备选择

25. 数据选择

选择第一项“Yes,discard any data”，由于是全新安装操作系统，因此没有任何数据，如图 2-27 所示，忽略所有数据。

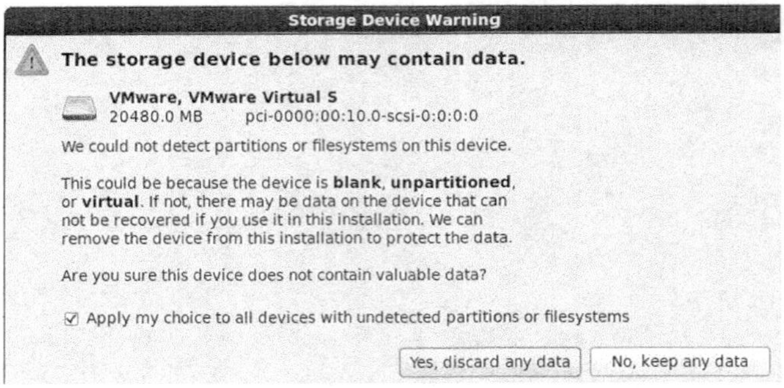

图 2-27 忽略所有数据

26. 设置 IP 地址主机名等基本信息

设置主机名，可以在这里进行设置，也可以安装完成后再修改。根据自己的需要，由于我们还没有学习 Linux 操作下的各种命令行的具体操作，因此就先在这里设置，避免不必要的麻烦。等到我们非常熟悉整个操作系统安装部署以及熟练应用时，再自定义设置，这里可以先按照作者建议的步骤进行操作。如图 2-28 所示，单击“configure Network”，设置网络地址相关信息。

准备设置 IP 地址、子网掩码、网关、DNS 等相关信息，如图 2-29 和图 2-30 所示。

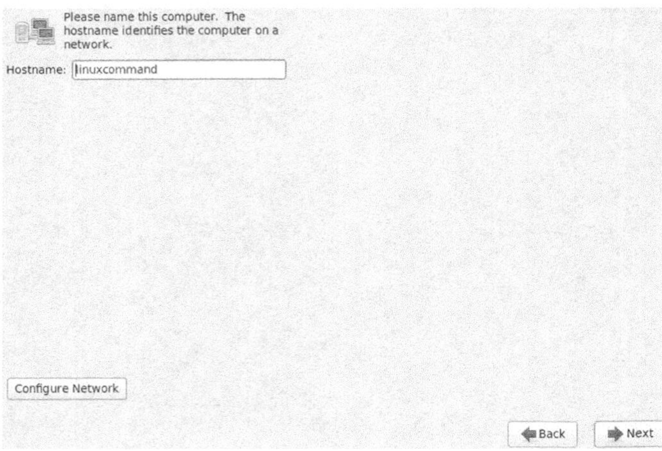

图 2-28 设置主机名

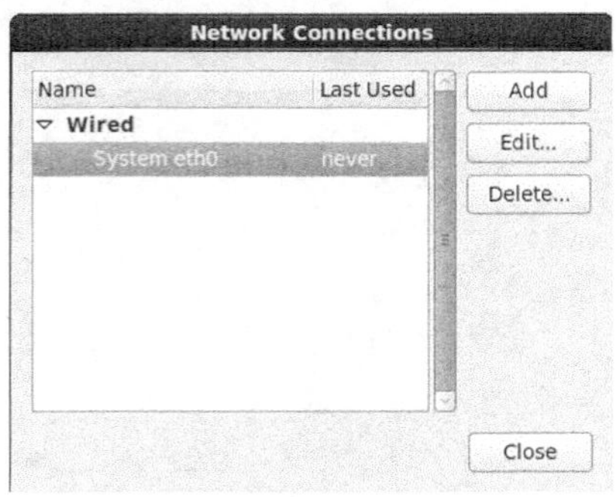

图 2-29 针对 eth0 网卡设置

27. 时区选择

时区选择“Etc/GMT +8 北京时区”，勾选“System clock user UTC”。是否使用 UTC 时间根据实际业务需求，国内用户可以不选择此项，国际客户可以选择此项，如图 2-31 所示。

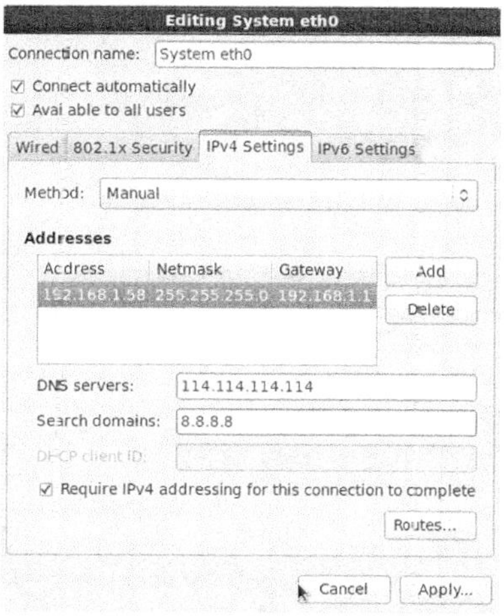

图 2-30　设置 eth0 网卡信息

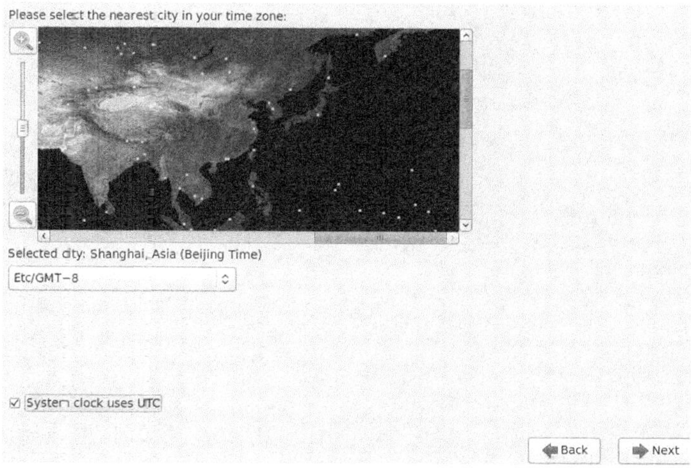

图 2-31　设置时区

28. 设置 root 密码

作者这里设置了 root 密码为 123 以后，提示信息如图 2-32 所示。

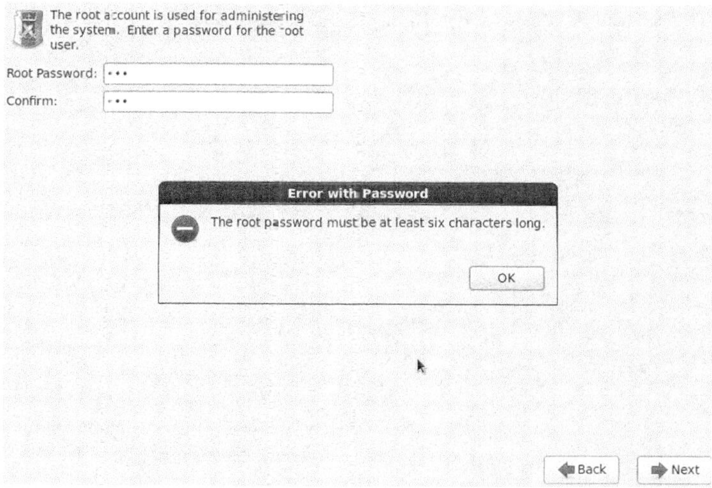

图 2-32　密码长度不符合提示

下面重新设置密码为 123456，如图 2-33 所示，提示密码复杂度不符合要求。

重新设置密码为 123.com，就没有提示了，说明 Linux 对密码的复杂度和安全性是非常重视的。注意：如果使用的密码过于简单，系统会自动提示“你的密码不够安全，过于简单化/系统化”。

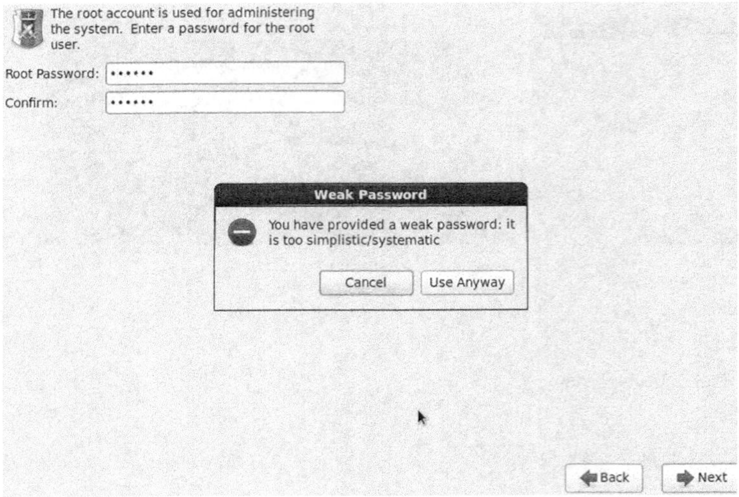

图 2-33 密码复杂度不符合提示

选择“Use Anyway”，即无论如何都使用，注意：生产环境必须设置足够复杂的密码。

29. 自定义分区

选择最后一项“Create Custom Layout”，创建自定义分区，如图 2-34 所示。

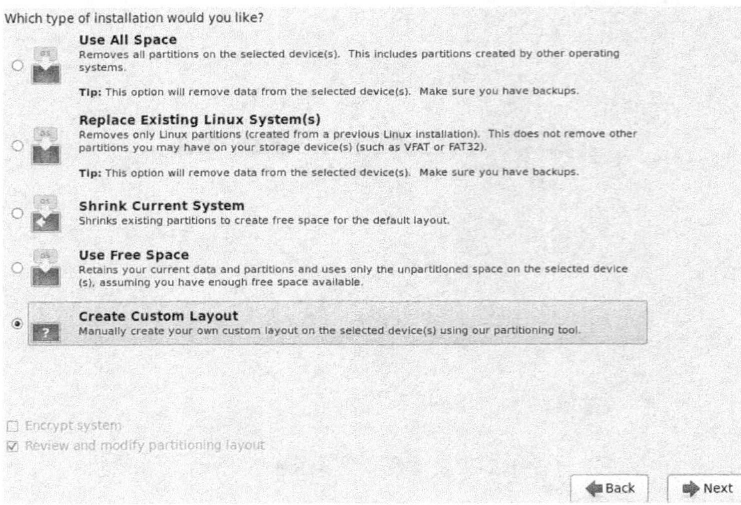

图 2-34 自定义分区

可以看到硬盘的容量，作者这里显示的是 20GB。现在自定义分区，注意：分区之前，要先规划好怎么分区。作者的分区信息如下所示，硬盘总共 20GB。

- DELL 最新系列的服务器支持 UEFI 的引导，因此需要创建一个/boot/efi/的独立的分区，大小为 200MB。
- swap 分区给了 2GB。
- 根分区给了 8GB。
- /data/为所有剩余磁盘空间。

特别说明：

- 用于正式生产的服务器，切记必须把数据盘单独分区，这样系统出问题时能够保证数据的完整性。例如，可以再划分一个/data 专门用来存放数据。
- 这里没有划分 swap 分区，对于大内存服务器可以不用设置 swap 分区，或者在确定系统需要使用的内存大小后再增加 swap。

30. 新建/boot/efi 分区

- 选中空闲分区 Free，单击创建“Create”。
- 选择标准分区 Standard Partition，单击创建“Create”。
- 挂载点：/boot/efi。
- 文件系统类型：ext4。
- 大小：200MB。
- 其他选项默认即可。

确定后单击“OK”，如图 2-35 所示。

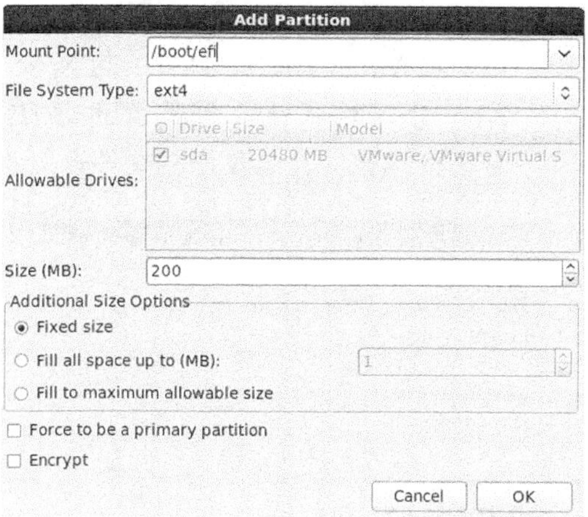

图 2-35 /boot/efi 分区信息

31. 新建根分区

根分区相关信息如下所示。

- 挂载点：/。
- 文件系统类型：ext4。
- 大小：8000MB。
- 其他选项默认即可。

确定后单击“OK”，如图 2-36 所示。

32. 新建 swap 分区

swap 分区适用于服务器内存资源紧张的场景中，生产环境中要结合实际情况进行大小分配，一般服务器给 20GB 即可，sawp 分区如图 2-37 所示。

33. 新建/data/分区

/data/分区信息如下所示。

- 挂载点：/data。
- 文件系统类型：ext4。
- 选中“使用全部可用空间”。

- 其他选项默认即可。

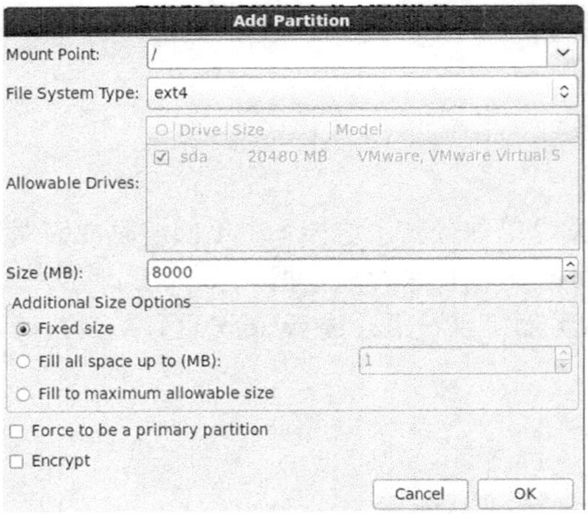

图 2-36 /“根”分区

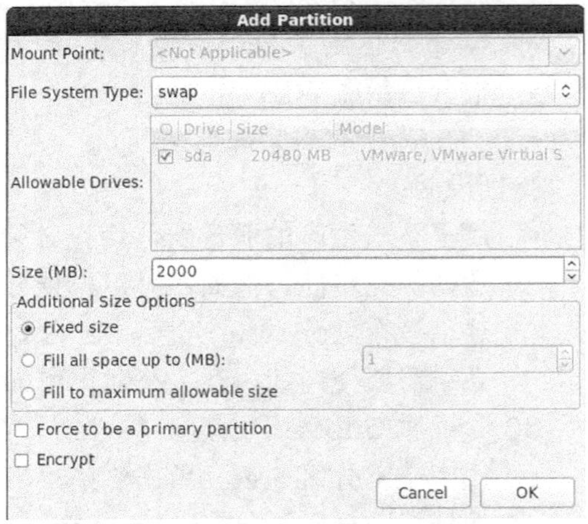

图 2-37 swap 分区

确定后单击“OK”，如图 2-38 所示。

34. 分区格式化，创建文件系统

分区格式化的目的是建立文件系统，单击“Format”格式化，如图 2-39 所示。

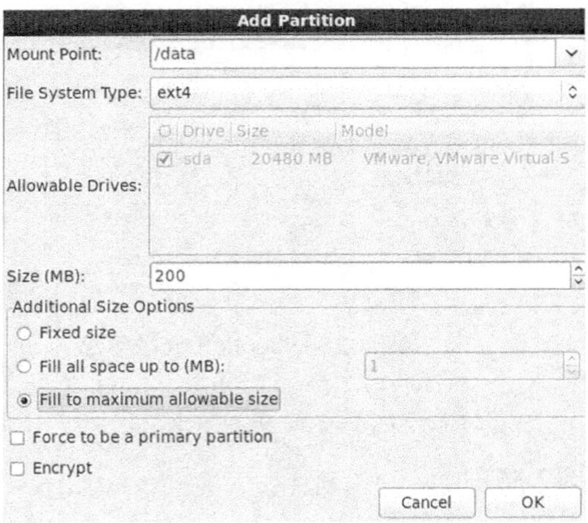

图 2-38 /data/分区

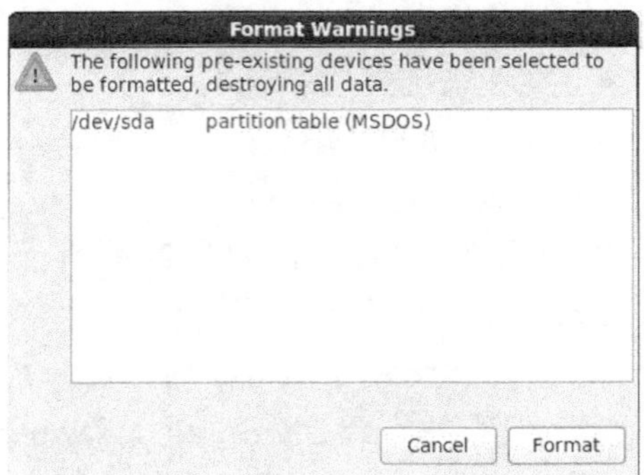

图 2-39 格式化

创建好分区之后，单击“Next”。

35. 将修改写入磁盘

将之前对磁盘的所有操作信息写入磁盘分区表，如图 2-40 所示。

单击“Write changes to disk”，将修改写入磁盘。

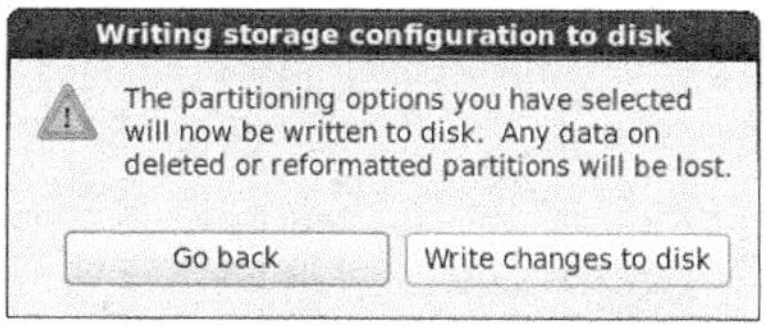

图 2-40　分区信息修改后写入磁盘

36. 安装引导程序

安装引导程序，如果计算机中安装有多个系统，会在列表中列出多个系统，如图 2-41 所示。

37. 最小化安装操作系统

由于作者安装的镜像是最小化的镜像文件，因此这里不用选择安装哪些软件包，默认已经是最小化安装了，如图 2-42 所示。

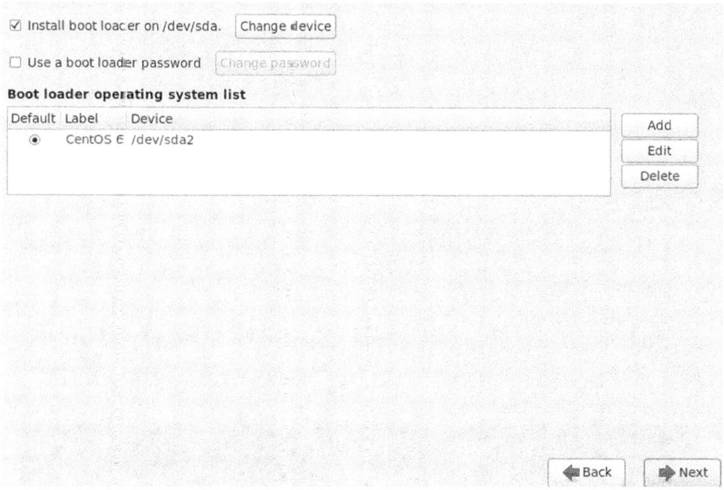

图 2-41　安装引导程序

如果是完整版镜像安装，则可能会有以下选择。

- 默认：第一项，Desktop 桌面。
- 这里选择：Minimal 最小。
- 备注：可以单击“Customize now”，选择安装需要的开发工具包软件，也可以在需要的时候通过 yum 源、rpm 或者编译来安装软件包。

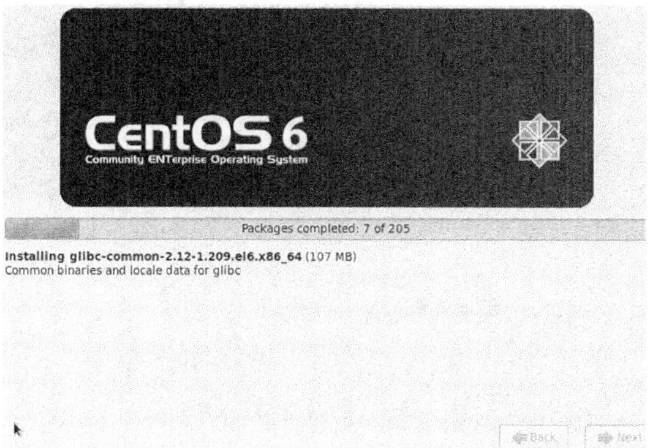

图 2-42　最小化安装

38. 安装完成

单击“Reboot”重新引导，系统自动重启，如图 2-43 所示。

单击“Reboot”按钮时还会有如图 2-44 所示的提示。

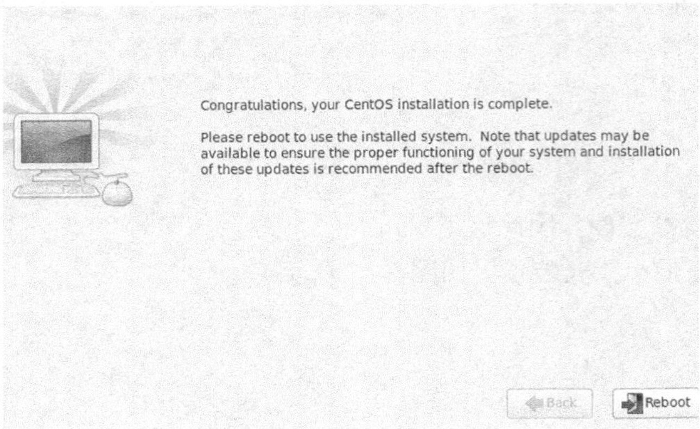

图 2-43　Reboot 完成安装

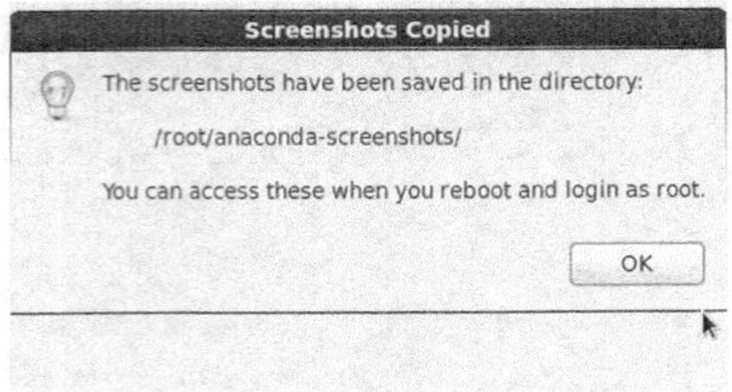

图 2-44　单击“Reboot”重启按钮提示信息

39. 验证安装成功

可以使用 hostname 验证之前设定的主机名以及 ping 某个网址来验证 DNS 配置是否正确，这里看到验证的返回结果都是准确无误的，如图 2-45 所示。

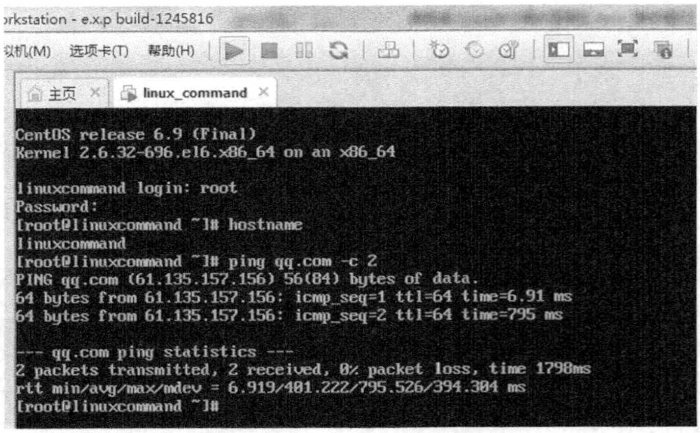

图 2-45　成功安装完成验证

40. 关机后第一时间快照

可以在终端直接输入 halt 关机指令来关闭操作系统。关机之后，单击鼠标右键-> “管理” -> “克隆”，如图 2-46 和图 2-47 所示。

41. 创建完整克隆

创建完整克隆，防止广大读者在学习过程中由于操作不规范导致服务器宕机或误操作造成服务器不可用。需要克隆虚拟机来防止机器不可用，如图 2-48 所示。

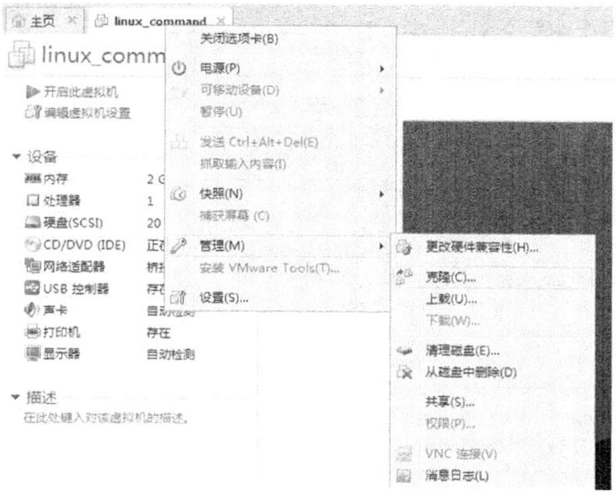

图 2-46　虚拟机做快照步骤

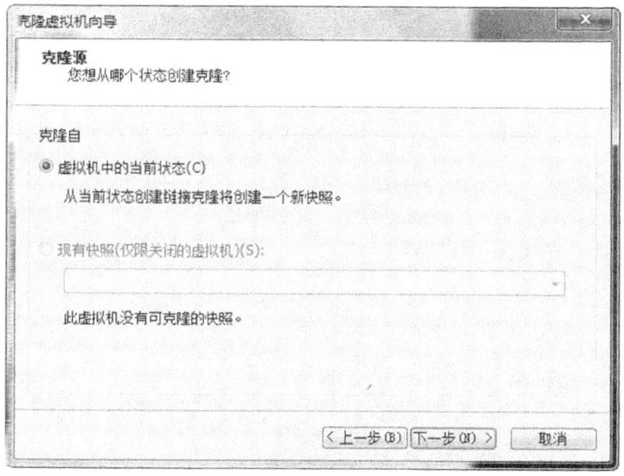

图 2-47　做快照

42. 设定克隆名称及存放位置

设定克隆虚拟机名称及虚拟机快照存放位置，如图 2-49 所示。

43. 克隆过程

单击“完成”按钮即开始克隆，整个克隆过程如图 2-50 所示。

44. 克隆完成

克隆虚拟机完成效果，如图 2-51 和图 2-52 所示。

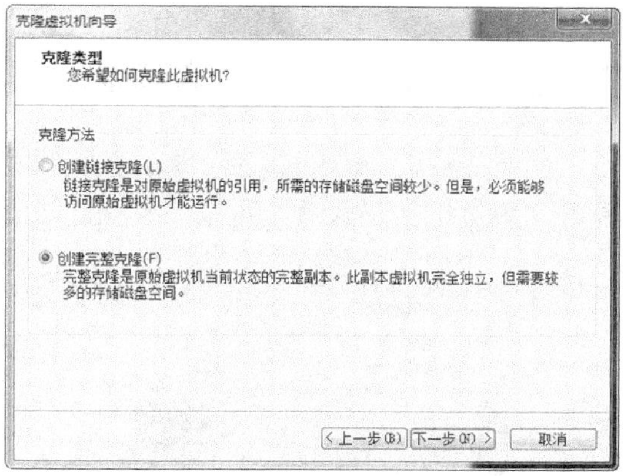

图 2-48　创建完整克隆

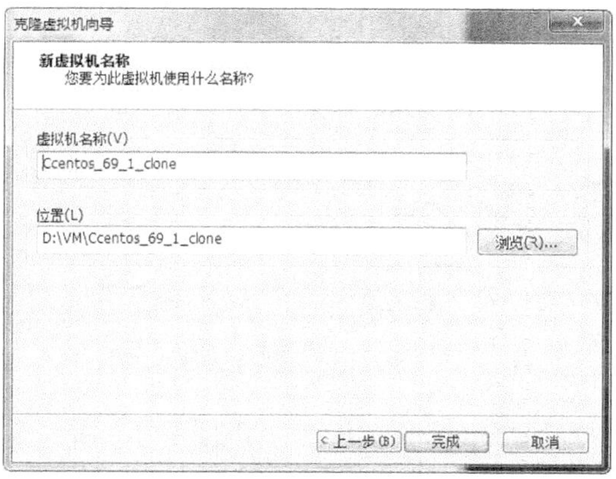

图 2-49　克隆信息

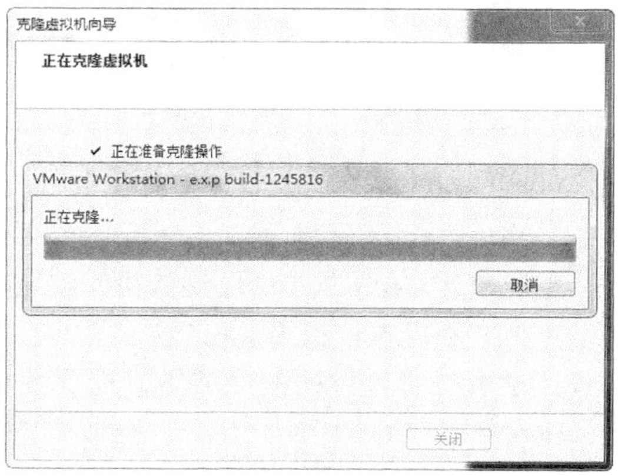

图 2-50　克隆过程

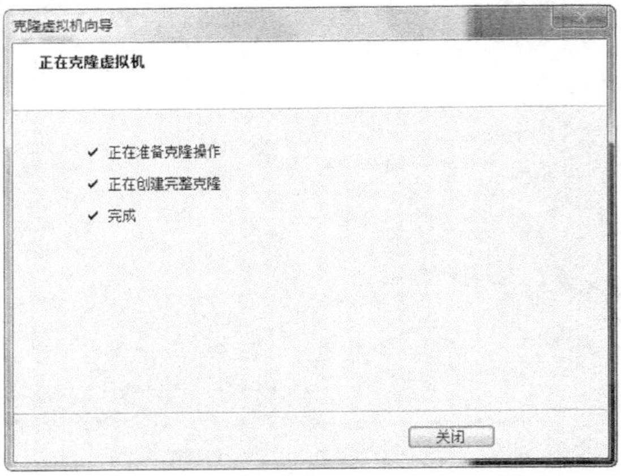

图 2-51　虚拟机克隆完成后显示信息

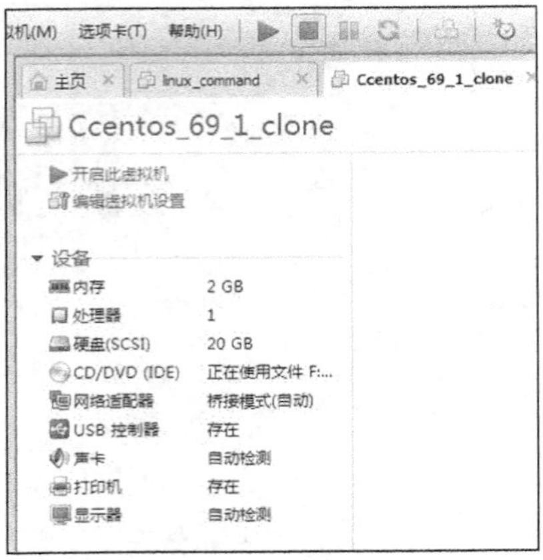

图 2-52　虚拟机克隆结果展示

2.2.7　CentOS 6.9 安装后做快照

安装完成 CentOS 6.9 后，进行关机操作，然后给新安装的虚拟机做快照，方便以后做实验时此虚拟机被损毁后，可采用此快照进行快速恢复。具体步骤如图 2-53～图 2-55 所示。

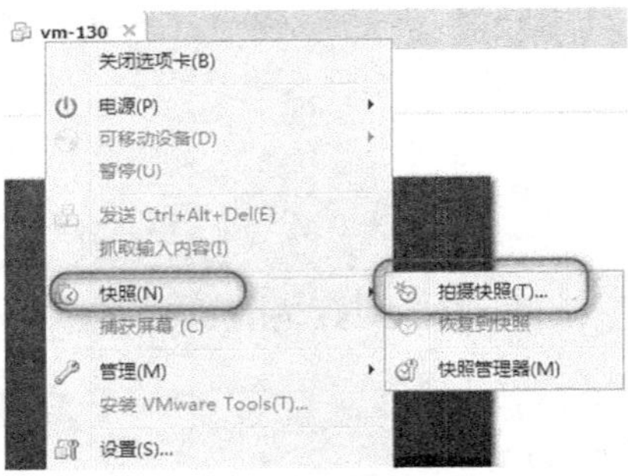

图 2-53　虚拟机快照图解

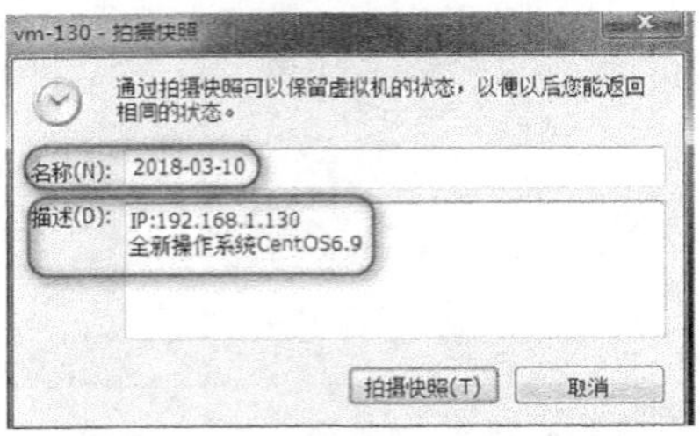

图 2-54　虚拟机快照图解

到此 CentOS 6.9 的安装过程就结束了，读者需要多多练习。

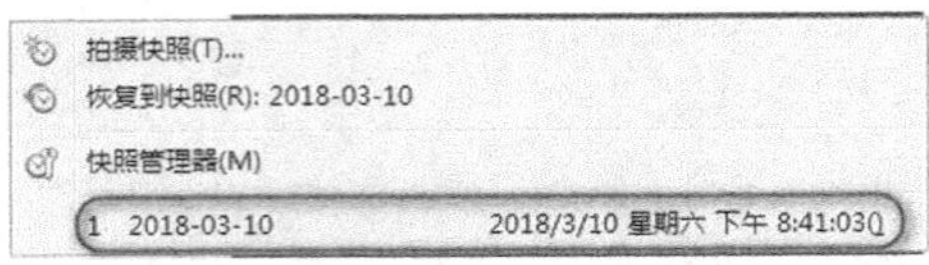

图 2-55　虚拟机快照图解

由于最近 CentOS 7 的发展势头比较迅猛，尤其是对 KVM 虚拟化和 Docker 容器等的支持非常完善，读者如有这方面的业务场景需要使用虚拟化，建议部署在 CentOS 7 上面。因此本书也兼顾了 CentOS 7 的安装，下面演示 CentOS 7 操作系统的具体安装过程。

2.3 CentOS 7.3 生产环境标准安装实战

在本章中，我们将学习基于作者写作时的最新的 CentOS 7.3 版本。此版本有非常多的新特性，适用于一些大流量和高并发场景，不但从操作系统的底层文件系统升级为了 xfs，而且对当下比较火的 Docker 容器也有很好的支持，对 KVM 虚拟化支持的力度很大，尤其是内核方面的升级，产生了很多新特性，这里就不再一一展开来讲了。

原来的 CentOS 6 系列操作系统默认的数据库应用已经由默认的 MySQL 变成了 MariaDB，但是 MySQL 还是会继续沿用很长的时间的，这是需要读者注意的地方。

总之，CentOS 6 系列和 CentOS 7 系列未来会并行存在一段时间，对操作系统本身的升级还是比较重的操作，一般业务运行比较稳定，是不会轻易进行操作系统升级的。除非出现了非常严重的操作系统 bug，或者基于硬件的升级换代等，才会考虑升级到更高的操作系统。一般来讲，最新的硬件加上最新的操作才是最佳匹配。

作者曾经维护过的最老的操作系统是 Red Hat Enterprise Linux AS release 4 系列的，所以说运维者在很大程度上就是保护和保证操作系统本身，以及在其上层运行的应用服务的稳定性和服务质量的提升。

CentOS 6.9 和 CentOS 7.3 的部署和安装都是非常重要的，如果读者能非常熟练地安装这些操作系统，就说明在安装操作系统层面上你已经是非常棒。

这里介绍一个学习操作系统安装的思路：对于不熟悉英文的读者，可以先选择基于中文版的安装，在熟悉之后可以选择安装英文版本的操作系统。无论是针对 CentOS 6.9，还是针对 CentOS 7.3 的安装练习，基本都是这个思路，熟能生巧。

2.3.1 CentOS 7 安装规划

CentOS 7.3 安装部署规划详情如表 2-2 所示。

表 2-2　　CentOS 7.3 安装部署规划

操作系统	主机名	内网地址	外网|管理卡地址	DNS 地址
CentOS 7.3 x86_64bit	www.test2.com	192.168.1.57	119.254.109.17 10.16.100.2	114.114.114.114 8.8.8.8

2.3.2 CentOS 7 mini 版本下载

建议到国内的镜像站点下载 CentOS 对应的镜像，一是保证速度，二是保障安全。不要去第三方或者别人分享的下载地址去下载，以防出现镜像或者镜像的 MD5 被篡改，对线上的服务或者业务造成不可逆的经济损失，甚至会流失大量的客户。

2.3.3 图示与 CentOS 6.9 安装的不同点

之前已经详细介绍过 CentOS 6.9 的安装步骤，相信读者经过练习安装后会有比较直观的认识和总结。总体来说，CentOS 7 与 CentOS 6.9 的安装过程没有太大的区别，只是 CentOS 7 的安装界面更为现代化，而且安装过程中的选择比较集中化，简单的几步即可完成安装，非常符合现代化敏捷和轻量的理念。如图 2-56～图 2-61 所示。

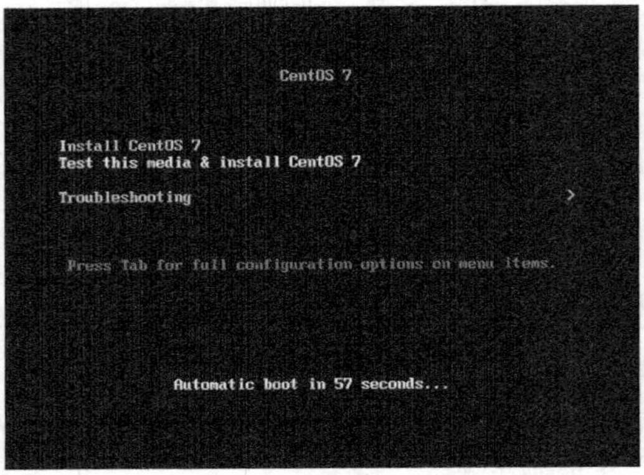

图 2-56　CentOS 7 初始化安装界面

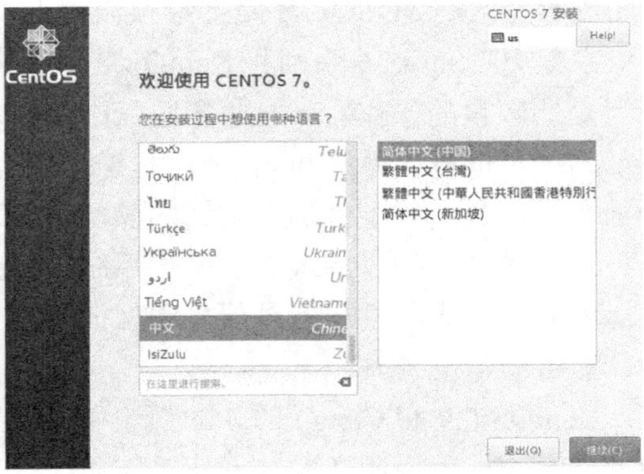

图 2-57　CentOS 7 语言选择

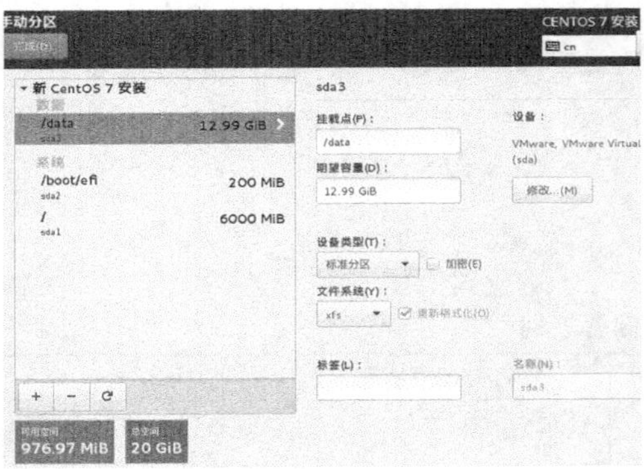

图 2-58　CentOS 7 分区规划

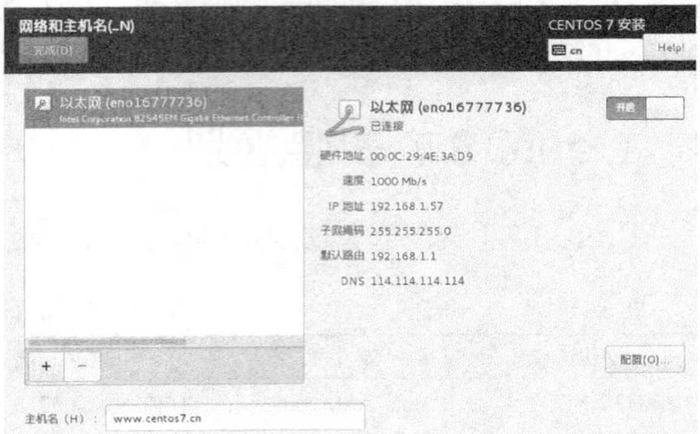

图 2-59　CentOS 7 网络连接设置

到此，CentOS 7 的安装就结束了，关于 CentOS 7 的一些不同的使用点，会有在后面的章节中逐步讲解。

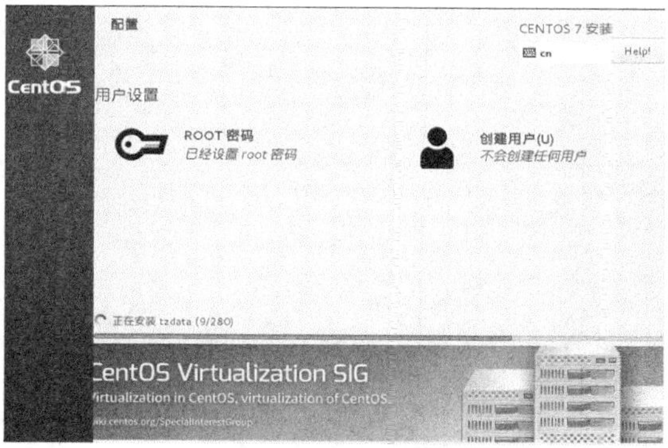

图 2-60 CentOS 7 root 密码设定

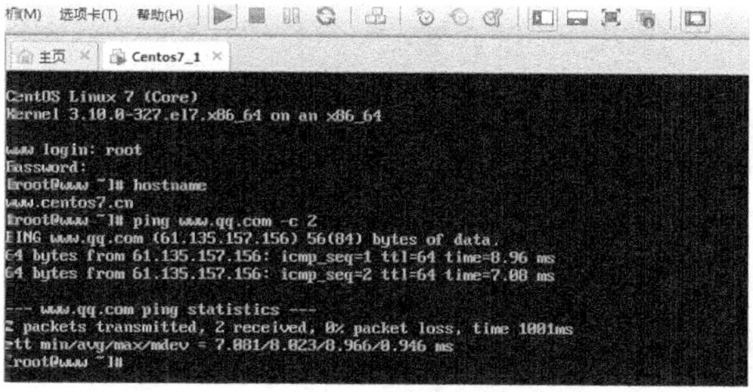

图 2-61 CentOS 7 登录之后界面一览

2.3.4 CentOS 7 halt 等指令关机无效案例

1. shutdown now 关机无效

作者曾经完成了 2 台 Centos 6.5 服务器迁移，ssh 连接后，使用 shutdown now 命令关机，等了几分钟连接断开，重新连接失败，以为已经关机成功，但是机房反映服务器电源指示灯还亮着。无奈远程登录到管理员电脑上继续用 shutdown now 命令关机，一直显示退回到单用户模式。

shutdown now 命令只是退回到单用户模式，关机需要加一个 h 参数，这个参数的意思是 Halt or poweroff after shutdown。

```
shutdown -h now
```

- Poweroff：掉电关机，实际过程是先关闭系统，然后掉电。
- Halt：停掉系统，没有掉电，主板是通电的。

2. CentOS 操作系统 halt 指令无法关机

Linux halt 用来停止系统运行，但不关闭电源，用途说明如下。

halt 命令可以停止系统运行，但不关闭电源；poweroff 命令也可实现关机，同时关闭电源。它们两个都是调用 shutdown 命令来进行的，reboot 可以将机器重启。

常用方式如下。

代码-1：

```
halt
```

代码-2：停止系统运行，但不关闭电源。

```
shutdown -h
```

代码-3：停止系统运行，同时关闭电源。

```
poweroff
```

代码-4：重启系统。

```
reboot
```

另外如下指令也会关闭电源：

```
shutdown -h 0
```

2.4 U盘安装 CentOS 7.3

作者之前用 U 盘安装 CentOS 6.9 版本系列，遇到一些问题。这里就不给广大读者一一阐述了。目前最新的操作系统是 CentOS 7.3 系列的，在此以 CentOS 7.3 为例给读者演示将我之前遇的问题和摸索出的简单有效的方法整理出来，与读者分享。

2.4.1 准备工作

U 盘安装操作系统准备工作如下。

1. 准备 32GB 的 U 盘

启动盘制作完成后，U 盘占用约 4.02GB，所以需要 32GB。

2. 软件兼容性问题

最新版 UltraISO（软碟通），一定要使用最新版的，因为老版本的软碟通制作出来的 U 盘启动盘有问题，例如 9.3.6.x 这个版本，问题体现在如下两点。

（1）用 9.3.6.x 版本的软碟通打开镜像文件后，会发现无法看到镜像中应有的全部文件，可以用压缩工具打开比较一下。

（2）用 9.3.6.x 版本制作出来的启动盘在安装过程中会有各种错误，导致安装失败！网上有很多 CentOS 在安装过程中报出的错误，其实很多是因为使用了低版本软碟通制作安装盘导致的。

3. 下载最新版软碟通

建议支持正版，请到官方网站中去注册和购买。

目前最新的版本信息为：

```
更新日期：2017-07-31  | 文件大小：2.35 MB | 版本： 9.7.0.3476
```

如图 2-62 所示，读者也可以下载免费试用版。

4. 下载 CentOS 7 镜像文件

镜像文件可以直接从 CentOS 官方网站中下载，也可以从国内一些镜像网站下载，比如阿里云的镜像地址下载。

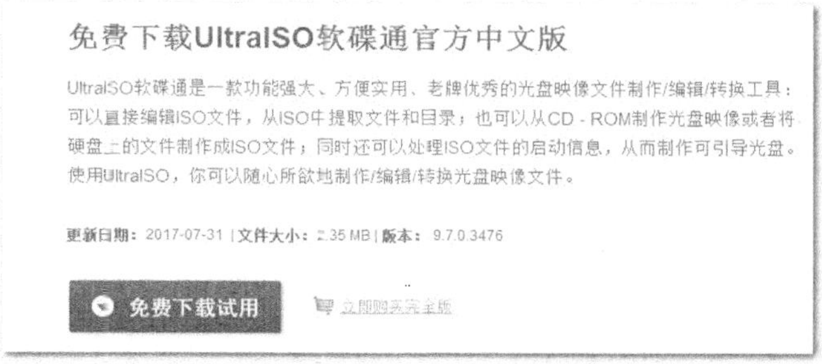

图 2-62　UltraISO 软碟通免费试用版下载

如图 2-63 所示，下载箭头指向的版本即可。

图 2-63　下载指定 CentOS ISO 镜像

只下载图 2-63 中的文件，启动盘制作完成后，不需要把镜像文件复制到 U 盘里，CentOS 从 6.5 版本开始就已经不需要这么做了。

2.4.2　制作安装盘

1．用软碟通打开镜像文件

单击“文件->打开”，如图 2-64 所示。

2．写入映像

单击“启动->写入硬盘映像”，如图 2-65 所示。

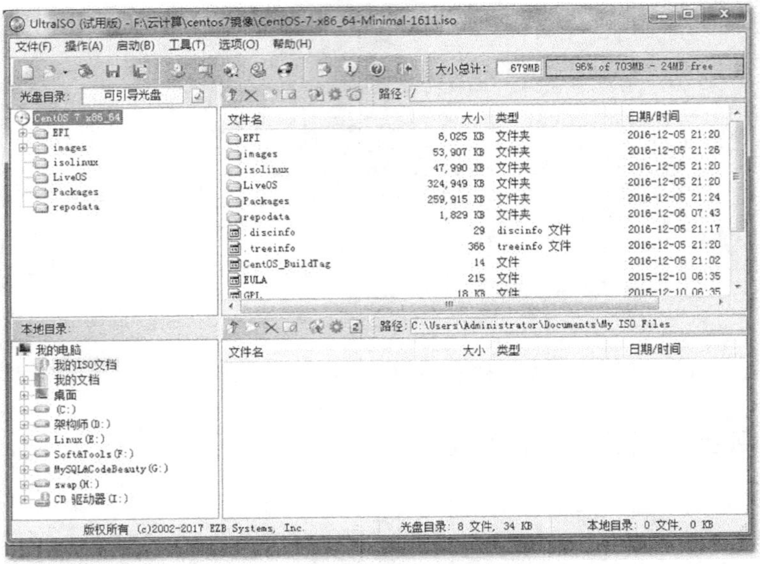

图 2-64　用软碟通打开 ISO 镜像文件

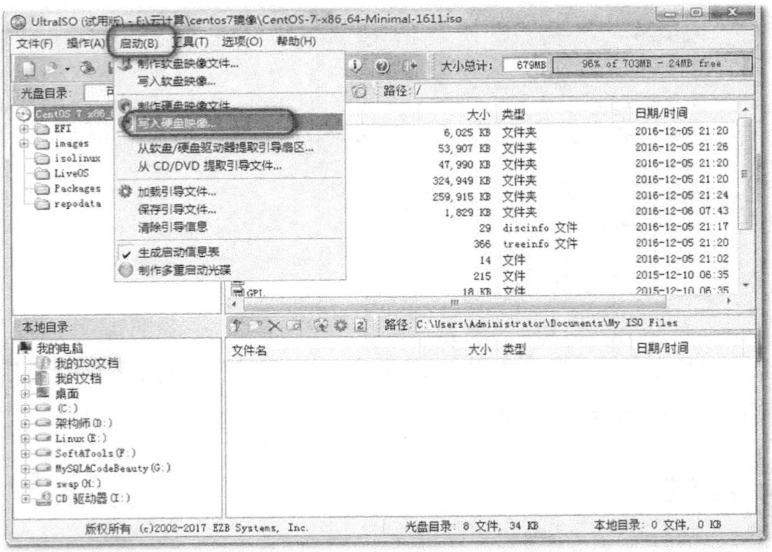

图 2-65　写入磁盘映像

3. 写入磁盘映像文件到 U 盘

如图 2-66 所示。

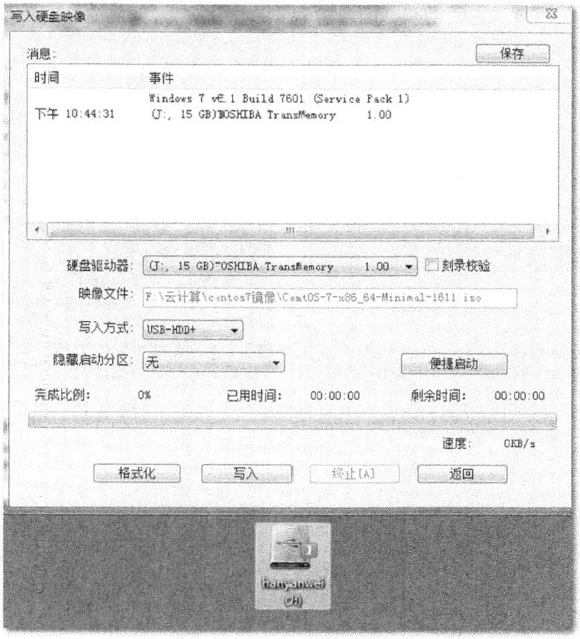

图 2-66　写入镜像文件到 U 盘

单击“写入”，等待几分钟即可。

注意：启动制作完成后，你的 U 盘卷标会被改掉，会尝试改成 CentOS 7 x86_64，但是这个卷标超过了 Windows 规定的长度，所以最终没有改成 CentOS 7 x86_64。总之，启动盘制作完成后，你要做的一个很重要的工作就是改掉卷标，比如改成 CentOS 或者其他的，因为系统安装时用的到。

2.4.3　U 盘安装 CentOS 7.3

1．设置 U 盘开机启动

将机器设置为 U 盘启动，这里以 DELL 服务器为例进行讲解。

不同款式的机器设置方式不相同，若不是 DELL 机器，请自行到相关硬件厂商网站查找如何设置 U 盘启动。

DELL 服务器主板如何设置 U 盘启动，可以到 boot setting 里面找，boot sequence 是启动顺序，如图 2-67 所示。

2．进入系统安装界面

选第一个选项，按下<Tab>键，如图 2-68 所示。

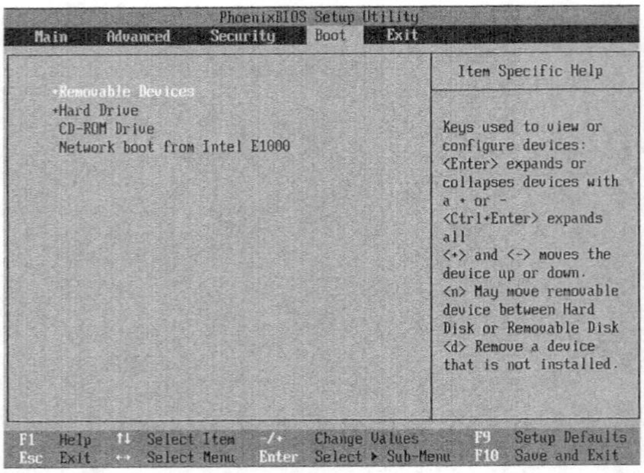

图 2-67 服务器主板设置启动顺序

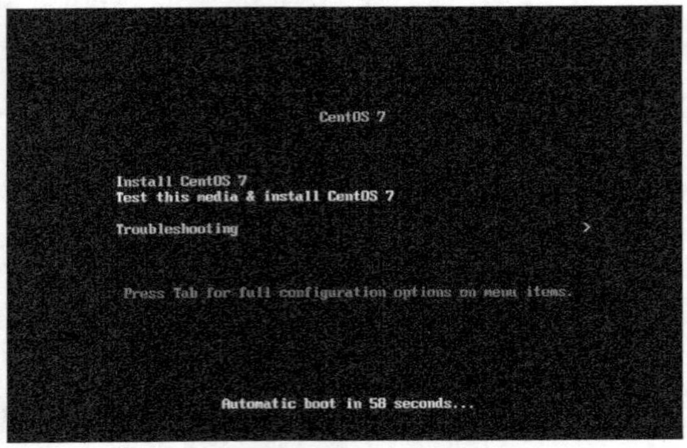

图 2-68 U 盘安装启动选项

按下<Tab>键后，会看到如下信息：

```
vmlinuz initrd=initrd.img inst.stage2=hd:LABEL=CentOS\x207\x20x86_64 rd.live.
check quiet
```

LABEL=CentOS\x207\x20x86_64，意思是安装源的卷标是 CentOS 7 x86_64。如前文所述，因为这个长度超过了 Windows 系统允许的卷标长度，所以 U 盘卷标最终没有成为 CentOS 7 x86_64。如果这样安装下去，因为系统找不到安装源，那么后面的安装过程中会出错。这就是改掉卷标的原因，把 LABEL=CentOS\x207\x20x86_64 改成修改后的卷标即可，比如 LABEL=CENTOS，注意大小写保持一致。

当然还有别的修改方案，比如 vmlinuz initrd=initrd.img repo=hd:/dev/sdb1:/quiet 这种形式，但需要确定 U 盘到底是哪个盘，比较麻烦，上面直接修改卷标是最简单有效的方法。修改完成后，按<Enter>键，开始安装，耐心等待安装完成重启即可。

2.5 服务器版 Ubuntu Server 16.04 部署实战

2.5.1 Ubuntu Server 16.04 系统安装

Ubuntu 分为桌面版（Desktop）和服务器版（Server），下面为大家介绍服务器版本 Ubuntu Server 16.04 的详细安装过程。

```
https://www.ubuntu.com.cn/download/alternative-downloads
```

1. 用启动盘引导

用启动盘成功引导之后，出现如图 2-69 所示的语言选择界面，选择“中文（简体）”。

2. 安装 Ubuntu 服务器版

默认第一项，如果 2-70 所示。

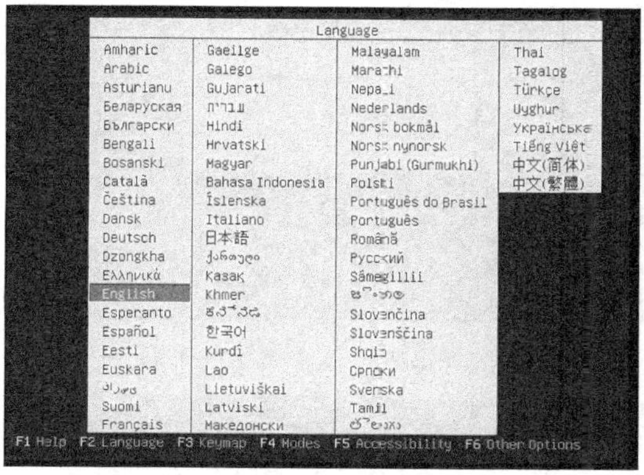

图 2-69 语言选择界面

图 2-70 安装界面

3. 询问是否继续安装所选择的语言版本

选择“Yes”，如图 2-71 所示。

4. 键盘相关设置

如图 2-72～图 2-74 所示。

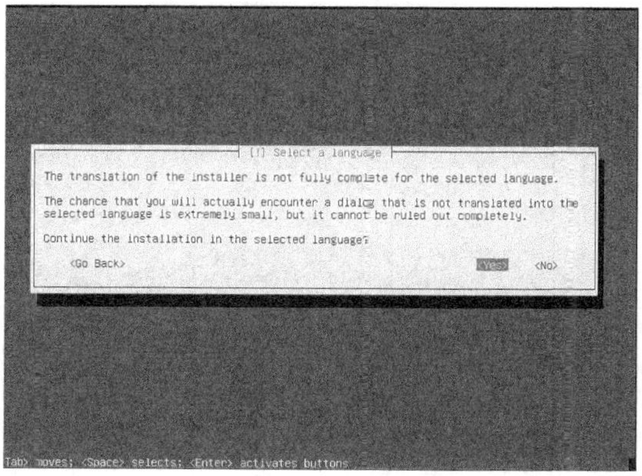

图 2-71 安装语言

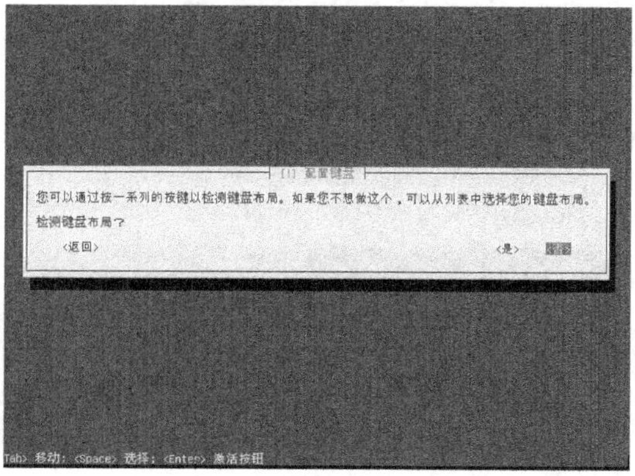

图 2-72 键盘配置

5. 网络主机名等设置

如图 2-75 所示。

6. 用户信息设置

如图 2-76～图 2-80 所示。

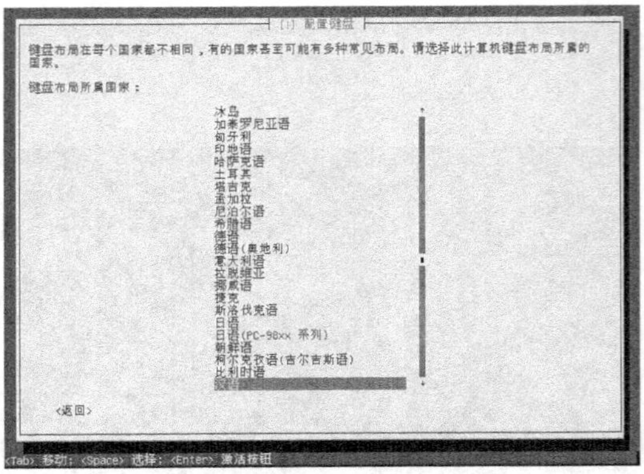

图 2-73　键盘语言选择

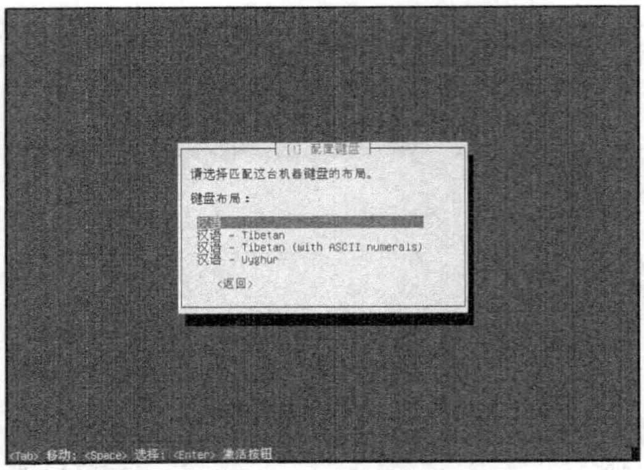

图 2-74　配置键盘：汉语

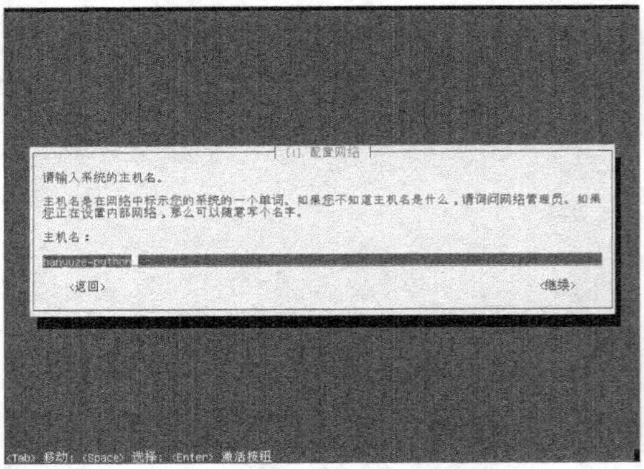

图 2-75　设置主机名

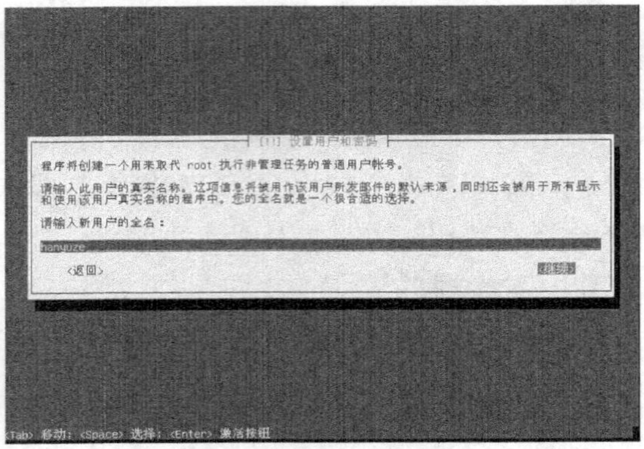

图 2-76　创建新用户

创建新用户：输入新用户全名。（注意：不是登录账号，相当于描述。）

输入：账号的用户名（这个是登录账号）。

图 2-77　账号设置

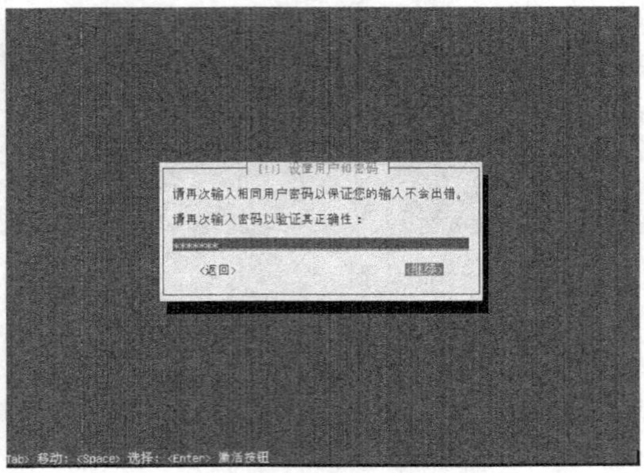

图 2-78　再次确认密码

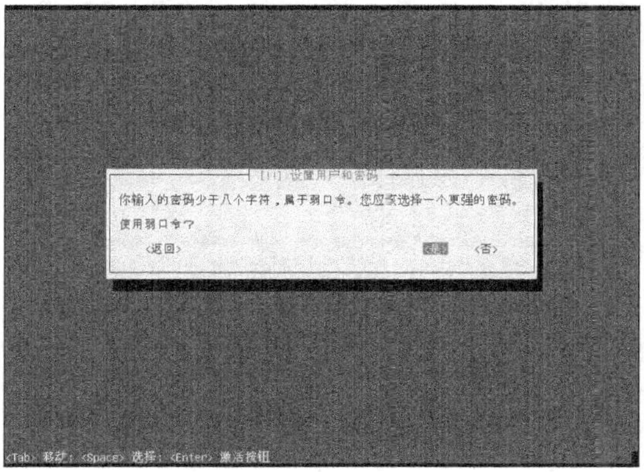

图 2-79　密码复杂性校验

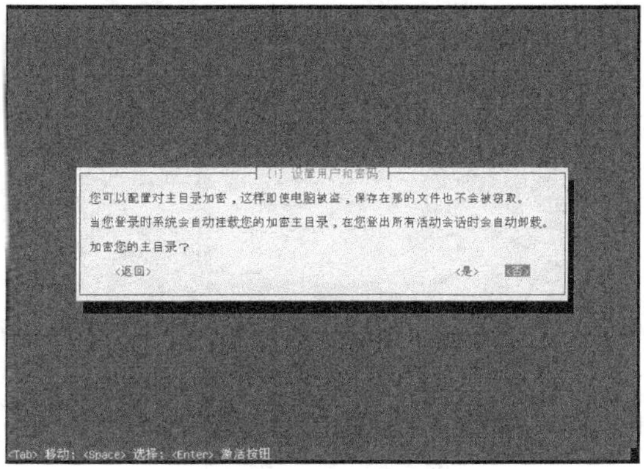

图 2-80　选择“否”

7. 分区设定

如图 2-81～图 2-88 所示。

选择手动分区。

分区向导，选择要安装的磁盘。

可以看到所选磁盘的容量信息，单击磁盘空闲空间，我这里的磁盘大小是 21.5GB。

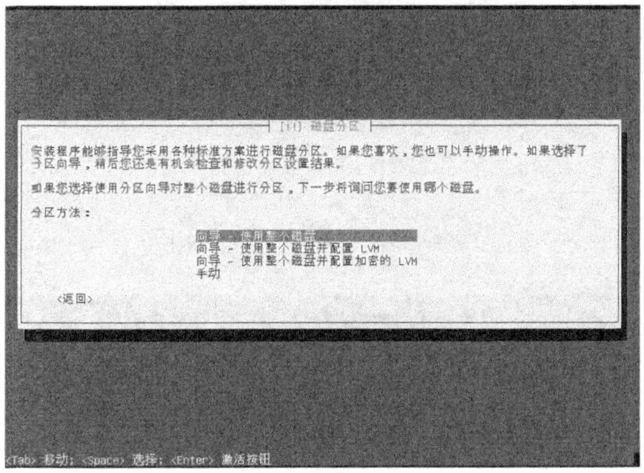

图 2-81　分区向导

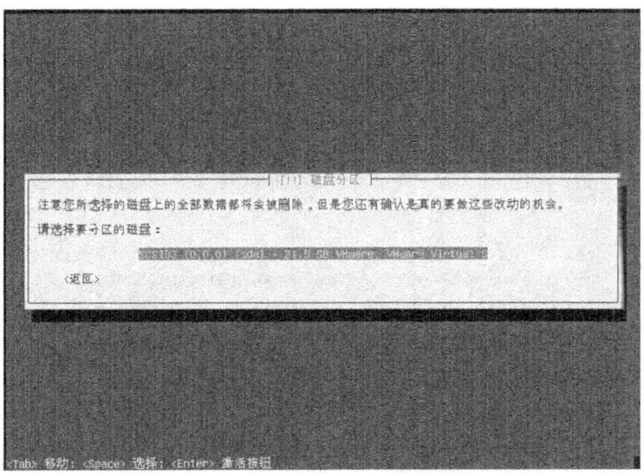

图 2-82　分区向导

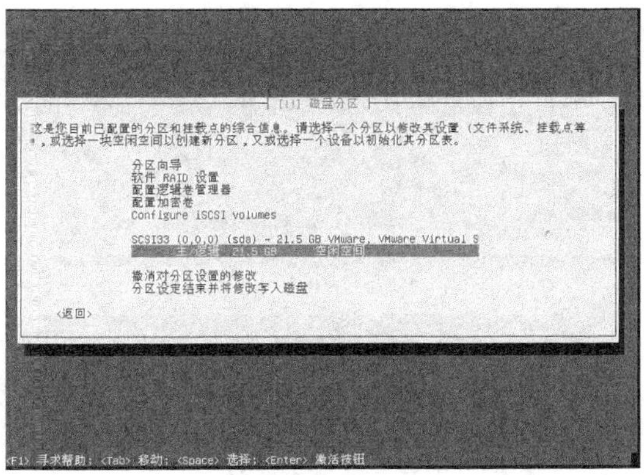

图 2-83　磁盘容量信息

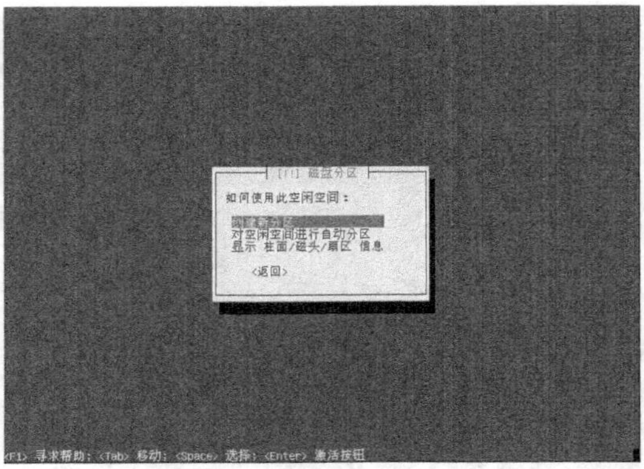

图 2-84　创建新分区

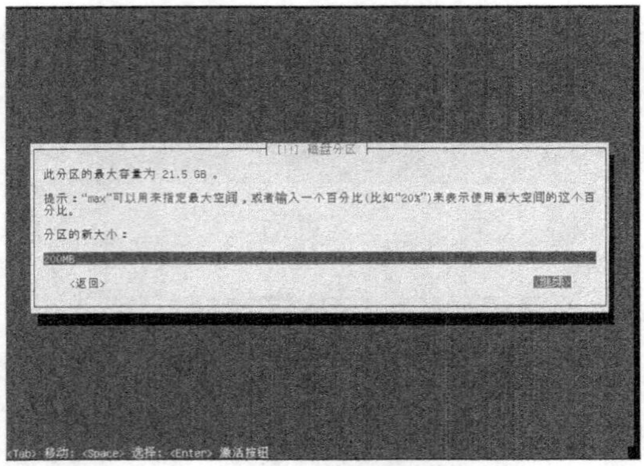

图 2-85　分区大小信息

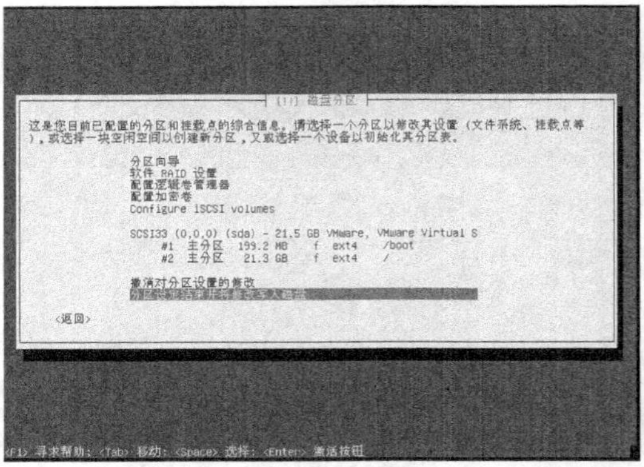

图 2-86　分区过程

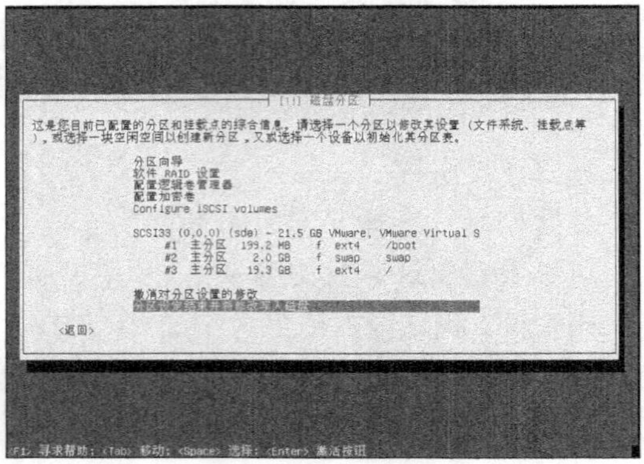

图 2-87　分区过程

8. 软件包安装

如图 2-89～图 2-91 所示。

图 2-88　分区格式化文件系统

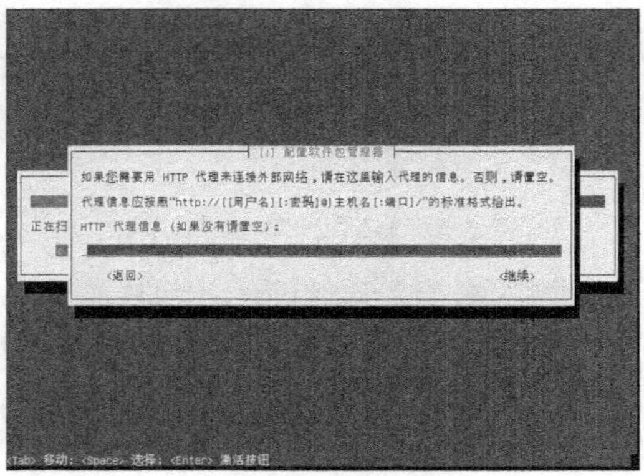

图 2-89　软件包管理器

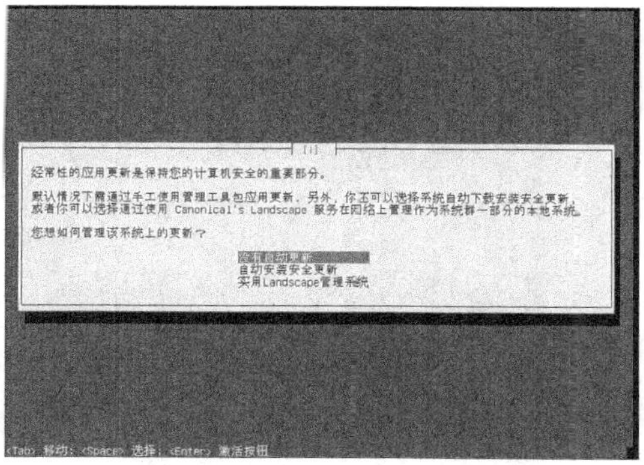

图 2-90　没有自动更新

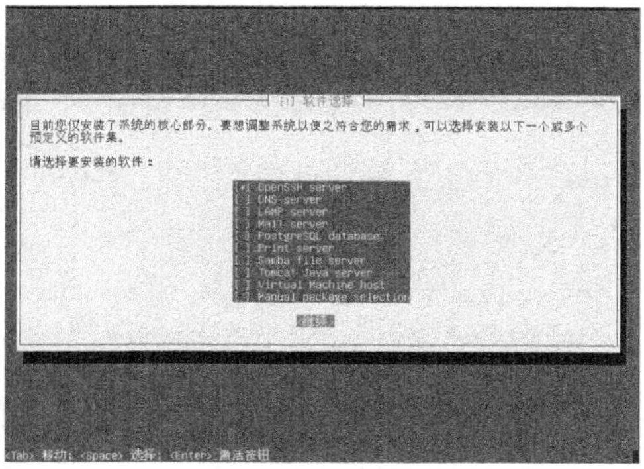

图 2-91　软件包安装选择

9．grub 安装向导

如图 2-92 所示。

10．安装后登录界面

如图 2-93～图 2-95 所示。

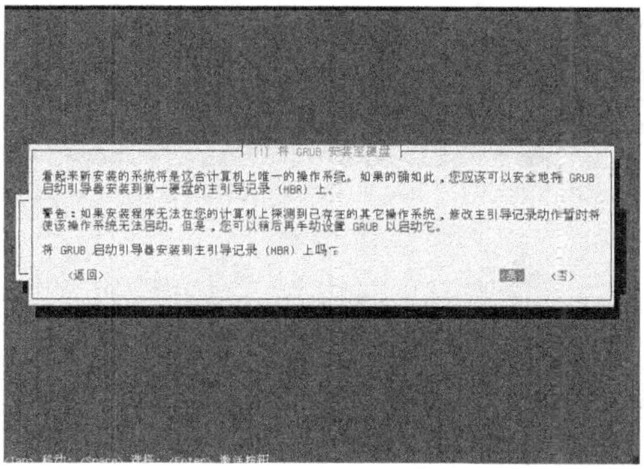

图 2-92　GRUB 安装向导

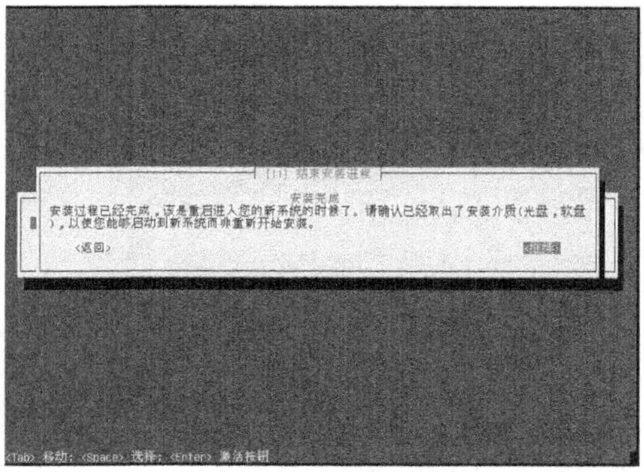

图 2-93　安装过程结束

图 2-94　默认登录界面

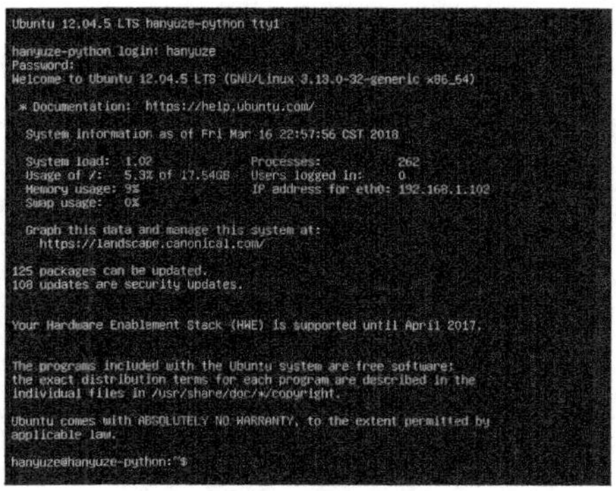

图 2-95　用户登录

2.5.2 设置 root 管理员信息

设置 root 账号管理信息，如图 2-96 所示，具体代码实现如下：

```
hanyuze@hanyuze-python:~$ sudo passwd root
[sudo] password for hanyuze:
输入新的 UNIX 密码:
重新输入新的 UNIX 密码:
passwd: password updated successfully
hanyuze@hanyuze-python:~$ su - root
密码:
root@hanyuze-python:~# whoami
root
```

图 2-96 设置 root 用户信息

2.5.3 设置网络连接信息

设置 IP 地址、网关、DNS 等信息。

1. 设置 IP 地址、网关

```
root@hanyuze-python:~# cat /etc/network/interfaces
# This file describes the network interfaces available on your system
# and how to activate them. For more information, see interfaces(5).

# The loopback network interface
auto lo
iface lo inet loopback

# The primary network interface
auto eth0
#iface eth0 inet dhcp
iface eth0 inet static
address 192.168.1.102
netmask 255.255.255.0
gateway 192.168.1.1
```

上述代码设置 IP 地址为 192.168.1.102，子网掩码为 255.255.255.0，网关地址为 192.168.1.1。

2. 设置 DNS

```
root@hanyuze-python:~# cat /etc/resolv.conf
# Dynamic resolv.conf(5) file for glibc resolver(3) generated by resolvconf(8)
#     DO NOT EDIT THIS FILE BY HAND -- YOUR CHANGES WILL BE OVERWRITTEN
nameserver 8.8.8.8
nameserver 114.114.114.114
```

上述代码设置了两个 DNS 地址，分别为 Google 的 8.8.8.8 和国内的 114.114.114.114。

3. 重启网络服务

```
root@hanyuze-python:~# service  networking restart
stop: Unknown instance:
networking stop/waiting
```

上述代码重启网络服务，与/etc/init.d/network restart 命令作用相同。

4. 查看 IP 地址信息

查看 IP 地址信息，如图 2-97 和图 2-98 所示。

图 2-97　查看 IP 信息

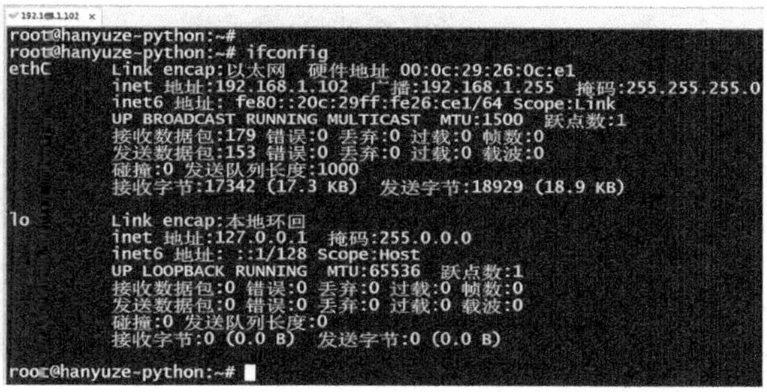

图 2-98　SSH 登录查看 IP 信息

2.5.4 Ubuntu 设置时区

使用如下命令查看时区：

```
date -R
```

如果显示的不是东八区，那么需要设置一个时区。

1. 运行 tzselect 命令

选择亚洲“Asia”，确认后选择中国“China”，最后选择时区，如图 2-99～图 2-101 所示。

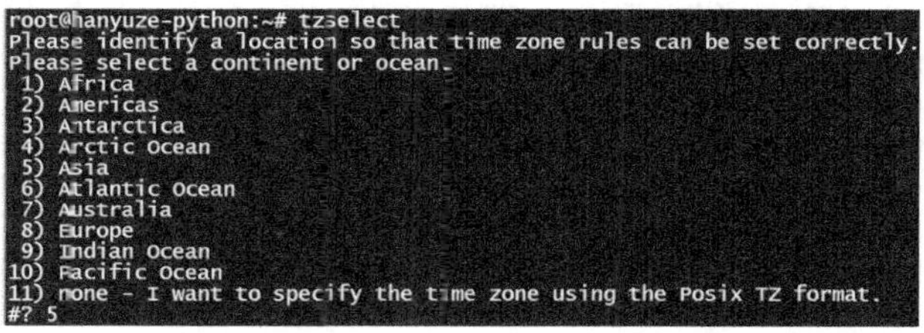

图 2-99　tzselect 指令显示信息

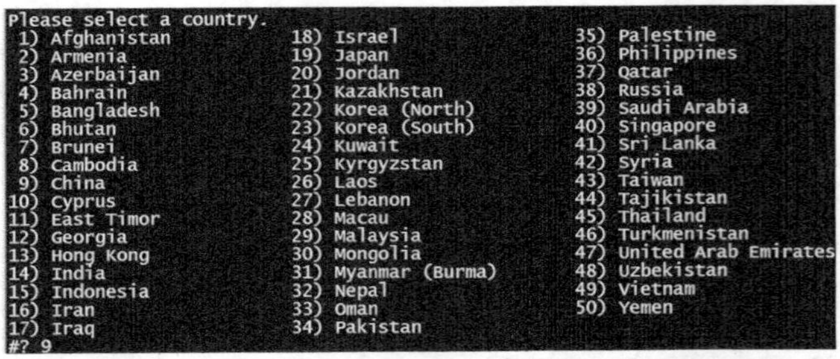

```
Please select a country.
 1) Afghanistan           18) Israel                35) Palestine
 2) Armenia               19) Japan                 36) Philippines
 3) Azerbaijan            20) Jordan                37) Qatar
 4) Bahrain               21) Kazakhstan            38) Russia
 5) Bangladesh            22) Korea (North)         39) Saudi Arabia
 6) Bhutan                23) Korea (South)         40) Singapore
 7) Brunei                24) Kuwait                41) Sri Lanka
 8) Cambodia              25) Kyrgyzstan            42) Syria
 9) China                 26) Laos                  43) Taiwan
10) Cyprus                27) Lebanon               44) Tajikistan
11) East Timor            28) Macau                 45) Thailand
12) Georgia               29) Malaysia              46) Turkmenistan
13) Hong Kong             30) Mongolia              47) United Arab Emirates
14) India                 31) Myanmar (Burma)       48) Uzbekistan
15) Indonesia             32) Nepal                 49) Vietnam
16) Iran                  33) Oman                  50) Yemen
17) Iraq                  34) Pakistan
#? 9
```

图 2-100　国家选择中国

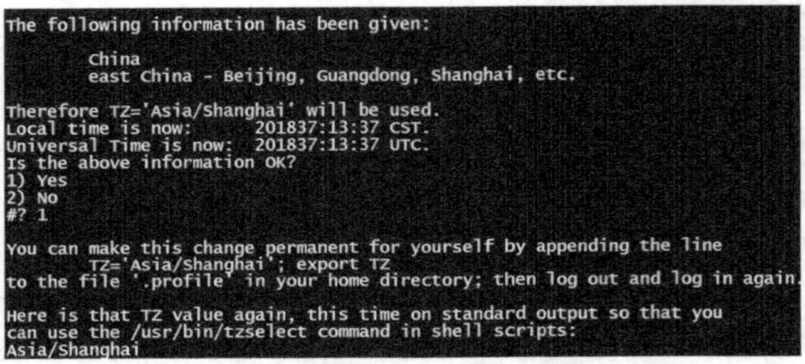

```
The following information has been given:

        China
        east China - Beijing, Guangdong, Shanghai, etc.

Therefore TZ='Asia/Shanghai' will be used.
Local time is now:      201837:13:37 CST.
Universal Time is now:  201837:13:37 UTC.
Is the above information OK?
1) Yes
2) No
#? 1

You can make this change permanent for yourself by appending the line
        TZ='Asia/Shanghai'; export TZ
to the file '.profile' in your home directory; then log out and log in again.

Here is that TZ value again, this time on standard output so that you
can use the /usr/bin/tzselect command in shell scripts:
Asia/Shanghai
```

图 2-101　城市选择上海

2. 复制文件到/etc 目录下

```
root@hanyuze-python:~# /bin/cp -av  /usr/share/zoneinfo/Asia/Shanghai  /etc/
localtime
"/usr/share/zoneinfo/Asia/Shanghai" -> "/etc/localtime"
```

上述代码中采用 cp 命令的绝对路径，目标文件即使有同名文件，也不提示直接覆盖。-av 选项表示保留源文件属性及复制过程中显示传输相关信息。

3. 更新时间

```
root@hanyuze-python:~# ntpdate time.windows.com
17 Mar 12:15:04 ntpdate[1777]: adjust time server 13.65.88.161 offset -0.017831 sec
```

上述代码需要提前安装 ntpdate 软件，并找到可以同步的时钟服务器。

4. 关闭防火墙

（1）关闭 ubuntu 防火墙：

```
ufw disable
```

开启防火墙：

```
ufw enable
```

（2）卸载 iptables：

```
root@hanyuze-python:~# apt-get remove iptables
正在读取软件包列表... 完成
正在分析软件包的依赖关系树
正在读取状态信息... 完成
下列软件包将被【卸载】:
  iptables ubuntu-standard ufw
升级了 0 个软件包，新安装了 0 个软件包，要卸载 3 个软件包，有 121 个软件包未被升级。
解压缩后将会空出 2,217 kB 的空间。
您希望继续执行吗？[Y/n]y
(正在读取数据库 ... 系统当前共安装有 53365 个文件和目录。)
正在卸载 ufw ...
正在卸载 ubuntu-standard ...
正在卸载 iptables ...
正在处理用于 man-db 的触发器...
正在处理用于 ureadahead 的触发器...
正在处理用于 libc-bin 的触发器...
ldconfig deferred processing now taking place
```

（3）关闭 ubuntu 中的防火墙的其余命令：

```
iptables -P INPUT ACCEPT
iptables -P FORWARD ACCEPT
iptables -P OUTPUT ACCEPT
iptables -F
```

2.5.5 安装 yum 源

1．备份当前（默认官方）的源列表

```
    root@hanyuze-python:~#        cp        -av             /etc/apt/sources.
list /etc/apt/sources.list_bak20180317
    "/etc/apt/sources.list" -> "/etc/apt/sources.list_bak20180317"
```

2．修改源

修改 sources.list 文件中源的列表，删除全部内容，替换为国内源地址。保存编辑好的文件，将具体操作过程如下代码所示。

下面是作者试用过的比较快的国内源列表。

```
    root@hanyuze-python:~# cat /etc/apt/sources.list
    deb http://mirrors.aliyun.com/ubuntu/ trusty main multiverse restricted universe
    deb http://mirrors.aliyun.com/ubuntu/ trusty-backports main multiverse restricted
universe
    deb http://mirrors.aliyun.com/ubuntu/ trusty-proposed main multiverse restricted
universe
    deb http://mirrors.aliyun.com/ubuntu/ trusty-security main multiverse restricted
universe
```

```
    deb http://mirrors.aliyun.com/ubuntu/ trusty-updates main multiverse restricted
universe
    deb-src http://mirrors.aliyun.com/ubuntu/ trusty main multiverse restricted
universe
    deb-src http://mirrors.aliyun.com/ubuntu/ trusty-backports main multiverse
restricted universe
    deb-src http://mirrors.aliyun.com/ubuntu/ trusty-proposed main multiverse
restricted universe
    deb-src http://mirrors.aliyun.com/ubuntu/ trusty-security main multiverse
restricted universe
    deb-src http://mirrors.aliyun.com/ubuntu/ trusty-updates main multiverse
restricted universe
```

3. 更新源列表，换源后必须执行

如下代码所示：

```
    root@hanyuze-python:~# apt-get update
    获取：1 http://mirrors.aliyun.com trusty Release.gpg [933 B]
    获取：2 http://mirrors.aliyun.com trusty-backports Release.gpg [916 B]
    获取：3 http://mirrors.aliyun.com trusty-proposed Release.gpg [916 B]
    获取：4 http://mirrors.aliyun.com trusty-security Release.gpg [916 B]
    获取：5 http://mirrors.aliyun.com trusty-updates Release.gpg [916 B]
    获取：6 http://mirrors.aliyun.com trusty Release [58.5 kB]
    获取：7 http://mirrors.aliyun.com trusty-backports Release [64.9 kB]
    获取：8 http://mirrors.aliyun.com trusty-proposed Release [64.9 kB]
    获取：9 http://mirrors.aliyun.com trusty-security Release [64.9 kB]
    获取：10 http://mirrors.aliyun.com trusty-updates Release [64.9 kB]
    获取：11 http://mirrors.aliyun.com trusty/main Sources [1,064 kB]
    获取：12 http://mirrors.aliyun.com trusty/multiverse Sources [174 kB]
    获取：13 http://mirrors.aliyun.com trusty/restricted Sources [5,433 B]
    获取：14 http://mirrors.aliyun.com trusty/universe Sources [6,399 kB]
    获取：15 http://mirrors.aliyun.com trusty/main amd64 Packages [1,350 kB]
    获取：16 http://mirrors.aliyun.com trusty/multiverse amd64 Packages [132 kB]
    获取：17 http://mirrors.aliyun.com trusty/restricted amd64 Packages [13.0 kB]
    获取：18 http://mirrors.aliyun.com trusty/universe amd64 Packages [5,859 kB]
    获取：19 http://mirrors.aliyun.com trusty/main i386 Packages [1,348 kB]
    获取：20 http://mirrors.aliyun.com trusty/multiverse i386 Packages [134 kB]
    获取：21 http://mirrors.aliyun.com trusty/restricted i386 Packages [13.4 kB]
    获取：22 http://mirrors.aliyun.com trusty/universe i386 Packages [5,866 kB]
    获取：23 http://mirrors.aliyun.com trusty/main TranslationIndex [3,632 B]
    获取：24 http://mirrors.aliyun.com trusty/multiverse TranslationIndex [2,537 B]
    获取：25 http://mirrors.aliyun.com trusty/restricted TranslationIndex [2,797 B]
    获取：26 http://mirrors.aliyun.com trusty/universe TranslationIndex [3,129 B]
    获取：27 http://mirrors.aliyun.com trusty-backports/main Sources [9,709 B]
    获取：28 http://mirrors.aliyun.com trusty-backports/multiverse Sources [1,896 B]
    获取：29 http://mirrors.aliyun.com trusty-backports/restricted Sources [28 B]
    获取：30 http://mirrors.aliyun.com trusty-backports/universe Sources [35.4 kB]
    获取：31 http://mirrors.aliyun.com trusty-backports/main amd64 Packages [13.3 kB]
    获取：32 http://mirrors.aliyun.com trusty-backports/multiverse amd64 Packages
[1,567 B]
```

```
获取：33 http://mirrors.aliyun.com trusty-backports/restricted amd64 Packages [28 B]
获取：34 http://mirrors.aliyun.com trusty-backports/universe amd64 Packages [43.1 kB]
获取：35 http://mirrors.aliyun.com trusty-backports/main i386 Packages [13.3 kB]
获取：36 http://mirrors.aliyun.com trusty-backports/multiverse i386 Packages
[1,551 B]
获取：37 http://mirrors.aliyun.com trusty-backports/restricted i386 Packages [28 B]
获取：38 http://mirrors.aliyun.com trusty-backports/universe i386 Packages [43.2 kB]
获取：39 http://mirrors.aliyun.com trusty-backports/main TranslationIndex [202 B]
获取：40 http://mirrors.aliyun.com trusty-backports/multiverse TranslationIndex
[199 B]
获取：41 http://mirrors.aliyun.com trusty-backports/restricted TranslationIndex
[193 B]
获取：42 http://mirrors.aliyun.com trusty-backports/universe TranslationIndex
[205 B]
获取：43 http://mirrors.aliyun.com trusty-proposed/main Sources [109 kB]
获取：44 http://mirrors.aliyun.com trusty-proposed/multiverse Sources [28 B]
获取：45 http://mirrors.aliyun.com trusty-proposed/restricted Sources [783 B]
获取：46 http://mirrors.aliyun.com trusty-proposed/universe Sources [17.2 kB]
获取：47 http://mirrors.aliyun.com trusty-proposed/main amd64 Packages [86.3 kB]
获取：48 http://mirrors.aliyun.com trusty-proposed/multiverse amd64 Packages [28 B]
获取：49 http://mirrors.aliyun.com trusty-proposed/restricted amd64 Packages [774 B]
获取：50 http://mirrors.aliyun.com trusty-proposed/universe amd64 Packages [18.1 kB]
获取：51 http://mirrors.aliyun.com trusty-proposed/main i386 Packages [84.7 kB]
获取：52 http://mirrors.aliyun.com trusty-proposed/multiverse i386 Packages [28 B]
获取：53 http://mirrors.aliyun.com trusty-proposed/restricted i386 Packages [771 B]
获取：54 http://mirrors.aliyun.com trusty-proposed/universe i386 Packages [18.6 kB]
获取：55 http://mirrors.aliyun.com trusty-proposed/main TranslationIndex [205 B]
获取：56 http://mirrors.aliyun.com trusty-proposed/multiverse TranslationIndex
[193 B]
获取：57 http://mirrors.aliyun.com trusty-proposed/restricted TranslationIndex
[196 B]
获取：58 http://mirrors.aliyun.com trusty-proposed/universe TranslationIndex [202 B]
获取：59 http://mirrors.aliyun.com trusty-security/main Sources [152 kB]
获取：60 http://mirrors.aliyun.com trusty-security/multiverse Sources [3,185 B]
获取：61 http://mirrors.aliyun.com trusty-security/restricted Sources [4,931 B]
获取：62 http://mirrors.aliyun.com trusty-security/universe Sources [69.3 kB]
获取：63 http://mirrors.aliyun.com trusty-security/main amd64 Packages [723 kB]
获取：64 http://mirrors.aliyun.com trusty-security/multiverse amd64 Packages
[4,796 B]
获取：65 http://mirrors.aliyun.com trusty-security/restricted amd64 Packages
[14.1 kB]
获取：66 http://mirrors.aliyun.com trusty-security/universe amd64 Packages [213 kB]
获取：67 http://mirrors.aliyun.com trusty-security/main i386 Packages [670 kB]
获取：68 http://mirrors.aliyun.com trusty-security/multiverse i386 Packages [4,951 B]
获取：69 http://mirrors.aliyun.com trusty-security/restricted i386 Packages [13.9 kB]
获取：70 http://mirrors.aliyun.com trusty-security/universe i386 Packages [206 kB]
获取：71 http://mirrors.aliyun.com trusty-security/main TranslationIndex [208 B]
获取：72 http://mirrors.aliyun.com trusty-security/multiverse TranslationIndex
[199 B]
```

```
    获取：73 http://mirrors.aliyun.com trusty-security/restricted TranslationIndex
[202 B]
    获取：74 http://mirrors.aliyun.com trusty-security/universe TranslationIndex [205 B]
    获取：75 http://mirrors.aliyun.com trusty-updates/main Sources [413 kB]
    获取：76 http://mirrors.aliyun.com trusty-updates/multiverse Sources [7,368 B]
    获取：77 http://mirrors.aliyun.com trusty-updates/restricted Sources [6,322 B]
    获取：78 http://mirrors.aliyun.com trusty-updates/universe Sources [198 kB]
    获取：79 http://mirrors.aliyun.com trusty-updates/main amd64 Packages [1,064 kB]
    获取：80 http://mirrors.aliyun.com trusty-updates/multiverse amd64 Packages [14.6 kB]
    获取：81 http://mirrors.aliyun.com trusty-updates/restricted amd64 Packages [17.2 kB]
    获取：82 http://mirrors.aliyun.com trusty-updates/universe amd64 Packages [447 kB]
    获取：83 http://mirrors.aliyun.com trusty-updates/main i386 Packages [1,005 kB]
    获取：84 http://mirrors.aliyun.com trusty-updates/multiverse i386 Packages [15.0 kB]
    获取：85 http://mirrors.aliyun.com trusty-updates/restricted i386 Packages [17.1 kB]
    获取：86 http://mirrors.aliyun.com trusty-updates/universe i386 Packages [442 kB]
    获取：87 http://mirrors.aliyun.com trusty-updates/main TranslationIndex [208 B]
    获取：88 http://mirrors.aliyun.com trusty-updates/multiverse TranslationIndex [202 B]
    获取：89 http://mirrors.aliyun.com trusty-updates/restricted TranslationIndex [202 B]
    获取：90 http://mirrors.aliyun.com trusty-updates/universe TranslationIndex [208 B]
    获取：91 http://mirrors.aliyun.com trusty/main Translation-zh_CN [84.4 kB]
    获取：92 http://mirrors.aliyun.com trusty/main Translation-en [762 kB]
    获取：93 http://mirrors.aliyun.com trusty/multiverse Translation-zh_CN [6,366 B]
    获取：94 http://mirrors.aliyun.com trusty/multiverse Translation-en [102 kB]
    获取：95 http://mirrors.aliyun.com trusty/restricted Translation-zh_CN [2,390 B]
    获取：96 http://mirrors.aliyun.com trusty/restricted Translation-en [3,457 B]
    获取：97 http://mirrors.aliyun.com trusty/universe Translation-zh_CN [180 kB]
    获取：98 http://mirrors.aliyun.com trusty/universe Translation-en [4,089 kB]
    获取：99 http://mirrors.aliyun.com trusty/universe Translation-en [4,089 kB]
    获取：100 http://mirrors.aliyun.com trusty-backports/main Translation-en [7,503 B]
    获取：101 http://mirrors.aliyun.com trusty-backports/multiverse Translation-en
[1,215 B]
    获取：102 http://mirrors.aliyun.com trusty-backports/restricted Translation-en [28 B]
    获取：103 http://mirrors.aliyun.com trusty-backports/universe Translation-en
[36.8 kB]
    获取：104 http://mirrors.aliyun.com trusty-proposed/main Translation-en [26.3 kB]
    获取：105 http://mirrors.aliyun.com trusty-proposed/multiverse Translation-en [28 B]
    获取：106 http://mirrors.aliyun.com trusty-proposed/restricted Translation-en [281 B]
    获取：107 http://mirrors.aliyun.com trusty-proposed/universe Translation-en [13.5 kB]
    获取：108 http://mirrors.aliyun.com trusty-security/main Translation-en [391 kB]
    获取：109 http://mirrors.aliyun.com trusty-security/multiverse Translation-en
[2,564 B]
    获取：110 http://mirrors.aliyun.com trusty-security/restricted Translation-en
[3,546 B]
    获取：111 http://mirrors.aliyun.com trusty-security/universe Translation-en [118 kB]
    获取：112 http://mirrors.aliyun.com trusty-updates/main Translation-en [525 kB]
    获取：113 http://mirrors.aliyun.com trusty-updates/multiverse Translation-en
[7,616 B]
    获取：114 http://mirrors.aliyun.com trusty-updates/restricted Translation-en
[4,024 B]
```

```
获取：115 http://mirrors.aliyun.com trusty-updates/universe Translation-en [241 kB]
下载 31.9 MB，耗时 43 秒 (733 kB/s)
正在读取软件包列表... 完成
```

4. apt-get update 和 upgrade 的区别

（1）update 更新软件包

update 是同步/etc/apt/sources.list 和/etc/apt/sources.list.d 中列出的源的索引，这样才能获取到最新的软件包。

upgrade 是升级已安装的所有软件包，升级之后的版本就是本地索引里的，因此在执行 upgrade 之前一定要执行 update，这样才能是最新的。

```
root@hanyuze-python:~# apt-get update
命中 http://mirrors.aliyun.com trusty Release.gpg
命中 http://mirrors.aliyun.com trusty-backports Release.gpg
命中 http://mirrors.aliyun.com trusty-proposed Release.gpg
命中 http://mirrors.aliyun.com trusty-security Release.gpg
命中 http://mirrors.aliyun.com trusty-updates Release.gpg
命中 http://mirrors.aliyun.com trusty Release
命中 http://mirrors.aliyun.com trusty-backports Release
命中 http://mirrors.aliyun.com trusty-proposed Release
命中 http://mirrors.aliyun.com trusty-security Release
命中 http://mirrors.aliyun.com trusty-updates Release
命中 http://mirrors.aliyun.com trusty/main Sources
命中 http://mirrors.aliyun.com trusty/multiverse Sources
命中 http://mirrors.aliyun.com trusty/restricted Sources
命中 http://mirrors.aliyun.com trusty/universe Sources
命中 http://mirrors.aliyun.com trusty/main amd64 Packages
命中 http://mirrors.aliyun.com trusty/multiverse amd64 Packages
命中 http://mirrors.aliyun.com trusty/restricted amd64 Packages
命中 http://mirrors.aliyun.com trusty/universe amd64 Packages
命中 http://mirrors.aliyun.com trusty/main i386 Packages
命中 http://mirrors.aliyun.com trusty/multiverse i386 Packages
命中 http://mirrors.aliyun.com trusty/restricted i386 Packages
命中 http://mirrors.aliyun.com trusty/universe i386 Packages
命中 http://mirrors.aliyun.com trusty/main TranslationIndex
命中 http://mirrors.aliyun.com trusty/multiverse TranslationIndex
命中 http://mirrors.aliyun.com trusty/restricted TranslationIndex
命中 http://mirrors.aliyun.com trusty/universe TranslationIndex
命中 http://mirrors.aliyun.com trusty-backports/main Sources
命中 http://mirrors.aliyun.com trusty-backports/multiverse Sources
命中 http://mirrors.aliyun.com trusty-backports/restricted Sources
命中 http://mirrors.aliyun.com trusty-backports/universe Sources
命中 http://mirrors.aliyun.com trusty-backports/main amd64 Packages
命中 http://mirrors.aliyun.com trusty-backports/multiverse amd64 Packages
命中 http://mirrors.aliyun.com trusty-backports/restricted amd64 Packages
命中 http://mirrors.aliyun.com trusty-backports/universe amd64 Packages
命中 http://mirrors.aliyun.com trusty-backports/main i386 Packages
```

```
命中 http://mirrors.aliyun.com trusty-backports/multiverse i386 Packages
命中 http://mirrors.aliyun.com trusty-backports/restricted i386 Packages
命中 http://mirrors.aliyun.com trusty-backports/universe i386 Packages
命中 http://mirrors.aliyun.com trusty-backports/main TranslationIndex
命中 http://mirrors.aliyun.com trusty-backports/multiverse TranslationIndex
命中 http://mirrors.aliyun.com trusty-backports/restricted TranslationIndex
命中 http://mirrors.aliyun.com trusty-backports/universe TranslationIndex
命中 http://mirrors.aliyun.com trusty-proposed/main Sources
命中 http://mirrors.aliyun.com trusty-proposed/multiverse Sources
命中 http://mirrors.aliyun.com trusty-proposed/restricted Sources
命中 http://mirrors.aliyun.com trusty-proposed/universe Sources
命中 http://mirrors.aliyun.com trusty-proposed/main amd64 Packages
命中 http://mirrors.aliyun.com trusty-proposed/multiverse amd64 Packages
命中 http://mirrors.aliyun.com trusty-proposed/restricted amd64 Packages
命中 http://mirrors.aliyun.com trusty-proposed/universe amd64 Packages
命中 http://mirrors.aliyun.com trusty-proposed/main i386 Packages
命中 http://mirrors.aliyun.com trusty-proposed/multiverse i386 Packages
命中 http://mirrors.aliyun.com trusty-proposed/restricted i386 Packages
命中 http://mirrors.aliyun.com trusty-proposed/universe i386 Packages
命中 http://mirrors.aliyun.com trusty-proposed/main TranslationIndex
命中 http://mirrors.aliyun.com trusty-proposed/multiverse TranslationIndex
命中 http://mirrors.aliyun.com trusty-proposed/restricted TranslationIndex
命中 http://mirrors.aliyun.com trusty-proposed/universe TranslationIndex
命中 http://mirrors.aliyun.com trusty-security/main Sources
命中 http://mirrors.aliyun.com trusty-security/multiverse Sources
命中 http://mirrors.aliyun.com trusty-security/restricted Sources
命中 http://mirrors.aliyun.com trusty-security/universe Sources
命中 http://mirrors.aliyun.com trusty-security/main amd64 Packages
命中 http://mirrors.aliyun.com trusty-security/multiverse amd64 Packages
命中 http://mirrors.aliyun.com trusty-security/restricted amd64 Packages
命中 http://mirrors.aliyun.com trusty-security/universe amd64 Packages
命中 http://mirrors.aliyun.com trusty-security/main i386 Packages
命中 http://mirrors.aliyun.com trusty-security/multiverse i386 Packages
命中 http://mirrors.aliyun.com trusty-security/restricted i386 Packages
命中 http://mirrors.aliyun.com trusty-security/universe i386 Packages
命中 http://mirrors.aliyun.com trusty-security/main TranslationIndex
命中 http://mirrors.aliyun.com trusty-security/multiverse TranslationIndex
命中 http://mirrors.aliyun.com trusty-security/restricted TranslationIndex
命中 http://mirrors.aliyun.com trusty-security/universe TranslationIndex
命中 http://mirrors.aliyun.com trusty-updates/main Sources
命中 http://mirrors.aliyun.com trusty-updates/multiverse Sources
命中 http://mirrors.aliyun.com trusty-updates/restricted Sources
命中 http://mirrors.aliyun.com trusty-updates/universe Sources
命中 http://mirrors.aliyun.com trusty-updates/main amd64 Packages
命中 http://mirrors.aliyun.com trusty-updates/multiverse amd64 Packages
命中 http://mirrors.aliyun.com trusty-updates/restricted amd64 Packages
命中 http://mirrors.aliyun.com trusty-updates/universe amd64 Packages
命中 http://mirrors.aliyun.com trusty-updates/main i386 Packages
```

```
命中 http://mirrors.aliyun.com trusty-updates/multiverse i386 Packages
命中 http://mirrors.aliyun.com trusty-updates/restricted i386 Packages
命中 http://mirrors.aliyun.com trusty-updates/universe i386 Packages
命中 http://mirrors.aliyun.com trusty-updates/main TranslationIndex
命中 http://mirrors.aliyun.com trusty-updates/multiverse TranslationIndex
命中 http://mirrors.aliyun.com trusty-updates/restricted TranslationIndex
命中 http://mirrors.aliyun.com trusty-updates/universe TranslationIndex
命中 http://mirrors.aliyun.com trusty/main Translation-zh_CN
命中 http://mirrors.aliyun.com trusty/main Translation-en
命中 http://mirrors.aliyun.com trusty/multiverse Translation-zh_CN
命中 http://mirrors.aliyun.com trusty/multiverse Translation-en
命中 http://mirrors.aliyun.com trusty/restricted Translation-zh_CN
命中 http://mirrors.aliyun.com trusty/restricted Translation-en
命中 http://mirrors.aliyun.com trusty/universe Translation-zh_CN
命中 http://mirrors.aliyun.com trusty/universe Translation-en
命中 http://mirrors.aliyun.com trusty-backports/main Translation-en
命中 http://mirrors.aliyun.com trusty-backports/multiverse Translation-en
命中 http://mirrors.aliyun.com trusty-backports/restricted Translation-en
命中 http://mirrors.aliyun.com trusty-backports/universe Translation-en
命中 http://mirrors.aliyun.com trusty-proposed/main Translation-en
命中 http://mirrors.aliyun.com trusty-proposed/multiverse Translation-en
命中 http://mirrors.aliyun.com trusty-proposed/restricted Translation-en
命中 http://mirrors.aliyun.com trusty-proposed/universe Translation-en
命中 http://mirrors.aliyun.com trusty-security/main Translation-en
命中 http://mirrors.aliyun.com trusty-security/multiverse Translation-en
命中 http://mirrors.aliyun.com trusty-security/restricted Translation-en
命中 http://mirrors.aliyun.com trusty-security/universe Translation-en
命中 http://mirrors.aliyun.com trusty-updates/main Translation-en
命中 http://mirrors.aliyun.com trusty-updates/multiverse Translation-en
命中 http://mirrors.aliyun.com trusty-updates/restricted Translation-en
命中 http://mirrors.aliyun.com trusty-updates/universe Translation-en
正在读取软件包列表... 完成
```

（2）执行 update-grate 更新系统

升级所有包，改变软件设置和系统设置，系统版本内核都升级：

```
yum -y update
yum -y upgrade
```

2.5.6 使用 apt-get 安装 MySQL

删除 MySQL 前，先删除/var/lib/mysql 和/etc/mysql，如下代码所示：

```
sudo rm /var/lib/mysql/ -R
sudo rm /etc/mysql/ -R
sudo apt-get autoremove mysql* --purge
sudo apt-get remove apparmor
sudo apt-get install mysql-server mysql-common
```

登录 MySQL 测试，如下代码所示：

```
root@hanyuze-python:~# mysql -h localhost -uroot -phanyuze
Welcome to the MySQL monitor.  Commands end with ; or \g.
Your MySQL connection id is 43
Server version: 5.5.59-0ubuntu0.14.04.1 (Ubuntu)

Copyright (c) 2000, 2018, Oracle and/or its affiliates. All rights reserved.

Oracle is a registered trademark of Oracle Corporation and/or its
affiliates. Other names may be trademarks of their respective
owners.

Type 'help;' or '\h' for help. Type '\c' to clear the current input statement.

mysql>
mysql> show databases;
+--------------------+
| Database           |
+--------------------+
| information_schema |
| mysql              |
| performance_schema |
+--------------------+
3 rows in set (0.01 sec)

mysql> exit
Bye
```

上述核心代码及 MySQL 客户端常用选项解析如下：

```
mysql -h localhost -uroot -phanyuze
```

- MySQL 命令为 MySQL-Client 客户端指令，MySQL 有客户端和服务器端，典型的 C/S 软件架构。
- “-h”选项指定连接远程主机名称（可以是域名或主机名称）或 IP 地址。
- “-u”选项指定连接远程 MySQL 服务器的用户名称。
- “-p”选项指定连接远程主机用户密码。
- “-P”选项指定连接远程主机端口。

2.6 生产环境安装操作系统经验谈

下面补充一个作者在实际工作环境中遇到的真实案例：任务内容是在机房上架 100 台 DELL R730 机器。

我采用了 Kickstart+PXE 的批量部署方式来批量安装操作系统，因为都是企业级的 SAS

15K 高转速硬盘，并且做了 RAID10，还有一些机器直接是 SSD 做的 RAID，所以从硬盘的参数来说，安装速度很快，安装的操作系统为 CentOS 6.5，基本可以每分钟安装 1 台，包括设置远程管理卡的地址和服务器重启等时间在内。

当时这批服务器还没有正式上线，操作系统安装完成之后，显示一切正常。结果不到 3 天，IDC 机房告知我们某个机柜的出口 IP 流量很高，有异常。后经各种排查，发现是 root 的密码被爆破了。当时安装完操作系统，为了方便在终端进入系统操作，我们直接把 root 和用户的密码设置为了 123.com，这种密码在密码字典里面属于绝对的弱口令。后来考虑到种种情况，我甚至怀疑会被植入 Rootkit（Rootkit 是一种特殊的恶意软件，它的功能是在安装目标上隐藏自身及指定的文件、进程和网络链接等信息，比较常见的是 Rootkit，一般和木马、后门等其他恶意程序结合使用），因此不得已重新进行 Kickstart+PXE 的批量安装操作系统。

通过这件事情，我总结出在做管理和规划时，一定要做到思想缜密、操作规范，发现不规范时要立即修正，不能延误，否则会给公司和个人带来不可挽回的损失。

2.6.1 服务器基础知识

1. 按照型号选择

互联网公司一般采用 DELL 系统的服务器，主要是性价比高，早期作者接触到的 R 系列的有 410、420、430，到后来的 610、620，以及 710、720、730，包括 R830 和 R930 等。

2. 按照尺寸选择

最常用的是 1U 和 2U 的，或者是 4U 的居多，这里的 U 是服务器的厚度.。

标准机房的机柜是以厚度多少来收费的，所以 1U 的价格和 2U 的价格是不同的，标准 1U 就是 4.45 厘米。

U 是一种表示服务器外部尺寸的单位，是 unit 的缩写。美国电子工业协会（EIA）规定：1U=44.5mm=1.75 英寸，2u 就是 2 个 1u 的高度规定的尺寸，是服务器的宽（48.26cm＝19 英寸）与高（4.445cm 的倍数）。由于宽为 19 英寸，所以有时也将满足这一规定的机架称为“19 英寸机架”。设计为能放置到 19 英寸机柜的产品一般被称为机架服务器。1U 机架式服务器标准尺寸 1U 尺寸为 4.45cm×58cm×62cm（高×宽×深）。

3. 按照用途选择

可以按照公司业务实际情况进行服务器选型，以互联网公司为例，主要涉及的服务器类型如下。

- 负载均衡器。
- WEB 服务器。
- DB 服务器。
- 文件服务器。

- 备份服务器。
- 应用服务器。

上述每种服务器要根据实际的业务量、并发请求、数据量、TPS、QPS、磁盘空间需求等多项指标进行综合选型。

4．作者建议

作者所在公司现在用的是 DELL 服务器，服务总体上比较好，一般的技术问题通过电话或电子邮件都能解决。

如果是硬件出了故障，技术人员会在接到报修的第二个工作日上门服务。

特别提示一点：DELL 服务器可以在保修期内打开机箱，进行升级。DELL 允许用户自己更换或升级配件，但只负责保修 DELL 自己的产品，不包括自行更换的零件。DELL 服务器有免费开源的硬件监控，这也是作者所推崇的原因之一。

另外，随着国产服务器技术的不断成熟，选择国内一些比较有实力的品牌，比如华为服务器等，性价比也是比较高的。

2.6.2 服务器选购技巧

1．原厂选购

建议选择原厂的服务器，质量更有保障。

2．压力测试

测试是长期的过程，包括性能测试、稳定性测试和极限环境下死机重启测试等。不同操作版本下的相同的硬件测试等，其目的只有一个，就是为了保证线上环境的正常运行，比如要测试 KVM 在 DELL 和 IBM 下的稳定性。如果没有时间测试，可以找供应商来安装 CentOS 7 进行极限测试，测试 1 个月或者 3 个月，最终让供应商给出测试结果，然后自己再结合测试结果来做一些二次测试即可。这是运维人员对自己的技术负责，也是为公司负责，更是为公司的广大客户负责，所以运维人员的责任心和细心是非常重要的软实力。

2.7 SSH 远程连接最佳实践

作为 IT 从业人员，我们要防范一切黑客可以攻击的服务器的潜在危险点。使用密码连接远程 Linux 服务器（不在本文讨论范围），黑客会有一定概率猜对密码而达到登录服务器的目的，更糟糕的情况是被黑的 user 可能还有 sudo 权限。解决这个问题的办法就是使用 SSH 连接远程 Linux 服务器，并且禁止使用密码连接服务器。

实际的工作中一般都是通过 SSH 连接到远程服务器进行操作，由于读者是初学 Linux，推荐使用 SSH 远程连接工具来练习 Linux 命令和 SHELL 编程。

连接效果如图 2-102 所示。

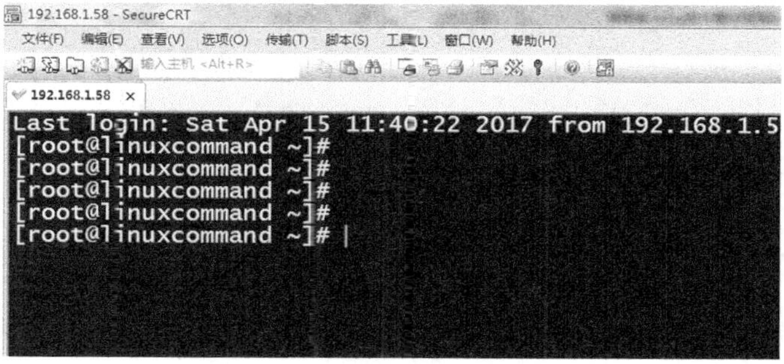

图 2-102　SSH 连接效果图

下面开始安装和使用 SSH 远程连接工具。

2.7.1 SSH 远程工具之 PuTTY

1. PuTTY 简介

PuTTY 是一个 Telnet、SSH、rlogin、纯 TCP 以及串行接口连接软件，一般我用它远程访问 Linux 主机，另一个著名的类似软件是 Secure CRT。

两者相比，PuTTY 有两个明显的优势。

- 免费：缺省配置就很好用，Secure CRT 不是为 Linux 准备的，需要经过一番配置才能使用得顺手。
- 体积小：PuTTY 只有几十个 KB，轻量级。

2. 安装 PuTTY

从 PuTTY 的下载页面下载并安装 PuTTY。建议下载最新版本，确保安装整个套件。

PuTTY 有多个版本提供下载，如图 2-103 所示，读者根据需要下载对应版本即可。

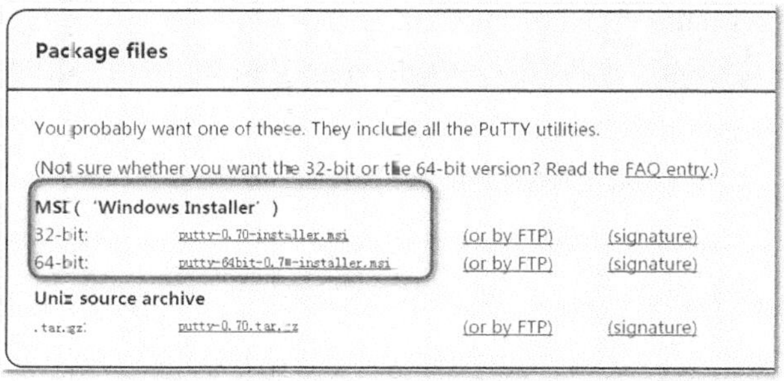

图 2-103　PuTTY 多版本下载

作者的电脑是 64 位操作系统，因此下载了 64-bit 版本，下载完成后桌面显示如图 2-104 所示。

执行“下一步”，安装即可。

安装 PuTTY 后，软件安装目录会有如图 2-105 所示的组合套件。

图 2-104　PuTTY 64-bit

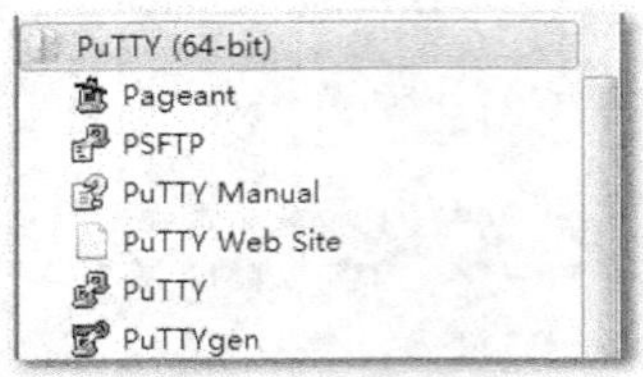

图 2-105　PuTTY 组合套件

安装 PuTTY 后，启动显示效果如图 2-106 所示。

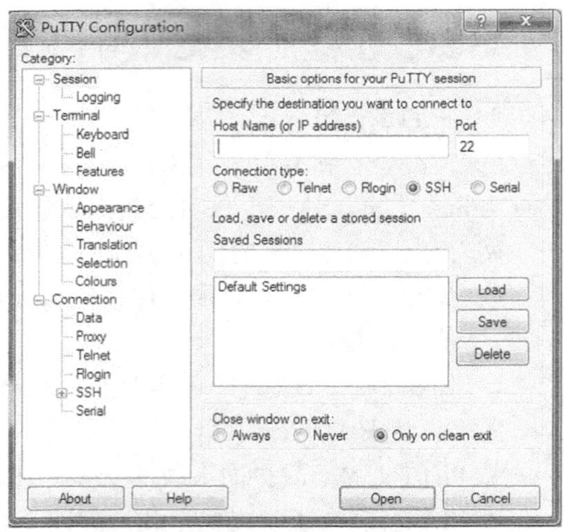

图 2-106　PuTTY 启动默认界面

3. PuTTY 中文问题

默认情况下，PuTTY 使用系统的编码，而 Windows 的编码是 GBK。

大部分情况下，Linux 的编码是 UTF-8，这时中文将显示为乱码。在 Linux 中，用如下命令查看编码：

```
#locale
LANG=zh_CN.UTF-8
LC_CTYPE="zh_CN.UTF-8"
LC_NUMERIC="zh_CN.UTF-8"
LC_TIME="zh_CN.UTF-8"
LC_COLLATE="zh_CN.UTF-8"
LC_MONETARY="zh_CN.UTF-8"
LC_MESSAGES="zh_CN.UTF-8"
LC_ALL=
```

PuTTY 应配置成与 Linux 一样的编码方式才能正常显示中文，具体步骤为：单击“Window-> Translation”，将“Rmote character set”设置为 UTF-8，保证中文能够正常显示。

4. SSH 服务远程连接服务器准备工作

在远程连接操作系统之前，要确保以下信息准确。

- 服务器端开机并启动成功。
- 服务器端 IP 地址。
- 服务器端防火墙关闭。

- 服务器端 SELINUX 关闭。
- 服务器端 SSH 服务端口为 22。
- 客户端和服务器端网络连接畅通。
- 客户端远程连接工具准备就绪。

具体确认命令如图 2-107 所示。

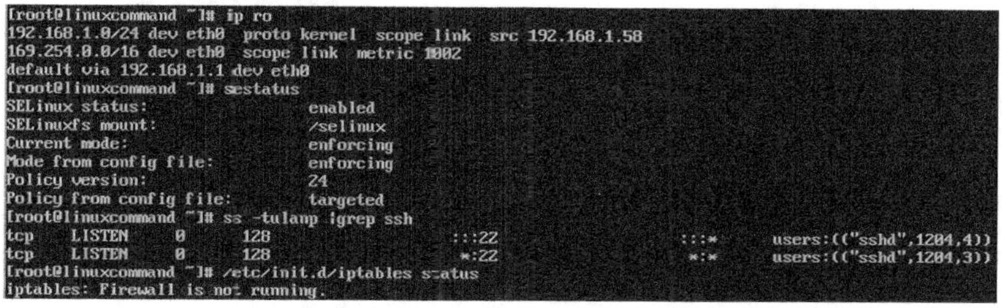

图 2-107　远程连接信息确认

5. 连接远程服务器

依次填入服务器 IP、SSH 服务端口，其他默认即可，如图 2-108 所示。

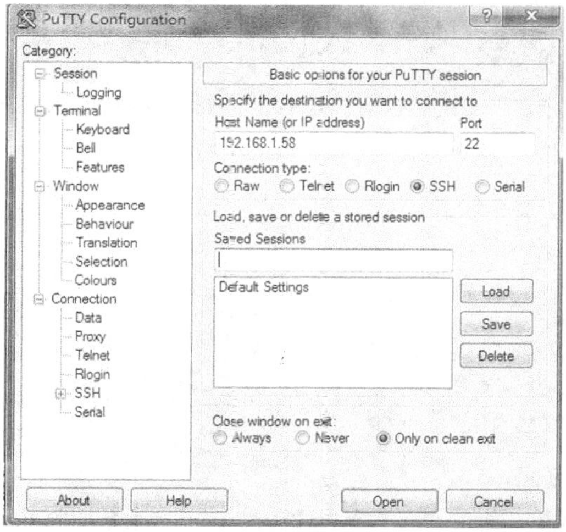

图 2-108　服务器连接信息

确认连接信息是否准确无误，如图 2-109 所示。

依次写入用户名和密码，Linux 默认系统管理员是 root 用户，也就是根用户，与 Windows 操作系统下 Administrator 用户一样。

注意：输入密码不带有任何显示，是一种操作系统保护机制，如图 2-110 所示。

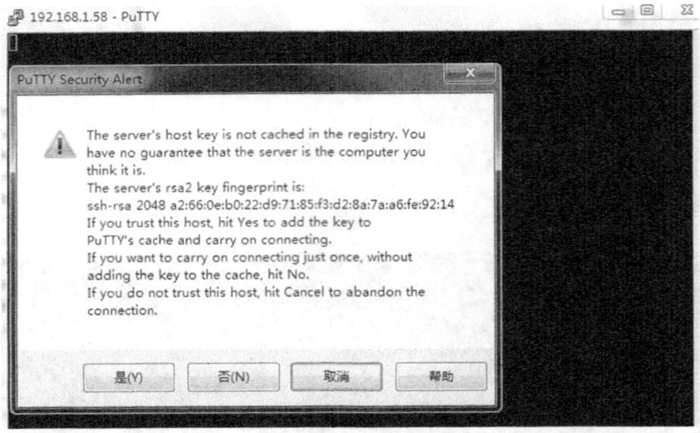

图 2-109　服务器连接信息确认

图 2-110　输入登录用户名和密码信息

登录服务器后，执行如图 2-111 所示的命令，确认和服务器信息是否一致。

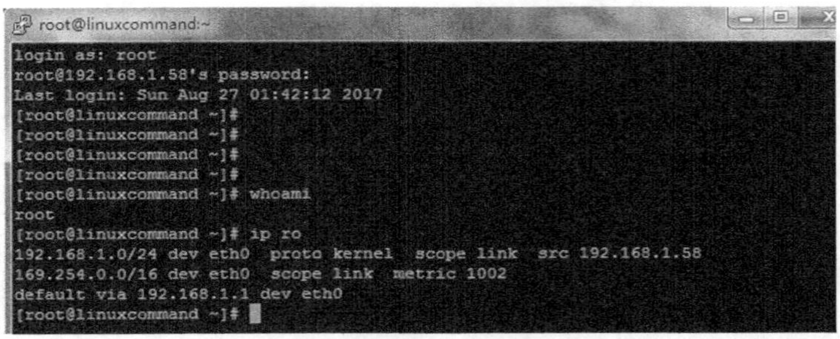

图 2-111　确认服务器信息

6. PuTTY 最佳设置

默认的 PuTTY 字号较小，不利于操作者查看和书写代码，因此首先要对字体大小进行调整。首先新建一个 Session，取名为 Linux_Command，如图 2-112 所示。

依次勾选“Window->Appearance->Font settings->Change”，如图 2-113 和图 2-114 所示。

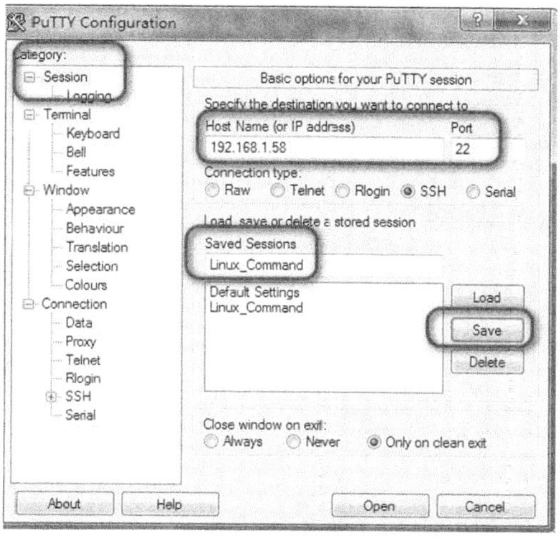

图 2-112　新建 session

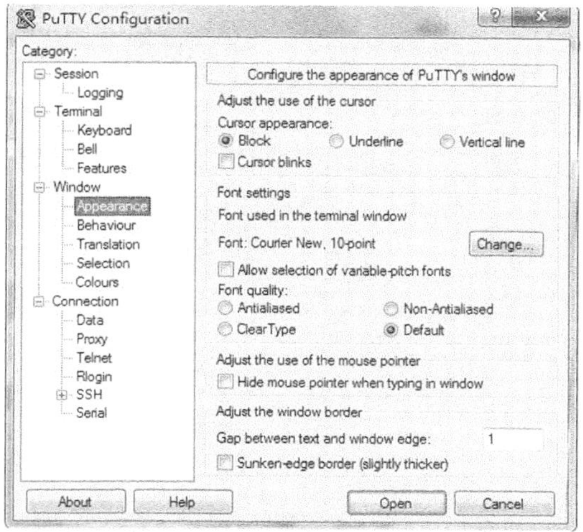

图 2-113　Window->Appearance

勾选“Allow selection of variable-pitch fonts”，如图 2-115 所示。

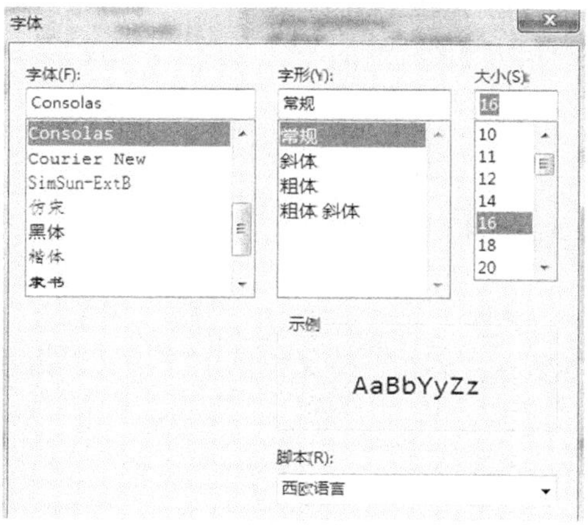

图 2-114　字体具体设置

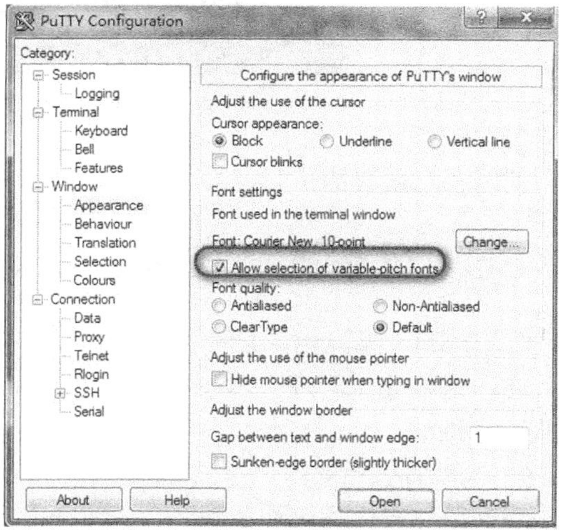

图 2-115　勾选“Allow selection of variable-pitch fonts”

返回登录主界面 Session，单击“Save Linux_Command”，也可以更改其他默认信息，例如 host name 192.168.1.58，登录时选择“Linux_Command”即可，如图 2-116 所示。

登录后显示信息如图 2-117 所示。

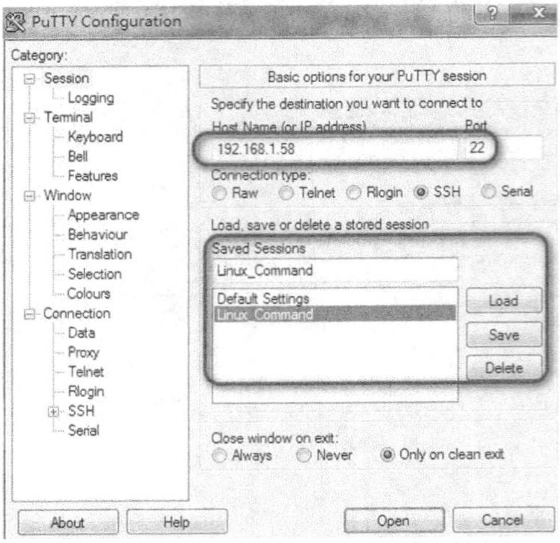

图 2-116　Session 登录信息

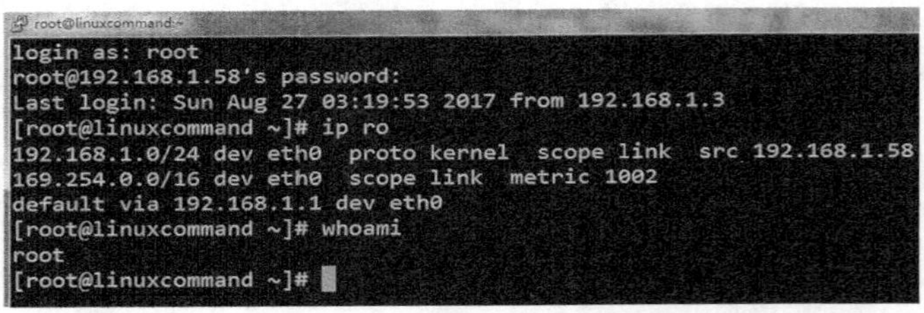

图 2-117　登录后的 PuTTY 界面

可以看到设置的信息已经生效。

2.7.2　SSH 远程连接工具之 Secure CRT

1. SSH 远程连接工具

SSH 远程连接管理工具有很多，比如 Secure CRT、PuTTY 以及 xshell 等，这里推荐使用 Secure CRT。

2. Secure CRT

读者可以自行搜索并下载。

3. 安装 Secure CRT

下载完成后直接安装就可以使用了，可能会需要授权码的，读者可以申请试用。

4. 配置 SSH 连接

安装完成后需要配置 SSH 远程连接，读者只需要单击工具栏的快速连接，配置如下信息即可。

- 协议默认 SSH。
- 主机名写你的 IP 地址，比如我这里是 192.168.1.58。
- SSH 端口默认是 22，先保持默认即可。
- 用户名是 root，如图 2-118 所示。

配置完上述信息后，单击“连接”，会弹出如图 2-119 所示的界面信息。

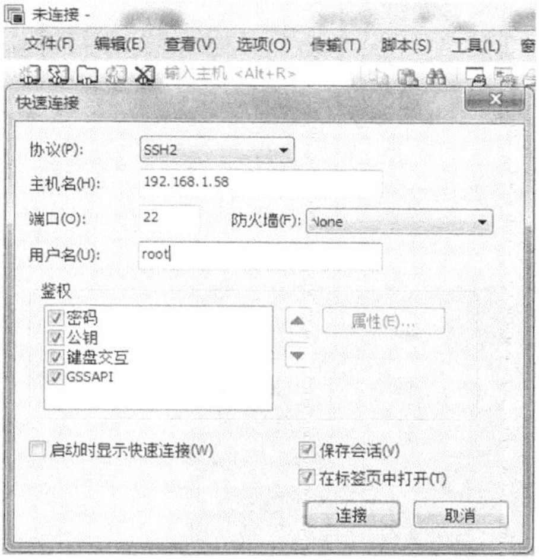

图 2-118　SSH 快速连接配置

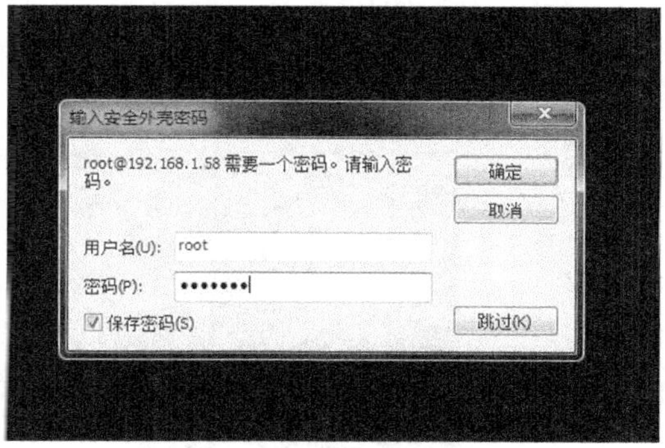

图 2-119　SSH 服务登录密码

SSH 服务登录密码配置密码是安装操作系统时设定的 root 密码，直接输入，并勾选“保存密码”即可。

最终的登录效果如图 2-120 所示，然后就可以在此终端输入要练习的 Linux 命令了。

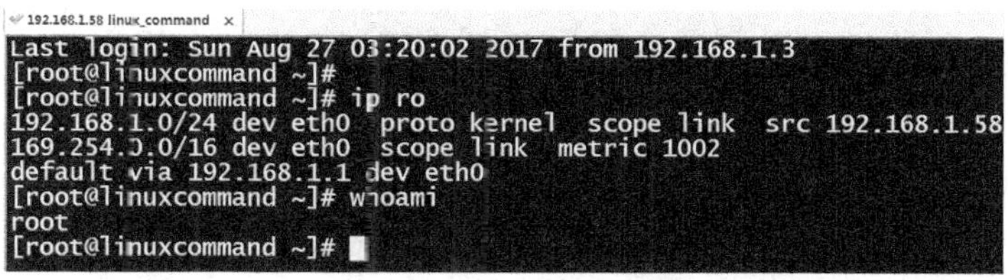

图 2-120　Secure CRT 登录后的效果图

2.8 CentOS 操作系统忘记密码修复实战

如果遇到忘记密码的情况，会需要我们自己想办法来重置电脑密码。以 Windows 系统为例，更多的是采用 U 盘或者光盘启动，进入 PE 模式，然后选取破解密码的程序来破解 SAM 数据库，一般来说速度是非常快的。

对于服务器来讲，更多是存在于交接或者临时需求的环境中，比如交接人忘记交接某个服务器的相关信息了，此时我们就需要去机房接上显示器，自己来破解这台服务器的密码。下面就分别从两个主流的操作系统版本来分别进行实战讲解和演示，一步一步教读者如何破解自己的服务器密码。

2.8.1 CentOS 6.9 忘记密码操作

找回被修改或者遗忘的密码的具体操作步骤如下。

（1）重启镜像看到这个界面时，按任意键中断，进入 grub 启动菜单界面，如图 2-121 所示。

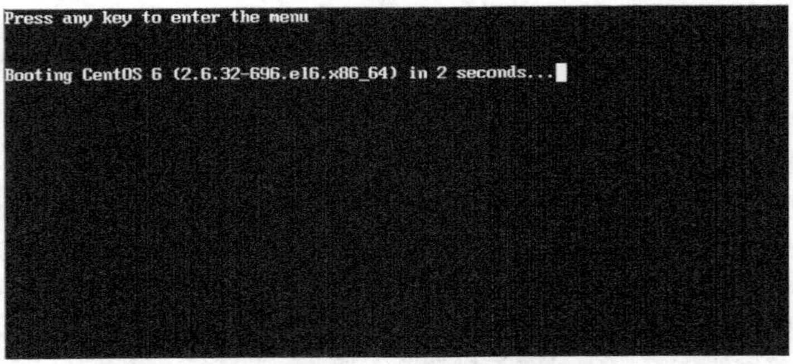

图 2-121 grub 启动界面

（2）按任意键之后进入如下界面，如图 2-122 所示。

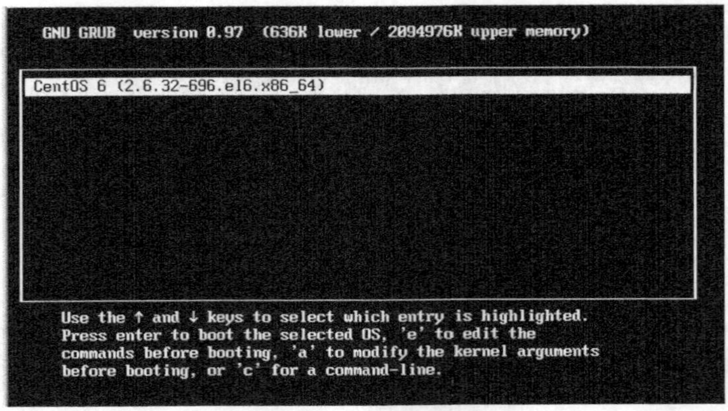

图 2-122 grub 启动菜单

（3）内核区域字样有解释，按<e>键是编译模式，如图 2-123～图 2-124 所示。

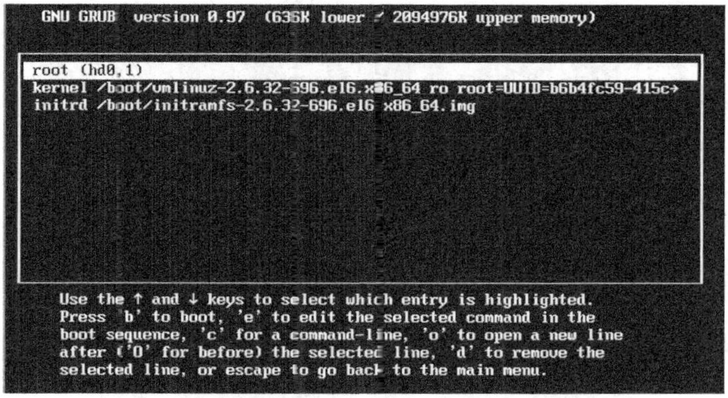

图 2-123　选择 grub 功能按键

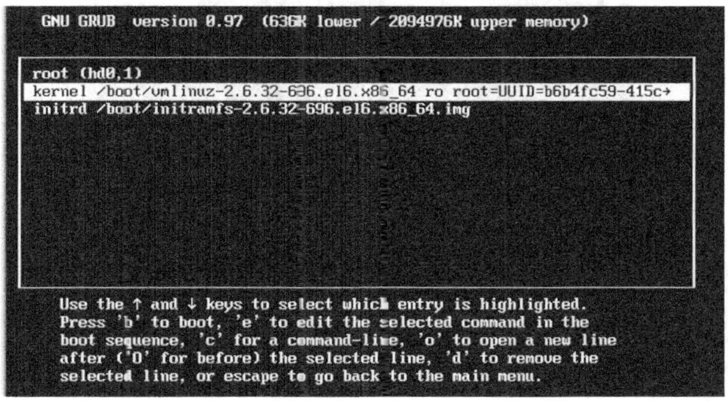

图 2-124　选择启动内核

（4）继续按<e>，进入单用户模式，在 rhgb quiet 后面空格写 s（或者 single、1）可以进入单用户模式，输入之后确认，如图 2-125 所示。

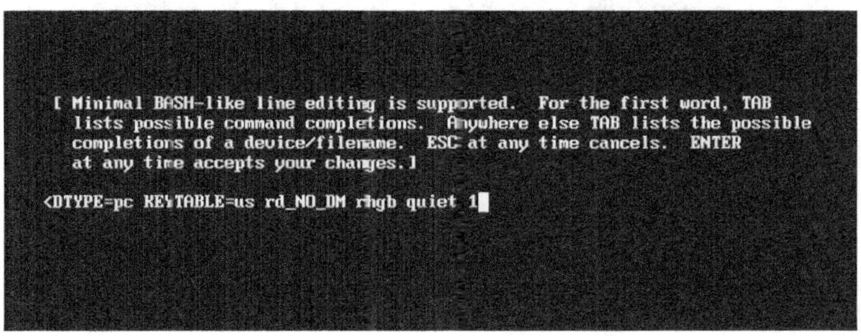

图 2-125　输入单用户模式指令

（5）这里选择第二行按<b>进入开发者模式，然后等待启动，确认是否进入单用户模式。如图 2-126 所示，从提示可以看到，操作系统本身的运行级别已经被调整到了单用户模式。

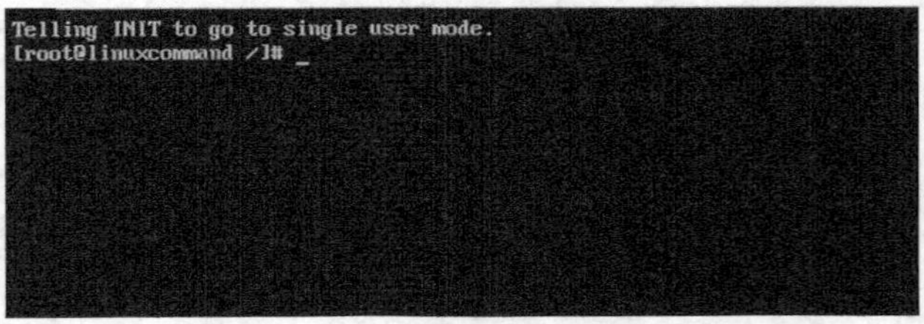

图 2-126 进入单用户模式

（6）在单用户模式下重新更改密码即可，如图 2-127 所示。

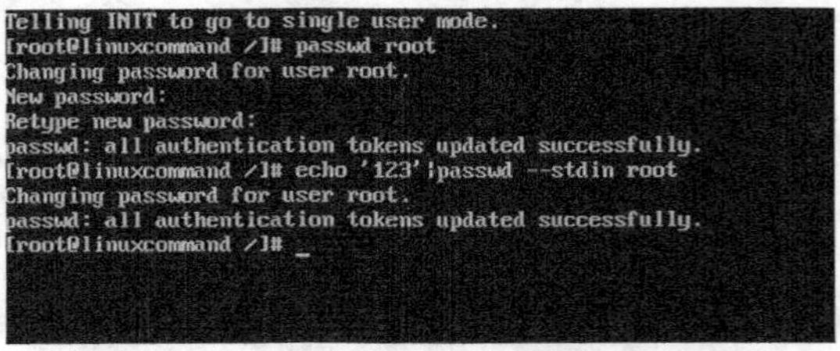

图 2-127 单用户模式修改密码

可以采用交互式和非交互式两种修改密码的方式，更改完成后 reboot 重新启动操作系统，新设置的密码就生效了，重新用新设置的密码做登录验证即可。

2.8.2 CentOS 7.2 忘记密码操作

CentOS 7.3 进入单用户模式修改 root 密码，启动 CentOS 7，按空格让其停留在如图 2-128 所示的界面。

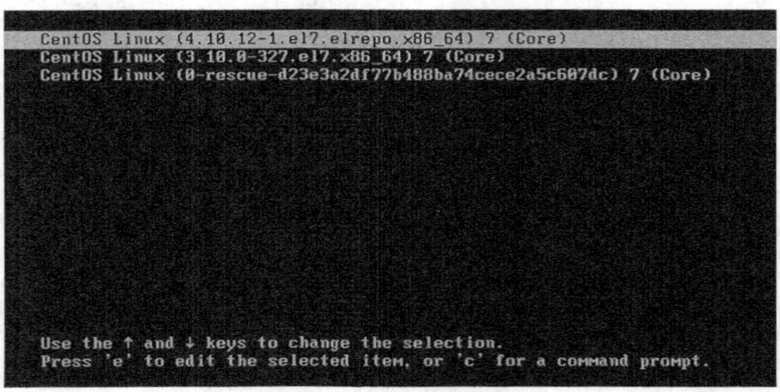

图 2-128 grub 启动菜单

按<e>进行编辑，在 UTF-8 后面输入 init=/bin/sh 或 init=/bin/bash，增加 init=/bin/sh；（或 init=/bin/bash，指定 shell 环境），如图 2-129 所示。

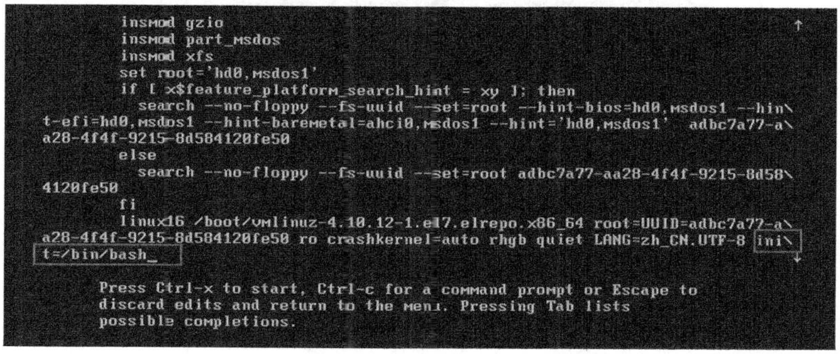

图 2-129　单用户模式启动指令

根据提示按<Ctrl+x>组合键，如图 2-130 所示。

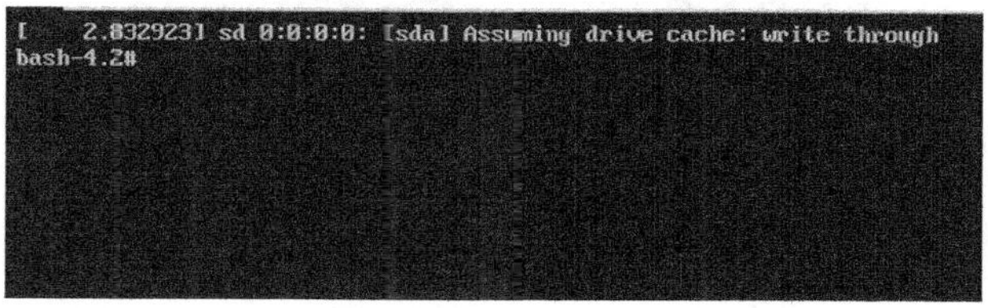

图 2-130　进入单用户模式

修改语言设置为英文，防止出现乱码，如图 2-131 所示。

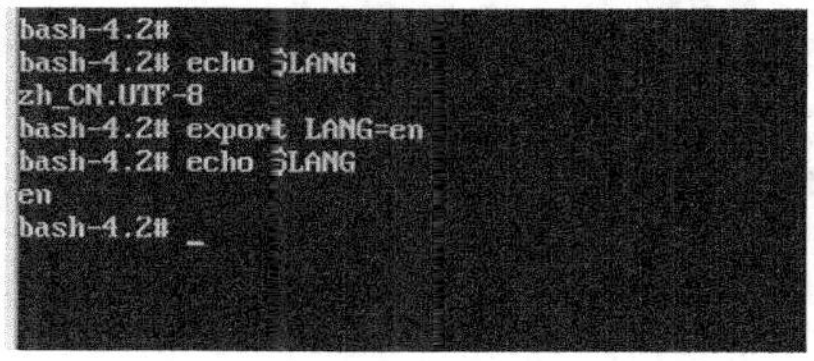

图 2-131　设置语言选项

输入 mount -o remount,rw /指令，重新挂载/目录，权限设置为可读写，如图 2-132 所示。

图 2-132　执行挂载命令

一句话命令设置 root 新密码，如图 2-133 所示。

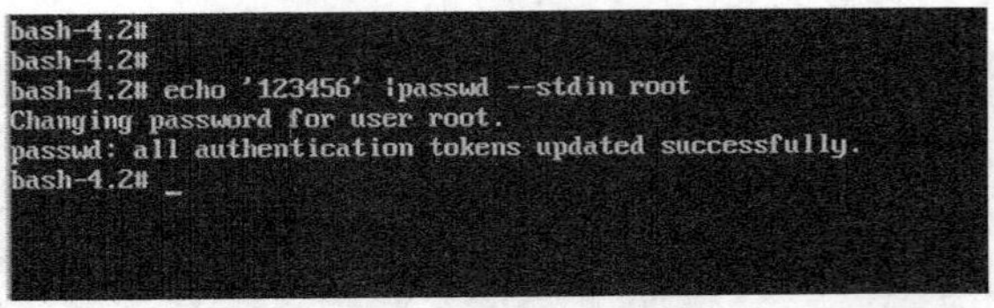

图 2-133　单用户模式修改密码

输入，touch/.autorelabel，更新系统信息，如图 2-134 所示。

```
#touch /.autorelabel
```

图 2-134　更新系统信息

SELinux 在重启后更新 label。

修改完密码之后，重启系统即可。

```
#exec /sbin/init
```

正常启动 init 进程，如图 2-135 所示。

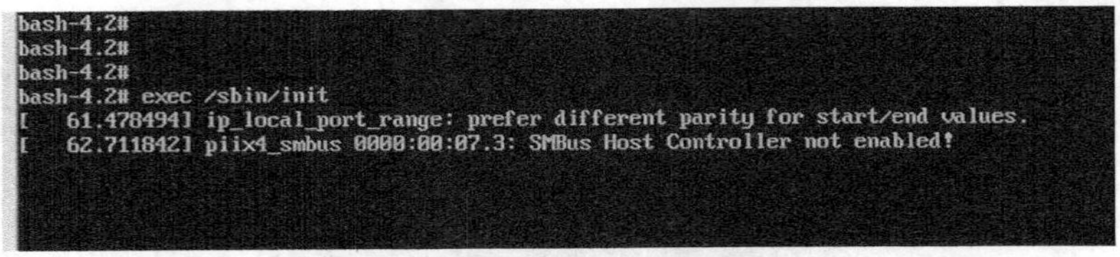

图 2-135　单用户模式启动 init 进程

2.8.3　CentOS 7.3 修复 root 密码终极实战

1．基本原理

恢复 root 密码的操作方法较之前版本的 CentOS 更为简单，但其基本思想不变，即进入单用户模式在命令行下修改 root 密码。

2．开机进入启动界面

开机进入启动界面后，要按照屏幕的下方的操作提示迅速按下<e>键，如图 2-136 所示。

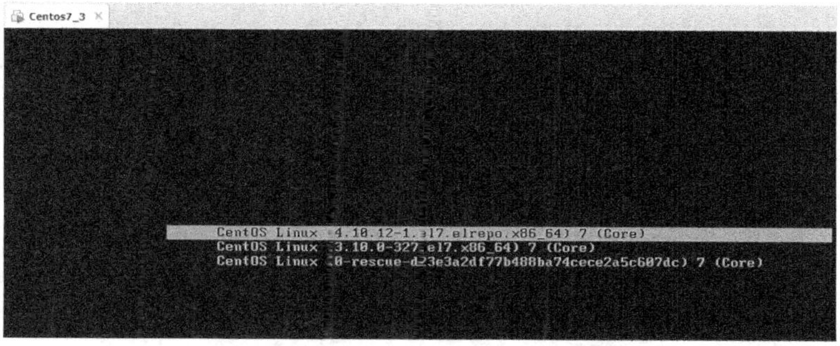

图 2-136　CentOS 开机启动

3．配置启动文件

按下<e>键后，即来到启动文件界面，这时按键盘上面的“↓”方向键，一直到文件底部，在“LANG=zh_cn.UTF-8”同行后面加上“init=/bin/sh”。注意一定要加在这个位置，其他网站上的教程另起一行加上此命令，我试验过是无法进入单用户命令行的。

然后按照屏幕下方的提示按下<Ctrl+x>组合键即进入单用户模式，如图 2-137 和图 2-138 所示。

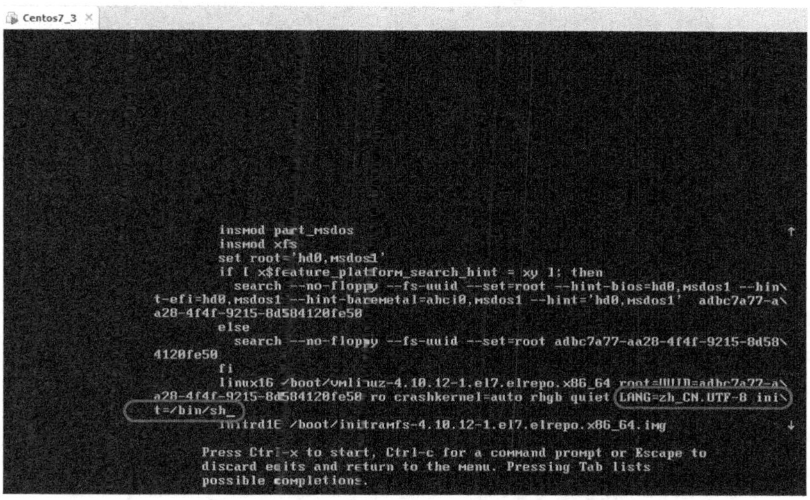

图 2-137　修改启动配置文件

4．用 passwd 修改 root 密码

此时在单用户模式下输入 passwd 密码，即可实现恢复 root 密码，如图 2-139 所示，全过程要比 CentOS 5 和 CentOS 6 要简单许多！

注意：“init=/bin/sh”的添加位置。

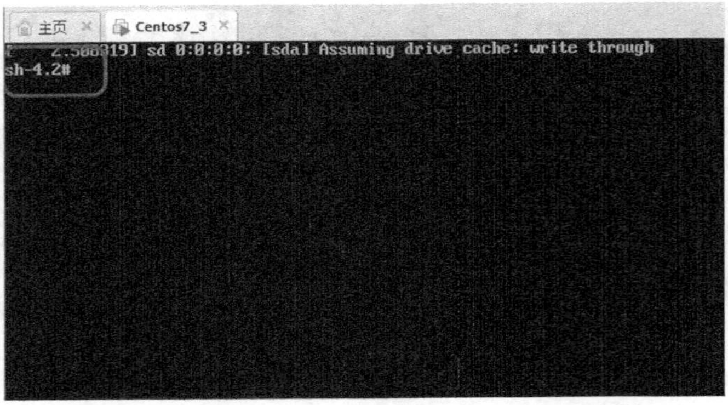

图 2-138　单用户模式界面

图 2-139 并没有修改成功，因为此时的文件系统是只读的，还需要做如下设置：

```
mount -o remount rw /
```

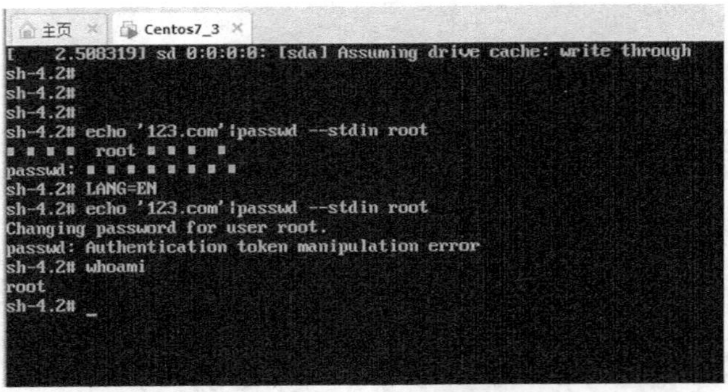

图 2-139　单用户模式修改密码

然后再次修改密码即可成功。重新挂/目录，赋予读写权限，如图 2-140 所示。

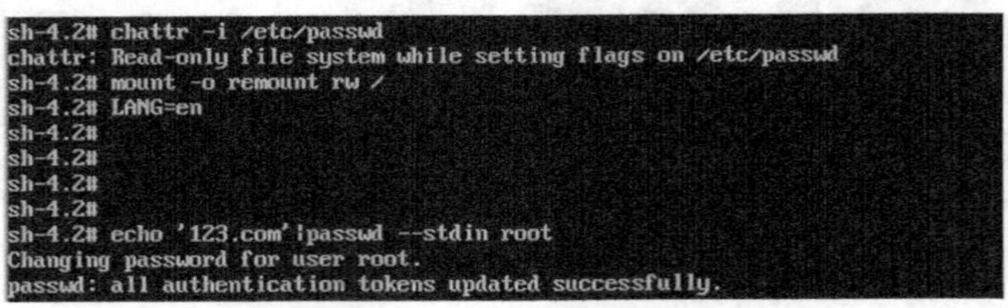

图 2-140　根目录可写

5. CentOS 7 重置 root 密码小结

与 CentOS 5 和 CentOS 6 不同的是，当忘记 CentOS 7 root 密码并采用 GRUB2 为启动器

时，将无法通过单用户模式重置 root 密码，下面针对 CentOS 7 如何重置 root 密码做了如下总结。

- 启动系统，并在 GRUB2 启动屏显时，按下<e>键进入编辑模式。
- 在 linux16/linux/linuxefi 所在参数行尾添加以下内容：init=/bin/sh。
- 按<Ctrl+x>组合键启动 Shell。
- 挂载文件系统为可写模式：mount -o remount,rw。
- 运行 passwd 指令，并按提示修改 root 密码。
- 运行命令 exec /sbin/init 正常启动，或者用命令 exec /sbin/reboot 重启。

2.9 CentOS 7 新特性和命令

2.9.1 CentOS 7 新特性

1. 文件系统

- XFS 比 EXT 4 更适合大文件处理，但消耗的 CPU 资源是 EXT4 的两倍。
- XFS 最大支持单文件 16TB，EXT4 最大支持单文件 50TB。

2. 内核版本 3.10

- 支持大的 crashkernel 大小 。
- 以前 kdump 会把内存 128MB 专用于保存内核信息，内存小于 2GB 时会启动失败，现在比 128MB 更大了。
- swap 内存压缩。
- 将内核模块列入黑名单。
- 动态内核补丁（不需要重新编译内核）。

3. yum

从网络下载安装 yum 时，不仅有 Y 和 N 选项，还有 d 选项，实现只下载、不安装。保存路径默认为/var/cache/yum。

注意：上述只适用于从网络安装，如果是本地目录为 yum 源（baseurl=file://）则不生效。

而以前的版本只可以实现安装时顺便缓存在本址，需要修改配置文件：

```
vim /etc/yum.conf
keepcache=1
```

下面命令清除所有下载的包：

```
yum clean all
```

4. CentOS 7 的 4 种模式

CentOS 7 中不再有 0～6 个启动级别，而是 4 个 target。

- graphical.target：多人模式，支持图形和命令行两种登录，对应之前的 3、5 级别。
- multi-user.target：多人模式，只支持命令行登录，对应之前的 3 级别。
- rescue.target：单人模式，对应之前的 1 级别。
- emergency.target：单人模式，不过系统进入根后目录是只读的。

5. CentOS 7 的单用户模式

CentOS 7 采用的是 grub2，和之前的方式有所不同：

- 在对应的内核条目上，按<e>键，进入编辑模式，搜寻以 linux16 开头的，按<End>键到最后，输入“rd.break”，再按<Ctrl+x>组合键进入。
- 进去后，重新挂载/sysroot/，增加写权限。

```
mount -o remount,rw /sysroot/
```

6. 切换到原始系统下

```
chroot /sysroot/
```

现在就可以修改 root 用户的密码了。

7. 使 selinux 生效（可以省略）

如果没有此操作，在重启后会对系统进行检测，如下代码所示：

```
touch /.autorelabel
```

8. 退出单用户重启

先执行退出指令：

```
exit
```

然后执行重启指令：

```
reboot
```

9. CentOS 7 设置 IP

查看 IP 的代码如下：

```
ip addr
```

要想使用 ifconfig 命令，需要安装 net-tools 包。

10. CentOS 7 设置主机名

（1）查看主机名 hostname，设置主机名（直接写入配置文件，使用 hostname fansik 则不会）：

```
hostnamectl set-hostname fansik
```

（2）配置文件：

```
/etc/hostname
```

（3）查看主机名状态：

```
hostnamectl status
```

11. CentOS 7 设置命令（参数）自动补全

安装 bash-completion，如下代码所示：

```
yum -y install bash-completion
source /etc/profile
```

12. CentOS 7 的服务

CentOS 7 不再有 chkconfig 工具了，而是使用 systemd。

（1）使某服务自启动，如下代码所示：

```
systemctl enable httpd.service
```

（2）设置服务不自启动，如下代码所示：

```
systemctl disable httpd.service
```

（3）查看服务状态，如下代码所示：

```
systemctl status httpd.service
```

（4）查看所有服务，如下代码所示：

```
systemctl list-units --type=service
```

（5）启动服务，如下代码所示：

```
systemctl start httpd.service
```

（6）停止服务，如下代码所示：

```
systemctl stop httpd.service
```

（7）重启服务，如下代码所示：

```
systemctl restart httpd.service
```

（8）启动脚本路径，如下代码所示：

```
/usr/lib/systemd/system
```

（9）检查一个服务是否为开机启动，如下代码所示：

```
systemctl is-enabled httpd
```

13. systemd unit

- systemd 管理服务机制的特点为支持自动检测服务依赖的服务，并行启动。
- systemd 可以管理所有系统资源，不同的资源统称为单位（unit）。

unit 一共分成 12 种类型，如表 2-3 所示。

表 2-3 systemd 管理系统资源说明

资源类型	说明
service unit	系统服务
target unit	多个 unit 构成的一个组
device unit	硬件设备
mount unit	文件系统的挂载点
automount unit	自动挂载点
path unit	文件或路径
scope unit	不是由 systemd 启动的外部进程
slice unit	进程组
snapshot unit	快照，可以切回某个快照
socket unit	进程间通信的
socket swap unit	swap 文件
timer unit	定时器

2.9.2 CentOS 7 新命令

1. systemd unit 相关的命令

（1）列出正在运行的 unit，如下代码所示：

```
systemctl list-units
```

（2）列出所有 unit，包括没有找到配置文件的或者启动失败的，如下代码所示：

```
systemctl list-units --all
```

（3）列出所有没有运行的 unit，如下代码所示：

```
systemctl list-units --all --state=inactive
```

（4）列出所有加载失败的 unit，如下代码所示：

```
systemctl list-units --failed
```

（5）列出所有正在运行的类型为 service 的 unit，如下代码所示：

```
systemctl list-units --type=service
```

（6）显示某个 unit 是否正在运行，如下代码所示：

```
systemctl is-active application.service
```

（7）显示某个 unit 是否处于启动失败状态，如下代码所示：

```
systemctl is-failed application.service
```

（8）显示某个 unit 服务是否建立了启动链接，如下代码所示：

```
systemctl is-enabled application.service
```

2. systemd target

target 类似于 CentOS 6 中的启动级别，但支持多个 target 同时启动，target 是多个 unit 的组合。系统启动时就是启动了多个 unit，为了方便 target 来管理这些 unit。

（1）target 连接的 runlevel 在该目录下可以查看到相应软连接，如下代码所示：

```
/usr/lib/systemd/system
```

（2）查看当前系统的所有 target，如下代码所示：

```
systemctl list-unit-files --type=target
```

（3）查看一个 target 所包含了哪些 unit，如下代码所示：

```
systemctl list-dependencies multi-user.target
```

（4）查看启动时的默认 target，如下代码所示：

```
systemctl get-default
```

（5）设置启动时的默认 target，如下代码所示：

```
systemctl set-default multi-user.target
```

（6）切换 target 时，默认不关闭前一个 target 启动的进程。

systemctl isolate 命令改变这种行为，关闭前一个 target 里面所有不属于最后一个 target 的进程，如下代码所示：

```
systemctl isolate multi-user.target
```

3. systemd unit target 关联关系

（1）主配置文件，具体路径如下代码所示：

```
/etc/systemd/system.conf
```

（2）开机会自动加载，相关加载内容如下代码所示：

```
/etc/systemd/system/default.target
```

（3）所有的 service 和 target 在/usr/lib/systemd/system，相关 service 和 target 内容如下代

码所示：

```
/etc/systemd/system/default.target
```

（4）是一个软链接文件链接到了如下文件，软链接文件如下代码所示：

```
/lib/systemd/system/multi-user.target
```

（5）加载如下代码内容：

```
/usr/lib/systemd/system/multi-user.target.wants
```

上述代码文件内容中的 service，查看一个 service 属于哪个 target，需要 cat 具体的 service 文件：

```
cat sshd.service
```

具体看其中的[Install]部分即可。

2.10 本章小结及思维导图

1. 本章小结

- 建议读者尽量选择生产环境最小化安装。
- 选择比较稳定的版本，若对新功能有追求，请至少运行并观察测试环境半年以上。
- 做好安装的目录业务规划以及日志规划等。
- 机器选型方面很有学问，基于成本和运维标准化多思考。
- 打好基本功，才能跑得更快，不至于中途跌倒。
- 初装系统复杂密码机制。

密码一定要是复杂密码，长度至少 32 位以上，建议采用大小写字母+数字+特殊字符的形式，否则很容易被密码字典扫描器爆破。如果此机器是跳板机，一旦被爆破，后果不堪设想，甚至其他机器都要重做操作系统。这是一种安全的意识，不要觉得是内网就一定很安全，要知道很多的安全隐患和安全事故都是由日常运维工作中的不小心和疏忽造成的。因此，要想做好安全，必须要先有安全意识。

2. 防火墙策略

SELinux 可以关闭，也可以根据自己的业务是否开启和选用。但建议一定开启 iptables，减小被攻击的几率。除非是在非常高的大并发场景中，在影响转发的情况下关闭，这也是在三层核心交换做了安全和网络信任的基础之上进行的妥协。

3. PXE 批量部署注意事项

一些 DELL 服务器支持 UEFI，因此在自动化批量部署操作系统时要单独划分/boot/efi

分区，否则会导致安装失败或者其他的安装不成功的问题。

本章思维导图如图 2-141 所示。

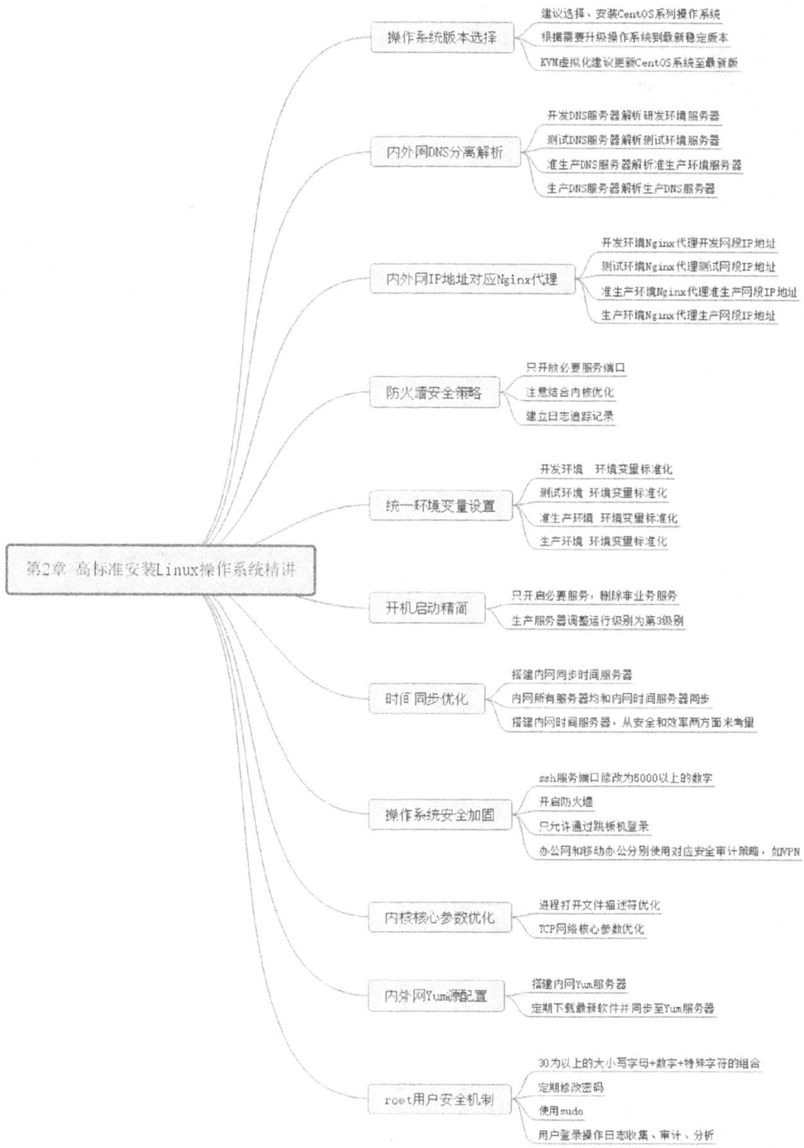

图 2-141　本章思维导图

第3章

CentOS 6 系统启动流程

本章第一部分介绍了 Windows 操作系统启动的具体过程，从按下电源键开机启动到出现 Windows 蓝天白云的桌面，中间经历了很多步骤，这些步骤有助于我们了解操作系统本身的运行机制和工作原理。

第二部分介绍了 CentOS 6 的启动过程，从 Windows 启动过程逐步分解，到 CentOS 启动过程逐步的分析，此过程有助于帮助读者了解和掌握 CentOS 的运行原理。通过 Windows 图形界面启动过程到 CentOS 命令行黑窗口，让读者对整个计算机启动过程和操作系统过程有整体和全面的认识，为后续操作系统命令行的学习及 Linux 操作系统故障排错打下坚实的基础。

3.1 Windows 操作系统初始化过程

对于桌面电脑使用者，打开电源启动电脑几乎是每天必做的事情，但计算机在显示这些启动画面时都在做什么呢？大多数用户都未必清楚。

下面就向读者介绍从打开电源到出现 Windows 桌面的蓝天白云，计算机到底都做了哪些工作。

电脑的启动过程中有一个非常完善的硬件自检机制。对于采用 AWARD BIOS 的电脑来说，它在上电自检那短暂的几秒钟内，就可以完成 100 多个检测步骤。

首先了解两个基本概念。

1．基本输入输出系统（Basic Input Output System，BIOS）

BIOS 实际上就是被“固化”在计算机硬件中直接与硬件打交道的一组程序，它为计算机提供最低级和最直接的硬件控制。

计算机的很多硬件中都有 BIOS，最常见的比如：主板（也称为系统 BIOS）、显示卡以及其他一些设备（例如 IDE 控制器、SCSI 卡或网卡等）中都存在 BIOS，其中系统 BIOS 是我们要介绍的主角。

因为计算机的启动过程是在它的控制下进行的。BIOS 程序一般被存放在主板 ROM（只读存储芯片）中，即使在关机或掉电以后，程序也不会丢失。

2．内存的地址

通常计算机中安装有 32MB、64MB 或 128MB 的内存，为了便于 CPU 访问，这些内存的每一字节都被赋予了一个地址。

32MB 的地址范围用十六进制数表示就是 0～1FFFFFFH，其中 0～FFFFFH 的低端 1MB 内存非常特殊，我们使用的 32 位处理器能够直接访问的内存最大只有 1MB，因此这 1MB 的低端 640KB 被称为基本内存。而 A0000H～BFFFFH 要保留给显示卡的显存使用的，C0000H～FFFFFH 则被保留给 BIOS 使用，其中系统 BIOS 一般占用最后的 64KB 或更多一点的空间，显示卡 BIOS 一般在 C0000H～C7FFFH 处，IDE 控制器的 BIOS 在 C8000H～CBFFFH 处。

了解了这些基本概念之后，下面将具体讲解计算机的启动过程。

3.1.1 计算机的启动过程

1．第一步：计算机通电

当按下电源开关时，电源就开始向主板和其他设备供电，此时电压还不稳定，主板控制芯片组会向 CPU 发出并保持一个 RESET（重置）信号，让 CPU 初始化。

当电源开始稳定供电后（当然从不稳定到稳定的过程也只是短暂的瞬间），芯片组便撤去 RESET 信号（如果是手动按下计算机面板上的 Reset 按钮来重启机器，那么松开该按钮时芯片组就会撤去 RESET 信号），CPU 马上从地址 FFFF0H 处开始执行指令。这个地址在系统 BIOS 的地址范围内，无论是 AWARD BIOS 还是 AMI BIOS，放在这里的只是一条跳转指令，跳到系统 BIOS 中真正的启动代码处。

2．第二步：POST 加电自检

系统 BIOS 的启动代码首先要做的事情就是进行加电自检（Power On Self Test，POST），POST 的主要任务是检测系统中的一些关键设备，如内存和显卡等是否存在和能否正常工作。

POST 的检测过程在显示卡初始化之前，如果在 POST 自检的过程中发现了一些致命的错误，例如没有找到内存或者内存有问题时（POST 过程只检查 640KB 常规内存），那么是无法在屏幕上显示的。这时系统 PIOS 可通过喇叭发声来报告错误情况，声音的长短和次数代表了错误的类型。

在正常情况下，POST 过程进行得非常快，我们几乎无法感觉到这个过程。

3．第三步：显卡自检

接下来系统 BISO 将查找显示卡的 BIOS，存放显示卡 BIOS 的 ROM 芯片的起始地址通常在 C0000H 处，系统 BIOS 找到显卡 BIOS 之后调用它的初始化代码，由显卡 BIOS 来完成显示卡的初始化。大多数显示卡在这个过程中通常会在屏幕上显示出一些显示卡的信息，如生产厂商、图形芯片类型、显存容量等内容，这就是我们开机看到的第一个画面，不过这个画面几乎是一闪而过的。也有的显卡 BIOS 使用了延时功能，以便用户可以看清楚显示的信息。接着，系统 BIOS 会查找其他设备的 BIOS 程序，找到之后同样要调用这些 BIOS 内部的初始化代码来初始化这些设备。

4．第四步：BIOS 信息显示

查找完所有其他设备的 BIOS 之后，系统 BIOS 将显示它自己的启动画面，其中包括系统 BIOS 的类型、序列号和版本号等内容。

同时屏幕底端左下角会出现主板信息代码，包括 BIOS 的日期、主板芯片组型号、主板的识别编码及厂商代码等。

目前常见的主板 BIOS 有 Award BIOS、AMI BIOS 和 Phoenix BIOS 这 3 种类型。

（1）Award BIOS：Award BIOS 是由 Award Software 公司开发的 BIOS 产品，在 Phoenix 公司与 Award 公司合并前，Award BIOS 便被大多数台式机主板采用。两家公司合并后，Award BIOS 也被称为 Phoenix-Award BIOS。

（2）AMI BIOS：AMI BIOS 是 AMI 公司生产的 BIOS。该公司成立于 1985 年，其生产的 AMI BIOS 占据了早期台式电脑的市场，但后来逐渐沉寂，被 Award BIOS 夺走市场。

（3）Phoenix BIOS：Phoenix BIOS 是 Phoenix 公司的产品。从性能和稳定性看，Phoenix BIOS 要优于 Award 和 AMI，因此被广泛应用于服务器系统、品牌机和笔记本电脑上。

5. 第五步：CPU 和内存自检

接着系统 BIOS 将检测 CPU 的类型和工作频率，并将检测结果显示在屏幕上，这就是我们开机看到的 CPU 类型和主频。

然后系统 BIOS 开始测试主机所有的内存容量，并同时在屏幕上显示内存测试的数值，就是大家所熟悉的屏幕上半部分那个飞速翻滚的内存计数器。

这个过程我们可以在 BIOS 设置中选择耗时少的“快速检测”或者耗时多的“全面检测”方式。

6. 第六步：外部设备自检

内存测试通过之后，系统 BIOS 将开始检测系统中安装的一些标准硬件设备，这些设备包括：硬盘、CD-ROM、软驱、串行接口和并行接口等连接的设备。另外，绝大多数新版本的系统 BIOS 在这一过程中还要自动检测和设置内存的定时参数、硬盘参数和访问模式等。

7. 第七步：即插即用设备自检

标准设备检测完毕后，系统 BIOS 内部的支持即插即用的代码将开始检测和配置系统中安装的即插即用设备，每找到一个设备之后，系统 BIOS 都会在屏幕上显示出设备的名称和型号等信息，同时为该设备分配中断、DMA 通道和 I/O 端口等资源。

8. 第八步：自检信息汇总

到这一步为止，所有硬件都已经检测配置完毕了，系统 BIOS 会重新清屏，并在屏幕上方显示出一个系统配置列表，其中概略地列出了系统中安装的各种标准硬件设备，以及它们使用的资源和一些相关工作参数。

9. 第九步：ESCD 系统自检

接下来系统 BIOS 将更新扩展系统配置数据（Extended System Configuration Data，ESCD）。

ESCD 是系统 BIOS 用来与操作系统交换硬件配置信息的数据，这些数据被存放在 CMOS（一小块特殊的 RAM，由主板上的电池来供电）中。

通常 ESCD 数据只在系统硬件配置发生改变后才会进行更新，所以不是每次启动机器时我们都能够看到“Update ESCD... Success”这样的信息。不过某些主板的系统 BIOS 在保存

ESCD 数据时使用了与 Windows 不同的数据格式，于是 Windows 在它自己的启动过程中会把 ESCD 数据转换成自己的格式。在下一次启动机器时，即使硬件配置没有发生改变，系统 BIOS 也会把 ESCD 的数据格式改回来。如此循环，将会导致在每次启动机器时，系统 BIOS 都要更新一遍 ESCD。

这就是有的计算机在每次启动时都会显示“Update ESCD... Success”信息的原因。

10．第十步：指定启动顺序

ESCD 数据更新完毕后，系统 BIOS 的启动代码将进行它的最后一项工作，即根据用户指定的启动顺序从软盘、硬盘或光驱启动。

以从 C 盘启动为例，系统 BIOS 将读取并执行硬盘上的主引导记录，主引导记录接着从分区表中找到第一个活动分区，然后读取并执行这个活动分区的分区引导记录。而分区引导记录将负责读取并执行 IO.SYS，这是 DOS 和 Windows 最基本的系统文件。

Windows 的 IO.SYS 首先要初始化一些重要的系统数据，然后显示出我们熟悉的蓝天白云桌面。在这幅画面之下，Windows 将继续进行 DOS 部分和 GUI（图形用户界面）部分的引导和初始化工作。

如果系统中安装有引导多种操作系统的工具软件，通常主引导记录将被替换成该软件的引导代码。这些代码将允许用户选择一种操作系统，然后读取并执行该操作系统的基本引导代码（DOS 和 Windows 的基本引导代码就是分区引导记录）。

上面介绍的便是计算机在打开电源开关（或按<Reset>键）进行冷启动时所要完成的各种初始化工作。如果我们在 DOS 下按<Ctrl+Alt+Del>组合键（或从 Windows 中选择重启计算机）来进行热启动，那么 POST 过程将被跳过去，直接从第三步开始。另外，第五步的检测 CPU 和内存测试也不会再进行。无论是冷启动还是热启动，系统 BIOS 都会重复上面的硬件检测和引导过程。

正是这个不起眼的过程保证了我们可以正常启动和使用计算机。

硬件自检完成后，BIOS 把控制权转交给下一阶段的启动程序。

这时，BIOS 需要知道“下一阶段的启动程序”具体存放在哪一个设备。也就是说，BIOS 需要有一个外部储存设备的排序，排在前面的设备就是优先转交控制权的设备，这种排序叫作“启动顺序”（Boot Sequence）。

打开 BIOS 的操作界面，里面有一项就是“设定启动顺序”，如图 3-1 所示。

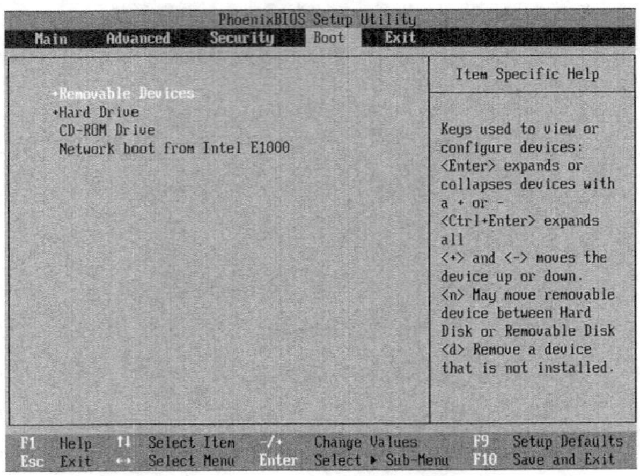

图 3-1　BIOS 设定启动顺序

3.1.2 主引导记录

BIOS 按照“启动顺序”把控制权转交给排在第一位的储存设备。

这时计算机读取该设备的第一个扇区，也就是读取最前面的 512 字节。如果这 512 字节的最后两字节是 0x55 和 0xAA，表明这个设备可以用于启动；如果不是，表明设备不能用于启动，控制权于是被转交给“启动顺序”中的下一个设备。

这最前面的 512 字节就叫作“主引导记录”（Master boot record，MBR）。

1. 主引导记录的结构

主引导记录只有 512 字节，放不了太多东西，它的主要作用是告诉计算机到硬盘的哪一个位置去找操作系统。

主引导记录由以下 3 个部分组成。

（1）第 1～446 字节：调用操作系统的机器码。

（2）第 447～510 字节：分区表（Partition table）。

（3）第 511～512 字节：主引导记录签名（0x55 和 0xAA）。

其中，分区表的作用是将硬盘分成若干个区。

2. 分区表

硬盘分区有很多好处，考虑到每个区可以安装不同的操作系统，主引导记录必须知道将控制权转交给哪个区。

分区表的长度只有 64 字节，里面又分成 4 项，每项 16 字节。所以一个硬盘最多只能分 4 个一级分区，又叫作“主分区”。

每个主分区的 16 字节由以下 6 个部分组成。

（1）第 1 字节：如果为 0x80，就表示该主分区是激活分区，控制权要转交给这个分区。4 个主分区里面只能有一个是激活的。

（2）第 2～4 字节：主分区第一个扇区的物理位置（柱面、磁头、扇区号等）。

（3）第 5 字节：主分区类型。

（4）第 6～8 字节：主分区最后一个扇区的物理位置。

（5）第 9～12 字节：该主分区第一个扇区的逻辑地址。

（6）第 13～16 字节：主分区的扇区总数。

最后的 4 字节（主分区的扇区总数）决定了这个主分区的长度，也就是说，一个主分区的扇区总数最多不超过 2^{32}。

如果每个扇区为 512 字节，则意味着单个分区最大不超过 2TB。再考虑到扇区的逻辑地址也是 32 位，所以单个硬盘可利用的空间最大也不超过 2TB。如果想使用更大的硬盘，只有两个方法：一是提高每个扇区的字节数，二是增加扇区总数。

3.1.3 硬盘启动

这时计算机的控制权就要转交给硬盘的某个分区了，这里又分成如下 3 种情况。

1．情况一：卷引导记录

上一节提到 4 个主分区里面，只有一个是激活的。计算机会读取激活分区的第一个扇区，叫作“卷引导记录”（Volume boot record，VBR）。

卷引导记录的主要作用是告诉计算机，操作系统在这个分区里的位置，然后计算机就会加载操作系统了。

2．情况二：扩展分区和逻辑分区

随着硬盘越来越大，4 个主分区已经不够用了，需要更多的分区。但是分区表只有 4 项，因此规定有且仅有一个区可以被定义成“扩展分区”（Extended partition）。

所谓扩展分区，就是指这个区里面又分成多个区。这种分区里面的分区，叫作“逻辑分区”（logical partition）。

计算机先读取扩展分区的第一个扇区，叫作“扩展引导记录”（Extended boot record，EBR），它里面也包含一张 64 字节的分区表，但是最多只有两项（也就是两个逻辑分区）。

计算机接着读取第二个逻辑分区的第一个扇区，再从里面的分区表中找到第三个逻辑分区的位置。依次类推，直到某个逻辑分区的分区表只包含它自身为止（即只有一个分区项），因此扩展分区可以包含无数个逻辑分区。

但是在实际情况中，很少通过这种方式启动操作系统。如果操作系统确实安装在扩展分区，一般采用下一种方式启动。

3．情况三：启动管理器

在这种情况下，计算机读取主引导记录前面 446 字节的机器码后，不再把控制权转交给某一个分区，而是运行事先安装的启动管理器（boot loader），由用户选择启动哪一个操作系统。

在 Linux 环境中，目前最流行的启动管理器是 GRUB，如图 3-2 所示。

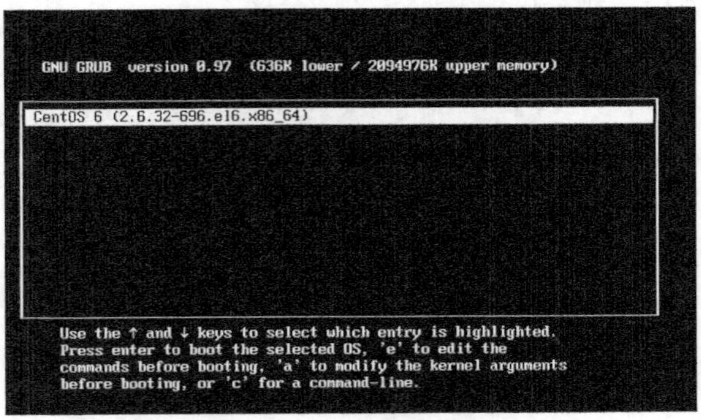

图 3-2　Linux 启动管理器

3.1.4 操作系统

将控制权转交给操作系统后，操作系统的内核首先被载入内存。

以 Linux 系统为例，先载入/boot 目录下面的 kernel。内核加载成功后，第一个运行的程序是/sbin/init。它根据配置文件（Debian 系统是/etc/initab）产生 init 进程，这是 Linux 启动后的第一个进程，pid 进程编号为 1，其他进程都是它的后代。

然后 init 线程加载系统的各个模块，比如窗口程序和网络程序，直至执行/bin/login 程序，跳出登录界面，等待用户输入用户名和密码。

至此，全部启动过程完成。

3.2 CentOS 6 操作系统启动流程详解

计算机的启动是一个非常复杂的过程，从打开电源到桌面的显示，需要经过一系列不可或缺的过程，了解这些过程有助于我们更好地理解操作系统和修复系统可能出现的问题。

任何系统启动的第一步都是加电，接着计算机硬件会主动地读取 BIOS 来加载硬件设备信息并检测。之后系统会主动读取第一个有引导程序的设备，该引导程序（GRUB）可以指定使用哪个内核来启动，并将其加载至内存当中运行。同时内核还要加载其他硬件设备以及对应的驱动程序，主机各个组件开始运行，等所有硬件设备加载完成后，系统就真正地启动了。稍后系统会操作一些外部程序开始准备软件的运行环境，并加载一些系统运行时所需要的软件程序，最后一公里就是等待用户的登录。

3.2.1 POST 加电自检

开机加电后，系统自检硬件设备包括 CPU、内存、硬盘、显示设备等，这个过程是加电自检 POST；一旦通电会自动读取 ROM 上的 CMOS 程序并运行，即按次序查找可引导设备。第一个有引导程序的设备即为本次启动要用到的设备，引导程序叫作 bootloader 引导加载器。

这个过程是开机后 BIOS 或 UEFI 进行硬件检查的阶段，检查硬件是否健康，例如 CPU 风扇、内存、时钟是否正常。如图 3-3 所示。

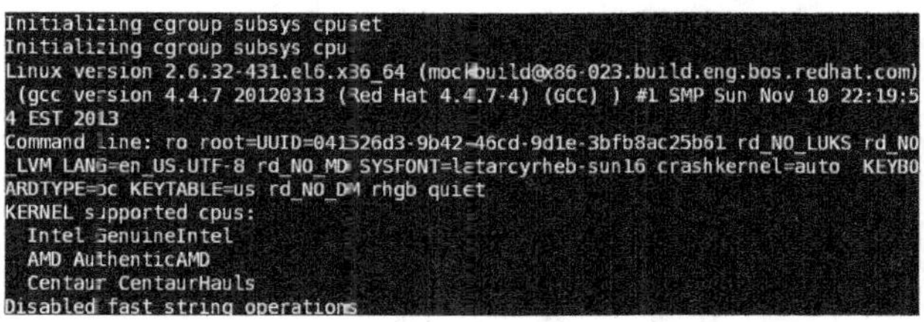

图 3-3 POST 加电检测硬件

3.2.2 加载 BIOS

当按下电源按键后，计算机硬件会自动读取主板上的 BIOS（Basic Input/Output System）来加载硬件信息以及硬件系统的自我测试。BIOS 也是一套程序，它知道如何与硬件进行交互。BIOS 首先会检查硬件，判断计算机硬件是否能满足运行的基本条件，这个过程叫作“硬件自检”（Power-On Self-Test，POST）。

硬件自检后，BIOS 会将控制权交给下一段启动程序。这时 BIOS 需要知道“下一阶段的启动程序”具体存放在哪一个设备。也就是说，BIOS 需要有一个外部存储设备的排序，排在前面的设备就是优先转交控制权的设备，这种排序叫作“启动顺序”（Boot Sequence）。

因此，BIOS 按照“启动顺序”把控制权转交给排在第一位的存储设备，如图 3-4 所示。

CPU 要寻找外部 I/O 哪里有操作系统可以启动，并设置启动优先级（操作系统可以安装的地方很多，如硬盘、U 盘，甚至网络 PXE）。BIOS 通过 INT 13 取得启动管理器，如图 3-5 所示。

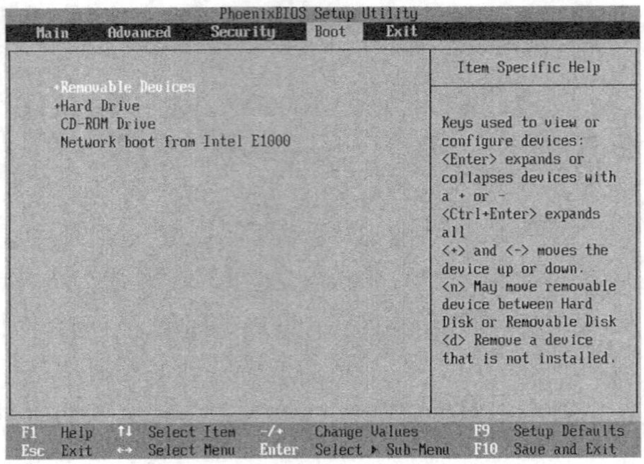

图 3-4　BIOS 引导设备

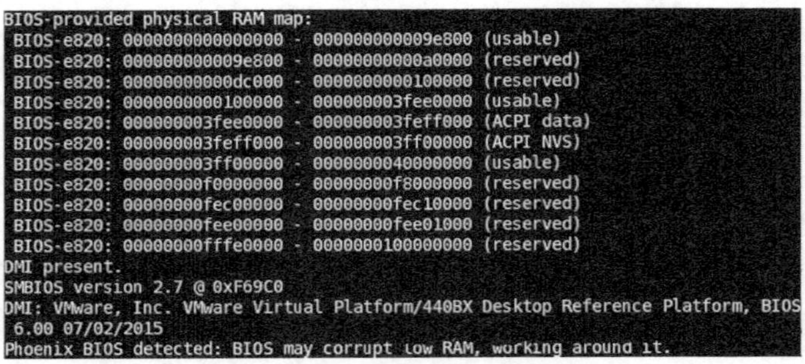

图 3-5　BIOS 加载引导设备

3.2.3 读取 MBR

硬盘上的第 0 磁道的第一个扇区被称作主引导记录（Master Boot Record，MBR），共 512 字节，这里存放着分区表和主引导程序。其中引导程序 446 字节，分区表 64 字节，魔数（Magic Number）2 字节。

系统读取位列第一的可启动存储设备。计算机先读取该设备的第一个扇区，也就是读取最主引导记录。

启动管理器储存有操作系统（OS）的相关信息，比如操作系统名称和操作系统内核（kernel）所在位置等。它的主要功能就是加载内核到内存中去执行，常用的启动管理器有 GRUB 和 LILO。

那我们经常说到的多操作系统是怎么回事呢？其实每个文件系统（或分区）的最前面会保留一个引导扇区（boot selector），这个引导扇区可以安装启动管理器。这样我们在每个 启动管理器中对应不同的操作系统，在读取 MBR 时选择我们需要启动的启动管理器即可。

理解：Linux 操作系统（桌面发行版和服务器发行版）和 Windows 系列（桌面版本和服务器版本）都有各自对应的启动管理器，请读者务必理解。

3.2.4 加载启动管理器

启动管理器就是在操作系统运行之前执行一段小程序。通过这段小程序，我们可以初始化硬件信息、建立内存空间的映射图，从而将系统的软硬件环境带到一个合适的状态，以便为最终调用操作系统内核做好一切准备。

启动管理器有若干种，其中 GRUB 是最常见的。系统读取内存中的 GRUB 配置信息（menu.lst 或者 GRUB.lst），并依照此配置来启动不同的操作系统。

Lilo 也是常见的启动管理器。CentOS 6 是 GRUB，系统会读取 GRUB 配置信息，并按照配置信息去驱动不同的操作系统（图 3-6 所示为 GRUB 的配置信息）。

```
# grub.conf generated by anaconda
#
# Note that you do not have to rerun grub after making changes to thi
s file
# NOTICE:  You do not have a /boot partition.  This means that
#          all kernel and initrd paths are relative to /, eg.
#          root (hd0,1)
#          kernel /boot/vmlinuz-version ro root=/dev/sda2
#          initrd /boot/initrd-[generic-]version.img
#boot=/dev/sda
default=0
timeout=5
splashimage=(hd0,1)/boot/grub/splash.xpm.gz
hiddenmenu
title CentOS 6 (2.6.32-696.el6.x86_64)
        root (hd0,1)
        kernel /boot/vmlinuz-2.6.32-696.el6.x86_64 ro root=UUID=b6b4f
c59-415c-4d96-8f91-3d7ede6645ae rd_NO_LUKS rd_NO_LVM LANG=en_US.UTF-8
 rd_NO_MD SYSFONT=latarcyrheb-sun16 crashkernel=auto  KEYBOARDTYPE=pc
 KEYTABLE=us rd_NO_DM rhgb quiet
        initrd /boot/initramfs-2.6.32-696.el6.x86_64.img
~
```

图 3-6 GRUB 的配置信息

启动管理器可以提供菜单，载入内核，也可以转交其他的启动管理器。

3.2.5 加载 kernel

将内核加载进内存，在内存完成解压缩（这时屏幕一般会出现“OK, booting the kernel”）。

内核会接管硬件，启动管理器退出。内核开始探测各个硬件，提供文件系统、进程管理和网络管理，并加载硬件驱动，完成 Linux 核心环境，基于 Linux 的程序开始运行。

随后，启动管理器会帮助我们加载内核，内核就会开始检测硬件与加载驱动程序。

内核会以自己的功能重新检测一遍硬件，而不一定会使用 BIOS 检测到的硬件信息，也就是说，内核此时才开始接管 BIOS 后的工作。

kernel 实际上是一个用来操作计算机的程序，它是计算机操作系统的内核，主要的任务是管理计算机的硬件资源，充当软件和硬件的接口，操作系统上的任何操作都要通过 kernel 传达给硬件。

值得注意的一个很重要的过程是 Linux 通过动态加载内核模块。这些模块在/lib/modules 内，而/lib/modules 在硬盘上。内核不认识硬盘，而想要认识硬盘就必须加载 modules 里的模块。这就成了“鸡生蛋，蛋生鸡”的问题了。

为了解决此问题，就出现了虚拟文件系统（initrd）。它可以通过启动管理器加载进内存，并解压缩成一个仿真的根目录，这里面就有我们需要的模块。

/boot 目录（核心档案说的就是内核）如下：

```
[root@www.ansible.com ~]# ls --format=single-column -F /boot/
config-2.6.32-696.el6.x86_64
efi/
GRUB/
initramfs-2.6.32-696.el6.x86_64.img
symvers-2.6.32-696.el6.x86_64.gz
System.map-2.6.32-696.el6.x86_64
vmlinuz-2.6.32-696.el6.x86_64*
```

/boot/目录下文件解释，此版本核心被编译时选择的功能与模板配置文件如下代码所示：

```
config-2.6.32-696.el6.x86_64
```

开机管理程序 GRUB 相关数据目录，如下代码所示：

```
efi/
GRUB/
```

虚拟文件系统，如下代码所示：

```
initramfs-2.6.32-696.el6.x86_64.img
```

核心功能放置到内存地址的对应表，如下代码所示：

```
symvers-2.6.32-696.el6.x86_64.gz
system.map-2.6.32-696.el6.x86_64
```

内核文件，如下代码所示：

```
vmlinuz-2.6.32-696.el6.x86_64*
```

3.2.6 用户层执行 init process

在内核加载完毕后，内核会主动调用第一个进程，那就是/sbin/init，它的作用是初始化系统环境。

使用 pstree 命令会发现 init 的进程编号（PID）是 1，也就是说 init 是第一个运行的程序，其他所有进程都从它衍生而来，都是它的子进程。

1．依据 inittab 文件设定运行级别

许多程序需要开机启动。它们在 Windows 中叫作“服务”（service），在 Linux 中叫作“守护进程”（daemon）。

init 进程的一大任务是去运行这些开机启动的程序，但是不同的场合需要启动不同的程序。比如用作服务器时，需要启动 Apache，用作桌面时就不需要。Linux 允许为不同的场合分配不同的开机启动程序，这就叫作“运行级别”（run level）。也就是说，启动时根据“运行级别”确定要运行哪些程序。

用户层 init 依据 inittab 文件设定运行级别，内核加载完成后，第一个运行的程序是/sbin/init，该程序会读取/etc/inittab 文件，并依据此文件夹进行初始化工作。

Linux 的运行级别如下。

- 0 关机。
- 1 当前用户模式。
- 2 不带网络的多用户模式。
- 3 带网络的多用户模式。
- 4 预留，未使用。
- 5 带网络，有支持 x-windows 的多用户模式。
- 6 重启。

2．init 执行 rc.sysinit

系统执行的第一个用户层程序是/etc/rc.d/rc.sysinit 脚本程序。

它做的工作有：设定 PATH、设定网络配置、启动 swap 分区和设定/proc 等。

Linux 在启动各个服务前会先执行一系列的初始脚本（rc.sysinit）。这些脚本执行如下功能：设置计算机名称和时区、检测文件系统、挂载硬盘、清空临时文件、设置网络等。之后根据运行级别的不同，系统会运行 rc0.d～rc6.d 目录中的相应的脚本程序，来完成相应的初始化工作和启动相应的服务。

rc*.d 目录中存放的是该运行级别中需要执行的服务脚本的软链接文件（即快捷方式）。除此之外，Linux 还会运行一些其他的初始脚本。运行完后，操作系统已经完全准备好了，只是还没有人可以登录。init 会给出登录（login）对话框或者图形化的登录界面。

3．加载开机启动程序

执行/etc/rc.d/rc #，默认#为 3，将读取/etc/rc.d/rc3.d/下的所有脚本，来控制系统启动的时候启动以 K 开头的或者关闭以 S 开头的服务。

注意：在正常级别下，最后启动的一个服务 S99local 没有链接至/etc/rc.d/init.d 的服务脚本，而是指向了/etc/rc.d/rc.local 脚本。因此，如果不便或不需写为服务脚本放置在/etc/rc.d/init.d/目录，且又想开机时自动运行的命令，可直接放置在/etc/rc.d/rc.local 文件中。

4．执行/etc/rc.d/rc.local 脚本

此脚本是启动过程中最后启动的一个脚本，启动加载终端，至此系统启动过程完成。

3.2.7 等待用户登录

执行/bin/login，等待用户登录。

输入用户名密码登录成功后，系统会为用户分配一个用户 ID（UID）和一个组 ID（GID）。这两个 ID 就好像身份证一样会一直伴随用户，用于检测用户执行程序时的身份验证。

当用户登录成功后，一个完整的操作系统就展现在用户的面前了。

3.3 CentOS 7 启动流程简述

3.3.1 CentOS 7 启动流程

CentOS 7 和 CentOS 6 启动流程基本一致，CentOS 7 执行到 init 程序时，改为了 Systemd，Systemd 的启动流程如下。

- uefi 或 BIOS 初始化，开始 POST 开机自检。
- 加载 MBR 到内存。
- GRUB 阶段。
- 加载内核和 inintamfs 模块。
- 内核开始初始化，使用 Systemd 来代替 CentOS 6 以前的 init 程序。
- Systemd 执行 multi-user.target 下的 getty.target 及登录服务 getty.target，它是启动终端的 Systemd 对象。如果到此步骤，系统没有被指定启动图形桌面，到此就可以结束了。如果要启动图形界面，需要在此基础上启动桌面程序。
- Systemd 执行 graphical 需要的服务。

在上述过程中，内核开始初始化的详细过程讨论如下。

（1）执行 initrd.target。

包括挂载/etc/fstab 文件中的系统，挂载后就可以切换到根目录了。

（2）从 initramfs 根文件系统切换到磁盘根目录。

（3）Systemd 执行默认 target 配置。

CentOS 7 表面上有“运行级别”的概念，实际上是为了兼容以前的系统，每个所谓的“运行级别”都有对应的软连接指向。默认的启动级别是/etc/Systemd/system/default.target，根据它的指向可以找到系统要进入哪个模式，模式如下。

- 0 ==> runlevel0.target, poweroff.target。
- 1 ==> runlevel1.target, rescue.target。
- 2 ==> runlevel2.target, multi-user.target。
- 3 ==> runlevel3.target, multi-user.target。
- 4 ==> runlevel4.target, multi-user.target。
- 5 ==> runlevel5.target, graphical.target。
- 6 ==> runlevel6.target, reboot.target。

（4）Systemd 执行 sysinit.target。

有没有很眼熟？是的，sysinit.target 在 CentOS 6 上被叫作 rc.sysint 程序，初始化系统及 basic.target 准备操作系统。

（5）Systemd 启动 multi-user.target 下的本机与服务器服务。

（6）Systemd 执行 multi-user.target 下的/etc/rc.d/rc.local。

3.3.2 CentOS 6 与 CentOS 7 的启动区别

CentOS 7 与 CentOS 6 之间最大的差别就是初始化技术的不同。CentOS 7 采用的初始化技术是 Systemd，并行的运行方式。除此之外，CentOS 7 在服务启动、开机启动文件和网络命令方面等也与 CentOS 6 有所不同。

我们先来了解一下系统初始化技术的演变过程。系统初始化技术的不同主要集中在以下技术。

- Sysvinit 技术。
- Upstart 技术。
- Systemd 技术。

1. Sysvinit 技术特点

（1）系统第 1 个进程为 init。

（2）init 进程是所有进程的父进程。

（3）大多数 Linux 发行版的 init 系统是和 SystemV 相兼容的，被称为 sysvinti。

（4）代表系统：CentOS 5 和 CentOS 6。

（5）优点：Sysvinit 运行非常良好，概念简单清晰，主要依赖于 Shell 脚本。

（6）缺点：按照一定顺序执行，启动太慢；init 进程容易挂起，导致 NFS 挂载故障。

CentOS 6 采用 Upstart 技术代替 Sysvinit 进行引导，Upstart 对 rc.sysinit 脚本做了大量的优化，缩短了系统初始化的启动时间。但是 CentOS 6 为了简化管理员的操作，并没有凸显或直接不支持 Upstart 的很多特性。

代表系统：CentOS 6 和 Ubuntu 14，从 CentOS 7 开始，Ubuntu 15 使用 Systemd。

2. Systemd 技术特点

（1）新系统都会采用的技术（CentOS 7 和 Ubuntu 15 等）。

（2）设计目标是克服 Sysvinit 固有的缺点，提高系统的启动速度。

（3）和 Sysvinit 兼容，降低迁移成本。

（4）最主要的优点：并行启动。

（5）Pid 为 1 的进程。

3.4 CentOS 6 启动流程小结

Linux 的启动流程可以概括为以下几个主要步骤。

1. 加载 BIOS（basic input/output system）信息

加载 BIOS，取得硬件的配置信息，进行自检（检查存储设备、CPU、网卡声卡等设备），并依据 BIOS 的设置取得第一个可启动的设备。

- BIOS 是计算机开机执行的第一个程序，写入主板。
- CMOS 是嵌在主板上的存储器，记录硬件参数信息。
- 第一个可启动的设备是在 BIOS 中设置，一般有从光驱启动、USB 和硬盘启动等。

2. 读取并执行第一个启动设备内的 MBR 的启动管理器

依据启动管理器的设置加载内核，内核会开始检测硬件与加载驱动程序。

第一个扇区 512 字节，其中 MBR 占了 446 字节的大小，还有 2 字节的有效标示符和 64 字节的 MBT 分区表。

MBR 的功能如下。

（1）提供菜单选项，用户在多系统情形下可以选择启动不同的系统。

（2）选择启动 Linux 系统后，加载 Linux 系统内核文件。

（3）转交给其他启动管理器，比如在双系统下，转交给 Windows 的启动管理器。

3. 加载硬件驱动

（1）在内核 Kernel 加载完毕后，Kernel 会主动调用 init 进程，而 init 会取得 run-level 信息。

（2）与开机检测的硬件类似，但此步骤表示内核开始接管 BIOS 的工作。

（3）补充：内核启动时所挂载（mount）的第一个文件系统是根文件系统，“根”是加载其他文件系统的“根”。

4. 启动 init 进程

硬件驱动成功后，Kernel 会主动调用 init 进程，init 会取得 run-level 运行级别信息，并执行/etc/rc.d/下的文件。作为系统的初始化流程和用户自定义开机启动执行脚本，/etc/rc.d/rc.sysinit 这个 Shell 脚本文件的作用如下。

（1）基本的系统初始化命令。

（2）检查文件系统。

（3）初始化接口电路。

/etc/rc.d/rc.local 是用户自定义开机的启动脚本，开机会自动加载此文件，任何想在登录前完成的任务都可以采用脚本形式写进去。

5. 运行 Linux run-level

（1）init 执行 run-level，根据服务运行级别启动服务。

（2）run-level 可以认为是系统状态，形象一点，可以认为 run-level 有点像微软的 Windows 操作系统中的 Normal/safemode 和 Command prompt only。

（3）Linux 系统有如下 7 个运行级别（run-level）。

- 运行级别 0：系统停机状态，系统默认运行级别不能设为 0，否则不能正常启动。
- 运行级别 1：单用户工作状态，root 权限，用于系统维护，禁止远程登录。
- 运行级别 2：多用户状态（没有 NFS）。
- 运行级别 3：完全的多用户状态（有 NFS），登录后进入控制台命令行模式。
- 运行级别 4：系统未使用，保留。
- 运行级别 5：X11 控制台，登录后进入图形 GUI 模式。
- 运行级别 6：系统正常关闭并重启，默认运行级别不能设为 6，否则不能正常启动。

6. 运行级别基本原理

（1）在目录/etc/rc.d/init.d 下有许多服务器脚本程序，一般称为服务（service）。

（2）在/etc/rc.d 下有 7 个名为 rcN.d 的目录，对应系统的 7 个运行级别。

（3）rcN.d 目录下是一些符号链接文件，这些链接文件都指向 init.d 目录下的 service 脚本文件，命名规则为 K+nn+服务名或 S+nn+服务名，其中 nn 为两位数字。

（4）系统会根据指定的运行级别进入对应的 rcN.d 目录，并按照文件名顺序检索目录下的链接文件。

- 对于以 K 开头的文件，系统将终止对应的服务。
- 对于以 S 开头的文件，系统将启动对应的服务。

（5）查看运行级别用 run-level。

（6）进入其他运行级别用 init N。

（7）init0 为关机，init6 为重启系统。

7．在运行模式中加入启动服务

要在某个运行模式中加入一个启动服务，首先要新建该服务启动脚本，然后根据你的 Linux 版本有所不同，把它放置于/etc/rc.d/init.d 或者/etc/init.d/下。要将该启动脚本与运行模式关联起来，你需要在这个运行模式的目录下建立一个与/etc/rc.d/init.d/下启动脚本的 symbolic link，文件名的前缀通常为 SXX。其中，XX 为数字，用来控制该运行模式下服务的启动顺序。脚本的执行顺序按照数字大小升序执行，数字越小，越先执行。下面是一个在运行模式中加入启动服务的具体例子：

```
$ cp mysqlservice /etc/rc.d/init.d/
$ ln -s /etc/rc.d/init.d/mysqlservice /etc/rc3.d/S99mysqlservice
```

这样，下次以 run-level 3 启动时，mysqlservice 就会自动启动。

注意：多数的桌面的 Linux 系统缺省的 runl-evel 是 5，用户登录时是图形界面；而多数的服务器版本的 Linux 系统缺省的 runl-evel 是 3，用户登录时是字符界面；run-level 1 和 2 除了调试之外很少使用；run-level s 和 S 并不是直接给用户使用，而是用来为单用户模式（Single user mode）做准备的。

8．准备登录操作系统

（1）getty 进程接收到用户名后，启动 login 进程。

（2）login 进程要求用户输入口令。

（3）用户输入口令。

（4）login 进程对用户名和密码进行检查。

（5）login 启动 Shell 进程。

（6）Shell 进程根据/etc/password 中的 Shell 类型启动相应的 Shell，并启动/etc/profile 文件和$HOME/bash_profile 文件。最后出现 Shell 提示符，等待用户输入命令。

至此，启动过程结束。

9．login 验证过程

Linux 的账号验证程序是 login，login 会接收 getty 传来的用户名作为用户名参数。然后 login 会对用户名进行分析：如果用户名不是 root，且存在/etc/nologin 文件，login 将输出 nologin 文件的内容，然后退出。这通常用来在系统维护时防止非 root 用户登录。只有

/etc/securetty 中登记了的终端才允许 root 用户登录，如果不存在这个文件，则 root 可以在任何终端上登录。/etc/usertty 文件用于对用户做出附加访问限制，如果不存在这个文件，则没有其他限制。

在分析完用户名后，login 将搜索/etc/passwd 和/etc/shadow 来验证密码以及设置账户的其他信息，比如主目录是什么，使用何种 Shell。如果没有指定主目录，将默认为根目录；如果没有指定 Shell，将默认为/bin/bash。

login 程序运行成功后，会向对应的终端输出最近一次登录的信息（在/var/log/lastlog 中有记录），并检查用户是否有新邮件（在/usr/spool/mail/的对应用户名目录下）。然后开始设置各种环境变量：对于 bash 来说，系统首先寻找/etc/profile 脚本文件，并执行它；如果用户的主目录中存在.bash_profile 文件，就执行它，在这些文件中又可能调用了其他配置文件。所有的配置文件执行后，各种环境变量也设置好了，这时会出现熟悉的命令行提示符，到此整个启动过程就结束了。

综上所述，CentOS 6 启动流程如图 3-7 所示。

图 3-7　CentOS 6 启动流程图解

3.5 本章小结及思维导图

Windows 启动过程总结为：加电->加载 BIOS->检测硬件->加载操作系统->加载用户界面及设置。Windows 启动流程图如图 3-8 所示。

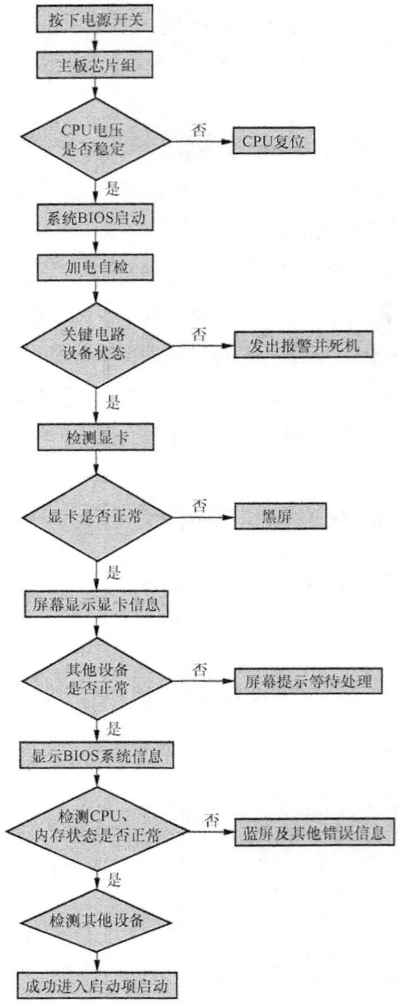

图 3-8 Windows 启动流程图

第 4 章

Linux用户、组、权限管理

4.1 Linux 用户管理

Linux 系统是一个多用户多任务的操作系统。

任何一个要使用系统内部资源的用户，必须首先向 Linux 系统管理员申请一个账号，然后以这个用户的身份登录到系统中。这个账号一方面可以帮助系统管理员对使用系统的用户进行管理，并限制他们对系统资源的访问；另一方面也可以为用户提供安全性保护。每个用户账号都拥有一个唯一的用户名和各自的口令，用户在登录时键入正确的用户名和口令后，就能够进入系统和自己的主目录。

4.1.1 用户定义

用户是什么？

用户是实现操作系统权限管理的基础，标识资源可以被哪些用户使用（读、写、执行），合理分配资源，是 Linux 操作系统安全权限模型的核心要素之一。

Linux 操作系统是多用户多任务的分时操作系统，它允许多个用户同时登录到系统中并使用系统资源。为了使所有用户的工作都能顺利进行，保护每个用户的文件和进程，也为了系统自身的安全和稳定，必须建立起一种机制，使每个用户的权限都规范化。为此，需要区分不同的用户，这就产生了用户账户。系统会根据账户来区分每个用户的文件、进程、任务和工作环境，使得每个用户的工作都不受干扰。

账户实际上是一个用户在 Linux 操作系统中的标识，系统依据账户来区分每个用户的文件、进程和任务等，给每个用户提供特定的环境。这种环境包括用户的工作目录、Shell 版本、X-Window 环境的配置等，使每个用户的工作都能独立进行。

要使用系统资源的用户都必须先向系统管理员申请一个账号，然后以这个账号的身份进入系统。用户的账号一方面能帮助系统管理员对使用系统的用户进行跟踪，并控制他们对系统资源的访问；另一方面也能帮助用户组织文件，并为用户提供安全性保护。每个用户账号都拥有一个唯一的用户名和用户口令。用户在登录时输入正确的用户名和口令后，才能进入系统和自己的家目录。

4.1.2 用户类别及标识

Linux 操作系统中的用户可分为 3 类：root 用户、系统用户和普通用户。每个用户都拥有一个唯一的身份标识 UID。

在 Linux 操作系统中，root 用户权限最高，相当于 Windows 操作系统的 Administrator 管理员用户，拥有最高系统管理权限，可以在操作系统上执行任何指令和任意删除类操作。一般情况下，只有进行系统维护（例如建立用户等）或其他必要情形下才用超级用户登录，以避免系统出现安全问题。

系统用户是 Linux 系统正常工作所必需的内建的用户，系统用户不能登录 Linux 操作系统，如 bin、daemon、adm、lp 等用户，它们的存在主要是方便系统管理，满足相应的系统进程对文件属主的要求。

而普通用户是为了让使用者能够使用 Linux 系统资源而建立的，我们的大多数用户属于此类。每个用户都有一个数值，称为 UID。超级用户的 UID 为 0，系统用户的 UID 一般为 1～499，普通用户的 UID 为 500～60000 之间的值。

在 Linux 系统中，通过 UID 来区分用户的权限级别，UID 等于 0，表示此用户具有最高权限，也就是管理员，其他的用户 UID 依次增加。通过/etc/passwd 用户密码文件可以查看每个用户的独立 UID，如表 4-1 所示。

表 4-1　Linux 操作系统用户分类

用户名称	UID 编号（CentOS 5/6）	UID 编号（CentOS 7）	描述
root	0	0	超级用户，即系统管理员
系统用户	1～499	1～999	预留给系统的服务进程所使用
普通用户	500 以上	1000 以上	管理员创建的用于日常工作而不能管理系统的普通用户

在 CentOS 7 操作系统中，默认新建的 UID 和 GID 从 1000 开始，1000 之前为系统保留用户。在 CentOS 6 操作系统中，默认新建的 UID 和 GID 从 500 开始，500 之前为系统保留用户。

当用户登录 Linux 操作系统后，会携带一个用户身份（User ID，UID）和一个用户组身份（Group ID，GID），相当于自己的名片。当需要访问文件或程序时，刷一下名片就能知道是否能读、写、执行了。

Linux 操作系统判断用户身份是依据 ID 号，每个用户有一个对应的用户名和一个对应的 UID，创建用户的名字会产生一个对应的 UID。UID 是操作系统真正用来管理标识用户的，在用户登录的同时，计算机默认识别的是对应的 UID 数字。

UID 为 32 位长，从 0 开始，但是为了和老式系统兼容，UID 最大一般到 60000。

Linux 操作系统管理员 root 用户，默认 UID 为 0，判断用户是不是管理员，可查看用户 UID 是否为 0。如果 root 的 UID 改为非 0，root 就不再是管理员。UID 决定了账户的身份，而不是名字决定身份。计算机正是通过 UID 与 GID 来区分哪类用户与组的。

所以，这里就存在一个名称解析的问题，即将标识符转换为用户名或组名，反之亦然。

每个用户有一个家目录，用来保存用户私有数据，root 用户的家目录为/root，普通用户家目录为/home 下与用户名相同的目录。

每个可登录用户拥有一个指定的 Shell（默认 Shell 为/bin/bash）。

一般来说，Linux 的用户信息保存在/etc/passwd 文件中，组信息保存在/etc/group 文件中，文件的每一行代表一个用户/组。早期的 Linux 将密码以明文的形式保存在/etc/passwd 中，而现在则多以暗码（对密码加密处理）的形式保存在/etc/shadow 中。将密码存储在/etc/shadow 中提高了密码的安全性，因为/etc/passwd 所有用户都可以查看，而/etc/shadow 只允许 root 用户查看。

4.1.3 用户配置文件/etc/passwd

Linux 系统采用纯文本文件来保存账号的各种信息，其中最重要的文件有/etc/passwd、/etc/shadow、/etc/group。读者可以使用 vim 指令或其他编辑器对它们进行修改，或使用专门的指令来编辑它们。Linux 用户账号管理包含对上述文件的内容进行添加、修改和删除记录等一系列相关操作。

/etc/passwd 文件是账号管理中极其重要的一个文件，它是一个纯文本文件。每一个 Linux 操作系统给注册用户在该文件中都有一条对应的记录信息，如下代码所示。

【实例 4-1】查看/etc/passwd 文件

使用 cat 指令查看/etc/passwd 文件中的所有内容。

```
[root@linux_command ~]# cat /etc/passwd
root:x:0:0:root:/root:/bin/bash
bin:x:1:1:bin:/bin:/sbin/nologin
daemon:x:2:2:daemon:/sbin:/sbin/nologin
adm:x:3:4:adm:/var/adm:/sbin/nologin
lp:x:4:7:lp:/var/spool/lpd:/sbin/nologin
sync:x:5:0:sync:/sbin:/bin/sync
shutdown:x:6:0:shutdown:/sbin:/sbin/shutdown
halt:x:7:0:halt:/sbin:/sbin/halt
mail:x:8:12:mail:/var/spool/mail:/sbin/nologin
operator:x:11:0:operator:/root:/sbin/nologin
games:x:12:100:games:/usr/games:/sbin/nologin
ftp:x:14:50:FTP User:/var/ftp:/sbin/nologin
nobody:x:99:99:Nobody:/:/sbin/nologin
```

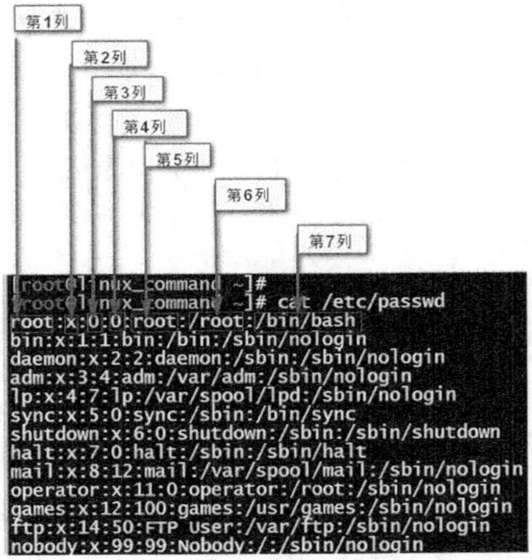

图 4-1 /etc/passwd 用户名格式

/etc/passwd 文件由“:”符号分割成“用户名:口令:用户标识号:组标识号:注释性描述:主目录:登录 Shell”7 个字段，如图 4-1 所示。

/etc/passwd 各字段说明如表 4-2 所示。

表 4-2 /etc/passwd 文件格式

列名	说明
第 1 列	用户名，用户登录 Linux 系统时使用的名称，每个用户的标识字符串
第 2 列	用户密码，这里的“x”符号表示是暗文显示，说明密码经过了 shadow 的保护，存放在/etc/shadow 文件中；如果是其他数字，就代表是密码明文
第 3 列	用户标识号 UID，用户的标识，是一个数值，root 为 0，1～999 为系统保留，1000 以后为普通用户。每个用户必须被分配一个 USER ID，Linux 系统内部使用它来区分不同的用户
第 4 列	组标识号 GID，用户所在组的标识，是一个数值，Linux 系统内部使用它来区分不同的组，相同的组具有相同的 GID，它对应着/etc/group 文件中的一条记录
第 5 列	用户描述，该字段记录着用户的一些个人情况，例如用户的真实姓名、电话、地址等，此字段并没有实际的用途
第 6 列	用户家目录，它是用户在登录到系统之后所处的目录。在大多数 Linux 系统中，各用户的主目录都被组织在同一个特定的目录下，而用户主目录的名称就是该用户的登录名。各用户对自己的主目录有读、写、执行（搜索）权限，其他用户对此目录的访问权限则根据具体情况设置。普通用户格式为/home/用户名，root 用户的家目录为/root
第 7 列	用户的 Shell，用户能登录必须有一个能够交互的终端，“/sbin/nologin”表示不允许用户登录

/etc/passwd 用户配置文件小结。

- /etc/passwd 文件是 Linux 用户管理中极其重要的一个文件，这个文件记录了 Linux 系统中每个用户的一些基本属性信息，并且对所有用户可读。
- 在 Linux 系统中，用户的账户信息和密码信息是分开保存的，用户账户信息文件/etc/passwd 密码部分被“x”替代了。实际上，用户的密码是被加密后保存在了“/etc/shadow”文件中，此文件的权限更加严格，只有 root 权限才能查看和修改它，非 root 用户是看不到内容的（普通用户具备 root 管理授权对应的 sudo 权限方可查看）。
- 系统中有一类用户称为伪用户（psuedo users），这些用户在/etc/passwd 文件中也占有一条记录，但是不能登录，因为它们的登录 Shell 为空。它们的存在主要是方便系统管理，满足相应的系统进程对文件属主的要求。

/etc/passwd 文件中常见的伪用户如表 4-3 所示。

表 4-3 /etc/passwd 文件常见伪用户

伪用户	含义
bin	拥有可执行的用户指令文件
sys	拥有系统文件
adm	拥有账户文件
uucp	UUCP 使用
lp	lp 或 lpd 子系统使用
nobody	NFS 使用

除了上面列出的伪用户外，还有许多标准的伪用户，例如 audit、cron、mail、usenet 等，它们也都各自为相关的进程和文件所需要。

4.1.4 用户密码配置文件/etc/shadow

由于任何用户对 passwd 文件都有读的权限，虽然密码已经过加密，但还是不能避免有人会获取加密后的密码。为了安全，Linux 系统对密码提供了更多一层的保护，即把加密后的密码重定向到/etc/shadow 文件中。密码如果经过 shadow 保护，在/etc/passwd 文件中，每一记录行的密码字段会变成“x”，并且在/etc 目录下存在文件 shadow。

/etc/shadow 文件中的记录行与/etc/passwd 文件中的信息一一对应，它由 pwconv 指令根据/etc/passwd 中的数据自动产生。它的文件格式与/etc/passwd 类似，由若干个字段组成，字段之间用“:”隔开。这些字段分别是：

```
登录名:加密口令:最后一次修改时间:最小时间间隔:最大时间间隔:警告时间:不活动时间:
```

Linux 系统实现用户账号的管理，要完成的工作主要有以下 3 个方面。

- 用户账号的添加、删除和修改。
- 用户口令的管理。
- 用户组的管理。

【实例 4-2】查看/etc/shadow 文件，了解各字段信息含义

使用 head 指令查看/etc/shadow 文件的所有内容。

```
[root@www.linux_command ~]#head /etc/shadow
root:$6$lEFniOQO$xpPmiSdyDAcQOftb/JCpvqPf1YJmQufTAeDrXVyTIV6xB3B1kaH.U8LVZixX.
MI4nj/UWx94kJVNQR6Xo5n2T.:17627:0:99999:7:::
bin:*:17246:0:99999:7:::
daemon:*:17246:0:99999:7:::
adm:*:17246:0:99999:7:::
lp:*:17246:0:99999:7:::
sync:*:17246:0:99999:7:::
shutdown:*:17246:0:99999:7:::
halt:*:17246:0:99999:7:::
mail:*:17246:0:99999:7:::
uucp:*:17246:0:99999:7:::
```

/etc/shadow 文件与/etc/passwd 文件中字段的内容一一对应，/etc/shadow 文件的内容包括 9 个段位，每个字段位之间用冒号“:”号分割，字段列标注说明如图 4-2 和表 4-4 所示。

表 4-4 Linux 用户密码格式

列名	说明
第 1 列	用户名（也被称为登录名）：在/etc/shadow 中，用户名和/etc/passwd 是相同的，这样就把 passwd 和 shadow 中用的用户记录联系在一起；这个字段是非空的

续表

列名	说明
第 2 列	密码（已被加密），这个字段是非空的
第 3 列	上次修改口令的时间：这个时间是从 1970 年 01 月 01 日算起到最近一次修改口令的时间间隔（天数），读者可通过 passwd 来修改用户的密码，然后查看/etc/shadow 中此字段的变化
第 4 列	两次修改口令间隔最少的天数：如果这个字段的值为空，账号永久可用
第 5 列	两次修改口令间隔最多的天数：如果这个字段的值为空，账号永久可用
第 6 列	提前多少天警告用户口令将过期：如果这个字段的值为空，账号永久可用
第 7 列	在口令过期之后多少天禁用此用户：如果这个字段的值为空，账号永久可用
第 8 列	用户过期日期：此字段指定了用户作废的天数（从 1970 年的 1 月 1 日开始的天数），如果这个字段的值为空，账号永久可用
第 9 列	保留字段，目前为空，以备将来发展之用

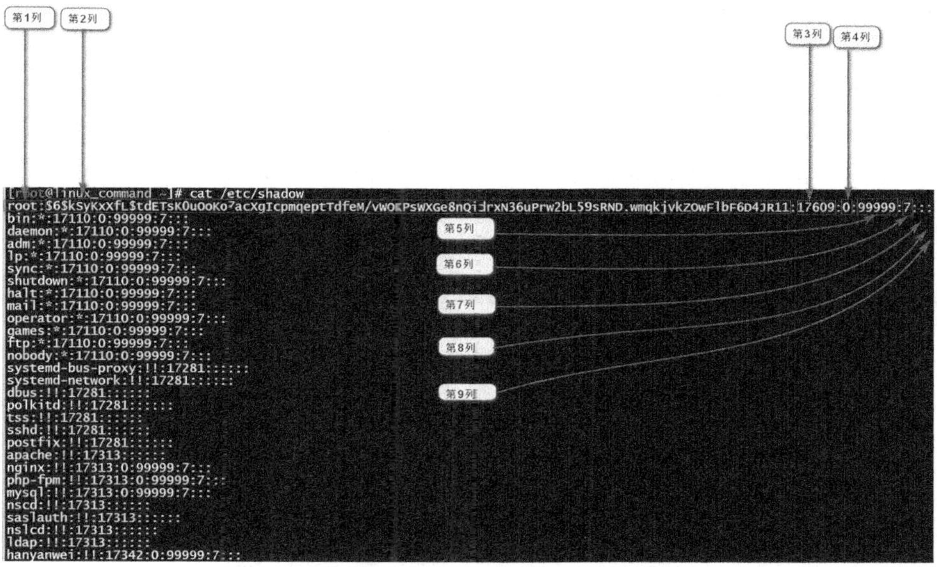

图 4-2 /etc/shadow 文件字段名称

/etc/shadow 文件是/etc/passwd 的影子文件，这两个文件应该是对应互补的；/etc/shadow 文件内容包括用户及被加密的密码以及其他/etc/passwd 文件不能包括的信息，如用户的有效期限等。读者可以借助 awk 指令，采用冒号“：”作为分隔符号，分别取$1～$9 这 9 个序列的值与/etc/shadow 文件中 9 个字段的值一一对应。

```
[root@www.linux_command ~]#head  -1 /etc/shadow |   awk -F":" '{printf  "$1 is: " $1"\n" "$2 is:"$2"\n" "$3 is:"$3"\n" "$4 is:"$4"\n" "$5 is:"$5"\n" "$6 is:"$6"\n" "$7 is: "$7"\n" "$8 is: "$8"\n"  "$9 is: "$9"\n"}'
```

```
    $1 is: root
    $2 is:
$6$lEFniOQO$xpPmiSdyDAcQOftb/JCpvqPf1YJmQufTAeDrXVyTIV6xB3B1kaH.U8LVZixX.MI4nj/
UWx94kJVNQR6Xo5n2T.
    $3 is: 17627
    $4 is: 0
    $5 is: 99999
    $6 is: 7
    $7 is:
    $8 is:
    $9 is:
```

【实例 4-3】查看/etc/shadow 文件权限

使用 ls 指令的“-l”选项可以查看/etc/shadow 文件的权限。

```
[root@linux_command ~]# ls -l /etc/shadow
----------. 1 root root 900 2018-03-19 21:41:48.120000000 +0800 /etc/shadow
[root@linux_command ~]# cat /etc/redhat-release
CentOS Linux release 7.3.1611 (Core)
```

/etc/shadow 文件所属用户和组均为 root，其他用户没有任何权限。

/etc/shadow 的权限不建议修改为其他用户可读，从系统管理工作和安全审计层面考量，这样做是有风险的。如果读者发现此文件的权限变成了其他用户组或用户可读，要及时进行修正，并对操作系统敏感文件制定定期安全巡检策略和方案，以便及早发现和解决系统安全隐患。

4.1.5 账号检查工具 pwconv、pwunconv 指令

pwconv 和 pwunconv 指令简介如下。

安装 Linux 系统时，系统缺省采用 shadow 机制来保护密码，如果安装 Linux 系统时未启用 shadow 密码保护功能时，读者可使用 root 用户登录系统执行 pwconv 指令启用 shadow。执行指令后/etc/passwd 文件中的密码字段被改为“x”，同时产生/etc/shadow 文件。相反地，如果要取消 shadow 功能，可执行 pwunconv 指令来关闭 shadow 密码映射功能。

- pwconv 指令从/etc/passwd 文件同步用户信息到/etc/shadow 文件。
- pwunconv 指令是 pwcov 指令的逆向操作，即从/etc/shadow 文件提取信息创建/etc/passwd 文件，然后清空/etc/shadow 文件。

【实例 4-4】同步/etc/passwd 文件全部内容到/etc/shadow 文件

代码分解。

```
[root@linux_command ~]# tail -1 /etc/passwd
```

查看/etc/passwd 文件最后一行用户名信息。

```
[root@linux_command ~]# tail -1 /etc/shadow
```

查看/etc/shadow 文件最后一行用户密码相关信息，并同步内容到/etc/passwd 文件中。

```
[root@linux_command ~]# echo 'hanmeimei:x:16:16:meimei:/hanmeimei:/sbin/
nologin' >>/etc/passwd
```

追加 hanmeimei 用户信息到/etc/passwd 文件中，两个大于号“>>”表示追加，即向源文件中增加新内容。

```
[root@linux_command ~]# pwconv
```

手动同步/etc/passwd 文件信息到/etc/shadow 文件。

完整代码演示及输出如下所示。

```
[root@linux_command ~]# tail -1 /etc/passwd
handuoduo:x:12:12:handuoduo:/handudouo:/sbin/nologin
[root@linux_command ~]# tail -1 /etc/shadow
handuoduo:x:17664:0:99999:7:::
[root@linux_command ~]# echo 'hanmeimei:x:16:16:meimei:/hanmeimei:/sbin/
nologin' >>/etc/passwd
[root@linux_command ~]# tail -1 /etc/passwd
hanmeimei:x:16:16:meimei:/hanmeimei:/sbin/nologin
[root@linux_command ~]# tail -1 /etc/shadow
handuoduo:x:17664:0:99999:7:::
[root@linux_command ~]# pwconv
[root@linux_command ~]# tail -1 /etc/shadow
hanmeimei:x:17664:0:99999:7:::
```

从上述代码中可以看到，最初手动添加用户的信息在/etc/passwd 中，并没有出现在/etc/shadow 文件中，当执行完 pwconv 指令后，/etc/passwd 文件内容已经全部被同步到/etc/shadow 文件中。

pwconv 命令主要目的是将/etc/passwd 文件内所有账号与密码移动到/etc/shadow 文件中，执行此指令后会发生如下行为。

- 比较/etc/passwd 文件及/etc/shadow 文件，若/etc/passwd 内的账号并没有对应的/etc/shadow 密码，则 pwconv 指令会去/etc/login.defs 文件中获取相关的密码数据，并新建该账号的/etc/shadow 数据。
- 若/etc/passwd 内存在加密数据时，则会将密码转移到/etc/shadow 内，并将/etc/passwd 内的密码位置设为字母“x”占位。
- 使用 useradd 指令新建账号时一般不会有问题，但是手动新建账号时可能就会有问题，此时再用 pwconv 指令。

4.2 Linux 环境变量

Linux 是一个多用户的操作系统，多用户意味着每个用户登录系统后，都有自己专用的运行环境。通常每个用户默认的环境都是相同的，这个默认环境实际上就是由一组环境变量的定义，这组变量被称为环境变量。用户可以对自己的运行环境进行定制，其方法就是修改相应的系统环境变量。

4.2.1 Linux 环境变量概述

在 Linux 系统中，读者在终端执行相关指令操作时出现“command not found”的提示内容，这多半是没有为应用程序设置 PATH 环境变量导致的。当然读者也可以不用设置 PATH 环境变量，那么就需要在每次执行命令时，切换到程序安装目标文件夹内，找到可执行文件再进行后续的相关操作，或使用指令的绝对路径去执行相应操作。这涉及环境变量 PATH 的设置问题，而 PATH 的设置是 Linux 系统下定制环境变量的一个基本组成部分。

PATH 环境变量决定了 Shell 在哪些目录内寻找命令或者程序，PATH 的值是一系列目录，当运行一个指令时，Linux 系统在这些目录下进行搜索二进制可执行程序链接。

读者可以通过修改～/.bash_profile 文件来新增或者添加 PATH 环境变量。其格式为：

```
PATH=$PATH:<PATH 1>:<PATH 2>:<PATH 3>:------:<PATH N>
```

读者可以自己加上指定的路径，中间用冒号隔开。环境变量更改后，在用户下次登录时生效，如果想立刻生效，则可执行下面的语句：

```
$ source .bash_profile
```

4.2.2 Linux 环境变量分类

Linux 和 Windows 系统一样，分为用户环境变量和系统环境变量。

配置用户的环境变量只需要编辑用户在文件夹下面的“.bashrc”隐藏文件即可。

【实例 4-5】环境变量初体验

首先在 Linux 操作系统终端登录该用户，输入如下指令。

（1）创建用户并设置密码

使用 useradd 指令创建用户，passwd 指令创建用户密码。

```
[root@linux_command ~]# useradd handuoduo && echo 'handuoduo'|passwd --stdin handuoduo
Creating mailbox file: File exists
Changing password for user handuoduo.
passwd: all authentication tokens updated successfully.
```

（2）切换用户，设置环境变量

使用“su -”指令切换到 handuoduo 用户下，修改“.bashrc”文件，添加环境变量。

```
[root@linux_command ~]# su - handuoduo
Last login: Sun May 13 21:33:55 CST 2018 on pts/1
[handuoduo@linux_command ~]$ echo 'echo "******************* Welcom to $USER login system **************"'>>~/.bashrc
[handuoduo@linux_command ~]$ tail -1 ~/.bashrc
echo "******************* Welcom to $USER login system **************"
[handuoduo@linux_command ~]$ exit
logout
```

（3）验证环境变量

用户下次登录 Linux 操作系统时，会自动读取“～/.bashrc”文件中已经设置的环境变量，其中“～”代表用户家目录。

```
[root@linux_command ~]# su - handuoduo
Last login: Sun May 13 21:34:07 CST 2018 on pts/1
******************* Welcom to handuoduo login system **************
```

也可使用 source 指令，使“～/.bashrc”文件中配置的环境变量立即生效。

```
[handuoduo@linux_command ~]$ source  ~/.bashrc
******************* Welcom to handuoduo login system *
```

执行“source～/.bashrc”指令后，当前设置的变量信息立即生效。

此外，“/etc/profile”文件里的环境变量是在“～/.bashrc”文件之前读取的，读者可以设置这个文件，从而为系统设置环境变量（注意这里是为整个系统，包括所有用户），修改完毕后使用如下指令，可使配置文件立即生效。

```
[root@linux_command ~]# echo 'echo "------------------ Welcom to $USER login system ---------------"'>>/etc/profile
[root@linux_command ~]# source /etc/profile
------------------ Welcom to root login system ---------------
[root@linux_command ~]# su - handuoduo
Last login: Sat May 19 09:11:09 CST 2018 on pts/1
------------------ Welcom to handuoduo login system ---------------
******************* Welcom to handuoduo login system **************
```

在上述代码中，/etc/profile 文件设置的变量先被读取，之后会读取用户家目录下设置的其他环境变量。

小结：Linux 的变量种类。

按变量的生存周期来划分，Linux 变量可分为两类。

- 永久生效配置：需要修改配置文件，变量永久生效。
- 临时生效配置：使用 export 指令，在指令行前面声明即可，变量在关闭 Shell 时失效。

4.2.3 查看 Linux 环境变量

环境变量是和 Shell 紧密相关的，用户登录系统后默认就启动了一个 Shell。Linux 系统默认 Shell 是 bash 程序，读者也可以重新设定或切换到其他的 Shell。根据不同发行版本的差异，bash 有两个基本的系统级配置文件：/etc/bashrc 和/etc/profile。这些配置文件包含两组不同的变量：Shell 变量和环境变量。前者只是在特定的 Shell 中固定（如 bash），后者在不同 Shell 中固定。很明显，Shell 变量是局部的，而环境变量是全局的。环境变量是通过 Shell 命令来设置的，设置好的环境变量又可以被所有当前用户所运行的程序所使用。对于 Shell 程序，可以通过变量名来访问相应的环境变量，也可以通过 export 关键字声明和设置环境变量。

使用 env 指令或者 printenv 指令可以查看当前系统所有环境变量，如下代码所示，env 和 printenv 指令输出的环境变量条目数量是完全相同的。

```
[root@linux_command ~]# env|wc -l
25
[root@linux_command ~]# printenv |wc -l
25
```

【实例 4-6】显示 Linux 环境变量

可分别使用 env、printenv 指令查看当前操作系统的所有环境变量。

```
[root@linux_command ~]# env
XDG_SESSION_ID=41906
HOSTNAME=linux_command
SELINUX_ROLE_REQUESTED=
TERM=linux
SHELL=/bin/bash
HISTSIZE=1000
SSH_CLIENT=111.197.223.63 50605 61618
SELINUX_USE_CURRENT_RANGE=
SSH_TTY=/dev/pts/1
USER=root
LS_COLORS=rs=0:di=01;34:ln=01;36:mh=00:pi=40;33:so=01;35:do=01;35:bd=40;33;
01:cd=40;33;01:or=40;31;01:mi=01;05;37;41:su=37;41:sg=30;43:ca=30;41:tw=30;42:
ow=34;42:st=37;44:ex=01;32:*.tar=01;31:*.tgz=01;31:*.arc=01;31:*.arj=01;31:*.taz=
01;31:*.lha=01;31:*.lz4=01;31:*.lzh=01;31:*.lzma=01;31:*.tlz=01;31:*.txz=01;31:
*.tzo=01;31:*.t7z=01;31:*.zip=01;31:*.z=01;31:*.Z=01;31:*.dz=01;31:*.gz=01;31:*.
lrz=01;31:*.lz=01;31:*.lzo=01;31:*.xz=01;31:*.bz2=01;31:*.bz=01;31:*.tbz=01;31:
*.tbz2=01;31:*.tz=01;31:*.deb=01;31:*.rpm=01;31:*.jar=01;31:*.war=01;31:*.ear=
01;31:*.sar=01;31:*.rar=01;31:*.alz=01;31:*.ace=01;31:*.zoo=01;31:*.cpio=01;31:
*.7z=01;31:*.rz=01;31:*.cab=01;31:*.jpg=01;35:*.jpeg=01;35:*.gif=01;35:*.bmp=
01;35:*.pbm=01;35:*.pgm=01;35:*.ppm=01;35:*.tga=01;35:*.xbm=01;35:*.xpm=01;35:*.
tif=01;35:*.tiff=01;35:*.png=01;35:*.svg=01;35:*.svgz=01;35:*.mng=01;35:*.pcx=
01;35:*.mov=01;35:*.mpg=01;35:*.mpeg=01;35:*.m2v=01;35:*.mkv=01;35:*.webm=01;35:
*.ogm=01;35:*.mp4=01;35:*.m4v=01;35:*.mp4v=01;35:*.vob=01;35:*.qt=01;35:*.nuv=
01;35:*.wmv=01;35:*.asf=01;35:*.rm=01;35:*.rmvb=01;35:*.flc=01;35:*.avi=01;35:*.
fli=01;35:*.flv=01;35:*.gl=01;35:*.dl=01;35:*.xcf=01;35:*.xwd=01;35:*.yuv=01;
35:*.cgm=01;35:*.emf=01;35:*.axv=01;35:*.anx=01;35:*.ogv=01;35:*.ogx=01;35:*.
aac=01;36:*.au=01;36:*.flac=01;36:*.mid=01;36:*.midi=01;36:*.mka=01;36:*.mp3=01;
36:*.mpc=01;36:*.ogg=01;36:*.ra=01;36:*.wav=01;36:*.axa=01;36:*.oga=01;36:*.spx=
01;36:*.xspf=01;36:
```

```
welcome=****************** Welcom to root login system **************
MAIL=/var/spool/mail/root
PATH=/usr/local/jdk1.7/bin:/usr/local/jdk1.7/jre/bin:/usr/local/sbin:/usr/local/bin:/usr/sbin:/usr/bin:/data/app/php:/data/app/mysql/bin:/bin
PWD=/root
LANG=en_US.UTF-8
SELINUX_LEVEL_REQUESTED=
HISTCONTROL=ignoredups
SHLVL=1
HOME=/root
LOGNAME=root
SSH_CONNECTION=111.197.223.63 50605 122.114.79.8 61618
LESSOPEN=||/usr/bin/lesspipe.sh %s
XDG_RUNTIME_DIR=/run/user/0
_=/usr/bin/env

[root@linux_command ~]# printenv
XDG_SESSION_ID=41906
HOSTNAME=linux_command
SELINUX_ROLE_REQUESTED=
TERM=linux
SHELL=/bin/bash
HISTSIZE=1000
SSH_CLIENT=111.197.223.63 50605 61618
SELINUX_USE_CURRENT_RANGE=
SSH_TTY=/dev/pts/1
USER=root
LS_COLORS=rs=0:di=01;34:ln=01;36:mh=00:pi=40;33:so=01;35:do=01;35:bd=40;33;01:cd=40;33;01:or=40;31;01:mi=01;05;37;41:su=37;41:sg=30;43:ca=30;41:tw=30;42:ow=34;42:st=37;44:ex=01;32:*.tar=01;31:*.tgz=01;31:*.arc=01;31:*.arj=01;31:*.taz=01;31:*.lha=01;31:*.lz4=01;31:*.lzh=01;31:*.lzma=01;31:*.tlz=01;31:*.txz=01;31:*.tzo=01;31:*.t7z=01;31:*.zip=01;31:*.z=01;31:*.Z=01;31:*.dz=01;31:*.gz=01;31:*.lrz=01;31:*.lz=01;31:*.lzo=01;31:*.xz=01;31:*.bz2=01;31:*.bz=01;31:*.tbz=01;31:*.tbz2=01;31:*.tz=01;31:*.deb=01;31:*.rpm=01;31:*.jar=01;31:*.war=01;31:*.ear=01;31:*.sar=01;31:*.rar=01;31:*.alz=01;31:*.ace=01;31:*.zoo=01;31:*.cpio=01;31:*.7z=01;31:*.rz=01;31:*.cab=01;31:*.jpg=01;35:*.jpeg=01;35:*.gif=01;35:*.bmp=01;35:*.pbm=01;35:*.pgm=01;35:*.ppm=01;35:*.tga=01;35:*.xbm=01;35:*.xpm=01;35:*.tif=01;35:*.tiff=01;35:*.png=01;35:*.svg=01;35:*.svgz=01;35:*.mng=01;35:*.pcx=01;35:*.mov=01;35:*.mpg=01;35:*.mpeg=01;35:*.m2v=01;35:*.mkv=01;35:*.webm=01;35:*.ogm=01;35:*.mp4=01;35:*.m4v=01;35:*.mp4v=01;35:*.vob=01;35:*.qt=01;35:*.nuv=01;35:*.wmv=01;35:*.asf=01;35:*.rm=01;35:*.rmvb=01;35:*.flc=01;35:*.avi=01;35:*.fli=01;35:*.flv=01;35:*.gl=01;35:*.dl=01;35:*.xcf=01;35:*.xwd=01;35:*.yuv=01;35:*.cgm=01;35:*.emf=01;35:*.axv=01;35:*.anx=01;35:*.ogv=01;35:*.ogx=01;35:*.aac=01;36:*.au=01;36:*.flac=01;36:*.mid=01;36:*.midi=01;36:*.mka=01;36:*.mp3=01;36:*.mpc=01;36:*.ogg=01;36:*.ra=01;36:*.wav=01;36:*.axa=01;36:*.oga=01;36:*.spx=01;36:*.xspf=01;36:
welcome=****************** Welcom to root login system **************
MAIL=/var/spool/mail/root
PATH=/usr/local/jdk1.7/bin:/usr/local/jdk1.7/jre/bin:/usr/local/sbin:/usr/local/bin:/usr/sbin:/usr/bin:/data/app/php:/data/app/mysql/bin:/bin
PWD=/root
```

```
LANG=en_US.UTF-8
SELINUX_LEVEL_REQUESTED=
HISTCONTROL=ignoredups
SHLVL=1
HOME=/root
LOGNAME=root
SSH_CONNECTION=111.197.223.63 50605 122.114.79.8 61618
LESSOPEN=||/usr/bin/lesspipe.sh %s
XDG_RUNTIME_DIR=/run/user/0
_=/usr/bin/printenv
```

读者还可以使用如下指令，把 env 指令和 printenv 指令的输出结果重定向到临时文件中，然后使用 diff 指令对比重定向后文件内容是否相同。

```
[root@www.linux_command ~]#env >/tmp/env.log
[root@www.linux_command ~]#printenv >/tmp/printenv.log
[root@www.linux_command ~]#diff  /tmp/env.log  /tmp/printenv.log
24c24
< _=/bin/env
---
> _=/usr/bin/printenv
```

【实例 4-7】使用 echo 指令显示环境变量

使用 echo 指令显示特定环境变量值，代码输出显示，当前用户的家目录是/root 目录。

```
[root@linux_command ~]# echo $HOME
/root
```

【实例 4-8】显示所有本地 Shell 变量

简单理解，环境变量是作用在全局的，不管操作者如何进入子 Shell，也就是改变环境，环境变量都可以获得赋值。但是用户自定义变量（也就是本地变量）只能在当前 Shell 环境下获得赋值，进入子 Shell 就不能获得赋值了。导出本地变量为环境变量使用 export 指令声明即可。

使用 set 命令显示所有本地定义的 Shell 变量，代码和输出如下所示。

```
[root@www.linux_command ~]#set
BASH=/bin/bash
BASHOPTS=checkwinsize:cmdhist:expand_aliases:extquote:force_fignore:hostcomplete:
interactive_comments:login_shell:progcomp:promptvars:sourcepath
BASH_ALIASES=()
BASH_ARGC=()
BASH_ARGV=()
BASH_CMDS=()
BASH_LINENO=()
BASH_SOURCE=()
BASH_VERSINFO=([0]="4" [1]="1" [2]="2" [3]="2" [4]="release" [5]="x86_64-redhat-
linux-gnu")
```

```
BASH_VERSION='4.1.2(2)-release'
COLORS=/etc/DIR_COLORS
COLUMNS=180
DIRSTACK=()
EUID=0
GROUPS=()
G_BROKEN_FILENAMES=1
HISTCONTROL=ignoredups
HISTFILE=/root/.bash_history
HISTFILESIZE=1000
HISTSIZE=1000
HOME=/root
HOSTNAME=www.linux_command
HOSTTYPE=x86_64
ID=0
IFS=$' \t\n'
LANG=en_US.UTF-8
LESSOPEN='||/usr/bin/lesspipe.sh %s'
LINES=52
LOGNAME=root
LS_COLORS='rs=0:di=01;34:ln=01;36:mh=00:pi=40;33:so=01;35:do=01;35:bd=40;33;
01:cd=40;33;01:or=40;31;01:mi=01;05;37;41:su=37;41:sg=30;43:ca=30;41:tw=30;42:
ow=34;42:st=37;44:ex=01;32:*.tar=01;31:*.tgz=01;31:*.arj=01;31:*.taz=01;31:*.lzh=
01;31:*.lzma=01;31:*.tlz=01;31:*.txz=01;31:*.zip=01;31:*.z=01;31:*.Z=01;31:*.dz=01;
31:*.gz=01;31:*.lz=01;31:*.xz=01;31:*.bz2=01;31:*.tbz=01;31:*.tbz2=01;31:*.bz=01;
31:*.tz=01;31:*.deb=01;31:*.rpm=01;31:*.jar=01;31:*.rar=01;31:*.ace=01;31:*.zoo=
01;31:*.cpio=01;31:*.7z=01;31:*.rz=01;31:*.jpg=01;35:*.jpeg=01;35:*.gif=01;35:
*.bmp=01;35:*.pbm=01;35:*.pgm=01;35:*.ppm=01;35:*.tga=01;35:*.xbm=01;35:*.xpm=01;
35:*.tif=01;35:*.tiff=01;35:*.png=01;35:*.svg=01;35:*.svgz=01;35:*.mng=01;35:
*.pcx=01;35:*.mov=01;35:*.mpg=01;35:*.mpeg=01;35:*.m2v=01;35:*.mkv=01;35:*.ogm=01;
35:*.mp4=01;35:*.m4v=01;35:*.mp4v=01;35:*.vob=01;35:*.qt=01;35:*.nuv=01;35:*.wmv=01;
35:*.asf=01;35:*.rm=01;35:*.rmvb=01;35:*.flc=01;35:*.avi=01;35:*.fli=01;35:*.flv=
01;35:*.gl=01;35:*.dl=01;35:*.xcf=01;35:*.xwd=01;35:*.yuv=01;35:*.cgm=01;35:
*.emf=01;35:*.axv=01;35:*.anx=01;35:*.ogv=01;35:*.ogx=01;35:*.aac=01;36:*.au=01;
36:*.flac=01;36:*.mid=01;36:*.midi=01;36:*.mka=01;36:*.mp3=01;36:*.mpc=01;36:*.ogg=
01:36:*.ra=01;36:*.wav=01;36:*.axa=01;36:*.oga=01;36:*.spx=01;36:*.xspf=01;36:'
MACHTYPE=x86_64-redhat-linux-gnu
MAIL=/var/spool/mail/root
MAILCHECK=60
My_name=$'\351\237\251\345\244\232\345\244\232'
OPTERR=1
OPTIND=1
OSTYPE=linux-gnu
PATH=/usr/local/sbin:/usr/local/bin:/sbin:/bin:/usr/sbin:/usr/bin:/root/bin
PIPESTATUS=([0]="0" [1]="0")
PPID=1174
PS1='[\u@\H \w]\$'
PS2='> '
PS4='+ '
PWD=/root
SELINUX_LEVEL_REQUESTED=
```

```
    SELINUX_ROLE_REQUESTED=
    SELINUX_USE_CURRENT_RANGE=
    SHELL=/bin/bash
    SHELLOPTS=braceexpand:emacs:hashall:histexpand:history:interactive-comments:
monitor
    SHLVL=1
    SSH_CLIENT='192.168.1.104 50256 22'
    SSH_CONNECTION='192.168.1.104 50256 192.168.1.109 22'
    SSH_TTY=/dev/pts/1
    TERM=linux
    UID=0
    USER=root
    _=
    colors=/etc/DIR_COLORS
```

4.2.4 设置和取消环境变量

设置和取消环境变量分为两种方式，分别是临时修改和永久修改，临时修改在当前操作系统命令行执行，永久修改配置文件需要将环境变量信息写入配置文件中。

1．设置一个新的环境变量

【实例 4-9】设置环境变量

使用 export 指令声明全局变量，使用 echo 指令可以打印变量内容。

```
[root@linux_command ~]# export My_name="韩多多"
[root@linux_command ~]# echo $My_name
韩多多
```

2．使用 unset 指令清除环境变量

【实例 4-10】使用 unset 指令清除环境变量

使用 unset 指令清除 My_name 环境变量，如下代码所示。

```
[root@linux_command ~]# unset My_name
[root@linux_command ~]# echo $My_name

[root@linux_command ~]#
```

清除环境变量后，使用 echo 指令查看环境变量的值为空，表示清除环境变量指令被成功执行。

3．使用 readonly 指令设置只读变量

设置为只读属性后，其值将不可变，直到进程结束。

【实例 4-11】设置只读环境变量

使用 readonly 指令声明变量后，在当前进程中，不可以删除和销毁，只有结束当前进程才可以对变量进行删除、销毁和重新赋值。

```
[root@linux_command ~]# My_name="韩多多"
[root@linux_command ~]# readonly My_name
```

```
[root@linux_command ~]# unset My_name
-bash: unset: My_name: cannot unset: readonly variable
[root@linux_command ~]# My_name="韩铭泽"
-bash: My_name: readonly variable
```

4．修改系统配置文件

通过修改一些相关的环境定义文件来修改环境变量，避免修改根用户的环境定义文件，因为那样可能会造成潜在的危险。与环境相关的文件有/etc/profile（root 用户）和～/.bash_profile（普通用户，在自己的目录下的隐藏文件，如果没有，可以新建）等。修改完毕后重新登录一次或运行指令“source /etc/profile”就生效了，具体操作方法如下所示。

【实例 4-12】永久修改环境变量

```
[root@www.linux_command ~]#su - handuoduo
[handuoduo@www.linux_command ~]$cd ~
[handuoduo@www.linux_command ~]$whoami
handuoduo
[handuoduo@www.linux_command ~]$pwd
/home/handuoduo
```

使用 cd 指令到用户家目录下。

```
[handuoduo@www.linux_command ~]$ls -la
total 24
drwx------. 2 handuoduo handuoduo 4096 Jun 17 10:51 .
drwxr-xr-x. 4 root      root      4096 Jun 17 10:50 ..
-rw-------. 1 handuoduo handuoduo   13 Jun 17 10:51 .bash_history
-rw-r--r--. 1 handuoduo handuoduo   18 Mar 23  2017 .bash_logout
-rw-r--r--. 1 handuoduo handuoduo  176 Mar 23  2017 .bash_profile
-rw-r--r--. 1 handuoduo handuoduo  124 Mar 23  2017 .bashrc
```

查看当前路径下所有文件，包括隐藏文件。

```
[handuoduo@www.linux_command ~]$tail -1 .bash_profile
echo "**********Welcome $USER login system**********
```

修改用户环境变量文件，编辑 PATH 路径变量声明，其格式为：

```
PATH=$PATH:<PATH 1>:<PATH 2>:<PATH 3>:------:<PATH N>
```

读者可以自己加上指定的应用程序绝对路径，多个路径之间使用冒号分隔。

环境变量更改后，默认在用户下次登录时生效，这里使用 echo 语句代表可执行文件。

如果想立刻生效，则可以执行下面的语句：

```
[handuoduo@www.linux_command ~]$source  .bash_profile
**********Welcome handuoduo login system**********
```

5．修改/etc/profile 文件

修改/etc/profile 文件要求有 root 用户权限。

```
# echo $PATH
/usr/lib64/qt-3.3/bin:/usr/local/sbin:/usr/local/bin:/sbin:/bin:/usr/sbin:/usr/bin:/root/bin
# vi /etc/profile
export PATH=$PATH:/usr/local/sysbench/bin  # 在配置文件中加入此行配置
```

注意：修改完此文件后，必须要使用以下指令在不用重启系统的情况下使修改的内容生效。

```
# source /etc/profile
```

或使用如下指令使配置立即生效：

```
# . /etc/profile
# echo $PATH
/usr/lib64/qt-3.3/bin:/usr/local/sbin:/usr/local/bin:/sbin:/bin:/usr/sbin:/usr/bin:/root/bin:/usr/local/sysbench/bin
```

注意：修改“/etc/profile”文件虽然可以使环境变量永久生效，但在系统重启时，可能不再读取“/etc/profile”文件中的内容，需要在执行“source /etc/profile”指令之后才能使环境变量生效；为了避免重启后环境变量不生效的问题，也可以在“/etc/profile.d/”目录下建立类似“path.sh”的文件，将 export 指令写入其中，以便每次系统重启时，都会自动读取文件内容，使环境变量生效。

Linux 系统环境变量常见配置文件如表 4-5 所示。

表 4-5　Linux 系统环境变量常见配置文件

配置文件或指令	说明
/etc/profile	系统环境变量
bash_profile	用户环境变量
.bashrc	用户环境变量
su user	切换用户，加载配置文件.bashrc
su - user	切换用户，加载配置文件/etc/profile，加载 bash_profile

6. 自动修改环境变量

Linux 给大家提供了自动设置环境变量的方法，即修改“.bashrc”文件。

一般说来，有两个文件可以提供这种“进入系统时自动设置”的功能，一个是“/etc/bashrc”文件，另一个是“~/.bashrc”文件。其中“/etc/bashrc”是被每个用户执行的，而“~/.bashrc”只被当前用户执行。所以“/etc/bashrc”只能被 root 用户更改，而“~/.bashrc”是各个用户私有的文件。“~”符号指用户的家目录。在建立用户时，Linux 会为其分配一个目录供该用户使用。如 handuoduo 用户，该用户家目录是“/home/handuoduo”，一般用户只能更改这个目录里的文件，这样各个用户之间不会互相干扰。因而“~/.bashrc”文件的绝对路径是“/home/handuoduo/.bashrc”，如果有另外一名叫 hanyuze 的用户，那么它的“.bashrc”

文件路径是“/home/hanyuze/.bashrc”。

如此，各个用户有自己独立的“.bashrc”文件，可以根据需要自行更改，而不会互相干扰。“/etc/bashrc”文件则是共享的，整个 Linux 中只有一份。一般来说，用户的“~/.bashrc”开头都会调用“/etc/bashrc”，因此更改“/etc/bashrc”会影响到所有用户，此文件是 root 用户管理的。

总之，Linux 在用户登录时，会执行用户家目录相应的“.bashrc”隐藏文件，比如 handuoduo 用户登录时，就会执行“/home/handuoduo/.bashrc”中预先定义好的环境变量，而这个文件先调用/etc/bashrc 中事先设定的变量内容。下面是一个简单的“.bashrc 程序”，内容如下所示。

```
 if [ -f /etc/bashrc ]; then
. /etc/bashrc
fi
export PATH=$PATH:/home/handuoduo/bin
```

前 3 行的意思是“如果/etc/bashrc”这个文件存在，那么就执行它，最后一行是作者自己加的，用于修改 PATH 变量。这样每次登录时，环境变量 PATH 都会自动修改为我需要的样子。

```
source ~/.bashrc
```

在更改“.bashrc”文件后，执行条命令可以使更改立即生效（否则要等下次登录才能看到效果）。

7. 关于/etc/profile.d

在“/etc/profile.d”目录中存放的是一些应用程序所需的启动脚本，其中包括了颜色、语言、less、vim 及 which 等命令的一些附加设置。

这些脚本文件之所以能够被自动执行，是因为在“/etc/profile”文件中使用了 for 循环语句来调用这些脚本。而这些脚本文件是用来设置一些变量和运行程序初始化过程的。

首先，切换到“/etc/profile.d”目录，之后使用 ls 命令列出“/etc/profile.d”目录中的所有脚本文件（在这个目录中只有脚本文件）。

```
[root@www.linux_command ~]#cd /etc/profile.d/
[root@www.linux_command /etc/profile.d]#ls
colorls.csh  colorls.sh  glib2.csh  glib2.sh  lang.csh  lang.sh  less.csh
less.sh  vim.csh  vim.sh  which2.sh
```

使用 file 命令确定 glib2.sh 文件的类型，确定是一个 ASCII 码文件之后，使用 cat 命令列出 glib2.sh 文件中的全部内容：

```
[root@www.linux_command /etc/profile.d]#cat glib2.sh

## This caused GLib2 applications to convert filenames from
## locale encoding to UTF-8. If the locale encoding is already
## UTF-8 then it makes no difference.
```

```
export G_BROKEN_FILENAMES=1
```

读者如果对其他的脚本文件内容感兴趣，可以使用以上的方法确认文件的类型后再显示脚本文件中的内容。

小结：设置变量的常用方法及建议。

（1）在/etc/profile 文件中添加变量

此设置对所有用户永久生效。

```
export CLASSPATH=./JAVA_HOME/lib;$JAVA_HOME/jre/lib
```

注意：修改文件后要想马上生效还要运行如下指令。

```
source /etc/profile
```

否则只能在下次重进此用户时生效。

（2）在用户目录下的“.bash_profile”文件中增加变量

此设置对单一用户生效（永久）。

例如：编辑用户目录下的.bash_profile。

```
export CLASSPATH=./JAVA_HOME/lib;$JAVA_HOME/jre/lib
```

注意：修改文件后要想马上生效还要运行如下指令。

```
source ~/.bash_profile
```

否则只能在下次重进此用户时生效。

（3）直接运行 export 命令定义变量

此设置只对当前 Shell（BASH）有效（临时）。

（4）环境变量设置

建议根据具体的业务和实际的使用场景去实际定制。

（5）关于 PATH 的作用（补充）

PATH 说简单点就是一个字符串变量，当输入命令时，Linux 系统会去查找 PATH 里面记录的路径。比如在根目录/下可以输入命令 ls，在/usr 目录下也可以输入 ls，但其实 ls 这个命令根本不在这两个目录下。事实上，当你输入命令时，Linux 会去/bin,/usr/bin,/sbin 等目录下面去找你此时输入的命令，而 PATH 的值恰恰就是/bin:/sbin:/usr/bin:等。其中，冒号的作用是使目录与目录之间隔开。

（6）工作环境设置文件

环境设置文件有两种：系统环境设置文件和个人环境设置文件。

系统中的用户工作环境设置文件分为如下两类。

- 登录环境设置文件：/etc/profile。

- 非登录环境设置文件：/etc/bashrc。

用户个人设置的环境设置文件分为如下两类。

- 登录环境设置文件: $HOME/.bash_profile，此文件可设置环境变量。
- 非登录环境设置文件：$HOME/.bashrc，此文件可定义指令别名。

登录环境：指用户登录系统后的工作环境。

非登录环境：指用户再调用子 Shell 时所使用的用户环境。

4.2.5 Linux 系统常用的环境变量

Linux 系统常用的环境变量如表 4-6 所示。

表 4-6 Linux 系统常用的环境变量

环境变量名称	说明
PATH	决定 Shell 将到哪些目录中寻找指令或程序
HOME	当前用户主目录
TERM	终端的类型
UID	当前用户的识别字，取值是由数位构成的字串
PWD	当前工作目录的绝对路径名，该变量的取值随 cd 指令的使用而变化
HISTSIZE	历史记录数
LOGNAME	当前用户的登录名
HOSTNAME	指主机的名称
SHELL	前用户 Shell 类型
LANGUGE	语言相关的环境变量，多语言可以修改此环境变量
MAIL	当前用户的邮件存放目录
PS1	Shell 指令行基本提示符，对于 root 用户是#，对于普通用户是$
PS2	附属提示符，默认是大于号（重定向符号）“>”

4.3 Linux 用户组管理

Linux 系统用户和组的关系：Linux 是一个多用户多任务操作系统。多用户可以在同一时间内登录同一个系统执行各自不同的任务，而互不影响。每个用户在都有一个初始用户组，表现为/etc/passwd 文件中的第 4 列的 GID 信息栏。

Linux 操作系统中用户和用户组的对应关系有：一对一、一对多、多对一和多对多。

- 一对一：即一个用户可以存在一个组中，也可以是组中的唯一成员。
- 一对多：即一个用户可以存在多个用户组中。那么此用户具有多个组的共同权限。

- 多对一：多个用户可以存在一个组中，这些用户具有和组相同的权限。
- 多对多：多个用户可以存在多个组中，上面 3 个对应关系的扩展。

4.3.1 Linux 用户组基本概念

为了方便管理同一组的用户还有用户组的概念，Linux 用户组号码 GID（Group IDentification）即 GID，相当于多个用户的集合，另外，读者也可以创建一个组，把多个账户加到这个组里，方便授权，组内用户会继承当前组的权限，不需要对账户单独授权，其他账户加入组，同样继承组的授权。组不是必需的，是为了方便系统管理。

将用户分组是 Linux 系统中对用户进行管理及控制访问权限的一种手段。

Linux 的组有私有组、系统组、标准组之分。

建立账户时，若没有指定账户所属的组，系统会建立一个和用户名相同的组，这个组就是私有组，这个组只容纳了一个用户。而标准组可以容纳多个用户，组中的用户都具有组所拥有的权利。

系统组是 Linux 系统自动建立的。一个 Linux 用户可以属于多个组，用户所属的组又有基本组和附加组之分。在用户所属组中的第一个组称为基本组，基本组在/etc/passwd 文件中指定；其他组为附加组，附加组在/etc/group 文件中指定。属于多个组的用户所拥有的权限是它所在的组的权限之和。

4.3.2 用户组信息配置文件/etc/group

“/etc/group”文件是有关 Linux 系统管理员对用户组管理的文件，Linux 系统中用户组的所有信息都存放在“/etc/group”文件中。用户组配置文件主要有“/etc/group”和“/etc/gshadow”文件，其中“/etc/gshadow”是“/etc/group”组配置文件的加密信息文件。“/etc/group”文件的格式是由冒号“：”隔开若干个字段，这些字段由“组名:口令:组标识号:组内用户列表”格式组成，各字段含义具体解释如下。

1. 组名

组名是用户组的名称，由字母或数字构成。与/etc/passwd 中的登录名一样，组名不应重复。

2. 口令

口令字段存放的是用户组加密后的口令字，一般 Linux 系统的用户组都没有口令，即这个字段一般为空，或者是使用字符“x”表示。

3. 组标识号

组标识号与用户标识号类似，也是一个整数，被系统内部用来标识组，称为 GID。

4．组内用户列表

组内用户列表是属于这个组的所有用户的列表，不同用户之间用逗号“,”分隔。这个用户组可能是用户的主组，也可能是附加组。本字段可以为空，如果字段为空，表示用户组为 GID 的用户名。

【实例 4-13】修改用户附加组

```
usermod  -a -G root handuoduo
```

表示添加用户 handuoduo 到组 root 中。

```
id handuoduo
```

指令表示查看 handuoduo 用户信息，其中输出结果中“groups=602(handuoduo),0(root)”表示，handuoduo 用户分别属于 handuoduo 和 root 用户组。

```
[root@www.linux_command ~]#usermod  -a -G root handuoduo
[root@www.linux_command ~]#id handuoduo
uid=602(handuoduo) gid=602(handuoduo) groups=602(handuoduo),0(root)
```

4.3.3 用户组密码配置文件/etc/gshadow

“/etc/gshadow”是“/etc/group”用户组管理的加密文件。

“/etc/gshadow”和“/etc/group”是互补的两个文件，对于大型服务器，针对很多用户和组，定制一些关系结构比较复杂的权限模型，设置用户组密码是极有必要的。

如系统管理员不想让一些非用户组成员永久拥有用户组的权限和特性，此时就设置通过密码验证的方式来让某些用户临时拥有一些用户组特性，就要用到用户组密码。

【实例 4-14】查看用户组密码文件内容

使用“head -3”指令查看/etc/gshadow 文件的前 3 行。

```
[root@linux_command ~]# head -3 /etc/gshadow
root:::
bin:::
daemon:::
```

/etc/gshadow 文件由“组名：口令：组管理者：组内用户列表”组成，具体含义如下。

1．组名

组名是用户组的名称，由字母或数字构成。

2．口令

用户组密码，这个段可以是空的，或使用感叹号“!”占位。如果是空的或有叹号“!”占位，表示没有密码。

3．组管理者

这个字段也可为空，如果有多个用户组管理者，用逗号“,”分隔。

4．组内用户列表

如果有多个成员，用逗号“,”分隔。

4.3.4 用户组检查工具 grpconv、grpunconv 指令

grpconv 指令在 Linux 系统中开启群组的投影密码，Linux 系统里的用户和群组密码分别存放在/etc 目录下的 passwd 和 group 文件中。因系统运作所需，任何人都可以读取它们，会造成系统安全隐患。

投影密码将文件内的密码改存在/etc 目录下的 shadow 和 gshadow 文件内，只允许系统管理者读取，同时把原密码置换为“x”字符。投影密码的功能可随时开启或关闭，读者只需执行 grpconv 指令就能开启群组投影密码。

grpconv 指令通过“/etc/group”和“/etc/gshadow”的文件内容来同步或创建“/etc/gshadow”。如果“/etc/gshadow”不存在，则创建。

grpunconv 指令通过“/etc/group”和“/etc/gshadow”文件内容来同步或创建“/etc/group”，然后清空 gshadow 文件。

查看有开启了“/etc/gshadow”的用户，组名称 hanmingze 后面的密码位已经被感叹号“！”占据。

【实例 4-15】查看用户组密码设置内容

案例思路：首先使用 grpunconve 指令关闭用户组密码映射功能，其次使用 groupadd 指令创建用户组，最后使用 tail 指令查看创建的用户组密码即可，完整演示和输出如下所示。

```
[root@linux_command ~]# tail -1 /etc/group
hanmingze:!:1004:
```

使用 grpunconve 指令关闭/etc/gshadow 组密码映射功能。

```
[root@linux_command ~]# grpunconv
```

查看/etc/gshadow 文件信息。

```
[root@www.linux_command ~]#ls -l /etc/gshadow-
----------. 1 root root 389 Apr  7 11:06 /etc/gshadow-
```

创建 test 组，并设置和查看组密码。

```
[root@linux_command ~]# groupadd test
[root@linux_command ~]# groupmod --password 123456 test
[root@linux_command ~]# tail -1 /etc/group
test:123456:1005:
```

groupadd 指令创建 test 用户组，并使用 groupmod 指令设置 test 用户组密码为 123456，tail 指令中“-1”选项可查看/etc/group 文件中的最后一行信息。

4.4 Linux 用户管理应用实战

Linux 服务器日常管理维护时，用户管理部分是每个 Linux 管理员必备基础技能。在 Linux 系统用户管理中，分为普通用户管理、rcot 用户管理、系统用户管理。

Linux 系统与用户管理相关的配置文件如表 4-7 所示。

表 4-7 用户管理相关配置文件

描述信息	用户管理相关配置文件
用户信息文件	/etc/passwd
密码文件	/etc/shadow
用户组文件	/etc/group
用户组密码文件	/etc/gshadow
用户配置文件	/etc/login.defs
	/etc/default/useradd
新用户信息文件	/etc/skel
登录信息	/etc/motd

4.4.1 普通用户管理

1. 添加用户

添加用户账号是在系统中创建一个新的用户账号，然后为新账号分配用户名、UID 号、用户组、对用户添加描述信息、指定用户家目录和登录 Shell 等资源。

添加用户账号本质是在/etc/passwd 文件中为新用户增加一条记录，同时更新其他系统文件如/etc/shadow 和/etc/group 等对应的用户账号信息，useradd 指令常用选项如表 4-8 所示。

表 4-8 useradd 指令常用选项

选项	描述信息
-c	指定一段注释性描述
-d 目录	指定用户主目录，如果此目录不存在，则同时使用-m 选项，可以创建主目录
-m 用户	如果目录存在，则不再创建，但是此目录并不属于新创建用户；如果主目录不存在，则强制创建，“-m”和“-d”选项配合使用
-g 用户组	指定用户所属的用户组
-G 用户组	指定用户所属的附加组
-s Shell 路径	指定用户的登录 Shell
-u 用户号	指定用户的用户号，如果同时有-o 选项，则可以重复使用其他用户的标识号
用户名	指定新用户的登录名

添加新用户账号使用 useradd 或者 adduser 指令，二者实际上是一个指令，如实例 4-7 所示。

【实例 4-16】查看 adduser 指令位置

- which 指令会在环境变量$PATH 设置的目录里查找符合条件的文件。
- which 命令是从$PATH 环境变量里面进行查找的，不在 PATH 里面的就找不到了。
- which 命令会从$PATH 环境变量里面进行查找，并且只会返回第一个查找到的命令，加了-a 选项后会列出所有的结果。
- 这只是常用的方式，更多用法可以参考 man 手册。

```
[root@www.linux_command ~]#which adduser
/usr/sbin/adduser
[root@www.linux_command ~]#ls -l /usr/sbin/adduser
lrwxrwxrwx. 1 root root 7 Apr  6 11:42 /usr/sbin/adduser -> useradd
[root@www.linux_command ~]#ll `which adduser`
lrwxrwxrwx. 1 root root 7 Apr  6 11:42 /usr/sbin/adduser -> useradd
```

从上述代码中可以看出，/usr/sbin/adduser 指令是 useradd 指令的软链接文件。

【实例 4-17】创建用户并指定 UID

useradd 指令的“-u”选项指定新添加用户的 UID。根据规定，普通用户的 UID 必须大于 499，且不能和已存在的 UID 重复。

```
[root@www.linux_command ~]#useradd -u 1001 user1
[root@www.linux_command ~]#tail -1 /etc/passwd
user1:x:1001:1001::/home/user1:/bin/bash
[root@www.linux_command ~]#id user1
uid=1001(user1) gid=1001(user1) groups=1001(user1)
```

在上述代码的输出中，新建 user1 用户 UID 号为 1001。

【实例 4-18】创建用户时指定 Shell

useradd 指令的“-s”选项为新添加用户指定默认的 Shell（系统中有一个 nologin 的 Shell 可以禁止某账户登入）。

```
[root@www.linux_command ~]#useradd -s /sbin/nologin  nginx
[root@www.linux_command ~]#su nginx
This account is currently not available.
```

由于 nginx 用户 Shell 不可登录，使用 su 指令切换登录操作失败。

【实例 4-19】查看 nginx 用户 Shell

使用 echo $SHELL 指令查看当前用户使用的 Shell。

```
[root@www.linux_command ~]#grep 'nginx' /etc/passwd |awk -F: '{print $NF}'
/sbin/nologin
```

在上述代码中，nginx 用户 Shell 为/sbin/nologin，此 Shell 不可登录 Linux 操作系统。

【实例 4-20】创建系统用户

“-r”选项表示添加新用户为系统用户，系统用户的 UID 在 1～499 之间，一般不能登录操作系统，且没有家目录。

```
[root@www.linux_command ~]#useradd  -r apache
[root@www.linux_command ~]#id apache
uid=498(apache) gid=498(apache) groups=498(apache)
[root@www.linux_command ~]#ls -l /home/
total 8
drwx------. 2 nginx nginx 4096 May 27 01:35 nginx
drwx------. 2 user1 user1 4096 May 27 01:33 user1
```

【实例 4-21】创建用户时指定家目录

使用 useradd 指令新建用户，默认新用户家目录与/home 目录下同名。

```
[root@www.linux_command ~]#useradd -d /home/zhangsan_home_dir -m zhangsan
[root@www.linux_command ~]#id zhangsan
uid=1003(zhangsan) gid=1003(zhangsan) groups=1003(zhangsan)
[root@www.linux_command ~]#ls -ld /home/zhangsan_home_dir/
drwx------. 2 zhangsan zhangsan 4096 May 27 01:40 /home/zhangsan_home_dir/
```

上述代码使用 useradd 指令创建了用户 zhangsan，并使用“-d”和“-m”选项用来为登录名 zhangsan 新建家目录/home/zhangsan（/home 为默认的用户主目录所在的父目录）。

【实例 4-22】新建用户不创建家目录

```
[root@www.linux_command ~]#useradd  -M lisi
[root@www.linux_command ~]#ls -l /home/
total 12
drwx------. 2 nginx   nginx    4096 May 27 01:35 nginx
drwx------. 2 user1   user1    4096 May 27 01:33 user1
drwx------. 2 zhangsan zhangsan 4096 May 27 01:40 zhangsan_home_dir
[root@www.linux_command ~]#grep lisi /etc/passwd
lisi:x:1004:1004::/home/lisi:/bin/bash
[root@www.linux_command ~]#ll /home/lisi
ls: cannot access /home/lisi: No such file or directory
```

useradd 指令的“-m”选项表示创建新用户时不创建用户家目录。

上述代码中的“/etc/passwd”文件虽然有 lisi 用户的同名目录信息，但实际上系统中不存在此目录。

Linux 应用运维用户管理建议如下。

- 做好用户管理规划，根据业务场景添加对应账户的相关信息。
- 对于可登录用户，做好登录审计及登录后执行指令的历史记录保存和归档，以便日后 IT 审计备用。
- 尽量使用普通账户登录，需要必要的权限时，使用 sudo 添加临时权限，并设置密码过期时间，使用完毕后与之对应的用户权限自动清除和销毁。

- 控制可登录用户密码复杂度，及系统用户对应的权限。
- 定期清理对系统存在安全隐患的系统用户和普通用户，最小化权限运行操作系统及其对应的服务。

2. Linux 操作系统添加用户时的保存过程与细节

（1）用户登录时需验证的两个文件

- 检测用户名 Login: root 到该目录下检查/etc/passwd。
- 检测用密码 Passwd:123.com 到该目录下检查/etc/shadow。

（2）用户的添加步骤

第 1 种方法：使用 useradd 指令创建新用户。

```
useradd  name(handuoduo)
```

执行如下指令创建用户：

```
[root@linux_command ~]#  useradd handuoduo
```

对 Linux 操作系统造成的影响如下。

- 在/etc/passwd 文件中自动添加一条用户信息记录，用于保存用户信息。
- 在/etc/shadow 文件中自动添加一条用户密码信息记录，用于保存用户密码信息。
- 在/home/目录下自动创建与用户名同名的目录，如下代码输出所示。

```
[root@linux_command ~]# ls -la /home/handuoduo/
total 12K
-rw-r--r--. 1 handuoduo handuoduo 231 2016-08-03 00:00:07.000000000 +0800 .bashrc
-rw-r--r--. 1 handuoduo handuoduo 193 2016-08-03 00:00:07.000000000 +0800 .
bash_profile
-rw-r--r--. 1 handuoduo handuoduo  18 2016-08-03 00:00:07.000000000 +0800 .
bash_logout
drwxr-xr-x. 9 root      root      114 2018-05-20 16:32:47.126000000 +0800 ..
drwx------. 2 handuoduo handuoduo  62 2018-05-20 16:32:47.127000000 +0800 .
```

- 在/etc/group 文件中增加一条记录，用于保存用户组信息。

使用 useradd 指令添加用户时，系统自动在 etc/group 文件下默认添加一行记录信息，此信息是该用户所代表的组，默认组中是没有成员的如下所示：

```
[root@linux_command ~]# tail -1 /etc/group
handuoduo:!:1006:
```

第 2 种方法：手动添加用户，具体步骤如下。

（1）添加用户信息

使用 vim 指令在/etc/passwd 文件中，添加用户所需的所有信息，包括用户名、密码、UID、GID、用户描述信息等。

这里复制原有用户 hanmingze 用户数据信息，后面根据需要进行修改。

```
[root@linux_command ~]# vim +$ /etc/passwd
[root@linux_command ~]# tail -1 /etc/passwd
hanmingze::518:518:hanmingze_!@#$:/home/hanmingze:/bin/bash
```

（2）取消 shadow 密码映射功能

使用 pwunconv 指令取消 shadow 文件。

```
[root@linux_command ~]# pwunconv
[root@linux_command ~]# ll /etc/shadow-
-r--------. 1 root root 1.1K 2018-05-20 16:38:55.000000000 +0800 /etc/shadow-
[root@linux_command ~]# more /etc/shadow-
root:$6$kSyKxXfL$tdETsK0uOoKo7acXgIcpmqeptTdfeM/vWOKPsWXGe8nQidrxN36uPrw2bL59sRND.
wmqkjvkZOwFlbF6D4JR11:17664:0:99999:7:::
bin:*:17664:0:99999:7:::
daemon:*:17664:0:99999:7:::
adm:*:17664:0:99999:7:::
lp:*:17664:0:99999:7:::
sync:*:17664:0:99999:7:::
shutdown:*:17664:0:99999:7:::
halt:*:17664:0:99999:7:::
mail:*:17664:0:99999:7:::wunconv
```

（3）恢复 shadow

使用 pwconv 指令恢复 shadow 文件。

```
[root@linux_command ~]# pwconv
[root@linux_command ~]# ll /etc/passwd
-rw-r--r--. 1 root root 1.6K 2018-05-20 16:46:52.215000000 +0800 /etc/passwd
[root@linux_command ~]# more /etc/shadow
root:$6$kSyKxXfL$tdETsK0uOoKo7acXgIcpmqeptTdfeM/vWOKPsWXGe8nQidrxN36uPrw2bL59sRND.
wmqkjvkZOwFlbF6D4JR11:17671:0:99999:7:::
bin:*:17671:0:99999:7:::
daemon:*:17671:0:99999:7:::
adm:*:17671:0:99999:7:::
lp:*:17671:0:99999:7:::
sync:*:17671:0:99999:7:::
shutdown:*:17671:0:99999:7:::
halt:*:17671:0:99999:7:::
mail:*:17671:0:99999:7:::
```

（4）在 home 下添加用户家目录

使用 mkdir 指令创建用户家目录。

```
[root@linux_command ~]# mkdir  -pv   /home/hanmingze
mkdir: created directory '/home/hanmingze'
```

/etc/skel 目录（系统自动创建）保存新用户的脚本文件的目录（/home/u_name 中的隐含文件），将/etc/skel 目录下的文件复制到 /home/hanmingze（用 useradd 指令这个复制操作是自动的）

```
[root@linux_command ~]# cp -av /etc/skel/.bash* /home/hanmingze/
'/etc/skel/.bash_logout' -> '/home/hanmingze/.bash_logout'
'/etc/skel/.bash_profile' -> '/home/hanmingze/.bash_profile'
'/etc/skel/.bashrc' -> '/home/hanmingze/.bashrc'
[root@linux_command ~]# ls -la /home/hanmingze/
total 12K
-rw-r--r--. 1 root root 231 2016-08-03 00:00:07.000000000 +0800 .bashrc
-rw-r--r--. 1 root root 193 2016-08-03 00:00:07.000000000 +0800 .bash_profile
-rw-r--r--. 1 root root  18 2016-08-03 00:00:07.000000000 +0800 .bash_logout
drwxr-xr-x. 9 root root 114 2018-05-20 16:48:22.542000000 +0800 ..
drwxr-xr-x. 2 root root  62 2018-05-20 16:52:14.220000000 +0800 .
```

（5）登录测试

使用“su - username”指令，切换登录用户，验证上述信息是否完整。

```
[root@linux_command ~]# su - hanmingze
/usr/bin/id: cannot find name for group ID 518
------------------ Welcom to hanmingze login system ---------------
[hanmingze@linux_command ~]$ whoami
hanmingze
```

（6）修改用户其他登录环境信息

Linux 系统管理员根据可需要实际使用场景，设置新建用户的初始化信息，指令如下。

```
vim /etc/login.defs
```

（7）手动添加用户与用 useradd 添加的区别

用 useradd 指令新增用户，因为是系统通过已经定义好的脚本文件，将 skel 里的脚本分给每一个在/home/下新添加的用户，当读取到/etc/login.defs 文件时，由于此文件掩码（umask）值是 077，所以最后创建完的目录的权限就是 700。相反地，手动添加的用户，在/home 目录下添加与上面同名的用户目录。上述第（4）步中，创建的该目录的权限就不会受/etc/login.defs 的影响，它是以它的父目录的 umask 值为标准，所以手动添加的用户的权限就是 777 减去/home 目录的 umask 所得到的。

```
[root@linux_command ~]# umask
0022
[root@linux_command ~]# ls -ld /home/hanmingze/
drwxr-xr-x. 2 root root 62 2018-05-20 16:52:14.220000000 +0800 /home/hanmingze/
```

读者也可以根据需要使用下面的方式手动创建用户，过程如下所示。

- 更改/etc/passwd 添加一行信息。
- 更改/etc/shadow 添加一行信息。
- 执行“echo -n "handuoduo" | openssl passwd -1 -salt '12345678' -stdin”指令生成密码串。
- 更改/etc/group 添加一行信息。
- 复制/etc/skel 到/home/USERNAME。

- 更改/home/USERNAME 目录的所有者权限为此用户 USERNAME。
- 登录此用户验证跟普通一样的执行环境。

```
[root@www.linux_command ~]# echo -n "handuoduo" | openssl passwd -1 -salt
'12345678' -stdin
$1$12345678$7xhExK/A338djaqAnqTHU.
```

上述代码从标准输入读取密码。

第 3 种方法：快速创建用户。

读者还可以尝试使用下面的方式，创建可登录用户，只需 3 个步骤。

（1）添加用户信息

编辑/etc/passwd 文件，复制已有用户信息新建用户 zz。

如图 4-3 所示，复制 24 行用户信息到 25 行，修改用户 ID 和家目录位置，其他信息均保持不变。

（2）生成 zz 用户密码

```
[root@www.linux_command ~]# echo -n "handuoduo" | openssl passwd -1 -salt
'12345678900000000' -stdin
$1$12345678$7xhExK/A338djaqAnqTHU.
```

（3）编辑登录密码

编辑/etc/shadow 口令文件，添加登录密码信息，如图 4-4 所示。

图 4-3　添加用户信息

图 4-4　添加用户密码信息

（4）登录测试

由于没有为用户设置家目录、环境变量等信息，只是满足了用户可以登录系统的需求，实际生产环境中不建议采用这种方式创建用户。

```
[zz@www.linux_command /]$whoami
zz
[zz@www.linux_command /]$pwd
/
[zz@www.linux_command /]$ls -l
total 96
dr-xr-xr-x.  2 root root  4096 Apr  7 11:44 bin
dr-xr-xr-x.  4 root root  4096 Apr  7 11:45 boot
drwxr-xr-x. 19 root root  3780 May 29 14:57 dev
drwxr-xr-x. 66 root root  4096 May 29 20:41 etc
drwxr-xr-x.  3 root root  4096 May 29 17:44 home
dr-xr-xr-x.  8 root root  4096 Apr  6 11:42 lib
dr-xr-xr-x.  9 root root 12288 Apr  7 11:44 lib64
drwx------.  2 root root 16384 Apr  6 11:42 lost+found
```

```
drwxr-xr-x.  2 root root  4096 Sep 23  2011 media
drwxr-xr-x.  2 root root  4096 Sep 23  2011 mnt
drwxr-xr-x.  2 root root  4096 Sep 23  2011 opt
dr-xr-xr-x. 97 root root     0 May 29 12:09 proc
dr-xr-x---.  5 root root  4096 May 29 20:41 root
dr-xr-xr-x.  2 root root 12288 Apr  7 11:44 sbin
drwxr-xr-x.  7 root root     0 May 29 12:09 selinux
drwxr-xr-x.  2 root root  4096 Sep 23  2011 srv
drwxr-xr-x  13 root root     0 May 29 12:09 sys
drwxr-xr-x.  2 root root  4096 Apr  7 11:06 test
drwxrwxrwt.  3 root root  4096 May 29 17:54 tmp
drwxr-xr-x. 13 root root  4096 Apr  6 11:42 usr
drwxr-xr-x. 17 root root  4096 Apr  6 11:42 var
```

3. 查看用户信息

（1）用 id 指令查看用户信息：

```
id  [option]  [USERNAME]
```

id 指令查看用户信息，不指定用户名时，默认用户为当前用户，常用选项如表 4-9 所示。

表 4-9　　id 指令常用选项

选项	说明
-u	查看用户 UID
-g	查看基本组的 GID
-G	查看所有组的 GIO
-n	和上面的选项组合使用，用于显示名称，而非 id 号

【实例 4-23】查看 lisi 用户信息

id 指令，组合不同参数查看 lisi 用户的相关指定信息，其中“-u”选项表示查看用户的 UID 号，“-un”组合选项显示自身的用户名称，本指令相当于执行“whoami”指令，“-G”选项显示用户所属附加群组的 ID，“-g”或“--group”显示用户所属群组的 ID，“-n”或“--name”显示用户，所属群组或附加群组的名称。

```
[root@www.linux_command ~]# id -u lisi
502
[root@www.linux_command ~]# id -un lisi
lisi
[root@www.linux_command ~]# id -G lisi
502
[root@www.linux_command ~]# id -Gn lisi
lisi
```

（2）finger 用于查找并显示用户信息，本地与远端主机的用户皆可，账号名称没有大小写的差别。

单独执行 finger 指令，它会显示本地主机现在所有的用户的登录信息，包括账号名称、真实姓名、登入终端机、闲置时间、登入时间、地址和电话。

语法：

```
finger(选项)(参数)
```

finger 指令常用选项如表 4-10 所示。

表 4-10　finger 指令常用选项

选项	说明
-l	列出该用户的账号名称、真实姓名、用户专属目录、登入所用的 Shell、登入时间、转信地址、电子邮件状态、计划文件和方案文件内容
-m	排除查找用户的真实姓名
-s	列出该用户的账号名称、真实姓名、登入终端机、闲置时间、登入时间、地址和电话
-p	列出该用户的账号名称、真实姓名、用户专属目录、登入所用的 Shell、登入时间、转信地址、电子邮件状态，但不显示该用户的计划文件和方案文件内容

finger 指令不指定选项，如果提供操作者，则缺省设为“-l”选项输出风格，否则为“-s”选项输出风格。注意：在两种格式中，如果信息不足，都有可能丢失一些信息域；如果没有指定参数 finger，会为当前登录的每个用户打印一个条目。

默认 Linux 操作系统未安装 finger 软件包，可使用下面的指令进行安装。

【实例 4-24】安装 finger 软件

代码分解如下：

```
[root@www.linux_command ~]#yum list finger
```

搜索当前 Yum 源中，包含 finger 关键字的软件包。

```
[root@www.linux_command ~]#yum -y install finger
```

从当前 Yum 源中，自动安装 finger 软件包，具体输出如下代码所示。

```
[root@www.linux_command ~]#yum list finger
Loaded plugins: fastestmirror
Determining fastest mirrors
epel/metalink                                     | 6.4 kB     00:00
 * base: mirror.bit.edu.cn
 * epel: mirrors.ustc.edu.cn
 * extras: mirror.bit.edu.cn
 * updates: mirror.bit.edu.cn
base                                              | 3.7 kB     00:00
epel                                              | 4.7 kB     00:00
epel/primary_db                                   | 6.0 MB     00:05
extras                                            | 3.4 kB     00:00
updates                                           | 3.4 kB     00:00
updates/primary_db                                | 5.3 MB     00:06
Available Packages
```

```
finger.x86_64                                          0.17-40.el6   base
[root@www.linux_command ~]# yum -y install finger
Loaded plugins: fastestmirror
Setting up Install Process
Loading mirror speeds from cached hostfile
 * base: mirror.bit.edu.cn
 * epel: mirrors.ustc.edu.cn
(中间内容略)
Running rpm_check_debug
Running Transaction Test
Transaction Test Succeeded
Running Transaction
  Installing : finger-0.17-40.el6.x86_64                                  1/1
  Verifying  : finger-0.17-40.el6.x86_64                                  1/1

Installed:
  finger.x86_64 0:0.17-40.el6

Complete!
```

【实例 4-25】列出当前所有登录用户的相关信息

使用“-l”选项可以查看当前登录用户的相关信息。

在代码输出中，当前登录的用户有 root 和 hanyw。

```
[root@www.linux_command ~]#finger  -l
Login: root                             Name: root
Directory: /root                         Shell: /bin/bash
On since Tue May 29 08:41 (CST) on pts/0 from 192.168.1.104
   5 minutes 48 seconds idle
On since Tue May 29 07:00 (CST) on pts/1 from 192.168.1.104
   27 minutes 36 seconds idle
On since Tue May 29 08:52 (CST) on pts/2 from 192.168.1.104
No mail.
No Plan.

Login: hanyw                            Name:
Directory: /home/hanyw                   Shell: /bin/bash
On since Tue May 29 08:54 (CST) on pts/3 from 192.168.1.104
   3 seconds idle
No mail.
No Plan.
```

【实例 4-26】列出指定登录用户的相关信息

```
[root@www.linux_command ~]# finger -l handuoduo
Login: handuoduo                         Name:
Directory: /home/handuoduo                Shell: /bin/bash
On since Sat Dec  9 22:04 (CST) on pts/1 from 192.168.1.100
   19 seconds idle
No mail.
No Plan.
```

如果要查询远程机上的用户信息，需要在用户名后面接@主机名，采用用户名@主机名的格式，不过要查询的网络主机需要运行 finger 守护进程的支持。

4. 删除用户

userdel 是一个底层用于删除用户的工具，userdel 程序会从“/etc/passwd”和“/etc/group”文件中查询系统账户记录信息，它会删除所有和用户名相关的信息，在删除用户之前，对应的用户名必须存在。

由于 userdel 会修改系统账户文件，需要 root 特权来运行它。否则遇到一个报错信息“只有 root 权限才能执行这项操作”或者类似的信息。在得到删除用户权限后，从控制台输入并执行 userdel 指令即可删除用户。

userdel 指令用法如下：

```
userdel  [option]  USERNAME
```

userdel 指令常用选项如表 4-11 所示。

表 4-11　userdel 指令常用选项

选项	说明
-f	强制删除用户，即使用户当前已经登录系统
-r	删除用户的同时，也删除与用户相关的文件和目录，如用户家目录、日志、邮箱等

【实例 4-27】查看用户家目录

使用 ls 指令“-l”选项，查看用户家目录。

```
[root@www.linux_command ~]# ll /home/
total 12
-rw-r--r-- 1 root      root         0 Oct 16 21:24 fail_user.db
drwx------ 2 handuoduo handuoduo 4096 Dec  9 22:03 handuoduo
drwx------ 2      514 hanmingze 4096 Nov 26 18:07 hanmingze
drwx------ 2 zhangsan  zhangsan  4096 Dec  9 21:46 zs
[root@www.linux_command ~]# ls -la /home/handuoduo/
total 20
drwx------   2 handuoduo handuoduo 4096 Dec   9 22:03 .
drwxr-xr-x. 5 root      root      4096 Dec   9 22:11 ..
-rw-r--r--   1 handuoduo handuoduo   18 Mar 23  2017 .bash_logout
-rw-r--r--   1 handuoduo handuoduo  176 Mar 23  2017 .bash_profile
-rw-r--r--   1 handuoduo handuoduo  124 Mar 23  2017 .bashrc
```

Linux 用户家目录默认在/home 目录下，使用“-la”选项，则可以看到用户家目录下隐藏的相关文件信息。

【实例 4-28】删除用户时删除用户家目录

```
[root@www.linux_command ~]# userdel -r handuoduo
[root@www.linux_command ~]# ls -l /home/
total 8
```

```
-rw-r--r-- 1 root     root         0 Oct 16 21:24 fail_user.db
drwx------ 2      514 hanmingze 4096 Nov 26 18:07 hanmingze
drwx------ 2 zhangsan zhangsan  4096 Dec  9 21:46 z
```

在上述代码输出执行结果中，用户 handuoduo 的家目录已经被删除。

5．删除用户小结

删除用户一般有 3 种不同的方式，它们的程度各不相同。

（1）删除用户登录 Linux 操作系统能力

编辑口令/etc/passwd 文件并把一个“*”放在这个用户的条目的第 2 个字段中，如图 4-5 对比图 4-6 所示，但这个用户的目录文件和组信息保持完好无损。

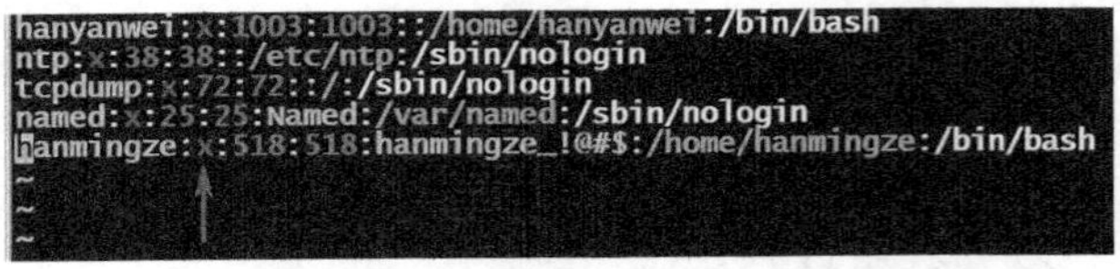

图 4-5　设置/etc/passwd 文件用户密码占位符

图 4-6　修改/etc/passwd 文件禁止用户登录

未注销之前，hanmingze 用户可以正常登录当前 Linux 操作系统，代码信息如下所示。

```
[root@linux_command ~]# su - hanmingze
Last login: Sun May 20 21:02:12 CST 2018 on pts/1
/usr/bin/id: cannot find name for group ID 518
------------------ Welcom to hanmingze login system ---------------
[hanmingze@linux_command ~]$ whoami
hanmingze
[hanmingze@linux_command ~]$ exit
logout
```

设置完毕后，退出当前系统，再次登录会发现提示用户失败信息，如图 4-7 所示。

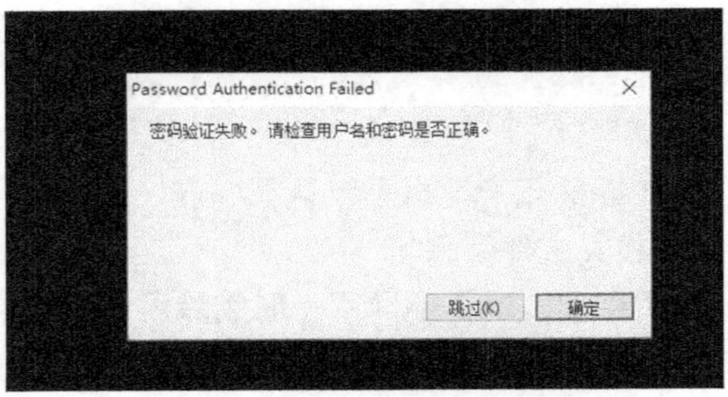

图 4-7　禁止用户登录后效果演示

（2）从口令文件中删除用户，但在系统上保留该用户的文件

此种删除方式下，其他用户仍可以使用被删除掉的用户文件，还可以让一个新用户代替那个老用户的职责。系统管理员可执行“userdel login_name”指令，然后再使用 chown 指令和

mv 指令来改变被删除用户的文件所有权和存放位置。

（3）删除这个用户及所拥有的所有文件

读者只需要从口令文件删除这个用户的条目，并从系统删除该用户的文件。这样就彻底地删除了该用户，可以使用如下 find 指令来进行，具体代码如下所示：

```
userdel user_name
find home-diretory-exec rm {} \ ;
```

然后用“rm -rfv /home/user_dir”指令来删除这个用户的起始目录，并从口令文件中删除用户的记录项。

6. 设置账号属性

对于已创建好的用户，可使用 usermod 指令来修改和设置账户的各项属性，包括登录名、主目录、用户组和登录 Shell 等，该指令用法为：

```
usermod [option] username
```

usermod 指令常用选项如表 4-12 所示。

表 4-12 userdel 指令常用选项

选项	说明
-a,--append	把用户追加到某些组中，仅与-G 选项一起使用
-c,--comment	修改/etc/passwd 文件第 5 段 comment
-d,--home	修改用户的家目录通常和-m 选项一起使用
-e,--expiredate	指定用户账号禁用的日期，格式 YY-MM-DD
-f,--inactive	用户密码过期多少天后采用就禁用该账号，0 表示密码已过期就禁用账号，-1 表示禁用此功能，默认值是-1
-g,--gid	修改用户的 gid，改组一定存在
-G,--groups	把用户追加到某些组中，仅与-a 选项一起使用
-l,--login	修改用户的登录名称
-L,--lock	锁定用户的密码
-m,--move-home	修改用户的家目录通常和-d 选项一起使用
-s,--shell	修改用户的 shell
-u,--uid	修改用户的 uid，该 uid 必须唯一
-U,--unlock	解锁用户的密码

（1）改变用户账户名称

使用“-l”选项可以修改用户名称，指令用法为：

```
usermod -l 新用户名 原用户名
```

【实例 4-29】修改用户名称

例如，若要将用户 user1 更名为 user_1，则操作指令为：

```
[root@www.linux_command ~]#id user1
uid=1001(user1) gid=1001(user1) groups=1001(user1)
[root@www.linux_command ~]#usermod -l user_1 user1
[root@www.linux_command ~]#id user1
id: user1: No such user
[root@www.linux_command ~]#id user_1
uid=1001(user_1) gid=1001(user1) groups=1001(user1)
[root@www.linux_command ~]#finger user_1
Login: user_1                          Name:
Directory: /home/user1                   Shell: /bin/bash
Never logged in.
No mail.
No Plan.
```

从输出结果可见，用户名已更改为 user_1。主目录仍为原来的/home/user1，若也要更改为/home/user_1，则可通过执行以下指令来实现。

【实例 4-30】修改用户家目录路径及用户 uid 号

```
[root@www.linux_command ~]#id user_1
uid=1001(user_1) gid=1001(user1) groups=1001(user1)
[root@www.linux_command ~]#ls -la /home/
total 20
drwxr-xr-x.  5 root     root     4096 May 27 01:40 .
dr-xr-xr-x. 23 root     root     4096 May 27 00:26 ..
drwx------.  2 nginx    nginx    4096 May 27 01:35 nginx
drwx------.  2 user_1   user1    4096 May 27 01:33 user1
drwx------.  2 zhangsan zhangsan 4096 May 27 01:40 zhangsan_home_dir
[root@www.linux_command ~]#usermod -m -d /home/user_1 -u 503 user_1
[root@www.linux_command ~]#id user_1
uid=503(user_1) gid=1001(user1) groups=1001(user1)
[root@www.linux_command ~]#finger -l user_1
Login: user_1                                Name:
Directory: /home/user_1                      Shell: /bin/bash
Never logged in.
No mail.
No Plan.
```

很多 Linux 的短选项可以进行缩写，如“-m”和“-n”可以写为-mn。但在 usermod 指令中，“-m”选项与“-d”缩写为“-dm”是不可以的，因此当某个短选项后面加参数时，不要和其他短选项混合缩写。

（2）锁定账户，禁止登录

若要临时禁止用户登录，可将该用户账户锁定。锁定账户可使用“-L”选项来实现，其指令用法为：

```
usermod -L 要锁定的账户
```

Linux 锁定用户是通过在密码文件 shadow 的密码字段前加“!”来标识该用户被锁定的。

【实例 4-31】临时锁定用户登录

使用 root 用户登录 Linux 系统，执行 useradd 指令创建新用户，并使用 passwd 指令设置用户密码，使用 grep 指令对比观察/etc/shadow 文件中锁定用户前后密码字段的变化。

```
[root@www.linux_command ~]#useradd hanbing
[root@www.linux_command ~]#echo 'hanbing' |passwd --stdin hanbing
Changing password for user hanbing.
passwd: all authentication tokens updated successfully.
[root@www.linux_command ~]#grep hanbing /etc/shadow
hanbing:$6$vVtR6sBS$JzNNnz8qctINO7hdpW9hjN.LsERmFUUT.ILv0X9rN.po4ZkNv7OAMWc
dgWHCgHgG8XBV3IGlTOJgmqqEKEaaT.:17677:0:99999:7:::
[root@www.linux_command ~]#usermod  -L hanbing
[root@www.linux_command ~]#grep hanbing /etc/shadow
hanbing:!$6$vVtR6sBS$JzNNnz8qctINO7hdpW9hjN.LsERmFUUT.ILv0X9rN.po4ZkNv7OAMW
cdgWHCgHgG8XBV3IGlTOJgmqqEKEaaT.:17677:0:99999:7:::
```

可以看到，禁止用户登录后，密码字段的最前面已经被添加了一个感叹号“!”标识。

（3）解锁账户

usermod 指令“-U”选项可以实现解锁账户。

【实例 4-32】解锁用户

```
[root@www.linux_command ~]#usermod -U hanbing
[root@www.linux_command ~]#grep hanbing /etc/shadow
hanbing:$6$vVtR6sBS$JzNNnz8qctINO7hdpW9hjN.LsERmFUUT.ILv0X9rN.po4ZkNv7OAMWc
dgWHCgHgG8XBV3IGlTOJgmqqEKEaaT.:17677:0:99999:7:::
```

执行“-U”选项解锁用户后，密码字段前面的感叹号“!”消失了，用户可以正常登录了。

（4）设置账号过期时间

【实例 4-33】指定账号过期时间

使用“-e”选项可以指定账号的过期时间。

```
[root@www.linux_command ~]#usermod -e 2018-05-28 hanbing
[root@www.linux_command ~]#sed -n '$p' /etc/shadow
hanbing:$6$vVtR6sBS$JzNNnz8qctINO7hdpW9hjN.LsERmFUUT.ILv0X9rN.po4ZkNv7OAMWc
dgWHCgHgG8XBV3IGlTOJgmqqEKEaaT.:17677:0:99999:7::17679:
```

指定 hanbing 账号过期时间为 2018 年 05 月 28 号。

指定用户账号密码过期多少天后，禁用该账号，可使用如下指令：

```
[root@www.linux_command ~]#usermod -f 0 hanbing
[root@www.linux_command ~]#sed -n '$p' /etc/shadow
hanbing:$6$vVtR6sBS$JzNNnz8qctINO7hdpW9hjN.LsERmFUUT.ILv0X9rN.po4ZkNv7OAMWc
dgWHCgHgG8XBV3IGlTOJgmqqEKEaaT.:17677:0:99999:7:0:17679:
```

7. 设置用户登录密码

在 Linux 系统管理中，用户管理的一项重要内容是用户口令的管理。用户账号在刚创建时没有口令，是被系统锁定的，无法登录使用 Linux 操作系统，必须为其指定口令后才能使用（即使是空口令）。

可使用 passwd 指令来设置用户口令，其用法格式如下所示：

```
passwd 【选项】【用户名】
```

passwd 指令常用选项如表 4-13 所示

表 4-13　　passwd 指令常用选项

选项	说明
-d	删除密码
-f	强制执行
-k	更新只能发送在过期之后
-l	lock 锁定，将/etc/shadow 的第 2 列前面加!，使密码失效
--stdin	通过前一个管道的数据作为密码输入，对 shell script 有用
-S	列出密码相关的信息
-u	unlock 解锁，与-l 选项相反，启用已被停止的账户
-x	设置密码的有效期
-g	修改群组密码
-i	过期后停止用户账号
-help	显示帮助信息
-version	显示版本信息

使用 passwd 指令若指定账户名称，则设置指定账户的登录密码，原密码自动被覆盖。只有 root 用户才有权设置指定账户的密码，一般用户只能设置或修改自己账户的密码（不带参数）。

Linux 终端输入 passwd 指令修改用户密码，若不指定用户名，则修改当前用户的口令。

例如，假设当前用户是 handuoduo，则下面的指令可以修改该用户自己的口令：

```
# passwd handuoduo
New password:*******
Re-enter new password:*******
```

如果是 root 用户，可以用下列形式指定任意用户的口令：

```
$ passwd
Old password:******
New password:*******
Re-enter new password:*******
```

普通用户在修改自己的口令时，passwd 指令会先询问原口令，验证后再需要用户输入两遍新口令。如果两次输入的口令一致，则将这个口令指定给用户。

而 root（管理员）用户在为用户指定口令时，不必知道原口令。为了安全起见，用户应该选择比较复杂的口令，最好使用不少于 8 位的口令，口令中包含有大写、小写字母和数字，并且应该与姓名和生日等不相同。

【实例 4-34】设置用户密码

```
[root@www.linux_command ~]# useradd user3
[root@www.linux_command ~]# echo 123 |passwd --stdin user3
Changing password for user user3.
passwd: all authentication tokens updated successfully.
```

在上述代码中，使用了“passwd --stdin”非交互式修改密码，读者可使用 passwd 指令给指定用户设置或修改密码。

账户登录密码设置后，该账户就可以登录系统了。

```
[root@www.linux_command ~]# ssh -l user3 192.168.1.105
user3@192.168.1.105's password:
[user3@www.linux_command ~]$ whoami
user3
[user3@www.linux_command ~]$ w
 22:49:25 up  4:50,  3 users,  load average: 0.07, 0.02, 0.00
USER     TTY      FROM              LOGIN@   IDLE   JCPU   PCPU WHAT
root     pts/0    192.168.1.100    18:27    0.00s  2.00s  0.03s ssh -l user3 
192.168.1.105
root     pts/1    192.168.1.100    22:32   16:55   0.06s  0.06s -bash
user3    pts/2    www.linux_command  22:49    0.00s  0.04s  0.01s w
```

可以看到，user3 用户已经成功登录当前系统。

8．锁定/解锁账户密码及查询密码状态、删除账户密码

在 Linux 中，除了用户账户可被锁定外，账户密码也可被锁定，任何一方被锁定后，都将无法登录系统。只有 root 用户才有权执行该指令，锁定账户密码使用带“-l”选项的 passwd 指令。其用法为：

```
passwd -l 账户名      #锁定账户密码
passwd -u 账户名      #解锁账户密码
```

【实例 4-35】锁定和解锁账户

passwd 指令还能用“-l”（lock）选项锁定某一用户，使其不能登录，例如：

```
[root@www.linux_command ~]# passwd -l user3
Locking password for user user3.
passwd: Success
[root@www.linux_command ~]# passwd -u user3
Unlocking password for user user3.
passwd: Success
```

要查询当前账户的密码是否被锁定，可以使用带-S 参数的 passwd 指令来实现，其用法为：

```
passwd -S 用户名称
```

【实例 4-36】查看账户是否锁定

```
[root@www.linux_command ~]# passwd -S user3
user3 PS 2017-12-09 0 99999 7 -1 (Password set, SHA512 crypt.)
```

在上面的输出中，第 1 个字段显示的用户名，第 2 个字段显示密码状态（PS = 密码设置，LK = 密码锁定，NP = 无密码），第 3 个字段显示了上次修改密码的时间，后面 4 个字段分别显示了密码能更改的最小期限和最大期限，警告期限和没有使用该口令的时长。

【实例 4-37】清除用户密码

若要删除账户密码，使用 passwd 指令中的“-d”选项来实现，该指令也只有 root 用户才有权执行，其用法为：

```
passwd -d 账户名
```

账户密码被删除后，将不能登录系统，除非重新设置密码。

```
[root@www.linux_command ~]# passwd -d user3
Removing password for user user3.
passwd: Success
[root@www.linux_command ~]# ssh -l user3 192.168.1.105
user3@192.168.1.105's password:
```

上述代码将 user3 用户密码清除，当 user3 用户登录时，即使输入了之前正确的密码，也无法登录系统。

Linux 禁用锁定和解除解锁用户账号的方法总结。

Linux 系统使用“/etc/shadow”文件保存加密了的用户密码，要禁止某个账号登录等操作，最快的方法就是锁定存储于“/etc/shadow”中用户对应的密码。

一般情况下，一个有效的 Linux 用户在/etc/shadow 里都有如下一行信息：

```
hanyanwei:$6$w9acwjja$P80SsavzEztE7TKP86pYlNHvusFiG4RG6NjydUBuzU6rwaURhkrUw
EHRg5VjC2L1JOWZNoEOEzXeVvpZ2FoJc1:17680:0:99999:7:::
```

这里，各个字段以冒号“:”分隔。第 2 个字段就是用户密码信息了。把第二项值改成感叹号或者其他符号，那么这个账号也就被禁用了，用户将无法使用这个账号登录系统。

一种简单的方式：

```
sudo  passwd -l  用户名
```

禁用这个账号，查看/etc/shadow 可以发现密码这一项前面被添加了一个感叹号。

重新启用这个账号可使用如下命令：

```
sudo  passwd  -u  用户名
```

4.4.2 root 用户管理

1. 超级用户在系统管理中的作用

（1）可以对任何文件、目录或进程进行操作

这种操作是在系统最高许可范围内的操作，有些操作就是具有超级权限的 root 也无法完成。比如/proc 目录，/proc 是用来反映系统运行的实时状态信息的，因此即便是 root 也无法对其进行写操作。

（2）对于涉及系统全局的系统管理

硬件管理、文件系统管理、用户管理以及涉及的系统全局配置等，如果执行某个指令或工具时，提示无权限，大多是需要超级权限来完成。比如用 adduser 来添加用户，这个只能使用通过超级权限的用户来完成。

2. 普通用户授予 root 权限

（1）su 指令介绍

su 是英文“switch user”的缩写，即切换用户之意。使用 su 指令切换到其他用户模式，提示输入密码时，该密码为切换后账户的密码，用法为“su 账户名称”。如果后面不加账户时系统默认为 root 账户，密码也为超级账户的密码。没有时间限制。

（2）su 指令使用条件

su 指令就是切换用户的工具，当前系统登录为普通用户 handuoduo，但要完成添加用户任务，执行 useradd 指令后，提示普通用户 handuoduo 没有权限，而这个权限恰恰由 root 所拥有。解决办法有两个，一是退出 handuoduo 用户，重新以 root 用户登录，但这种办法并不是最好的；二是不退出 handuoduo 用户，可以用 su 来切换到 root 下进行添加用户的工作，等任务完成后再退出 root。我们可以看到当然通过 su 切换是一种比较好的办法。

通过 su 可以在用户之间切换，超级权限用户 root 向普通或虚拟用户切换不需要密码，而普通用户切换到其他任何用户都需要密码验证.

（3）su 指令用法

su 指令常用选项如表 4-14 所示。

表 4-14 su 指令常用选项

选项	说明
-c，--command	执行相关指令，然后退出所切换到的用户环境
-l, --login	登录并改变到所切换的用户环境

关于 su 指令更详细的使用，请参考 man su。

（4）su 指令实例

su 指令在不加任何参数，默认为切换到 root 用户，但没有转到 root 用户家目录的情况

下，也就是说这时虽然是切换为 root 用户了，但并没有改变 root 登录环境，即用户默认的登录环境，可以在/etc/passwd 中查到，包括家目录、SHELL 定义等。

【实例 4-38】普通用户切换到 root 用户

```
[handuoduo@www.linux_command ~]$ whoami
handuoduo
[handuoduo@www.linux_command ~]$ su
Password:
[root@www handuoduo]# whoami
root
```

在上述代码中，普通用户模式下，直接输入 su 指令即可切换到 root 用户，su 加参数“-”，表示默认切换到 root 用户，并且改变到 root 用户的环境。

【实例 4-39】普通用户切换到 root 用户并改变环境变量

```
[handuoduo@www.linux_command ~]$ whoami
handuoduo
[handuoduo@www.linux_command ~]$ su
Password:
[root@www handuoduo]# whoami
root
[root@www handuoduo]# echo $PATH
/usr/local/bin:/bin:/usr/bin:/usr/local/sbin:/usr/sbin:/sbin:/home/handuoduo/bin
[root@www handuoduo]# exit
exit
[handuoduo@www.linux_command ~]$ su -
Password:
[root@www.linux_command ~]# whoami
root
[root@www.linux_command ~]# echo $PATH
/usr/local/sbin:/usr/local/bin:/sbin:/bin:/usr/sbin:/usr/bin:/root/bin
```

su 指令加上“-”参数，目标用户的环境变量一起被切换，“su 参数-用户名”，下面代码和上述实例中的作用相同。

```
[handuoduo@www.linux_command ~]$ whoami
handuoduo
[handuoduo@www.linux_command ~]$ echo $PATH
/usr/local/bin:/bin:/usr/bin:/usr/local/sbin:/usr/sbin:/sbin:/home/handuoduo/bin
[handuoduo@www.linux_command ~]$ su - root
Password:
[root@www.linux_command ~]# whoami
root
[root@www.linux_command ~]# echo $PATH
/usr/local/sbin:/usr/local/bin:/sbin:/bin:/usr/sbin:/usr/bin:/root/bin
```

“su - root”指令和“su -”功能相同。

（5）su 的优缺点

su 的确为管理带来方便，通过切换到 root 下，能完成所有系统管理工具。只要把 root

的密码交给任何一个普通用户，它都能切换到 root 来完成所有的系统管理工作。但通过 su 切换到 root 后，也有不安全因素，比如系统有 10 个用户，而且都参与管理。如果这 10 个用户都涉及超级权限的运用，作为管理员如果想让其他用户通过 su 来切换到超级权限的 root，必须把 root 权限密码都告诉这 10 个用户；如果这 10 个用户都有 root 权限，通过 root 权限可以做任何事，这在一定程度上就对系统的安全造成了威胁。

“没有不安全的系统，只有不安全的人”，我们绝对不能保证这 10 个用户都能按正常操作流程来管理系统，其中任何一人对系统操作的重大失误，都可能导致系统崩溃或数据损失。所以 su 工具在多人参与的系统管理中，并不是最好的选择。

【实例 4-40】“su -root”和“su root”指令分解

“su -root”和“su root”指令的区别和分解如下。

- su 指令后面不加用户是默认切到 root。
- su 指令不改变当前变量。
- “su -”指令组合改变为切换到用户的变量。
- su 指令只能获得 root 的执行权限，不能获得环境变量。
- “su -”指令组合是切换到 root 用户，并获得 root 用户的环境变量及执行权限。

4.5 Linux 用户组管理应用实战

每个用户都有一个用户组，系统能对一个用户组中的所有用户进行集中管理。不同的 Linux 系统对用户组的规定有所不同，如 Linux 下的用户属于和它同名的用户组，这个用户组在创建用户的同时创建。用户组的管理涉及用户组的添加、删除和修改。组的增加、删除和修改实际上是对/etc/group 文件的更新。

增加一个新的用户组使用 groupadd 指令，格式如下：

```
groupadd 选项 用户组[用户组添加后，将用户进行组赋予用 chown 和 chgrp 指令]
```

groupadd 指令常用选项如表 4-15 所示。

表 4-15　groupadd 指令常用选项

选项	说明
-g gid	指定组 ID 号
-o	允许组 ID 号，不必唯一，一般和-g 选项同时使用，表示新用户组的 GID 能和系统已有用户组的 GID 相同
-r	加入组 ID 号，低于 499 系统账号
-f	加入已有的组时，发展程序退出

1．创建用户组

用户和用户组属于多对多的关系，一个用户可以同时属于多个用户组，一个用户组可以包含多个不同的用户，创建用户组使用 groupadd 指令，其指令用法为：

```
groupadd [-r] 用户组名称
```

若指令带有“-r”选项，则创建系统用户组，该类用户组的 GID 值小于 500。若没有-r 参数，则创建普通用户组，其 GID 值大于或等于 500。

【实例 4-41】新建用户组

```
[root@www.linux-command ~]#groupadd  g1
[root@www.linux-command ~]#tail -1 /etc/group
g1:x:502:
[root@www.linux-command ~]#groupadd  g2
[root@www.linux-command ~]#tail -2 /etc/group
g1:x:502:
g2:x:503:
```

上述代码向系统中增加了新组 g1 和 g2，新组的组标识号是在当前已有的最大组标识号的基础上加 1。

【实例 4-42】新建组并指定组号

```
[root@www.linux_command ~]# groupadd -g 11111 group2
[root@www.linux_command ~]# tail -1 /etc/group
group2:x:11111:
```

上述代码向系统中增加了一个新组 group2，同时指定新组的组标识号是 11111。

2．修改用户组属性

创建用户组后，根据需要可对用户组的相关属性进行修改。对用户组属性的修改，主要是修改用户组的名称和用户组的 GID 值。

（1）改变用户组的名称

若要对用户组进行重命名，可使用带“-n”选项的 groupmod 指令来实现，其用法为：

```
groupmod -n 新用户组名  原用户组名
```

用户组改名后，不会改变其原组名 GID 的值。

例如要将 g2 用户组更名为 DBA 用户组，则操作指令如下。

【实例 4-43】修改组名

```
[root@www.linux-command ~]#groupmod -n DBA g2
[root@www.linux-command ~]#tail -2 /etc/group
g1:x:502:
DBA:x:503:
```

“groupmod -n DBA g2”指令将组 group2 的组名称修改为 DBA。

（2）重设用户组的 GID

用户组的 GID 值可以重新进行设置修改，但不能与已有用户组的 GID 值重复。对 GID 进行修改，不会改变用户名的名称。

要修改用户组的 GID，可使用带“-g”选项的 groupmod 指令，其用法为：

```
groupmod -g new_GID 用户组名称
```

例如，若要将 DBA 组的 GID 更改为 88888，则操作指令如下。

【实例 4-44】修改组 ID

```
[root@www.linux-command ~]#groupmod -g 8888 DBA
[root@www.linux-command ~]#tail -2 /etc/group
g1:x:502:
DBA:x:8888:
```

“groupmod -g 8888 DBA”指令将组 DBA 的组标识号修改为 8888。

3. 删除用户组

删除用户组使用 groupdel 指令来实现，其用法为：

```
groupdel 用户组名
```

在删除用户组时，被删除的用户组不能是某个账户的私有用户组，否则将无法删除。若要删除，则应先删除引用该私有用户组的账户，然后再删除用户组。

【实例 4-45】删除用户组

```
[root@www.linux-command ~]#groupdel DBA
[root@www.linux-command ~]#grep DBA /etc/group
[root@www.linux-command ~]#echo $?
1
```

- “grep DBA/etc/group”指令执行后没有输出，说明 DBA 用户组已不存在，删除成功。
- 指令返回值不为 0，说明指令执行的结果为“假”，即 DBA 用户组不存在。

4. 添加用户到指定的组/从指定的组中移除用户

可以将用户添加到指定的组，使其成为该组的成员，其实现指令为：

```
gpasswd -a 用户账户  用户组名
```

若要从用户组中移除某用户，其实现指令为：

```
gpasswd -d 用户账户  用户组名
```

【实例 4-46】添加用户到指定组

```
useradd hanmeimei
```

使用 useradd 指令创建 hanmeimei 用户。

```
groupadd student
```

使用 groupadd 指令创建 student 用户组。

```
gpasswd -a hanmeimei student
```

使用 gpasswd 指令将 hanmeimei 用户追加到 student 用户组中。

```
id hanmeimei
```

使用 id 指令查看 hanmeimei 用户信息。

```
[root@www.linux-command ~]#useradd hanmeimei
[root@www.linux-command ~]#groupadd student
[root@www.linux-command ~]#gpasswd -a hanmeimei student
Adding user hanmeimei to group student
[root@www.linux-command ~]#id hanmeimei
uid=502(hanmeimei) gid=503(hanmeimei) groups=503(hanmeimei),504(student)
```

上述代码新建用户 hanmeimei，并添加用户 hanmeimei 到 student 组。

5. 设置用户组管理员

添加用户到组和从组中移除某用户，除了 root 用户可以执行该操作外，用户组管理员也可以执行该操作。

要将某用户指派为某个用户组的管理员，可使用以下指令来实现；

```
gpasswd -A 用户账户 要管理的用户组
```

指令功能：将指定的用户设置为指定用户组的用户管理员。用户管理员只能对授权的用户组进行用户管理（添加用户到组或从组中删除用户），无权对其他用户组进行管理。

【实例 4-47】添加用户组管理员

```
useradd handuoduo
```

使用 useradd 指令创建 handuoduo 用户。

```
useradd hanyuze
```

使用 useradd 指令创建 hanyuze 用户。

```
gpasswd -a handuoduo student
```

使用 gpasswd 指令将 handuoduo 用户追加到 student 用户组中。

```
gpasswd -a hanyuze student
```

使用 gpasswd 指令将 hanyuze 用户追加到 student 用户组中。

```
gpasswd  -A handuoduo student
```

使用 gpasswd 指令将 handuoduo 用户设置为 student 用户组管理员。

```
id handuoduo
```

使用 id 指令查看 handuoduo 用户信息。

```
id hanyuze
```

使用 id 指令查看 hanyuze 用户信息。

```
[root@www.linux-command ~]#useradd handuoduo
[root@www.linux-command ~]#useradd hanyuze
[root@www.linux-command ~]#gpasswd -a handuoduo student
Adding user handuoduo to group student
[root@www.linux-command ~]#gpasswd -a hanyuze student
Adding user hanyuze to group student
[root@www.linux-command ~]#gpasswd  -A handuoduo student
[root@www.linux-command ~]#id handuoduo
uid=503(handuoduo) gid=505(handuoduo) groups=505(handuoduo),504(student)
[root@www.linux-command ~]#id hanyuze
uid=504(hanyuze) gid=506(hanyuze) groups=506(hanyuze),504(student)
```

上述添加用户韩多多，并将 handuoduo 用户设置为 student 用户组管理员。

6. 用户其他相关

另外，Linux 还提供了 id、whoami 和 groups 等指令，用来查看用户和组的状态。id 指令用于显示当前用户的 uid、gid 和所属的用户组的列表；whoami 用于查询当前用户的名称；groups 用于产看指定用户所隶属的用户组。

同时，我们可以使用图形界面来管理用户和用户组，单击“系统->管理->用户和组群”可以打开相应的配置界面。

7. 添加用户到用户组

```
usermod -G groupA
```

实际生产环境使用是，应加上“-a”选项。

```
usermod -a -G groupA user
usermod -G groupA,groupB,groupC user
```

“-a”选项代表 append，即自己添加到用户组 groupA 中，而不必离开其他用户组。

将一个用户添加到用户组中，千万不能直接用：

```
usermod -G groupA
```

这样做会使你离开其他用户组，仅仅作为这个用户组 groupA 的成员。

8. 用户组切换

如果一个用户同时属于多个用户组，那么用户能在用户组之间转换，以便具有其他用户组的权限。用户能在登录后，使用指令 newgrp 转换到其他用户组，这个指令的参数就是目的用户组。

例如：

```
$ newgrp root
```

这条指令将当前用户转换到 root 用户组，前提条件是 root 用户组确实是该用户的主组或附加组。类似于用户账号的管理，用户组的管理也能通过集成的系统管理工具来完成。

和用户账号有关的系统文件完成用户管理的工作有许多种方法，不过每一种方法实际上都是对有关的系统文件进行修改，与用户及用户组相关的信息都存放在一些系统文件中，这些文件包括/etc/passwd、/etc/shadow 和/etc/group 等。

4.6 Linux sudo 特殊权限管理应用运维实战

4.6.1 sudo 使用场景及适用条件

在 Linux 系统中，管理员往往不止一人，若每位管理员都用 root 身份进行管理工作，根本无法弄清晰谁该做什么。所以最佳的方式是：管理员创建一些普通用户，分配一部分系统管理工作给他们。

su 由于转换到终极权限用户 root 后对权限的无限制性，所以并不能担任多个管理员所管理的系统。如果用 su 来转换到终极用户来管理系统，也不能明确哪些工作是由哪个管理员进行操作的。特别是对于服务器的管理有多人参与时，最好是针对每个管理员的技术特长和管理范围，并且有针对性地下放权限，约定其使用哪些工具来完成和其相关的工作，这时就有必要用到 sudo。

通过使用 sudo，能把某些终极权限有针对性地下放，并且普通用户不必知道 root 密码，因此 sudo 相对于权限无限制性的 su 来说，还是比较安全的，所以 sudo 也能被称为受限制的 su。此外，sudo 是需要授权许可的，所以也被称为授权许可的 su。

sudo 执行指令的流程是当前用户转换到 root（或其他指定转换到的用户），然后以 root（或其他指定的转换到的用户）身份执行指令，执行完成后，直接退回到当前用户。而这些动作的前提是要通过 sudo 的设置文件“/etc/sudoers”进行授权。

不建议使用 su 让操作者直接变成 root，原因是这些用户都必须知道 root 的密码，这种方法非常不安全，而且也不符合系统管理者的分工需求。

一般的做法是利用权限的设置，依工作性质分类，让特别身份的用户成为同一个工作组，并设置工作组权限。例如：要 www_adm 这位用户负责管理网站数据，一般 Apache Web Server 的进程 httpd 的所有者是 www，可以设置用户 wwwadm 和 www 为同一工作组，并设置 Apache 默认存放网页目录/usr/local/httpd/htdocs 的工作组权限为可读、可写、可执行，这样属于此工作组的每位用户就能管理网页了。

但这并不是最好的解决办法，例如管理员想授予一个普通用户关机的权限，如何只让这个用户能以 root 身份执行 shutdown 呢？通常的 Linux 系统中无法实现这一功能，sudo 能实现这样的功能。

4.6.2 sudo 初体验

sudo 是 Linux 下常用的允许普通用户使用超级用户权限的工具，允许系统管理员让普通用户执行一些或者全部的 root 命令，如 halt、reboot、su 等。这样不仅减少了 root 用户的登录和管理时间，也提高了安全性。sudo 不是 Shell 的一个代替，它是面向每个命令的，sudo 的主要特性如下。

- sudo 能够限制用户只在某台主机上运行某些命令。
- sudo 提供了丰富的日志，详细记录了每个用户做了什么。它能够将日志传到中心主机或者日志服务器。
- sudo 使用时间戳文件来执行类似的“检票”系统。当用户调用 sudo 并且输入它的密码时，用户获得了一张存活期为 5 分钟的票（此值可在编译时指定）。
- sudo 的配置文件是 sudoers 文件，它允许系统管理员集中的管理用户的使用权限和使用的主机。它所存放的位置默认是在/etc/sudoers，属性必须为 0411。
- sudo 命令用来以其他身份来执行命令，预设的身份为 root。
- sudo 可以针对单个命令授予临时权限，用户也可以通过 su 切换到 root 用户运行命令，su 启动一个 root shell 允许用户运行之后的所有的命令。
- sudo 与 su 的不同之处在于 sudo 仅在需要时授予用户权限，减少了用户因为错误执行命令损坏系统的可能性；sudo 也可以用来以其他用户身份执行命令。此外，sudo 可以记录用户执行的命令，以及失败的特权获取。

sudo 通过维护一个特权到用户名映射的数据库将特权分配给不同的用户，这些特权可由数据库中所列的一些不同的指令来识别。为了获得某一特权项，有资格的用户只需简单地在指令行输入 sudo 和指令名之后，按照提示再次输入口令。例如，sudo 允许普通用户格式化磁盘，却没有赋予其他的 root 用户特权。

【实例 4-48】sudo 初体验

在/etc/sudoers 中设置了可执行 sudo 指令的用户。若其未经授权的用户企图使用 sudo，则会发警告邮件给管理员。用户使用 sudo 时，必须先输入密码，之后有 5 分钟的有效期限，超过期限则必须重新输入密码。

```
[root@www.linux_command ~]#whoami
root
[root@www.linux_command ~]#su - hanyanwei
[hanyanwei@www.linux_command ~]$yum install nginx
Loaded plugins: fastestmirror
You need to be root to perform this command.
[hanyanwei@www.linux_command ~]$sudo yum install nginx
```

```
We trust you have received the usual lecture from the local System
Administrator. It usually boils down to these three things:

    #1) Respect the privacy of others.
    #2) Think before you type.
    #3) With great power comes great responsibility.

[sudo] password for hanyanwei:
hanyanwei is not in the sudoers file.  This incident will be reported.
```

代码分解：

```
You need to be root to perform this command.
```

表示 yum 的执行需要 root 权限。

```
We trust you have received the usual lecture from the local System
Administrator. It usually boils down to these three things:
```

默认情况下，sudo 获得 root 用户的权限。

```
hanyanwei is not in the sudoers file.  This incident will be reported.
```

此时 hanyanwei 用户还没有使用 sudo 的权限。

【实例 4-49】给普通用户授权 sudo 命令

使用 visudo 指令添加用户权限后，得到的文件内容格式如下，见图 4-8。

```
root                 ALL=(ALL)                 ALL
hanyanwei            ALL=(root)                NOPASSWD: ALL
%testgroup           ALL=(root)                ALL
```

图 4-8　给普通用户授权 sudo 命令

添加完测试权限后，登录到目录用户，测试权限修改是否成功，以安装 Nginx 软件为例，代码如下：

```
whoami
```

查看当前登录用户。

```
su - hanyanwei
```

从当前用户切换到 hanyanwei 用户。

```
yum install nginx
```

安装 Nginx 软件。

```
sudo yum install nginx
```

采用 sudo 方式安装 Nginx 软件，具体代码输出如下所示。

```
[root@www.linux_command ~]#whoami
root
[root@www.linux_command ~]#su - hanyanwei
[hanyanwei@www.linux_command ~]$yum install nginx
Loaded plugins: fastestmirror
You need to be root to perform this command.
[hanyanwei@www.linux_command ~]$sudo yum install nginx
Loaded plugins: fastestmirror
Setting up Install Process
Loading mirror speeds from cached hostfile
 * base: mirrors.aliyun.com
 * epel: mirrors.aliyun.com
 * extras: mirrors.huaweicloud.com
 * updates: mirrors.aliyun.com
Resolving Dependencies
--> Running transaction check
---> Package nginx.x86_64 0:1.10.2-1.el6 will be installed
--> Processing Dependency: nginx-filesystem = 1.10.2-1.el6 for package:
（中间内容略）
nginx-mod-http-xslt-filter                                           x86_64
1.10.2-1.el6                          epel                  16 k
 nginx-mod-mail                                                      x86_64
1.10.2-1.el6                          epel                  43 k
 nginx-mod-stream                                                    x86_64
1.10.2-1.el6                          epel                  36 k

Transaction Summary
===========================================================================
===========================================================================
==============================
Install     24 Package(s)

Total download size: 30 M
Installed size: 64 M
Is this ok [y/N]:
```

输入字母“y”即可安装 Nginx 软件包，说明前面 sudo 权限已经被正确设置，sudo 用户 hanyanwei 已经可以执行 root 用户类安装软件包的权限。

4.6.3 sudo 配置文件精讲

在 Linux 下，当想赋予普通用户某个特殊权限时，可以通过 sudo 来精确控制，具体到某个命令。sudo 的配置文件是“/etc/sudoers”，不过强烈建议不要直接编辑这个文件，而是通过 visudo 来编辑。因为使用 visudo 编辑后保存时会进行语法检查，如果有问题则会提示，以免写错了导致严重问题！

visudo 中的一般设置格式为：

```
user     host=(users to be)   commands    # 或
user     host=(users to be)   NOPASSWD: commands
```

- 第一列 user 是允许使用 sudo 的用户，可以是组，但组名前应加%，如%group1。
- 第二列 host 表示允许登录时的主机，括号中为通过 sudo 允许变为的用户。
- 第三列是运行执行的命令列表，可以通过 Cmnd_Alias 来设定别名。

注意：命令列表中的命令一定是写全路径，即使/usr/bin 下的命令也要写上全路径，否则保存时提示错误！

默认有如下行：

```
## Allow root to run any commands anywhere
root    ALL=(ALL)       ALL
```

root 表示这是 root 用户，下面的几个 all 解释如下。

- 第一个 ALL 表示“From ALL hosts”（所有主机），意思是 root 从任何机器登录，都可以应用接下来的规则。
- 第二个 ALL 表示“run as All user”，意思是 root 可以以任何用户的身份运行一些命令。
- 第三个 ALL 表示“run All commands”，意思是 root 可以以任何用户组的身份运行任何命令。

上面几个 ALL 合起来的意思是，root 这个用户可以从任何机器登录，以任何用户和用户组的身份运行任何命令。表示允许 hanyanwei 用户可以在所有机器上以无密码方式执行 Linux 系统所有命令。

【实例 4-50】查看 sudo 配置文件权限

由于这个文件是一个授权文件，那么其权限必定很严格。

```
[root@www.linux_command ~]#ll /etc/sudoers
-r--r-----. 1 root root 3749 May 27 04:48 /etc/sudoers
[root@www.linux_command ~]#lsattr /etc/sudoers
-------------e- /etc/sudoers
```

【实例 4-51】查看用户可以执行的命令

已经授权的普通用户可以使用“-l”选项查看当前用户可以执行哪些指令。

```
[hanyanwei@www.linux_command ~]$sudo -l
Matching Defaults entries for hanyanwei on this host:
    !visiblepw, always_set_home, env_reset, env_keep="COLORS DISPLAY HOSTNAME
HISTSIZE INPUTRC KDEDIR LS_COLORS", env_keep+="MAIL PS1 PS2 QTDIR USERNAME LANG
LC_ADDRESS LC_CTYPE",
    env_keep+="LC_COLLATE LC_IDENTIFICATION LC_MEASUREMENT LC_MESSAGES", env_
keep+="LC_MONETARY LC_NAME LC_NUMERIC LC_PAPER LC_TELEPHONE", env_keep+="LC_TIME
LC_ALL LANGUAGE
```

```
    LINGUAS _XKB_CHARSET XAUTHORITY", secure_path=/sbin\:/bin\:/usr/sbin\:/usr/bin

User hanyanwei may run the following commands on this host:
    (root) NOPASSWD: ALL
```

hanyanwei 用户可以在所有主机上执行当前主机支持的所有 Linux 相关指令。

4.6.4 sudo 指令语法

在指令提示符下键入 sudo 指令会列出所有参数，其他一些常见选项如表 4-16 所示。

表 4-16 sudo 指令常用选项列表

选项	说明
-V	显示版本编号
-h	显示 sudo 指令的使用参数
-v	因为 sudo 在第一次执行时或在 N 分钟内没有执行（N 预设为 5）会询问密码。这个参数是重新做一次确认，如果超过 N 分钟，也会询问密码
-k	将会强迫使用者在下一次执行 sudo 时询问密码（不论有没有超过 N 分钟）
-b	将要执行的指令放在背景执行
-p	prompt 能更改询问密码的提示语，其中%u 会替换为使用者的账号名称，%h 会显示主机名称
-u	username/#uid 不加此参数，代表要以 root 的身份执行指令，而加了此参数，能以 username 的身份执行指令（#uid 为该 username 的 UID）
-s	执行环境变量中的 SHELL 所指定的 Shell，或是/etc/passwd 里所指定的 Shell
-H	将环境变量中的 HOME（宿主目录）指定为要变更身份的使用者的宿主目录（如不加-u 参数就是系统管理者 root）

注意：

- 用 visudo 编辑配置文件。
- 命令使用全路径。
- 如果不指定 NOPASSWD，则运行 sudo 时需输入密码，注意是用户自己的密码。
- sudo-l 可以查看运行的命令列表。
- 如果允许的命令不带参数，则 sudo 运行带参数的也可以；但是若允许的命令带参数，好像 sudo 运行只能带这个参数，换其他参数不行。

4.6.5 sudo 应用运维生产实例

【实例 4-52】配置指定用户并赋予 sudo 权限

配置/etc/sudoers，让普通用户 test_user_1 能够拥有 root 权限，同时可以执行 ls、cat、cp 命令，相关信息规划如表 4-17 所示。

表 4-17　　配置 test_user_1 用户赋予 sudo 权限规划表

用户名	sudo 切换是否需要密码	可执行命令
test_user_1	需要	/bin/ls /bin/cat /bin/cp

具体实现采用两种方案进行演示，实现过程如下。

1. 第 1 种实现方法

（1）新建 sudo 授权用户并设置登录密码

首先定义 u_name 变量用于存放 sudo 用户名信息，然后使用 useradd 指令新建 test_user_1 用户，并设置密码。

```
[root@www.linux_command ~]#u_name=test_user_1
[root@www.linux_command ~]#useradd ${u_name} && echo 1 | passwd --stdin ${u_name}
Changing password for user test_user_1.
passwd: all authentication tokens updated successfully
```

查看 test_user_1 用户信息，确认用户是否创建成功。

```
[root@www.linux_command ~]#finger -l test_user_1
Login: test_user_1                    Name:
Directory: /home/test_user_1            Shell: /bin/bash
Never logged in.
No mail.
No Plan.
```

（2）查看命令绝对路径

使用 which 指令查看 ls、cat、cp 指令的绝对路径，后面配置 sudo 权限会引用指令所在当前操作系统的绝对路径。

```
[root@www.linux_command ~]#which {ls,cat,cp}
alias cp='cp -i'
       /bin/cp
alias ls='ls --color=auto'
       /bin/ls
/bin/cat
```

（3）修改用户权限配置

Linux 系统管理员用户执行 visudo 指令，编辑/etc/sudoers 配置文件。

具体配置如图 4-9 所示。

图 4-9　给普通用户授予指定指令 sudo 权限

注意：/bin/ls、/bin/cp、/bin/cat 需要修改成绝对路径才能够正常使用。

（4）验证 sudo 授权

test_user_1 用户登录 Linux 操作系统，执行 sudo -l 指令查看和确认 sudo 授权是否成功，具体指令和代码如图 4-10 所示。

图 4-10 sudo 权限用户登录相关信息

```
[sudo] password for test_user_1:
```

系统提示要求当前登录用户 test_user_1 输入密码，此密码是当前登录用户的密码，和 root 管理员密码没有任何关系，请读者注意区分。

```
User test_user_1 may run the following commands on this host:
   (root) /bin/cp, (root) /bin/ls, (root) /bin/cat
```

系统提示，当前用户可使用 sudo 指令执行/bin/cp、/bin/ls、/bin/cat 指令。

```
[test_user_1@www.linux_command ~]$sudo -l

We trust you have received the usual lecture from the local System
Administrator. It usually boils down to these three things:

   #1) Respect the privacy of others.
   #2) Think before you type.
   #3) With great power comes great responsibility.

[sudo] password for test_user_1:
Matching Defaults entries for test_user_1 on this host:
   !visiblepw, always_set_home, env_reset, env_keep="COLORS DISPLAY HOSTNAME
HISTSIZE INPUTRC KDEDIR LS_COLORS",
   env_keep+="MAIL PS1 PS2 QTDIR USERNAME LANG LC_ADDRESS LC_CTYPE", env_keep+=
"LC_COLLATE LC_IDENTIFICATION LC_MEASUREMENT
   LC_MESSAGES", env_keep+="LC_MONETARY LC_NAME LC_NUMERIC LC_PAPER LC_TELEPHONE",
env_keep+="LC_TIME LC_ALL LANGUAGE
   LINGUAS _XKB_CHARSET XAUTHORITY", secure_path=/sbin\:/bin\:/usr/sbin\:/usr/bin

User test_user_1 may run the following commands on this host:
   (root) /bin/cp, (root) /bin/ls, (root) /bin/cat
```

2. 第 2 种实现方法

首先设置指令别名，其次修改用户权限，如图 4-11 所示。

```
##set command alias
Cmnd_Alias TEST_USER_1_CMD = /bin/cp,/bin/ls,/bin/cat
test_user_1     ALL=(ALL)        TEST_USER_1_CMD
```

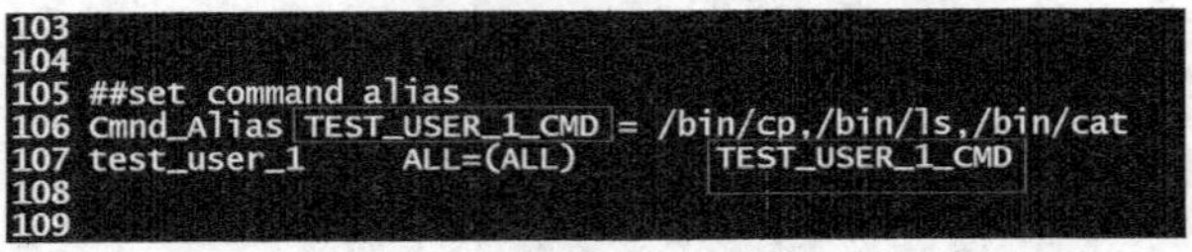

图 4-11　配置用户指令别名 sudo 权限

注意：设置指令别名关键字要全部使用大写字母，否则会报语法错误。

【实例 4-53】配置普通用户免密执行 sudo 权限

配置/etc/sudoers，使得普通用户不输入密码就可以使用 sudo

为了在防止 root 密码泄漏的同时，最大限度满足系统用户需要以 root 身份运行的需求，可以采取以下策略，使得用户可以用普通身份登陆，之后再免密切换到 root 用户。

基本思路就是要在配置文件中加入以下几行内容：

```
##set user alias
User_Alias TEST_USER_SU    = test_user_1,test_user_2,test_user_3
Cmnd_Alias TEST_USER_CMD   = /usr/bin/passwd , !/usr/bin/passwd root
TEST_USER_SU              ALL=(ALL)  NOPASSWD:TEST_USER_CMD
```

具体代码如图 4-12 所示。

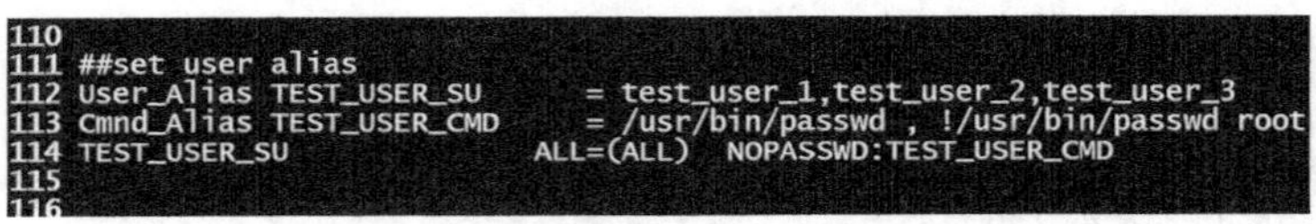

图 4-12　设置用户别名

代码分解如下：

```
User_Alias TEST_USER_SU      = test_user_1,test_user_2,test_user_3
```

设置 test_user_1、test_user_2、test_user_3 这 3 个用户 alias。

```
Cmnd_Alias TEST_USER_CMD     = /usr/bin/passwd , !/usr/bin/passwd root
```

设置/usr/bin/passwd 指令别名，不允许用户执行 passwd 指令，修改 root 管理员密码。

```
TEST_USER_SU              ALL=(ALL)  NOPASSWD:TEST_USER_CMD
```

设置用户免密 sudo 权限。

test_user_1 用户登录测试。

```
sudo -l
```

查看当前用户可以执行哪些 sudo 权限。

```
[test_user_1@www.linux_command ~]$sudo passwd root
Sorry, user test_user_1 is not allowed to execute '/usr/bin/passwd root' as
root on www.linux_command.
```

修改 root 密码，提示提示没有相关执行权限，当前别名设置不允许修改 root 用户密码已经生效，完整代码和输出信息如下所示。

```
[test_user_1@www.linux_command ~]$whoami
test_user_1
[test_user_1@www.linux_command ~]$sudo -l
Matching Defaults entries for test_user_1 on this host:
    !visiblepw, always_set_home, env_reset, env_keep="COLORS DISPLAY HOSTNAME
HISTSIZE INPUTRC KDEDIR LS_COLORS",
    env_keep+="MAIL PS1 PS2 QTDIR USERNAME LANG LC_ADDRESS LC_CTYPE", env_keep+=
"LC_COLLATE LC_IDENTIFICATION LC_MEASUREMENT
    LC_MESSAGES", env_keep+="LC_MONETARY LC_NAME LC_NUMERIC LC_PAPER LC_TELEPHONE",
env_keep+="LC_TIME LC_ALL LANGUAGE
    LINGUAS _XKB_CHARSET XAUTHORITY", secure_path=/sbin\:/bin\:/usr/sbin\:/usr/bin

User test_user_1 may run the following commands on this host:
    (ALL) NOPASSWD: /usr/bin/passwd, !/usr/bin/passwd root
[test_user_1@www.linux_command ~]$sudo passwd root
Sorry, user test_user_1 is not allowed to execute '/usr/bin/passwd root' as
root on www.linux_command.
```

【实例 4-54】赋予用户所有主机特定权限

```
hanbing ALL=(root) NOPASSWD: /bin/chown,/bin/chmod
```

上述代码表示 hanbing 能在所有可能出现的主机名的主机中，转换到 root 下执行/bin/chown 指令，不必输入 hanbing 用户的密码；并且能转换到所有用户下执行/bin/chmod 指令，但执行 chmod 时需要 hanbing 输入自己的密码；通过“sudo -l”指令查看 hanbing 在这台主机上允许和禁止运行的指令。

对于一个指令动作是否需要密码这个问题，我们能发现目前系统在默认的情况下是需要用户密码的，除非特意指出不必用户需要输入自己密码，所以要在执行动作之前加入 NOPASSWD 参数。

【实例 4-55】取消权限

取消对应指令的执行权限，在其指令动作前面加上感叹号“!”；在本例中也出现了通配符的*的用法。

```
hanbing ALL=/sbin/*,/sbin/*,!/sbin/fdisk
```

注意：把这行规则加入/etc/sudoers 中，但你得有 hanbing 这个用户组，并且 hanbing 用户也是这个组中；本规则表示 hanbing 用户在所有可能存在的主机名的主机上运行/usr/sbin 和/sbin 下所有的程式，但 fdisk 程式除外。

```
[hanbing@localhost ~]$ sudo -l
```

注意：在这里输入 hanbing 用户的密码后显示如下所示。

```
user hanbing may run the following commands on this host:
(root) /sbin/*
(root) /sbin/*
(root) !/sbin/fdisk
[hanbing@localhost ~]$ sudo /sbin/fdisk -l
Sorry, user hanbing is not allowed to execute '/sbin/fdisk -l' as root on l
ocalhost.
```

注意：不能转换到 root 用户下运行 fdisk 程式。

【实例 4-56】对组赋予 sudo 权限

如果你想对一组用户进行定义，可以在组名前加上%，对其进行设置，例如：

```
%dba ALL=(ALL) ALL
```

那么属于 dba 这个组的所有成员都能用 sudo 来执行特定的任务。

（1）新建 dba 组

使用 groupadd 指令创建 dba 用户组。

```
[root@www.linux_command ~]#groupadd dba
```

（2）新建各 dba 用户并设置登录密码

使用 useradd 指令创建 dba_zhangsan、dba_lisi、dba_wangwu 这 3 个用户，并使用 passwd 指令分别设置用户名同名密码。

```
[root@www.linux_command ~]#useradd dba_zhangsan && echo 'dba_zhangsan'|passwd
 --stdin dba_zhangsan
Changing password for user dba_zhangsan.
passwd: all authentication tokens updated successfully.
[root@www.linux_command ~]#useradd dba_lisi && echo 'dba_lisi'|passwd --stdin
dba_lisi
Changing password for user dba_lisi.
passwd: all authentication tokens updated successfully.
[root@www.linux_command ~]#useradd dba_wangwu && echo dba_wangwu |passwd --
stdin dba_wangwu
Changing password for user dba_wangwu.
passwd: all authentication tokens updated successfully.
```

（3）修改各用户附加组为 dba

使用 usermod 指令设置 dba_zhangsan、dba_lisi、dba_wangwu 用户的附加组为 dba，使用 id 指令确认设置是否生效。

```
[root@www.linux_command ~]#usermod -a -G dba dba_zhangsan
[root@www.linux_command ~]#id dba_zhangsan
uid=502(dba_zhangsan) gid=503(dba_zhangsan) groups=503(dba_zhangsan),502(dba)
[root@www.linux_command ~]#
[root@www.linux_command ~]#usermod -a -G dba dba_lisi
[root@www.linux_command ~]#id dba_lisi
uid=503(dba_lisi) gid=504(dba_lisi) groups=504(dba_lisi),502(dba)
[root@www.linux_command ~]#
[root@www.linux_command ~]#usermod -a -G dba dba_wangwu
[root@www.linux_command ~]#id dba_wangwu
uid=504(dba_wangwu) gid=505(dba_wangwu) groups=505(dba_wangwu),502(dba)
```

（4）确认 dba 组内成员

使用 grep 过滤 dba 关键字，确认 dba 组内包含了步骤 3 中创建的各用户。

```
[root@www.linux_command ~]#grep dba /etc/group
dba:x:502:dba_zhangsan,dba_lisi,dba_wangwu
dba_zhangsan:!:503:
 dba_lisi:!:504:
dba_wangwu:!:505:
```

（5）编辑 sudoers 文件并设置 sudo 权限

具体权限设置如图 4-13 所示。

感叹号“!”放在指令路径之前，表示不允许执行的指令。

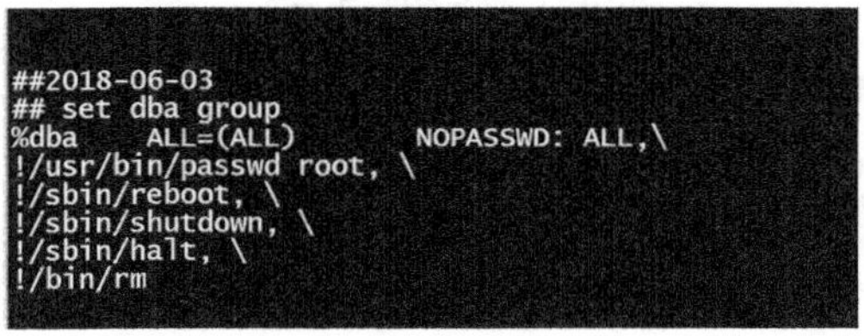

图 4-13　dba 组 sudo 赋权设置

（6）dba 组内用户登录测试

Whoami 指令确认当前登录用户是 dba 组内成员。

```
[dba_zhangsan@www.linux_command ~]$whoami
dba_zhangsan
```

执行“sudo -l”指令查看可执行指令相关权限，并执行“sudo passwd root”“sudo rm -rfv /”“sudo /bin/cp -av /etc/passwd .”指令，确认 sudo 权限已经被正确设置，具体代码演示和输出如下所示。

```
[dba_zhangsan@www.linux_command ~]$whoami
dba_zhangsan
[dba_zhangsan@www.linux_command ~]$sudo -l
Matching Defaults entries for dba_zhangsan on this host:
    !visiblepw, always_set_home, env_reset, env_keep="COLORS DISPLAY HOSTNAME
HISTSIZE INPUTRC KDEDIR LS_COLORS",
    env_keep+="MAIL PS1 PS2 QTDIR USERNAME LANG LC_ADDRESS LC_CTYPE", env_keep+=
"LC_COLLATE LC_IDENTIFICATION
```

```
      LC_MEASUREMENT LC_MESSAGES", env_keep+="LC_MONETARY LC_NAME LC_NUMERIC LC_
PAPER LC_TELEPHONE",
      env_keep+="LC_TIME LC_ALL LANGUAGE LINGUAS _XKB_CHARSET XAUTHORITY",
      secure_path=/sbin\:/bin\:/usr/sbin\:/usr/bin

   User dba_zhangsan may run the following commands on this host:
      (ALL) NOPASSWD: ALL, (ALL) !/usr/bin/passwd root, (ALL) !/sbin/reboot,
(ALL) !/sbin/shutdown, (ALL)
      !/sbin/halt, (ALL) !/bin/rm
   [dba_zhangsan@www.linux_command ~]$sudo passwd root
   Sorry, user dba_zhangsan is not allowed to execute '/usr/bin/passwd root' as
root on www.linux_command.
   [dba_zhangsan@www.linux_command ~]$sudo rm -rfv /
   Sorry, user dba_zhangsan is not allowed to execute '/bin/rm -rfv /' as root
on www.linux_command.
   [dba_zhangsan@www.linux_command ~]$sudo /bin/cp -av /etc/passwd .
   `/etc/passwd' -> `./passwd'
```

上述代码输出演示了 dba 组内 dba_zhangsan 成员用户不可以设置 root 密码，不可以执行 rm 相关指令，可以执行相关 cp 指令复制文件。

【实例 4-57】CentOS 6.9 sudo 日志文件配置方法

sudo 可以让普通用户执行一些只有 root 可以执行的命令，为了更好地查看用户使用 sudo 的情况，需要配置 sudo 系统日志。

（1）/etc/sudoers 配置文件设置记录日志路径

首先进入 root 管理权限下，设置日志记录信息如图 4-14 所示。

（2）配置 rsyslog 服务记录 sudo 日志

修改/etc/syslog.conf 配置文件如图 4-15 所示。

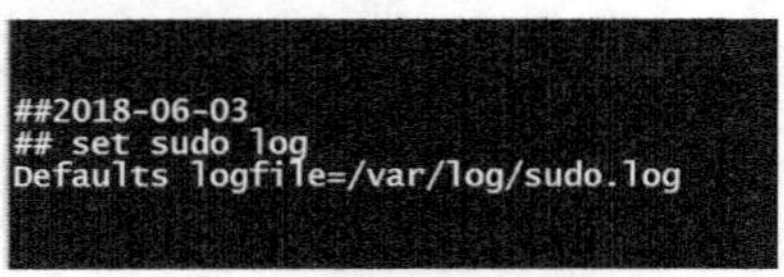

图 4-14　配置 sudo 用户操作记录日志

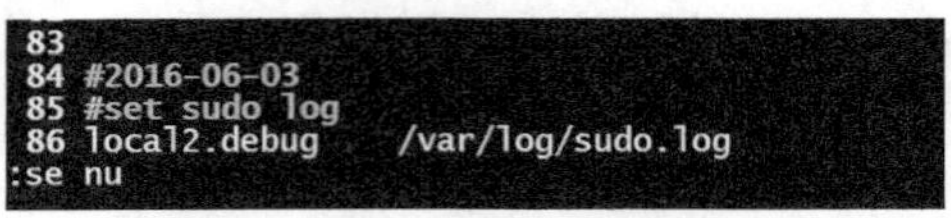

图 4-15　rsyslog 服务配置打开记录 sudo 日志开关

要注意某些系统种空白处不能用空格键，必须用<Tab>键，/var/log/sudo.log 文件会在重启 rsyslog 服务后自动创建，不用单独手工创建。

（3）重启 rsyslog 日志

```
[root@www.linux_command ~]#/etc/init.d/rsyslog restart
Shutting down system logger:                               [  OK  ]
Starting system logger:                                   [  OK  ]
```

（4）确认配置

dba_zhangsan 用户登录操作系统，并执行相关指令，确认 sudo 记录日志。

```
[dba_zhangsan@www.linux_command ~]$sudo -l
Matching Defaults entries for dba_zhangsan on this host:
    !visiblepw, always_set_home, env_reset, env_keep="COLORS DISPLAY HOSTNAME
HISTSIZE INPUTRC KDEDIR LS_COLORS",
    env_keep+="MAIL PS1 PS2 QTDIR USERNAME LANG LC_ADDRESS LC_CTYPE", env_keep+=
"LC_COLLATE LC_IDENTIFICATION
    LC_MEASUREMENT LC_MESSAGES", env_keep+="LC_MONETARY LC_NAME LC_NUMERIC LC_
PAPER LC_TELEPHONE",
    env_keep+="LC_TIME LC_ALL LANGUAGE LINGUAS _XKB_CHARSET XAUTHORITY",
    secure_path=/sbin\:/bin\:/usr/sbin\:/usr/bin, logfile=/var/log/sudo.log

User dba_zhangsan may run the following commands on this host:
    (ALL) NOPASSWD: ALL, (ALL) !/usr/bin/passwd root, (ALL) !/sbin/reboot,
(ALL) !/sbin/shutdown, (ALL)
    !/sbin/halt, (ALL) !/bin/rm
[dba_zhangsan@www.linux_command ~]$sudo ls
passwd
[dba_zhangsan@www.linux_command ~]$sudo ip ro
192.168.1.0/24 dev eth0  proto kernel  scope link  src 192.168.1.109
169.254.0.0/16 dev eth0  scope link  metric 1002
default via 192.168.1.1 dev eth0
[dba_zhangsan@www.linux_command ~]$sudo whoami
root
```

root 用户登录，并查看 sudo 日志信息。

```
[root@www.linux_command ~]#tailf /var/log/sudo.log
May 29 15:02:36 : dba_zhangsan : TTY=pts/1 ; PWD=/home/dba_zhangsan ; USER=root
    ; COMMAND=list
May 29 15:02:39 : dba_zhangsan : TTY=pts/1 ; PWD=/home/dba_zhangsan ; USER=root
    ; COMMAND=/bin/ls
May 29 15:02:49 : dba_zhangsan : TTY=pts/1 ; PWD=/home/dba_zhangsan ; USER=root
    ; COMMAND=/sbin/ip ro
May 29 15:02:54 : dba_zhangsan : TTY=pts/1 ; PWD=/home/dba_zhangsan ; USER=root
    ; COMMAND=/usr/bin/whoami
```

从代码输出中可以看到 dba_zhangsan 用户的操作已经被成功记录在/var/log/sudo.log 日志文件中。

4.7 Linux 权限管理

4.7.1 Linux 系统文件类型

Linux 文件类型和 Linux 文件的文件名所代表的意义是两个不同的概念。一般应用程序创建的文件如 a.txt、nginx.tar.gz，这些文件要用不同的程序来打开，在 Linux 文件类型中，大多是普通文件。

Linux 文件类型常见的有：普通文件、目录文件、字符设备文件和块设备文件、符号链接文件等，本节仅作简要说明。

（1）常规文件（regular file）

常规文件用连字符“-”表示，可以分为以下 3 类。

- 纯文本文件（ASCII），Linux 中大部分文件都是纯文本文件，可以直接使用 cat 命令查看内容。
- 二进制文件（binary），/bin、/sbin 等目录下的那些可执行命令多是二进制文件，使用 cat 命令查看是乱码。
- 数据文件（data），特殊格式的数据文件，例如记录登录信息的文件/var/log/wtmp，使用 cat 命令查看是乱码，但是可以使用 last 命令读取。

（2）目录文件（directory）

目录文件用字母“d”表示，就是目录和文件夹。

（3）链接文件（link）

链接文件用字母“l”表示，类似 windows 中的快捷方式。

（4）块设备文件（block）

块设备文件用字母“b”表示，例如内存和硬盘等块设备文件。

（5）字符设备文件（character）

字符设备文件用字母“c”表示，例如键盘和鼠标等字符设备文件

（6）套接字文件（socket）

套接字文件用字母“s”表示，封装了 ip 地址和端口的文件，用来监听客户端请求并交互数据，例如 mysql 的套接字文件/var/lib/mysql/mysql.sock。

（7）管道文件（pipe）

管道文件用字母“p”表示，一种特殊的文件类型，用来解决多个程序同时存取一个文件所造成的错误问题。

【实例 4-58】查看文件类型

使用 ls 指令查看文件信息。

```
[root@www.linux_command ~]#ls -lah
total 72K
dr-xr-x---.  3 root root 4.0K May 29 15:54 .
dr-xr-xr-x. 24 root root 4.0K May 29 09:12 ..
-rw-------.  1 root root  899 Apr  6 11:43 anaconda-ks.cfg
-rw-------.  1 root root 8.8K May 29 13:51 .bash_history
-rw-r--r--.  1 root root   18 May 20  2009 .bash_logout
-rw-r--r--.  1 root root  205 May 29 07:00 .bash_profile
-rw-r--r--.  1 root root  176 May 29 06:58 .bashrc
```

```
-rw-r--r--.  1 root root  100 Sep 23  2004 .cshrc
-rw-r--r--.  1 root root 8.7K Apr  6 11:43 install.log
-rw-r--r--.  1 root root 3.4K Apr  6 11:43 install.log.syslog
lrwxrwxrwx.  1 root root   11 May 29 15:54 passwd -> /etc/passwd
drwxr-----.  3 root root 4.0K Apr  6 12:18 .pki
-rw-r--r--.  1 root root  129 Dec  4  2004 .tcshrc
-rw-------.  1 root root 6.0K May 29 15:40 .viminfo
```

每行第一个参数表示文件类型，有如下对应关系。

- 符号“-”表示常规文件。
- 字母缩写“d”表示目录文件。
- 字母缩写“l”表示链接文件。
- 字母缩写“b”表示块设备文件。
- 字母缩写“c”表示字符设备文件。
- 字母缩写“s”表示套接字文件。
- 字母缩写“p”表示管道文件。

使用 file 指令查看文件类型。

```
[root@www.linux_command ~]#file /data/hanyw/
/data/hanyw/: directory
[root@www.linux_command ~]#file /etc/nginx/nginx.conf
/etc/nginx/nginx.conf: ASCII English text
[root@www.linux_command ~]#file passwd
passwd: symbolic link to `/etc/passwd'
[root@www.linux_command ~]# file /data/mysql/mysql3316/mysql3316.sock
/data/mysql/mysql3316/mysql3316.sock: socket
```

file 命令可以打印出文件比较具体的类型，如/data/hanyw/为目录，/etc/nginx/nginx.conf为纯文本文件等。

4.7.2 Linux 系统目录基本操作

【实例 4-59】Linux 权限管理之目录相关操作

1. 创建目录

创建单一目录，默认 mkdir 指令不加任何选项，可以创建单一目录，“ls-ld”指令可以查看创建目录是否成功。

```
[root@www.linux_command ~]#mkdir /data
[root@www.linux_command ~]#ls -ld /data/
drwxr-xr-x. 2 root root 4096 May 29 16:08 /data/
```

创建级联目录，使用“mkdir -pv”指令创建级联目录，即上一级目录不存在也可创建上一级目录及子目录。

```
[root@www.linux_command ~]#mkdir -pv /data/dir1/dir2/dir3
mkdir: created directory `/data/dir1'
mkdir: created directory `/data/dir1/dir2'
mkdir: created directory `/data/dir1/dir2/dir3'
```

2. 列出目录内容

```
cp -av /etc/passwd  /data/
```

复制/etc/passwd 文件到/data/目录中。

```
cp -av /etc/passwd  /data/dir1/
```

复制/etc/passwd 文件到/data/dir 目录中。

```
ls -R /data/
```

查看/data/目录及其子目录中所有文件和目录列表。

```
[root@www.linux_command ~]#cp -av /etc/passwd  /data/
`/etc/passwd' -> `/data/passwd'
[root@www.linux_command ~]#cp -av /etc/passwd  /data/dir1/
`/etc/passwd' -> `/data/dir1/passwd'
[root@www.linux_command ~]#ls -R /data/
/data/:
dir1  passwd

/data/dir1:
dir2  passwd

/data/dir1/dir2:
dir3

/data/dir1/dir2/dir3:
```

使用 tree 指令，以树形的形式展示/data/目录下所有文件及目录结构层次关系。

```
[root@www.linux_command ~]#tree /data/
/data/
├── dir1
│   ├── dir2
│   │   └── dir3
│   └── passwd
└── passwd

3 directories, 2 files
```

3. 复制目录

```
mkdir dir_4
```

创建测试目录 dir_4。

```
touch dir_4/nginx.log
```

dir_4 目录下创建测试文件 nginx.log。

```
tree dir_4/
```

树形形式显示 dir_4 目录下所有文件和目录列表。

```
cp -rv dir_4/ /data/
```

复制 dir_4 目录到/data 目录中。

```
tree /data/dir_4/
```

树形形式显示/data/dir_4/目录下所有文件和目录列表。

```
[root@www.linux_command ~]#mkdir dir_4
[root@www.linux_command ~]#touch dir_4/nginx.log
[root@www.linux_command ~]#tree dir_4/
dir_4/
└── nginx.log

0 directories, 1 file
[root@www.linux_command ~]#cp -rv dir_4/ /data/
`dir_4/' -> `/data/dir_4'
`dir_4/nginx.log' -> `/data/dir_4/nginx.log'
[root@www.linux_command ~]#tree /data/dir_4/
/data/dir_4/
└── nginx.log

0 directories, 1 file
```

4. 删除目录

```
mkdir tmp
```

创建 tmp 目录。

```
mkdir temp
```

创建 temp 目录。

```
mkdir -pv temp/a/b/c/d
```

递归创建/a/b/c/d 目录。

```
rmdir -v tmp
```

删除 tmp 空目录。

```
rmdir -pv temp/a/b/c/d/
```

创建/a/b/c/d 目录。

```
rm -rfv temp/
```

强制删除 temp 目录下的所有文件内容。

```
[root@www.linux_command ~]#mkdir tmp
[root@www.linux_command ~]#mkdir temp
[root@www.linux_command ~]#mkdir -pv temp/a/b/c/d
mkdir: created directory `temp/a'
mkdir: created directory `temp/a/b'
mkdir: created directory `temp/a/b/c'
mkdir: created directory `temp/a/b/c/d'
[root@www.linux_command ~]#rmdir -v tmp
rmdir: removing directory, `tmp'
[root@www.linux_command ~]#rmdir -pv temp/a/b/c/d/
rmdir: removing directory, `temp/a/b/c/d/'
rmdir: removing directory, `temp/a/b/c'
rmdir: removing directory, `temp/a/b'
rmdir: removing directory, `temp/a'
rmdir: removing directory, `temp'
[root@www.linux_command ~]#
[root@www.linux_command ~]#mkdir -pv temp/a/b/c/d
mkdir: created directory `temp'
mkdir: created directory `temp/a'
mkdir: created directory `temp/a/b'
mkdir: created directory `temp/a/b/c'
mkdir: created directory `temp/a/b/c/d'
[root@www.linux_command ~]#rm -rfv temp/
removed directory: `temp/a/b/c/d'
removed directory: `temp/a/b/c'
removed directory: `temp/a/b'
removed directory: `temp/a'
removed directory: `temp'
```

注意：rm 指令十分危险，几乎能删除任何你想删掉的文件，被 rm 删掉的文件很难找回。

特别提醒，尤其是“-r”和“-f”选项组合在使用时需谨慎。

5. 移动目录

```
mkdir -pv  tmp_dir_{1..2}
```

创建测试目录 tmp_dir_1 和 tmp_dir_2。

```
touch tmp_dir_1/dir_1.log
```

tmp_dir_1 目录中新建 dir_1.log。

```
mv -v tmp_dir_1/ tmp_dir_2/
```

移动 tmp_dir_1 目录到 tmp_dir_2 中。

```
tree tmp_dir_2/
```

以树形方式显示 tmp_dir_2 目录中所有文件列表。

```
[root@www.linux_command ~]#mkdir -pv  tmp_dir_{1..2}
mkdir: created directory `tmp_dir_1'
mkdir: created directory `tmp_dir_2'
[root@www.linux_command ~]#touch tmp_dir_1/dir_1.log
[root@www.linux_command ~]#mv -v tmp_dir_1/ tmp_dir_2/
`tmp_dir_1/' -> `tmp_dir_2/tmp_dir_1'
[root@www.linux_command ~]#tree tmp_dir_2/
tmp_dir_2/
└── tmp_dir_1
    └── dir_1.log

1 directory, 1 file
```

灵活使用大括号“{}”展开式可以在批量创建/删除目录时起到事半功倍的作用。

6．重命名目录

```
mv -v tmp_dir_2/tmp_dir_1/ tmp_dir_2/tmp_dir_1_20180603.bak
```

移动 tmp_dir_2/tmp_dir_1/目录到 tmp_dir_2/目录中，并重命名为 tmp_dir_1_20180603.bak。

```
tree tmp_dir_2/
```

以树形的形式显示 tmp_dir_2 目录中所有文件列表。

```
mv /path/to/dir1 /path/to/dir1
[root@www.linux_command ~]#mv -v tmp_dir_2/tmp_dir_1/ tmp_dir_2/tmp_dir_1_
20180603.bak
`tmp_dir_2/tmp_dir_1/' -> `tmp_dir_2/tmp_dir_1_20180603.bak'
[root@www.linux_command ~]#tree tmp_dir_2/
tmp_dir_2/
└── tmp_dir_1_20180603.bak
    └── dir_1.log

1 directory, 1 file
```

4.7.3 Linux 文件基本操作

【实例 4-60】Linux 权限管理之文件相关操作

1．创建一个空文件

```
touch apache.log
```

创建空文件 apache.log。

```
ls -l apache.log
```

显示 apache.log 文件详细信息。

```
[root@www.linux_command ~]#touch apache.log
```

```
[root@www.linux_command ~]#ls -l apache.log
-rw-r--r--. 1 root root 0 May 29 16:46 apache.log
```

2. 复制文件

```
cp -av apache.log apache.log_20180603.bak
```

复制 apache.log 文件为 apache.log_20180603.bak。

```
mkdir cp_dir_test
```

新建 cp_dir_test 目录。

```
tree cp_dir_test
```

以树形的形式显示 dir_test 目录中所有文件列表。

```
cp -v apache.log apache.log_20180603.bak  cp_dir_test/
```

复制 apache.log apache.log_20180603.bak 文件到 cp_dir_test 目录中。

```
[root@www.linux_command ~]#cp -av apache.log apache.log_20180603.bak
`apache.log' -> `apache.log_20180603.bak'
[root@www.linux_command ~]#mkdir cp_dir_test
[root@www.linux_command ~]#tree cp_dir_test
cp_dir_test

0 directories, 0 files
[root@www.linux_command ~]#cp -v apache.log apache.log_20180603.bak  cp_dir_test/
`apache.log' -> `cp_dir_test/apache.log'
`apache.log_20180603.bak' -> `cp_dir_test/apache.log_20180603.bak
[root@www.linux_command ~]#tree cp_dir_test/
cp_dir_test/
├── apache.log
└── apache.log_20180603.bak

0 directories, 2 files
```

3. 删除文件

```
rm -v apache.log
```

删除 apache.log 文件。

```
rm -fv apache.log_20180603.bak  nginx.log
```

强制删除 apache.log_20180603.bak nginx.log 文件。

```
[root@www.linux_command ~]#rm -v apache.log
rm: remove regular empty file `apache.log'? y
removed `apache.log'
[root@www.linux_command ~]#rm -fv apache.log_20180603.bak  nginx.log
removed `apache.log_20180603.bak'
removed `nginx.log'
```

4. 移动文件

```
mv -v install.log  /tmp/
```

移动 install.log 文件到/tmp 目录中。

```
[root@www.linux_command ~]#ll
total 24
-rw-------. 1 root root  899 Apr  6 11:43 anaconda-ks.cfg
drwxr-xr-x. 2 root root 4096 May 29 16:48 cp_dir_test
-rw-r--r--. 1 root root 8845 Apr  6 11:43 install.log
-rw-r--r--. 1 root root 3384 Apr  6 11:43 install.log.syslog
lrwxrwxrwx. 1 root root   11 May 29 15:54 passwd -> /etc/passwd
[root@www.linux_command ~]#mv -v install.log  /tmp/
`install.log' -> `/tmp/install.log'
[root@www.linux_command ~]#ls -l /tmp/install.log
-rw-r--r--. 1 root root 8845 Apr  6 11:43 /tmp/install.log
```

5. 重命名并移动文件

```
mv -v  /tmp/install.log  install.log_20180603.bak
```

移动/tmp/目录下 install.log 文件到当前目录下，并重命名为 install.log_20180603.bak。

```
[root@www.linux_command ~]#mv -v  /tmp/install.log  install.log_20180603.bak
`/tmp/install.log' -> `install.log_20180603.bak'
[root@www.linux_command ~]#ll install.log_20180603.bak
-rw-r--r--. 1 root root 8845 Apr  6 11:43 install.log_20180603.bak
```

4.7.4 Linux 文件与目录权限基础补充

首先看 ls 的长列表输出，以空格分割出了几个字段，如图 4-16 所示。

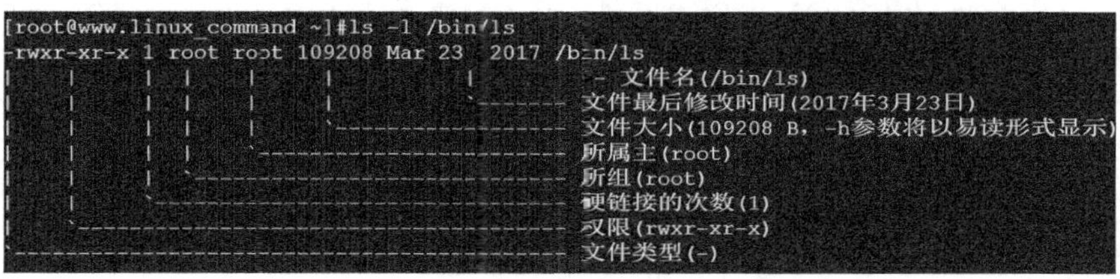

图 4-16 ls 指令显示文件详细信息

普通权限

（1）了解权限字符串

以一个常见的权限字符串为例：

```
[root@www.linux_command ~]#ls -l /bin/ls
-rwxr-xr-x. 1 root root 109208 Mar 23  2017 /bin/ls
```

一共 9 位，每 3 位分开，分成 3 组权限，依次对应以下 3 种用户身份的权限，如表 4-18 所示。

表 4-18　　Linux 基本权限

身份	权限
owner	rwx
group	r-x
other	r-x

如果有对应的权限，则有对应的单字母出现在对应权限位上，如 r(Read)、w(Write)、x(eXcute)。

如果该权限位上没有对应的权限，则用-表示无权限。

rwx 代表拥有读、写、执行，rw-代表读写权限，---则代表没有任何权限，依次类推。

第 1 组权限代表“属主”的权限，第 2 组权限代表“属组”的权限，第 3 组权限代表“其他用户”的权限。

rwxr-xr-x 对文件的属主具有完全控制权限，对指定组用户只有读和执行权限，其他用户只有读和执行权限。

下面的文件是什么权限呢？

```
[root@www.linux_command ~]#ls -l anaconda-ks.cfg
-rw-------. 1 root root 899 Apr  6 11:43 anaconda-ks.cfg
```

- 第 1 段权限位：rw-，表示对文件的拥有者具有读和写权限。
- 第 2 段权限位：---，表示该文件的所属组没有任何权限。
- 第 3 段权限位：---，表示该文件对于其他用户没有任何权限。

（2）八进制权限表示

如果权限用 3 个 bits 表示，0 表示没有权限，1 表示有权限，那么可以列出以下权限，如表 4-19 所示。

表 4-19　　八进制权限表

权限	八进制
--	000 = 0
--x	001 = 1
-w-	010 = 2
-wx	011 = 3
r--	100 = 4
r-x	101 = 5
rw-	110 = 6
rwx	111 = 7

由表 4-19 得出如下结论:

```
rwx | r-x | r-x
 |     |     |
 7     5     5
```

mode = 755。

说明这个文件的权限是 755，也就是 rwxr-xr-x 权限。

注意：root 用户几乎不受以上权限的约束，使用 root 权限要特别小心！

4.7.5 Linux 文件与目录权限深入详解

使用命令 chmod 可修改文件和目录的权限。

chmod 指令可以使用加减“+-”字符的形式，也可以使用八进制数字形式。

chmod 指令（change file mode bits）修改文件的权限。

使用方法如下所示：

```
chmod [OPTION]... MODE[,MODE]... FILE...
chmod [OPTION]... OCTAL-MODE FILE...
chmod [OPTION]... --reference=RFILE FILE...
```

下面来介绍这 3 种方式适合不同的场景。

1．chmod [OPTION]... MODE[,MODE]... FILE...

首先了解在指令中使用以下字母代表相应用户类型。

- u：属主。
- g：属组。
- o：其他人。
- a：所有。

【实例 4-61】chmod 直接赋权

可以直接将 rwx 直接赋值给相应的用户类型，比如：u=rwx,g=x,o=，空代表该位没有权限。

```
[root@www.linux_command ~]# mkdir quanxian
[root@www.linux_command ~]# cd quanxian
[root@www.linux_command ~/quanxian]# cp -av /etc/passwd .
`/etc/passwd' -> `./passwd'
[root@www.linux_command ~/quanxian]# ll passwd
-rw-r--r-- 1 root root 1759 Nov 26 16:19 passwd
[root@www.linux_command ~/quanxian]# chmod +x passwd
[root@www.linux_command ~/quanxian]# ll passwd
-rwxr-xr-x 1 root root 1759 Nov 26 16:19 passwd
[root@www.linux_command ~/quanxian]# chmod u=rwx,g=rw,o=  passwd
[root@www.linux_command ~/quanxian]# ll passwd
-rwxrw---- 1 root root 1759 Nov 26 16:19 passwd
```

在上述代码中，先建立了 quanxian 目录，然后复制/etc/passwd 文件到当前目录下。passwd 文件默认没有 x 执行权限，采用 chmod +x 赋予 passwd 文件可执行权限（所有者、所属组、其他人均有 x 权限）。最后使用 chmod 指令赋予 passwd 文件所有者具有 rwx（7)、所属组 rw（6)、其他人空（0)，组合起来 passwd 文件权限为 760。

【实例 4-62】设置用户某一类权限位

直接操作一类用户的一个权限位。

```
[root@www.linux_command ~/quanxian]# ll passwd
-rwxrw---- 1 root root 1759 Nov 26 16:19 passwd
[root@www.linux_command ~/quanxian]# chmod u-x passwd
[root@www.linux_command ~/quanxian]# ll passwd
-rw-rw---- 1 root root 1759 Nov 26 16:19 passwd
```

上述代码中使用 chmod 指令对 passwd 文件减去 x 权限。

2．chmod [OPTION]... OCTAL-MODE FILE...直接指定八进制赋权

【实例 4-63】用十进制赋权

```
[root@www.linux_command ~/quanxian]# ll passwd
-rw-rw---- 1 root root 1759 Nov 26 16:19 passwd
[root@www.linux_command ~/quanxian]# chmod 777 passwd
[root@www.linux_command ~/quanxian]# ls -l passwd
-rwxrwxrwx 1 root root 1759 Nov 26 16:19 passwd
```

上述代码中使用十进制方式赋予 passwd 文件 777 权限。

3．chmod [OPTION]... --reference=RFILE FILE...

【实例 4-64】参考其他文件权限赋权

```
[root@www.linux_command ~/quanxian]# chmod --reference=/etc/passwd passwd
[root@www.linux_command ~/quanxian]# ls -l /etc/passwd passwd
-rw-r--r-- 1 root root 1759 Nov 26 16:19 /etc/passwd
-rw-r--r-- 1 root root 1759 Nov 26 16:19 passwd
```

上述代码参考/etc/passwd 文件的权限对 passwd 赋权。

chmod 指令可以设置文件的管理权限，指令格式如下所示：

```
chmod  [who] operator [permission]  filename
```

（1）who 包含的选项及其含义

操作对象 who 可是下述字母中的任意一个或者它们的组合。

- u 文件属主权限。
- g 属组用户权限。
- 其他用户权限。
- a 所有用户（文件属主、属组用户及其他用户）。

（2）operator 包含的选项及其含义，操作符号如下。

- 加号“+”增加某个权限。
- 减号“-”取消某个权限。
- 等于号“=”赋予给定权限并取消其他所有权限（如果有对应权限）。

（3）permission 包含的选项及其含义

读者必须首先了解用数字表示的属性的含义：0 表示没有权限，1 表示可执行权限，2 表示可写权限，4 表示可读权限，然后将其相加。

所以数字属性的格式应为 3 个 0～7 的八进制数，其顺序是（u）（g）（o）。

例如，如果想让某个文件的属主有“读/写”两种权限，需要把 4（可读）+2（可写）=6（读/写）。

数字设定法的一般形式为：

```
chmod [mode] 文件名
```

设置 mode 所表示的权限可用下述字母的任意组合，如表 4-20 所示。

表 4-20 chmod 指令设置常见 mode 权限

选项	说明
r	可读
w	可写
x	可执行
X	只有目标文件对某些用户是可执行的或该目标文件是目录时才追加 x 属性
s	在文件执行时把进程的属主或组 ID 置为该文件的文件属主方式“u+s”设置文件的用户 ID 位，“g+s”设置组 ID 位
t	保存程序的文本到交换设备上
u	与文件属主拥有一样的权限
g	与和文件属主同组的用户拥有一样的权限
o	与其他用户拥有一样的权限

（4）filename 为以空格分开的要改变权限的文件列表，支持通配符。

在一个命令行中可给出多个权限方式，其间用逗号隔开。例如：

```
chmod g+r，o+r example
```

使同组和其他用户对文件 example 有读权限。

4.7.6 Linux 文件与目录的特殊权限

1. 特殊权限位

特殊权限平时较为罕见，一般可能会遇到的特殊权限有以下几类。

除普通权限八进制表示之外，还有一个特殊权限位，也用八进制表示，如表 4-21 所示。

表 4-21 Linux 特殊权限位

特殊权限名	标识号	作用
SUID (set user id)	SUID = 4 (100)	针对可执行文件有效，执行时将拥有文件属主的权限（危险权限）
SGID (set group ID)	SGID = 2 (010)	如果对可执行文件赋权，执行时将拥有文件属组的权限。如果对目录赋权，则在目录下创建的文件和目录都继承属组权限，并且子目录继承 SGID 属性
Sticky bit	Sticky = 1 (001)	对可执行文件赋权，则执行完毕后依旧在内存驻留（但如今几乎没人用这个功能了）。对目录赋权，则只有属主才有权限删除

【实例 4-65】查看典型的特殊权限位

```
[root@www.linux_command ~]# ls -ld /bin/su /usr/bin/sudo /tmp/ /var/tmp/ /var/cache/
-rwsr-xr-x. 1 root root  34904 Mar 23  2017 /bin/su
drwxrwxrwt. 3 root root   4096 May 29 17:54 /tmp/
---s--x--x. 1 root root 123832 Jun 23  2017 /usr/bin/sudo
drwxr-xr-x. 6 root root   4096 May 29 15:53 /var/cache/
drwxrwxrwt. 3 root root   4096 May 29 17:54 /var/tmp/
```

在普通 3 位八进制数字 mode 前面追加一个八进制数字即可表示特殊权限位，例如：

```
4755 = rwsr-xr-x
1777 = rwxrwxrwt
```

2. chattr 设置特殊权限

chattr 改变 Linux 文件系统中的文件属性（change file attributes on a Linux file system）。

chattr 指令可以设置特殊权限，“ls-l”指令无法列出 chattr 设置的权限，需要使用 lsattr 指令列出相关信息。

chattr 指令可以设置 Linux 权限模型中，mode 权限无法实现的权限，如下使用场景可以根据需要选择是否设置对应权限。

- 设定文件不能被删除、改名、设定链接关系。
- 只可追加，不可删除。
- 锁定/etc/passwd、/etc/passwd 用户和密码文件。

chattr 指令使用格式如下所示：

```
chattr [ -RVf ] [ -v version ] [ mode ] files...
```

chattr 指令常用选项如表 4-22 所示。

表 4-22 chattr 指令常用选项

选项	说明	mode 模式
-R	递归处理，将指定目录下的所有文件及子目录一并处理	+<属性> 文件或目录的该项属性
-V	显示指令执行过程以及展示当前 chattr 的版本号	-<属性> 关闭文件或目录的该项属性

续表

选项	说明	mode 模式
-f	Suppress most error messages	=<属性> 指定文件或目录的属性
-v	<版本编号> 设置文件或目录版本	+<属性> 文件或目录的该项属性

注意：mode 格式为+-=[acdeijstuACDST]，常用的 mode 属性如表 4-23 所示。

表 4-23　chattr 指令常用的 mode 属性

mode 属性	说明
a:append only	系统只允许在这个文件后追加数据，不允许任何进程覆盖或截断这个文件。如果目录具有这个属性，系统将只允许在这个目录下建立和修改文件，而不允许删除任何文件
c:compressed	系统以透明的方式压缩这个文件。从这个文件读取时，返回的是解压后的数据；而向这个文件中写入数据时，数据首先被压缩后才写入磁盘
d:no dump	在进行文件系统备份时，dump 程序将忽略这个文件
i:immutable	系统不允许对这个文件进行任何修改。如果目录具有这个属性，那么任何进程只能修改目录下的文件，不允许建立和删除文件
j: data journalling	如果一个文件设置了该属性，那么它所有的数据在写入文件本身前，写入 ext3 文件系统日志中。当文件系统采用"data=journal"选项挂载时，所有文件数据已经记录日志，因此这个属性不起作用。仅超级用户或者拥有 CAP_SYS_RESOURCE 能力的进程可以设置和删除该属性
s: secure deletion	让系统在删除这个文件时，使用 0 填充文件所在的区域
t: no tail-merging	和其他文件合并时，该文件的末尾不会有部分块碎片（为支持尾部合并的文件系统使用）
u: undeletable	当一个应用程序请求删除这个文件，系统会保留其数据块以便以后能够恢复删除这个文件
A: no atime updates	告诉系统不要修改对这个文件的最后访问时间
D: synchronous directory updates	任何改变将同步到磁盘，这等价于 mount 命令中的 dirsync 选项
S: synchronous updates	一旦应用程序对这个文件执行了写操作，使系统立刻把修改的结果写到磁盘
T: top of directory hierarchy	如果一个目录设置了该属性，它将被视为目录结构的顶级目录

（1）不能被修改的属性

以下文件属性不能被修改，但是可以通过 lsattr 命令查看。

```
h: huge  file
E: compression  error
I: indexed directory
X: compression raw access
Z: compressed dirty file
```

（2）使用限制

- 属性 c、s、u 在当前的 ext2 和 ext3 文件系统是不能使用的。
- 选项 j 只对 ext3 文件系统有效。
- 选项 D 在 2.5.19 以上版本的 Linux 内核才有效。

【实例 4-66】用 chattr 命令防止系统中某个关键文件被修改

```
[root@www.linux_command ~]#chattr +i /etc/passwd
```

然后用 mv/etc/passwd 等命令操作于该文件，得到"Operation not permitted"的结果，vim 编辑该文件时会提示 W10: Warning: Changing a readonly file 错误，要想修改此文件就要把 i 属性去掉：chattr -i /etc/passwd。

```
[root@www.linux_command ~]#mv /etc/passwd .
mv: overwrite `./passwd'? y
mv: cannot move `/etc/passwd' to `./passwd': Operation not permitted
[root@www.linux_command ~]#rm -fv /etc/passwd
rm: cannot remove `/etc/passwd': Operation not permitted
[root@www.linux_command ~]#
[root@www.linux_command ~]#useradd chattr_user
useradd: cannot open /etc/passw
```

从上述代码中可以发现，useradd 指令创建用户也无法使用了。

lsattr 指令查看会显示如下属性：

```
[root@www.linux_command ~]#lsattr  /etc/passwd
----i--------e- /etc/passwd
```

文件属性已经有-i 权限标志位了。

```
[root@www.linux_command ~]#chattr -i /etc/passwd
 [root@www.linux_command ~]#lsattr  /etc/passwd
-------------e- /etc/passwd
```

由于这里仅作测试，所以使用"chattr -i"指令解除锁定。

【实例 4-67】chattr 指令设定追加权限模式

让某个文件只能往里面追加数据，但不能删除，适用于各种日志文件。

```
[root@www.linux_command ~]#chattr +a /var/log/messages
[root@www.linux_command ~]#lsattr /var/log/messages
-----a-------e- /var/log/messages
[root@www.linux_command ~]#echo 'handuoduo'>/var/log/messages
-bash: /var/log/messages: Operation not permitted
```

使用重定向符号">"可以清空文件内容，使用追加重定向符号">>"可以在文件内容的最后，添加内容到原文件，而保持原文件内容不会被删除。

```
[root@www.linux_command ~]#echo "handuoduo-$(date +%F-%T)">/var/log/messages
-bash: /var/log/messages: Operation not permitted
[root@www.linux_command ~]#echo "handuoduo-$(date +%F-%T)">>/var/log/messages
[root@www.linux_command ~]#grep handuoduo /var/log/messages
handuoduo
handuoduo_date+%Y%m%d
handuoduo_(date+%Y%m%d)
handuoduo-2018-05-29-19:31:44
```

lsattr 指令，列出 Linux 第二扩展文件系统上文件属性（list file attributes on a Linux second extended file system）。

lsattr 指令用法如下：

```
lsattr [ -RVadv ] [ files... ]
```

lsattr 指令常用选项如表 4-24 所示。

表 4-24 lsattr 指令常用选项

选项	说明
-R	递归处理，将指定目录下的所有文件及子目录一并处理
-V	显示当前 lsattr 的版本号
-a	显示所有文件和目录，包括隐藏文件
-d	显示目录名称
-v	显示文件或目录版本

3．其他软件控制的权限

- 其他权限控制的软件，如 SELINUX 和 ACL。
- 被 SELINUX 控制权限的文件会在权限字符串后面加上-，如 rwxr-xr-x。
- 被 ACL 控制权限的文件会在权限字符串后面加上+，如 rwxrwxrwx+。

其他类似的软件这里不做讲解，有兴趣的读者可以自行查找资料了解。

4.7.7 Linux 用户权限管理

chown 指令可用来更改文件的所有者或组，命令由单词 change owner 组合而成，指令格式：

```
chown  [选项]  [所有者][:[组]]  文件
```

通过 chown 改变文件的拥有者和群组。在更改文件的所有者或所属群组时，可以使用用户名称和用户识别码设置。普通用户不能将自己的文件改变成其他的拥有者。其操作权限一般为 Linux 系统管理员。

chown 指令常用选项如表 4-25 所示。

表 4-25 chown 指令常用选项

选项	说明
-c | --changes	当发生改变时输出调试信息，仅显示更改的信息
-f | --quite 或--silen	忽略错误信息
-h |--no-dereference	修复符号链接
-R	处理指定目录以及其子目录下的所有文件
-v	显示详细的处理信息

续表

选项	说明
-deference	作用于符号链接的指向，而不是链接文件本身
--reference=<目录或文件>	把指定的目录/文件作为参考，把操作的文件/目录设置成参考文件/目录相同拥有者和群组
--from=<当前用户:当前群组>	只有当前用户和群组跟指定的用户和群组相同时才进行改变
--help	显示帮助信息

【实例 4-68】改变属主和属组

```
chown root:root /home/user_linghuchong/a.log
```

修改用户 user_linghuchong 家目录下的 a.log 文件属主和属组均为 root 用户。

```
[root@www.linux_command ~]#ll /home/user_linghuchong/
total 0
-rw-rw-r--. 1 user_linghuchong user_linghuchong 0 May 27 06:04 a.log
[root@www.linux_command ~]#chown root:root /home/user_linghuchong/a.log
[root@www.linux_command ~]#ll /home/user_linghuchong/
total 0
-rw-rw-r--. 1 root root 0 May 27 06:04 a.log
```

【实例 4-69】改变文件属组

```
chown :user_linghuchong /home/user_linghuchong/a.log
```

修改 a.log 文件属组为 user_linghuchong 用户。

```
[root@www.linux_command ~]#chown :user_linghuchong /home/user_linghuchong/a.log
[root@www.linux_command ~]#ll /home/user_linghuchong/
total 0
-rw-rw-r--. 1 root user_linghuchong 0 May 27 06:04 a.log
```

当使用 chown 指令修改属组时，只需要使用冒号“:组名”的方式修改即可。

【实例 4-70】修改所有者和所属组

当把文件复制给别人时，需要改变所有者和所属组。如果所有者和所属组的用户名和组名同名，可以使用“用户名.组名”的格式进行修改。

```
[root@www.linux_command ~]#cp -av /etc/passwd /home/user_linghuchong/
`/etc/passwd' -> `/home/user_linghuchong/passwd'
[root@www.linux_command ~]#ls -la /home/user_linghuchong/passwd
-rw-r--r--. 1 root root 1459 May 27 06:03 /home/user_linghuchong/passwd
[root@www.linux_command ~]#chown user_linghuchong. /home/user_linghuchong/passwd
[root@www.linux_command ~]#ls -la /home/user_linghuchong/passwd
-rw-r--r--. 1 user_linghuchong user_linghuchong 1459 May 27 06:03 /home/user_
linghuchong/passwd
```

查看用户名和组名是否同名。

```
[root@www.linux_command ~]#id user_linghuchong
uid=1008(user_linghuchong) gid=1008(user_linghuchong) groups=1008(user_linghuchong)
[root@www.linux_command ~]#
[root@www.linux_command ~]#grep user_linghuchong /etc/group
user_linghuchong:!:1008:
```

代码输出结果中，用户 user_linghuchong 和用户组 user_linghuchong 字符串完全一致。

4.8 本章小结及思维导图

1. 本章小结

关于权限命令，我们最常用的是利用二进制数字授权，建议使用这种方法。Linux 下，一切皆文件。Windows 中的文件类型是以后缀区分的，但是 Linux 下只有 7 类文件，我们需要记住 3 类：文件、目录文件和软连接文件。

学习 Linux 权限之前应该了解 Linux 用户和用户组相关知识，如果新建一个默认用户而不指定用户组，就会默认添加一个同名用户组，管理员组 wheel 和 root 组是不一样的。

- 新建一个文件，这个文件的 u 即拥有者，g 表示和拥有者同用户组的用户，o 表示其他用户。该文件默认权限为 644，我们经常需要修改为 755，甚至有时需要改为 777，数字权限表示法用到了二进制思想。
- 任何一个文件都可以拥有 rwx 权限，即读写执行三大权限。普通文件的 r 权限可以使用命令 cat、more、head、tail；w 权限可以使用命令 vi、echo；x 权限是可执行，一般为 shell 脚本，默认配色都不一样。
- 对目录有读权限就是可以使用 ls 这样的命令了；写权限是可以改变文件目录的结构了，比如 mv、cp、touch；对目录的执行权限就是 cd 命令，目录是无法执行的，而是进入。对目录只能给予 0 和 7 权限。
- 对普通文件来说，最高权限是 x 执行；但是对文件目录来说，最高权限是 w 写入权限。
- 对文件即使有写权限，你也无法删除该文件。如果要删除文件，必须对该文件的文件目录具有可写权限。
- ll 命令是利用 alias 别名修改了带参数的 ls -l 而已，ll 第一列就是十位数的文件权限，第一位数是文件类型，-是文件，d 是文件目录，l 是软连接。

我们常用的授权命令是 chmod，即改变权限模型。这个命令最常用的参数是 -R 权限递归。给文件增加或者减少权限可以使用：

```
chmod u+x, g+wr filename
chmod u-x, g-wr filename
```

```
chmod u=xr, g=wrx filename
```

- 在线上是不可能出现这种写法的，除非你在学习权限时了解一下。

```
chmod 557 filename
```

- 但是这样使用也有些不方便，你也可以对所有用户授予同样权限，例如给所有用户最高权限：

```
chmod a+wrx filename
```

- 修改文件的所有者，chown 用户名文件或者用户名：

```
chown user1 filename
```

- 也可以使用这个命令同时改变文件所属用户和所属用户组，先用户名，再用户组，使用点号或者分号分隔：

```
chown user1:wheel filename
```

- 修改所属组，chown 用户组文件或者用户名（直接使用上面的 chown 也可以实现）：

```
chgrp user1 filename
```

- 你在 Windows 中添加的所有用户都在 users 这个用户组中，但是你在 Linux 中添加的用户，系统会默认建立一个同名用户组。
- 普通文件默认权限是 644，目录文件默认权限是 755（可以设置为 777），这是由 umask 决定的。默认文件不能为可执行文件，可执行文件必须手动赋予权限。
- umask 默认权限为 0022。第一位数是特殊权限，022 就是文件默认权限。可是这 022 到底是如何算出来 644 的呢？由于默认文件不能为可执行文件，所以默认权限最大只能为 666，和 022 相减即为 644。
- umask=0000 时最小，此时普通文件和目录文件默认权限分别为 666 和 777。
- 严格来说，上面的说法是错误的，因为文件不能创建就拥有执行权限。相减之前需要把数字转换为字母，字母相减得到默认文件的权限，负数无效。这也是逻辑与运算的结果。
- 普通用户的 uid 从 500 开始。root 用户的 uid 为 0。
- 让配置文件永久生效的办法是修改写入默认 shell 文件，该文件为/etc/profile。
- 在 CentOS 6 后，这十位数后面加了个 “.”，这是 ACL 权限的问题。

2. 本章思维导图

本章思维导图如图 4-17 所示。

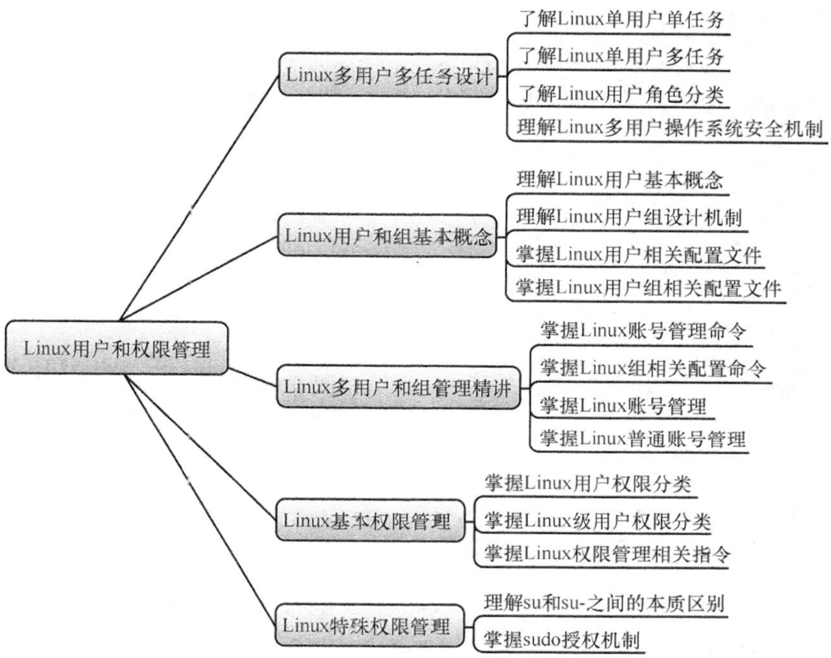
Linux用户和权限管理
Linux多用户多任务设计
了解Linux单用户单任务
了解Linux单用户多任务
了解Linux用户角色分类
理解Linux多用户操作系统安全机制
Linux用户和组基本概念
理解Linux用户基本概念
理解Linux用户组设计机制
掌握Linux用户相关配置文件
掌握Linux用户组相关配置文件
Linux多用户和组管理精讲
掌握Linux账号管理命令
掌握Linux组相关配置命令
掌握Linux账号管理
掌握Linux普通账号管理
Linux基本权限管理
掌握Linux用户权限分类
掌握Linux级用户权限分类
掌握Linux权限管理相关指令
Linux特殊权限管理
理解su和su-之间的本质区别
掌握sudo授权机制

图 4-17 本章思维导图

第5章

Linux应用运维基础指令实战

5.1 Linux 指令行终端常用快捷键

5.1.1 Linux 终端初识

Unix 是一个多用户多任务的操作系统。早期电脑昂贵，所以当时使用便宜的设备连接到电脑上（当时还没有键盘和显示器，使用纸带和卡片来输入输出）来使用操作系统，这个便宜的设备就是终端，也可以认为终端是一种控制台。所以可认为电脑本身是 Console 终端，便宜的连接设备是物理终端 pty。

Linux 是类 Unix 操作系统，所以也继承了其终端的特性。但是后来电脑逐渐便宜，也出现了显示器和键盘，所以可以使用键盘当作输入终端，显示器当作输出终端，这些终端就是虚拟终端，虚拟终端其实就是虚拟控制台，或者说是一个虚拟设备。

Linux 提供了很多种虚拟终端，使用“ttyN”表示，其中“N”表示数字，使用<Ctrl+Alt+F[1～6]>组合键可以进行虚拟终端的切换，这些终端设备记录在/dev/目录下。

【实例 5-1】查看 Linux 终端设备文件

下列代码输出中 tty 加上数值的就是虚拟终端，<Ctrl+Alt+F1>组合键表示切换到 tty1 终端，<Ctrl+Alt+F2>组合键表示切换到 tty2 终端，一般 Linux 系统只提供了<Ctrl+Alt+F[1～6]>这 6 个终端之间切换的功能。

```
[root@www.ansible.com ~]# ls /dev/tty*
/dev/tty    /dev/tty16  /dev/tty24  /dev/tty32  /dev/tty40  /dev/tty49  /dev/tty57  /dev/tty8
/dev/tty0   /dev/tty17  /dev/tty25  /dev/tty33  /dev/tty41  /dev/tty5   /dev/tty58  /dev/tty9
/dev/tty1   /dev/tty18  /dev/tty26  /dev/tty34  /dev/tty42  /dev/tty50  /dev/tty59  /dev/ttyS0
/dev/tty10  /dev/tty19  /dev/tty27  /dev/tty35  /dev/tty43  /dev/tty51  /dev/tty6   /dev/ttyS1
/dev/tty11  /dev/tty2   /dev/tty28  /dev/tty36  /dev/tty44  /dev/tty52  /dev/tty60  /dev/ttyS2
/dev/tty12  /dev/tty20  /dev/tty29  /dev/tty37  /dev/tty45  /dev/tty53  /dev/tty61  /dev/ttyS3
/dev/tty13  /dev/tty21  /dev/tty3   /dev/tty38  /dev/tty46  /dev/tty54  /dev/tty62
/dev/tty14  /dev/tty22  /dev/tty30  /dev/tty39  /dev/tty47  /dev/tty55  /dev/tty63
/dev/tty15  /dev/tty23  /dev/tty31  /dev/tty4   /dev/tty48  /dev/tty56  /dev/tty7
```

其中两个特殊的终端是 tty 和 tty0，tty 表示当前正在使用的终端，tty0 表示当前已被激活的所有虚拟终端，还有 ttySN，这些表示串行终端。

还有从 ssh 或 telnet 等从网络连接到电脑上的终端，或从图形虚拟终端打开的指令行终端，都称为伪终端，使用“pts/N”表示，对应的设备为/dev/pts 目录下的数值文件。

```
[root@www.ansible.com ~]# ls /dev/pts
ptmx
0
```

0 表示第一个伪终端，1 表示第二个伪终端。

伪终端和其他所有终端的管理方式不一样，它是通过连接电脑的程序管理的，例如 ssh 连接则由 ssh 负责申请伪终端资源，并要求输入用户名和密码，如果 ssh 连接进程被杀，则此伪终端也相应地退出。

另外，有些身份验证的程序并非一定会为连接从程序分配终端，例如执行“sudo ssh”指令时，sudo 就不一定会为 ssh 分配伪终端。

现代的 Linux 操作系统上，Console 终端已经和原始的意义不太一样了，其设备映射在/dev/Console 上。所有内核输出的信息都输出到 Console 终端，而其他用户程序输出的信息则输出到虚拟终端或伪终端。

5.1.2 Linux 终端类型

Linux 的终端种类分为本地终端和远程终端两种类型。

查看本终端指令如下所示。

- tty 指令，看到当前所处的终端。
- （w）who 指令，看到系统中所有登录的用户。

其中，tty 终端为在本地指令行模式下打开的终端，“pts/[0～3]”终端为虚拟终端，多为图形界面下打开的终端或者远程登录的终端。

【实例 5-2】查看当前终端类型

使用 tty 指令可以查看当前系统终端类型。

```
[root@www.ansible.com ~]# tty
/dev/pts/0
```

上述代码输出中，当前所处终端为 pts/0，表示是本地指令行终端。

在虚拟机中打开的终端的设备代号为 tty1，利用“Secure CRT”远程连接的设备代号为 pts/0，在虚拟机中利用指令“kill -INT pid”可以杀死“Secure CRT”连接的进程。

【实例 5-3】查看远程登录的终端及用户

使用 w 指令可查看当前远程登录的终端用户。

```
[root@www.ansible.com ~]# w
 22:17:42 up 11 min,  3 users,  load average: 0.00, 0.02, 0.03
USER     TTY      FROM             LOGIN@   IDLE   JCPU   PCPU WHAT
```

```
root     tty3     -              22:10   19.00s  0.05s  0.05s -bash
root     tty1     -              22:06    7:21   0.06s  0.06s -bash
root     pts/0    192.168.1.100  22:07    0.00s  0.20s  0.01s w
[root@www.ansible.com ~]# who
root     tty3         2017-12-03 22:10
root     tty1         2017-12-03 22:06
root     pts/0        2017-12-03 22:07 (192.168.1.100)
```

上述代码输出中，显示结果为 tty 类型的终端，是本地登录用户，最后一行代表远程登录用户。

Linux 终端类型小结如下。

- /dev/Console：控制台终端。
- /dev/ttyN：虚拟终端，<Ctrl+Alt+F[1～6]>切换虚拟终端快捷键。
- /dev/ttySN：串行终端。
- /dev/pts/N：伪终端，ssh 等工具连接过去活动图形终端下开启的指令行终端。

5.1.3 Linux 操作系统终端操作快捷键及应用技巧

Linux 操作系统终端下，采用组合按键可以进行快速移动光标、指令编辑、编辑后执行历史指令、控制指令等，让指令行的操作效率更高。

1. 历史相关指令

Linux 终端历史记录指令快捷键如表 5-1 所示。

表 5-1 Linux 终端历史记录快捷键

指令快捷键	说明
!!	执行上一条指令
!num	执行历史指令中第 num 条指令
!-num	执行历史指令中倒数第 num 条指令
!?string?	执行最近一条包含有 string 字符串的指令
Ctrl+r	搜索上一条匹配的指令
!$	代表上一个指令的最后一个字符串
Esc+.	显示上一个指令的最后一个字符串

【实例 5-4】历史指令快捷键

下列代码及输出中详细演示了历史指令快捷键的相关作用和功能。

```
whoami
```

查看当前登录用户。

```
echo Linux,nihao
```

当前终端输出字符串 Linux,nihao。

```
[root@www.ansible.com ~]# whoami
root
[root@www.ansible.com ~]# !!
whoami
root
[root@www.ansible.com ~]# !1000
whoami
root
[root@www.ansible.com ~]# !?who?
whoami
root
[root@www.ansible.com ~]#
(reverse-i-search)`':
[root@www.ansible.com ~]#
(reverse-i-search)`who': whoami
[root@www.ansible.com ~]# whoami
root
[root@www.ansible.com ~]# echo Linux,nihao
Linux,nihao
[root@www.ansible.com ~]# echo !$
echo Linux,nihao
Linux,nihao
[root@www.ansible.com ~]# echo '1' . Linux,nihao
1 . Linux,nihao
```

2. 移动相关快捷键

Linux 终端移动操作快捷键如表 5-2 所示。

表 5-2　Linux 终端移动操作快捷键

指令快捷键	说明
Ctrl+a	将光标移到行首
Ctrl+e	将光标移到行尾
Ctrl+f	向右移动一个字符，相当于按向右按键
Ctrl+b	向左移动一个字符，相当于按向左按键
Esc+f	移动到当前单词的尾部
Esc+b	移动到当前单词的首部

【实例 5-5】Linux 移动快捷键

Linux 终端快捷键演示如图 5-1 所示，在终端中依次输入 echo“I love Linux”指令，光标会自动定位在后一个引号前面，按<Ctrl+e>组合键可以移动光标到字符的最后面，按<Ctrl+a>组合键可将光标移动到语句的最前面。使用快捷键可以快速定位到行首和行尾，实际 Linux 系统运维工作中经常用到，对提升工作效率十分有帮助。

图 5-1　Linux 终端快捷键演示

3. 编辑相关快捷键

Linux 终端编辑操作相关快捷键如表 5-3 所示。

表 5-3　　Linux 终端编辑操作相关快捷键

快捷键	说明
Tab	指令补全/路径补全/文件名补全：一次 Tab 是补全，两次 Tab，列出相关信息
Ctrl+c	中断当前的操作（最常用）
Ctrl+u	剪切光标所在位置到行首间的字符，如果光标在最后，相当于剪切当前指令行
Ctrl+k	剪切光标所在位置到行尾间的字符，如果光标在行首，相当于剪切当前指令行
Ctrl+y	粘贴之前被剪切的字符串
Ctrl+d	删除光标处所在的字符
Ctrl+h	删除光标处所在的前一个字符
Ctrl+w	删除光标前的单词

4．操作相关快捷键

Linux 终端操作相关快捷键如表 5-4 所示

表 5-4　　Linux 终端操作相关快捷键

快捷键	说明
Ctrl+d	注销当前 Shell 并关闭
clear	清屏
exit	退出当前 Shell
Ctrl+l	清屏操作（将当前的显示全部清除，保留当前行指令）。
Ctrl+s	挂起当前 Shell
Ctrl+q	重新启动挂起的 Shell

【实例 5-6】Linux 终端快捷键演示

当用户输入某条语句不想执行时，可以按下<Ctrl+c>组合键来取消指令操作，如图 5-2 所示。

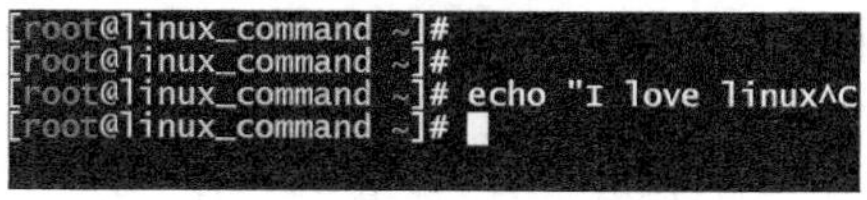

图 5-2　Linux 终端操作快捷键

5.1.4　Linux 终端自定义快捷键

自定义快捷键有两种方式，一种是临时快捷键，另一种是永久快捷键。

1．Linux 终端设置临时快捷键

使用 alias 指令设置别名，如使用“..”替代“cd ..”，那么在指令行输入如下代码即可实现。

```
$alias ..='cd ..'
```

以后在用到“cd ..”功能时，只需要输入“..”别名即可。

尽管该功能已经很方便，但有一个缺点，即此别名设置会在机器重启后失效。因此，为了避免这种情况，读者也可使用第二种方法。

2. Linux 系统配置文件永久快捷键（针对用户）

Linux 系统设置永久快捷键步骤如下所示。

（1）编辑用户目录下的“.bashrc”文件，例如使用 vi 编辑器“vim～/.bashrc”。

（2）将你想设置的快捷键保存至“.bashrc”文件，如下代码所示。

```
alias ..='cd ..'
alias clone='git clone http://192.168.1.18:8888/sever/master'
```

注意：“=”左右两边不要有空格。

（3）保存退出“.bashrc”后，使用如下指令。

```
        source ~/.bashrc
```

重新执行刚才保存的文件，使其立即生效，而省去注销重新登录的麻烦，永久快捷键设置完毕。

3. 设置永久快捷键（全局）

针对所有用户设置快捷键，可以在“/etc/profile”全局配置文件中设置。

【实例 5-7】设置永久快捷键

```
alias ls="ls -lhrt --full-time"
```

设置 ls 别名为“ls -lhrt --full-time”。

在 Linux 终端中执行设置别名操作，别名设置立即生效，实际代码操作如下。

```
ls |head
```

把快捷键设置写入配置文件，并使配置文件永久生效。

```
echo 'alias ls="ls -lhrt --full-time"'>>/etc/profile
. /etc/profile
```

在 Linux 终端输入 ls 指令即等效于“ls -lhrt --full-time”，如下代码所示：

```
[root@linux_command ~]# ls |head -3
total 3.3G
-rwxr-xr-x. 1 root root 393K 2016-04-12 17:36:55.000000000 +0800 nmon
-rw-r--r--. 1 root root 1.3M 2017-03-29 00:12:57.000000000 +0800 ntfs-3g_
ntfsprogs-2017.3.23.tgz
```

设置永久快捷键功能演示及代码输出完整过程如下。

```
[root@linux_command ~]# alias ls="ls -lhrt --full-time"
[root@linux_command ~]# ls |head
total 3.3G
-rwxr-xr-x. 1 root root 393K 2016-04-12 17:36:55.000000000 +0800 nmon
-rw-r--r--. 1 root root 1.3M 2017-03-29 00:12:57.000000000 +0800 ntfs-3g_
ntfsprogs-2017.3.23.tgz
-rw-r--r--. 1 root root 1.5K 2017-08-23 20:48:28.044000000 +0800 passwd
-rw-r--r--. 1 root root    0 2017-08-25 20:54:56.000000000 +0800 nginx.log
```

```
-rw-r--r--. 1 root root  97K 2017-08-27 21:30:47.000000000 +0800 boxin.pdf
-rw-r--r--. 1 root root 2.7K 2017-08-31 16:45:46.463476000 +0800 111
drwxr-xr-x. 4 root root   58 2017-09-01 16:25:21.319476000 +0800 a
-rw-r--r--. 1 root root  476 2017-09-02 20:36:10.070476000 +0800 cket
-rw-r--r--. 1 root root  688 2017-09-02 20:37:16.378476000 +0800 c-count
[root@linux_command ~]#
[root@linux_command ~]# echo 'alias ls="ls -lhrt --full-time"'>>/etc/profile
[root@linux_command ~]# . /etc/profile
[root@linux_command ~]# ls |head
total 3.3G
-rwxr-xr-x. 1 root root 393K 2016-04-12 17:36:55.000000000 +0800 nmon
-rw-r--r--. 1 root root 1.3M 2017-03-29 00:12:57.000000000 +0800 ntfs-3g_
ntfsprogs-2017.3.23.tgz
-rw-r--r--. 1 root root 1.5K 2017-08-23 20:48:28.044000000 +0800 passwd
-rw-r--r--. 1 root root    0 2017-08-25 20:54:56.000000000 +0800 nginx.log
-rw-r--r--. 1 root root  97K 2017-08-27 21:30:47.000000000 +0800 boxin.pdf
-rw-r--r--. 1 root root 2.7K 2017-08-31 16:45:46.463476000 +0800 111
drwxr-xr-x. 4 root root   58 2017-09-01 16:25:21.319476000 +0800 a
-rw-r--r--. 1 root root  476 2017-09-02 20:36:10.070476000 +0800 cket
-rw-r--r--. 1 root root  688 2017-09-02 20:37:16.378476000 +0800 c-count
```

上述代码中可以看到 ls 指令快捷键设置已经生效。

5.2 基础应用运维指令

学习 Linux 操作系统或从事 Linux 系统运维管理工作，对基础指令的理解深度和掌握的熟练程度决定了对 Linux 操作系统的基本驾驭能力和认知能力，这些基础知识非常重要，因为 Linux 系统基础指令是系统运维管理工作中使用频率最高的。

熟能生巧，读者需要经常使用和练习 Linux 基础指令，以便在学习和工作中不断熟练和巩固。只有通过不断的实践和反复的练习，才能在未来学习高级指令和 Shell 脚本编程，以及通过指令组合在系统故障排查方面做到游刃有余。

5.2.1 uptime 指令

对于一些人来说，系统运行了多久是无关紧要的，但是对于 Linux 服务器管理员来说，这是相当重要的信息。服务器在运行重要应用时，必须尽量保证长时间稳定运行，有时甚至要求零宕机。那么，如何才能知道服务器运行了多久呢？

uptime 指令可以显示的信息显示依次为：现在的时间，系统已经运行了多长时间，目前有多少登录用户，系统在过去的 1 分钟、5 分钟和 15 分钟内的平均负载。

【实例 5-8】uptime 指令查看系统负载及运行时间

uptime 指令能够打印系统总共的时长和系统的平均负载。

```
[root@linux_command ~]# uptime
 14:35:15 up 74 days, 12:47,  2 users,  load average: 0.00, 0.01, 0.05
```

- 当前时间为 14:35:15。
- 系统已运行的时间为 74 天。
- 当前在线用户数为 2。
- 平均负载：0.00, 0.01, 0.05 为最近 1 分钟、5 分钟、15 分钟系统的负载。

【实例 5-9】查看 Linux 系统负载

建议读者在做系统负载统计和监控时采用“/proc”目录下的一些指标来进行监控。

“/proc”文件系统是虚拟文件系统，不占用磁盘空间，它反映了当前操作系统在内存中的运行情况，查看“/proc”下的文件可以了解当前系统运行状态。查看系统平均负载可使用“cat /proc/loadavg”指令，输出结果如下：

```
[root@linux_command ~]# cat /proc/loadavg
0.00 0.01 0.05 1/173 24559
```

除了前 3 个数字表示平均进程数量外，后面的一个分数、分母表示系统进程总数，分子表示正在运行的进程数，最后一个数字表示最近运行的进程 ID。

【实例 5-10】Linux 系统负载基础知识

系统平均负载被定义为在特定时间间隔内运行队列中的平均进程数。如果一个进程满足以下条件，则其就会位于运行队列中。

- 进程没有在等待 I/O 操作的结果。
- 进程没有主动进入等待状态（也就是没有调用 wait）。
- 进程没有被停止（例如：等待终止）。

大多数情况下，每个 CPU 内核当前活动进程数不大于 3，则系统运行表现良好。

这里的 CPU 是指每颗物理 CPU 中所包含的 CPU 核心数，即如果当前主机是 4 核 CPU，那么只要 uptime 指令最后输出的一串字符数值小于 12，就表示系统负载不是很严重；如果达到 20，那就表示当前系统负载非常严重，估计打开执行 web 脚本非常缓慢。

【实例 5-11】查看系统负载经验谈

查看 Linux 系统负载时，需要根据整个系统的运行情况来进行判断，如 12 核的 CPU，单颗 CPU 利用率在 100%，可能负载也不高。因为 Linux 操作系统和 Windows 系统在 CPU 运行和管理机制方面略有不同，一般 Linux 系统上应用程序对多核心 CPU 利用率比较友好。

定位 CPU 系统负载之后，此时再查看 I/O 负载、内存使用，包括磁盘使用率、网络流量、内存使用率、TCP 和 UDP 的连接数等。综合角度考量当前系统健康状况，一旦某个资源使用出现了短板，类似于木桶原理，就会出现比较大的系统瓶颈，此时系统负载可能飙升很快。

此外，还要注意系统负载的持续时间点，如果某个系统负载一直利用率在 60%～80%，很容易导致在某一个时间段出现尖刀峰值负载或流量飙升等现象，表示当前系统已经接近满负荷运转。如果此时有大流量的业务冲击，那么当前系统可能无法支撑正常的业务运转，此时需要考虑增加带宽或者横向扩展机器来支持更多的用户访问请求。

5.2.2 w 指令

在 Linux 系统中，w 指令用于显示目前登入系统的用户信息，以及它们正在执行的程序。单独执行 w 指令会显示所有的用户，读者也可指定用户名称，仅显示某位用户的相关信息。

w 指令的显示项目按以下顺序排列：当前时间，系统启动到现在的时间，登录用户的数目，系统在最近 1 秒、5 秒和 15 秒的平均负载。然后是每个用户的各项数据，项目显示顺序如下：登录账号、终端名称、远程主机名、登录时间、空闲时间、JCPU、PCPU、当前正在运行进程的指令行。

w 指令常用选项如表 5-5 所示。

表 5-5　w 指令常用选项

选项	说明
-h	不显示标题
-u	列出当前进程和 CPU 时间时忽略用户名，主要用于执行 su 指令后的场景
-s	简洁模式。不显示用户登录时间、终端机阶段任务和程序所耗费 CPU 时间
-f	切换显示 FROM 项，也就是远程主机名项。默认值不显示远程主机名，当然系统管理员可以对源文件做一些修改，使显示该项成为默认值
-v	显示版本信息

【实例 5-12】显示用户行为

Linux 操作系统管理员若想知道某一时刻用户的行为，只需要输入指令 w 即可，在 Shell 终端中输入如下指令。如图 5-3 所示，可以看到执行 w 指令及显示结果。

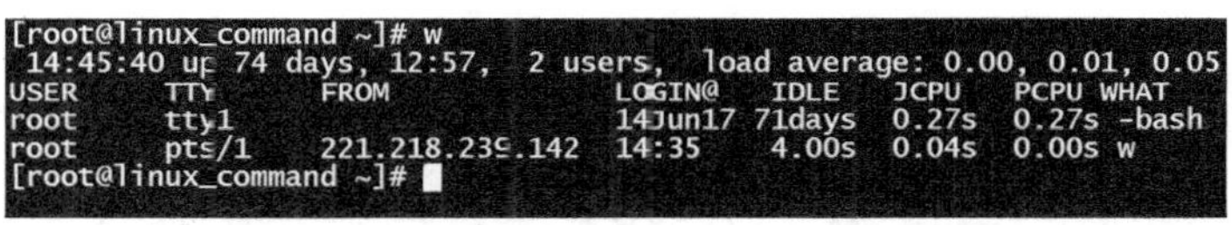

图 5-3　w 指令反馈结果

上述显示信息的指令信息含义分别表示如下。

第一行显示系统的汇总信息，字段分别表示系统当前时间、系统运行时间、登录系统用户总数及系统平均负载信息。

- 14:45:40 表示执行 w 的时间是在 14 点 45 分 40 秒。
- up 74 days, 12:57 表示系统运行了 74 天 12 小时 57 分。

- 2 users 表示当前系统登录用户总数为 2。
- Load average 与后面的数字一起表示系统在过去 1、5、10 分钟内的负载程度，数值越小，系统负载越轻。

从第二行开始构成一个登录用户信息列表，共有 8 个栏目，分别显示各个用户正在做的事情及该用户所占用的系统资源。

- USER：显示登录用户账号名，用户重复登录，该账号也会重复出现。
- TTY：用户登录所用的终端。
- FROM：显示用户在何处登录系统。
- LOGIN@：是 LOGIN AT 的意思，表示登录进入系统的时间。
- IDLE：用户空闲时间，从用户上一次任务结束后开始计时。
- JCPU：以终端代号来区分，表示在这段时间内所有与该终端相关的进程任务所耗费的 CPU 时间。
- PCPU：指 WHAT 域的任务执行后耗费的 CPU 时间。
- WHAT：表示当前执行的任务。

【实例 5-13】查看指定用户行为

当前 Linux 系统有多个用户同时登录时，可使用 w 指令，在其后加上某个用户名，就会查看该用户执行任务的情况。如图 5-4 所示，查看当前 root 用户的相关行为。

```
[root@linux_command ~]# w root
 14:51:39 up 74 days, 13:03,  2 users,  load average: 0.00, 0.01, 0.05
USER     TTY      FROM             LOGIN@   IDLE   JCPU   PCPU WHAT
root     tty1                      14Jun17 71days  0.27s  0.27s -bash
root     pts/1    221.218.239.142  14:35    3.00s  0.05s  0.01s w root
[root@linux_command ~]#
```

图 5-4 查看指定用户行为

默认情况下，系统会显示上述所有的信息，如果只关心某一方面，可以只使用相关的选项。

【实例 5-14】以精简模式显示用户登录信息

如图 5-5 所示，“w -s”指令只显示了登录用户终端、IP 地址、负载等基本信息。

```
[root@linux_command ~]# w -s
 14:53:40 up 74 days, 13:05,  2 users,  load average: 0.00, 0.01, 0.05
USER     TTY      FROM              IDLE WHAT
root     tty1                      71days -bash
root     pts/1    221.218.239.142   4.00s w -s
[root@linux_command ~]#
```

图 5-5 精简模式

5.2.3 last 指令

last 指令会给出所有已登录用户的用户名、tty、IP 地址（如果用户是远程连接接入）、日期（时间和用户已经登录的时间），last 指令显示结果来自“/var/log/wtmp”文件创建后所有登录（和登出）的用户记录信息。此文件是二进制文件，它不能被文本编辑器浏览，比如 vim、nano 或者其他软件，此特性非常有用，因为用户（或者 root）不能像它们希望的那样修改这个文件。

【实例 5-15】查看 last 指令帮助信息

```
[root@linux_command ~]# info last >last.help
info: Writing node (*manpages*)last...
info: Done.
[root@linux_command ~]# cat last.help
File: *manpages*,  Node: last,  Up: (dir)

LAST,LASTB(1)        Linux System Administrator's Manual       LAST,LASTB(1)



NAME
       last, lastb - show listing of last logged in users

SYNOPSIS
       last  [-R] [-num] [ -n num ] [-adFiowx] [ -f file ] [ -t YYYYMMDDHHMMSS
       ] [name...]  [tty...]
       lastb [-R] [-num] [ -n num ] [ -f file ] [-adFiowx] [name...]  [tty...]

DESCRIPTION
       Last searches back through the file /var/log/wtmp (or the  file  desig-
       nated  by  the -f flag) and displays a list of all users logged in (and
       out) since that file was created.  Names of  users  and  tty's  can  be
       given,  in  which  case  last will show only those entries matching the
       arguments.  Names of ttys can be abbreviated, thus last 0 is  the  same
       as last tty0.

       When last catches a SIGINT signal (generated by the interrupt key, usu-
       ally control-C) or a SIGQUIT signal (generated by the quit key, usually
       control-\), last will show how far it has searched through the file; in
       the case of the SIGINT signal last will then terminate.

       The pseudo user reboot logs in each time the system is rebooted.  Thus
       last  reboot will show a log of all reboots since the log file was cre-
       ated.

       Lastb is the same as last, except that by default it shows a log of the
       file /var/log/btmp, which contains all the bad login attempts.

OPTIONS
       -f file
              Tells last to use a specific file instead of /var/log/wtmp.

       -num   This is a count telling last how many lines to show.

       -n num The same.
```

```
       -t YYYYMMDDHHMMSS
              Display  the  state of logins as of the specified time.  This is
              useful, e.g., to determine easily who was logged in at a partic-
              ular  time  --  specify  that  time  with -t and look for "still
              logged in".

       -f file
              Specifies a file to search other than /var/log/wtmp.

       -R     Suppresses the display of the hostname field.

       -a     Display the hostname in the last column. Useful  in  combination
              with the next flag.

       -d     For non-local logins, Linux stores not only the host name of the
              remote host but its IP number as well.  This  option  translates
              the IP number back into a hostname.

       -F     Print full login and logout times and dates.

       -i     This  option is like -d in that it displays the IP number of the
              remote host, but it displays the IP number  in  numbers-and-dots
              notation.

       -o     Read  an  old-type  wtmp  file  (written by linux-libc5 applica-
              tions).

       -w     Display full user and domain names in the output.

       -x     Display the system shutdown entries and run level changes.

NOTES
       The files wtmp and btmp might not be found. The system only logs infor-
       mation  in  these files if they are present. This is a local configura-
       tion issue. If you want the files to be used, they can be created  with
       a simple touch(1) command (for example, touch /var/log/wtmp).

FILES
       /var/log/wtmp
       /var/log/btmp

AUTHOR
       Miquel van Smoorenburg, miquels@cistron.nl

SEE ALSO
       shutdown(8), login(1), init(8)



                              Jul 31, 2004                       LAST,LASTB(1)
```

last 指令常用选项说明如表 5-6 所示。

表 5-6 last 指令常用选项

选项	说明
-a	把从何处登入系统的主机名称或 IP 地址，显示在最后一行
-d	将 IP 地址转换成主机名称
-f	<记录文件>指定记录文件，默认是显示/var/log 目录下的 wtmp 文件的记录，但/var/log 目录下得 btmp 能显示的内容更丰富，可以显示远程登录（例如 ssh 登录），包括失败的登录请求
-n	<显示列数>或-<显示列数>设置列出名单的显示列数
-R	不显示登入系统的主机名称或 IP 地址
-x	显示系统关机、重新开机，以及执行等级的改变等信息
-i	显示特定 IP 登录的情况

【实例 5-16】查看最近一段时间用户登录信息

last 指令可以统计截至目前登录过系统的用户信息，是 Linux 内置的审计跟踪工具。

```
[root@linux_command ~]#last
root     pts/0        192.168.1.5      Fri Apr  7 22:59   still logged in
reboot   system boot  2.6.32-642.el6.x Fri Apr  7 22:58 - 23:04  (00:05)
root     pts/0        192.168.1.5      Fri Apr  7 22:45 - crash  (00:13)
reboot   system boot  2.6.32-642.el6.x Fri Apr  7 22:44 - 23:04  (00:20)
root     pts/0        192.168.1.5      Tue Apr  4 20:24 - down   (01:41)
root     tty1                          Tue Apr  4 20:22 - down   (01:42)
reboot   system boot  2.6.32-642.el6.x Tue Apr  4 20:21 - 22:05  (01:44)

wtmp begins Tue Apr  4 20:21:03 2017
```

上述代码输出中正常关闭指令重启显示为 down，而电源强制重启为 crash。

字段介绍如下。

- 第 1 列：登录用户名。
- 第 2 列：终端位置。
- 第 3 列：登录 IP 或者内核。
- 第 4 列：开始时间。
- 第 5 列：结束时间（still login in 还未退出，down 直到正常关机，crash 直到强制关机）。
- 第 6 列：持续时间。

注意：如果在 VmWare 虚拟机演示，直接使用关闭电源按钮即表示强制关闭电源，此时会看到 crash 的英文单词。

【实例 5-17】显示最后登录系统的 N 条用户登录信息

当有很多行要显示时，可以使用“-n”选项限制需要查看的数目。

```
[root@linux_command ~]#last -2
root     pts/0        192.168.1.5      Fri Apr  7 22:59   still logged in
reboot   system boot  2.6.32-642.el6.x Fri Apr  7 22:58 - 23:25  (00:27)

wtmp begins Tue Apr  4 20:21:03 2017
```

上述实例中显示了最后两个登录用户的信息记录。

【实例 5-18】主机名和 IP 地址显示在最后一行

下列代码将登录系统的主机名或 IP 地址显示在最后一行。

```
 [root@linux_command ~]# last -10 -a
root     pts/1        Tue Jan  9 21:44   still logged in    123.112.250.30
root     pts/1        Mon Jan  8 21:51 - 22:51  (00:59)     123.112.250.30
root     pts/1        Sun Jan  7 20:02 - 23:18  (03:15)     123.112.250.30
root     pts/1        Sun Jan  7 18:17 - 18:52  (00:35)     123.112.250.30
root     pts/1        Sun Jan  7 15:06 - 16:42  (01:35)     123.112.250.30
root     pts/2        Sun Jan  7 15:01 - 15:03  (00:02)     123.112.250.30
root     pts/1        Sun Jan  7 14:59 - 15:02  (00:02)     123.112.250.30
root     pts/1        Sun Jan  7 14:59 - 14:59  (00:00)     123.112.250.30
root     pts/2        Sun Jan  7 14:57 - 14:58  (00:00)     123.112.250.30
root     pts/1        Sun Jan  7 14:46 - 14:58  (00:11)     123.112.250.30

wtmp begins Tue Apr 25 18:51:49 2017
```

【实例 5-19】显示系统关机、重新开机，以及执行等级的改变等信息

last 指令中的“-x”选项显示系统关机、重新开机，以及执行等级的改变等用户登录后的详细信息。

```
[root@linux_command ~]# last -x
root     pts/1        123.112.250.30   Tue Jan  9 21:44   still logged in
root     pts/1        123.112.250.30   Mon Jan  8 21:51 - 22:51  (00:59)
root     pts/1        123.112.250.30   Sun Jan  7 20:02 - 23:18  (03:15)
root     pts/1        123.112.250.30   Sun Jan  7 18:17 - 18:52  (00:35)
root     pts/1        221.218.93.207   Sun May 28 07:35 - 08:49  (01:13)
root     pts/0        221.218.93.207   Sun May 28 06:58 - 08:49  (01:51)
root     pts/0        221.218.93.207   Sun May 28 00:12 - 00:28  (00:15)
runlevel (to lvl 3)   3.10.0-514.el7.x Sun May 28 00:12 - 01:46 (17+01:34)
reboot   system boot  3.10.0-514.el7.x Sun May 28 00:11 - 01:46 (17+01:34)
shutdown system down  3.10.0-514.el7.x Sun May 28 00:11 - 00:11  (00:00)
root     pts/0        221.218.93.207   Sat May 27 23:33 - down   (00:38)
root     pts/4        221.218.93.207   Sat May 27 23:03 - down   (01:07)
root     pts/0        221.218.93.207   Sat May 27 22:25 - 23:04  (00:38)
root     pts/1        221.218.93.207   Sat May 27 22:03 - 23:04  (01:00)
runlevel (to lvl 3)   3.10.0-514.el7.x Sat May 27 18:20 - 00:11  (05:51)
reboot   system boot  3.10.0-514.el7.x Sat May 27 18:20 - 00:11  (05:51)
root     tty1                          Thu Apr 27 12:15 - 12:20  (00:04)
runlevel (to lvl 3)   3.10.0-514.el7.x Thu Apr 27 12:04 - 18:20 (30+06:15)
reboot   system boot  3.10.0-514.el7.x Thu Apr 27 12:04 - 00:11 (30+12:07)
shutdown system down  3.10.0-514.el7.x Tue Apr 25 18:51 - 12:04 (1+17:12)

wtmp begins Tue Apr 25 18:51:49 2017
```

【实例 5-20】不显示登入系统的主机名称或 IP 地址

last 指令中的“-R”选项不显示登入系统的主机名称或 IP 地址，“-10”表示取后 10 行记录。

```
[root@linux_command ~]#last -10 -R
root     pts/0        Fri Apr  7 22:59   still logged in
reboot   system boot  Fri Apr  7 22:58 - 23:27  (00:28)
root     pts/0        Fri Apr  7 22:45 - crash  (00:13)
reboot   system boot  Fri Apr  7 22:44 - 23:27  (00:42)
root     pts/0        Tue Apr  4 20:24 - down   (01:41)
root     tty1         Tue Apr  4 20:22 - down   (01:42)
reboot   system boot  Tue Apr  4 20:21 - 22:05  (01:44)

wtmp begins Tue Apr  4 20:21:03 2017
```

【实例 5-21】last 指令综合实例

“-x”选项显示系统关机、重新开机，以及执行等级的改变等信息，“-n”选项表示列出 10 列。

```
[root@linux_command ~]#last -x -n 10
root      pts/0         192.168.1.5      Fri Apr  7 22:59   still logged in
runlevel  (to lvl 3)    2.6.32-642.el6.x Fri Apr  7 22:58 - 23:07  (00:08)
reboot    system boot   2.6.32-642.el6.x Fri Apr  7 22:58 - 23:07  (00:08)
root      pts/0         192.168.1.5      Fri Apr  7 22:45 - crash  (00:13)
runlevel  (to lvl 3)    2.6.32-642.el6.x Fri Apr  7 22:44 - 22:58  (00:14)
reboot    system boot   2.6.32-642.el6.x Fri Apr  7 22:44 - 23:07  (00:22)
shutdown  system down   2.6.32-642.el6.x Tue Apr  4 22:05 - 22:44 (3+00:38)
runlevel  (to lvl 0)    2.6.32-642.el6.x Tue Apr  4 22:05 - 22:05  (00:00)
root      pts/0         192.168.1.5      Tue Apr  4 20:24 - down   (01:41)
root      tty1                           Tue Apr  4 20:22 - down   (01:42)

wtmp begins Tue Apr  4 20:21:03 2017
```

【实例 5-22】指定/var/log/btmp 文件，查看登录系统的用户相关信息

```
last -f /var/log/wtmp |head -100
```

last 指令从/var/log/wtmp 文件中提取后 100 条用户登录信息，代码及完整输出如下所示。

```
[root@linux_command ~]#last -f /var/log/wtmp |head -100
root      pts/0         192.168.1.5      Fri Apr  7 22:59   still logged in
reboot    system boot   2.6.32-642.el6.x Fri Apr  7 22:58 - 23:08  (00:09)
root      pts/0         192.168.1.5      Fri Apr  7 22:45 - crash  (00:13)
reboot    system boot   2.6.32-642.el6.x Fri Apr  7 22:44 - 23:08  (00:24)
root      pts/0         192.168.1.5      Tue Apr  4 20:24 - down   (01:41)
root      tty1                           Tue Apr  4 20:22 - down   (01:42)
reboot    system boot   2.6.32-642.el6.x Tue Apr  4 20:21 - 22:05  (01:44)

wtmp begins Tue Apr  4 20:21:03 2017
```

在默认情况下，last 指令会从/var/log/wtmp 中解析信息。如果读者想要 last 指令从另外一个文件解析，可以使用“-f”选项，例如当日志切割后，之前的文件名变为/var/log/wtmp.1。last 指令读取此文件代码如下所示。

```
last -f /var/log/wtmp.1
```

【实例 5-23】显示“YYYYMMDDHHMMSS”日期（20170415090800）之前的登录信息

```
last -t 20180415090800
```

last 指令的“-t”选项显示指定日期前的用户登录信息，上述代码显示 2018-04-15 09:08:00 之前的用户登录信息。

```
[root@www.linux-command ~]#last -t 20180415090800
root     tty1                         Thu Apr 12 13:28   still logged in
reboot   system boot  2.6.32-696.23.1. Thu Apr 12 13:27 - 11:45 (66+22:17)
root     pts/5        192.168.1.102   Sat Apr  7 12:40 - down   (00:00)
root     pts/4        192.168.1.102   Sat Apr  7 12:00 - down   (00:39)
root     pts/3        192.168.1.102   Sat Apr  7 11:44 - down   (00:56)
root     pts/2        192.168.1.102   Sat Apr  7 11:14 - down   (01:26)
root     pts/1        192.168.1.102   Sat Apr  7 11:06 - down   (01:34)
root     pts/0        192.168.1.102   Sat Apr  7 10:45 - down   (01:55)
reboot   system boot  2.6.32-696.el6.x Sat Apr  7 10:45 - 12:40  (01:55)
root     pts/0        192.168.1.102   Fri Apr  6 15:28 - crash  (19:17)
root     pts/2        192.168.1.102   Fri Apr  6 13:14 - crash  (21:30)
root     pts/1        192.168.1.102   Fri Apr  6 12:18 - 15:23  (03:04)
root     pts/0        192.168.1.102   Fri Apr  6 12:13 - 14:27  (02:13)
reboot   system boot  2.6.32-696.el6.x Fri Apr  6 12:12 - 12:40 (1+00:28)
root     tty1                         Fri Apr  6 12:01 - down   (00:10)
root     pts/0        192.168.1.102   Fri Apr  6 11:58 - down   (00:13)
root     pts/0        192.168.1.102   Fri Apr  6 11:58 - 11:58  (00:00)
root     pts/0        192.168.1.102   Fri Apr  6 11:57 - 11:58  (00:01)
root     pts/0        192.168.1.102   Fri Apr  6 11:48 - 11:57  (00:08)
root     tty1                         Fri Apr  6 11:48 - 12:00  (00:12)
reboot   system boot  2.6.32-696.el6.x Fri Apr  6 11:47 - 12:11  (00:24)
root     tty1                         Fri Apr  6 11:45 - down   (00:00)
reboot   system boot  2.6.32-696.el6.x Fri Apr  6 11:44 - 11:46  (00:01)

wtmp begins Fri Apr  6 11:44:14 2018
```

【实例 5-24】将 IP 地址转换成主机名称

last 指令中的“-d”选项把 IP 地址转换成主机名称。

```
[root@linux_command ~]#last -10 -d
root     pts/0        192.168.1.5     Fri Apr  7 22:59   still logged in
reboot   system boot  0.0.0.0         Fri Apr  7 22:58 - 23:28  (00:29)
root     pts/0        192.168.1.5     Fri Apr  7 22:45 - crash  (00:13)
reboot   system boot  0.0.0.0         Fri Apr  7 22:44 - 23:28  (00:44)
root     pts/0        192.168.1.5     Tue Apr  4 20:24 - down   (01:41)
root     tty1         0.0.0.0         Tue Apr  4 20:22 - down   (01:42)
reboot   system boot  0.0.0.0         Tue Apr  4 20:21 - 22:05  (01:44)

wtmp begins Tue Apr  4 20:21:03 2017
```

【实例 5-25】显示完整登入登出时间日期

last 指令中的“-F”选项显示完整登入登出时间日期。

```
[root@www.linux-command ~]#last -F|tail
root     pts/0        192.168.1.102    Fri Apr  6 11:58:18 2018 - down (00:13)
root     pts/0        192.168.1.102    Fri Apr  6 11:58:07 2018 - Fri Apr  6 
11:58:17 2018  (00:00)
root     pts/0        192.168.1.102    Fri Apr  6 11:57:06 2018 - Fri Apr  6 
11:58:07 2018  (00:01)
root     pts/0        192.168.1.102    Fri Apr  6 11:48:41 2018 - Fri Apr  6 
11:57:04 2018  (00:08)
root     tty1                           Fri Apr  6 11:48:08 2018 - Fri Apr  6 
12:00:58 2018  (00:12)
reboot   system boot  2.6.32-696.el6.x Fri Apr  6 11:47:30 2018 - Fri Apr  6 
12:11:49 2018  (00:24)
root     tty1                           Fri Apr  6 11:45:47 2018 - down (00:00)
reboot   system boot  2.6.32-696.el6.x Fri Apr  6 11:44:14 2018 - Fri Apr  6 
11:46:04 2018  (00:01)

wtmp begins Fri Apr  6 11:44:14 2018
```

【实例 5-26】显示用户登录失败信息

last 指令记录了用户成功登录的信息，而 lastb 指令记录失败的登录尝试。必须拥有 root 权限才能运行 lastb 指令。

如下为 lastb 指令的示例输出，lastb 会解析/var/log/btmp 的信息。

```
[root@www.linux-command ~]#lastb
handuodu ssh:notty    192.168.1.104    Sun Jun 17 14:55 - 14:55  (00:00)
handuodu ssh:notty    192.168.1.104    Sun Jun 17 14:55 - 14:55  (00:00)
root     tty1                          Sun Jun 17 14:51 - 14:51  (00:00)

btmp begins Sun Jun 17 14:51:16 2018
```

【实例 5-27】last 登录日志切割策略

“/var/log/wtmp”文件记录用户每次的登录信息，文件的大小可能会快速地增长。在默认情况下，Linux 系统每月切割“/var/log/wtmp/”文件，切割策略在“/etc/logrotate.conf”文件中，此文件控制程序为 logrotate，读者可根据需要定制此文件切割策略。

```
[root@www.linux-command ~]#nl /etc/logrotate.conf
     1  # see "man logrotate" for details
     2  # rotate log files weekly
     3  weekly

     4  # keep 4 weeks worth of backlogs
     5  rotate 4

     6  # create new (empty) log files after rotating old ones
     7  create

     8  # use date as a suffix of the rotated file
```

```
dateext

# uncomment this if you want your log files compressed
#compress

# RPM packages drop log rotation information into this directory
include /etc/logrotate.d

# no packages own wtmp and btmp -- we'll rotate them here
/var/log/wtmp {
   monthly
   create 0664 root utmp
      minsize 1M
   rotate 1
}

/var/log/btmp {
   missingok
   monthly
   create 0600 root utmp
   rotate 1
}

# system-specific logs may be also be configured here.
```

【实例 5-28】查看 Linux 系统的开机时间

Linux 系统管理员需要实时检测系统正常运行时间，这对业务稳定性非常重要，如下场景需要知道系统运行时间、服务器开机启动运行时间。

- 查看 KVM 宿主机运行时间，以便确认 KVM 虚拟机运行时间。
- 由于断电或供电故障突然停机，需要查看 Linux 开机/重启时间。

如下代码所示为“last reboot”指令可以查看 Linux 系统历史启动的时间。

```
[root@linux_command ~]# last reboot
reboot   system boot  3.10.0-514.el7.x Mon Sep 18 10:39 - 22:29 (114+11:49)
reboot   system boot  3.10.0-514.el7.x Wed Jun 14 01:49 - 22:29 (210+20:39)
reboot   system boot  3.10.0-514.el7.x Sun May 28 00:11 - 01:46 (17+01:34)
reboot   system boot  3.10.0-514.el7.x Sat May 27 18:20 - 00:11  (05:51)
reboot   system boot  3.10.0-514.el7.x Thu Apr 27 12:04 - 00:11 (30+12:07)

wtmp begins Tue Apr 25 18:51:49 2017
```

如果只需要查看最后一次 Linux 系统启动的时间，可使用如下代码：

```
[root@linux_command ~]# last reboot |head -1
reboot   system boot  3.10.0-514.el7.x Mon Sep 18 10:39 - 22:30 (114+11:50)
```

- 第 1 列：用户名 reboot 说明了是系统内置指令 reboot 自动启动服务器。
- 第 2 列：登录终端 system boot 说明了 reboot 是从系统引导登录服务器。
- 第 3 列：登录地址 3.10.0−514.el7.x 说明了 Linux 系统内核的版本。

- 第 4 列：日期 Mon 说明那天是周一。
- 第 5 列：时间 Sep 18 10:39 – 22:29 说明系统执行 reboot 的具体时间。
- 第 6 列：括号运行时间在这里的意思是，系统 reboot 在时间 9 月 18 号 22:29 重启到现在运行了多长时间。

如果有多行的 reboot，则前面的 reboot 括号时间可以理解为 reboot 所在行，在启动时间重启后到下次 reboot 运行了（多长时间）这行最后的括号。即这次 reboot 后，系统重启后，服务器运行了多长时间。

5.2.4 who 指令

由于 Linux 是多用户系统，有时也要了解其他用户在执行何种任务。

who 指令主要用于查看当前在线上的用户情况，此指令非常有用。系统管理员希望监视每个登录的用户此时此刻的所作所为，也要使用 who 指令。

执行 who 指令可得知目前有哪些用户登入系统，单独执行 who 指令会列出登入账号、使用的终端机、登入时间以及从何处登入或正在使用哪个显示器等，who 指令常用选项，如表 5-7 所示。

表 5-7 who 指令常用选项

选项	说明
-a,--all	等同于 -b -d --login -p -r -t -T -u
-b,--boot	最后一次系统启动时间
-d,--dead	打印以退出登录的信息
-H 或--heading	显示各栏位的标题信息列
-i 或-u 或--idle	显示闲置时间。若该用户在前一分钟之内有进行任何动作，将标示成“.”号；如果该用户已超过 24 小时没有任何动作，则标示出“old”字符串
-m	此参数的效果和指定“am i”字符串相同
-q 或--count	只显示登入系统的账号名称和总人数
-s	此参数将被忽略，不予处理，仅负责解决 who 指令其他版本的兼容性问题
-w 或-T 或--mesg 或--message 或--writable	显示用户的信息状态栏
--help	在线帮助
--version	显示版本信息

【实例 5-29】打印当前正在登录用户的信息

查看登录用户，系统管理员若想知道某一时刻登录的用户，可使用 who 指令查看当前登录到系统的用户及其他信息。

```
[root@linux_command ~]# who
root     tty1         2017-06-14 01:51
root     pts/1        2017-08-27 14:35 (221.218.239.142)
```

【实例 5-30】人性化显示登录信息

who 指令查看用户登录信息，显示更详细列表信息，可加上“-HIT”等选项。

```
[root@linux_command ~]#who -H
名称     线路          时间                备注
root      pts/0         2017-04-07 22:59 (192.168.1.5)
[root@linux_command ~]#who -l
登录    tty1          2017-04-07 22:59                    1306 id=1
登录    tty2          2017-04-07 22:59                    1308 id=2
登录    tty3          2017-04-07 22:59                    1310 id=3
登录    tty4          2017-04-07 22:59                    1312 id=4
登录    tty5          2017-04-07 22:59                    1314 id=5
登录    tty6          2017-04-07 22:59                    1321 id=6
[root@linux_command ~]#who -T
root      + pts/0         2017-04-07 22:59 (192.168.1.5)
[root@linux_command ~]#who -HlT
名称       线路          时间                空闲   进程号  备注
登录       tty1          2017-04-07 22:59                    1306 id=1
登录       tty2          2017-04-07 22:59                    1308 id=2
登录       tty3          2017-04-07 22:59                    1310 id=3
登录       tty4          2017-04-07 22:59                    1312 id=4
登录       tty5          2017-04-07 22:59                    1314 id=5
登录       tty6          2017-04-07 22:59                    1321 id=6
```

上述代码中得到该用户是否愿意接受其他用户信息（-T 选项）还可以显示空闲时间（-I 选项）及标题栏（-H 选项）。如果某个用户愿意接受信息，会在 MESG 栏中显示一个“+”，这时还可以使用指令 MESG 给用户发从信息。

【实例 5-31】显示用户登录来源

```
who -l -H
```

打印用户登录信息每列的表头信息。

```
[root@linux_command ~]#who -l -H
名称     线路          时间                空闲   进程号  备注
登录    tty1          2017-04-07 22:59                    1306 id=1
登录    tty2          2017-04-07 22:59                    1308 id=2
登录    tty3          2017-04-07 22:59                    1310 id=3
登录    tty4          2017-04-07 22:59                    1312 id=4
登录    tty5          2017-04-07 22:59                    1314 id=5
登录    tty6          2017-04-07 22:59                    1321 id=6
```

【实例 5-32】显示终端属性

```
who -T -H
```

显示当前用户的登录终端属性的详细信息。

```
[root@linux_command ~]#who -T -H
```

```
名称       线路         时间              备注
root     + pts/0        2017-04-07 22:59 (192.168.1.5)
```

【实例 5-33】只显示当前用户

```
who -m -H
```

只显示当前登录终端的详细信息。

```
[root@linux_command ~]#who -m -H
名称     线路         时间              备注
root     pts/0        2017-04-07 22:59 (192.168.1.5)
```

【实例 5-34】精简模式显示

who 指令的“-q”选项，表示以精简模式显示当前登录用户信息。

```
[root@linux_command ~]#who -q
root
# 用户数=1
```

【实例 5-35】显示所有用户的所有信息

```
[root@linux_command ~]# who -a
         system boot  2017-06-14 01:49
root     + tty1        2017-06-14 01:51  old       679
         run-level 3  2017-06-14 01:49
         pts/0        2017-06-23 23:30           28939 id=ts/0  term=0 exit=0
root     + pts/1       2017-08-27 14:35   .         3243 (221.218.239.142)
         pts/2        2017-08-26 17:07           28024 id=ts/2  term=0 exit=0
         pts/3        2017-08-25 18:05           14189 id=ts/3  term=0 exit=0
```

上述代码的执行结果等同于下面的指令执行的结果。

```
[root@linux_command ~]# who -aH
NAME       LINE         TIME             IDLE          PID COMMENT   EXIT
         system boot  2017-06-14 01:49
root     + tty1        2017-06-14 01:51  old       679
         run-level 3  2017-06-14 01:49
         pts/0        2017-06-23 23:30           28939 id=ts/0  term=0 exit=0
root     + pts/1       2017-08-27 14:35   .         3243 (221.218.239.142)
         pts/2        2017-08-26 17:07           28024 id=ts/2  term=0 exit=0
         pts/3        2017-08-25 18:05           14189 id=ts/3  term=0 exit=0
```

上述代码显示所有登录用户的详细信息。

【实例 5-36】最近一次系统启动时间

who 指令的“-b”选项查看最近一次系统启动时间。

```
[root@linux_command ~]# who -b
       system boot  2017-06-14 01:49
```

上次操作系统启动时间为 2017 年 06 月 14 日 01:49。

【实例 5-37】打印已经退出系统用户的历史登录信息

who 指令的“-d”选项打印已经退出系统用户的历史登录信息。

```
[root@linux_command ~]# who -d
         pts/0        2017-06-23 23:30             28939 id=ts/0  term=0 exit=0
         pts/2        2017-08-26 17:07             28024 id=ts/2  term=0 exit=0
         pts/3        2017-08-25 18:05             14189 id=ts/3  term=0 exit=0
```

【实例 5-38】查看当前系统运行时间

who 指令的“-r”选项查看当前系统运行时间。

```
[root@linux_command ~]# who -r
         run-level 3  2017-09-18 10:39
```

当前操作系统运行时间为 2017 年 09 月 18 日。

【实例 5-39】who 指令小结

who 指令简单总结如图 5-6 所示。

图 5-6 who 指令小结

who 指令用来显示当前登录系统的用户、时间、终端类型。:

- tty7：登录桌面系统，本地登录。
- pts/*：表示连接到系统的用户个数，当打开一个 terminal 时，就会增加一个 pts。
- FAQ：终端和控制台。

Q：/dev/Console 是什么？

A：/dev/Console 即控制台，是与操作系统交互的设备，系统将一些信息直接输出到控制台上。目前只有在单用户模式下，才允许用户登录控制台。

Q：/dev/tty 是什么？

A：tty 设备包括虚拟控制台、串口，以及伪终端设备。

5.2.5 whoami

whoami 显示的是有效用户 ID，当前“操作用户”的用户名。在大多数情况下，实际用户 ID 和有效用户 ID 是一致的。

whoami 指令用于显示自身用户名称。显示自身的用户名称，本指令相当于执行“id -un”指令。

【实例 5-40】显示用户名

```
whoami
```

当前登录的用户是 root，即 Linux 系统管理员。

```
[root@linux_command ~]#whoami
root
```

【实例 5-41】显示用户名

```
id -un
```

查看当前终端登录用户名。

```
[root@linux_command ~]#id -un
root
```

输出结果与 whoami 一致。

【实例 5-42】who、whoami、who am i 指令使用对比

who、whoami、who am i 指令使用对比完整演示及输出如下所示。

```
[root@linux_command ~]# whoami
root
[root@linux_command ~]# who am i
root     pts/1        2017-08-27 14:35 (221.218.239.142)
[root@linux_command ~]# who -m
root     pts/1        2017-08-27 14:35 (221.218.239.142)
[root@linux_command ~]#
[root@linux_command ~]# id -un
root
```

whoami 与 who am i 的区别。

- who 指令重点用来查看当前有哪些用户登录到了本台机器上。
- who –m 指令和 who am i 指令作用一样。
- who am i 显示实际用户名，即用户登录时的用户 ID，此指令相当于 who –m。
- whoami 显示有效用户 ID，是当前操作用户的用户名。
- whoami 显示当前用户名称。
- who 查看当前有哪些用户登录了本机。
- who am i 显示实际用户的用户名：登录时的用户 ID。

5.2.6 cd 指令

cd 指令是 Linux 系统管理工作中使用频率最高的指令之一，很多指令进行相关操作都建立在使用 cd 指令之前，如切换目录、回到用户家目录等。

【实例 5-43】进入系统根目录

```
cd /
```

cd 指令表示进入系统根目录。

```
pwd
```

pwd 指令显示当前目录为系统根目录。

```
[root@linux_command ~]# cd /
[root@linux_command /]#
[root@linux_command /]# pwd
/
```

【实例 5-44】返回上一级目录

```
cd /data/sh/python/
```

切换到/data/sh/python/目录。

```
cd ..
```

切换到当前目录的上一级目录，具体代码和输出结果如下。

```
[root@linux_command ~]# cd /data/sh/python/
[root@linux_command /data/sh/python]# pwd
/data/sh/python
[root@linux_command /data/sh/python]# cd ..
[root@linux_command /data/sh]# pwd
/data/sh
```

进入系统根目录可连续执行“cd .. ”指令，最终切换到系统根目录，代码如下：

```
[root@linux_command /data/sh]# pwd
/data/sh
[root@linux_command /data/sh]# cd ..
[root@linux_command /data]# cd ..
[root@linux_command /]# pwd
/
```

说明：使用 cd 指令实现进入当前目录的父目录的父目录。

【实例 5-45】使用 cd 指令进入当前用户主目录

“当前用户主目录”和“系统根目录”是两个不同的概念，进入当前用户主目录有两个方法。

（1）进入用户主目录

```
cd /opt/
```

切换到/opt 目录。

```
cd /data/sh/python/
```

切换到/data/sh/python 目录。

```
[root@linux_command ~]# cd /opt/
[root@linux_command /opt]# cd
[root@linux_command ~]# pwd
/root
```

```
[root@linux_command ~]# cd /data/sh/python/
[root@linux_command /data/sh/python]# pwd
/data/sh/python
[root@linux_command /data/sh/python]# cd
[root@linux_command ~]# pwd
/root
```

在上述代码中，无论当前用户在哪种路径下，只要输入 cd 指令即可回到当前用户的家目录。

（2）进入用户主目录

```
cd /tmp
```

切换到/tmp 目录。

```
cd ~
```

切换到用户家目录。

```
cd /data/sh/
[root@linux_command ~]# cd /tmp
[root@linux_command /tmp]# pwd
/tmp
[root@linux_command /tmp]# cd ~
[root@linux_command ~]# cd /data/sh/
[root@linux_command /data/sh]# pwd
/data/sh
[root@linux_command /data/sh]# cd ~
[root@linux_command ~]# pwd
/root
```

在上述代码中，无论当前用户在哪种路径下，只要输入 cd 指令即可回到当前用户的家目录。

【实例 5-46】跳转到指定目录

可使用“cd/path”指令跳转到任意路径，其中“/path”表示要跳转的路径，完整代码输出如下所示。

```
[root@linux_command ~]# cd /tmp
[root@linux_command /tmp]# pwd
/tmp
[root@linux_command /tmp]# cd /data/sh/
[root@linux_command /data/sh]# pwd
/data/sh
[root@linux_command /data/sh]# cd
[root@linux_command ~]# pwd
/root
```

跳转到指定目录，从根目录开始，目录名称前加“/”，当前目录内的子目录直接写名称即可。

【实例 5-47】返回之前的工作目录

```
cd /data/sh/python/
```

切换到/data/sh/python/目录。

```
cd /tmp
```

切换到/tmp 目录。

```
cd -
```

返回/data/sh/python/目录，完整输出如下代码所示。

```
[root@linux_command ~]# cd /data/sh/python/
[root@linux_command /data/sh/python]#
[root@linux_command /data/sh/python]# cd /tmp
[root@linux_command /tmp]# cd -
/data/sh/python
```

【实例 5-48】把上一个指令的参数作为 cd 选项使用

“!$”符号表示上一个指令的最后一个参数。

```
[root@linux_command ~]# ls -lhrt /data/sh/python/
total 32K
-rwxr-xr-x. 1 root root  43 2018-01-10 06:54:21.665000000 +0800 001-hello_world.py
-rw-r--r--. 1 root root  99 2018-01-10 07:17:13.130000000 +0800 002-单行注释.py
-rw-r--r--. 1 root root 179 2018-01-10 07:22:20.595000000 +0800 003-多行单引号注释.py
-rw-r--r--. 1 root root 179 2018-01-10 07:24:29.579000000 +0800 004-多行双引号注释.py
-rw-r--r--. 1 root root 321 2018-01-10 09:11:53.152000000 +0800 005-python变
量赋值.py
-rw-r--r--. 1 root root 189 2018-01-10 09:28:13.109000000 +0800 006-python动
态变量赋值.py
-rw-r--r--. 1 root root 103 2018-01-10 09:38:21.227000000 +0800 007-python格
式化输出-字符串.py
-rw-r--r--. 1 root root  86 2018-01-10 09:41:39.091000000 +0800 008-python格
式化输出-整型.py
[root@linux_command ~]# cd !$
cd /data/sh/python/
```

上述代码中的“!$”代表上一条指令中的最后一个参数。

cd 使用技巧小结如下。

- cd 进入用户主目录（家目录）。
- cd～进入用户主目录。
- cd-返回进入此目录之前所在的目录。
- cd..返回上级目录（若当前目录为“/”，则执行完后还在“/”，“..”为上级目录的意思）。
- cd ../..返回上两级目录。

- cd !$把上个指令的最后一个参数作为 cd 指令的选项使用。

5.2.7 pwd 指令

pwd 是“Print Working Directory”英文单词缩写，即打印工作目录，意如其名，即打印出用户当前所在目录，它会打印出从根目录（/）开始到当前所在目录的完整路径。此指令是 Shell 内置指令，并且在大多数 Shell 中都可以使用，如 bash、Bourne Shell、ksh、zsh 等 Shell。

pwd 指令常用选项，如表 5-8 所示。

表 5-8　　pwd 指令常用选项

参数	说明
-L（即逻辑路径 logical）	使用环境中的路径，即使包含了符号链接
-P（即物理路径 physical）	避免所有的符号链接
-help	显示帮助并退出
-version	输出版本信息并退出

如果同时使用了“-L”和“-P”选项，则“-L”选项会有更高的优先级。如果没有指定选项，pwd 会避开所有符号链接，默认使用“-P”选项。

当使用/bin/pwd 指令时，调用的是二进制版本的指令，虽然二进制的版本有更多的选项，但是两者都能打印当前的目录。

【实例 5-49】打印并显示当前目录所在路径

pwd 指令不带任何选项，表示查看当前所在目录的路径，如下代码所示当前所在路径为“/data/sh/shell”目录。

```
[root@linux_command shell]# /bin/pwd
/data/sh/shell
```

【实例 5-50】显示当前目录的链接路径

pwd 指令中的“-L”选项，可以查看当前使用环境中的路径，即使包含了符号链接。

```
mkdir -pv  /data/test/
```

mkdir 指令创建/data/test 目录。

```
cd /data/test/
```

cd 指令切换到/data/test 目录。

```
ln -sv /data/app/nginx/html html
```

ln 指令创建/data/app/nginx/html 目录链接到当前目录，目录名称为 html。

```
cd html/
```

cd 指令切换到 html 链接目录。

```
/bin/pwd -L
```

pwd 指令查看当前目录链接路径信息。

```
[root@linux_command ~]# mkdir -pv  /data/test/
mkdir: created directory '/data/test/'
[root@linux_command ~]# cd /data/test/
[root@linux_command test]# ln -sv /data/app/nginx/html html
'html' -> '/data/app/nginx/html'
[root@linux_command test]# cd html/
[root@linux_command html]# /bin/pwd -L
/data/test/html
```

上述代码的输出结果中，“/data/test/html”即为/data/app/nginx/html 目录的软连接路径。

【实例 5-51】显示当前目录的物理路径

pwd 指令的“-P”选项通过解析所有的符号链接打印当前实际的物理目录。

```
[root@linux_command html]# /bin/pwd -P
/data/app/nginx/html
```

上述代码中“-P”选项解析文件软链接源地址。

【实例 5-52】存储 pwd 指令输出结果到变量

```
road_dir=$(pwd)
```

定义 pwd 指令的输出结果存储到变量名 road_dir。

```
echo -e "\033[32;40m The Current working directory is :${road_dir}  \033[0m"
```

使用 echo 指令中“-e”扩展选项打印带有绿色字体的 road_dir 变量输出结果，代码及完整输出如下所示。

```
    [root@linux_command html]# road=$(pwd)
    [root@linux_command html]# echo -e "\033[32;40m The Current working directory
is :${road}  \033[0m"
     The Current working directory is :/data/test/html
```

在上述代码中，把“pwd”执行的结果保存为一个变量，可以在后面的指令或脚本中引用此变量，方便调用。

【实例 5-53】一次性获取当前工作目录及之前工作的目录

“$PWD”变量表示当前目录，“$OLDPWD”变量表示之前的工作目录，代码及输出如下所示。

```
[root@linux_command html]# echo -e "\033[32;40m "$PWD $OLDPWD"  \033[0m"
 /data/test/html /data/test
```

注意：单双引号的使用，双引号可解析变量。

【实例 5-54】显示当前目录的链接路径

代码实现思路如下。

- 使用 mkdir 指令建立两个目录。
- 把/opt/mysql/mysql3316/data/目录软链接到/data/mysql/mysql3316 目录下，名称也叫作 data。
- 复制测试文件到源目录。
- 采用 ls -lhrt /data/mysql/mysql3316/data/指令查看被链接的目录是否有该文件。
- 最后采用“pwd -L”指令确认目录位置。
- 软链接类似于 Windows 下面的快捷方式，完整演示及输出如下代码所示。

```
[root@linux_command ~]# mkdir -pv /opt/mysql/mysql3316/data/ /data/mysql/mysql3316
mkdir: created directory `/opt'
mkdir: created directory `/opt/mysql'
mkdir: created directory `/opt/mysql/mysql3316'
mkdir: created directory `/opt/mysql/mysql3316/data/'
mkdir: created directory `/data/mysql'
mkdir: created directory `/data/mysql/mysql3316'
[root@linux_command ~]# ln -sv /opt/mysql/mysql3316/data/ /data/mysql/mysql3316/data
`/data/mysql/mysql3316/data' -> `/opt/mysql/mysql3316/data/'
[root@linux_command ~]# cp -av /etc/passwd /opt/mysql/mysql3316/data/
`/etc/passwd' -> `/opt/mysql/mysql3316/data/passwd'
[root@linux_command ~]# ls -lhrt /data/mysql/mysql3316/data/
total 4.0K
-rw-r--r--. 1 root root 854 Apr 15 07:43 passwd
[root@linux_command ~]# cd /data/mysql/mysql3316/data/
[root@linux_command data]# pwd -L
/data/mysql/mysql3316/data
```

5.2.8 type 指令及 Linux 指令类型

type 指令显示指令类型，判断指令是内部指令还是外部指令，一个指令的类型可以是表 5-9 中所列类型的其中之一。它是 Linux 系统的一种自省机制，知道了是哪种类型，就可以有针对性地获取帮助。如内建命令使用 help 关键字获取帮助，外部命令使用 man 关键字或 info 获取帮助，Linux 系统常见的指令类型如表 5-9 所示。

表 5-9 Linux 系统常见的指令类型

指令类型	说明
alias	别名
keyword	关键字，Shell 保留字
function	函数，Shell 函数

续表

指令类型	说明
builtin	内建指令，Shell 内建指令
file	文件，磁盘文件，外部指令

type 命令的基本使用方式就是直接跟上命令名字，type 指令常用选项如表 5-10 所示。

表 5-10　type 指令常用选项

选项	说明
–t	输出“file”“alias”或者“builtin”，分别表示给定的指令为“外部指令”“命令别名”或者“内部指令”
–p	如果给出的指令为外部指令，则显示其绝对路径，相当于 which 指令
–a	在环境变量“PATH”指定的路径中，显示给定指令的信息，包括命令别名
–f	只返回 shell 函数的信息

type 后跟一个指令，会展示当该指令作为一个命令时是如何解读的。

- 选项-a，type 会打印指令的所在位置。
- 选项-t，type 会打印 alias、keyword、function、builtin 等类型。alias：别名。keyword：shell 保留字。function：Shell 函数。builtin：Shell 内建命令。file：磁盘文件，外部命令。

当我们键入某个指令时，Shell 会按照 alias->keyword->function->builtin->$PATH 的顺序进行搜索。本着“先到先得”的原则，如果有名为 my_cmd 的命令同时存在于 alias 和 function 中，那么会使用 alias 中定义的 my_cmd 指令，但是 hash 比它们的优先级都高。

1．内建命令

Shell 内建命令是指 bash（或其他版本）工具集中的命令。一般都会有一个与之同名的系统命令，比如 bash 中的 echo 命令与/bin/echo 是两个不同的命令，尽管它们行为大体相仿。内建命令比系统论命令有更高的执行效率，外部命令执行时往往需要 fork 一个子进程，而内建命令一般不用。

bash 所有的内建指令如下所示。

```
bash, :, ., [, alias, bg, bind, break, builtin, caller, cd, command,
compgen, complete, compopt, continue, declare, dirs, disown, echo,
enable, eval, exec, exit, export, false, fc, fg, getopts, hash, help,
history, jobs, kill, let, local, logout, mapfile, popd, printf, pushd,
pwd, read, readonly, return, set, shift, shopt, source, suspend, test,
times, trap, ture, type, typeset, ulimit, umask, unalias, unset, wait
```

2．hash 表

Linux 系统维护着一张 hash 表，系统刚开机时此 hash 表为空，每当系统操作者执行过一条指令时，hash 表会记录下这条指令的路径，缓存到此 hash 表中。第一次执行指令 Shell

解释器，会默认从 PATH 路径下查找该指令路径。操作者第二次使用该指令时，Shell 解释器首先会查看 hash 表，查询结果中没有该指令才会去 PATH 路径下寻找。

由此可见，hash 表的作用是提高指令的调用速率。

输入“hash”或“hash -l”可以查看 hash 表的内容，选项“-l”既可以看到 hash 表指令路径，也可以看到指令的名字，包括别名，如下代码所示。

```
[root@www.linux-command ~]#hash -l
builtin hash -p /usr/bin/crontab crontab
builtin hash -p /bin/date date
builtin hash -p /usr/sbin/ntpdate ntpdate
[root@www.linux-command ~]#hash
hits    command
   1    /usr/bin/crontab
   1    /bin/date
/usr/sbin/ntpdate
```

在如下代码中，添加指令到 hash 表中，相当于 ls 命令重新写一遍，改名为 hash_ls。

```
[root@www.linux-command ~]#which ls
alias ls='ls --color=auto'
        /bin/ls
[root@www.linux-command ~]#hash -p /bin/ls hash_ls
[root@www.linux-command ~]#hash -l
builtin hash -p /usr/bin/crontab crontab
builtin hash -p /bin/date date
builtin hash -p /usr/sbin/ntpdate ntpdate
builtin hash -p /bin/ls hash_ls
[root@www.linux-command ~]#hash_ls
anaconda-ks.cfg  install.log  install.log.syslog
```

在上述代码输出中可以看到，执行 hash_ls 指令即相当于执行 ls 指令。

【实例 5-55】清空 hash 表的全部内容

```
hash -r
```

清除 hash 表中的全部内容。

```
[root@www.linux-command ~]#hash  -r
[root@www.linux-command ~]#hash -l
hash: hash table empty
```

【实例 5-56】清空 hash 表的部分内容

```
ls
```

执行 ls 指令。

```
hash
```

执行 hash 指令，查看 hash 表内容。

```
hash -d ls
```

清除 hash 表中 ls 指令缓存条目。

```
[root@www.linux-command ~]#ls
anaconda-ks.cfg  install.log  install.log.syslog
[root@www.linux-command ~]#hash
hits    command
   1    /bin/ls
[root@www.linux-command ~]#hash -d ls
[root@www.linux-command ~]#hash
hash: hash table empty
```

【实例 5-57】显示指令类型

```
type -a type
```

查看 type 指令在系统中的存放位置。

```
type -t cd
```

查看 cd 指令属于哪种指令类型。

```
[root@www.linux-command ~]#type -a type
type is a shell builtin
[root@www.linux-command ~]#type -t cd
builtin
```

上述代码输出的 cd 和 type 指令都属于 Linux 系统内置指令。

【实例 5-58】显示指令类型及位置

```
type -a rsync
```

查看 rsync 指令在系统中存放位置，作用于 which 指令相同。

```
type -t rsync
```

查看 rsync 指令类型。

```
which rsync
```

查看 rsync 指令路径，完整代码和输出如下所示 。

```
[root@www.linux-command ~]#type -a rsync
rsync is /usr/bin/rsync
[root@www.linux-command ~]#type -t rsync
file
[root@www.linux-command ~]#which rsync
/usr/bin/rsync
```

5.2.9 reboot 指令

在 Linux 系统管理中，一些常用的关机/重启指令有 shutdown、halt、reboot 及 init，它们都可以重启 Linux 系统，区别在于每个指令的内部工作过程有所不同。通过本节的学习，希望读者可以更加灵活地运用各种重启及关机类相关指令。

reboot 指令用来重启 Linux 系统，相当于 Windows 系统中的 restart 指令。

【实例 5-59】强制重新开机，不调用 shutdown 指令的功能

reboot 指令中“-f”选项表示强制重新开机，不调用 shutdown 指令的功能。

```
[root@linux_command data]#reboot -f
```

【实例 5-60】关闭网络设置后再重新启动系统

reboot 指令中的“-i”选项表示在重开机之前，先关闭所有网络界面。

```
[root@linux_command ~]#reboot -i

Broadcast message from root@linux_command
        (/dev/pts/0) at 9:19 ...

The system is going down for reboot NOW!
```

【实例 5-61】保存数据后再重新启动系统

reboot 指令中的“-n”选项表示重开机之前检查是否有未结束的程序，并保存相关程序数据，安全重启操作系统。

```
[root@linux_command ~]#reboot -n

Broadcast message from root@linux_command
        (/dev/pts/0) at 9:20 ...

The system is going down for reboot NOW!
```

【实例 5-62】重新启动系统时不记录数据到/var/tmp/wtmp 文件

reboot 指令的“-d”选项，表示重新开机时不把数据写入记录文件/var/tmp/wtmp。本参数具有“-n”参数效果。

```
[root@linux_command ~]#reboot -d

Broadcast message from root@linux_command
        (/dev/pts/0) at 9:21 ...

The system is going down for reboot NOW!
```

【实例 5-63】开机模拟测试

reboot 指令“-w”选项仅做测试，并不真正将系统重新开机，只会把重开机的数据写入/var/log 目录下的 wtmp 记录文件。

```
[root@linux_command ~]# reboot  -w
```

5.2.10 shutdown 指令

shutdown 指令安全地将系统关机，有些用户会使用直接断掉电源的方式来关闭 Linux，这是十分危险的。Linux 与 Windows 系统的运行机制不同，Linux 系统的后台运行着许多进程，强制关机可能会导致进程的数据丢失，使系统处于不稳定的状态，甚至在有的系统中会损坏硬件设备。

在系统关机前使用 shutdown 指令，系统管理员会通知所有登录的用户系统将要关闭。并且 login 登录系统指令会被冻结，即新的用户不能再登录，直接关机或者延迟一定的时间才关机都是可能的，还可能重启，这是由所有进程都会收到系统所送达的信号决定的。

shutdown 执行的工作是发送信号给 ini 程序，要求它改变 runlevel。runlevel 0 被用来停机，runlevel 6 用来重新激活系统，而 runlevel 1 则用来让系统进入管理工作可以进行的状态。Linux 系统运行级别有如下几种模式。

- run level 0：关机。
- run level 1：单用户模式，只允许 root 用户对系统进行维护。
- run level 2：多用户模式，但不能使用 NFS（相当于 Windows 下的网上邻居）。
- run level 3：文本模式。
- run level 4：未定义。
- run level 5：X window。
- run level 6：重新启动。

该指令可以安全关闭或者重新启动系统，shutdown 指令不仅可以关闭系统，也可以重启 Linux 系统。

shutdown 指令常用选项如表 5-11 所示。

表 5-11　shutdown 指令常用选项

选项	说明
-t	在改变到其他 runlevel 前，告诉 init 多久以后关机
-r	重启计算机
-k	并不真正关机，只是送警告信号给每位登录者〔login〕
-h	关机后关闭电源〔halt〕
-n	不用 init，而是自己来关机。不鼓励使用这个选项，而且该选项所产生的后果往往不是你所预期得到的
-c	cancel current process 取消目前正在执行的关机程序。这个选项没有时间参数，但是可以输入一个用来解释的信息，而这信息将会送给每位使用者
-f	在重启计算器〔reboot〕时忽略 fsck
-F	在重启计算器〔reboot〕时强迫 fsck
-time	设定关机〔shutdown〕前的时间

【实例 5-64】立即关闭 Linux 系统

```
shutdown -h now
```

立即关闭操作系统。

```
shutdown -h 0
```

立即关闭操作系统，在下面代码中，“now”选项相当于时间为 0 的选项，表示立即之意。

```
[root@linux_command ~]#shutdown -h now

Broadcast message from root@linux_command
        (/dev/pts/0) at 9:23 ...

The system is going down for halt NOW!

[root@linux_command ~]#shutdown -h 0

Broadcast message from root@linux_command
        (/dev/pts/0) at 9:25 ...

The system is going down for halt NOW!
```

【实例 5-65】2 分钟后重新启动 Linux 系统

```
shutdown -r +2
```

系统将在 2 分钟后重启，“+m”选项，其中 m 表示分钟数，表示 m 分钟后关机或开机。

```
[root@linux_command ~]#shutdown -r +2

Broadcast message from root@linux_command
        (/dev/pts/0) at 9:26 ...

The system is going down for reboot in 2 minutes!
```

【实例 5-66】设置系统在特定时间点关机

```
shutdown -h 12:30
```

系统将在当天中午 12:30 执行“shutdown -h”关机指令。

```
shutdown -h 12:30&
```

系统将在当天中午 12:30 执行“shutdown -h”关机指令，其中“&”符号表示当前指令运行在后台，最好使用指令&将关机指令至于后台处理，不影响当前其他操作。如下代码中“-h”选项，表示指定系统在规定时间内执行关机指令。

```
[root@linux_command ~]#shutdown -h 12:30

Broadcast message from root@linux_command
        (/dev/pts/0) at 9:30 ...

The system is going down for halt in 180 minutes!
```

```
[root@linux_command ~]#shutdown -h 12:30 &
[1] 1325
[root@linux_command ~]#
Broadcast message from root@linux_command
       (/dev/pts/0) at 9:31 ...

The system is going down for halt in 179 minutes!

[root@linux_command ~]#kill 1325
```

设置多久时间后执行 shutdown 指令，时间参数有 hh：mm 或+m 两种模式。

- hh：mm 格式表示在几点几分执行 shutdown 指令。例如“shutdown 10：45”表示将在 10：45 执行 shutdown，+m 表示 m 分钟后执行 shutdown。
- 比较特别的用法是以 now 表示立即执行 shutdown，值得注意的是这部分参数不能省略。
- 另外，需要注意如果现在已经 22:30，如果你执行了 shutdown -h 22:00 & ，那么第二天才会关机。

【实例 5-67】取消 shutdown 关机指令

```
shutdown -h 12:30
```

如上代码所示，指令让 Linux 系统在“12:30”关机，但是如果发现这个时间点关闭系统不合适，可使用<Ctrl+c>组合键取消关机指令。

```
[root@linux_command ~]#shutdown -h 12:30

Broadcast message from root@linux_command
       (/dev/pts/0) at 9:33 ...

The system is going down for halt in 177 minutes!
shutdown: Shutdown cancelled
```

操作者也可以在另外一个终端执行如下指令取消“shutdown -h 12:30”关机指令。

```
[root@linux_command ~]#shutdown -c
```

【实例 5-68】向所有登录用户发出关闭系统警告信息

```
shutdown -k "now"
```

向所有登录的会话窗口发送信息，代码演示及完整输出如下所示。

```
[root@linux_command ~]#shutdown -k now "The Server will shutdown now"
Broadcast message from root@linux_command
       (/dev/pts/0) at 9:33 ...
```

```
The system is going down for maintenance NOW!
The Server will shutdown now
```

上述指令告知其他终端登录者，Linux 操作系统将会关闭，只是信息告知而已，并不会真的执行关机指令。

【实例 5-69】重新启动时不进行磁盘检测

shutdown 指令中“-fr”组合选项表示系统重启后，强制略过 fsck 磁盘检查。

```
[root@linux_command ~]#shutdown -fr now

Broadcast message from root@linux_command
        (/dev/pts/0) at 9:34 ...

The system is going down for reboot NOW!
```

【实例 5-70】shutdown 指令常用实例小结

```
shutdown +6
```

6 分钟后关闭操作系统。

```
shutdown 22:00
```

当前系统将在 22:00 执行关机。

```
shutdown +6 "The machine will shutdown"
```

系统将在 6 分钟后关机，并通知在线者。

```
shutdown -h now
```

立刻关机，其中 now 相当于数字时间中的 0 秒，halt、poweroff、init 0 指令均可关机。

```
shutdown -h 20:30
```

系统将在今晚的 8:30 时间点执行关机操作。

```
shutdown -h +10
```

系统再过 10 分钟后将自动关机。

```
shutdown -k now  'Hey! Go away! now...'
```

发出警告信息，并没有执行关闭当前系统操作。

5.2.11 halt 指令

halt 是最简单的关机指令，本质上 halt 调用“shutdown -h”指令关机。halt 指令执行时，在杀死应用进程、执行 sync 系统调用、文件系统写操作完成后就会停止内核，常用选项如表 5-12 所示。

表 5-12　　halt 指令常用参数

参数	说明
-n	防止 sync 系统调用，它用在利用 fsck 修补根分区之后，以阻止内核用老版本的超级块（superblock）覆盖修补过的超级块
-w	并不是真正地重启或关机，只是写 wtmp（/var/log/wtmp）纪录
-d	不写 wtmp 纪录（已包含在选项-n 中）
-f	没有调用 shutdown 而强制关机或重启
-i	关机（或重启）前，关掉所有的网络接口
-p	该选项为缺省选项，即在关机时调用 poweroff

【实例 5-71】halt 应用运维经验谈

在某些版本 CentOS 系统中，执行 halt 指令关机后系统不会自动断电，如图 5-7 所示。

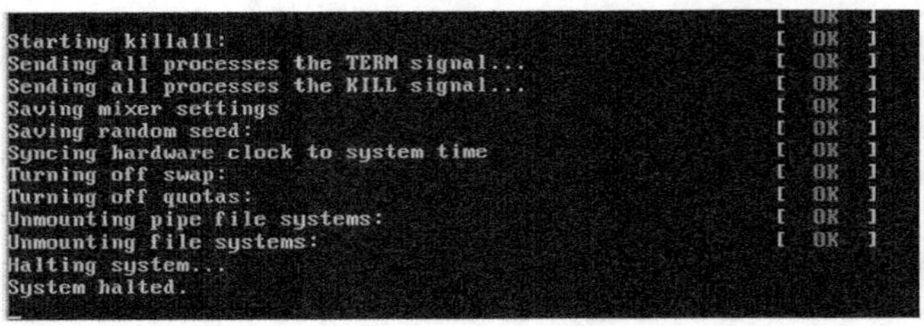

图 5-7　halt 关机不断电

图 5-7 表示系统已经执行关机指令了，只是没关闭电源，需要手动关闭电源。

5.2.12　init 指令

1．init 关机指令

init 是所有进程的祖先，它的进程号始终为 1，发送 TERM 信号给 init 会终止所有的用户进程、守护进程等。shutdown 指令也使用这种机制。init 定义了 7 个运行级别（runlevel），常用的运行级别如 init 0 为关机、init 1 为重启。

【实例 5-72】init 关机演示

过程如图 5-8 所示。

```
[root@linux_command ~]# init 0
```

2．Linux init 详解

init 是 Linux 系统操作中不可缺少的程序之一。init 进程是一个由内核启动的用户级进程，内核自行启动（已经被载入内存，开始运行，并已初始化所有的设备驱动程序和数据结构等）后，就通过启动一个用户级程序 init 的方式，完成引导进程。init 始终是第一个进程

（其进程编号始终为 1）。

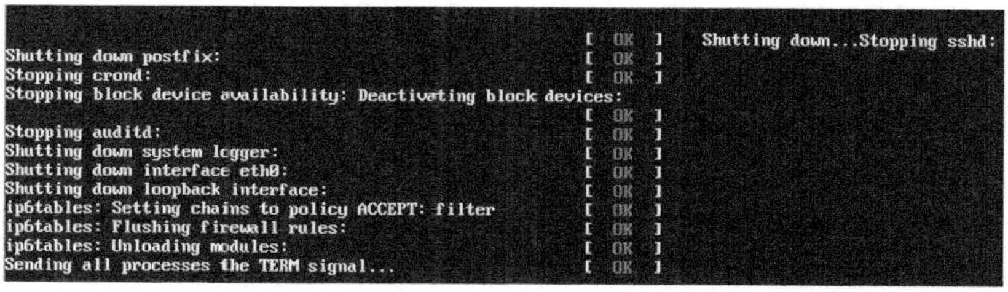

图 5-3 init 关机过程

内核会在曾使用过 init 的几个地方查找它，它的正确位置（对 Linux 系统来说）是/sbin/init。如果内核找不到 init，它就会试着运行/bin/sh，如果运行失败，系统启动也会失败。

```
pgrep init
```

查看 init 进程号。

```
which init
```

查看 init 指令位置，具体代码和完整输出如下所示。

```
[root@linux_command ~]#pgrep init
1
[root@linux_command ~]#which init
/sbin/init
```

3. 运行级别

运行级是操作系统当前正在运行的功能级别。这个级别为 0～6，不同级别对应不同的功能，不同的运行级定义如下代码所示。

```
cat /etc/redhat-release
```

查看当前 Linux 操作系统版本。

```
uname -r
```

查看内核版本信息，具体代码和完整输出如下所示。

```
[root@www.linux-command ~]#cat /etc/redhat-release
CentOS release 6.9 (Final)
[root@www.linux-command ~]#uname -r
2.6.32-696.23.1.el6.x86_64
```

【实例 5-73】查看当前系统运行级别配置文件

nl 指令查看当前操作系统运行级别配置文件。

```
nl /etc/inittab
```

以显示行号的模式打开/etc/inittab 文件，具体代码演示和完整输出如下所示。

```
[root@www.linux-command ~]#nl /etc/inittab
     1  # inittab is only used by upstart for the default runlevel.
     2  #
     3  # ADDING OTHER CONFIGURATION HERE WILL HAVE NO EFFECT ON YOUR SYSTEM.
     4  #
     5  # System initialization is started by /etc/init/rcS.conf
     6  #
     7  # Individual runlevels are started by /etc/init/rc.conf
     8  #
     9  # Ctrl-Alt-Delete is handled by /etc/init/control-alt-delete.conf
    10  #
    11  # Terminal gettys are handled by /etc/init/tty.conf and /etc/init/
serial.conf,
    12  # with configuration in /etc/sysconfig/init.
    13  #
    14  # For information on how to write upstart event handlers, or how
    15  # upstart works, see init(5), init(8), and initctl(8).
    16  #
    17  # Default runlevel. The runlevels used are:
    18  #   0 - halt (Do NOT set initdefault to this)
    19  #   1 - Single user mode
    20  #   2 - Multiuser, without NFS (The same as 3, if you do not have
networking)
    21  #   3 - Full multiuser mode
    22  #   4 - unused
    23  #   5 - X11
    24  #   6 - reboot (Do NOT set initdefault to this)
    25  #
    26  id:3:initdefault:
```

从上述代码输出中可以看到，“id:3”表示当前操作系统运行级别为 3，Linux 系统运行级别说明如下所示。

- # 0 – 停机（千万不能把 initdefault 设置为 0 ）。
- # 1 – 单用户模式。
- # 2 – 多用户，没有 NFS。
- # 3 – 完全多用户模式（标准的运行级）。
- # 4 – 没有用到。
- # 5 – X11（xwindow）。
- # 6 – 重新启动（生产环境不建议 init default 设置为 6）。

这些级别在/etc/inittab 文件里指定。这个文件是 init 程序寻找的主要文件，最先运行的服务是放在/etc/rc.d 目录下的文件。在大多数的 Linux 发行版本中，启动脚本都是位于/etc/rc.d/init.d 中的。这些脚本被用 ln 指令连接到/etc/rc.d/rcn.d 目录。（这里的 n 就是运行级别 0～6）

4．运行级别的配置

运行级别的配置是在/etc/inittab 行内进行的，如下所示：

```
[root@www.linux-command ~]#nl /etc/inittab  |tail -1
    26  id:3:initdefault:
```

- 第 1 个字段是一个任意指定的标签。
- 第 2 个字段表示这一行适用于运行哪个级别（这里是 3）。
- 第 3 个字段表示进入运行级别时，init 应该运行第 4 个字段内的指令一次，而且 init 应该等待该指令结束。/etc/init.d/rc 指令运行启动和终止输入，以便进入运行级别 2 时所需的任何指令。
- 第 4 个字段中的指令执行设置运行级别时的一切“杂活”，它启动已经没有运行的服务，终止不应该再在新运行级别内运行的服务。根据 Linux 版本不同，采用的具体指令也不同，而且运行级别的配置也有差别。

init 启动时，它会在/etc/inittab 内查找一个代码行，这一行指定了系统默认运行级别。

```
id:3:initdefault:
```

Linux 系统管理员可以在系统重启后进入非默认运行级别，此时为内核指定一个“single”或“emergency”指令行参数即可实现。如内核指令行参数的指定可通过 LILO 或 GRUB 来执行。如此，系统管理员就可以选择系统重启时进入单用户模式（即运行级别 1）。

系统正在运行时，telinit 指令可更改运行级别，运行级别发生变化时，init 会从/etc/inittab 配置文件运行相应指令。

【实例 5-74】查看运行级别

```
runlevel
```

查看当前操作系统运行级别。

```
[root@linux_command ~]#runlevel
N 3
```

从上述代码中可以看到，当前操作系统的运行级别为 3。

5．/etc/inittab 文件中的特殊配置

在/etc/inittab 中有几个特殊的特性，允许 init 重新激活特殊事件。

这些特殊特性都是用第 3 个字段中的特殊关键字标记出来的。

（1）power wait

允许 init 在电源被切断时，关闭系统。其前提是具有 UPS 和监视 UPS 并通知 init 电源已被切断的软件。

（2）<Ctrl+Alt+Del>组合键

允许 init 在用户于控制台键盘上按下<Ctrl+Alt+Del>组合键时，重新启动系统。注意，如果该系统放在一个公共场所，系统管理员可将<Ctrl+Alt+Del>组合键配置为别的行为，如忽略重启操作系统等。

（3）sysinit

系统启动时准备运行的指令，例如通过设置指令将清除/tmp/目录下的所有临时文件。

5.2.13 ssh 指令

什么是 ssh？

简单来说，ssh 是一种网络协议，用于计算机之间的加密登录。如果一个用户从本地计算机使用 ssh 协议登录另一台远程计算机，我们就可以认为这种登录是安全的，即使被中途截获，密码也不会泄露。最早的时候，互联网通信都是明文通信，一旦被截获，内容就会暴露。1995 年，芬兰学者 Tatu Ylonen 设计了 ssh 协议，将登录信息全部加密，成为互联网安全的一个基本解决方案，并迅速在全世界获得推广。目前 ssh 协议已经成为 Linux 系统的标准配置。

1. ssh 与 telnet 区别

telnet 与 ssh 是常用的远程管理服务，它们都是 TCP 协议，建立会话先要进行 TCP 三次握手，有确认机制，因此是可靠的传输协议，端口号分别是 23 和 22。telnet 采用明文传输，传输过程容易被窃取，除管理以外还可用于端口扫描、测试目标端口可达、是否开放。

ssh 采用 SSL 加密传输，创建会话会产生一个非对称密钥对（RSA、DSA、DH 算法），服务端拥有私钥，客户端会提示接收/保存公钥，公钥加密的数据只有私钥才能解密。然后再协商交换一个对称密钥来加密之前的数据（DES、3DES、AES 处理速度快），这样就可以防止信息泄露。ssh 不仅可以用来远程管理，还可以扩展 SFTP、SCP、SLogin 等。至于 ssh v1 和 ssh v2（也有叫 v1.5 和 v1.9），前者稍有缺陷，v2 版本已通过算法进行修复。

【实例 5-75】查看 ssh 使用帮助

```
ssh --help
```

查看 ssh 指令帮助信息。

```
 [root@www.linux-command ~]#ssh --help
usage: ssh [-1246AaCfgKkMNnqsTtVvXxYy] [-b bind_address] [-c cipher_spec]
           [-D [bind_address:]port] [-e escape_char] [-F configfile]
           [-I pkcs11] [-i identity_file]
           [-L [bind_address:]port:host:hostport]
           [-l login_name] [-m mac_spec] [-O ctl_cmd] [-o option] [-p port]
           [-R [bind_address:]port:host:hostport] [-S ctl_path]
           [-W host:port] [-w local_tun[:remote_tun]]
           [user@]hostname [command]
```

【实例 5-76】ssh 远程连接案例

第一次连接目标主机时，ssh 会让你确认目标主机的真实性。如果你回答的是 NO，ssh 服务将不会继续连接，只有回答 Yes 才会继续（在 ssh 配置文件中加入 RSA key 的指纹作为记录，若下次连接发现指纹变化，会有相关提示）。

ssh 指令连接远程主机，再次登录此主机，ssh 不会再提示确认消息，对此主机的真实验证信息已经默认保存在每个用户的 /home/user-name/.ssh 文件中。

```
ip ro |grep src |awk '{print $NF}'
```

过滤本机 IP 地址。

```
ssh 192.168.1.105
```

连接 192.168.1.105 远程主机。

```
exit
```

退出当前登录系统。

```
[root@www.linux-command ~]#ip ro |grep src |awk '{print $NF}'
192.168.1.109
[root@www.linux-command ~]#ssh 192.168.1.105
The authenticity of host '192.168.1.105 (192.168.1.105)' can't be established.
RSA key fingerprint is 57:c6:cb:e7:bc:1d:62:f8:23:b6:11:a1:47:0e:f5:f9.
Are you sure you want to continue connecting (yes/no)? yes
Warning: Permanently added '192.168.1.105' (RSA) to the list of known hosts.
root@192.168.1.105's password:
Last login: Sun Jun 24 12:06:37 2018 from 192.168.1.109
[root@test ~]#ip ro |grep src |awk '{print $NF}'
192.168.1.105
[root@test ~]#exit
logout
Connection to 192.168.1.105 closed.
```

当前主机已经有连接远程主机 192.168.1.105 的指纹信息，如下代码所示。

```
[root@www.linux-command ~]#cat /root/.ssh/known_hosts
192.168.1.105 ssh-rsa AAAAB3NzaC1yc2EAAAABIwAAAQEAyKWiZ794LQ1AY1Lok/L7YUvBm
OsyA9x5rI04qRCFlzCy1Uwe1Euo4oKEeia9xaNlN4j5W0BBu7WXHN/xhWBl2GbSuJ7iX2gDgRlREYhy
MZd3xb+6QXrn/ZZgUmTTah4dtVHr8mcrkMLJT7lBgJsMEHW/vkDTNKQ53q5Ks0fT3vQSlJjFh6EPoPy
iIGaUyP+YyDot1XdnrgK8Ec0XCcL9YPJq8jM9Bm2aO3nz39UHenA6HMA67yzrwNDVM6ZZDuI80ErXivdws
HyzGjQzuAfwoVdBhjksV6KkWNOGTr0EEaUoNJ9i8xPJ1d8JeoFD04UNQum0YgUK7Du64A0WjXjMvw==
```

若将当前指纹信息删除，还需要重新建立连接加密等认证，具体演示和输出如下代码所示。

```
rm -rfv /root/.ssh/
```

删除当前用户远程连接相关信息，建议读者在删除此文件之前，先进行备份操作。

```
[root@www.linux-command ~]#rm -rfv /root/.ssh/
removed `/root/.ssh/known_hosts'
removed directory: `/root/.ssh'
```

重新连接 192.168.1.105，如下代码所示。

```
[root@www.linux-command ~]#ssh 192.168.1.105
The authenticity of host '192.168.1.105 (192.168.1.105)' can't be established.
RSA key fingerprint is 57:c6:cb:e7:bc:1d:62:f8:23:b6:11:a1:47:0e:f5:f9.
```

```
Are you sure you want to continue connecting (yes/no)? no
Host key verification failed.
```

由于删除了用户连接信息，再次连接远程主机还需要用户重新输入身份指纹验证信息。

2. 指定登录用户

默认 ssh 会尝试用当前用户作为用户名来连接，可使用“-l”选项指定用户名。

【实例 5-77】目标主机新建用户并设置密码

下列代码中使用 useradd 指令创建 duoduo 用户，并使用 passwd 更改用户 duoduo 的密码。

```
[root@test ~]#ip ro |grep src |awk '{print $NF}'
192.168.1.105
[root@test ~]#useradd duoduo
[root@test ~]#echo 'duoduo'|passwd --stdin duoduo
Changing password for user duoduo.
passwd: all authentication tokens updated successfully.
```

【实例 5-78】指定用户登录

下列代码中采用“-l”选项，表示使用指定用户（duoduo）登录远程主机。

```
ip ro |grep src |awk '{print $NF}'
```

查看本机 IP 地址。

```
ssh 192.168.1.105  -l duoduo
```

使用 duoduo 登录远程主机 192.168.1.105。

```
whoami
```

查看当前登录用户信息。

```
[root@www.linux-command ~]#ip ro |grep src |awk '{print $NF}'
192.168.1.109
[root@www.linux-command ~]#ssh 192.168.1.105  -l duoduo
The authenticity of host '192.168.1.105 (192.168.1.105)' can't be established.
RSA key fingerprint is 57:c6:cb:e7:bc:1d:62:f8:23:b6:11:a1:47:0e:f5:f9.
Are you sure you want to continue connecting (yes/no)? yes
Warning: Permanently added '192.168.1.105' (RSA) to the list of known hosts.
duoduo@192.168.1.105's password:
[duoduo@test ~]$whoami
duoduo
[duoduo@test ~]$ip ro |grep src |awk '{print $NF}'
192.168.1.105
[duoduo@test ~]$exit
logout
Connection to 192.168.1.105 closed.
```

3. ssh 连接时指定端口

ssh 默认使用 22 端口，大多数现代 Linux 系统的 22 端口都是开放的，运行 ssh 程序没有指定端口号，默认通过 22 端口发送请求。

【实例 5-79】指定端口登录

一些系统管理员会改变 ssh 服务的默认端口号，使用“-p”选项，后面加上 ssh 端口号。

```
ssh 192.168.1.56  -l duoduo -p22
```

ssh 远程连接采用 22 端口，登录 192.168.1.56 远程主机。

```
[root@linux_command ~]#ssh 192.168.1.56  -l duoduo -p22
duoduo@192.168.1.56's password:
Last login: Sat Apr  8 10:27:50 2017 from 192.168.1.58
```

要改变端口号，我们需要修改/etc/ssh/ssh_config 文件，找到如下行代码。

```
Port 22
```

把它换成其他的端口号，然后重启 ssh 服务即可生效。

4. 打开调试模式

【实例 5-80】显示登录详细信息

由于某些原因，需要追踪调试 ssh 连接建立信息，“-v”选项显示调试模式详细信息。

```
[root@linux_command ~]#ssh -v 192.168.1.56  -l duoduo -p22
Openssh_5.3p1, OpenSSL 1.0.1e-fips 11 Feb 2013
debug1: Reading configuration data /etc/ssh/ssh_config
debug1: Applying options for *
debug1: Connecting to 192.168.1.56 [192.168.1.56] port 22.
debug1: Connection established.
debug1: permanently_set_uid: 0/0
debug1: identity file /root/.ssh/identity type -1
debug1: identity file /root/.ssh/identity-cert type -1
debug1: identity file /root/.ssh/id_rsa type -1
debug1: identity file /root/.ssh/id_rsa-cert type -1
debug1: identity file /root/.ssh/id_dsa type -1
debug1: identity file /root/.ssh/id_dsa-cert type -1
debug1: identity file /root/.ssh/id_ecdsa type -1
debug1: identity file /root/.ssh/id_ecdsa-cert type -1
debug1: Remote protocol version 2.0, remote software version Openssh_5.3
debug1: match: Openssh_5.3 pat Openssh*
debug1: Enabling compatibility mode for protocol 2.0
debug1: Local version string ssh-2.0-Openssh_5.3
debug1: ssh2_MSG_KEXINIT sent
debug1: ssh2_MSG_KEXINIT received
debug1: kex: server->client aes128-ctr hmac-md5 none
debug1: kex: client->server aes128-ctr hmac-md5 none
debug1: ssh2_MSG_KEX_DH_GEX_REQUEST(1024<1024<8192) sent
debug1: expecting ssh2_MSG_KEX_DH_GEX_GROUP
debug1: ssh2_MSG_KEX_DH_GEX_INIT sent
debug1: expecting ssh2_MSG_KEX_DH_GEX_REPLY
debug1: Host '192.168.1.56' is known and matches the RSA host key.
```

```
debug1: Found key in /root/.ssh/known_hosts:1
debug1: ssh_rsa_verify: signature correct
debug1: ssh2_MSG_NEWKEYS sent
debug1: expecting ssh2_MSG_NEWKEYS
debug1: ssh2_MSG_NEWKEYS received
debug1: ssh2_MSG_SERVICE_REQUEST sent
debug1: ssh2_MSG_SERVICE_ACCEPT received
debug1: Authentications that can continue: publickey,gssapi-keyex,gssapi-
with-mic,password
debug1: Next authentication method: gssapi-keyex
debug1: No valid Key exchange context
debug1: Next authentication method: gssapi-with-mic
debug1: Unspecified GSS failure.  Minor code may provide more information
Cannot determine realm for numeric host address

debug1: Unspecified GSS failure.  Minor code may provide more information
Cannot determine realm for numeric host address

debug1: Unspecified GSS failure.  Minor code may provide more information


debug1: Unspecified GSS failure.  Minor code may provide more information
Cannot determine realm for numeric host address

debug1: Next authentication method: publickey
debug1: Trying private key: /root/.ssh/identity
debug1: Trying private key: /root/.ssh/id_rsa
debug1: Trying private key: /root/.ssh/id_dsa
debug1: Trying private key: /root/.ssh/id_ecdsa
debug1: Next authentication method: password
duoduo@192.168.1.56's password:
debug1: Authentication succeeded (password).
debug1: channel 0: new [client-session]
debug1: Requesting no-more-sessions@openssh.com
debug1: Entering interactive session.
debug1: Sending environment.
debug1: Sending env LANG = zh_CN.UTF-8
Last login: Sat Apr  8 10:28:35 2017 from 192.168.1.58
```

上述代码中的“-v”选项显示 ssh 连接过程中的详细信息。

【实例 5-81】远程执行指令

ssh 执行远程指令格式如下所示。

```
ssh [options][remote host][command]
```

登录远程服务器查看系统在过去 1 分钟、5 分钟、15 分钟负载信息。

```
[root@www.linux-command ~]#ssh 192.168.1.105 uptime
root@192.168.1.105's password:
 12:34:29 up 30 min,  2 users,  load average: 0.00, 0.00, 0.00
```

【实例 5-82】ssh 远程执行指令并自动退出

假设远程服务器 IP 是 192.168.1.106，查看远程服务器的内存信息。

```
[root@www.ntp_server.com ~]# ssh -l root 192.168.1.106 "free -g"
root@192.168.1.106's password:
             total       used       free     shared    buffers     cached
Mem:             1          0          1          0          0          0
-/+ buffers/cache:          0          1
Swap:            1          0          1
```

【实例 5-83】执行远程服务器的 Shell 文件

本实例服务器角色如下所示。

- 本地服务器 IP：192.168.1.109。
- 远程服务器 IP：192.168.1.105。

（1）首先在远程服务器 192.168.1.105 的/data/sh/下创建一个 w.sh 脚本，指令如下所示。

```
[root@test ~]#mkdir -pv /data/sh
mkdir: created directory `/data'
mkdir: created directory `/data/sh'
[root@test ~]#cat >/data/sh/w.sh<<q
> #!/bin/bash
> w >> 'w.log'
> exit 0
> q
```

（2）具体代码内容如下所示。

```
[root@test ~]#cat /data/sh/w.sh
#!/bin/bash
w >> 'w.log'
exit 0
```

（3）赋予脚本可执行权限。

```
[root@test ~]#bash -n /data/sh/w.sh
[root@test ~]#chmod +x /data/sh/w.sh
[root@test ~]#ls -l /data/sh/w.sh
-rwxr-xr-x. 1 root root 35 Jun 24 12:36 /data/sh/w.
```

（4）在本地终端调用远程的 w.sh。

```
[root@www.linux-command ~]#ssh -l root 192.168.1.105 "/data/sh/w.sh"
root@192.168.1.105's password:
```

（5）在远程服务器的/root/目录中会看到 w.log 文件，显示 w.log 内容。

```
[root@www.linux-command ~]#ssh -l root 192.168.1.105 "cat /root/w.log"
root@192.168.1.105's password:
 12:38:58 up 34 min,  2 users,  load average: 0.00, 0.00, 0.00
USER     TTY      FROM              LOGIN@   IDLE   JCPU   PCPU WHAT
root     tty1     -                12:04   34:26   0.02s  0.02s -bash
root     pts/0    192.168.1.104     12:06    1:25   0.05s  0.05s -bash
```

5.2.14 scp 指令

【实例 5-84】Linux 之间文件传输常用方法小结

Linux 之间文件传输一般有如下 4 种方法。

1．ftp 传输文件

也就是其中一台 Linux 安装 ftp Server，这样可以另外一台使用 ftp 的 client 程序来进行文件复制。

2．samba 共享文件

采用 samba 服务，类似 Windows 文件复制的方式来操作，比较简洁方便。

3．scp 指令传输

利用 scp 指令来进行文件复制。

scp 复制文件，基层基于 ssh 登录，操作起来比较方便，如要把当前一个文件复制到远程另外一台主机上

4．http 提供下载列表

使用 http 服务，然后用 wget 方式或者 curl 方式去下载。

【实例 5-85】scp 基础知识

scp 是“secure copy”的简写，在 Linux 下进行远程复制文件的指令，和它类似的指令有 cp。cp 指令只是在本机进行复制，不能跨服务器，而且 scp 传输是加密的，会影响传输一部分速率。当服务器硬盘变为只读“read only system”时，用 scp 可以帮管理员把文件移出来。

使用 scp 几乎不占用系统资源，不会提高多少系统负荷。虽然 rsync 比 scp 会快一点，但当小文件众多的情况下，rsync 会导致硬盘 I/O 非常高，而 scp 基本不影响系统正常运行及使用。scp 指令常用选项如表 5-13 所示。

表 5-13 scp 指令常用选项

参数	说明
-1	强制 scp 指令使用协议 ssh1
-2	强制 scp 指令使用协议 ssh2
-4	强制 scp 指令只使用 IPv4 寻址
-6	强制 scp 指令只使用 IPv6 寻址
-B	使用批处理模式（传输过程中不询问传输口令或短语）
-C	允许压缩（将-C 标志传递给 ssh，从而打开压缩功能）
-p	保留原文件的修改时间、访问时间和访问权限
-q	不显示传输进度条
-r	递归复制整个目录

续表

参数	说明
-v	详细方式显示输出。scp 和 ssh(1)会显示出整个过程的调试信息，这些信息用于调试连接，验证和配置问题
-c	cipher，以 cipher 将数据传输进行加密，这个选项将直接传递给 ssh
-F	ssh_config，指定一个替代的 ssh 配置文件，此参数直接传递给 ssh
-i	identity_file，从指定文件中读取传输时使用的密钥文件，此参数直接传递给 ssh
-l	limit，限定用户所能使用的带宽，以 KB/s 为单位
-o	ssh_option，如果习惯于使用 ssh_config(5)中的参数传递方式
-P	port，注意是大写的 P, port 是指定数据传输用到的端口号
-S	program，指定加密传输时所使用的程序。此程序必须能够理解 ssh(1)的选项

scp 指令从本地复制到远程的指令格式：

```
scp local_file remote_username@remote_ip:remote_folder
```

或者：

```
scp local_file remote_username@remote_ip:remote_file
```

或者：

```
scp local_file remote_ip:remote_folder
```

或者：

```
scp local_file remote_ip:remote_file
```

第 1、2 个指定了用户名，指令执行后需要再输入密码，第 1 个仅指定了远程的目录，文件名字不变，第 2 个指定了文件名。

第 3、4 个没有指定用户名，指令执行后需要输入用户名和密码，第 3 个仅指定了远程的目录，文件名字不变，第 4 个指定了文件名。

从远程复制到本地，只要将从本地复制到远程的指令的后 2 个参数调换顺序即可。

相比于 CP 指令，scp 指令主要就是在 source 跟 dest 之前加上 remote_username@remote_ip:，通过加入的位置的不同区分出是从远程到本地还是本地到远程。

注意内容如下。

（1）如果远程服务器防火墙有特殊限制，scp 便要走特殊端口，具体用什么端口视情况而定，指令格式如下：

```
#scp -p 10000 remote@linux_command:/usr/local/sin.sh /data/sh
```

（2）使用 scp 时要注意所使用的用户是否具有可读取远程服务器相应文件的权限。

scp 还可以对拷文件夹和文件夹下的所有文件，对拷文件并重命名。

【实例 5-86】创建测试文件

```
mkdir -pv /data/scp
```

创建/data/scp 目录。

```
cp -av /etc/{passwd,shadow} /data/scp/
```

复制/etc/passwd、/etc/shadow 文件到/data/scp 目录，具体代码如下所示。

```
[root@www.linux-command ~]#mkdir -pv /data/scp
mkdir: created directory `/data/scp'
[root@www.linux-command ~]#cp -av /etc/{passwd,shadow} /data/scp/
`/etc/passwd' -> `/data/scp/passwd'
`/etc/shadow' -> `/data/scp/shadow'
```

上述代码创建测试目录，并复制 passwd 和 shadow 作为测试文件。

【实例 5-87】复制文件夹到远程主机（包括文件夹本身）

```
scp -r /data/scp/ root@192.168.1.105:/tmp/
```

传输/data/scp/目录到 192.168.1.105 远程主机的/tmp 目录。

```
[root@www.linux-command ~]#scp -r /data/scp/ root@192.168.1.105:/tmp/
root@192.168.1.105's password:
shadow                                          100% 1022     1.0KB/s   00:00
passwd                                          100% 1299     1.3KB/s   00:00
```

上述代码传输/data/scp/文件夹到 192.168.1.105 服务器的/tmp/目录下。

【实例 5-88】对拷文件夹下所有文件（不包括文件夹本身）

```
scp -r /data/scp/* root@192.168.1.105:/root
```

传输/data/scp 目录下的所有文件到 192.168.1.105 服务器/root 目录。

```
[root@www.linux-command ~]#scp -r /data/scp/* root@192.168.1.105:/root
root@192.168.1.105's password:
passwd                                          100% 1299     1.3KB/s   00:00
shadow                                          100% 1022     1.0KB/s   00:00
```

上述代码传输/data/scp/文件夹的虽有文件到 192.168.1.105 服务器的/root 目录。

【实例 5-89】对拷文件并重命名

```
scp /data/scp/passwd  root@192.168.1.105:/tmp/password
```

传输/data/scp/文件夹的 passwd 文件到 192.168.1.105 服务器的/tmp/目录下并重命名为 password。

```
[root@www.linux-command ~]#scp /data/scp/passwd  root@192.168.1.105:/tmp/password
root@192.168.1.105's password:
passwd                                          100% 1299     1.3KB/s   00:00
```

【实例 5-90】复制文件时限速

在内网使用 rsync 或 scp 指令传输文件，我们当然希望速度越快越好，但也有一种额外的情况，内网中有大量的数据库备份任务，需要给数据库备份连接预留带宽。

如果是通过外网 scp 或 rsync 指令传输文件，若运营商不提供内网服务，此时复制文件就必须要限制速度，否则带宽跑满后会导致服务不可用，影响业务及用户体验。

不限速复制文件 scp 代码如下。

```
[root@www.ansible.com ~/rsync_dir_d]# scp nginx.log root@192.168.1.106:/data/
rsync_dir_d/
root@192.168.1.106's password:
nginx.log
```

显然内网网速达到 22MB/s，限速时的 scp 代码如下所示：

```
[root@www.ansible.com ~/rsync_dir_d]# scp -l 10240 nginx.log root@192.168.1.
106:/data/rsync_dir_d/
root@192.168.1.106's password:
nginx.log                                    100%   100MB   1.2MB/s   01:26
```

注意：“-l 10240”选项的位置，必须放在文件或目录的前面，否则不生效；“-l 10240”选项限制的速度为“10240/8=1280k”，大约在 1MB/s 左右。

5.2.15 ls 指令

ls 是 Linux 系统下最常用的指令之一，选项达 30 个之多，也是较复杂的 Linux 指令。ls 指令可用于列出文件和目录，在默认情况下，它会列出当前目录的内容，带上参数后，可以用 ls 做更多系统管理方面的工作。

ls 指令不带任何参数时，默认显示当前目录下非隐藏的文件或目录，并按文件名进行排序与及默认显示文件或目录的颜色。读者可以运用一些选项来显示更多的内容，ls 指令常用选项如表 5-14 所示。

表 5-14　　ls 指令常用选项

选项	说明
-a	全部的文件，连同隐藏档（开头为 . 的文件）一起列出来（常用）
-A	全部的文件，连同隐藏档，但不包括 . 与 .. 这两个目录
-d	仅列出目录本身，而不列出目录内的文件数据（常用）
-f	直接列出结果，而不进行排序（ls 默认会以档名排序！）
-F	根据文件、目录等资讯，给予附加数据结构，例如： *:代表可运行档；/:代表目录；=:代表 socket 文件；|:代表 FIFO 文件
-h	将文件容量以人类较易读的方式（例如 GB、KB 等）列出来
-i	列出 inode 号码，inode 的意义将会在第 6 章介绍
-l	长数据串列出，包含文件的属性与权限等数据。（常用）
-n	列出 UID 与 GID 而非使用者与群组的名称。（UID 与 GID 会在账号管理提到）

续表

选项	说明
-r	将排序结果反向输出，例如：原本档名由小到大，反向则为由大到小
-R	连同子目录内容一起列出来，等于该目录下的所有文件都会显示出来
-S	以文件容量大小排序，而不是用档名排序
-t	依时间排序，而不是用档名
--color=never	不要依据文件特性给予颜色显示
--color=always	显示颜色
--color=auto	让系统自行依据配置来判断是否给予颜色
--full-time	以完整时间模式（包含年、月、日、时、分）输出
--time={atime,ctime}	输出 access 时间或改变权限属性时间（ctime）而非内容变更时间（modification time）

（1）ls 指令最常用的方式是不带任何选项：

```
格式：ls
```

（2）若要显示某个具体的文件，直接跟上文件名即可：

```
格式：ls <FILE>
```

（3）若要显示某个目录下的文件，直接跟上目录名即可：

```
格式：ls <DIR>
```

（4）若要显示某个目录本身的信息，需要加上“-d”参数：

```
格式：ls -d <DIR>
```

（5）若要显示目录或文件的详细信息，加上“-l”参数（字母 l 是 long 的缩写）：

```
格式：ls -l
```

（6）若要列表按时间排序，加上“-t”参数（字母 t 是 time 的缩写），注意是按时间倒序排列的，最新的文件排在前面：

```
格式：ls -lt
```

（7）若要使文件按时间顺序排列，在“-t”参数的基础上再加上“-r”参数（r 是 reverse 的缩写）：

```
格式：ls -lrt
```

（8）在 Linux 下，以点开头的文件或目录是隐藏的文件，通常有特殊用途，若要全部显示出来，要加上“-a”参数（a 是 all 的缩写）：

```
格式：ls -a
```

（9）在加上“-a”参数之后，会把所有以点开头的文件名，包括.和..，及当前目录和上级目录，若不想显示这两个，改用“-A”参数：

```
格式：ls -A
```

（10）不带参数运行 ls 会只列出文件或者目录，看不到其他信息输出：

```
[root@linux_command ~]#ls
anaconda-ks.cfg  install.log  install.log.syslog
```

【实例 5-91】使用长格式模式显示

使用“-l”选项，会显示当前目录内容的长列表，读取输出格式如下所示。

```
[root@linux_command ~]#ls -l
总用量 16
-rw-------. 1 root root  893 4月   8 09:51 anaconda-ks.cfg
-rw-r--r--. 1 root root 8017 4月   8 09:51 install.log
-rw-r--r--. 1 root root 3384 4月   8 09:51 install.log.syslog
```

第 1 列：第一个字母 d，表示内容是目录或者文件，如果是“-”（减号），表示它的内容是文件。当它是“l”（小写 l 字符），表示内容是链接文件。

下面的 9 个字符是关于文件权限的。前 3 个 rwx 字符是文件的拥有者的权限，第二组 3rwx 是文件的所有组的权限，最后的 rwx 是对其他人访问文件的权限。

第 2 列：有多少链接指向这个文件。

第 3 列：谁是这个文件/文件夹的所有者。

第 4 列：谁是这个文件/文件夹的所有组。

第 5 列：文件/文件夹的以字节为单位的大小，目录的大小总是 4096 字节。

第 6 列：文件最后的修改时间。

第 7 列：文件名或者目录名。

为了更清晰地展示给读者，在此专门截图并用箭头描述，如图 5-9 所示。

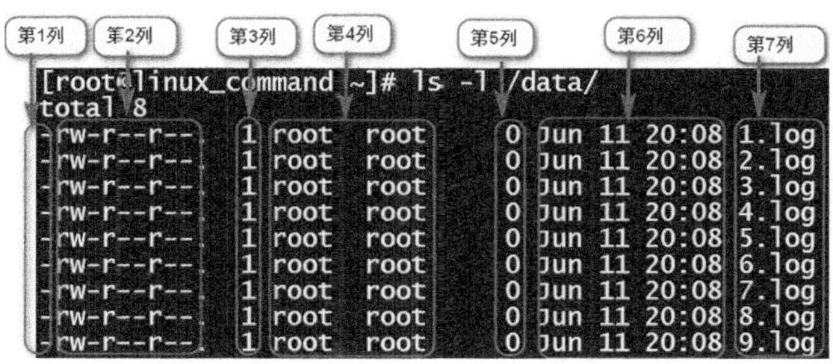

图 5-9 ls 长格式信息详情

【实例 5-92】显示文件大小

以字节为单位来看大小可能会不方便，可以使用“-h”与“-l”组合选项。“-h”选项表示易于阅读。

```
[root@linux_command ~]#ls -lh
总用量 16K
-rw-------. 1 root root  893 4月   8 09:51 anaconda-ks.cfg
-rw-r--r--. 1 root root 7.9K 4月   8 09:51 install.log
-rw-r--r--. 1 root root 3.4K 4月   8 09:51 install.log.syslog
```

【实例 5-93】按字节显示

可使用“si”选项，此选项和“-h”选项类似，“-si”选项以 1000 字节为单位，而“-h”选项以 1024 字节为单位。

```
[root@linux_command ~]#ls -lsi
总用量 16
656413 4 -rw-------. 1 root root  893 4月   8 09:51 anaconda-ks.cfg
655363 8 -rw-r--r--. 1 root root 8017 4月   8 09:51 install.log
655364 4 -rw-r--r--. 1 root root 3384 4月   8 09:51 install.log.syslog
```

【实例 5-94】按文件大小排序

若读者希望以文件大小排序，可使用“-S”参数，文件列表会从大到小排序。

```
[root@linux_command ~]#ls -lhS
总用量 16K
-rw-r--r--. 1 root root 7.9K 4月   8 09:51 install.log
-rw-r--r--. 1 root root 3.4K 4月   8 09:51 install.log.syslog
-rw-------. 1 root root  893 4月   8 09:51 anaconda-ks.cfg
```

【实例 5-95】自定义查看文件单位换算关系

ls 可以通过使用“-block-size=SIZE”改单位大小，这里的 SIZE 可以是如下容量单位。

- K = Kilobyte
- M = Megabyte
- G = Gigabyte
- T = Terabyte
- P = Petabyte
- E = Exabyte
- Z = Zettabyte
- Y = Yottabyte

例如使用 KB 或 MB 作为单位大小，代码如下所示。

```
[root@linux_command ~]#ls -l --block-size=K
总用量 16KB
-rw-------. 1 root root 1K 4月   8 09:51 anaconda-ks.cfg
-rw-r--r--. 1 root root 8K 4月   8 09:51 install.log
-rw-r--r--. 1 root root 4K 4月   8 09:51 install.log.syslog
[root@linux_command ~]#ls -l --block-size=M
总用量 1MB
```

```
-rw-------. 1 root root 1M 4月   8 09:51 anaconda-ks.cfg
-rw-r--r--. 1 root root 1M 4月   8 09:51 install.log
-rw-r--r--. 1 root root 1M 4月   8 09:51 install.log.syslog
```

上述代码以“KB”或“MB”为单位显示文件大小。

【实例 5-96】显示隐藏文件

在 Linux 中，以“.”（点号）开头的文件是隐藏文件，为了在 ls 指令中显示它，可以使用“-a”选项。

```
[root@linux_command ~]#ls -la
总用量 52
dr-xr-x---.  3 root root 4096 4月   8 10:05 .
dr-xr-xr-x. 22 root root 4096 4月   8 09:58 ..
-rw-------.  1 root root  893 4月   8 09:51 anaconda-ks.cfg
-rw-------   1 root root  141 4月   8 10:24 .bash_history
-rw-r--r--.  1 root root   18 5月  20 2009 .bash_logout
-rw-r--r--.  1 root root  176 5月  20 2009 .bash_profile
-rw-r--r--.  1 root root  176 9月  23 2004 .bashrc
-rw-r--r--.  1 root root  100 9月  23 2004 .cshrc
-rw-r--r--.  1 root root 8017 4月   8 09:51 install.log
-rw-r--r--.  1 root root 3384 4月   8 09:51 install.log.syslog
drwxr-----   3 root root 4096 4月   8 10:05 .pki
-rw-r--r--.  1 root root  129 12月  4 2004 .tcshrc
```

上述代码中显示当前目录下的隐藏文件。

【实例 5-97】只列出目录条目

只列出目录，可以使用“-d”选项。

```
[root@linux_command ~]#ls -ld *
-rw-------. 1 root root  893 4月   8 09:51 anaconda-ks.cfg
drwxr-xr-x  2 root root 4096 4月   8 11:11 dira
drwxr-xr-x  2 root root 4096 4月   8 11:11 dirb
drwxr-xr-x  2 root root 4096 4月   8 11:11 dirc
-rw-r--r--. 1 root root 8017 4月   8 09:51 install.log
-rw-r--r--. 1 root root 3384 4月   8 09:51 install.log.syslog
```

上述代码中使用“-d”列出当前路径下的所有目录自身信息。

【实例 5-98】不打印所有者信息

可使用“-g”选项不打印文件或目录所有者信息，如下代码所示。

```
[root@linux_command ~]# ls -l |head -3
total 3.3G
-rwxr-xr-x. 1 root root 393K 2016-04-12 17:36:55.000000000 +0800 nmon
-rw-r--r--. 1 root root 1.3M 2017-03-29 00:12:57.000000000 +0800 ntfs-3g_
ntfsprogs-2017.3.23.tgz
[root@linux_command ~]# ls -lg |head -3
total 3.3G
```

```
    -rwxr-xr-x. 1 root 393K 2016-04-12 17:36:55.000000000 +0800 nmon
    -rw-r--r--. 1 root 1.3M 2017-03-29 00:12:57.000000000 +0800 ntfs-3g_ntfsprogs-
2017.3.23.tgz
```

上述代码中使用“-g”选项不列出文件的所有者。

【实例 5-99】不打印组信息

“-g”隐藏了拥有者信息，“-G”会隐藏组信息。

```
[root@linux_command ~]#ls -lG
总用量 28
-rw-------. 1 root  893 4月  8 09:51 anaconda-ks.cfg
drwxr-xr-x  2 root 4096 4月  8 11:11 dira
drwxr-xr-x  2 root 4096 4月  8 11:11 dirb
drwxr-xr-x  2 root 4096 4月  8 11:11 dirc
-rw-r--r--. 1 root 8017 4月  8 09:51 install.log
-rw-r--r--. 1 root 3384 4月  8 09:51 install.log.syslog
```

ls 指令小结。

```
-g like -l, but do not list owner
```

“-g”选项和“-l”很类似，不过不列出文件拥有者。

```
-G, --no-group
in a long listing, don't print group names
```

配合“-l”选项使用时，不列出文件属于用户组，下面的代码文件使用了“-gG”选项组合，所有者和所属组均不列出。

```
    [root@linux_command ~]# ls -lgG |head -3
    total 3.3G
    -rwxr-xr-x. 1 393K 2016-04-12 17:36:55.000000000 +0800 nmon
    -rw-r--r--. 1 1.3M 2017-03-29 00:12:57.000000000 +0800 ntfs-3g_ntfsprogs-
2017.3.23.tgz
```

【实例 5-100】打印 UID 和 GID 信息

以数字方式列出项的所有者和所有组（即 UID 和 GID），可使用“-n”选项。

```
[root@linux_command ~]#ls -ln
总用量 28
-rw-------. 1 0 0  893 4月  8 09:51 anaconda-ks.cfg
drwxr-xr-x  2 0 0 4096 4月  8 11:11 dira
drwxr-xr-x  2 0 0 4096 4月  8 11:11 dirb
drwxr-xr-x  2 0 0 4096 4月  8 11:11 dirc
-rw-r--r--. 1 0 0 8017 4月  8 09:51 install.log
-rw-r--r--. 1 0 0 3384 4月  8 09:51 install.log.syslog
[root@linux_command ~]#id
uid=0(root) gid=0(root) 组=0(root)
```

在上述代码中，用户 root 的 UID 是 0，GID 是 0，而 root 组的 GID 是 0。

【实例 5-101】不带颜色打印

一些 Linux 发行版已经对 ls 指令启用彩色，这会使 ls 以各种颜色打印列表。如果不想这样，可以使用“--color=never”参数。

```
[root@linux_command ~]#ls -l --color=never
总用量 28
-rw-------. 1 root root  893 4月  8 09:51 anaconda-ks.cfg
drwxr-xr-x  2 root root 4096 4月  8 11:11 dira
drwxr-xr-x  2 root root 4096 4月  8 11:11 dirb
drwxr-xr-x  2 root root 4096 4月  8 11:11 dirc
-rw-r--r--. 1 root root 8017 4月  8 09:51 install.log
-rw-r--r--. 1 root root 3384 4月  8 09:51 install.log.syslog
```

【实例 5-102】打印每个文件的索引号

打印文件的 inode（文件索引）号，可使用“-i”选项，索引号显示在第一列。

```
[root@linux_command ~]#ls -li
总用量 28
656413 -rw-------. 1 root root  893 4月  8 09:51 anaconda-ks.cfg
657361 drwxr-xr-x  2 root root 4096 4月  8 11:11 dira
657362 drwxr-xr-x  2 root root 4096 4月  8 11:11 dirb
657363 drwxr-xr-x  2 root root 4096 4月  8 11:11 dirc
655363 -rw-r--r--. 1 root root 8017 4月  8 09:51 install.log
655364 -rw-r--r--. 1 root root 3384 4月  8 09:51 install.log.syslog
```

【实例 5-103】采用斜线标记目录

打印目录信息时，目录显示带有斜线的标记，使用“-p”选项即可实现。

```
mkdir a
```

创建 a 目录。

```
ls -lp
```

显示当前目录下所有文件信息，目录结尾使用反斜线“/”标识。

```
[root@www.linux-command ~]#mkdir a
[root@www.linux-command ~]#ls -lp
total 24
drwxr-xr-x  2 root root 4096 Jun 24 15:19 a/
-rw-------. 1 root root  899 Apr  6 11:43 anaconda-ks.cfg
-rw-r--r--. 1 root root 8845 Apr  6 11:43 install.log
-rw-r--r--. 1 root root 3384 Apr  6 11:43 install.log.syslo
```

【实例 5-104】排序时反转顺序

在列出条目时反转顺序，使用“-r”选项即可实现。

```
[root@linux_command ~]#ls -lr
总用量 28
```

```
-rw-r--r--. 1 root root 3384 4月  8 09:51 install.log.syslog
-rw-r--r--. 1 root root 8017 4月  8 09:51 install.log
drwxr-xr-x  2 root root 4096 4月  8 11:11 dirc
drwxr-xr-x  2 root root 4096 4月  8 11:11 dirb
drwxr-xr-x  2 root root 4096 4月  8 11:11 dira
-rw-------. 1 root root  893 4月  8 09:51 anaconda-ks.cfg
```

【实例 5-105】递归列出子目录

使用“-R”选项可以列出包含它子目录的目录。

```
[root@linux_command ~]#ls -lR
.:
总用量 28
-rw-------. 1 root root  893 4月  8 09:51 anaconda-ks.cfg
drwxr-xr-x  2 root root 4096 4月  8 11:11 dira
drwxr-xr-x  2 root root 4096 4月  8 11:11 dirb
drwxr-xr-x  2 root root 4096 4月  8 11:11 dirc
-rw-r--r--. 1 root root 8017 4月  8 09:51 install.log
-rw-r--r--. 1 root root 3384 4月  8 09:51 install.log.syslog

./dira:
总用量 0

./dirb:
总用量 0

./dirc:
总用量 0
```

【实例 5-106】扩展名排序

使用“-X”选项或“--sort=extension”通过扩展名来排序（对于筛选不同类型的文件有用）。

```
[root@linux_command ~]# ls -lX
total 22680
-rw-r--r--. 1 root    root        1408 Jun 25 23:13 bak
-rw-r--r--. 1 root    root           4 Jul  3 21:27 catfile
-rw-r--r--. 1 root    root          32 Jul  3 21:06 outfile
-rw-r--r--. 1 root    root        1408 Jun 25 23:13 passwd_bak
-rw-------. 1 root    root    11106453 Jul  9 22:22 sent
-rw-r--r--. 1 root    root          26 Jul  2 21:45 sers
[root@linux_command ~]# ls --sort=extension
bak        sent   nginx-1.8.0          a.log      nginx-release-centos-6-0.
el6.ngx.noarch.rpm
catfile    sers   nginx-1.8.0.tar.gz   cat1.log   remi-release-6.rpm
outfile    u      nginx_remi_tar.gz   passwd.log  hanshu.sh
passwd_bak users  nginx.tar.gz        a.out       xx.sh
[root@linux_command ~]# ls -lX
total 22680
-rw-r--r--. 1 root    root        1408 Jun 25 23:13 bak
-rw-r--r--. 1 root    root           4 Jul  3 21:27 catfile
```

```
-rw-r--r--. 1 root    root         32 Jul  3 21:06 outfile
-rw-r--r--. 1 root    root       1408 Jun 25 23:13 passwd_bak
-rw-------. 1 root    root   11106453 Jul  9 22:22 sent
-rw-r--r--. 1 root    root         26 Jul  2 21:45 sers
-rw-r--r--. 1 root    root          0 Jul  2 21:45 u
-rw-r--r--. 1 root    root         52 Jul  2 21:45 users
drwxr-xr-x. 9 php-fpm php-fpm     186 May 27 23:32 nginx-1.8.0
-rw-r--r--. 1 root    root     832104 Apr 21  2015 nginx-1.8.0.tar.gz
-rw-r--r--. 1 root    root    8213130 Jul  9 22:13 nginx_remi_tar.gz
-rw-r--r--. 1 root    root    2990973 Aug 25 20:57 nginx.tar.gz
-rw-r--r--. 1 root    root         58 Jul  1 22:25 a.log
-rw-r--r--. 1 root    root          3 Jul  3 21:32 cat1.log
-rw-r--r--. 1 root    root       1408 Jul  3 21:27 passwd.log
-rw-r--r--. 1 root    root          4 Jul  3 21:06 a.out
-rw-r--r--. 1 root    root       4311 Oct 14  2011 nginx-release-centos-6-0.
el6.ngx.noarch.rpm
-rw-r--r--. 1 root    root       8344 Feb 10  2017 remi-release-6.rpm
-rw-r--r--. 1 root    root        418 Aug 24 23:47 hanshu.sh
-rw-r--r--. 1 root    root         81 Aug 24 23:03 xx.sh
```

【实例 5-107】通过修改时间列出

使用“-t”选项会按修改时间排序，新的文件在前。

```
[root@linux_command ~]#ls -lt
总用量 28
drwxr-xr-x  2 root root 4096 4月   8 11:11 dira
drwxr-xr-x  2 root root 4096 4月   8 11:11 dirb
drwxr-xr-x  2 root root 4096 4月   8 11:11 dirc
-rw-------. 1 root root  893 4月   8 09:51 anaconda-ks.cfg
-rw-r--r--. 1 root root 8017 4月   8 09:51 install.log
-rw-r--r--. 1 root root 3384 4月   8 09:51 install.log.syslog
```

【实例 5-108】列出用户主目录

列出用户主目录，可以用“～”（波浪号）来代表它，这样操作者就不必输入完整的目录名。

```
 [root@linux_command ~]#ls -l ~
总用量 28
-rw-------. 1 root root  893 4月   8 09:51 anaconda-ks.cfg
drwxr-xr-x  2 root root 4096 4月   8 11:11 dira
drwxr-xr-x  2 root root 4096 4月   8 11:11 dirb
drwxr-xr-x  2 root root 4096 4月   8 11:11 dirc
-rw-r--r--. 1 root root 8017 4月   8 09:51 install.log
-rw-r--r--. 1 root root 3384 4月   8 09:51 install.log.syslog
```

【实例 5-109】列出父目录。

无论操作者在哪个目录，都可以列出父目录而不必输入完整路径，如下代码所示。

```
[root@linux_command ~]# ls ../
bin   data  etc   lib    lost+found  mnt  proc  sbin     srv  tmp  var
boot  dev   home  lib64  media       opt  root  selinux  sys  usr
```

列出 1 层之上的目录内容，如下代码所示。

```
[root@linux_command ~]# cd ../../
[root@linux_command /]# pwd -L
```

上述代码列出了 2 层以上的目录内容。

上述选项在日常操作中会经常用到，读者也可以输入“man ls”或“ls –help”查询 ls 帮助手册页。

5.2.16 uname 指令

uname 指令可用于大多数 UNIX 和类 UNIX 系统以及 Linux 系统，uname 指令可显示：Linux 主机所用的操作系统的版本、硬件的名称等基本信息。语法如下：

```
语　　法：uname [-amnrsvpio][--help][--version]
```

uname 指令常用选项，如表 5-15 所示。

表 5-15　　uname 指令常用参数

选项	说明
-a 或-all	详细输出所有信息，依次为内核名称、主机名、内核版本号、内核版本、硬件名、处理器类型、硬件平台类型、操作系统名称
-m 或-machine	显示主机的硬件（CPU）名
-n 或-nodename	显示主机在网络节点上的名称或主机名称
-r 或-release	显示 Linux 操作系统内核版本号
-s 或-sysname	显示 Linux 内核名称
-v	显示显示操作系统是第几个版本
-p	显示处理器类型或 unknown
-i	显示硬件平台类型或 unknown
-o	显示操作系统名
--help	获得帮助信息
--version	显示 uname 版本信息

【实例 5-110】查看操作系统类型

单独使用 uname 指令时相当于使用“uname –s”指令。

```
[root@linux_command ~]#uname
Linux
[root@linux_command ~]# uname -s
Linux
```

从上述代码中可以看到，当前操作系统的类型是 Linux。

【实例 5-111】查看操作系统版本信息

```
cat /etc/redhat-release
```

查看操作系统信息。

```
[root@linux_command ~]# cat /etc/redhat-release
CentOS release 6.9 (Final)
[root@linux_command ~]# cat /etc/issue
CentOS release 6.9 (Final)
Kernel \r on an \m
```

从上述代码中可以看到当前操作系统的版本是 CentOS release 6.9。

【实例 5-112】查看内核主机名等信息

“uname -a”指令查看当前操作系统内核信息。

```
[root@linux_command ~]# uname -a
Linux linux_command 2.6.32-696.el6.x86_64 #1 SMP Tue Mar 21 19:29:05 UTC 2017
x86_64 x86_64 x86_64 GNU/Linux
```

上述代码中显示了内核主机名等详细信息。

【实例 5-113】查看架构信息

在 Linux 终端输入 getconf LONG_BIT 指令，如果是 32 位机器，则结果为 32；如果是 64 位机器，则结果为 64。

```
[root@linux_command ~]#getconf LONG_BIT
64
```

【实例 5-114】查看 Linux 系统架构及内核信息

“uname -r”指令可查看 Linux 系统架构及内核信息。

```
[root@linux_command ~]#uname -r
2.6.32-642.el6.x86_64
```

从上述代码中可以看到，uname-a 执行后的结果中输出了 x86_64，说明该机器是 64 位，否则代表该机器是 32 位。

【实例 5-115】显示计算机类型

“uname -m”指令可查看当前计算机及操作系统类型。

```
[root@linux_command ~]# uname -m
x86_64
```

从上述代码中可以看到当前计算机是 64 位。

【实例 5-116】显示计算机名

“uname -n”指令显示当前操作系统或计算机名称。

```
[root@linux_command ~]# uname -n
linux_command
```

从上述代码中可以看到，当前计算机名称是 linux_command。

【实例 5-117】显示操作系统内核发行编号

"uname -r" 指令查看内核版本相关信息。

```
[root@linux_command ~]# uname -r
3.10.0-514.el7.x86_64
```

从上述代码中可以看到，当前操作系统发行内核编号是 3.10.0-514，CentOS 7 系列，64 位架构。

【实例 5-118】输出操作系统相关详细信息

"uname -v" 指令查看操作系统相关信息。

```
[root@linux_command ~]# uname -v
#1 SMP Tue Nov 22 16:42:41 UTC 2016
```

上述代码的输出信息包括系统名称、版本号、生成日期、支持的硬件架构、这个内核属于哪个用户的及系统的发行版本号码。

【实例 5-119】小结：判断 Linux 是 32 位还是 64 位

1. getconf LONG_BIT 指令

在 Linux 终端输入 getconf LONG_BIT 指令，如果是 32 位机器，则结果为 32，代码如下所示。

```
[root@localhost ~]# getconf LONG_BIT
32
```

如果是 64 位机器，则结果为 64。

```
[root@localhost ~]# getconf LONG_BIT
64
```

2. uname -a 指令

如果是 64 位机器，会输出 x86_64。

```
[root@linux_command ~]# uname -a
Linux linux_command 2.6.18-308.4.1.el5 #1 SMP Tue Apr 17 17:08:00 EDT 2012
x86_64 x86_64 x86_64 GNU/Linux
```

可以看到，uname-a 执行后的结果中输出了 x86_64，说明该机器是 64 位的，否则代表该机器是 32 位的。

```
[root@localhost ~]# uname -a
Linux localhost.localdomain 2.6.18-164.el5 #1 SMP Tue Aug 18 15:51:54 EDT 2009
i686 i686 i386 GNU/Linux
```

3. file/sbin/init 或 file/bin/ls 指令

（1）32 位机器示例

```
[root@localhost ~]# file /sbin/init
/sbin/init: ELF 32-bit LSB executable, Intel 80386, version 1 (SYSV), for GNU/
```

```
Linux 2.6.9, dynamically linked (uses shared libs), for GNU/Linux 2.6.9, stripped
    file /bin/ls
    [root@localhost ~]# file /bin/ls
    /bin/ls: ELF 32-bit LSB executable, Intel 80386, version 1 (SYSV), for GNU/
Linux 2.6.9, dynamically linked (uses shared libs), for GNU/Linux 2.6.9, stripped
```

（2）64 位机器示例

```
    [root@linux_command ~]# file /sbin/init
    /sbin/init: ELF 64-bit LSB executable, AMD x86-64, version 1 (SYSV), for GNU/
Linux 2.6.9, dynamically linked (uses shared libs), for GNU/Linux 2.6.9, stripped
    file /bin/ls
    [root@linux_command ~]# file /bin/ls
    /bin/ls: ELF 64-bit LSB executable, AMD x86-64, version 1 (SYSV), for GNU/L
inux 2.6.9, dynamically linked (uses shared libs), for GNU/Linux 2.6.9, stripped
```

可以通过指令结果中的 64-bit 或者 32-bit 来判断该机器是 64 位还是 32 位。

5.3 系统资源使用排查指令

作者最近处理了一些线上的问题机器，先将处理系统性能问题和优化思路进行总结，方便后续工作中系统故障的排查。作为服务器维护人员，收到系统负载高导致报警是常有的事情，而如何快速进行问题定位并解决则是工作的关键，系统管理人员在排查或者优化一个系统时可从以下几个方面综合考量。

- CPU 的使用率异常，如某个核心的使用率过高，而其他核心处于空闲的状况，可针对负载高 CPU 对应的进程进行定位。
- 内存使用状况，通常需要注意是否是程序内存泄漏导致的。
- 磁盘 I/O 性能，通常磁盘 I/O 不正常时，我们需要判断程序是否处在顺序读写的状态。
- 网络 I/O 负载，如 Web 服务要考虑 time_wait 状态的连接数；如代理服务器，检查系统打开的 socket 连接数。
- 程序性能问题、缓存和 DB 类注关注写的性能，web 服务类关注内存的使用。
- 系统 BUG，一般都是在某些高并发场景才体现出来问题。

上述每个点都有专门的指令，本节将带领读者先学习最基础的排查思路和指令使用。

5.3.1 free 指令

线上机器的故障和性能，从最终报警的结果来看主要关注 3 个方面：CPU 问题、内存问题、I/O 问题。free 指令是监控 Linux 内存使用最常用的指令，建议读者熟练掌握。

常用选项如下所示。

- -m：以 M 为单位查看内存使用情况（默认为 KB）。
- -g：以 G 为单位查看内存使用情况（默认为 KB）。
- -b：以字节为单位查看内存使用情况。
- -s：可以在指定时间段内不间断监控内存的使用情况。

【实例 5-120】查看内存使用情况。

```
[root@linux_command ~]# free -m
             total       used       free     shared    buffers     cached
Mem:          1998        172       1825          0          6         39
-/+ buffers/cache:        126       1872
Swap:         1999          0       1999
```

- Mem：表示物理内存统计 。
- -/+ buffers/cached：表示物理内存的缓存统计 。
- Swap：表示硬盘上交换分区的使用情况。

第 1 行“Mem”解释如下。

- total：表示物理内存总量。
- used：表示总计分配给缓存（包含 buffers 与 cache）使用的数量，但其中部分缓存可能并未实际使用。
- free：未被分配的内存。
- shared：共享内存，一般系统不会用到，这里也不讨论。
- buffers：系统分配但未被使用的 buffers 数量。
- cached：系统分配但未被使用的 cache 数量。
- total = used + free。

第 2 行“-/+ buffers/cached”解释如下。

- used：也就是第一行中的“used-buffers-cached”即是实际使用内存总量。
- free：未被使用的 buffers 与 cached 和未被分配的内存之和，这就是系统当前实际可用内存＝“free+buffers+cached”。

buffers 和 cached 是系统为了提高性能申请的内存数，实际上当应用程序需要此功能时，是可以使用这些内存的，所以对应用程序来说，这些内存也是可以使用的。

buffer 和 cache 与 buffer 与 cache 的基本区别在于操作的对象就不一样。

buffer 和 cache 的基础知识如下。

- buffer（缓冲）是为了提高内存和硬盘（或其他 I/O 设备）之间的数据交换的速度而设计的。
- cache（缓存）从 CPU 的角度考虑，是为了提高 CPU 和内存之间的数据交换速度而设计的，例如平常见到的一级缓存、二级缓存、三级缓存。CPU 在执行程序所用的指令和读数据都是针对内存的，也就是从内存中取得的。由于内存读写速度慢，为了提高 CPU 和内存之间数据交换的速度，在 CPU 和内存之间增加了 cache。cache 的速度比内存快，但是造价高，又由于在 CPU 内不能集成太多集成电路，所以一般 cache 比较小。以后 Intel 等公司为了进一步提高速度，又增加了二级 cache，甚至三级 cache。它是根据程序的局部性原理而设计的，就是 CPU 执行的指令和访问的数据往往在集中的某一块，所以把这块内容放入 cache 后，CPU 就不用再访问内存了，这样就提高了访问速度。当然若 cache 中没有 CPU 所需要的内容，还是要访问内存的。

- 从内存读取与磁盘读取角度考虑，cache 可以理解为操作系统为了更高的读取效率，更多地使用内存来缓存可能被再次访问的数据。
- 缓冲（buffers）是根据磁盘的读写设计的，把分散的写操作集中进行，减少磁盘碎片和硬盘的反复寻道，从而提高系统性能。Linux 有一个守护进程定期清空缓冲内容（即写入磁盘），也可以通过 sync 指令手动清空缓冲。
- 简单来说，buffer 是即将要被写入磁盘的，而 cache 是被从磁盘中读出来的。buffer 是由各种进程分配的，被用在如输入队列等方面。一个简单的例子如某个进程要求有多个字段读入，在所有字段被读入完整之前，进程把先前读入的字段放在 buffer 中保存。
- cache 经常被用在磁盘的 I/O 请求上，如果有多个进程都要访问某个文件，于是该文件便被做成 cache 以便下次被访问，这样可以提高系统性能。

5.3.2 df 指令

在运维 Linux 服务器时，需要查看硬盘空间的使用信息，通常会使用“df –lh”指令来检查每个挂载了文件系统的硬盘的总量和已使用量，或使用“du -sh dirname”指令来统计某个目录下所有文件的空间占用。

【实例 5-121】列出所有文件系统的磁盘使用量

使用“–a”选项时，它会显示所有文件系统的磁盘使用情况。

```
 [root@linux_command ~]#df -a
Filesystem      1K-blocks   Used Available Use% Mounted on
/dev/sda3        18292484 846152  16510448   5% /
proc                    0      0         0    - /proc
sysfs                   0      0         0    - /sys
devpts                  0      0         0    - /dev/pts
tmpfs              506040      0    506040   0% /dev/shm
/dev/sda1          194241  27043    156958  15% /boot
none                    0      0         0    - /proc/sys/fs/binfmt_misc
```

【实例 5-122】以易于阅读的方式显示磁盘容量信息

使用“-h”选项，以人类易读的格式输出（例如，5KB、500MB 及 5GB）。

```
[root@linux_command ~]#df -ha
Filesystem        Size  Used Avail Use% Mounted on
/dev/sda3          18G  827M   16G   5% /
proc                 0     0     0    - /proc
sysfs                0     0     0    - /sys
devpts               0     0     0    - /dev/pts
tmpfs             495M     0  495M   0% /dev/shm
/dev/sda1         190M   27M  154M  15% /boot
none                 0     0     0    - /proc/sys/fs/binfmt_misc
```

上述代码在使用“-ah”组合选项时，会以易于阅读的格式所有文件系统的详细信息。

【实例 5-123】显示特定文件系统已使用的空间

df 指令后跟分区信息即可查看对应分区磁盘使用信息。

```
[root@linux_command ~]#df -h /boot
Filesystem        Size  Used Avail Use% Mounted on
/dev/sda1         190M   27M  154M  15% /boot
```

上述代码显示了/boot 文件系统空间的使用情况。

【实例 5-124】输出所有已挂载文件系统的类型

“-T”选项用来显示文件系统的类型。

```
[root@linux_command ~]#df -Th
Filesystem      Type    Size  Used Avail Use% Mounted on
/dev/sda3       ext4     18G  827M   16G   5% /
tmpfs           tmpfs   495M     0  495M   0% /dev/shm
/dev/sda1       ext4    190M   27M  154M  15% /boot
```

【实例 5-125】按块大小输出文件系统磁盘使用情况

使用“-k”选项输出磁盘的块大小。

```
[root@linux_command ~]#df -k
Filesystem      1K-blocks   Used Available Use% Mounted on
/dev/sda3        18292484 846152  16510448   5% /
tmpfs              506040      0    506040   0% /dev/shm
/dev/sda1          194241  27043    156958  15% /boot
```

【实例 5-126】输出文件系统 inode 信息

使用“-i”选项输出文件系统 inode 信息。

```
 [root@linux_command ~]#df -i
Filesystem        Inodes IUsed   IFree IUse% Mounted on
/dev/sda3        1171456 23119 1148337    2% /
tmpfs             126510     1  126509    1% /dev/shm
/dev/sda1          51200    38   51162    1% /boot
```

上述代码中使用 df 指令“-i”选项显示文件系统的 inode 信息。

【实例 5-127】显示特定文件系统的 inode 信息

“df -i”指令后面接分区信息，可查看具体分区 inode 相关信息。

```
[root@linux_command ~]#df -i /
Filesystem       Inodes IUsed   IFree IUse% Mounted on
/dev/sda3       1171456 23119 1148337    2% /
```

上述代码中显示“/”根目录文件系统的所有 inode 信息。

【实例 5-128】输出所有文件系统使用情况汇总

df 指令中“--total”选项用于显示所有文件系统的磁盘使用情况汇总。

```
 [root@linux_command ~]#df -h --total
Filesystem       Size  Used Avail Use% Mounted on
/dev/sda3         18G  827M   16G   5% /
tmpfs            495M     0  495M   0% /dev/shm
/dev/sda1        190M   27M  154M  15% /boot
total             19G  853M   17G   5%
```

【实例 5-129】只打印本地文件系统磁盘的使用情况

假设网络文件系统也挂载在 Linux 上，只想显示本地文件系统的信息，可使用“-l”选项来实现。

```
[root@linux_command ~]#df -Thl
Filesystem     Type   Size  Used Avail Use% Mounted on
/dev/sda3      ext4    18G  827M   16G   5% /
tmpfs          tmpfs  495M     0  495M   0% /dev/shm
/dev/sda1      ext4   190M   27M  154M  15% /boot
```

使用“-l”选项显示本地文件磁盘使用情况。

【实例 5-130】打印特定文件系统类型的磁盘使用情况。

df 指令中“-t”选项用来打印特定文件系统类型的信息，“-t”选项指定文件系统类型，完整输出内容如下所示。

```
[root@linux_command ~]#df -t ext4
Filesystem     1K-blocks   Used Available Use% Mounted on
/dev/sda3       18292484 846152  16510448   5% /
/dev/sda1         194241  27043    156958  15% /boot
[root@linux_command ~]#df -t nfs4
df: 未处理文件系统
```

【实例 5-131】使用“-x”选项排除特定的文件系统类型

“-x”选项或“-exclude-type”选项 df 指令中用来在输出中排出某些文件系统类型，如下代码打印除 tmpfs 外所有的文件系统。

```
[root@linux_command ~]#df -x tmpfs
Filesystem     1K-blocks   Used Available Use% Mounted on
/dev/sda3       20106900 868528  18210328   5% /
/dev/sda1         194241  27026    156975  15% /boot
```

【实例 5-132】统计所有磁盘块相关信息

统计所有磁盘块相关信息，如生成大小、已用和可用列的总计，可使用“-total”选项。

```
[root@www.linux-command ~]#df -Th --total
Filesystem     Type   Size  Used Avail Use% Mounted on
/dev/sda3      ext4    18G  1.6G   16G  10% /
tmpfs          tmpfs  490M     0  490M   0% /dev/shm
/dev/sda1      ext4   190M  1.8M  178M   1% /boot/efi
total          -       19G  1.6G   16G   9%
[root@www.linux-command ~]#df --total
Filesystem     1K-blocks    Used Available Use% Mounted on
/dev/sda3       18292484 1573060  15783540  10% /
tmpfs             501524       0    501524   0% /dev/shm
/dev/sda1         194241    1803    182198   1% /boot/efi
total           18988249 1574863  16467262   9%
[root@www.linux-command ~]#df
Filesystem     1K-blocks    Used Available Use% Mounted on
/dev/sda3       18292484 1573060  15783540  10% /
tmpfs             501524       0    501524   0% /dev/shm
/dev/sda1         194241    1803    182198   1% /boot/efi
```

【实例 5-133】格式化 df 输出结果

df 是 Linux 系统查磁盘空间的指令，在使用了 LVM 分区或网络挂载的情况下，df 指令查看分区信息，发现有些分区显示换行了，这样会导致通过脚本取的数据不对。

```
[root@linux_command ~]# df -h
Filesystem             Size  Used Avail Use% Mounted on
/dev/mapper/cl-root     36G  4.5G   31G  13% /
devtmpfs               990M     0  990M   0% /dev
tmpfs                 1001M     0 1001M   0% /dev/shm
tmpfs                 1001M   81M  920M   9% /run
tmpfs                 1001M     0 1001M   0% /sys/fs/cgroup
/dev/vdb1               40G  1.1G   39G   3% /data
/dev/vda1             1014M  121M  894M  12% /boot
tmpfs                  201M     0  201M   0% /run/user/0
```

而直接使用 awk 进行截取数据时，可能就出现下面的情况。

```
[root@linux_command ~]# df -h|awk '{print $1,$5}'
Filesystem Use%
/dev/mapper/cl-root 13%
devtmpfs 0%
tmpfs 0%
tmpfs 9%
tmpfs 0%
/dev/vdb1 3%
/dev/vda1 12%
tmpfs 0%
```

若解决上述代码中的输出显示对齐问题，在 df 指令后面添加“-P”选项即可。

```
[root@linux_command ~] # df -hP|awk '{print $1,$5}'
Filesystem Use%
/dev/mapper/cl-root 13%
devtmpfs 0%
tmpfs 0%
```

```
tmpfs 9%
tmpfs 0%
/dev/vdb1 3%
/dev/vda1 12%
tmpfs 0%
```

如果想让输出的结果美观一些，可以通过 column 指令配合进行输出，如图 5-10 所示。

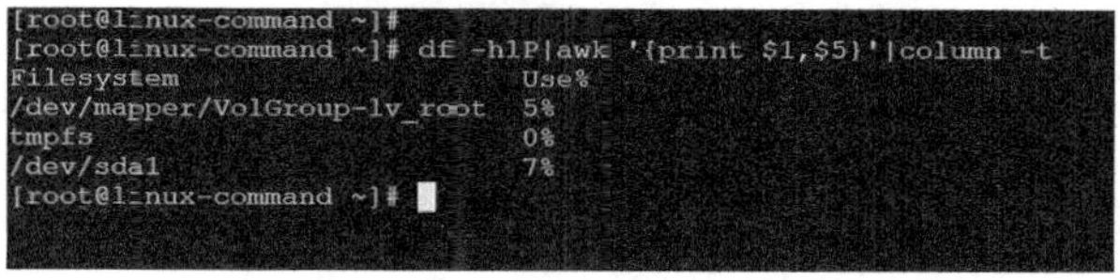

```
[root@linux-command ~]#
[root@linux-command ~]# df -hlP|awk '{print $1,$5}'|column -t
Filesystem                    Use%
/dev/mapper/VolGroup-lv_root  5%
tmpfs                         0%
/dev/sda1                     7%
[root@linux-command ~]#
```

图 5-10　df 指令输出结果

【实例 5-134】du、df 统计的硬盘使用情况不一致问题

在使用 df、du 指令时，常常会遇到统计的硬盘使用情况不一致的问题。比如 du 统计根目录下文件总共大小为 2GB，而 df 判断挂载在根目录的硬盘已用空间达到了 3GB、20GB 甚至更多，发生这种情况，通常有以下 3 种原因。

1．预留空间

为了预防紧急情况，Linux ext 系列文件系统会预留部分硬盘空间，具体预留的数值可以通过 tune2fs -l [dev_name] | grep "Reserved block count" 查看。其中，dev_name 是设备名。这里预留的空间会被 df 计算到已用空间中，从而导致 df 和 du 统计不一致。如果需要调整预留空间大小，我们可以使用 tune2fs -m [size] [dev_name]来进行调整。

2．幻影文件（phantom file）

du 统计被文件系统记录到的每个文件的大小，然后进行累加得到大小，这是通过文件系统获取到的。而 df 主要是从超级块（superblock）中读硬盘使用信息，df 获取到的是磁盘块被使用的情况。当一个文件被删除时，如果有其他进程正在使用它（占有句柄），这个文件将不会被 du 统计到，但是这个文件被占用的磁盘空间却依然会被 df 统计到。这些文件以及正在使用这些文件的进程可以通过 lsof | grep deleted 查到。当进程停止或者被杀死时，这些空间将被释放。如果未统计到的文件排除了上面两种情况，但是数据还是不一致，那是什么原因呢？

3．隐藏情况

当我们将一个目录挂在到一个新的设备（硬盘）上之前，如果这个目录里面已经有数据，那么这一部分数据不会被 du 感知，在文件系统中也看不到这些数据。但是这些数据又确实占用了磁盘空间，是能够被 df 所统计到的。这时通过 du/df 统计原设备的空间使用情况，就会发现 df 统计到的比 du 要多。

遇到这样的情况时，使用 fuser -km [directory]杀死占用该目录的所有进程（需小心操作），然后使用 umount [directory]将该目录挂载的设备卸载。这时目录里面原来已有的数据就会出现，将其删除之后，再重新挂载设备 mount -t [type] [dev] [directory]即可。

5.3.3 du 指令

du 指令查看磁盘使用空间，与 df 指令不同，du 指令是对文件和目录磁盘使用空间的查看，du 指令常用选项如表 5-16 所示。

表 5-16 du 指令常用选项

选项	说明
-a 或-all	显示目录中个别文件的大小
-b 或-bytes	显示目录或文件大小时，以 Byte 为单位
-c 或--total	除了显示个别目录或文件的大小外，同时也显示所有目录或文件的总和
-k 或--kilobytes	以 KB（1024Byte）为单位输出
-m 或--megabytes	以 MB 为单位输出
-s 或--summarize	仅显示总计，只列出最后加总的值
-h 或--human-readable	以 K、M、G 为单位，提高信息的可读性
-x 或--one-file-xystem	以一开始处理时的文件系统为准，若遇上其他不同的文件系统目录，则略过
-L<符号链接>或--dereference<符号链接>	显示选项中所指定符号链接的源文件大小
-S 或--separate-dirs	显示个别目录的大小时，并不含其子目录的大小
-X<文件>或--exclude-from=<文件>	在<文件>指定目录或文件
--exclude=<目录或文件>	略过指定的目录或文件
-D 或--dereference-args	显示指定符号链接的源文件大小
-H 或--si	与-h 参数相同，但是 K、M、G 以 1000 为换算单位
-l 或--count-links	重复计算硬件链接的文件

【实例 5-135】显示目录或者文件所占空间

说明：只显示当前目录下面的子目录的目录大小和当前目录的总大小，最下面的 45872 为当前目录的总大小。

```
[root@linux_command ~]# du
0       ./.pki/nssdb
0       ./.pki
48      ./nginx-1.8.0/auto/cc
8       ./nginx-1.8.0/man
2072    ./nginx-1.8.0/objs/src/core
100     ./nginx-1.8.0/objs/src/event/modules
964     ./nginx-1.8.0/objs/src/event
1096    ./nginx-1.8.0/objs/src/os/Unix
0       ./nginx-1.8.0/objs/src/os/win32
1096    ./nginx-1.8.0/objs/src/os
0       ./nginx-1.8.0/objs/src/http/modules/perl
5380    ./nginx-1.8.0/objs/src/http/modules
8132    ./nginx-1.8.0/objs/src/http
```

```
0        ./nginx-1.8.0/objs/src/mail
0        ./nginx-1.8.0/objs/src/misc
12264    ./nginx-1.8.0/objs/src
17520    ./nginx-1.8.0/objs
23108    ./nginx-1.8.0
45872    .
```

【实例 5-136】显示指定文件所占空间

```
du nginx.tar.gz
```

查看 nginx.tra.gz 文件占用的磁盘空间信息。

```
[root@linux_command ~]# du nginx.tar.gz
2924    nginx.tar.gz
```

上述代码显示了 nginx.tar.gz 文件所占用的磁盘空间。

【实例 5-137】查看指定目录的所占空间

```
du db/
```

显示 db 目录所占磁盘的大小。

```
[root@linux_command ~]# du db/
3740    db/
```

【实例 5-138】显示多个文件所占空间

```
du nginx_remi_tar.gz nginx-1.8.0.tar.gz
```

查看 nginx_remi_tar.gz 和 nginx-1.8.0.tar.gz 文件各占磁盘空间的大小。

```
[root@linux_command ~]# du nginx_remi_tar.gz nginx-1.8.0.tar.gz
8024    nginx_remi_tar.gz
816     nginx-1.8.0.tar.gz
```

【实例 5-139】只显示所占空间总和的大小

du 指令默认显示各个文件所占空间总和的大小。

```
[root@linux_command ~]# du
0        ./nginx-1.8.0/objs/src/mail
0        ./nginx-1.8.0/objs/src/misc
12264    ./nginx-1.8.0/objs/src
17520    ./nginx-1.8.0/objs
23108    ./nginx-1.8.0
3740     ./db
49612    .
[root@linux_command ~]# du -s nginx-1.8.0.tar.gz
816      nginx-1.8.0.tar.gz
```

【实例 5-140】方便阅读的格式显示

“-h”选项以易于阅读的方式输出显示结果。

```
[root@linux_command ~]# du -h nginx-1.8.0.tar.gz
816K    nginx-1.8.0.tar.gz
```

【实例 5-141】文件和目录大小信息都显示

如下代码中文件和目录大小信息都显示。

```
[root@linux_command ~/test]# du -ah --max-depth=1
284K    ./data
4.0K    ./passwd
4.0K    ./shadow
292K    .
```

【实例 5-142】显示几个文件或目录各自占用磁盘空间的大小并统计总和

说明：加上“-c”选项后，du 不仅显示两个目录各自占用磁盘空间的大小，还在最后一行统计它们的总和。

```
[root@linux_command ~]# du -c *.tar.gz
816     nginx-1.8.0.tar.gz
2924    nginx.tar.gz
3740    total
```

【实例 5-143】按照文件所占空间大小排序

```
du|sort -nr|more
```

首先使用 du 指令先统计文件或目录大小，之后使用“sort -nr”指令对文件大小进行排序，最后使用 more 指令分页输出统计信息。

```
[root@linux_command ~]# du|sort -nr|more
49612   .
23108   ./nginx-1.8.0
17520   ./nginx-1.8.0/objs
12264   ./nginx-1.8.0/objs/src
8132    ./nginx-1.8.0/objs/src/http
5380    ./nginx-1.8.0/objs/src/http/modules
4440    ./nginx-1.8.0/src
3740    ./db
2560    ./nginx-1.8.0/src/http
2072    ./nginx-1.8.0/objs/src/core
1484    ./nginx-1.8.0/src/http/modules
1096    ./nginx-1.8.0/objs/src/os/Unix
1096    ./nginx-1.8.0/objs/src/os
964     ./nginx-1.8.0/objs/src/event
760     ./nginx-1.8.0/src/core
412     ./nginx-1.8.0/src/event
408     ./nginx-1.8.0/src/os/Unix
```

在上述代码中，按照文件所占空间大小排序。

【实例 5-144】输出当前目录下各个子目录所使用的空间大小

如下代码输出当前目录下各个子目录所使用的空间大小。

```
[root@linux_command ~]# du -h  --max-depth=1
0        ./.pki
23M      ./nginx-1.8.0
3.7M     ./db
49M      .
```

【实例 5-145】du 常用指令小结

（1）查找上“G”和“T”的目录并排序

如下代码中按照“G”和“T”的单位大小排序。

```
[root@linux_command /data]# du -h --max-depth=1 |grep [TG] |sort
3.7G     ./bak
5.0G     .
```

（2）统计当前目录的大小，以直观方式展现

如下代码中以易于阅读的方式展示给用户。

```
[root@linux_command /data]# du -sh
5.0G     .
```

（3）查看上“G”目录并排序

如下代码中以“G”为单位排序。

```
[root@linux_command ~]# du -h --max-depth=1 |grep 'G' |sort
3.4G     .
```

（4）查看当前目录下所有一级子目录文件夹大小

如下代码查看当前目录下所有一级子目录文件夹大小。

```
[root@linux_command /data/sh]# du -h --max-depth=1
568K     ./shell
36K      ./python
0        ./php
92K      ./book
0        ./.abc
136M     ./nginx
126M     ./bak
390M     .
```

（5）查看当前目录下所有一级子目录文件夹大小并排序

如下代码查看当前目录下所有一级子目录文件夹大小并排序。

```
[root@linux_command /data/sh]# du -h --max-depth=1 |sort
0        ./.abc
0        ./php
126M     ./bak
136M     ./nginx
36K      ./python
390M     .
568K     ./shell
92K      ./book
```

（6）查看当前目录下所有一级子目录文件夹大小并按倒序排序

如下代码查看当前目录下所有一级子目录文件夹大小并按倒序排序。

```
[root@linux_command /data/sh]# du -h --max-depth=1 |grep [MTG] |sort -nr
390M    .
136M    ./nginx
126M    ./bak
```

5.3.4 netstat 指令

netstat 指令主要用于显示与 IP、TCP、UDP 和 ICMP 协议相关的统计数据及网络相关信息，可以用于检验本机各端口的网络连接情况，哪个端口被哪个程序占用、TCP 连接状态、统计网络连接信息等。

Linux 系统终端（以 CentOS 7.3 为例）中输入 netstat 指令，会输出以下内容会显示 tcp 相关的信息。

```
[root@linux_command ~]# netstat
Active Internet connections (w/o servers)
Proto Recv-Q Send-Q Local Address           Foreign Address         State
tcp        0      0 linux_command:http      114.215.26.37:63126     ESTABLISHED
tcp        0      0 linux_command:57443     linux_command:aicc-cmi  TIME_WAIT
tcp        0      0 localhost:cslistener    localhost:64496         TIME_WAIT
tcp        0      0 linux_command:57447     linux_command:aicc-cmi  TIME_WAIT
tcp        0      0 localhost:cslistener    localhost:64500         TIME_WAIT
tcp        0     52 linux_command:61618     221.218.239.142:51564   ESTABLISHED
tcp        0      0 linux_command:http      114.215.26.37:63113     ESTABLISHED
Active UNIX domain sockets (w/o servers)
Proto RefCnt Flags       Type       State         I-Node   Path
Unix  2      [ ]         DGRAM                    11211    /run/systemd/notify
```

从整体上看，netstat 指令的输出分为以下两部分。

- Active Internet connections（w/o servers）部分。
- Active UNIX domain sockets（w/o servers）部分。

（1）Active Internet connections（w/o servers）部分称为有源 TCP 连接，其中 Recv-Q 和 Send-Q 分别指接收队列和发送队列，这些数字一般都为 0。如果不为 0，则表示数据包正在队列中堆积。

（2）Active UNIX domain sockets（w/o servers）部分称为有源 Unix 域套接口（和网络套接字一样，但是只能用于本机通信，性能可以提高一倍）。Proto 显示连接使用的协议，RefCnt 表示连接到本套接口上的进程号，Types 显示套接口的类型，State 显示套接口当前的状态，Path 表示连接到套接口的其他进程使用的路径名。

了解了 netstat 指令这些含义后，再配合一些常用的选项，可以让 netstat 指令输出更丰富有用的信息，netstat 指令常用选项如表 5-17 所示。

表 5-17　　netstat 指令常用选项

选项	说明
-a 或-all	显示所有选项，默认不显示 listen 相关
-t 或-tcp	仅显示 TCP 传输协议的连接状况
-u 或-udp	仅显示 UDP 传输协议的连接状况
-n 或-numeric	拒绝显示别名，能显示数字的全部转化成数字
-l 或-listening	仅列出在 listen（监听）状态的 socket
-p 或-programs	显示正在使用 Socket 的程序识别码和程序名称
-r 或-route	显示路由信息
-s 或-statistice	显示网络工作信息统计表
-c 或-continuous	每隔指定时间执行 netstat 指令

提示：listen 和 listening 的状态只有使用“-a”选项或“-l”选项才能看到。

以上就是作者在实际运维工作中经常使用的一些选项，以下指令可以作为系统运维手册来收录，以备查询。

【实例 5-146】列出所有端口信息

“netstat –a”指令列出当前操作系统的所有端口。

```
[root@linux_command ~]#netstat -a|more
Active Internet connections (servers and established)
Proto Recv-Q Send-Q Local Address              Foreign Address         State
tcp        0      0 *:ssh                      *:*                     LISTEN
tcp        0      0 localhost:smtp             *:*                     LISTEN
tcp        0     52 192.168.1.58:ssh           192.168.1.5:59788       ESTABLISHED
tcp        0      0 *:ssh                      *:*                     LISTEN
tcp        0      0 localhost:smtp             *:*
(结尾略)
```

【实例 5-147】列出所有 TCP 端口信息

“netstat –at”指令列出所有处于监听状态的 Sockets。

```
[root@linux_command ~]#netstat -at
Active Internet connections (servers and established)
Proto Recv-Q Send-Q Local Address              Foreign Address         State
tcp        0      0 *:http                     *:*                     LISTEN
tcp        0      0 *:ssh                      *:*                     LISTEN
tcp        0      0 localhost:smtp             *:*                     LISTEN
tcp        0      0 192.168.1.56:ssh           192.168.1.5:59775       ESTABLISHED
tcp        0      0 *:http                     *:*                     LISTEN
tcp        0      0 *:ssh                      *:*                     LISTEN
tcp        0      0 localhost:smtp             *:*                     LISTEN
  列出所有 udp 端口 netstat -au
```

```
# netstat -au
Active Internet connections (servers and established)
Proto Recv-Q Send-Q Local Address           Foreign Address     State
udp        0      0 *:bootpc                *:*
udp        0      0 *:49119                 *:*
udp        0      0 *:mdns                  *:*
```

【实例 5-148】只显示监听端口

“netstat –l”指令列出指定监听端口信息。

```
[root@linux_command ~]#netstat -l
Active Internet connections (only servers)
Proto Recv-Q Send-Q Local Address           Foreign Address         State
tcp        0      0 localhost:ipp           *:*                     LISTEN
tcp6       0      0 localhost:ipp           [::]:*                  LISTEN
udp        0      0 *:49119                 *:*
```

【实例 5-149】只列出所有监听 TCP 端口信息

“netstat –lt”指令，列出所有监听 TCP 端口信息。

```
[root@linux_command ~]#netstat -lt
Active Internet connections (only servers)
Proto Recv-Q Send-Q Local Address           Foreign Address         State
tcp        0      0 localhost:30037         *:*                     LISTEN
tcp        0      0 *:smtp                  *:*                     LISTEN
tcp6       0      0 localhost:ipp           [::]:*                  LISTEN
```

【实例 5-150】只列出所有监听 UDP 端口

“netstat –lu”指令，列出所有监听 UDP 端口信息。

```
[root@linux_command ~]#netstat -lu
Active Internet connections (only servers)
Proto Recv-Q Send-Q Local Address           Foreign Address         State
udp        0      0 *:49119                 *:*
udp        0      0 *:mdns                  *:*
```

【实例 5-151】只列出所有监听 UNIX 端口信息

“netstat –lx”指令列出所有监听 UNIX 端口信息。

```
[root@linux_command ~]#netstat -lx
Active UNIX domain sockets (only servers)
Proto RefCnt Flags       Type       State         I-Node   Path
Unix  2      [ ACC ]     STREAM     LISTENING     6294     private/maildrop
Unix  2      [ ACC ]     STREAM     LISTENING     6203     public/cleanup
Unix  2      [ ACC ]     STREAM     LISTENING     6302     private/ifmail
Unix  2      [ ACC ]     STREAM     LISTENING     6306     private/bsmtp
```

【实例 5-152】显示所有端口的统计信息

“netstat -s”指令显示所有端口的统计信息。

```
[root@linux_command ~]#netstat -s
```

```
Ip:
   18158 total packets received
   0 forwarded
   0 incoming packets discarded
   18158 incoming packets delivered
   13367 requests sent out
   4 outgoing packets dropped
Icmp:
   16 ICMP messages received
   0 input ICMP message failed.
   ICMP input histogram:
      destination unreachable: 14
      echo replies: 2
   16 ICMP messages sent
   0 ICMP messages failed
   ICMP output histcgram:
      destination unreachable: 14
      echo request: 2
...
```

【实例 5-153】显示 TCP 或 UDP 端口的统计信息

“netstat -st 或-su”指令输出 TCP 或 UDP 端口的统计信息。

```
[root@linux_command ~]# netstat -st
IcmpMsg:
   InType0: 105729
   InType3: 1567
   InType5: 4
   InType8: 23049
   InType11: 119
   OutType0: 23049
   OutType3: 160607
   OutType8: 106297
Tcp:
   314395 active connections openings
   334362 passive connection openings
   1595 failed connection attempts
   662 connection resets received
   1 connections established
   4200462 segments received
   4253796 segments send out
   48790 segments retransmited
   1279 bad segments received.
   52274 resets sent
   InCsumErrors: 1279
UdpLite:
TcpExt:
   1759 invalid SYN cookies received
   1553 resets received for embryonic SYN_RECV sockets
   80452 TCP sockets finished time wait in fast timer
   2514 TCP sockets finished time wait in slow timer
   4425 delayed acks sent
   26 delayed acks further delayed because of locked socket
```

```
Quick ack mode was activated 1728 times
54 SYNs to LISTEN sockets dropped
2585 packets directly queued to recvmsg prequeue.
119688 bytes directly in process context from backlog
3370838 bytes directly received in process context from prequeue
196672 packet headers predicted
604 packets header predicted and directly queued to user
1438789 acknowledgments not containing data payload received
133200 predicted acknowledgments
1 times recovered from packet loss due to fast retransmit
4536 times recovered from packet loss by selective acknowledgements
Detected reordering 22 times using FACK
Detected reordering 10 times using SACK
6 congestion Windows fully recovered without slow start
222 congestion Windows recovered without slow start by DSACK
808 congestion Windows recovered without slow start after partial ack
TCPLostRetransmit: 1139
1 timeouts after reno fast retransmit
315 timeouts after SACK recovery
4404 timeouts in loss state
12287 fast retransmits
1114 forward retransmits
18352 retransmits in slow start
8517 other TCP timeouts
TCPLossProbes: 2720
TCPLossProbeRecovery: 689
1411 SACK retransmits failed
1804 DSACKs sent for old packets
3 DSACKs sent for out of order packets
1473 DSACKs received
72 DSACKs for out of order packets received
54 connections reset due to unexpected data
103 connections reset due to early user close
329 connections aborted due to timeout
TCPDSACKIgnoredOld: 5
TCPDSACKIgnoredNoUndo: 313
TCPSpuriousRTOs: 756
TCPSackShifted: 1614
TCPSackMerged: 8325
TCPSackShiftFallback: 11694
IPReversePathFilter: 9
TCPTimeWaitOverflow: 234264
TCPRcvCoalesce: 286896
TCPOFOQueue: 1422
TCPOFOMerge: 2
TCPChallengeACK: 11
TCPSYNChallenge: 6
TCPFastOpenCookieReqd: 3
TCPSynRetrans: 3950
TCPOrigDataSent: 2189385
TCPHystartTrainDetect: 458
TCPHystartTrainCwnd: 8165
TCPHystartDelayDetect: 54
TCPHystartDelayCwnd: 1870
```

```
    TCPACKSkippedSynRecv: 99
    TCPACKSkippedTimeWait: 5
    TCPACKSkippedChallenge: 1
IpExt:
    InNoRoutes: 4
    InOctets: 1138755766
    OutOctets: 1419140364
    InNoECTPkts: 4606957
    InECT1Pkts: 24
    InECT0Pkts: 895
    InCEPkts: 219
[root@linux_command ~]# netstat -su
IcmpMsg:
    InType0: 105729
    InType3: 1567
    InType5: 4
    InType8: 23049
    InType11: 119
    OutType0: 23049
    OutType3: 160607
    OutType8: 106297
Udp:
    47344 packets received
    4836 packets to unknown port received.
    0 packet receive errors
    47747 packets sent
    0 receive buffer errors
    0 send buffer errors
UdpLite:
IpExt:
    InNoRoutes: 4
    InOctets: 1138756364
    OutOctets: 1419144112
    InNoECTPkts: 4606966
    InECT1Pkts: 24
    InECT0Pkts: 895
InCEPkts: 219
```

【实例 5-154】显示特定程序

“netstat –p”指令可以与其他开关一起使用，可以添加“PID/进程名称”到 netstat 输出中，debug 系统时可以很方便地发现特定端口运行程序。

```
[root@linux_command ~]# netstat -pt
Active Internet connections (w/o servers)
Proto Recv-Q Send-Q Local Address           Foreign Address         State
PID/Program name
tcp        0     52 linux_command:61618   221.218.239.142:51564 ESTABLISHED
7067/sshd: root@pt
```

在 netstat 输出中显示 PID 和进程名称“netstat –p”

【实例 5-155】简化输出信息

在 netstat 指令输出中不显示主机名、端口和用户名信息，可以使用“netstat –n”指令使用数字代替名称加速输出显示结果。

```
# netstat -an
```

【实例 5-156】持续输出 netstat 信息

```
"netstat -ntpl -c"
```

将每隔 1 秒输出网络信息。

```
[root@linux_command ~]# netstat -ntpl -c
Active Internet connections (only servers)
Proto Recv-Q Send-Q Local Address           Foreign Address         State       
  PID/Program name
tcp        0      0 0.0.0.0:80              0.0.0.0:*       LISTEN    6459/nginx: 
master
tcp        0      0 0.0.0.0:61618           0.0.0.0:*       LISTEN    9447/sshd
tcp        0      0 127.0.0.1:9000          0.0.0.0:*       LISTEN    6704/php-
fpm: maste
tcp        0      0 0.0.0.0:6088            0.0.0.0:*       LISTEN    -
tcp6       0      0 :::61618                :::*            LISTEN    9447/sshd
tcp6       0      0 :::3316                 :::*            LISTEN    5125/mysqld
Active Internet connections (only servers)
Proto Recv-Q Send-Q Local Address           Foreign Address     State       
PID/Program name
tcp        0      0 0.0.0.0:80              0.0.0.0:*       LISTEN    6459/nginx: 
master
tcp        0      0 0.0.0.0:61618           0.0.0.0:*       LISTEN    9447/sshd
tcp        0      0 127.0.0.1:9000          0.0.0.0:*       LISTEN    6704/php-fpm: 
maste
tcp        0      0 0.0.0.0:6088            0.0.0.0:*       LISTEN    -
tcp6       0      0 :::61618                :::*            LISTEN    9447/sshd
tcp6       0      0 :::3316                 :::*            LISTEN    5125/mysqld
Active Internet connections (only servers)
Proto Recv-Q Send-Q Local Address           Foreign Address     State       
PID/Program name
tcp        0      0 0.0.0.0:80              0.0.0.0:*       LISTEN    6459/nginx: 
master
tcp        0      0 0.0.0.0:61618           0.0.0.0:*       LISTEN    9447/sshd
tcp        0      0 127.0.0.1:9000          0.0.0.0:*       LISTEN    6704/php-
fpm: maste
tcp        0      0 0.0.0.0:6088            0.0.0.0:*       LISTEN    -
tcp6       0      0 :::61618                :::*            LISTEN    9447/sshd
tcp6       0      0 :::3316                 :::*            LISTEN    5125/mysqld
```

【实例 5-157】显示核心路由信息

> 注意：使用“netstat –rn”显示数字格式，不查询主机名称。

```
[root@linux_command ~]# netstat  -r
Kernel IP routing table
Destination     Gateway         Genmask         Flags   MSS Window  irtt Iface
default         gateway         0.0.0.0         UG        0 0          0 eth0
10.0.0.0        10.123.0.1      255.0.0.0       UG        0 0          0 eth1
```

```
10.123.0.0      0.0.0.0         255.255.0.0     U         0 0          0 eth1
122.114.79.0    0.0.0.0         255.255.255.0   U         0 0          0 eth0
```

【实例 5-158】找出程序运行的端口

“netstat -ap | grep ssh”指令并不是所有的进程都能找到，没有权限的会不显示，使用 root 权限查看所有的信息。

```
[root@linux_command ~]# netstat -ap | grep ssh
tcp        0      0 0.0.0.0:61618          0.0.0.0:*         LISTEN     9447/sshd
tcp        0     52 linux_command:61618     221.218.239.142:51564    ESTABLISHED
7067/sshd: root@pts
tcp6       0      0 [::]:61618             [::]:*            LISTEN      9447/sshd
Unix   2       [ ]          DGRAM                  3114531  7067/sshd: root@pts
```

【实例 5-159】找出运行在指定端口的进程

使用“netstat -ntpl”指令过滤出端口为 22 的程序。

```
[root@linux_command ~]# netstat -ntpl | grep ':22'
tcp        0      0 0.0.0.0:22              0.0.0.0:*         LISTEN
1205/sshd
tcp        0      0 :::22                   :::*              LISTEN     1205/sshd
[root@linux_command ~]# netstat -ntpl | grep ':61618'
tcp        0      0 0.0.0.0:61618        0.0.0.0:*        LISTEN      9447/sshd
tcp6       0      0 :::61618             :::*             LISTEN      9447/sshd
```

【实例 5-160】显示网络接口列表

“netstat -i”指令查看当前主机网络接口信息。

```
[root@linux_command ~]# netstat -i
Kernel Interface table
Iface      MTU   RX-OK RX-ERR RX-DRP RX-OVR    TX-OK TX-ERR TX-DRP TX-OVR Flg
eth0      1500 1121692      0      0 0      1034007      0      0      0 BMRU
eth1      1500     184      0      0 0          185      0      0      0 BMRU
lo       65536  3680102     0      0 0      3680102      0      0      0 LRU
```

【实例 5-161】显示详细信息

“netstat -ie”显示网络接口的详细信息。

```
[root@linux_command ~]# netstat -ie
Kernel Interface table
eth0: flags=4163<UP,BROADCAST,RUNNING,MULTICAST>  mtu 1500
        inet 122.114.79.8  netmask 255.255.255.0  broadcast 122.114.79.255
        ether 52:54:00:83:dc:63  txqueuelen 1000  (Ethernet)
        RX packets 1121706  bytes 211182220 (201.3 MiB)
        RX errors 0  dropped 0  overruns 0  frame 0
        TX packets 1034018  bytes 486767206 (464.2 MiB)
        TX errors 0  dropped 0 overruns 0  carrier 0  collisions 0

eth1: flags=4163<UP,BROADCAST,RUNNING,MULTICAST>  mtu 1500
        inet 10.123.79.8  netmask 255.255.0.0  broadcast 10.123.255.255
        ether 52:54:00:d3:0a:21  txqueuelen 1000  (Ethernet)
```

```
        RX packets 184  bytes 11040 (10.7 KiB)
        RX errors 0  dropped 0  overruns 0  frame 0
        TX packets 185  bytes 7770 (7.5 KiB)
        TX errors 0  dropped 0 overruns 0  carrier 0  collisions 0

lo: flags=73<UP,LOOPBACK,RUNNING>  mtu 65536
        inet 127.0.0.1  netmask 255.0.0.0
        loop  txqueuelen 1  (Local Loopback)
        RX packets 3680102  bytes 952324185 (908.2 MiB)
        RX errors 0  dropped 0  overruns 0  frame 0
        TX packets 3680102  bytes 952324185 (908.2 MiB)
        TX errors 0  dropped 0 overruns 0  carrier 0  collisions 0
```

【实例 5-162】IP 和 TCP 状态分析

```
netstat -nat | grep "192.168.1.56:22" |awk '{print $5}'|awk -F: '{print $1}'|
sort|uniq -c|sort -nr|head -20
```

统计当前系统连接服务 22 端口的前 20 个 IP 地址。

```
[root@linux_command ~]#netstat -nat | grep "192.168.1.56:22" |awk '{print
$5}'|awk -F: '{print $1}'|sort|uniq -c|sort -nr|head -20
      1 192.168.1.5
```

【实例 5-163】TCP 各种状态列表

```
netstat -nat |awk '{print $6}'
```

显示 TCP 各种状态列表信息，完整输出如下所示。

```
[root@linux_command ~]#netstat -nat |awk '{print $6}'
established)
Foreign
LISTEN
LISTEN
LISTEN
ESTABLISHED
LISTEN
LISTEN
LISTEN
```

【实例 5-164】TCP 状态信息统计

```
netstat -nat |awk '{print $6}'|sort|uniq -c|sort -rn
```

代码实现思路：先把状态全都取出来，然后使用 uniq -c 统计，再进行排序。

【实例 5-165】分析 IP 地址

```
awk '{print $1}' /data/app/nginx/logs/access.log|sort|uniq -c|sort -nr|head -10
```

如上代码分析了 Web 服务器 access.log 获得访问前 10 位的 IP 地址，完整输出如下所示。

```
[root@linux_command ~]# awk '{print $1}' /data/app/nginx/logs/access.log|sort|
uniq -c|sort -nr|head -10
```

```
256213 122.114.79.8
  4160 221.218.239.142
   145 118.74.52.219
    44 203.208.60.216
    41 140.207.185.107
    34 203.208.60.217
    34 203.208.60.213
    32 203.208.60.215
    30 203.208.60.214
    30 157.55.39.53
```

5.4 本章小结及思维导图

1. 本章小结

本章主要学习了 Linux 系统管理员必备的基础维护类指令，这些指令非常重要，每一个指令都是 Linux 系统管理员每天要使用的。

当系统管理员新接手一台或者多台服务器，想要了解服务器的基本信息，例如要查看内核版本、操作系统架构信息、CPU 架构类型、系统运行了多长时间以及目前内存和磁盘的使用情况等，基础的指令和系统的资源排查指令可以帮助管理员迅速掌握这些信息，所以读者要多练习本章内容。

2. 本章思维导图

本章思维导图如图 5-11 所示。

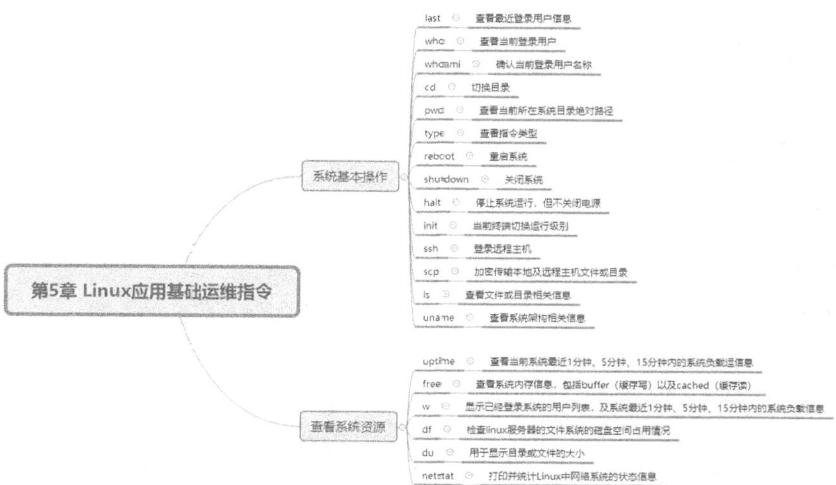

图 5-11 本章思维导图

第6章

Linux应用运维文件操作指令实战

6.1 文件操作基础指令

Linux 操作系统下“一切皆文件”。

Linux 操作系统下所有文件（目录、字符设备、块设备、套接字、打印机等）的操作，读写都可用 fopen()、fclose()、fwrite()、fread()等函数进行处理，屏蔽了底层硬件的区别，所有设备都抽象成文件，给用户提供统一的接口，这就是 Linux 系统“一切皆文件”的思想。

“一切皆文件”是 Unix/Linux 的基本哲学之一，普通的文件、目录、字符设备、块设备、套接字等在 Unix/Linux 中都以文件被对待，它们虽然类型不同，但是对其提供的却是同一套操作界面。

Linux 系统中文件和目录没有什么不同，目录还有一个重要的功能，即目录有结构性的分组存储其他文件，以方便查找访问，所有的硬件组件都表示为文件，系统使用这些文件与硬件通信，因此每个文件都有它们的文件名，Linux 系统常见的硬件命名如表 6-1 所示。

表 6-1 Linux 系统常见硬件命名

硬件	设备文件名
IDE 硬盘	/dev/hd[a-d]
SCSI/SATA/USB 硬盘	/dev/sd[a-p]
光驱	/dev/cdrom 或/dev/hdc
软盘	/dev/fd[0-1]
鼠标	/dev/mouse
打印机（USB）	/dev/usb/lp[0-15]
打印机（25 针）	/dev/lp[0-2]

把一切都当成文件来看待，不论是光驱，还是 SATA 磁盘，都被当作一个个文件，更多的奥秘在于 Linux 的虚拟文件系统（Virtual File System，VFS），更多关于 VFS 的信息请读者自行查阅 VFS 相关资料。作为 Linux 系统使用者，更关注 Linux 系统管理命令的使用，下面逐一介绍。

6.1.1 vim 指令

vim 指令似于 Windows 下面的文本编辑工具，主要是用来完成对文本文件的增删改查等操作，是每个 Linux 系统管理必须熟练掌握的操作文本类的第一个实用工具。

vim 实用程序有如下特点。

（1）通用

各个不同的 Linux 发行均有 vim 工具，基本都会预装。

（2）轻量级

vim 指令安装程序不到 2MB，非常轻巧，但是功能却非常强大。

（3）针对开发特性支持

语法高亮等功能非常好用，开发 Shell 系统运维级脚本简洁高效。

最小化系统安装默认是没有安装 vim 程序的，只有 vi 指令。在生产环境 Linux 系统管理工作当中，系统管理员使用 vim 来进行编辑和修改文件，编写 Shell 脚本时语法着色功能很实用，如图 6-1 所示。

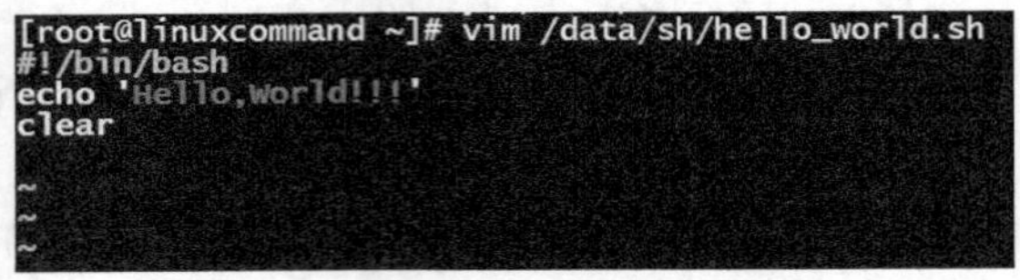

图 6-1 vim 程序语法高亮演示

【实例 6-1】安装 vim 软件包

"工欲善其事，必先利其器"，若 Linux 系统中默认没有 vim 指令，可使用下面的指令进行安装。

```
[root@linuxcommand ~]# vim /etc/passwd
-bash: vim: command not found
[root@linuxcommand ~]# yum -y install vim-common
[root@linux-command ~]# vim /etc/passwd
-bash: vim: command not found
[root@linux-command ~]# yum -y install vim vim-common
已加载插件：fastestmirror
设置安装进程
(中间内容略)

作为依赖被安装:
  gpm-libs.x86_64 0:1.20.6-12.el6
  perl.x86_64 4:5.10.1-144.el6
  perl-Module-Pluggable.x86_64 1:3.90-144.el6
  perl-Pod-Escapes.x86_64 1:1.04-144.el6
  perl-Pod-Simple.x86_64 1:3.13-144.el6
  perl-libs.x86_64 4:5.10.1-144.el6
  perl-version.x86_64 3:0.77-144.el6
  vim-common.x86_64 2:7.4.629-5.el6_8.1
  vim-filesystem.x86_64 2:7.4.629-5.el6_8.1

完毕!
```

检查 vim 指令是否安装成功，如下代码所示。

```
[root@linux-command ~]# rpm -q vim-common
vim-common-7.4.629-5.el6_8.1.x86_64
```

【实例 6-2】vim 指令常用工作模式

vim 指令 3 种常用工作模式，分别是命令模式、插入模式与末行模式。这 3 种模式的详解如下。

1. 命令模式

vim 指令打开一个文件后就直接进入了命令模式(默认模式)。在此模式中，读者可使用<上下左右>按键来移动光标、“删除字符”或“删除整行”来处理文件内容，也可使用“复制、粘贴”处理文件数据，vim 命令模式常用操作快捷键如表 6-2 所示。

表 6-2 vim 命令模式常用快捷键

快捷键	说明
i	在光标前进入
a	在光标后进入
o	在光标所在行的下一行行首进入
cw	修改一个单词
dd	删除一行
Ctrl+r	重新上一次操作
gg	光标快速回到文件首部
I	在行首进入
A	在行末进入
O	在光标所在行的上一行行首进入
dw	删除一个单词
u	撤销上一次操作
GG	光标快速回到文件底部
6dd	删除光标所在行开始的 6 行

2. 编辑模式

命令模式中可以进行删除、复制、粘贴等操作，但无法编辑文件内容，按下“i、I、o、O、a、A、r、R”等任何一个字母后即可进入编辑模式。通常在 Linux 系统中，按下这些按键时，画面左下方会出现“INSERT”或“REPLACE”字样，此时才可以进行编辑。返回到命令模式则必须要按下<Esc>键，才可退出编辑模式。

3. 末行模式

在命令模式中，输入“:、/、?”3 个字符中的任何一个，可以将光标移动到文件最末行，此时可对文件内容进行字符串“搜索、替换”等的动作，末行模式常用快捷字符操作如表 6-3 所示。

表 6-3 vim 指令末行模式常用操作

快捷键	说明
q	退出
w	保存
wq!	强制保存并退出
set autoindent	自动对齐

续表

快捷键	说明
1,5s/mail/gmail/g	全局替换（1～5 行）
q!	强制退出
wq	保存并退出
set nonu	不显示行数
set noautoindent	取消自动对齐
1,$s/mail/gmail/g	全局替换

Linux 系统管理员经常需要在 3 种模式之间进行切换，以满足工作需要，vim 指令 3 种模式转换，如图 6-2 所示。

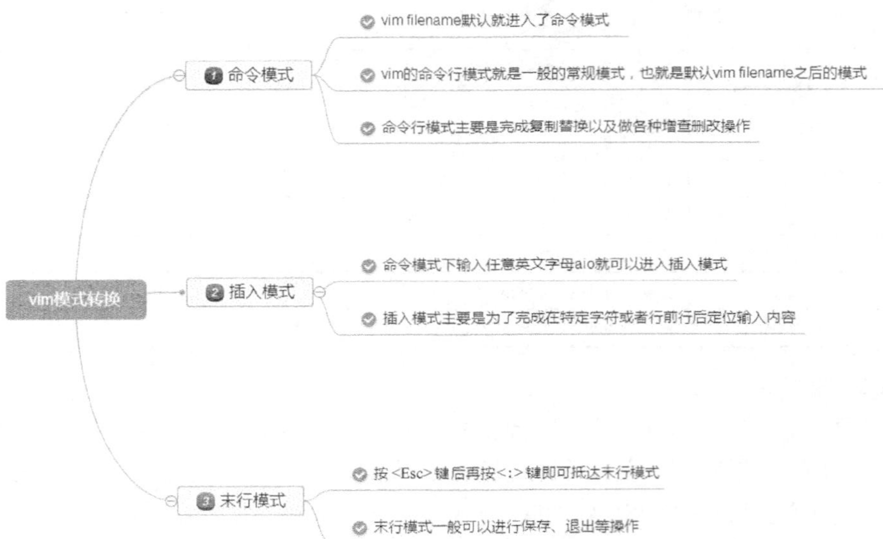

图 6-2 vim 指令 3 种模式

4. 可视化模式

vim 指令除了上述 3 种常用模式以外，还有可视模式。

在可视化模式下，可以对一个文本块的整体进行操作。例如，高亮选中一部分文本，使用 d 指令删除此文本块。可视化模式的好处在于操作者可以在做改动文本内容前，可以看到操作时影响的文本，可视化模式可以分为以下 3 种。

- 用<v>指令进入的字符可视化模式（Characterwise visual mode），文本选择以字符为单位。
- 用<V>指令进入的行可视化模式（Linewise visual mode），文本选择以行为单位。

- 用<Ctrl+v>组合键指令进入的块可视化模式（Blockwise visual mode）。可以选择一个矩形内的文本。

【实例 6-3】vim 指令新建文件

```
vim /data/sh/vim.log
```

使用 vim 指令在/data/sh 目录下，新建 vim.log 文件。

```
[root@linux-command ~]#  vim /data/sh/vim.log
```

按小写字母<i>键进入插入模式，然后输入如图 6-3 所示内容。

输入完毕之后按键盘左上角<Esc>键返回末行模式，如图 6-4 所示，左下角的“INSERT”提示消失，输入“:wq”指令保存退出即可。

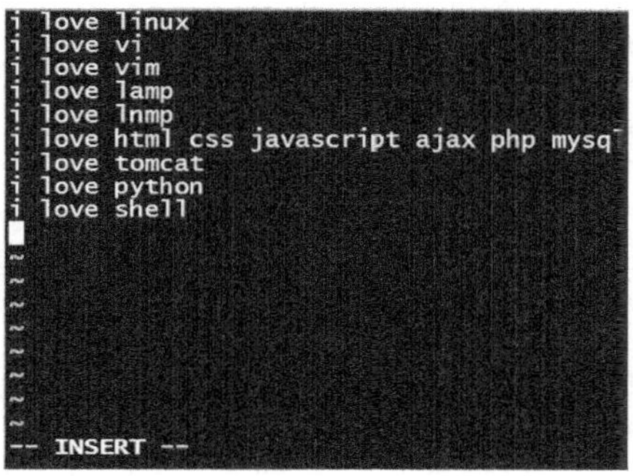

图 6-3　vim 插入模式

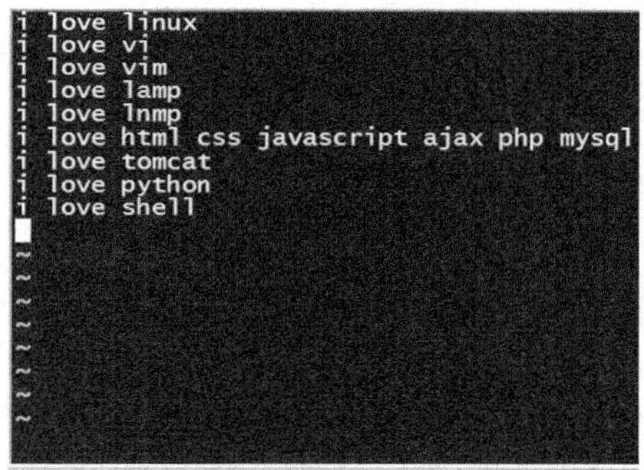

图 6-4　vim 末行模式

在实例 6-3 中，vim 指令新建文件经历了几个过程，首先进入命令模式，然后由命令模式切换到插入模式更新文件内容，最后到末行模式对输入的内容进行保存。

vim 指令模式转换技巧：无论在哪种模式下，操作者只要按下<Esc>键，无论之前在哪种模式下均会切换到末行模式。

【实例 6-4】vim 指令末行模式常用操作

vim 指令末行模式常用操作快捷键如表 6-4 所示，这些操作在日常 Linux 运维系统管理中均是使用频率高的指令。

表 6-4　vim 指令末行模式常用操作

指令	说明
:e filename	打开文件编辑
:w	保存
:q	退出 Vim
:q!	不修改退出 vim
:w!	保存文件

续表

指令	说明
:wq	保存文件并退出 vim
:wq!	保存文件并强制退出 vim
:1,5 w /tmp/passwd_5.log	把第 1～5 行复制到/tmp/passwd_5.log

【实例 6-5】vim 指令末行模式常用搜索快捷键

Linux 系统管理中，vim 指令末行模式常用搜索快捷键如表 6-5 所示。

表 6-5　　vim 指令末行模式常用搜索快捷键

指令	说明
/word	从顶部往底部搜索 word
?word	从底部往顶部搜索 word
/ro[oa]t	搜索 roat 或 rooat
/\< root	搜索 root 或 rootatre 或 rootn（只要是 root 开头就行）
/boot\>	搜索 boot 或 breaboot（只要是 root 结尾就行）
/\< root\>	只搜索 root
/\< ....\>	搜索长度为 4 个字符的字符串
/\<friend\>	搜索 friend、alfriend 或者 frienderick 都不能匹配
/friend\\|duoduo	搜 friend 或 duoduo
/\<\d\d\d\d\>	搜索 4 位数字的字符串
/^\n\{3}	查找 3 个空行

【实例 6-6】vim 指令末行模式常用替换快捷键

vim 指令末行模式常用替换快捷键如表 6-6 所示。

表 6-6　　vim 指令末行模式常用替换快捷键

指令	含义
:%s/old/new/g	用 new 替换文件中出现的所有 old
:%s/old/new/gc	与上面这条的作用一样，只不过每替换一个就要确认一次
:2,35s/old/new/g	用 new 替换 2～35 行的 new
:5,$s/old/new/g	替换 4 行之后所有 old
:%s/^/hello/g	用 hello 替换所有行首，相当于在行首插入 hello
:%s/$/Harry/g	在所有行末加入 Harray
:%s/onon/foron/gi	用 foron 替换 onon，忽略大小写
:%s/ *$//g	删除所有行末的空格
:%s/^ *//g	删除所有行首的空格
:g/nginx/d	删除所有出现有 nginx 的行

续表

指令	含义
:v/nginx/d	删除所有不包含 nginx 的行
:s/han/bing/	用 bing 替换当前行首次出现的 han
:s/han/bing/g	用 bing 替换当前行出现的所有 han
:%s#<[^>]\+>##g	删除所有 HTMl 标签，保留文本
dit	保留当前行 html 标签，删除文本

vim 指令操作文件，字符串替换是日常运维工作中使用较多的操作，读者在学习时要知道和了解这些选项的用法及含义。

【实例 6-7】vim 大小写转换

vim 大小写转换，如表 6-7 所示。

表 6-7 vim 大小写转换

指令	说明
Vu	当前行转换为小写
VU	当前行转换为大写，当然对中文无效

【实例 6-8】vim 指令常用操作

启动 vim 的方法是在命令行中输入如下代码。

```
vim 文件名
```

vim 指令有 3 种常用模式：命令模式、插入模式和末行模式。各模式常用说明如下所示。

- 命令模式下键盘的按键功能是移动光标、复制、删除、搜索等。插入模式是普通的输入字符。
- 在命令模式下按<i>或<a>键可以进入插入模式，i 是在当前字符之前插入，而 a 是在当前字符之后插入。
- 在插入模式下按<Esc>键可以切换到命令模式。
- 在命令模式下按<:q>键后，再按<Enter>键可以退出 vi。
- 末行模式可以执行查找、替换、保存等一系列操作。

vim 程序命令模式下一些简单的常用操作如表 6-8 所示。

表 6-8 vim 常用指令一览表

选项	说明
dw	删除一个英文单词
dd	删除一整行
3dd	删除 3 行，修改前面的数字可删除不同的行数

续表

选项	说明
cw	删除一个单词，并进入插入模式
o	在光标之后插入一行空白行，把光标移到插入行首，并切换到插入模式
u	撤销最近的操作
Ctrl+r	恢复上一次撤销的操作
Ctrl+f	翻到下一页
Ctrl+b	翻到上一页
^	移到行首
$	移到行末
13G	移动到13行，G前面的数字代表行号
hjkl	分别对应键盘方向键的左下上右方向键。在少数情况下，vi不能识别101键盘右半部分功能键，因为在旧式的键盘驱动中没有那些键
按/	输入关键词，按<Enter>键，搜索文本
n	搜索下一个
N	搜索上一个
:w 回车	保存文件
:wq 回车	保存退出

【实例 6-9】添加多行注释

- 按<Esc>键进入命令行模式下，按<Ctrl+v>组合键进入列（也叫区块）模式。
- 在行首使用上下键选择需要注释的多行。
- 按下键盘（大写）<I>键，进入插入模式。
- 然后输入注释符（“//”和“#”等）。
- 最后按下<Esc>键。

注：在按下<Esc>键后，可能会稍等一会才会出现注释。

【实例 6-10】删除多行注释

- 按<Esc>键进入命令行模式下，输入<Ctrl+v>组合键，进入列模式。
- 选定要取消注释的多行。
- 按下“x”或者“d”指令。

注意：如果是“//”注释，那需要执行两次该操作，如果是“#”注释，一次即可。

【实例 6-11】多行删除

- 首先在命令模式下，输入“:se nu”显示行号。
- 通过行号确定你要删除的行。
- 命令输入“:18,38d”，按<Enter>键，18～38行就被删除了。

注意：如果无意中删除错了，可以使用<u>恢复（命令模式下）。

6.1.2 touch 指令

touch 指令主要用来创建文件或修改文件时间，下面是 touch 指令的一些基本用法，touch 指令常用选项如表 6-9 所示。

表 6-9 touch 指令常用选项

选项	说明
-a	只更新访问时间，不改变修改时间
-c	不创建不存在的文件
-m	只更新修改时间，不改变访问时间
-r file	使用文件 file 的时间更新文件的时间
-t	将时间修改为参数指定的日期，如：07081556 代表 7 月 8 号 15 点 56 分

【实例 6-12】修改文件时间为当前系统时间

```
ls -lh --full-time password
```

查看 password 文件详细时间。

```
touch password
```

更新 password 文件时间。

```
stat password
```

查看 password 文件的 inode 内容。

```
[root@linux-command ~]# ls -lh --full-time password
-rw-r--r--. 1 root root 854 2018-06-27 00:41:40.299999989 +0800 password
[root@linux-command ~]# stat password
  File: "password"
  Size: 854             Blocks: 8          IO Block: 4096   普通文件
Device: fd00h/64768d    Inode: 134484      Links: 1
Access: (0644/-rw-r--r--)  Uid: (    0/    root)   Gid: (    0/    root)
Access: 2018-06-30 13:08:29.154561185 +0800
Modify: 2018-06-27 00:41:40.299999989 +0800
Change: 2018-06-30 13:08:26.100560298 +0800
[root@linux-command ~]#
[root@linux-command ~]# touch password
[root@linux-command ~]# ls -lh --full-time password
-rw-r--r--. 1 root root 854 2018-06-30 14:31:45.746546128 +0800 password
[root@linux-command ~]# stat password
  File: "password"
  Size: 854             Blocks: 8          IO Block: 4096   普通文件
Device: fd00h/64768d    Inode: 134484      Links: 1
Access: (0644/-rw-r--r--)  Uid: (    0/    root)   Gid: (    0/    root)
Access: 2018-06-30 14:31:45.746546128 +0800
```

```
Modify: 2018-06-30 14:31:45.746546128 +0800
Change: 2018-06-30 14:31:45.746546128 +0800
```

上述代码中“touch password”指令会同时更新 password 文件的修改时间和访问时间。

【实例 6-13】创建空文件

```
touch hanyanwei.log
```

在当前目录下创建 hanyanwei.log 空文件。

```
[root@linux-command ~]# ll
总用量 20
-rw-------. 1 root root 1091 6月  27 00:41 anaconda-ks.cfg
-rw-r--r--. 1 root root 8025 6月  27 00:41 install.log
-rw-r--r--. 1 root root 3384 6月  27 00:41 install.log.syslog
-rw-r--r--. 1 root root  854 6月  30 14:31 password
[root@linux-command ~]# touch hanyanwei.log
[root@linux-command ~]# ll
总用量 20
-rw-------. 1 root root 1091 6月  27 00:41 anaconda-ks.cfg
-rw-r--r--. 1 root root    0 6月  30 14:43 hanyanwei.log
-rw-r--r--. 1 root root 8025 6月  27 00:41 install.log
-rw-r--r--. 1 root root 3384 6月  27 00:41 install.log.syslog
-rw-r--r--. 1 root root  854 6月  30 14:31 password
```

上述代码中，使用 touch 指令创建了一个叫“hanyanwei.log”的空文件。

【实例 6-14】更新文件访问时间

```
ls -lu hanyanwei.log
```

查看 hanyanwei.log 文件访问时间。

```
touch -at 06300411 hanyanwei.log
```

更新文件访问时间为 6 月 30 号 4 点 11 分。

```
[root@linux-command ~]# ls -lu hanyanwei.log
-rw-r--r--. 1 root root 0 6月  30 14:43 hanyanwei.log
[root@linux-command ~]# touch -at 06300411 hanyanwei.log
[root@linux-command ~]# ls -lu hanyanwei.log
-rw-r--r--. 1 root root 0 6月  30 04:11 hanyanwei.log
```

上述代码使用“ls –lu”指令查看文件访问时间，“touch –at”指令更新文件访问时间，从输出结果中可以看到，修改时间没有变动，只是访问时间改变了。

【实例 6-15】只更新文件修改时间

```
touch -m hanyanwei.log
```

使用“touch –m”指令只更新文件修改时间。

```
[root@linux-command ~]# stat hanyanwei.log
  File: "hanyanwei.log"
  Size: 0               Blocks: 0          IO Block: 4096   普通空文件
```

```
Device: fd00h/64768d    Inode: 134486       Links: 1
Access: (0644/-rw-r--r--)  Uid: (    0/    root)  Gid: (    0/    root)
Access: 2018-06-30 04:11:00.000000000 +0800
Modify: 2018-06-30 14:43:31.447546484 +0800
Change: 2018-06-30 14:49:09.288545027 +0800
[root@linux-command ~]# touch -m hanyanwei.log
[root@linux-command ~]# stat hanyanwei.log
  File: "hanyanwei.log"
  Size: 0             Blocks: 0          IO Block: 4096    普通空文件
Device: fd00h/64768d    Inode: 134486     Links: 1
Access: (0644/-rw-r--r--)  Uid: (   0/    root)  Gid: (    0/    root)
Access: 2018-06-30 04:11:00.000000000 +0800
Modify: 2018-06-30 14:55:27.367543629 +0800
Change: 2018-06-30 14:55:27.367543629 +0800
```

由上面的代码可知，“hanyanwei.log”文件访问时间没有改变，修改时间发生了变动。

6.1.3 mkdir 指令

mkdir 指令用来创建一个或多个新的目录，基本语法如下所示。

```
mkdir [ -m Mode ] [ -p ] dirname
```

说明：该指令创建由 dir-name 命名的目录，要求创建目录的用户在当前目录中（dir-name 的父目录中）具有写权限，要创建新目录，mkdir 指令常用选项如表 6-10 所示。

表 6-10 mkdir 指令常用选项

命令	含义
–m mode	（1）设置新创建的目录的许可位，其值由变量 Mode 指定。Mode 变量的值与 chmod 命令的 Mode 参数的值一样，或者以符号形式，或者以数字形式。 （2）当使用符号格式指定 –m 标志时，操作符号 +（加）和 –（减）都是相对于假设的许可权设置 a=rwx 来进行解释的。+向默认方式添加许可权，– 从默认方式删除许可权。请参阅 chmod 命令以获取许可权的位和格式的完整描述

–p	（1）创建丢失中间路径名称目录。如果没有指定 –p 标志，则每个新创建的目录的父目录必须已经存在。
	（2）中间目录是通过自动调用以下的 mkdir 命令来创建的：
	`mkdir -p -m $(umask -S),u+wx $(dirname Directory) &&`
	`mkdir [-m Mode] Directory`
	其中，[–m Mode] 表示随你的 mkdir 命令的原始调用所提供的任何选项。
	mkdir 命令忽略任何命名现有的目录的 Directory 参数。不发出错误

mkdir 命令返回以下退出值，如表 6-11 所示。

表 6-11 mkdir 指令退出状态值

返回值	含义
0	成功创建所有指定的目录，或者指定 –p 选项，所有指定的目录现在都存在了
>0	发生错误

【实例 6-16】创建指定目录

```
mkdir test
```

创建 test 目录。

```
ls -ld test/
```

查看 test 目录相关信息，完整代码输出如下所示。

```
[root@linux-command ~]# mkdir test
[root@linux-command ~]# ls -ld test/
drwxr-xr-x. 2 root root 4096 6月  30 21:45 test/
```

【实例 6-17】级联创建目录

```
mkdir -pv  /data/mysql/mysql3316/{data,logs,conf,run}
```

级联创建/data/mysql/mysql3316/{data,logs,conf,run}目录。

```
tree /data/
```

目录树形式显示 data 目录信息。

```
ll /data/mysql/mysql3316/
```

查看/data/mysql/mysql3316 目录下文件信息。

```
[root@linux-command ~]# mkdir -pv  /data/mysql/mysql3316/{data,logs,conf,run}
mkdir: 已创建目录 "/data"
mkdir: 已创建目录 "/data/mysql"
mkdir: 已创建目录 "/data/mysql/mysql3316"
mkdir: 已创建目录 "/data/mysql/mysql3316/data"
mkdir: 已创建目录 "/data/mysql/mysql3316/logs"
mkdir: 已创建目录 "/data/mysql/mysql3316/conf"
mkdir: 已创建目录 "/data/mysql/mysql3316/run"
[root@linux-command ~]# tree /data/
/data/
└── mysql
    └── mysql3316
        ├── conf
        ├── data
        ├── logs
        └── run

6 directories, 0 files
[root@linux-command ~]# ll /data/mysql/mysql3316/
总用量 16
drwxr-xr-x. 2 root root 4096 6月  30 21:48 conf
drwxr-xr-x. 2 root root 4096 6月  30 21:48 data
drwxr-xr-x. 2 root root 4096 6月  30 21:48 logs
drwxr-xr-x. 2 root root 4096 6月  30 21:48 run
```

上述代码中，“–p”选项会依次创建/data、/data/mysql、/data/mysql/mysql3316、/data/mysql/mysql3316/data、/data/mysql/mysql3316/conf、/data/mysql/mysql3316/logs、/data/mysql/mysql3316/run 目录。

【实例 6-18】一次性创建多个目录

```
mkdir -pv aa bb cc
```

在当前目录下同时建立 aa、bb 和 cc 这 3 个目录。

```
[root@linux-command ~]#  mkdir -pv aa bb cc
mkdir: 已创建目录 "aa"
mkdir: 已创建目录 "bb"
mkdir: 已创建目录 "cc"
```

6.1.4 cp 指令

Linux 的 cp 指令常用来复制文件或目录，若同时指定两个以上的文件或目录，且最后的目的地址是已经存在的目录，则它会把前面指定的所有文件或目录复制到此目录中。若同时指定多个文件或目录，而最后的目的地址并非一个已存在的目录，则会出现错误信息，表 6-12 所示为 cp 指令常用选项的具体含义。

表 6-12　　cp 指令常用选项

选项	含义
–a 或 – –archive	此参数的效果和同时指定“–dpR”参数相同
–b 或 – –backup	删除、覆盖目的文件前先备份，备份的文件或目录亦建立为符号链接，并指向源文件或目录链接的源文件或目录。假如没有加上这个参数，在复制过程中若遇到符号链接，则会直接复制源文件或目录
–f 或 – –force	强行复制文件或目录，不论目的文件或目录是否已经存在
–i 或 – –interactive	覆盖文件之前先询问用户
–l 或 – –link	对源文件建立硬链接，而非复制文件
–p 或 – –preserve	保留源文件或目录的属性，包括所有者、所属组、权限与时间
–P 或 – –parents	保留源文件或目录的路径，此路径可以是绝对路径或相对路径，且目的目录必须已经存在
–r	递归处理，将指定目录下的文件与子目录一并处理。若源文件或目录的形态，不属于目录或符号链接，则一律视为普通文件处理
–R 或 –recursive	递归处理，将指定目录下的文件及子目录一并处理
–s 或 – –symbolic-link	对源文件建立符号链接，而非复制文件
–S <备份字尾字符串> 或 – –suffix=<备份字尾字符串>	用“–b”参数备份目的文件后，备份文件的字尾会被加上一个备份字符串。默认的备份字尾符串是符号“~”
–u 或 – –update	使用这项参数之后，只会在源文件的修改时间（Modification Time）较目的文件更新时，或是名称相互对应的目的文件并不存在，才复制文件

续表

选项	含义
–v 或 –verbose	显示执行过程
–V <备份方式> 或 --version-control=<备份方式>	(1) numbered 或 t，将使用备份编号，会在字尾加上～1～字符串，其数字编号依次递增 (2) simple 或 never 将使用简单备份，默认的备份字尾字符串是～，也可通过–S 来指定 (3) existing 或 nil 将使用当前方式，程序会先检查是否存在着备份编号，若有则采用备份编号，若无则采用简单备份
–x 或 – –one–file–system	复制的文件或目录存放的文件系统，必须与 cp 指令执行时所处的文件系统相同，否则不复制，亦不处理位于其他分区的文件
– –help	显示在线帮助
– –sparse=<使用时机>	设置保存稀疏文件的时机
– –version	显示版本

【实例 6-19】根据时间戳复制文件

复制文件，只有源文件比目的文件的修改时间新时，才复制文件，如下代码所示：

```
[root@linux-command book]# touch {a..c}.log
[root@linux-command book]# ll
total 0
-rw-r--r--. 1 root root 0 Aug 19 21:11 a.log
-rw-r--r--. 1 root root 0 Aug 19 21:11 b.log
-rw-r--r--. 1 root root 0 Aug 19 21:11 c.log
[root@linux-command book]# head /etc/passwd>a.log
[root@linux-command book]# nl a.log
    1  root:x:0:0:root:/root:/bin/bash
    2  bin:x:1:1:bin:/bin:/sbin/nologin
    3  daemon:x:2:2:daemon:/sbin:/sbin/nologin
    4  adm:x:3:4:adm:/var/adm:/sbin/nologin
    5  lp:x:4:7:lp:/var/spool/lpd:/sbin/nologin
    6  sync:x:5:0:sync:/sbin:/bin/sync
    7  shutdown:x:6:0:shutdown:/sbin:/sbin/shutdown
    8  halt:x:7:0:halt:/sbin:/sbin/halt
    9  mail:x:8:12:mail:/var/spool/mail:/sbin/nologin
   10  operator:x:11:0:operator:/root:/sbin/nologin
[root@linux-command book]# cp -u -v a.log b.log
cp: overwrite 'b.log'? y
'a.log' -> 'b.log'
[root@linux-command book]# nl b.log
    1  root:x:0:0:root:/root:/bin/bash
    2  bin:x:1:1:bin:/bin:/sbin/nologin
    3  daemon:x:2:2:daemon:/sbin:/sbin/nologin
    4  adm:x:3:4:adm:/var/adm:/sbin/nologin
    5  lp:x:4:7:lp:/var/spool/lpd:/sbin/nologin
    6  sync:x:5:0:sync:/sbin:/bin/sync
    7  shutdown:x:6:0:shutdown:/sbin:/sbin/shutdown
    8  halt:x:7:0:halt:/sbin:/sbin/halt
    9  mail:x:8:12:mail:/var/spool/mail:/sbin/nologin
10  operator:x:11:0:operator:/root:/sbin/nologin
```

上述代码实现思路如下。

（1）先创建测试文件。

（2）向测试文件写入内容。

（3）根据时间戳复制文件做测试。

【实例 6-20】复制文件过程中修改其名称

需求：复制文件 a.log 并修改名称为 b.log。

```
[root@linux-command book]# cp  a.log b.log
cp: overwrite 'b.log'? y
```

上述代码中按“y”表示确认覆盖，复制 a.log 文件全部内容到 b.log 文件中。按“n”则表示不复制，即不执行覆盖文件操作。

【实例 6-21】交互式方式复制文件

使用“–i”选项采用交互方式将文件 a.log 复制成文件 b.log。

```
[root@linux-command book]# cp -i a.log b.log
cp: overwrite 'b.log'? y
```

注意：由于 cp 指令采用了别名，交互式模式是 cp 指令默认操作方式，如下代码所示。

```
[root@linux-command book]# alias  |grep cp
alias cp='cp -i'
```

【实例 6-22】强制复制模式

将文件 a.log 复制成文件 b.log，因为目的文件已经存在，所以指定使用强制复制的模式，如下代码所示。

```
[root@linux-command book]# cp -f a.log b.log
cp: overwrite 'b.log'? y
```

还可使用下面的代码不做提示直接覆盖源文件。

```
\cp -av a.log b.log
```

复制文件目标文件中有同名文件，不提示直接覆盖。

```
/bin/cp -av a.log b.log
```

使用指令的绝对路径复制文件，目标文件中有同名文件不提示，直接覆盖，常用于非交互式环境中。

```
[root@linux-command book]# \cp -av a.log b.log
'a.log' -> 'b.log'
[root@linux-command book]# /bin/cp -av a.log b.log
'a.log' -> 'b.log'
```

【实例 6-23】复制目录

将目录 a 复制成目录 b。

```
mkdir a b
```

在当前目录中创建 a、b 目录。

```
cp -r a c
```

复制 a 目录，并重命名为 c 目录。

```
[root@linux-command book]# mkdir a b
[root@linux-command book]# cp -r a c
```

在上述代码中，先创建 a 和 b 目录，使用“–r”选项完成复制目录操作。

【实例 6-24】多文件复制

```
cp -av a b c filea fileb filec bak/
```

上述代码同时将文件 filea、fileb、filec 与目录 a、b、c 复制到目标 bak 目录中。

```
[root@linux-command book]# cp -av a b c filea fileb filec bak/
'a' -> 'bak/a'
'b' -> 'bak/b'
'c' -> 'bak/c'
'filea' -> 'bak/filea'
'fileb' -> 'bak/fileb'
'filec' -> 'bak/filec'
```

【实例 6-25】复制文件时并保留属性

复制文件时使用“–a”选项可保留文件属性。

```
touch a.log
```

创建 a.log 文件。

```
cp -a a.log bak
```

复制 a.log 文件到 bak 目录中。

```
ls -la a.log  bak/a.log
```

查看 a.log 文件和 bak/a.log 文件详细信息。

```
[root@linux-command book]# touch a.log
[root@linux-command book]# cp -a a.log bak
[root@linux-command book]# ls -la a.log  bak/a.log
-rw-r--r--. 1 root root 0 Aug 19 21:22 a.log
-rw-r--r--. 1 root root 0 Aug 19 21:22 bak/a.log
```

从上述代码中可以看到 a.log 的文件属性和 bak 目录里面的是完全一致的。

【实例 6-26】复制文件保留目录结构

使用 cp 指令进行文件复制时，可以使用“–P”选项保留文件的目录结构。

```
[root@linux-command book]# cp -P a/ bak/
cp: omitting directory 'a/'
```

```
[root@linux-command book]# tree bak/
bak/
├── a
├── a.log
├── b
├── c
├── filea
├── fileb
└── filec

3 directories, 4 files
[root@linux-command book]# ll bak/
total 0
drwxr-xr-x. 2 root root 6 Aug 19 21:19 a
-rw-r--r--. 1 root root 0 Aug 19 21:22 a.log
drwxr-xr-x. 2 root root 6 Aug 19 21:19 b
drwxr-xr-x. 2 root root 6 Aug 19 21:20 c
-rw-r--r--. 1 root root 0 Aug 19 21:20 filea
-rw-r--r--. 1 root root 0 Aug 19 21:20 fileb
-rw-r--r--. 1 root root 0 Aug 19 21:20 filec
[root@linux-command book]# ll bak/a
total 0
```

6.1.5 mv 指令

mv 指令是 Linux 系统管理员使用频率非常高的命令之一，其主要的用途是重命名、覆盖或移动文件，mv 指令常用选项如表 6-13 所示。

表 6-13 mv 指令常用选项

选项	说明
–b	如果已存在相同文件名，则覆盖前进行备份
–f	如果已存在相同文件名，而用户不具有写的权限，则强制覆盖
–i	如果已存在相同文件名，覆盖前提示用户进行确认
–u	比较原文件与目标文件修改时间，如果目标文件较新，则不覆盖
–v	列出所有被移动或重命名的文件

【实例 6-27】重命名文件

```
cp -av /etc/passwd .
```

复制/etc/passwd 文件到当前目录中。

```
mv  passwd  user_passwd
```

重命名 passwd 文件为 user_passwd，完整代码输出如下所示。

```
[root@linux-command book]# ll
total 0
```

```
[root@linux-command book]# cp -av /etc/passwd .
'/etc/passwd' -> './passwd'
[root@linux-command book]# ll
total 4
-rw-r--r--. 1 root root 1408 Jun 25 23:13 passwd
[root@linux-command book]# mv  passwd  user_passwd
[root@linux-command book]# ll
total 4
-rw-r--r--. 1 root root 1408 Jun 25 23:13 user_passwd
```

【实例 6-28】覆盖文件时提示

“–i”选项表示对已存在的文件覆盖前进行确认，按“y”或“Y”开头的字符串表示确定，其余任意字符表示否定。

```
[root@linux-command book]# ll
total 4
-rw-r--r--. 1 root root 1408 Jun 25 23:13 user_passwd
[root@linux-command book]# touch passwd
[root@linux-command book]# mv -i user_passwd  passwd
mv: overwrite 'passwd'? y
```

【实例 6-29】覆盖文件时不提示

“–f”选项表示覆盖文件时强制执行不提示。

```
[root@linux-command book]# ll
total 4
-rw-r--r--. 1 root root 1408 Jun 25 23:13 passwd
[root@linux-command book]# touch passwd_bak
[root@linux-command book]# mv passwd -f passwd_bak
```

【实例 6-30】移动目录

```
mv a /tmp
```

将 a 目录移动到 tmp 目录中，完整输出如下所示。

```
[root@linux-command book]# mkdir a
[root@linux-command book]# ll
total 4
drwxr-xr-x. 2 root root    6 Aug 19 21:36 a
-rw-r--r--. 1 root root 1408 Jun 25 23:13 passwd_bak
[root@linux-command book]# mv a /tmp
[root@linux-command book]# ll
total 4
-rw-r--r--. 1 root root 1408 Jun 25 23:13 passwd_bak
```

【实例 6-31】重命名目录

```
mkdir a
```

创建测试目录 a。

```
mv a b
```

将 a 目录移动到 b 目录中，完整输出如下代码所示。

```
 [root@linux-command book]# mkdir a
[root@linux-command book]# ll
total 0
drwxr-xr-x. 2 root root 6 Aug 19 21:37 a
[root@linux-command book]# mv a b
[root@linux-command book]# ll
total 0
drwxr-xr-x. 2 root root 6 Aug 19 21:37 b
```

上述代码中将 a 目录重命名为 b 目录，mv a ../可将 a 移动到父目录，此处可灵活运用。

【实例 6-32】根据时间戳覆盖文件

```
touch a.log
```

创建 a.log 文件。

```
touch b.log
```

创建 b.log 文件。

```
ls -lhrt --full-time
```

查看当前文件详细时间信息。

```
[root@linux-command book]# touch a.log
[root@linux-command book]# touch b.log
[root@linux-command book]# ls -lhrt --full-time
total 0
-rw-r--r--. 1 root root 0 2017-08-19 21:39:43.524000000 +0800 a.log
-rw-r--r--. 1 root root 0 2017-08-19 21:39:45.715000000 +0800 b.log
[root@linux-command book]# mv a.log -u b.log
[root@linux-command book]# ls -lhrt --full-time
total 0
-rw-r--r--. 1 root root 0 2017-08-19 21:39:43.524000000 +0800 a.log
-rw-r--r--. 1 root root 0 2017-08-19 21:39:45.715000000 +0800 b.log
```

上述代码中确认修改时间再判断是否覆盖，此处 b.log 的修改时间比 a.log 的修改时间新，所以覆盖失败。

【实例 6-33】执行过程中显示详细信息

"–v"选项表示执行 mv 指令过程中，显示详细信息。

```
[root@linux-command book]# mv -v a.log  c.log
'a.log' -> 'c.log'
```

上述代码中列出移动或覆盖时的信息，cp 指令中也有类似选项。

【实例 6-34】覆盖时备份

```
mv -b -v passwd passwd_bak
```

覆盖时进行备份过程，所备份的文件尾部有"～"标识。

```
[root@linux-command ~]# ll
总用量 8
-rw-r--r--. 1 root root 854 6月  27 00:41 passwd
-rw-r--r--. 1 root root 854 6月  27 00:41 passwd_bak
[root@linux-command ~]#
[root@linux-command ~]# mv -b -v passwd passwd_bak
mv: 是否覆盖"passwd_bak"?  y
"passwd" -> "passwd_bak" (备份: "passwd_bak~")
[root@linux-command ~]# ll
总用量 8
-rw-r--r--. 1 root root 854 6月  27 00:41 passwd_bak
-rw-r--r--. 1 root root 854 6月  27 00:41 passwd_bak~
```

6.1.6 rm 指令

rm 指令用来删除 Linux 系统中的文件或目录，默认 rm 指令不会删除目录，必须通过指定选项"–r"删除目录，通过 rm 指令删除文件后，通常可以将该文件或目录恢复（注意：rm 删除文件其实只是将指向数据块的索引点（information nodes）释放，只要不被覆盖，数据其实还在硬盘上。如果想要保证文件的内容无法复原，可以使用 shred 指令。

另外要慎用"rm –rf *"类似指令，此指令会不做任何提示删除系统根"/"目录下所有的文件和目录，非常危险，请读者慎用。rm 指令常用选项如表 6-14 所示。

表 6-14　　rm 命令常用参数

选项	说明
–f 或– –force	强制删除，忽略不存在的文件，从不给出提示
–i 或– –interactive	交互模式删除文件，删除文件前给出提示
–r 或– –recursive	递归的删除目录下面文件以及子目录下文件
–R 或– –recursive	递归的删除目录下面文件以及子目录下文件
–v 或– –verbose	显示运行时详细信息
– –help	显示命令在线帮助

【实例 6-35】获取 rm 命令帮助信息

```
rm --help
```

显示 rm 指令的帮助信息，完整代码输出如下所示。

```
[root@linuxcommand ~]# rm --help
Usage: rm [OPTION]... FILE...
Remove (unlink) the FILE(s).

  -f, --force          ignore nonexistent files, never prompt
  -i                   prompt before every removal
  -I                   prompt once before removing more than three files, or
```

```
                         when removing recursively.  Less intrusive than -i,
                         while still giving protection against most mistakes
      --interactive[=WHEN]  prompt according to WHEN: never, once (-I), or
                         always (-i).  Without WHEN, prompt always
      --one-file-system  when removing a hierarchy recursively, skip any
                         directory that is on a file system different from
                         that of the corresponding command line argument
      --no-preserve-root  do not treat `/' specially
      --preserve-root   do not remove `/' (default)
  -r, -R, --recursive   remove directories and their contents recursively
  -v, --verbose         explain what is being done
      --help     display this help and exit
      --version  output version information and exit
(结尾略)
```

【实例 6-36】删除指定文件

```
rm -f b_bak.log
```

强制删除“b_bak.log”文件。

```
[root@linux-command book]# ll
total 0
-rw-r--r--. 1 root root 0 Aug 19 21:39 b_bak.log
-rw-r--r--. 1 root root 0 Aug 19 21:39 c
[root@linux-command book]# rm -f b_bak.log
[root@linux-command book]# ll
total 0
-rw-r--r--. 1 root root 0 Aug 19 21:39 c
```

【实例 6-37】删除文件时显示详细信息

```
rm -fv c
```

删除文件“c”并显示删除过程中的详细信息。

```
[root@linux-command book]# ll
total 0
-rw-r--r--. 1 root root 0 Aug 19 21:39 c
[root@linux-command book]# rm -fv c
removed 'c'
```

【实例 6-38】交互式删除

```
rm -rfv *
```

无提示强制删除当前目录下所有文件和目录。

```
rm -iv *
```

交互式删除当前目录下所有文件，如下所示代码，输入“y”字母后就会删除文件；反之，则输入字母“n”。

```
[root@linux-command book]# rm -rfv *
```

```
[root@linux-command book]# ll
total 0
[root@linux-command book]# touch {a..d}.log
[root@linux-command book]# ll
total 0
-rw-r--r--. 1 root root 0 Aug 19 21:53 a.log
-rw-r--r--. 1 root root 0 Aug 19 21:53 b.log
-rw-r--r--. 1 root root 0 Aug 19 21:53 c.log
-rw-r--r--. 1 root root 0 Aug 19 21:53 d.log
[root@linux-command book]# rm -iv *
rm: remove regular empty file 'a.log'? y
removed 'a.log'
rm: remove regular empty file 'b.log'? y
removed 'b.log'
rm: remove regular empty file 'c.log'? y
removed 'c.log'
rm: remove regular empty file 'd.log'? n
[root@linux-command book]# ll
total 0
-rw-r--r--. 1 root root 0 Aug 19 21:53 d.log
```

【实例 6-39】递归删除某个目录下文件以及子目录

```
mkdir a b c
```

创建 a、b、c 目录。

```
mkdir -pv  a/{1..3}.dir
```

级联创建 a 目录 a1.dir、a2.dir、a3.dir 目录。

```
mkdir -pv  b/{1..3}.dir
```

级联创建 b 目录 b1.dir、b2.dir、b3.dir 目录。

```
mkdir -pv  c/{1..3}.dir
```

级联创建 c 目录 c1.dir、c2.dir、c3.dir 目录。

```
for i in `echo {a..c}`;do cp -av /etc/passwd $i;done
```

for 循环复制/etc/passwd 文件到 a、b、c 目录中。

如下代码所示，a、b、c 这 3 个目录下有对应的目录文件，以及子目录。

```
[root@linux-command book]# mkdir a b c
[root@linux-command book]# mkdir -pv  a/{1..3}.dir
mkdir: created directory 'a/1.dir'
mkdir: created directory 'a/2.dir'
mkdir: created directory 'a/3.dir'
[root@linux-command book]# mkdir -pv  b/{1..3}.dir
mkdir: created directory 'b/1.dir'
mkdir: created directory 'b/2.dir'
mkdir: created directory 'b/3.dir'
[root@linux-command book]# mkdir -pv  c/{1..3}.dir
```

```
mkdir: created directory 'c/1.dir'
mkdir: created directory 'c/2.dir'
mkdir: created directory 'c/3.dir'
[root@linux-command book]# for i in `echo {a..c}`;do cp -av /etc/passwd $i;done
'/etc/passwd' -> 'a/passwd'
'/etc/passwd' -> 'b/passwd'
'/etc/passwd' -> 'c/passwd'
[root@linux-command book]# tree a b c
a
├── 1.dir
├── 2.dir
├── 3.dir
└── passwd
b
├── 1.dir
├── 2.dir
├── 3.dir
└── passwd
c
├── 1.dir
├── 2.dir
├── 3.dir
└── passwd

9 directories, 3 files
```

【实例 6-40】删除 a 目录下所有文件

```
rm -rfv a/*
```

删除 a 目录下的所有文件以及目录，完整输出如下代码所示。

```
[root@linux-command book]# rm -rfv a/*
removed directory: 'a/1.dir'
removed directory: 'a/2.dir'
removed directory: 'a/3.dir'
removed 'a/passwd'
[root@linux-command book]# tree a b c
a
b
├── 1.dir
├── 2.dir
├── 3.dir
└── passwd
c
├── 1.dir
├── 2.dir
├── 3.dir
└── passwd

6 directories, 2 files
```

【实例 6-41】删除空目录

```
mkdir a
```

创建 a 目录。

```
rmdir a
```

删除 a 目录。

```
mkdir a;cp -av /etc/passwd a
```

创建 a 目录，复制/etc/passwd 文件到 a 目录，完整输出和代码如下所示。

```
[root@linux-command book]# mkdir a
[root@linux-command book]# rmdir a
[root@linux-command book]# mkdir a;cp -av /etc/passwd a
'/etc/passwd' -> 'a/passwd'
[root@linux-command book]# rmdir a
rmdir: failed to remove 'a': Directory not empty
[root@linux-command book]# rm -r a
rm: descend into directory 'a'? y
rm: remove regular file 'a/passwd'? y
rm: remove directory 'a'? y
[root@linux-command book]# ll
total 0
```

从上述代码中可以发现，使用 rmdir 可以删除空目录，即目录内没有任何文件或者目录。使用 rm 删除目录时，加“–r”选项可以删除目录，删除过程是从内到外一层一层的，也就是一个一个文件删除的。如果某一个目录内有 1000 个文件，按照这种方式来删除的要输入 1000 个“y”进行确认。

【实例 6-42】删除指定类型的文件

```
touch {a..z}.log
```

通配符形式创建从 a 开头，到 z 结束，且以.log 结尾的文件。

```
for i in `echo {a..z}`;do head /etc/passwd >>$i.log;done
```

for 循环复制/etc/passwd 文件前 10 行内容到 a～z 开头且以.log 结尾的文件中。

```
rm -rfv *.log
```

强制删除以.log 结尾的所有文件。

```
[root@linux-command book]# touch {a..z}.log
[root@linux-command book]# for i in 'echo {a..z}';do head /etc/passwd >>$i.log;done
[root@linux-command book]# head a.log
root:x:0:0:root:/root:/bin/bash
bin:x:1:1:bin:/bin:/sbin/nologin
daemon:x:2:2:daemon:/sbin:/sbin/nologin
adm:x:3:4:adm:/var/adm:/sbin/nologin
```

```
lp:x:4:7:lp:/var/spool/lpd:/sbin/nologin
sync:x:5:0:sync:/sbin:/bin/sync
shutdown:x:6:0:shutdown:/sbin:/sbin/shutdown
halt:x:7:0:halt:/sbin:/sbin/halt
mail:x:8:12:mail:/var/spool/mail:/sbin/nologin
operator:x:11:0:operator:/root:/sbin/nologin
[root@linux-command book]# rm -rfv *.log
removed 'a.log'
removed 'b.log'
removed 'c.log'
removed 'd.log'
removed 'e.log'
removed 'f.log'
removed 'g.log'
removed 'h.log'
removed 'i.log'
removed 'j.log'
removed 'k.log'
removed 'l.log'
removed 'm.log'
removed 'n.log'
removed 'o.log'
removed 'p.log'
removed 'q.log'
removed 'r.log'
removed 's.log'
removed 't.log'
removed 'u.log'
removed 'v.log'
removed 'w.log'
removed 'x.log'
removed 'y.log'
removed 'z.log'
[root@linux-command book]# ll
total 0
```

6.1.7　cat 指令

cat 指令连接文件或标准输入并打印，常用来显示文件内容，或者将几个文件连接起来显示，或者从标准输入读取内容并显示，它常与重定向符号配合使用。

ca 指令 t 主要有 3 大实用功能。

（1）一次显示整个文件

```
#cat filename
```

（2）从键盘创建一个文件

```
#cat > filename
```

只能创建新文件，不能编辑已有文件。

（3）将几个文件合并为一个文件

```
#cat file1 file2 > file
```

cat 指令常用选项如表 6-15 所示。

表 6-15　　cat 指令常用选项

选项	说明
–n 或 – –number	由 1 开始对所有输出的行数编号
–b 或 – –number–nonblank	和 –n 相似，只不过对于空白行不编号
–s 或 – –squeeze–blank	当遇到有连续两行以上的空白行，就代换为一行的空白行
–v 或 – –show–nonprinting	使用 ^ 和 M– 符号，除了 LFD 和 TAB 之外
–E 或 – –show–ends	在每行结束处显示 $
–T 或 – –show–tabs	将 TAB 字符显示为 ^I
–e	等价于 –vE
–A, – –show–all	等价于 –vET
–e	等价于“–vE”选项
–t	等价于“–vT”选项
–n 或 – –number	由 1 开始对所有输出的行数编号

【实例 6-43】创建测试文件

```
echo '123' >>nginx.log
```

把 123 数字写入 nginx.log 文件。

```
echo "">>nginx.log
```

写入空白行到 nginx.log 文件。

```
cat nginx.log
```

查看 nginx.log 文件内容，完整输出和代码如下所示。

```
[root@linux-command ~]# echo '123' >>nginx.log
[root@linux-command ~]# echo "">>nginx.log
[root@linux-command ~]# cat nginx.log
123
```

【实例 6-44】查看创建文件内容，空白行也显示

```
cat nginx.log  -n
```

“–n”选项表示显示所有文件行条目，包括空白行。

```
[root@linux-command ~]# cat nginx.log  -n
     1  123
     2
```

把 456 数字写入“apache.log”，之后又写入空白行到“apache.log”，如下代码所示。

```
[root@linux-command ~]# echo '456'>>apache.log
[root@linux-command ~]# echo "">>apache.log
[root@linux-command ~]# cat -n apache.log
     1  456
     2
```

【实例 6-45】合并连接文件到一个文件

```
cat -n nginx.log >> apache.log
```

cat 指令读取“nginx.log”的文件内容加上行号后追加到“apache.log”文件中。

```
[root@linux-command ~]# cat -n nginx.log >> apache.log
[root@linux-command ~]# cat -n apache.log
     1  456
     2
     3       1  123
     4       2
```

【实例 6-46】合并连接文件到一个文件，并去掉空白行

```
cat -n nginx_apache.log
```

把“nginx.log”和“apache.log”的内容加上行号（空白行不加）之后将内容附加到“nginx_apache.log”。

```
[root@linux-command ~]# cat -n nginx_apache.log
     1       1  123
     2
     3       2  456
     4
     5       3       1  123
     6       4       2
```

【实例 6-47】清空文件内容，不删除文件本身

```
cat /dev/null >apache.log
```

把“apache.log”文件扔进垃圾箱，不删除“apache.log”本身。

```
[root@linux-command ~]# cat  apache.log
456

    1  123
    2
[root@linux-command ~]# cat /dev/null >apache.log
[root@linux-command ~]# cat apache.log
```

【实例 6-48】使用 cat 创建文件

cat 指令有创建文件的功能，创建文件后，要以 EOF 或 STOP 结束。

```
cat >>cat.log<<EOF
```

```
i
love linux-command
i love booxin.vip
EOF
[root@linux-command ~]# cat cat.log
i
love linux-command
i love booxin.vip
[root@linux-command ~]# cat cat.log  -n
     1  i
     2  love linux-command
     3  i love booxin.vip
```

注意：每行的开头不要有空格，具体指令集输出如下代码所示。

```
cat >>nginx.log<<handuoduo
i miss you so much
i love you so much
handuoduo
[root@linux-command ~]# cat >>nginx.log<<handuoduo
> i miss you so much
> i love you so much
> handuoduo
[root@linux-command ~]#
[root@linux-command ~]# cat nginx.log
123

i miss you so much
i love you so much
[root@linux-command ~]# cat nginx.log -n
     1  123
     2
     3  i miss you so much
     4  i love you so much
```

【实例 6-49】连接多个文件

```
echo '1'>1.txt
```

实用 echo 指令写入字符“1”到 1.txt 文件中。

```
cat 1.txt 2.txt 3.txt 4.txt 5.txt 6.txt >>1_6.txt
```

合并 1.txt 2.txt 3.txt 4.txt 5.txt 6.txt 文件内容到 1_6.txt 文件。

```
[root@linux-command ~]# echo '1'>1.txt
[root@linux-command ~]# echo '2'>2.txt
[root@linux-command ~]# echo '3'>3.txt
[root@linux-command ~]# echo '4'>4.txt
[root@linux-command ~]# echo '5'>5.txt
[root@linux-command ~]# echo '6'>6.txt
[root@linux-command ~]# cat 1.txt 2.txt 3.txt 4.txt 5.txt 6.txt >>1_6.txt
[root@linux-command ~]# cat 1_6.txt
1
```

```
2
3
4
5
6
```

注意：其原理是把 6 个文件的内容连接起来，然后创建 1_6.txt 文件，并且把几个文件的内容同时写入 1_6.txt 中。

特别值得一提的是，如果你输入一个已经存在的 1_6.txt 文件，会把 1_6.txt 内容清空。注意：

- “>”符号表示创建，会清空文件内容。
- “>>”符号表示追加，千万不要弄混。

【实例 6-50】cat 创建文件的另外两种方法

方法 1：cat – file5>file6，完整代码和输出如下所示。

```
[root@linux-command ~]# echo 'file5'>file5
[root@linux-command ~]# cat file5
file5
[root@linux-command ~]# cat - file5 >file6
cat
cat
cat
[root@linux-command ~]# cat file6
cat
cat
cat
file5
```

上述代码中输入完文件内容之后，直接按<Ctrl+d>组合键即可停止输入。

方法 2：cat file7 – > file8，完整代码和输出如下所示。

```
[root@linux-command ~]# echo 'file7'>file7
[root@linux-command ~]# cat file7
file7
[root@linux-command ~]# cat file7 - > file8
a
b
c
file8
[root@linux-command ~]# cat file8
file7
a
b
c
file8
```

输入完文件内容后，直接按<Ctrl+d>组合键即可停止输入。

【实例 6-51】通过管道创建文件

如下代码中先用 cat 指令读取各个文件内容，然后使用 sort 指令排序后重定向到“file1_6”

文件中。

```
cat file1 file2 file3 | sort > file4
[root@linux-command ~]# echo '123_a'>file1
[root@linux-command ~]# echo '123_b'>file2
[root@linux-command ~]# echo '123_c'>file3
[root@linux-command ~]# cat file1
123_a
[root@linux-command ~]# cat file2
123_b
[root@linux-command ~]# cat file3
123_c
[root@linux-command ~]# echo '223_d'>file4
[root@linux-command ~]# echo '323_e'>file5
[root@linux-command ~]# echo '423_f'>file6
[root@linux-command ~]# cat file4 file5 file6|sort
223_d
323_e
423_f
[root@linux-command ~]# cat file1 file2 file3 file4 file5 file6|sort >file1_6
[root@linux-command ~]# cat file1_6
123_a
123_b
123_c
223_d
323_e
423_f
```

6.1.8 tac 指令

cat 命令可以显示文件的内容，它反过来写就是 tac，而 tac 恰巧也是一个 Linux 命令，它的功能就是把文件内容反过来显示，文件内容的最后一行先显示，第一行最后显示。

【实例 6-52】反转查看文件内容

```
seq 5
```

生成 12345 数字序列。

```
seq 5 >a.log
```

重定向“seq 5”输出结果到 a.log 文件中。

```
cat a.log
```

查看 a.log 文件内容。

```
tac a.log
```

反转查看 a.log 文件内容，完整输出和代码如下所示。

```
[root@linux-command ~]# seq 5
1
2
3
4
5
[root@linux-command ~]# seq 5 >a.log
[root@linux-command ~]# cat a.log
1
2
3
4
5
[root@linux-command ~]# tac a.log
5
4
3
2
1
```

【实例 6-53】列出 6 个最近新建的用户账号信息

```
tail -6 /etc/passwd tac
```

查看/etc/passwd 文件中最后 6 行用户信息，文件内容的最后一行先显示，第一行最后显示。

```
[root@linux-command ~]# tail -6 /etc/passwd|tac
ntp:x:38:38::/etc/ntp:/sbin/nologin
hanyanwei:x:1003:1003::/home/hanyanwei:/bin/bash
ldap:x:55:55:OpenLDAP server:/var/lib/ldap:/sbin/nologin
nslcd:x:65:55:LDAP Client User:/:/sbin/nologin
saslauth:x:997:76:Saslauthd user:/run/saslauthd:/sbin/nologin
nscd:x:28:28:NSCD Daemon:/:/sbin/nologin
```

6.1.9 tail 指令

tail 指令用于输出文件中的尾部内容，默认在屏幕上显示指定文件的末尾 10 行。如果给定的文件不止一个，则在显示的每个文件前面加一个文件名标题，如果没有指定文件或者文件名为“-”，则读取标准输入。

我们很多时候需要查看程序或服务器的实时日志，以进一步发现出现问题的地方，或者运行情况等信息。而大多数写在*.log 文件里，对于日志文件繁多的情况不容易找，并且文件有时过大不容易找到最近记录的位置，看实时日志还是最好的选择。

【实例 6-54】实时查看日志

（1）开启一个终端，执行如下命令。

```
[root@linux-command ~]# ping qq.com >qq.log
```

此终端会一直卡着不动，此时请读者再开启另外一个终端，并执行如下命令。

```
[root@linux-command ~]# tailf qq.log
PING qq.com (14.17.32.211) 56(84) bytes of data.
64 bytes from 14.17.32.211 (14.17.32.211): icmp_seq=1 ttl=53 time=33.1 ms
64 bytes from 14.17.32.211 (14.17.32.211): icmp_seq=2 ttl=53 time=33.2 ms
64 bytes from 14.17.32.211 (14.17.32.211): icmp_seq=3 ttl=53 time=33.1 ms
64 bytes from 14.17.32.211 (14.17.32.211): icmp_seq=4 ttl=53 time=33.0 ms
64 bytes from 14.17.32.211 (14.17.32.211): icmp_seq=5 ttl=53 time=32.9 ms
64 bytes from 14.17.32.211 (14.17.32.211): icmp_seq=6 ttl=53 time=33.9 ms
64 bytes from 14.17.32.211 (14.17.32.211): icmp_seq=7 ttl=53 time=33.1 ms
64 bytes from 14.17.32.211 (14.17.32.211): icmp_seq=8 ttl=53 time=33.0 ms
64 bytes from 14.17.32.211 (14.17.32.211): icmp_seq=9 ttl=53 time=33.1 ms
```

（2）再回到 ping 终端，此时我们可以按<Ctrl+c>组合键取消指令。

```
[root@linux-command ~]# ping qq.com >qq.log
^C[root@linux-command ~]#
```

【实例 6-55】显示文件的后 10 行

```
tail /etc/passwd
```

显示/etc/passwd 文件的最后 10 行，如下代码所示。

```
[root@linux-command ~]# tail /etc/passwd
apache:x:48:48:Apache:/usr/share/httpd:/sbin/nologin
nginx:x:1000:1000::/home/nginx:/sbin/nologin
php-fpm:x:1001:1001::/home/php-fpm:/sbin/nologin
mysql:x:1002:1002::/home/mysql:/sbin/nologin
nscd:x:28:28:NSCD Daemon:/:/sbin/nologin
saslauth:x:997:76:Saslauthd user:/run/saslauthd:/sbin/nologin
nslcd:x:65:55:LDAP Client User:/:/sbin/nologin
ldap:x:55:55:OpenLDAP server:/var/lib/ldap:/sbin/nologin
hanyanwei:x:1003:1003::/home/hanyanwei:/bin/bash
ntp:x:38:38::/etc/ntp:/sbin/nologin
```

【实例 6-56】实时追踪文件增长内容

持续跟踪文件的输出，输入如下指令即可动态观察文件内容的实时变化信息：

```
tail  -f qq.log
```

上述代码这显示“boovip.log”文件的最后 10 行。

tail 指令继续显示添加到“boovip.log”文件中的行，直到按下<Ctrl+c>组合键来停止。

```
[root@linux-command ~]# tail -fn10 boovip.log
PING qq.com (14.17.32.211) 56(84) bytes of data.
64 bytes from 14.17.32.211 (14.17.32.211): icmp_seq=1 ttl=53 time=34.5 ms
64 bytes from 14.17.32.211 (14.17.32.211): icmp_seq=2 ttl=53 time=34.1 ms
64 bytes from 14.17.32.211 (14.17.32.211): icmp_seq=3 ttl=53 time=34.2 ms
64 bytes from 14.17.32.211 (14.17.32.211): icmp_seq=4 ttl=53 time=34.1 ms
64 bytes from 14.17.32.211 (14.17.32.211): icmp_seq=5 ttl=53 time=34.0 ms
64 bytes from 14.17.32.211 (14.17.32.211): icmp_seq=6 ttl=53 time=34.0 ms
```

```
64 bytes from 14.17.32.211 (14.17.32.211): icmp_seq=7 ttl=53 time=34.0 ms
64 bytes from 14.17.32.211 (14.17.32.211): icmp_seq=8 ttl=53 time=34.0 ms
64 bytes from 14.17.32.211 (14.17.32.211): icmp_seq=9 ttl=53 time=34.0 ms
64 bytes from 14.17.32.211 (14.17.32.211): icmp_seq=10 ttl=53 time=34.1 ms
```

6.1.10 head 指令

head 指令用来显示开头或结尾某个数量的文字区块，head 用来显示文件的开头至标准输出中。默认情况下，head 命令显示文件前 10 行内容。

【实例 6-57】显示文件的前 5 行

```
head -5 /etc/passwd
```

显示/etc/passwd 文件的前 5 行。

```
[root@linux-command ~]# head -5 /etc/passwd
root:x:0:0:root:/root:/bin/bash
bin:x:1:1:bin:/bin:/sbin/nologin
daemon:x:2:2:daemon:/sbin:/sbin/nologin
adm:x:3:4:adm:/var/adm:/sbin/nologin
lp:x:4:7:lp:/var/spool/lpd:/sbin/nologin
```

【实例 6-58】显示文件前 8 字节

```
head -c 8 /etc/passwd
```

使用"–c"选项，显示指定文件的字节数量。

```
[root@linux-command ~]# head -c 8 /etc/passwd
root:x:0[root@linux-command ~]#
[root@localhost test]#
```

【实例 6-59】显示除了最后 n 字节以外的内容

```
head -c -1440 /etc/passwd
```

显示除了最后 1440 字节以外的内容。

```
[root@linux-command ~]# head -c -1440 /etc/passwd
root[root@linux-command ~]#
```

【实例 6-60】输出文件除了最后 n 行的全部内容

```
head -n -29 /etc/passwd
```

输出文件除了最后 29 行的全部内容。

```
[root@linux-command ~]# wc -l </etc/passwd
30
[root@linux-command ~]# head -n -29 /etc/passwd
root:x:0:0:root:/root:/bin/bash
```

6.1.11 less 指令

less 指令的作用与 more 十分相似，用来浏览文字档案的内容。less 命令允许用户向前或向后浏览文件，而 more 命令只能向前浏览。用 less 指令显示文件时，用<PageUp>键向上翻页，用<PageDown>键向下翻页，要退出 less 程序应按<q>键。

less 指令用法比起 more 更加有弹性，在使用 more 指令时，无法向前面翻，只能往后面看。但若使用了 less 时，就可以使用<PageUp><PageDown>等按键的功能来往前往后翻看文件，更容易用来查看一个文件的内容！除此之外，在 less 中可以拥有更多的搜索功能，不止可以向下搜索，也可以向上搜索。

less 命令常用选项如表 6-16 所示。

表 6-16　　less 指令常用选项

选项	说明
–b	<缓冲区大小> 设置缓冲区的大小
–e	当文件显示结束后，自动离开
–f	强迫打开特殊文件，例如外围设备代号、目录和二进制文件
–g	只标志最后搜索的关键词
–i	忽略搜索时的大小写
–m	显示类似 more 命令的百分比
<strong>–N	显示每行的行号</strong>
–o <文件名>	将 less 输出的内容在指定文件中保存起来
–Q	不使用警告音
–s	显示连续空行为一行
–S	行过长时间将超出部分舍弃
–x <数字>	将<Tab>键显示为规定的数字空格
<strong>/字符串	向下搜索“字符串”的功能
?字符串	向上搜索“字符串”的功能</strong>
n:	重复前一个搜索（与 / 或 ? 有关）
N:	反向重复前一个搜索（与 / 或 ? 有关）
<strong>b	向后翻一页
d	向后翻半页</strong>
h	显示帮助界面
Q	退出 less 命令
u	向前滚动半页
y	向前滚动一行
<strong>空格键	滚动一页

【实例 6-61】查看 Nginx 日志文件

```
less /data/app/nginx/logs/access.log
```

使用 less 指令查看日志文件内容。

```
[root@linux-command ~]# less /data/app/nginx/logs/access.log
221.218.91.246 - - [29/Aug/2017:00:00:49 +0800] "POST /wp-admin/admin-ajax.php HTTP/1.1" 200 58 "http://www.myxiaobai.com/wp-admin/theme-editor.php?file=sidebar.php&theme=twentyseventeen" "Mozilla/5.0 (Windows NT 6.1; WOW64) AppleWebKit/537.36 (KHTML, like Gecko) Chrome/50.0.2661.102 Safari/537.36"
221.218.91.246 - - [29/Aug/2017:00:02:50 +0800] "POST /wp-admin/admin-ajax.php HTTP/1.1" 200 58 "http://www.myxiaobai.com/wp-admin/theme-editor.php?file=sidebar.php&theme=twentyseventeen" "Mozilla/5.0 (Windows NT 6.1; WOW64) AppleWebKit/537.36 (KHTML, like Gecko) Chrome/50.0.2661.102 Safari/537.36"
221.218.91.246 - - [29/Aug/2017:00:04:32 +0800] "GET /favicon.ico HTTP/1.1" 404 568 "-" "Mozilla/5.0 (Windows NT 6.1; WOW64) AppleWebKit/537.36 (KHTML, like Gecko) Chrome/53.0.2785.104 Safari/537.36 Core/1.53.3368.400 QQBrowser/9.6.11974.400"
221.218.91.246 - - [29/Aug/2017:00:04:32 +0800] "GET /favicon.ico HTTP/1.1" 404 568 "-" "Mozilla/5.0 (Windows NT 6.1; WOW64) AppleWebKit/537.36 (KHTML, like Gecko) Chrome/53.0.2785.104 Safari/537.36 Core/1.53.3368.400 QQBrowser/9.6.11974.400"
221.218.91.246 - - [29/Aug/2017:00:04:32 +0800] "GET /favicon.ico HTTP/1.1" 404 568 "-" "Mozilla/5.0 (Windows NT 6.1; WOW64) AppleWebKit/537.36 (KHTML, like Gecko) Chrome/53.0.2785.104 Safari/537.36 Core/1.53.3368.400 QQBrowser/9.6.11974.400"
```

【实例 6-62】ps 查看进程信息并通过 less 分页显示

```
ps -ef |less
```

使用“ps”指令查看前操作系统进程，并使用分页显示。

```
[root@linux-command ~]# ps -ef |less
UID         PID   PPID  C STIME TTY          TIME CMD
root          1      0  0 Jun14 ?        00:02:15 /sbin/init
root          2      0  0 Jun14 ?        00:00:02 [kthreadd]
root          3      2  0 Jun14 ?        00:00:00 [ksoftirqd/0]
root          7      2  0 Jun14 ?        00:00:02 [migration/0]
root          8      2  0 Jun14 ?        00:00:00 [rcu_bh]
root          9      2  0 Jun14 ?        00:00:49 [rcu_sched]
root         10      2  0 Jun14 ?        00:00:42 [watchdog/0]
root         11      2  0 Jun14 ?        00:00:38 [watchdog/1]
root         12      2  0 Jun14 ?        00:00:02 [migration/1]
root         13      2  0 Jun14 ?        00:00:01 [ksoftirqd/1]
```

【实例 6-63】查看命令历史使用记录并通过 less 分页显示

```
history |less
```

查看命令历史使用记录并通过 less 分页显示。

```
[root@linux-command ~]# history |less
```

```
   17  sleep 10
   18  ls -lhrt --full-time
   19  history
   20  whoami
   21  sleep 10
   22  whoami
   23  for num in $(seq 6);do echo $num.log;done
   24  ls
   25  export HISTTIMEFORMAT='%F %T '
(结尾略)
```

【实例 6-64】浏览多个文件

```
less access.log
```

使用“less”指令同时浏览 access.log 文件。

```
less access.log error.log
说明：
输入 ：n 后，切换到 error.log
输入 ：p 后，切换到 access.log
```

【实例 6-65】less 指令总结

1．全屏导航

（1）<Ctrl + f>组合键表示向前移动一屏。

（2）<Ctrl + b>组合键表示向后移动一屏。

（3）<Ctrl + d>组合键表示向前移动半屏。

（4）<Ctrl + u>组合键表示向后移动半屏。

2．单行导航

（1）<j>键表示向前移动一行。

（2）<k>键表示向后移动一行。

3．其他导航

（1）<G>键表示移动到最后一行。

（2）<g>键表示移动到第一行。

（3）<q>或<ZZ>键表示退出 less 命令。

4．其他有用的命令

（1）<v>键表示使用配置的编辑器编辑当前文件。

（2）<h>键显示 less 的帮助文档。

（3）<&pattern>仅显示匹配模式的行，而不是整个文件。

5．标记导航

当使用 less 查看大文件时，可以在任何一个位置做标记，通过命令导航到标有特定标记的文本位置。

（1）“ma”表示使用 a 标记文本的当前位置。

（2）“a”导航到标记 a 处。

6.1.12 more 指令

Linux more 指令类似 cat 指令，不过会以一页一页的形式显示，更方便使用者逐页阅读。按空白键（space）就往下一页显示，按<b>键就会往回（back）一页显示，而且还有搜寻字串的功能（与 vi 相似）。more 指令常用选项如表 6-17 所示。

表 6-17　more 指令常用选项

参数	说明
-num	一次显示的行数
–d	提示使用者，在画面下方显示 [Press space to continue, 'q' to quit.]。如果使用者按错键，则会显示 [Press 'h' for instructions.]，而不是‘哔”声
–l	取消遇见特殊字元 ^L（送纸字元）时会暂停的功能
–f	计算行数时，以实际上的行数，而非自动换行过后的行数（有些单行字数太长的会被扩展为两行或两行以上）
–p	不以卷动的方式显示每一页，而是先清除萤幕后再显示内容
–c	跟 –p 相似，不同的是先显示内容再清除其他旧资料
–s	当遇到有连续两行以上的空白行，就代换为一行的空白行
–u	不显示下引号 （根据环境变数 TERM 指定的 terminal 而有所不同）
+/pattern	在每个文档显示前搜寻该字串（pattern），然后从该字串之后开始显示
+num	从第 num 行开始显示
fileNames	欲显示内容的文档，可为复数个数

【实例 6-66】逐页显示文件内容

```
more -s /data/app/nginx/conf/nginx.conf
```

逐页显示“nginx.conf”文件内容，如有连续两行以上空白行，则以一行空白行显示。

```
[root@linux-command ~]# more -s /data/app/nginx/conf/nginx.conf

user  nginx;
worker_processes  1;

#error_log  logs/error.log;
#error_log  logs/error.log  notice;
#error_log  logs/error.log  info;

#pid        logs/nginx.pid;

events {
   worker_connections  10240;
```

【实例 6-67】从第 20 行开始显示文件内容

```
more +20 /etc/passwd
[root@linux-command ~]# more +20 /etc/passwd
postfix:x:89:89::/var/spool/postfix:/sbin/nologin
apache:x:48:48:Apache:/usr/share/httpd:/sbin/nologin
nginx:x:1000:1000::/home/nginx:/sbin/nologin
php-fpm:x:1001:1001::/home/php-fpm:/sbin/nologin
mysql:x:1002:1002::/home/mysql:/sbin/nologin
nscd:x:28:28:NSCD Daemon:/:/sbin/nologin
saslauth:x:997:76:Saslauthd user:/run/saslauthd:/sbin/nologin
nslcd:x:65:55:LDAP Client User:/:/sbin/nologin
ldap:x:55:55:OpenLDAP server:/var/lib/ldap:/sbin/nologin
hanyanwei:x:1003:1003::/home/hanyanwei:/bin/bash
ntp:x:38:38::/etc/ntp:/sbin/nologin
```

上述代码从第 20 行开始显示“/etc/passwd”文件内容。

【实例 6-68】查看文件并显示百分比

显示“nginx.conf”文件的内容，但在显示之前先清屏，并且在屏幕的最下方显示完成的百分比。

```
more -dc nginx.conf
[root@linux-command ~]#

user  nginx;
worker_processes  1;

#error_log  logs/error.log;
#error_log  logs/error.log  notice;
#error_log  logs/error.log  info;

#pid        logs/nginx.pid;


events {
   worker_connections  10240;
}


http {
   include       mime.types;
   default_type  application/octet-stream;

   #log_format  main  '$remote_addr - $remote_user [$time_local] "$request" '
   #                  '$status $body_bytes_sent "$http_referer" '
   #                  '"$http_user_agent" "$http_x_forwarded_for"';

   #access_log  logs/access.log  main;

   sendfile       on;
```

```
    #tcp_nopush     on;

--More--(15%)[Press space to continue, 'q' to quit.]
```

【实例 6-69】每 10 行显示一次并清屏。

显示“nginx.conf”文件的内容，每 10 行显示一次，而且在显示之前先清屏。

```
more -c -10 nginx.conf
[root@linux-command ~]#

user  nginx;
worker_processes  1;

#error_log  logs/error.log;
#error_log  logs/error.log  notice;
#error_log  logs/error.log  info;

#pid        logs/nginx.pid;


events {
    worker_connections  10240;
}


http {
    include       mime.types;
    default_type  application/octet-stream;

    #log_format  main  '$remote_addr - $remote_user [$time_local] "$request" '
    #                  '$status $body_bytes_sent "$http_referer" '
    #                  '"$http_user_agent" "$http_x_forwarded_for"';

    #access_log  logs/access.log  main;

    sendfile        on;
    #tcp_nopush     on;

--More--(15%)
```

【实例 6-70】more 指令常用操作快捷键

- <Enter>键为向下 n 行，需要定义，默认为 1 行。
- <Ctrl+f>组合键，向下滚动一屏。
- 空格键，向下滚动一屏。
- <Ctrl+b>组合键，返回上一屏。
- <=>输出当前行的行号。
- <：f>，输出文件名和当前行的行号。

- <V>，调用 vi 编辑器。
- <!>，调用 Shell，并执行命令。
- <q>，退出 more。

6.1.13 nl 指令

nl 指令在 Linux 系统中用来计算文件中行号。nl 指令可以将输出的文件内容自动加上行号，其默认的结果与“cat -n”有所不同。nl 指令可以将行号做比较多的显示设计，包括位数与是否自动补齐 0 等功能，nl 指令日常操作常用选项如表 6-18 所示。

表 6-18 nl 指令常用选项

选项	说明
–b	指定行号指定的方式，主要有两种
–b a	表示不论是否为空行，也同样列出行号（类似“cat –n”指令）
–b t	如果有空行，空的那一行不要列出行号（默认值）
–n	列出行号的表示方法，主要有 3 种
–n ln	行号在屏幕的最左方
–n rn	行号在屏幕的最右方显示，且不加 0
–n rz	行号在自己栏位的最右方显示，且加 0
–w	行号栏位的占用的位数
–p	在逻辑定界符处不断重新开始计算

【实例 6-71】列出 nl.log 的内容

echo 指令创建测试文件，并使用“cat –n”指令查看文件，对比 nl 查看文件输出结果。

```
[root@linux-command ~]# echo 'I'>nl.log
[root@linux-command ~]# echo 'Love'>>nl.log
[root@linux-command ~]# echo 'booxin'>>nl.log
[root@linux-command ~]# echo ''>>nl.log
[root@linux-command ~]# echo ''>>nl.log
[root@linux-command ~]# echo ''>>nl.log
[root@linux-command ~]# cat -n nl.log
     1  I
     2  Love
     3  booxin
     4
     5
     6
[root@linux-command ~]# nl nl.log
     1  I
     2  Love
     3  booxin
```

上述代码中文件中的空白行，nl 不会自动加上行号。

【实例 6-72】列出 nl.log 的内容，空白行加上行号

"–b" 选项将文件中的空白行显示行号。

```
[root@linux-command ~]# nl -b a nl.log
     1  I
     2  Love
     3  booxin
     4
     5
     6
```

【实例 6-73】列出 nl.log 内容，控制行号的位数

```
nl -b a -n rz -w 8 nl.log
```

文件中的空白行，也会加上行号，并且行号以 8 位数字显示。

```
[root@linux-command ~]# nl -b a -n rz -w 8 nl.log
00000001        I
00000002        Love
00000003        booxin
00000004
00000005
00000006
```

6.1.14 seq 指令

seq 指令用于产生从某个数到另外一个数之间的所有整数，seq 语法如下所示。

```
seq [选项]... 尾数
seq [选项]... 首数 尾数
seq [选项]... 首数 增量 尾数
```

seq 指令格式如下所示。

- –f, – –format=格式　　使用 printf 样式的浮点格式。
- –s, – –separator=字符串　使用指定字符串分隔数字（默认使用：\n）。
- –w, – –equal–width　　在列前添加 0 使得宽度相同。

【实例 6-74】从 1 循环到 8 的两种方法

```
for x in `seq 1 8`;do echo $x;done
for x in {1..8};do echo $x;done
```

上述代码中`seq 1 8`和{1..8}作用相同，均表示数字 1～8，完整输出和代码如下所示。

```
[root@linux-command ~]# for x in `seq 1 8`;do echo $x;done
1
2
3
4
```

```
5
6
7
8
[root@linux-command ~]# for x in {1..8};do echo $x;done
1
2
3
4
5
6
7
8
```

上述代码演示了从 1 循环到 8 的两种方法。

【实例 6-75】指定格式显示

- "–f" 选项，指定格式。
- "%"，后面指定数字的位数，默认是 "%g"。
- "%3g"，数字位数不足部分是空格。

```
[root@linux-command ~]# seq -f"%8g" 9 11
       9
      10
      11
[root@linux-command ~]# seq -f"%08g" 9 11
00000009
00000010
00000011
```

在上述代码中，"seq –f "%08g" 9 11" 数字位数不足部分是 0。

【实例 6-76】定制字符串

```
seq -f "str%03g" 1 6
```

代码中 "%" 前面制定字符串。

```
[root@linux-command ~]# seq -f "str%03g" 1 6
str001
str002
str003
str004
str005
str006
```

6.1.15 wc 指令

wc 指令用来打印文件的文本行数、单词数、字节数等（print the number of newlines, words, and bytes in files），使用 vi 指令打开文件时，底下的信息也会显示行数和字节数。wc 指令还可以用来计算数字、计算文件的字节数、字数或是列数。若不指定文件名称，或是所给予的文件名为“–”，则 wc 指令会从标准输入设备读取数据，wc 指令常用选项如表 6-19 所示。

表 6-19 wc 指令常用选项

选项	说明
–c, – –bytes	打印字节数（print the byte counts）
–m, – –chars	打印字符数（print the character counts）
–l, – –lines	打印行数（print the newline counts）
–L, – –max–line–length	打印最长行的长度（print the length of the longest line）
–w, – –words	打印单词数（print the word counts）

【实例 6-77】统计文件信息

```
wc /etc/passwd
```

统计/etc/passwd 文件信息。

```
[root@linux-command ~]# wc /etc/passwd
  30   55 1444 /etc/passwd
行数 单词数 字节数 文件名
[root@linux-command ~]# wc -l /etc/passwd
  30 /etc/passwd
[root@linux-command ~]# wc -cmlwL /etc/passwd
  30   55 1444 1444   99 /etc/passwd
[root@linux-command ~]# wc -cmlLw /etc/passwd
  30   55 1444 1444   99 /etc/passwd
[root@linux-command ~]# wc -wcmlL /etc/passwd
  30   55 1444 1444   99 /etc/passwd
```

在指令行执行输出的结果中，wc 输出数据的顺序与几个参数的顺序好像没有关系。

【实例 6-78】统计文件信息不打印文件名

实用 wc 指令做到只打印统计数字不打印文件名，使用管道，这在编写 Shell 脚本时特别有用。

```
[root@linux-command ~]# wc -l /etc/passwd
30 /etc/passwd
[root@linux-command ~]# cat /etc/passwd | wc -l
30
```

【实例 6-79】统计当前目录下的文件数

```
ls |wc -l
```

ls 指令输出结果通过管道传递给 wc 指令统计行数。

```
[root@linux-command ~]# ls |wc -l
48
```

上述代码统计当前目录下的所有文件数总和。

【实例 6-80】统计登录用户信息

```
who |wc -l
```

统计当前登录用户人数。

```
[root@linux-command ~]# who |wc -l
3
[root@linux-command ~]# who
root     tty1         2017-06-14 01:51
root     pts/0        2017-08-29 20:22 (221.218.91.246)
root     pts/2        2017-08-29 21:04 (221.218.91.246)
```

6.2 文件操作高级指令

前面的章节讲解了非常多的文件类操作指令，基本满足日常运维的需求，但是在很多时候，Linux 系统管理者需要一些更高级的操作。下面将从 Linux 文件增删改查等具体的一些操作开始学习 Linux 高级文件操作指令。

6.2.1 find 指令基础实战

在日常的 Linux 运维工作中，我们经常需要查找文件，find 指令使用格式如下所示。

```
    find <指定目录> <指定条件> <指定动作>
  - <指定目录>：所要搜索的目录及其所有子目录。默认为当前目录。
  - <指定条件>：所要搜索的文件的特征。
  - <指定动作>：对搜索结果进行特定的处理。
```

如果什么参数也不加，find 默认搜索当前目录及其子目录，并且不过滤任何结果（返回所有文件），将它们全都显示在屏幕上。

【实例 6-81】搜索所有文件名以“while”开头的文件

```
find . -name "while*"
```

搜索当前目录（含子目录，以下同）中，所有文件名以“while”开头的文件。

```
find . -name "while*" -ls
```

搜索当前目录中，所有文件名以“while”开头的文件，并显示它们的详细信息。

```
find . -type f -mmin -10
```

搜索当前目录中所有过去 10 分钟内更新过的普通文件。如果不加“– type f”组合参数，则搜索普通文件+特殊文件+目录。

```
[root@linux-command sh]# find . -name "while*"
./Shell/sh_bak/while_1.sh
./Shell/sh_bak/while_2.sh
./Shell/sh_bak/while_3.sh
[root@linux-command sh]# find . -name "while*" -ls
100919278      4 -rw-r--r--     1 root        root          59 Jun 13
06:45 ./Shell/sh_bak/while_1.sh
100919280      4 -rw-r--r--     1 root        root         263 Jun 13
06:53 ./Shell/sh_bak/while_2.sh
100919279      4 -rw-r--r--     1 root        root          67 Jun 13
07:06 ./Shell/sh_bak/while_3.sh
[root@linux-command sh]# touch ./Shell/sh_bak/while_3.sh
[root@linux-command sh]#
[root@linux-command sh]#
[root@linux-command sh]#  find . -type f -mmin -10
./Shell/sh_bak/while_3.sh
```

【实例 6-82】查当前目录下的所有普通文件

```
find . -type f -exec ls -l {} \;
```

搜索当前目录下的所有普通文件，并在–exec 选项中使用 ls–l 命令将它们列出。

```
[root@linux-command sh]# find . -type f -exec ls -l {} \;
-rw-r--r--. 1 root root 63 Aug 16 23:41 ./Shell/a.log
-rw-r--r--. 1 root root 0 Jun 11 16:42 ./Shell/aa
-rw-r--r--. 1 root root 0 Jun 11 16:42 ./Shell/ab
-rw-r--r--. 1 root root 0 Jun 11 16:42 ./Shell/a2
-rw-r--r--. 1 root root 56655 Aug 16 21:52 ./Shell/random.log
-rw-r--r--. 1 root root 0 Jun 12 09:34 ./Shell/9
-rw-r--r--. 1 root root 0 Jun 12 09:33 ./Shell/99
-rw-r--r--. 1 root root 31 Jul  1 15:11 ./Shell/grep.log
-rw-r--r--. 1 root root 282 Jun 11 20:00 ./Shell/sh_bak/2.sh
-rw-r--r--. 1 root root 324 Jun 11 22:17 ./Shell/sh_bak/auto_lamp.sh
-rw-r--r--. 1 root root 376 Jun 13 09:48 ./Shell/sh_bak/case.sh
-rw-r--r--. 1 root root 112 Jun 26 23:12 ./Shell/sh_bak/comment_2.sh
-rw-r--r--. 1 root root 81 Jun 26 23:11 ./Shell/sh_bak/comment_3.sh
-rw-r--r--. 1 root root 90 Jun 26 23:00 ./Shell/sh_bak/comment.sh
-rw-r--r--. 1 root root 20 Jul  1 07:39 ./Shell/sh_bak/compare_1.sh
-rw-r--r--. 1 root root 20 Jul  1 07:39 ./Shell/sh_bak/compare_2.sh
-rw-r--r--. 1 root root 237 Jul  1 07:42 ./Shell/sh_bak/compare.sh
-rw-r--r--. 1 root root 297 Jul  1 07:45 ./Shell/sh_bak/compare_two.sh
-rw-r--r--. 1 root root 58 Jun  4 09:19 ./Shell/sh_bak/first_.sh
-rw-r--r--. 1 root root 154 Jun 12 19:31 ./Shell/sh_bak/for_1.sh
-rw-r--r--. 1 root root 64 Jun 12 22:41 ./Shell/sh_bak/for_list.sh
-rw-r--r--. 1 root root 138 Jun 12 22:18 ./Shell/sh_bak/for_menu.sh
-rw-r--r--. 1 root root 151 Jun 12 22:07 ./Shell/sh_bak/for_two.sh
-rwxr-xr-x. 1 root root 178 Jun 13 10:05 ./Shell/sh_bak/fun_1.sh
-rwxr-xr-x. 1 root root 73 Jun 30 23:55 ./Shell/sh_bak/fun_2.sh
-rwxr-xr-x. 1 root root 73 Jun 30 23:56 ./Shell/sh_bak/fun_3.sh
```

```
-rw-r--r--. 1 root root 100 Jun 23 22:04 ./Shell/sh_bak/hello_world2.sh
-rw-r--r--. 1 root root 31 Jun 23 22:02 ./Shell/sh_bak/hello_world.sh
-rw-r--r--. 1 root root 122 Jun 12 09:29 ./Shell/sh_bak/if_1.sh
-rw-r--r--. 1 root root 133 Jun 12 09:33 ./Shell/sh_bak/if_2.sh
-rw-r--r--. 1 root root 133 Jun 12 09:38 ./Shell/sh_bak/if_3.sh
-rw-r--r--. 1 root root 306 Jun 12 15:13 ./Shell/sh_bak/if_dir.sh
-rw-r--r--. 1 root root 245 Jun 12 14:16 ./Shell/sh_bak/if_file.sh
-rw-r--r--. 1 root root 72 Jul  1 07:56 ./Shell/sh_bak/jinghao.sh
-rw-r--r--. 1 root root 279 Jun 25 23:15 ./Shell/sh_bak/maohao.sh
-rw-r--r--. 1 root root 478 Jun 12 18:08 ./Shell/sh_bak/num1_num2.sh
-rw-r--r--. 1 root root 66 Jun 24 20:49 ./Shell/sh_bak/only_read_var1.sh
-rw-r--r--. 1 root root 297 Jun 24 20:56 ./Shell/sh_bak/print_var.sh
-rw-r--r--. 1 root root 58 Jun 23 22:58 ./Shell/sh_bak/t1.sh
-rw-r--r--. 1 root root 152 Jun 23 23:06 ./Shell/sh_bak/t2.sh
-rw-r--r--. 1 root root 482 Jun 23 23:16 ./Shell/sh_bak/t3.sh
-rw-r--r--. 1 root root 35 Jun 23 23:23 ./Shell/sh_bak/t5.sh
-rw-r--r--. 1 root root 72 Jun 13 09:56 ./Shell/sh_bak/until.sh
-rw-r--r--. 1 root root 283 Jul  1 08:02 ./Shell/sh_bak/wenhao.sh
-rw-r--r--. 1 root root 59 Jun 13 06:45 ./Shell/sh_bak/while_1.sh
-rw-r--r--. 1 root root 263 Jun 13 06:53 ./Shell/sh_bak/while_2.sh
-rw-r--r--. 1 root root 67 Aug 19 22:13 ./Shell/sh_bak/while_3.sh
-rw-r--r--. 1 root root 1364 Aug 16 21:16 ./Shell/time.log
-rw-r--r--. 1 root root 1576 Aug 16 21:16 ./Shell/command.log
-rwxr-xr-x. 1 root root 86 Aug 16 22:21 ./Shell/b.sh
-rw-r--r--. 1 root root 96 Aug 16 23:27 ./Shell/tongji.log
-rw-r--r--. 1 root root 135 Jul  4 22:07 ./str.sh
-rw-r--r--. 1 root root 234 Jul  8 22:09 ./fun1.sh
-rw-r--r--. 1 root root 394 Jul  8 22:19 ./fun2.sh
-rw-r--r--. 1 root root 1066 Jul  9 11:31 ./free.sh
```

【实例 6-83】查找更改时间在 5 日以前的文件并显示详细信息

```
find . -type f -mtime +5 -exec ls -l {} \;
```

在/data.sh 目录中查找更改时间在 5 日以前的文件并显示详细信息。

```
[root@linux-command ~]# cd /data/sh/
[root@linux-command sh]# find . -type f -mtime +5 -exec ls -l {} \;
-rw-r--r--. 1 root root 0 Jun 11 16:42 ./Shell/aa
-rw-r--r--. 1 root root 0 Jun 11 16:42 ./Shell/ab
-rw-r--r--. 1 root root 0 Jun 11 16:42 ./Shell/a2
-rw-r--r--. 1 root root 0 Jun 12 09:34 ./Shell/9
-rw-r--r--. 1 root root 0 Jun 12 09:33 ./Shell/99
-rw-r--r--. 1 root root 31 Jul  1 15:11 ./Shell/grep.log
-rw-r--r--. 1 root root 282 Jun 11 20:00 ./Shell/sh_bak/2.sh
-rw-r--r--. 1 root root 324 Jun 11 22:17 ./Shell/sh_bak/auto_lamp.sh
-rw-r--r--. 1 root root 376 Jun 13 09:48 ./Shell/sh_bak/case.sh
-rw-r--r--. 1 root root 112 Jun 26 23:12 ./Shell/sh_bak/comment_2.sh
-rw-r--r--. 1 root root 81 Jun 26 23:11 ./Shell/sh_bak/comment_3.sh
-rw-r--r--. 1 root root 90 Jun 26 23:00 ./Shell/sh_bak/comment.sh
-rw-r--r--. 1 root root 20 Jul  1 07:39 ./Shell/sh_bak/compare_1.sh
```

```
-rw-r--r--. 1 root root 20 Jul  1 07:39 ./Shell/sh_bak/compare_2.sh
-rw-r--r--. 1 root root 237 Jul  1 07:42 ./Shell/sh_bak/compare.sh
-rw-r--r--. 1 root root 297 Jul  1 07:45 ./Shell/sh_bak/compare_two.sh
-rw-r--r--. 1 root root 58 Jun  4 09:19 ./Shell/sh_bak/first_.sh
-rw-r--r--. 1 root root 154 Jun 12 19:31 ./Shell/sh_bak/for_1.sh
-rw-r--r--. 1 root root 64 Jun 12 22:41 ./Shell/sh_bak/for_list.sh
-rw-r--r--. 1 root root 138 Jun 12 22:18 ./Shell/sh_bak/for_menu.sh
-rw-r--r--. 1 root root 151 Jun 12 22:07 ./Shell/sh_bak/for_two.sh
-rwxr-xr-x. 1 root root 178 Jun 13 10:05 ./Shell/sh_bak/fun_1.sh
-rwxr-xr-x. 1 root root 73 Jun 30 23:55 ./Shell/sh_bak/fun_2.sh
-rwxr-xr-x. 1 root root 73 Jun 30 23:56 ./Shell/sh_bak/fun_3.sh
-rw-r--r--. 1 root root 100 Jun 23 22:04 ./Shell/sh_bak/hello_world2.sh
-rw-r--r--. 1 root root 31 Jun 23 22:02 ./Shell/sh_bak/hello_world.sh
-rw-r--r--. 1 root root 122 Jun 12 09:29 ./Shell/sh_bak/if_1.sh
-rw-r--r--. 1 root root 133 Jun 12 09:33 ./Shell/sh_bak/if_2.sh
-rw-r--r--. 1 root root 133 Jun 12 09:38 ./Shell/sh_bak/if_3.sh
-rw-r--r--. 1 root root 306 Jun 12 15:13 ./Shell/sh_bak/if_dir.sh
-rw-r--r--. 1 root root 245 Jun 12 14:16 ./Shell/sh_bak/if_file.sh
-rw-r--r--. 1 root root 72 Jul  1 07:56 ./Shell/sh_bak/jinghao.sh
-rw-r--r--. 1 root root 279 Jun 25 23:15 ./Shell/sh_bak/maohao.sh
-rw-r--r--. 1 root root 478 Jun 12 18:08 ./Shell/sh_bak/num1_num2.sh
-rw-r--r--. 1 root root 66 Jun 24 20:49 ./Shell/sh_bak/only_read_var1.sh
-rw-r--r--. 1 root root 297 Jun 24 20:56 ./Shell/sh_bak/print_var.sh
-rw-r--r--. 1 root root 58 Jun 23 22:58 ./Shell/sh_bak/t1.sh
-rw-r--r--. 1 root root 152 Jun 23 23:06 ./Shell/sh_bak/t2.sh
-rw-r--r--. 1 root root 482 Jun 23 23:16 ./Shell/sh_bak/t3.sh
-rw-r--r--. 1 root root 35 Jun 23 23:23 ./Shell/sh_bak/t5.sh
-rw-r--r--. 1 root root 72 Jun 13 09:56 ./Shell/sh_bak/until.sh
-rw-r--r--. 1 root root 283 Jul  1 08:02 ./Shell/sh_bak/wenhao.sh
-rw-r--r--. 1 root root 59 Jun 13 06:45 ./Shell/sh_bak/while_1.sh
-rw-r--r--. 1 root root 263 Jun 13 06:53 ./Shell/sh_bak/while_2.sh
-rw-r--r--. 1 root root 135 Jul  4 22:07 ./str.sh
-rw-r--r--. 1 root root 234 Jul  8 22:09 ./fun1.sh
-rw-r--r--. 1 root root 394 Jul  8 22:19 ./fun2.sh
-rw-r--r--. 1 root root 1066 Jul  9 11:31 ./free.sh
```

【实例 6-84】查询当天修改过的文件

```
find  ./  -mtime  -1  -type f  -exec  ls -l  {} \;
```

查找 1 天内被修改过的文件。

```
[root@linux-command ~]# cd /data/sh/book/
[root@linux-command book]# find  ./  -mtime  -1  -type f  -exec  ls -l  {} \;
[root@linux-command book]# ll
total 0
[root@linux-command book]# touch a.log
[root@linux-command book]# ll
total 0
-rw-r--r--. 1 root root 0 Aug 19 22:21 a.log
```

```
[root@linux-command book]# find  ./  -mtime  -1  -type f  -exec  ls -l   {} \;
-rw-r--r--. 1 root root 0 Aug 19 22:21 ./a.log
```

【实例 6-85】查询文件并询问是否要显示

```
find   ./   -mtime   -1   -type f   -ok   ls -l   {} \;
```

“ok”选项以应答方式询问文件是否需要被显示。

```
[root@linux-command book]# find  ./  -mtime  -1  -type f  -ok  ls -l  {} \;
< ls ... ./a.log > ? y
-rw-r--r--. 1 root root 0 Aug 19 22:21 ./a.log
```

【实例 6-86】查找大于 3MB 的文件

```
find / -type f -size +3M -exec ls -lhrt {} \;
```

查找当前磁盘上大于 3MB 的文件，完整输出和代码如下所示。

```
[root@linux-command ~]# find / -type f -size +3M -exec ls -lhrt {} \;
-rwxr-xr-x. 1 root root 5.2M Nov 23  2016 /boot/vmlinuz-3.10.0-514.el7.x86_64
-rw-------. 1 root root 47M Apr 25 17:12 /boot/initramfs-0-rescue-e0ab6880c
cf545e9aa18025a5c6a36c4.img
-rwxr-xr-x. 1 root root 5.2M Apr 25 17:12 /boot/vmlinuz-0-rescue-e0ab6880cc
f545e9aa18025a5c6a36c4
-rw-------. 1 root root 20M Apr 25 17:13 /boot/initramfs-3.10.0-514.el7.x86_64.img
-rw-------. 1 root root 11M Jul  9 22:22 /root/sent
-rw-r--r--. 1 root root 7.9M Jul  9 22:13 /root/nginx_remi_tar.gz
-rw-r--r--. 1 root root 43M Jul  1 09:23 /var/lib/rpm/Packages
-rw-rw----. 1 mysql mysql 18M May 28 07:18 /var/lib/mysql/ibdata1
-rw-rw----. 1 mysql mysql 5.0M May 28 07:18 /var/lib/mysql/ib_logfile0
-rw-rw----. 1 mysql mysql 5.0M May 28 00:20 /var/lib/mysql/ib_logfile1
```

【实例 6-87】限定搜索指定目录的深度

在 nginx 目录及其子目录下查找 nginx 文件。

```
[root@linux-command ~]#find / -name nginx
./usr/share/doc/nginx/pam.d/nginx
./usr/bin/nginx
./etc/pam.d/nginx
./etc/nginx
```

上述代码可以使用“mindepth”和“maxdepth”选项指定查找目录的深度。

【实例 6-88】指定目录及其 1 层深的子目录中查找名称为 nginx 的字符串

```
find -maxdepth 2 -name nginx
```

指定目录及其 1 层深的子目录中查找名称为 nginx 的字符串。

```
[root@linux-command ~]#find -maxdepth 2 -name nginx
./etc/nginx
```

【实例 6-89】指定目录下及其最大两层深度的子目录中查找 nginx 文件

```
find / -maxdepth 3 -name nginx
```

nginx 目录下及其最大两层深度的子目录中查找 nginx 文件。

```
[root@linux-command ~]#find / -maxdepth 3 -name nginx
./usr/bin/nginx
./etc/pam.d/nginx
./etc/nginx
```

【实例 6-90】在第 2 层子目录和第 4 层子目录之间查找 nginx 文件

```
find -mindepth 3 -maxdepth 5 -name nginx
```

在第 2 层子目录和第 4 层子目录之间查找 nginx 文件。

```
[root@linux-command ~]#find -mindepth 3 -maxdepth 5 -name nginx
./usr/bin/nginx
./etc/pam.d/nginx
```

【实例 6-91】查找时忽略文件名大小写

用文件名查找文件，忽略大小写，是查找文件经常使用且比较有效的方法。

这是 find 指令的一个基本用法，下面的例子展示了用 log 作为查找名在当前目录及其子目录中查找文件的方法，忽略了大小写。

```
[root@linux-command ~]# cd /data/sh/book/
[root@linux-command book]# ll
total 0
-rw-r--r--. 1 root root 0 Aug 19 22:21 a.log
[root@linux-command book]# touch a.LOG
[root@linux-command book]# find . -name *.log
./a.log
[root@linux-command book]# find . -iname *.log
./a.log
./a.LOG
```

【实例 6-92】查找到文件后执行命令

```
find . -iname *.log -exec md5sum {} \;
```

find 命令来计算所有不区分大小写的文件名为“*.log”的文件的 MD5 验证和，{}将会被当前文件名取代。

```
[root@linux-command book]# find . -iname *.log -exec md5sum {} \;
d41d8cd98f00b204e9800998ecf8427e  ./a.log
d41d8cd98f00b204e9800998ecf8427e  ./a.LOG
```

【实例 6-93】查找 5 个最大的文件

```
find / -type f -exec ls -s {} \; | sort -n -r | head -5
```

列出当前目录及子目录下的 5 个最大的文件。这会需要一点时间，取决于命令需要处理的文件数量，完整输出和代码如下所示。

```
find / -type f -exec ls -s {} \; | sort -n -r | head -5
[root@linux-command ~]# find / -type f -exec ls -s {} \; | sort -n -r | head -5
find: '/proc/15943': No such file or directory
ls: cannot access /proc/16081/task/16081/fdinfo/6: No such file or directory
ls: cannot access /proc/16081/fdinfo/6: No such file or directory
380644 /var/cache/yum/x86_64/7/updates/gen/other_db.sqlite
131072 /data/sh/du.iso
131032 /opt/Percona-Server-5.6.28-rel76.1-Linux.x86_64.ssl101.tar.gz
103556 /usr/lib/locale/locale-archive
102400 /data/mysql/mysql3316/logs/ib_logfile2
```

【实例 6-94】查找 5 个最大的文件并排序

```
find. -type f -exec ls-s {} \; | sort-n  | head-5
```

上面代码中，很可能你看到的只是空文件（0 字节文件）。如此，你可以使用下面的命令列出最小的文件，而不是 0 字节文件。

```
[root@linux-command ~]# find . -not -empty -type f -exec ls -s {} \; | sort -n  |head -5
4 ./\
4 ./100M.log
4 ./111
4 ./119.254.76.106
4 ./1.txt
```

【实例 6-95】指定目录查找大小在 1MB 以上文件并用换行符隔开

```
find /etc -size +1M -exec echo {} \;
```

/etc 目录下找文件大小在 1MB 以上的文件并且显示，文件用换行符隔开。

```
[root@linux-command ~]# find /etc -size +1M -exec echo {} \;
/etc/selinux/targeted/active/policy.kern
/etc/selinux/targeted/contexts/files/file_contexts.bin
/etc/selinux/targeted/policy/policy.30
/etc/udev/hwdb.bin
```

【实例 6-96】在/etc 目录下找文件大小在 1MB 以上的文件并且显示，文件用换行符隔开

```
find /etc -size +1M | xargs echo
```

“xargs”达到“–exec”相同的功能但是用空格分开寻找到的文件，“–exec”后面的“{} \;”不可少。

```
[root@linux-command ~]# find /etc -size +1M | xargs echo
/etc/selinux/targeted/active/policy.kern
/etc/selinux/targeted/contexts/files/file_contexts.bin
/etc/selinux/targeted/policy/policy.30 /etc/udev/hwdb.bin
```

【实例 6-97】在当前路径下查找文件

```
find ./ -user hanyanwei
```

“.”代表当前路径，表示在当前路径下查找属主是 hanyanwei 用户的文件。

```
[root@linux-command sh]# find ./ -user hanyanwei
./free.sh
```

【实例 6-98】根据用户名查找指定文件

```
find ./ -not -user root
```

not 和!在 find 的命令下使用效果一样，表示取反。

```
[root@linux-command sh]# find ./ -not -user root
./free.sh

[root@linux-command sh]# find ./ ! -user root
./free.sh
```

说明如下。

- –user 指定用户名。
- find ./ –not –user 用户名。
- find ./ –not –name 文件名。
- find ./ –not –type 类型（一般文件 f、目录 d、字符文件 c）。

【实例 6-99】寻找不匹配的文件

```
find ./ -user hanyanwei -o -type f
```

查找当前目录下用户你指定用户文件或者（–o）一般文件。

```
[root@linux-command sh]# find ./ -user hanyanwei -o -type f
./Shell/a.log
./Shell/aa
./Shell/ab
./Shell/a2
./Shell/random.log
./Shell/9
./Shell/99
./Shell/grep.log
./Shell/sh_bak/2.sh
./Shell/sh_bak/auto_lamp.sh
./Shell/sh_bak/case.sh
./Shell/sh_bak/comment_2.sh
./Shell/sh_bak/comment_3.sh
./Shell/sh_bak/comment.sh
./Shell/sh_bak/compare_1.sh
./Shell/sh_bak/compare_2.sh
./Shell/sh_bak/compare.sh
./Shell/sh_bak/compare_two.sh
./Shell/sh_bak/first_.sh
./Shell/sh_bak/for_1.sh
./Shell/sh_bak/for_list.sh
```

```
./Shell/sh_bak/for_menu.sh
./Shell/sh_bak/for_two.sh
./Shell/sh_bak/fun_1.sh
./Shell/sh_bak/fun_2.sh
./Shell/sh_bak/fun_3.sh
./Shell/sh_bak/hello_world2.sh
./Shell/sh_bak/hello_world.sh
./Shell/sh_bak/if_1.sh
./Shell/sh_bak/if_2.sh
./Shell/sh_bak/if_3.sh
./Shell/sh_bak/if_dir.sh
./Shell/sh_bak/if_file.sh
./Shell/sh_bak/jinghao.sh
./Shell/sh_bak/maohao.sh
./Shell/sh_bak/num1_num2.sh
./Shell/sh_bak/only_read_var1.sh
./Shell/sh_bak/print_var.sh
./Shell/sh_bak/t1.sh
./Shell/sh_bak/t2.sh
./Shell/sh_bak/t3.sh
./Shell/sh_bak/t5.sh
./Shell/sh_bak/until.sh
./Shell/sh_bak/wenhao.sh
./Shell/sh_bak/while_1.sh
./Shell/sh_bak/while_2.sh
./Shell/sh_bak/while_3.sh
./Shell/time.log
./Shell/command.log
./Shell/b.sh
./Shell/tongji.log
./str.sh
./fun1.sh
./fun2.sh
./free.sh
./book/a.log
./book/a.LOG
```

【实例 6-100】查找当前目录下文件大于 1MB 的文件或目录

```
find ./ -size +1M -o -type d
```

具体代码如下：

```
 [root@linux-command sh]# find ./ -size +1M -o -type d
./
./Shell
./Shell/sh_bak
./python
./php
./book
```

【实例 6-101】寻找当前目录下文件小于 1MB 并且文件类型是一般文件的文件

```
find ./ -size -1M -a -type f
```

具体代码如下：

```
 [root@linux-command sh]# find ./ -size -1M -a -type f
./Shell/aa
./Shell/ab
./Shell/a2
./Shell/9
./Shell/99
./book/a.log
./book/a.LOG
```

【实例 6-102】组合查找

find 指令常用查找组合表达式，如下所示。

- –o 表示或者。
- –a 表示而且。
- –not 表示相反。

根据上面再从 find 的寻找方式中任意组合方式。

```
find /etc -not -perm mode(222)
find /etc -not -perm -mode(-222)
find /etc -not -perm +mode(+222)
```

- “–perm”表示按文件权限来查找文件。
- “–mode”是完全匹配所对应的权限，如果不包括 suid/sgid/sticky。
- “–mode”是权限位转化为二进制之后的 1 必须全部匹配，+mode 则需要其中任何一个 1 被匹配。
- –mode 应该包含 mode，+mode 则包含–mode。

【实例 6-103】使用-type 查找指定文件类型的文件

（1）只查找 socket 文件。

```
find. -type s
```

（2）查找所有的目录。

```
find. -type d
```

（3）查找所有的一般文件。

```
find. -type f
```

（4）查找所有的隐藏文件。

```
find. -type f -name ".*"
```

（5）查找所有的隐藏目录。

```
find -type d -name ".*"
```

【实例 6-104】查找 7 天以内的文件并显示相关信息

```
find /home/booxin/logs/busopp -type f -mtime -7 -exec ls -lh {} \;
```

具体代码如下：

```
[root@linux-command ~]# find /home/booxin/logs/busopp -type f -mtime -7 -
exec ls -lh {} \;
-rw-rw-r--      1      booxin      booxin      393M      Aug      22
  15:43 /home/booxin/logs/busopp/ busopp.log.2017-08-22
-rw-rw-r--      1      booxin      booxin      576M      Aug      15
  23:59 /home/booxin/logs/busopp/ busopp.log.2017-08-15
-rw-rw-r--      1      booxin      booxin      1019M     Aug      17
  23:59 /home/booxin/logs/busopp/ busopp.log.2017-08-17
-rw-rw-r--      1      booxin      booxin      1.1G      Aug      20
  23:59 /home/booxin/logs/busopp/ busopp.log.2017-08-20
-rw-rw-r--      1      booxin      booxin      817M      Aug      21
  23:59 /home/booxin/logs/busopp/ busopp.log.2017-08-21
-rw-rw-r--      1      booxin      booxin      913M      Aug      16
  23:59 /home/booxin/logs/busopp/ busopp.log.2017-08-16
-rw-rw-r--      1      booxin      booxin      1.2G      Aug      19
  23:59 /home/booxin/logs/busopp/ busopp.log.2017-08-19
-rw-rw-r--      1      booxin      booxin      998M      Aug      18
  23:59 /home/booxin/logs/busopp/ busopp.log.2017-08-18
```

【实例 6-105】查找 7 天以内的文件并删除它们

```
find /home/booxin/logs/busopp -type f -mtime -7 -exec rm -f {} \;  >/dev/null 2>&1
```

具体代码如下：

```
find /home/booxin/logs/busopp -type f -mtime -7 -exec rm -f {} \;  >/dev/null 2>&1
find /home/booxin/runtime/tomcat_8081/logs -type f -mtime +30  -exec rm -f {} \;
>/dev/null 2>&1
```

【实例 6-106】并且“–a”选项

“–a”选项表示同时满足所有条件才会触发后面的指令。

```
[root@linux-command ~]# find . \(  -name "*.log" -a -size +1k  \)  -exec ls -lh {} \;
-rw-r--r--. 1 root root 1.4K Jul  3 21:27 ./passwd.log
-rw-r--r--. 1 root root 317K Aug 29 22:21 ./qq.log
```

【实例 6-107】取反“!”选项

```
find .  -maxdepth 1  -type f  ! -name "*.txt"
```

查找当前一级目录下，不是以“*.txt”结尾的文件。

```
[root@linux-command ~]# find .  -maxdepth 1  -type f  ! -name "*.txt"
./.bash_logout
./.cshrc
```

```
./.tcshrc
./.bash_history
./file7
./file3
./nl.log
./hanshu.sh
./.bash_profile
./apache.log
./file8
./file4
./.mysql_history
```

【实例 6-108】或者“-o”选项

```
find . -name "*.txt" -o -name "*.doc" -o -name "*.log"
```

查找名称是以*.txt 或*.log 或*.doc 结尾的文件，要特别注意小括号的使用。

```
find . -name "*.txt" -o -name "*.doc" -o -name "*.log" -exec
```

查找名称是以*.txt 或*.log 或*.doc 结尾的文件，要特别注意小括号的使用。

```
find . \( -name "*.txt" -o -name "*.doc" -o -name "*.log" \)  -exec ls -lh {} \;
```

查找名称是以*.txt 或*.log 或*.doc 结尾的文件，要特别注意小括号的使用，完整输出和代码如下所示。

```
 [root@linux-command ~]# find . -name "*.txt" -o -name "*.doc" -o -name "*.log"
./nl.log
./apache.log
./1.txt
./4.txt
./1_6.txt
./passwd.log
./nginx_apache.log
./2.txt
./5.txt
./a.log
./cat1.log
./nginx.log
./cat.log
./3.txt
./6.txt
./qq.log
[root@linux-command ~]# find . -name "*.txt" -o -name "*.doc" -o -name "*.log"
-exec ls -lh {} \;
-rw-r--r--. 1 root root 17 Aug 29 21:59 ./nl.log
-rw-r--r--. 1 root root 0 Aug 29 20:37 ./apache.log
-rw-r--r--. 1 root root 1.4K Jul  3 21:27 ./passwd.log
-rw-r--r--. 1 root root 57 Aug 29 20:36 ./nginx_apache.log
-rw-r--r--. 1 root root 10 Aug 29 20:54 ./a.log
-rw-r--r--. 1 root root 3 Jul  3 21:32 ./cat1.log
-rw-r--r--. 1 root root 43 Aug 29 20:38 ./nginx.log
```

```
    -rw-r--r--. 1 root root 39 Aug 29 20:37 ./cat.log
    -rw-r--r--. 1 root root 317K Aug 29 22:21 ./qq.log
    [root@linux-command ~]# find . \( -name "*.txt" -o -name "*.doc" -o -name "*
.log" \)  -exec ls -lh {} \;
    -rw-r--r--. 1 root root 17 Aug 29 21:59 ./nl.log
    -rw-r--r--. 1 root root 0 Aug 29 20:37 ./apache.log
    -rw-r--r--. 1 root root 2 Aug 29 20:38 ./1.txt
    -rw-r--r--. 1 root root 2 Aug 29 20:38 ./4.txt
    -rw-r--r--. 1 root root 12 Aug 29 20:38 ./1_6.txt
    -rw-r--r--. 1 root root 1.4K Jul  3 21:27 ./passwd.log
    -rw-r--r--. 1 root root 57 Aug 29 20:36 ./nginx_apache.log
    -rw-r--r--. 1 root root 2 Aug 29 20:38 ./2.txt
    -rw-r--r--. 1 root root 2 Aug 29 20:38 ./5.txt
    -rw-r--r--. 1 root root 10 Aug 29 20:54 ./a.log
    -rw-r--r--. 1 root root 3 Jul  3 21:32 ./cat1.log
    -rw-r--r--. 1 root root 43 Aug 29 20:38 ./nginx.log
    -rw-r--r--. 1 root root 39 Aug 29 20:37 ./cat.log
    -rw-r--r--. 1 root root 2 Aug 29 20:38 ./3.txt
    -rw-r--r--. 1 root root 2 Aug 29 20:38 ./6.txt
    -rw-r--r--. 1 root root 317K Aug 29 22:21 ./qq.log
```

6.2.2 stat 指令

在 Linux 中，没有文件创建时间的概念。只有文件的访问时间、修改时间、状态改变时间。也就是说不能知道文件的创建时间，但如果文件创建后就没有修改过，修改时间=创建时间；如果文件创建后，状态就没有改变过，那么状态改变时间=创建时间；如果文件创建后，没有被读取过，那么访问时间=创建时间，这基本不太可能。

1．关于时间戳

每一个文件都有 3 种时间（称为时间戳，timestamps），这 3 种时间极易混淆，这里说明如下。

（1）access time(atime)

指取用文件的时间。所谓取用，常见的操作有：使用编辑器查看文件内容，使用 cat 命令显示文件内容，使用 cp 命令把该文件（即来源文件）复制成其他文件，或者在这个文件上运用 grep sed more less tail head 等命令。凡是读取而不修改文件的操作，均是改变文件的 Access time。

（2）modify time(mtime)

指修改文件内容的时间。只要文件内容有改动（如使用转向输出或转向附加的方式）或存盘的操作，就会改变文件的 Modify time。平常我们使用 ls –l 查看文件时，显示的时间就是 Modify time。

（3）change time(ctime)

指文件属性或文件位置改动的时间。如使用 chmod、chown、mv 指令集使用 ln 做文件的是硬连接，就会改变文件的 Change time。

说明：access 访问时间，modify 修改时间，change 状态改变时间，stat *查看这个目录所有文件的状态。

2. 注意事项

（1）如果修改文件（使用编辑器存盘或使用）“>>”指令操作），则使用 modify time 和 change time。

（2）会同步更新成写入的时间，但 access time 不变。

（3）如果执行 touch 文件，则 3 种时间全部改变 。

（4）使用“ln –s”做文件的软式连接，会改变文件的取用时间。

（5）使用“ls –la”查看一般文件，不会更改这 3 种时间。但如果这个文件时符号链接文件，则会改变取用的时间（access time）。

在 Windows 下，一个文件有：创建时间、修改时间、访问时间。而在 Linux 下，一个文件也有 3 种时间，分别是：访问时间、修改时间、状态改动时间。

两者有所不同，在 Linux 下没有创建时间的概念，也就是不能知道文件的建立时间。但如果文件建立后就没有修改过，修改时间=建立时间；如果文件建立后，状态就没有改动过，那么状态改动时间=建立时间；如果文件建立后，没有被读取过，那么访问时间=建立时间，因为不好判断文件是否被改过、读过、其状态是否变过，所以判断文件的建立时间基本上能为不可能。

如何查找一个文件的 3 种时间呢？先用下面的指令来建立测试文件。

```
[root@linux-command ~]# date && echo "stat_test_file" >stat_file.log && ll --full-time stat_file.logTue Jan 16 22:18:19 CST 2018
-rw-r--r--. 1 root root 15 2018-01-16 22:18:19.491000000 +0800 stat_file.log
```

【实例 6-109】查看文件时间戳详细信息

通过 stat stat_file.log 来查，如下代码所示：

```
[root@linux-command ~]# stat stat_file.log
  File: 'stat_file.log'
  Size: 15              Blocks: 8          IO Block: 4096   regular file
Device: fd00h/64768d    Inode: 67168787    Links: 1
Access: (0644/-rw-r--r--)  Uid: (    0/    root)   Gid: (    0/    root)
Context: unconfined_u:object_r:admin_home_t:s0
Access: 2018-01-16 22:18:19.491000000 +0800
Modify: 2018-01-16 22:18:19.491000000 +0800
Change: 2018-01-16 22:18:19.491000000 +0800
 Birth: -
```

说明：access 访问时间、modify 修改时间、hange 状态改动时间，stat *查看这个目录所有文件的状态。

```
ctime=change time
atime=access time
mtime=modifiy time
```

因为这是一个新的文件（stat_file.log），没做过内容和属性上的更改，也没读过这个文件，所以三者（访问时间、修改时间、状态改动时间）的时间是一致的，这时文件的修改时间与这 3 种时间是一样的。

3. 访问时间

读一次这个文件的内容，这个时间就会更新。比如对这个文件运用 more、cat 等命令。ls、stat 命令都不会修改文件的访问时间。

4. 修改时间

修改时间是文件内容最后一次被修改的时间。比如：vi 后保存文件，ls –l 列出的时间就是这个时间。

5. 状态改动时间

文件的 i 节点最后一次被修改的时间，通过 chmod、chown 命令修改一次文件属性，这个时间就会更新。

除了可以通过 stat 来查看文件的 mtime、ctime、atime 等属性，也可以通过 ls 命令来查看，具体如下。

- “ls –lc filename”列出文件的 ctime（最后更改时间）。
- “ls –lu filename”列出文件的 atime（最后存取时间）。
- “ls –l filename”列出文件的 mtime（最后修改时间）。

```
[root@linux-command ~]# ls -lc stat_file.log
-rw-r--r--. 1 root root 15 2018-01-16 22:18:19.491000000 +0800 stat_file.log
[root@linux-command ~]# ls -lu stat_file.log
-rw-r--r--. 1 root root 15 2018-01-16 22:18:19.491000000 +0800 stat_file.log
[root@linux-command ~]# ls -ll stat_file.log
-rw-r--r--. 1 root root 15 2018-01-16 22:18:19.491000000 +0800 stat_file.log
```

6. 关于 stat 命令

stat 是获取关于文件的额外信息，获得两种信息。

（1）文件系统信息。

（2）文件信息。

基本用法：取得文件系统属性。

```
stat -f /dev/sda1
```

其中“–f”表示取用的是文件系统（分区）而不是文件，具体用法如表 6-20 所示。

表 6-20 stat 指令常用参数

选项	说明
%A	用文件权限代码来表示权限
%a	用数字代码来表示权限
%F	用八进制表示文件权限

续表

选项	说明
%G	文件拥有者的组名
%g	文件拥有者的属组 id(gid)
%i	inode 编号
%n	文件名
%s	文件大小
%U	文件拥有者名称
%u	文件拥有者的 id(uid)
%x	取用时间
%y	修改时间
%z	属性改动时间
%A	用文件权限代码来表示权限
%a	用数字代码来表示权限
%F	用八进制表示文件权限
%G	文件拥有者的组名
%g	文件拥有者的属组 id(gid)
%i	inode 编号

针对临时文件覆盖源文件时，stat 命令会发挥很大的功效。

7. 针对文件系统

- %a：一般使用者可自由使用的区块数。
- %b：全部的区块数。
- %c：全部的文件节点数。
- %d：可取用的文件节点数。
- %f：可取用的区块数。

8. 关于 chattr 和 lsattr 设置和查看文件特殊属性

```
chattr + 属性代码 文件
```

（1）“+”表示各个属性可个别地加上，不影响文件其他原有的特殊属性。

（2）“=”表示直接指定文件的属性，原已存在单位被指定的属性会消失。

（3）“–”表示移除某些属性。

9. 属性

（1）“a”文件的取用时间不改变。

（2）lsattr 文件查看修改的结果。

一般文件没有设定特殊属性，如下代码所示：

```
 [root@linux-command book]# ll
total 0
-rw-r--r--. 1 root root 0 Aug 19 22:21 a.log
-rw-r--r--. 1 root root 0 Aug 19 22:47 a.LOG
[root@linux-command book]#  chattr a.log
Must use '-v', =, - or +
[root@linux-command book]# lsattr a.log
---------------- a.log
```

6.2.3 rsync 指令

运维工程师很可能会面对几十台、几百台甚至上千台服务器，除了批量操作外，环境同步、数据同步也是必不可少的技能。

rsync 表示 remote sync，其用于在本地或与远程主机间进行文件或目录备份。相比 scp 等工具，rsync 有以下优点。

（1）速度：除首次全复制外，其他时候实现增量复制，加快传输速度。

（2）安全：传输数据时可用 ssh 加密传输。

（3）带宽占用：rsync 可对数据进行分块压缩传输，相比其他文件传输工具占用更少带宽。

（4）权限限制：非 root 用户也可安装和执行 rsync 命令。

rsync 执行方式如下：

```
rsync options source destinationsource | destination
```

上述代码中“stinationsource”和“destination”既可以指示本地，也可以是远程机器。

rsync 实验环境如表 6-21 所示。

表 6-21　　rsync 实验环境

主机名	IP 地址	操作系统信息
www.ansible.com	192.168.1.105	CentOS release 6.9
www.ntp_server.com	192.168.1.106	CentOS release 6.9

其他信息如下所示。

```
[root@www.ansible.com ~]# cat /etc/redhat-release
CentOS release 6.9 (Final)
[root@www.ntp_server.com ~]# cat /etc/redhat-release
CentOS release 6.9 (Final)
[root@www.ansible.com ~]# uname -r
2.6.32-696.el6.x86_64
[root@www.ansible.com ~]# sestatus
SELinux status:                 disabled
[root@www.ansible.com ~]# /etc/init.d/iptables status
iptables: Firewall is not running.
[root@www.ntp_server.com ~]# uname -r
```

```
2.6.32-696.el6.x86_64
[root@www.ntp_server.com ~]# sestatus
SELinux status:                 disabled
[root@www.ntp_server.com ~]# /etc/init.d/iptables status
iptables: Firewall is not running.
```

上述代码中显示了操作系统版本、内核版本、防火墙状态等服务器环境信息。

【实例 6-110】在本地两个目录间进行数据同步

创建测试目录和文件，如下代码所示。

```
[root@www.ansible.com ~]# mkdir -pv  rsync_dir_{a,b,c,d}
mkdir: created directory `rsync_dir_a'
mkdir: created directory `rsync_dir_b'
mkdir: created directory `rsync_dir_c'
mkdir: created directory `rsync_dir_d'
[root@www.ansible.com ~]# cp -av /etc/{passwd,shadow,issue} rsync_dir_a/
`/etc/passwd' -> `rsync_dir_a/passwd'
`/etc/shadow' -> `rsync_dir_a/shadow'
`/etc/issue' -> `rsync_dir_a/issue'
```

上述代码中创建了 rsync_dir_a、rsync_dir_b、rsync_dir_c、rsync_dir_d 目录，并复制/etc/下面的 passwd、shadow 和 issue 文件复制到 rsync_dir_a 目录中。

以下命令用于在两个目录间完成文件复制：

```
[root@www.ansible.com ~]# rsync -rvz rsync_dir_a/  rsync_dir_b/
sending incremental file list
issue
passwd
shadow

sent 1445 bytes  received 69 bytes  3028.00 bytes/sec
total size is 2864  speedup is 1.89
```

选项分解。

- –z 传输前进行压缩。
- –v 显示命令执行详细信息。
- –r 递归复制目录。

此时我们看本地和目的地两个文件属性，注意到两者的时间戳是不同的：

```
[root@www.ansible.com ~]# ls -lh --full-time rsync_dir_a/
total 12K
-rw-r--r--. 1 root root   47 2017-03-28 18:25:08.000000000 +0800 issue
-rw-r--r--  1 root root 1.5K 2017-12-10 13:53:24.917298160 +0800 passwd
----------  1 root root 1.4K 2017-12-10 14:46:00.475632616 +0800 shadow
[root@www.ansible.com ~]# ls -lh --full-time rsync_dir_b/
total 12K
-rw-r--r-- 1 root root   47 2018-01-23 23:03:21.652386065 +0800 issue
```

```
-rw-r--r-- 1 root root 1.5K 2018-01-23 23:03:21.652386065 +0800 passwd
---------- 1 root root 1.4K 2018-01-23 23:03:21.652386065 +0800 shadow
```

若要保留原文件时间戳、属主/属组、权限属性，我们可以使用–a 选项，首先查看 rsync_dir_a 目录的文件时间戳：

```
[root@www.ansible.com ~]# ls -lh --full-time rsync_dir_a/
total 12K
-rw-r--r--. 1 root root   47 2017-03-28 18:25:08.000000000 +0800 issue
-rw-r--r--  1 root root 1.5K 2017-12-10 13:53:24.917298160 +0800 passwd
----------  1 root root 1.4K 2017-12-10 14:46:00.475632616 +0800 shadow
```

复制 rsync_dir_a 目录下所有文件到 rsync_dir_c 目录下。

```
[root@www.ansible.com ~]# ls -lh --full-time rsync_dir_c/
total 0
[root@www.ansible.com ~]# rsync -avz rsync_dir_a/ rsync_dir_c/
sending incremental file list
./
issue
passwd
shadow

sent 1450 bytes  received 72 bytes  1014.67 bytes/sec
total size is 2864  speedup is 1.88
[root@www.ansible.com ~]#
[root@www.ansible.com ~]# ls -lh --full-time rsync_dir_c/
total 12K
-rw-r--r-- 1 root root   47 2017-03-28 18:25:08.000000000 +0800 issue
-rw-r--r-- 1 root root 1.5K 2017-12-10 13:53:24.000000000 +0800 passwd
---------- 1 root root 1.4K 2017-12-10 14:46:00.000000000 +0800 shadow
```

“–a”选项亦包含递归的作用，因而可以替代“–r”选项。

【实例 6-111】本地与远程主机间完成数据同步

系统管理员可以使用 rsync 将本地的文件同步到远程机器的指定目录。

目标服务器建立测试目录、代码及输出结果如下代码所示：

```
[root@www.ntp_server.com ~]# mkdir -pv /data/rsync_dir_{a..c}
mkdir: created directory `/data/rsync_dir_a'
mkdir: created directory `/data/rsync_dir_b'
mkdir: created directory `/data/rsync_dir_c'
```

复制本地的 rsync_dir_a 目录下所有文件到远程主机目录 rsync_dir_a 目录下，如下代码所示：

```
[root@www.ansible.com ~]# rsync -avz rsync_dir_a/ root@192.168.1.106:/data/
rsync_dir_a/
root@192.168.1.106's password:
sending incremental file list
./
```

```
issue
passwd
shadow

sent 1450 bytes  received 72 bytes  434.86 bytes/sec
total size is 2864  speedup is 1.88
```

以上代码指明了目的机器 IP、登录用户以及所路径，并且需要输入相应用户的登录密码。

以上命令完成本地到远程机器的同步，调换 source 和 destination 的位置，我们亦可完成远程机器到本地的数据同步。

【实例 6-112】使用 ssh 通道进行数据同步

在与远端进行数据同步时，一般采用 ssh 通道，使用“–e ssh”选项可以完成该功能。

```
[root@www.ansible.com ~]# rsync -avz -e ssh rsync_dir_a/ root@192.168.1.106:
/data/rsync_dir_a/
root@192.168.1.106's password:
sending incremental file list

sent 82 bytes  received 12 bytes  26.86 bytes/sec
total size is 2864  speedup is 30.47
```

【实例 6-113】增量同步文件

对源文件和目的地文件均做了修改，同时想将源文件作的修改同步到目的地，但又保留对目的地文件的更改，此时可使用“–u”选项。

源文件修改，具体指令及输出结果如下代码所示：

```
[root@www.ansible.com ~]# echo 'www.ansible.com_issue'>>rsync_dir_a/issue
[root@www.ansible.com ~]# echo 'www.ansible.com_passwd'>>rsync_dir_a/passwd
[root@www.ansible.com ~]# echo 'www.ansible.com_shadow'>>rsync_dir_a/shadow
[root@www.ansible.com ~]# tail -1 rsync_dir_a/{issue,passwd,shadow}
tail: option used in invalid context -- 1
[root@www.ansible.com ~]#
[root@www.ansible.com ~]# tail -1 rsync_dir_a/issue
www.ansible.com_issue
[root@www.ansible.com ~]# tail -1 rsync_dir_a/passwd
www.ansible.com_passwd
[root@www.ansible.com ~]# tail -1 rsync_dir_a/shadow
www.ansible.com_shadow
```

同步 rsync_dir_a/issue、rsync_dir_a/passwd、rsync_dir_a/shadow 文件到 192.168.1.106 的 /data/rsync_dir_a 目录。

```
[root@www.ansible.com ~]# rsync -avzu rsync_dir_a/ root@192.168.1.106:/data/
rsync_dir_a/
root@192.168.1.106's password:
sending incremental file list
issue
passwd
```

```
shadow

sent 719 bytes  received 105 bytes  235.43 bytes/sec
total size is 2932  speedup is 3.56
```

查看目标服务器 192.168.1.106 文件复制是否正确，具体代码如下所示。

```
[root@www.ntp_server.com ~]# tail -1 /data/rsync_dir_a/issue
www.ansible.com_issue
[root@www.ntp_server.com ~]# tail -1 /data/rsync_dir_a/passwd
www.ansible.com_passwd
[root@www.ntp_server.com ~]# tail -1 /data/rsync_dir_a/shadow
www.ansible.com_shadow
```

上述代码输出中，在 192.168.1.105 修改过的 rsync_dir_a/issue、rsync_dir_a/passwd、rsync_dir_a/shadow 文件已经被复制到了 192.168.1.106。

以上源文件 rsync_dir_a/issue、rsync_dir_a/passwd、rsync_dir_a/shadow 经过修改，与目标文件不相同，此时使用“-u”选项，可以看到对 rsync_dir_a/issue、rsync_dir_a/passwd、rsync_dir_a/shadow 文件内容本身只是进行了增量同步。

```
sending incremental file list
issue
passwd
shadow
```

上述代码输出的“sending incremental file list”表示增量同步。

【实例 6-114】镜像同步

对于不存在于源目录，但存在于目的地的文件，执行文件同步时删除它们，“--delete”选项可以满足此需求。

查看目的地目标文件、具体代码及输出如下所示。

```
[root@www.ansible.com ~]# ssh root@192.168.1.106 ls -lh --full-time /data/
rsync_dir_a/
root@192.168.1.106's password:
total 12K
-rw-r--r-- 1 root root   69 2018-01-25 22:23:50.000000000 +0800 issue
-rw-r--r-- 1 root root 1.5K 2018-01-25 22:24:00.000000000 +0800 passwd
---------- 1 root root 1.4K 2018-01-25 22:24:08.000000000 +0800 shadow
```

查看本地的目录文件、具体代码及输出如下所示。

```
[root@www.ansible.com ~]# echo 'This is my test file' >>rsync_dir_a/rsync_file.log
[root@www.ansible.com ~]# cat rsync_dir_a/rsync_file.log
This is my test file
[root@www.ansible.com ~]# ls -lh --full-time rsync_dir_a/
total 16K
-rw-r--r--. 1 root root   69 2018-01-25 22:23:50.516073264 +0800 issue
-rw-r--r--  1 root root 1.5K 2018-01-25 22:24:00.417086521 +0800 passwd
```

```
-rw-r--r--  1 root root   21 2018-01-25 22:43:13.414912037 +0800 rsync_file.log
----------  1 root root 1.4K 2018-01-25 22:24:08.910069053 +0800 shadow
```

复制文件。

```
[root@www.ansible.com ~]# rsync -avz --celete rsync_dir_a/ root@192.168.1.106:/
data/rsync_dir_a/
root@192.168.1.106's password:
sending incremental file list
./
rsync_file.log

sent 172 bytes  received 34 bytes  58.86 bytes/sec
total size is 2953  speedup is 14.33
```

查看本地文件，如下代码所示。

```
[root@www.ansible.com ~]# ls -lh --full-time rsync_dir_a/
total 16K
-rw-r--r--. 1 root root   69 2018-01-25 22:23:50.516073264 +0800 issue
-rw-r--r--  1 root root 1.5K 2018-01-25 22:24:00.417086521 +0800 passwd
-rw-r--r--  1 root root   21 2018-01-25 22:43:13.414912037 +0800 rsync_file.log
----------  1 root root 1.4K 2018-01-25 22:24:08.910069053 +0800 shadow
```

查看远端文件，如下代码所示。

```
[root@www.ntp_server.com ~]# cd /data/rsync_dir_a
[root@www.ntp_server.com /data/rsync_dir_a]#
[root@www.ntp_server.com /data/rsync_dir_a]# ll
total 16
-rw-r--r-- 1 root root   69 Jan 25 22:23 issue
-rw-r--r-- 1 root root 1486 Jan 25 22:24 passwd
-rw-r--r-- 1 root root   21 Jan 25 22:43 rsync_file.log
---------- 1 root root 1377 Jan 25 22:24 shadow
[root@www.ntp_server.com /data/rsync_dir_a]#
[root@www.ntp_server.com /data/rsync_dir_a]# ls -lh --full-time
total 16K
-rw-r--r-- 1 root root   69 2018-01-25 22:23:50.000000000 +0800 issue
-rw-r--r-- 1 root root 1.5K 2018-01-25 22:24:00.000000000 +0800 passwd
-rw-r--r-- 1 root root   21 2018-01-25 22:43:13.000000000 +0800 rsync_file.log
---------- 1 root root 1.4K 2018-01-25 22:24:08.000000000 +0800 shadow
```

上述代码输出中，无论是时间戳，还是文件内容，源文件和目标文件都是一模一样的。

【实例 6-115】在同步时不在目的地创建新文件

只想对目的地已经有的文件进行同步，而不理会源目录新增的文件，此时可以使用“– –existing”选项。

源服务器创建测试文件。

```
[root@www.ansible.com ~]# cd rsync_dir_a/
[root@www.ansible.com ~/rsync_dir_a]# touch {nginx,apache,tomcat,php}.log
```

```
[root@www.ansible.com ~/rsync_dir_a]# ls -lhrt
total 16K
-rw-r--r--. 1 root root   69 Jan 25 22:23 issue
-rw-r--r--  1 root root 1.5K Jan 25 22:24 passwd
----------  1 root root 1.4K Jan 25 22:24 shadow
-rw-r--r--  1 root root   21 Jan 25 22:43 rsync_file.log
-rw-r--r--  1 root root    0 Jan 25 22:50 php.log
-rw-r--r--  1 root root    0 Jan 25 22:50 tomcat.log
-rw-r--r--  1 root root    0 Jan 25 22:50 nginx.log
-rw-r--r--  1 root root    0 Jan 25 22:50 apache.log
```

同步文件、指令及输出结果如下代码所示。

```
[root@www.ansible.com ~]# rsync -avz --existing rsync_dir_a/
root@192.168.1.106:/data/rsync_dir_a/
root@192.168.1.106's password:
sending incremental file list
./

sent 168 bytes  received 15 bytes  52.29 bytes/sec
total size is 2953  speedup is 16.14
```

查看目标服务器同步情况，具体指令及输出结果如下代码所示。

```
[root@www.ansible.com ~]# ssh root@192.168.1.106 ls -lh --full-time /data/
rsync_dir_a/
root@192.168.1.106's password:
total 16K
-rw-r--r-- 1 root root   69 2018-01-25 22:23:50.000000000 +0800 issue
-rw-r--r-- 1 root root 1.5K 2018-01-25 22:24:00.000000000 +0800 passwd
-rw-r--r-- 1 root root   21 2018-01-25 22:43:13.000000000 +0800 rsync_file.log
---------- 1 root root 1.4K 2018-01-25 22:24:08.000000000 +0800 shadow
```

可以看到，源服务器目录中已有的文件，并没有复制到目标服务器。

【实例 6-116】同步文件时显示执行进度

使用“--progress”选项可以显示同步的进度，包括文件传输完成进度、传输速率信息、创建测试文件。

```
[root@www.ansible.com ~]# dd if=/dev/zero of=rsync_dir_a/nginx.log bs=1M count=256
256+0 records in
256+0 records out
268435456 bytes (268 MB) copied, 9.98934 s, 26.9 MB/s
[root@www.ansible.com ~]# dd if=/dev/zero of=rsync_dir_a/apache.log bs=1M count=256
256+0 records in
256+0 records out
268435456 bytes (268 MB) copied, 10.838 s, 24.8 MB/s
[root@www.ansible.com ~]#
[root@www.ansible.com ~]# ls -lh rsync_dir_a/ --full-time
total 513M
-rw-r--r--  1 root root 256M 2018-01-25 23:05:02.943759758 +0800 apache.log
-rw-r--r--. 1 root root   69 2018-01-25 22:23:50.516073264 +0800 issue
```

```
-rw-r--r--  1 root root 256M 2018-01-25 23:04:40.598937799 +0800 nginx.log
-rw-r--r--  1 root root 1.5K 2018-01-25 22:24:00.417086521 +0800 passwd
-rw-r--r--  1 root root    0 2018-01-25 22:50:54.333067025 +0800 php.log
-rw-r--r--  1 root root   21 2018-01-25 22:43:13.414912037 +0800 rsync_file.log
----------  1 root root 1.4K 2018-01-25 22:24:08.910069053 +0800 shadow
-rw-r--r--  1 root root    0 2018-01-25 22:50:54.333067027 +0800 tomcat.log
```

开始同步，具体指令及输出如下代码所示。

```
[root@www.ansible.com ~]# rsync -avz --progress rsync_dir_a/ root@192.168.1.
106:/data/rsync_dir_a/
root@192.168.1.106's password:
sending incremental file list
apache.log
   268435456 100%   40.45MB/s    0:00:06 (xfer#1, to-check=7/9)
nginx.log
   268435456 100%   61.14MB/s    0:00:04 (xfer#2, to-check=5/9)
php.log
           0 100%    0.00kB/s    0:00:00 (xfer#3, to-check=3/9)
tomcat.log
           0 100%    0.00kB/s    0:00:00 (xfer#4, to-check=0/9)

sent 522409 bytes  received 88 bytes  28243.08 bytes/sec
total size is 536873865  speedup is 1027.52
```

【实例 6-117】查看 source 和 destination 间的区别

rsync 完成源目录到目的地的复制，若能查看到源目录与目的地间的差异，这对同步十分有帮助。“-i”选项可以显示源目录与目的地间的差异，示例如下。

创建测试文件。

```
[root@www.ansible.com ~]# cd rsync_dir_a/
[root@www.ansible.com ~/rsync_dir_a]# ls -lhrt
total 513M
-rw-r--r--. 1 root root   69 Jan 25 22:23 issue
-rw-r--r--  1 root root 1.5K Jan 25 22:24 passwd
----------  1 root root 1.4K Jan 25 22:24 shadow
-rw-r--r--  1 root root   21 Jan 25 22:43 rsync_file.log
-rw-r--r--  1 root root    0 Jan 25 22:50 php.log
-rw-r--r--  1 root root    0 Jan 25 22:50 tomcat.log
-rw-r--r--  1 root root 256M Jan 25 23:04 nginx.log
-rw-r--r--  1 root root 256M Jan 25 23:05 apache.log
[root@www.ansible.com ~/rsync_dir_a]# useradd -s /sbin/nologin www
[root@www.ansible.com ~]# id www
uid=893(www) gid=10005(www) groups=10005(www)
[root@www.ansible.com ~/rsync_dir_a]# chown www:www tomcat.log nginx.log apache.log
[root@www.ansible.com ~/rsync_dir_a]# ls -lhrt
total 513M
-rw-r--r--. 1 root root   69 Jan 25 22:23 issue
-rw-r--r--  1 root root 1.5K Jan 25 22:24 passwd
----------  1 root root 1.4K Jan 25 22:24 shadow
-rw-r--r--  1 root root   21 Jan 25 22:43 rsync_file.log
```

```
-rw-r--r--  1 root root     0 Jan 25 22:50 php.log
-rw-r--r--  1 www  www      0 Jan 25 22:50 tomcat.log
-rw-r--r--  1 www  www   256M Jan 25 23:04 nginx.log
-rw-r--r--  1 www  www   256M Jan 25 23:05 apache.log
```

上述代码输出中，source 与 destination 有一处不同之处，source 的 3 个文件的属主变成了 www，此时添加“–i”选项进行数据同步，有以下输出。

```
[root@www.ansible.com ~]# rsync -avzi rsync_dir_a/ root@192.168.1.106:/data/
rsync_dir_a/
root@192.168.1.106's password:
sending incremental file list
.f....og... apache.log
.f....og... nginx.log
.f....og... tomcat.log

sent 199 bytes  received 21 bytes  62.86 bytes/sec
total size is 536873865  speedup is 2440335.75
```

目标服务器查看被复制的文件。

```
[root@www.ntp_server.com /data/rsync_dir_a]# ls -lhrt
total 513M
-rw-r--r-- 1 root root    69 Jan 25 22:23 issue
-rw-r--r-- 1 root root  1.5K Jan 25 22:24 passwd
---------- 1 root root  1.4K Jan 25 22:24 shadow
-rw-r--r-- 1 root root    21 Jan 25 22:43 rsync_file.log
-rw-r--r-- 1  893 10005    0 Jan 25 22:50 tomcat.log
-rw-r--r-- 1 root root     0 Jan 25 22:50 php.log
-rw-r--r-- 1  893 10005 256M Jan 25 23:04 nginx.log
-rw-r--r-- 1  893 10005 256M Jan 25 23:05 apache.log
```

由于目标服务器没有 www 用户，因此复制过来的 apache.log、nginx.log、tomcat.log 变成了没有用户的属主和属组。

对于同步的每个文件，均对应有一条输出，有 11 个标志位指示源文件与目的地文件的区别，在以上例子中，各标志位意义如下。

- 指示传输到本地。
- f 指示所传为文件。
- s 指示文件大小不一致。
- t 指示时间戳不一致。
- o 指示属主不一致。

【实例 6-118】按指定模式进行同步

使用“– –include”和“– –exclude”选项，可以帮助我们达到只同步特定文件的目的，例如以下只同步以“han”开头的文件。

```
[root@www.ansible.com ~]# rsync -avz --include 'han*' --exclude '*' rsync_dir_
```

```
a/ root@192.168.1.106:/data/rsync_dir_a/
    root@192.168.1.106's password:
    sending incremental file list
    ./
    han_1.log
    han_10.log
    han_2.log
    han_3.log
    han_4.log
    han_5.log
    han_6.log
    han_7.log
    han_8.log
    han_9.log

    sent 507 bytes  received 205 bytes  158.22 bytes/sec
    total size is 0  speedup is 0.00
```

【实例 6-119】限制传输文件速率

rsync 是一套 Linux 下的同步备份工具，对日常备份十分有用。如果是从远端主机进行备份，而且备份的文件容量很大，有可能会将主机的带宽全部耗尽，会在备份时影响主机的正常使用。

rsync 本身已经支持限速的功能，使用“--bwlimit”选项便可以限制传输文件时磁盘的 I/O 速度，从而达到限速的效果。即使是本机备份，“--bwlimit”也可以避免备份时系统的负载过高。例如将 I/O 限制为 1000KB，语法如下代码所示：

```
    [root@www.ansible.com ~/rsync_dir_d]# rsync --progress -v --bwlimit=1024
nginx.log  /tmp/
    nginx.log
       104857600 100% 1002.68kB/s    0:01:42 (xfer#1, to-check=0/1)

    sent 104870470 bytes  received 31 bytes  1023126.84 bytes/sec
    total size is 104857600  speedup is 1.00
```

备份到远端主机的做法相同，只要加上“--bwlimit”选项即可，具体指令及输出如下代码所示。

```
    [root@www.ansible.com ~]# rsync --progress -v --bwlimit=1024  /root/rsync_
dir_d/nginx.log root@192.168.1.106:/root/
    root@192.168.1.106's password:
    nginx.log
       104857600 100%  933.45kB/s    0:01:49 (xfer#1, to-check=0/1)

    sent 104870470 bytes  received 31 bytes  915899.57 bytes/sec
    total size is 104857600  speedup is 1.00
```

除此之外，还可以使用 trickle 程序，对流量进行限制。

【实例 6-120】全复制

默认情况下 rsync 采用增量复制，这样能节省带宽，在所同步文件不大的情况下，我们可以通过“–W”选项实现全复制，具体输出及指令如下代码所示：

```
[root@www.ansible.com ~]# echo 'han_1.log'>>/root/rsync_dir_a/han_1.log
[root@www.ansible.com ~]# tail -1 /root/rsync_dir_a/han_1.log
han_1.log
[root@www.ansible.com ~]# rsync -azvW /root/rsync_dir_a/* root@192.168.1.106:/
data/rsync_dir_a/
root@192.168.1.106's password:
sending incremental file list
han_1.log

sent 363 bytes  received 31 bytes  112.57 bytes/sec
total size is 536873888  speedup is 1362624.08
[root@www.ansible.com ~]# ls -lh --full-time /root/rsync_dir_a/han_1.log
-rw-r--r-- 1 root root 10 2018-01-28 17:22:59.470762477 +0800 /root/rsync_dir_a/
han_1.log
[root@www.ansible.com ~]# echo 'han_1.log'>>/root/rsync_dir_a/han_1.log
[root@www.ansible.com ~]# tail /root/rsync_dir_a/han_1.log
han_1.log
han_1.log
[root@www.ansible.com ~]# rsync -azvW /root/rsync_dir_a/* root@192.168.1.106:/
data/rsync_dir_a/
root@192.168.1.106's password:
sending incremental file list
han_1.log

sent 366 bytes  received 31 bytes  113.43 bytes/sec
total size is 536873898  speedup is 1352327.20
[root@www.ansible.com ~]# ls -lh --full-time /root/rsync_dir_a/han_1.log
-rw-r--r-- 1 root root 20 2018-01-28 17:24:59.069757462 +0800 /root/rsync_dir_a/
han_1.log
[root@www.ansible.com ~]# tail /root/rsync_dir_a/han_1.log
han_1.log
han_1.log
[root@www.ntp_server.com ~]# tail /data/rsync_dir_a/han_1.log
han_1.log
han_1.log
```

“–W”短选项等同于“– –whole–file”长选项，指复制文件时不进行增量检测。

上述代码中向“han_1.log”文件中插入了两次“han_1.log”字符串，然后分别查看时间戳及文件内容，并分别同步到远端主机，下面查看远端主机的文件及时间戳是否一致。

```
[root@www.ntp_server.com ~]# ls -lh --full-time /data/rsync_dir_a/han_1.log
-rw-r--r-- 1 root root 10 2018-01-28 17:22:59.000000000 +0800 /data/rsync_dir_
a/han_1.log
[root@www.ntp_server.com ~]# tail /data/rsync_dir_a/han_1.log
```

```
han_1.log
[root@www.ntp_server.com ~]# tail /data/rsync_dir_a/han_1.log
han_1.log
han_1.log
[root@www.ntp_server.com ~]# ls -lh --full-time /data/rsync_dir_a/han_1.log
-rw-r--r-- 1 root root 20 2018-01-28 17:24:59.000000000 +0800 /data/rsync_di
r_a/han_1.log
```

可以看到，源服务器和目标服务器文件的时间戳和内容是一致的，可以判断进行了全量同步。

【实例 6-121】rsync 删除快速海量文件案一例

当遇到要在 Linux 下删除海量文件的情况时，需要删除数十万个文件。这是之前的程序写的日志，增长很快，而且没什么用。这时我们常用的删除命令 rm -fr * 就不好用了，因为要等待的时间太长，所以必须要采取一些非常手段。我们可以使用 rsync 来实现快速删除大量文件。

（1）安装 rsync 软件。

```
yum install rsync
```

（2）建立一个空文件夹。

```
mkdir /tmp/test
```

（3）用 rsync 删除目标目录。

```
rsync --delete-before -a -H -v --progress --stats /tmp/test test
```

（4）准备测试文件。

```
[root@linux-command ~]# ll
total 0
drwxr-xr-x. 2 root root 6 Aug 29 23:18 test
[root@linux-command ~]# cp -av /data/logs/nginx/* test/
'/data/logs/nginx/access.log-20170528' -> 'test/access.log-20170528'
（中间内容略）
'/data/logs/nginx/error.log-2017-08-21' -> 'test/error.log-2017-08-21'
'/data/logs/nginx/error.log-2017-08-22' -> 'test/error.log-2017-08-22'
'/data/logs/nginx/error.log-2017-08-23' -> 'test/error.log-2017-08-23'
'/data/logs/nginx/error.log-2017-08-24' -> 'test/error.log-2017-08-24'
'/data/logs/nginx/error.log-2017-08-25' -> 'test/error.log-2017-08-25'
'/data/logs/nginx/error.log-2017-08-26' -> 'test/error.log-2017-08-26'
'/data/logs/nginx/error.log-2017-08-27' -> 'test/error.log-2017-08-27'
'/data/logs/nginx/error.log-2017-08-28' -> 'test/error.log-2017-08-28'
'/data/logs/nginx/nginx.log' -> 'test/nginx.log'
```

（5）确认测试文件信息准确无误。

```
[root@linux-command ~]# nl test/* |wc -l
nl: test/test: Is a directory
```

```
400635
```

（6）准备删除。

```
[root@linux-command ~]#  rsync --delete-before -avH --progress --stats /tmp
/test/ /root/test
building file list ...
1 file to consider
deleting nginx.log
（中间内容略）
deleting access.log-2017-06-08
deleting access.log-2017-06-07
./

Number of files: 1
Number of files transferred: 0
Total file size: 0 bytes
Total transferred file size: 0 bytes
Literal data: 0 bytes
Matched data: 0 bytes
File list size: 19
File list generation time: 0.001 seconds
File list transfer time: 0.000 seconds
Total bytes sent: 29
Total bytes received: 15

sent 29 bytes  received 15 bytes  88.00 bytes/sec
total size is 0  speedup is 0.00
```

上述代码中要删除的 test 目录就会被清空了，删除的速度会非常快，选项说明如下所示。

- “–delete–before”选项表示接收者在传输之前进行删除操作。
- “–progress”选项表示在传输时显示传输过程。
- “–a”选项表示归档模式，表示以递归方式传输文件，并保持所有文件属性。
- “–H”选项表示保持硬连接的文件。
- “–v”选项表示详细输出模式。
- “–stats”选项表示给出某些文件的传输状态。

【实例 6-122】rsync 快速删除海量文件

要删除目录信息大小有 263GB，具体信息如下所示。

```
 [root@java_report_25_171 ~]# du -sh /data/ams/excel
263G    /data/ams/excel
[root@java_report_25_171 ~]# df -Th
Filesystem                  Type  Size   Used Avail Use% Mounted on
/dev/sda3                   ext4   95G   11G   79G  13% /
tmpfs                      tmpfs  3.9G     0  3.9G   0% /dev/shm
/dev/sda1                   ext4   194M  27M  158M  15% /boot
10.16.12.25:/handuoduo         nfs    493G  263G  231G  54% /data/ams/excel
```

```
nfs.storage.abc.com:/pm_bak nfs  493G  292G  201G  60% /data/ams/excel20171121
```

下面的指令开始执行快速删除操作，代码如下所示。

```
screen -S excel_bak
rsync -auvzP  --bwlimit=10000 --delete /data/ams/excel/ /data/ams/excel20171121/
Ctrl+a+d
```

上述代码将删除指令放在后台执行，防止操作超时程序意外退出，具体执行结果如下所示，省略部分内容。

```
deleting excel.bak/
deleting .etc/rpt_file.sids
deleting .etc/rpt_file.InProgress
deleting .etc/rpt_file
deleting .etc/gid_map
deleting .etc/config_file.sids
deleting .etc/config_file.InProgress
deleting .etc/config_file
rsync: delete_file: rmdir(.etc) failed: Invalid argument (22)
deleting ams.tgz

sent 24 bytes  received 12 bytes  0.10 bytes/sec
total size is 0  speedup is 0.00

real    6m10.745s
user    0m1.336s
sys     0m7.826s
```

从上述代码执行结果可以看到，删除 263GB 文件共计耗时 6 分 10.745 秒。

为什么 rsync 指令删除文件如此之快呢？

rm 指令删除文件及其内容时，将目录的每一个条目逐个删除（unlink），需要循环重复操作很多次，而 rsync 指令执行删除文件及其内容时，采用事先建立好的空目录，替换掉老目录，基本没开销。

【实例 6-123】rsync 指定端口传输文件

rsync 指令有两种常用的认证方式，一种是 rsync-daemon 方式，另一种则是 ssh。

在某些场合，使用“rsync–daemon”方式会比较缺乏灵活性，ssh 方式则成为首选。当远端服务器的 ssh 默认端口被修改后，“–e”选项的作用是可供使用户自由选择 Shell 程序来连接远端服务器，具体语句如下所示。

```
rsync -e 'ssh -p 1234' username@hostname:SourceFile DestFile
```

上面语句中使用了单引号，目的是使引号内的参数为引号内的命令所用。

不使用引号系统就会识别“–p”是给 rsync 的一个参数，详情可以参考 rsync 官方描述。

```
   Command-line arguments are permitted in COMMAND provided that COMMAND is pr
esented to rsync as a single argument. You must use spaces (not tabs or other w
```

```
hitespace) to separate the command and args from each other, and you can use si
ngle- and/or double-quotes to preserve spaces in an argument (but not backslash
es). Note that doubling a single-quote inside a single-quoted string gives you
a single-quote; likewise for double-quotes (though you need to pay attention to
 which quotes your Shell is parsing and which quotes rsync is parsing).
```

【实例 6-124】同步目录生产案例

1. 同步目录及目录内所有文件到远程主机

创建测试文件，具体指令及输出结果如下代码所示。

```
[root@www.ansible.com ~]# mkdir ansible
[root@www.ansible.com ~]# for i in {a..c};do touch ansible/$i;done
[root@www.ansible.com ~]# ls -l ansible
total 0
-rw-r--r-- 1 root root 0 Jan 28 17:36 a
-rw-r--r-- 1 root root 0 Jan 28 17:36 b
-rw-r--r-- 1 root root 0 Jan 28 17:36 c
[root@www.ansible.com ~]# rsync -avz --delete ansible root@192.168.1.106:/tmp/
root@192.168.1.106's password:
sending incremental file list
ansible/
ansible/a
ansible/b
ansible/c

sent 181 bytes  received 73 bytes  72.57 bytes/sec
total size is 0  speedup is 0.00
```

上述代码中会先同步 ansible 目录本身，之后会依次同步 ansible 目录内的 a、b、c 文件到远程主机 192.168.1.106 的/tmp 目录中，具体输出如下代码所示。

```
[root@www.ntp_server.com ~]# ll /tmp/
total 24
drwxr-xr-x 2 root root 4096 Jan 28 17:36 ansible
drwxr-xr-x 4 root root 4096 Oct 21 14:58 dir
-rw-r--r-- 1 root root   21 Oct 22 14:43 file.txt
-rw-r--r-- 1 root root   21 Oct 22 00:04 ip.log
drwxr-xr-x 2 root root 4096 Oct 21 11:54 manager
-rw-r--r-- 1 root root  351 Oct 21 21:41 w.log
[root@www.ntp_server.com ~]# ll /tmp/ansible
total 0
-rw-r--r-- 1 root root 0 Jan 28 17:36 a
-rw-r--r-- 1 root root 0 Jan 28 17:36 b
-rw-r--r-- 1 root root 0 Jan 28 17:36 c
```

可以看到，/tmp/目录中已经有 ansible 目录以及目录内的 a、b、c 文件。

2. 同步目录内所有文件到远程主机，源目录和目标目录内容完全一致

注意： 只是目录内容完全一致，源目录本身不会同步到远程主机，以源目录的目录内容为准，即源目录内没有的文件，目标目录内将会被逐一删除，如下代码所示。

```
[root@www.ansible.com ~]# rsync -avz --delete ansible/ root@192.168.1.106:/tmp/
root@192.168.1.106's password:
sending incremental file list
./
deleting manager/shadow
deleting manager/passwd
deleting manager/
deleting dir/phpBB3/vendor/zendframework/zend-stdlib/src/compatibility/autoload.php
deleting dir/phpBB3/vendor/zendframework/zend-stdlib/src/compatibility/
deleting dir/i.log
（中间内容略）
deleting dir/h.log
deleting dir/g.log
deleting dir/f.log
deleting dir/e.log
deleting dir/d.log
deleting dir/c.log
deleting dir/b.log
deleting dir/a.log
deleting dir/
deleting ansible/c
deleting ansible/b
deleting ansible/a
deleting ansible/
deleting .ICE-unix/
deleting w.log
deleting ip.log
deleting file.txt
a
b
c
sent 163 bytes  received 72 bytes  31.33 bytes/sec
total size is 0  speedup is 0.00
```

注意在源目录后面添加了“/”反斜杠，代表镜像源目录内容到目标目录，查看源目录文件内容。

```
[root@www.ansible.com ~]# ll ansible/
total 0
-rw-r--r-- 1 root root 0 Jan 28 17:36 a
-rw-r--r-- 1 root root 0 Jan 28 17:36 b
-rw-r--r-- 1 root root 0 Jan 28 17:36 c
```

查看目标目录内容。

```
[root@www.ntp_server.com ~]# ll /tmp/
total 0
-rw-r--r-- 1 root root 0 Jan 28 17:36 a
-rw-r--r-- 1 root root 0 Jan 28 17:36 b
-rw-r--r-- 1 root root 0 Jan 28 17:36 c
```

可以看到，目标目录并没有 ansible 目录，而是把 ansible 目录下的所有文件都同步过来了。

6.2.4 chattr 指令

有时即使是 root 用户也不能修改某个文件，大部分原因是曾经用 chattr 指令锁定该文件了。通过 chattr 指令修改属性能够提高系统的安全性，但是它并不适合所有的目录，chattr 指令不能保护/、/dev、/tmp、/var 目录，lsattr 指令显示 chattr 指令设置的文件属性。

这两个指令是用来查看和改变文件、目录属性的，与 chmod 这个指令相比，chmod 只是改变文件的读写、执行权限，更底层的属性控制是由 chattr 来改变的，chattr 指令的用法如下。

```
chattr [ -RVf ] [ -v version ] [ mode ] files…
```

最关键的是[mode]部分，[mode]部分是由+-=和[ASacDdIijsTtu]这些字符组合的，用来控制文件的属性。

chattr 指令常用选项如表 6-22 所示。

表 6-22 chattr 指令常用选项

选项	说明
+	在原有参数设定基础上，追加参数
-	在原有参数设定基础上，移除参数
=	更新为指定参数设定
A	文件或目录的 atime (access time)不可被修改（modified），可以有效预防例如手提电脑磁盘 I/O 错误的发生
S	硬盘 I/O 同步选项，功能类似 sync
a	即 append，设定该参数后只能向文件中添加数据，而不能删除。多用于服务器日志文件安全，只有 root 才能设定这个属性
c	即 compresse，设定文件是否经压缩后再存储。读取时需要经过自动解压操作
d	即 no dump，设定文件不能成为 dump 程序的备份目标
i	设定文件不能被删除、改名、设定链接关系，同时不能写入或新增内容。i 参数对于文件系统的安全设置有很大帮助
j	即 journal，设定此参数使得当通过 mount 参数：data=ordered 或 data=writeback 挂载的文件系统，文件在写入时会先被记录（在 journal 中）。如果 filesystem 被设定参数为 data=journal，则该参数自动失效
s	保密性地删除文件或目录，即硬盘空间被全部收回
u	与 s 相反，当设定为 u 时，数据内容其实还存在磁盘中，可以用于 undeletion。 各参数选项中常用到的是 a 和 i：a 选项强制只可添加不可删除，多用于日志系统的安全设定；而 i 是更为严格的安全设定，只有 superuser (root) 或具有 CAP_LINUX_IMMUTABLE 处理能力（标识）的进程能够施加该选项

【实例 6-125】防止系统中某个关键文件被修改

```
cp -av /etc/passwd .
```

复制测试文件到当前目录。

```
chattr +i passwd
```

赋予 passwd 文件+i 属性。

```
lsattr passwd
```

查看 paaswd 文件+i 信息。

```
 [root@linux-command book]# cp -av /etc/passwd .
'/etc/passwd' -> './passwd'
[root@linux-command book]# ls -lhrt
total 4.0K
-rw-r--r--. 1 root root 1.4K Jun 25 23:13 passwd
[root@linux-command book]# chattr +i passwd
[root@linux-command book]# ls -lhrt passwd
-rw-r--r--. 1 root root 1.4K Jun 25 23:13 passwd
[root@linux-command book]# lsattr passwd
----i----------- passwd
[root@linux-command book]# lsattr  /etc/passwd
---------------- /etc/passwd
[root@linux-command book]# echo '123' >passwd
-bash: passwd: Permission denied
```

使用 vim 指令修改文件。

```
[root@linux-command book]# vim passwd
```

使用 vim 也是无法修改的，会提示“passwd [readonly] 29L, 1408C”。

如果按 i 键进行强制输入还是会提示“- -INSERT - - W10: Warning: Changing a readonly file”，因此也是无法进行编辑的。

【实例 6-126】让某个文件只能往里面追加数据，但不能删除，适用于各种日志文件

```
# chattr +a /var/log/messages
```

下面模拟实际操作步骤如下。

- 新建一个空的日志文件。
- 每隔 1 秒，向日志文件中追加时间戳。
- 给日志加+a 属性。
- 尝试删除 log 里面的内容。

```
[root@linux-command book]# touch log
[root@linux-command book]# while true;do echo `date +%F-%T`>>log;sleep 1;done
```

另起一个终端窗口：

```
[root@linux-command ~]# tailf /data/sh/book/log
2017-08-20-14:07:35
2017-08-20-14:07:36
2017-08-20-14:07:37
2017-08-20-14:07:38
2017-08-20-14:07:39
2017-08-20-14:07:40
```

```
2017-08-20-14:07:41
2017-08-20-14:07:42
2017-08-20-14:07:43
2017-08-20-14:07:44
2017-08-20-14:07:45
2017-08-20-14:07:46
[root@linux-command ~]# chattr +a /data/sh/book/log
[root@linux-command ~]# rm -rfv /data/sh/book/log
rm: cannot remove '/data/sh/book/log': Operation not permitted
[root@linux-command ~]# lsattr /data/sh/book/log
-----a---------- /data/sh/book/log
```

从上述代码输出中可以看到无法删除/data/sh/book/log 文件。

以上就是 chattr 和 lsattr 在实际运维工作中比较常用的使用技巧，也可以使用 chattr 来做更多有用的操作，如锁定备份文件、锁定系统的核心文件加固 Linux 系统。

6.2.5 lsattr 指令

stat 指令可用于查看文件的相关属性信息，除了这些属性之外，Linux 下的文件还有一些隐藏的属性，我们可以用 lsattr 指令来查看。

```
[root@linux-command ~]# chattr +a /var/log/messages
[root@linux-command ~]# lsattr /var/log/messages
-----a---------- /var/log/messages
```

lsattr 指令常用选项如表 6-23 所示。

表 6-23　　lsattr 指令常用选项

选项	说明
–R	递归显示目录下所有子目录和文件的属性
–V	显示 lsattr 程序的版本信息
–a	显示所有文件的属性信息，包括以.开头的文件
–d	显示目录的属性，而不是目录下的文件的属性
–v	显示文件的档案号码

【实例 6-127】让某个文件只能向其中追加数据，但不能删除，适用于各种日志文件

```
chattr +a /var/log/messages
```

锁定/var/log/messages 日志文件只能往里面追加数据，但不能删除。

```
[root@linux-command ~]# chattr +a /var/log/messages
[root@linux-command ~]# lsattr /var/log/messages
-----a---------- /var/log/messages
[root@linux-command ~]# chattr -a /var/log/messages
[root@linux-command ~]# lsattr /var/log/messages
---------------- /var/log/messages
```

chattr 和 lsattr 指令总结如图 6-5 所示。

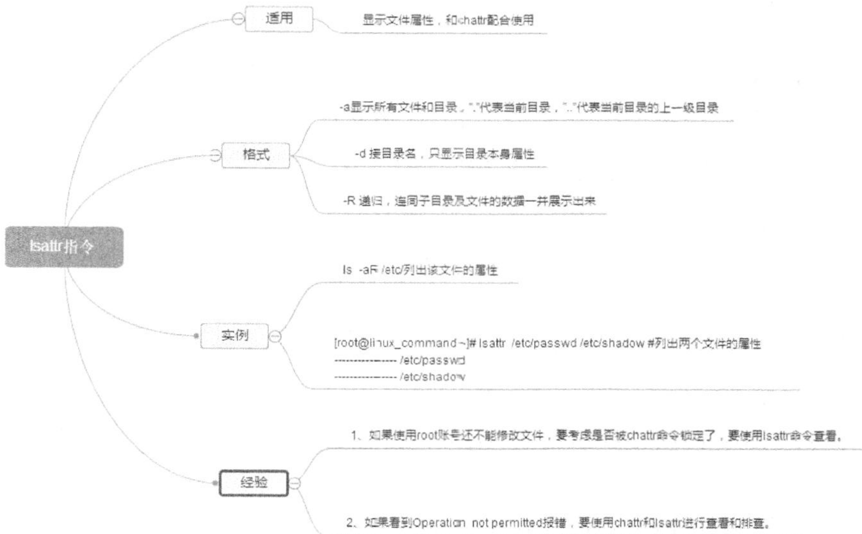

图 6-5 chattr 和 lsattr 指令分解

6.2.6 md5sum 指令

MD5 算法一般用于检查文件完整性，尤其常用于检测在（网络）文件传输、复制、磁盘错误或其他无恶意涉入的情况下文件的正确性。

MD5 全称报文摘要算法（Message-DigestAlgorithm 5）[RFC 1321]，该算法对任意长度的信息进行逐位计算，产生一个二进制长度 128 位（十六进制长度 32 位）的校验和（或称"指纹""报文摘要"），不同的文件内容生成相同的报文摘要的概率是极其小的。

在 Linux 或 UNIX 上，md5sum 是用来计算和校验文件报文摘要的工具程序。一般来说，安装了 Linux 后，就会有 md5sum 工具，可以在命令行终端直接执行。

为了安全需要，第一次部署完 linux 之后，生成对应目录文件的 md5 值，比如/sbin 目录下的执行文件。如果部署的是网站程序文件，也可以第一时间生成 md5 值，以后每次改动都可以记录在案，其目的在于在怀疑被入侵时可以批量对比文件 md5 值，看是否被恶意修改过。

【实例 6-128】生成某个目录文件的 md5 值，以/sbin 文件为例

```
find /sbin/* -type f | xargs  md5sum >> sbin_md5.log
```

查找/sbin/目录下所有文件的 md5 值，将输出结果其写入 sbin_md5.log 文件。

```
[root@linux-command book]# find /sbin/* -type f | xargs  md5sum >> sbin_md5.log
[root@linux-command book]# nl sbin_md5.log
     1  073130a51c8ab98feb00b6e3bea9bf75  /sbin/accessdb
     2  8e70a8242e00a3aa4bf6c2c0f5b96cc5  /sbin/addgnupghome
     3  95b1aa9b24f68a7f80b1f43603a1e395  /sbin/addpart
     4  a5bc8f254abbee933e90e8bd7ecb6029  /sbin/agetty
     5  d9b7bd67cc3f1246ab85ae19b08b2734  /sbin/alternatives
     6  cb1f94a0aa9f2230ca8229948733f732  /sbin/anacron
     7  e75a082e3684789a8bda9bab5d19637a  /sbin/applygnupgdefaults
     8  833d9b6f94c2df8e0bdf7f558a677870  /sbin/arp
     9  f3f3bf4003c6834c43ac2c4b519feb74  /sbin/arpd
    10  f09b297b6ee8e9f36fb5d8ed470508c4  /sbin/arping
    11  4d42244c134c256d99b22a792ebc50ec  /sbin/audispd
（中间内容略）
   349  93c5505294423a18036bdfd25bbb2ff9  /sbin/zdump
   350  af887c189f9066704442387adacb6088  /sbin/zic
```

【实例 6-129】对比时再次用这条命令生成 md5 值，然后用 diff 命令进行对比

```
find /sbin/ -type f -name "arp" | xargs md5sum >arp_md5sum.log
```

采集/sbin/目录中 arp 程序指纹信息输入 arp_md5sum.log 文件中。

```
diff arp_md5sum.log sbin_md5.log |grep arp
```

对比 arp_md5sum.log 和 sbin_md5.log 文件指纹信息，完整输出如下所示。

```
[root@linux-command book]# find /sbin/ -type f -name "arp" | xargs md5sum >
arp_md5sum.log
[root@linux-command book]# ll
total 32
-rw-r--r--. 1 root root    44 Aug 20 14:26 arp_md5sum.log
-rw-r--r--. 1 root root  4920 Aug 20 14:26 log
-rw-r--r--. 1 root root 17628 Aug 20 14:23 sbin_md5.log

[root@linux-command book]# ll
total 32
-rw-r--r--. 1 root root    44 Aug 20 14:26 arp_md5sum.log
-rw-r--r--. 1 root root  5700 Aug 20 14:26 log
-rw-r--r--. 1 root root 17628 Aug 20 14:23 sbin_md5.log
[root@linux-command book]# grep 'arp' arp_md5sum.log
833d9b6f94c2df8e0bdf7f558a677870  /sbin/arp
[root@linux-command book]#
[root@linux-command book]# grep 'arp' sbin_md5.log
833d9b6f94c2df8e0bdf7f558a677870  /sbin/arp
f3f3bf4003c6834c43ac2c4b519feb74  /sbin/arpd
f09b297b6ee8e9f36fb5d8ed470508c4  /sbin/arping
[root@linux-command book]# diff arp_md5sum.log sbin_md5.log |grep arp
> f3f3bf4003c6834c43ac2c4b519feb74  /sbin/arpd
> f09b297b6ee8e9f36fb5d8ed470508c4  /sbin/arping
```

```
[root@linux-command book]# diff arp_md5sum.log sbin_md5.log |grep -E "/sbin/arp"
> f3f3bf4003c6834c43ac2c4b519feb74  /sbin/arpd
> f09b297b6ee8e9f36fb5d8ed470508c4  /sbin/arping
```

上述代码只是以/sbin 目录为例，在实际应用中，读者可以将安装好后的可执行目录、lib 库文件、网站文件、数据库备份文件等建立 md5 库，定期对比发现 md5 值校验，若发现 md5 值不一致，即可发现些文件被更改过。

md5sum 实际应用小技巧。

- 可以把 md5sum 和 chattr 结合使用。
- 先把要校验的文件进行+i 锁定。
- 然后对锁定之后的文件进行 md5sum 的校验。

6.3 本章小结及思维导图

1. 本章小结

本章主要讲解了 Linux 下面文件操作的基本知识，从最基本的文件创建、目录的创建，到文件的删除、不同机器之间的文件传输、目录传输等都有来自不同指令的解决方案，而且这部分内容也是读者在日常的 Linux 运维操作中用得比较多的实用指令。

find 指令匹配正则表达式尤为强大，如 find 指令可根据文件的所有者、文件的创建时间、修改时间、访问时间，以及文件的类型、查找目录的深度、采用更为强大的正则来对找到的文件或者目录进行各种处理，后续章节中还会讲解 find 指令结合 exec 和 xargs 选项通过管道实现更为复杂和精细化的文件处理机制。

读者在从事 Linux 系统运行维护过程中，尤其是在网站规模不大时，二三十台机器构成的集群，一般上线都是通过打包压缩，从测试环境拉到生产环境上线以及联调。等测试通过之后，使用“rsync –avz”指令将调试好的网站代码直接传输其他机器的网站目录下进行备份和替换，非常简单方便。

2. 本章思维导图

rsync 指令还可以用来做网站或者大量数据的备份，作者之前所在公司采用了 NFS 作为文件共享存储，底层硬件采用 DELL R730 服务器以及做 20T 的大容量 RAID 级磁盘架构方案。在这种架构下，系统管理人员未作 NFS 的高可用，即通常所说的热备，但我们就采用了最简单高效的方案，即采用“rsync –avz –delete”指令定时做无差异同步备份，效果和效率也非常可观，且 rsync 结合 inotify 对一些小文件做实时同步效果显著，本章思维导图如图 6-6 所示。

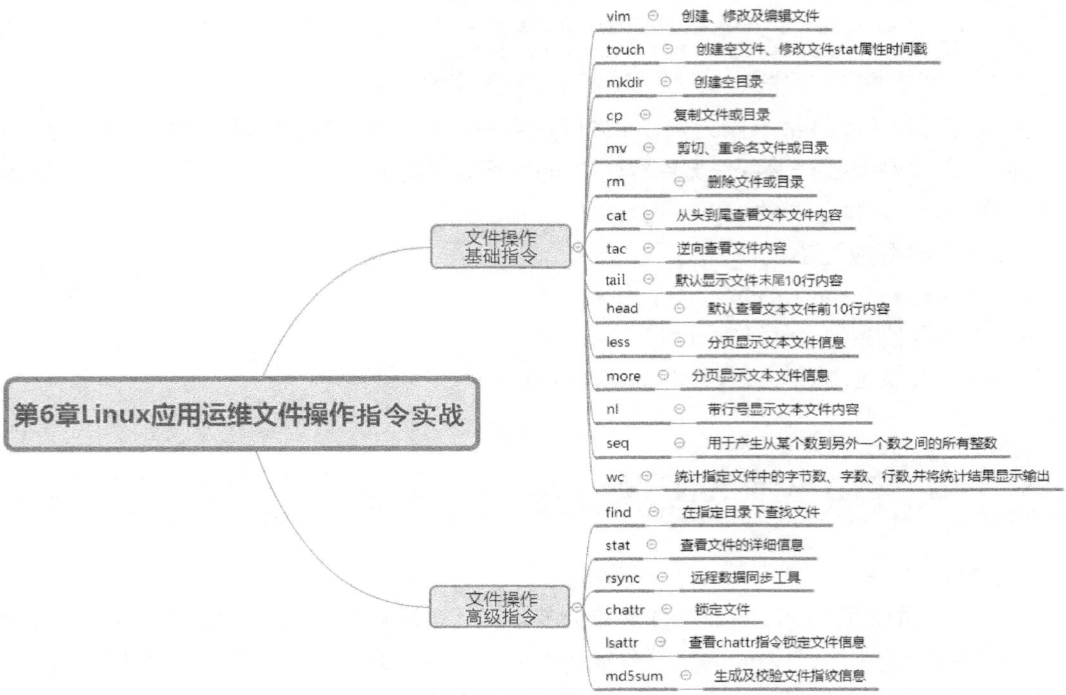
第6章Linux应用运维文件操作指令实战
文件操作基础指令
vim 创建、修改及编辑文件
touch 创建空文件、修改文件stat属性时间戳
mkdir 创建空目录
cp 复制文件或目录
mv 剪切、重命名文件或目录
rm 删除文件或目录
cat 从头到尾查看文本文件内容
tac 逆向查看文件内容
tail 默认显示文件末尾10行内容
head 默认查看文本文件前10行内容
less 分页显示文本文件信息
more 分页显示文本文件信息
nl 带行号显示文本文件内容
seq 用于产生从某个数到另外一个数之间的所有整数
wc 统计指定文件中的字节数、字数、行数,并将统计结果显示输出
文件操作高级指令
find 在指定目录下查找文件
stat 查看文件的详细信息
rsync 远程数据同步工具
chattr 锁定文件
lsattr 查看chattr指令锁定文件信息
md5sum 生成及校验文件指纹信息

图 6-6 本章思维导图

第7章

Linux网络监控实战指令

7.1 服务器网络基本配置实战

生产环境服务器一般标配有 4 个千兆级网卡接口，常用的有内网数据传输网卡接口和外网提供服务网卡接口。远程管理卡接口方便系统管理员对服务器远程管理，即使服务器宕机，让操作者通过远程管理卡登录服务器也可以进行远程维护操作，如下代码所示为系统中 eth0 网卡的配置文件样例。

```
[root@linux-command ~]#cat /etc/sysconfig/network-scripts/ifcfg-eth0
DEVICE=eth0
IPADDR=192.168.1.56
NETMASK=255.255.255.0
GATEWAY=192.168.1.1
HWADDR=00:0C:29:3C:75:D1
TYPE=Ethernet
UUID=1a4782fe-1c68-46dd-b27e-4c8f2a74f6ba
ONBOOT=yes
NM_CONTROLLED=yes
BOOTPROTO=static
```

如下代码为当前服务器 DNS 客户端的配置样例。

```
[root@linux-command ~]#cat /etc/resolv.conf
nameserver 114.114.114.114
nameserver 8.8.8.8
```

“/etc/sysconfig/network-scripts/ifcfg-eth0”网卡配置文件常用配置项说明如表 7-1 所示。

表 7-1 eth0 网卡配置文件常用选项

配置项	说明
TYPE=Ethernet	网卡类型
DEVICE=eth0	网卡接口名称
ONBOOT=yes	系统启动时是否自动加载
BOOTPROTO=static	启用地址协议--static:静态协议--bootp 协议--dhcp 协议
IPADDR=192.168.1.56	网卡 IP 地址
NETMASK=255.255.255.0	网卡网络地址
GATEWAY=192.168.1.1	网卡网关地址
DNS1=114.114.114.114	网卡 DNS 地址
HWADDR=00:0C:29:3C:75:D1	网卡设备 MAC 地址
BROADCAST=192.168.1.255	网卡广播地址

7.2 网络运维常用指令

Linux 操作系统网络服务功能非常强大，读者通过本章节学习将掌握内容以下知识点。

- 网卡服务配置文件管理常用指令。
- 网络流量监控常用指令。
- Linux 系统基本网络故障排查。

7.2.1 ifconfig 指令

Windows 操作系统有 ipconfig 命令行工具，用来获取网络接口配置信息并对此进行修改。Linux 操作系统拥有 ifconfig(interfaces config)工具，Linux 系统使用 ifconfig 工具，需要 root 权限才可运行。

ifconfig 是查看、配置、启用或禁用网络接口的工具，此工具极为常用，可临时配置网络接口的 IP 地址、掩码、广播地址、网关等，也可以将配置它写入文件中（如/etc/rc.d/rc.local）。这样系统引导后，会读取这个文件，为网卡设置 IP 地址。

注意：此命令在 CentOS 7 系统默认没有被安装，被 ip 指令所替代。

Linux 的 ip 指令和 ifconfig 类似，但前者功能更强大，并旨在取代后者。使用 ip 指令能很轻松地执行一些网络管理任务，ifconfig 是 net-tools 中已被废弃使用的一个命令，iproute2 套件里提供了许多增强功能的命令，ip 指令即是其中之一。

【实例 7-1】查看启用网络接口信息

```
ifconfig
```

查看当前系统活动网卡接口信息。

```
[root@linux-command ~]#ifconfig
eth0      Link encap:Ethernet  HWaddr 00:0C:29:3C:75:D1
          inet addr:192.168.1.56  Bcast:192.168.1.255  Mask:255.255.255.0
          inet6 addr: fe80::20c:29ff:fe3c:75d1/64 Scope:Link
          UP BROADCAST RUNNING MULTICAST  MTU:1500  Metric:1
          RX packets:266 errors:0 dropped:0 overruns:0 frame:0
          TX packets:418 errors:0 dropped:0 overruns:0 carrier:0
          collisions:0 txqueuelen:1000
          RX bytes:26055 (25.4 KiB)  TX bytes:308177 (300.9 KiB)

lo        Link encap:Local Loopback
          inet addr:127.0.0.1  Mask:255.0.0.0
          inet6 addr: ::1/128 Scope:Host
          UP LOOPBACK RUNNING  MTU:65536  Metric:1
```

```
          RX packets:0 errors:0 dropped:0 overruns:0 frame:0
          TX packets:0 errors:0 dropped:0 overruns:0 carrier:0
          collisions:0 txqueuelen:0
          RX bytes:0 (0.0 b)  TX bytes:0 (0.0 b)
```

上述代码输出解释说明如下。

（1）eth0 表示第一块网卡，其中 HWaddr 表示网卡的物理地址，可以看到目前这个网卡的物理地址（MAC 地址）是 00:50:56:BF:26:20。

（2）inet addr 用来表示网卡的 IP 地址，此网卡的 IP 地址是 192.168.1.56，广播地址，Bcast:192.168.1.255，掩码地址 Mask:255.255.255.0。

（3）lo 表示主机回环地址，一般用来测试网络程序，如把 httpd 服务器的指定到回环地址，在浏览器输入 127.0.0.1 即能看到 Web 界面，其中 127.0.0.1 表示只有本机可以访问，局域网的其他主机或用户均无法访问。

- 第 1 行：连接类型为 Ethernet（以太网）HWaddr（硬件 mac 地址）。
- 第 2 行：网卡的 IP 地址、子网、掩码。
- 第 3 行：UP（代表网卡开启状态）RUNNING（代表网卡的网线被接上）MULTICAST（支持组播）MTU:1500（最大传输单元），即 1500 字节。
- 第 4、5 行：接收、发送数据包情况统计。
- 第 6 行：接收、发送数据字节数统计信息。

【实例 7-2】临时设置网卡 IP 地址

```
ifconfig eth0:0 192.168.1.55
```

临时设置 eth0:0 接口地址为 192.168.1.55，重启网络服务后，此设置将会失效。

```
[root@linux-command ~]#ifconfig eth0:0 192.168.1.55
[root@linux-command ~]#ifconfig
eth0      Link encap:Ethernet  HWaddr 00:0C:29:3C:75:D1
          inet addr:192.168.1.56  Bcast:192.168.1.255  Mask:255.255.255.0
          inet6 addr: fe80::20c:29ff:fe3c:75d1/64 Scope:Link
          UP BROADCAST RUNNING MULTICAST  MTU:1500  Metric:1
          RX packets:430 errors:0 dropped:0 overruns:0 frame:0
          TX packets:557 errors:0 dropped:0 overruns:0 carrier:0
          collisions:0 txqueuelen:1000
          RX bytes:41383 (40.4 KiB)  TX bytes:325929 (318.2 KiB)

eth0:0    Link encap:Ethernet  HWaddr 00:0C:29:3C:75:D1
          inet addr:192.168.1.55  Bcast:192.168.1.255  Mask:255.255.255.0
          UP BROADCAST RUNNING MULTICAST  MTU:1500  Metric:1

lo        Link encap:Local Loopback
          inet addr:127.0.0.1  Mask:255.0.0.0
          inet6 addr: ::1/128 Scope:Host
          UP LOOPBACK RUNNING  MTU:65536  Metric:1
          RX packets:0 errors:0 dropped:0 overruns:0 frame:0
```

```
          TX packets:0 errors:0 dropped:0 overruns:0 carrier:0
          collisions:0 txqueuelen:0
          RX bytes:0 (0.0 b)  TX bytes:0 (0.0 b)
```

【实例 7-3】启动和关闭指定网卡

```
ifconfig eth0 up
ifconfig eth0 down
```

上述代码说明。

```
ifconfig eth0 up
```

启动网卡 eth0。

```
ifconfig eth0 down
```

关闭网卡 eth0。

ssh 登录 Linux 服务器不小心关闭了网卡服务，会导致网卡不能正常对外提供服务。除非服务器有多网卡提供网络服务，或通过远程管理卡登录 Linux 系统进行重新设定。

【实例 7-4】eth0 网卡删除 IPv6 地址

```
ifconfig eth0 add 33ffe:3240:800:1005::2/64
```

为网卡 eth0 配置 IPv6 地址。

```
ifconfig eth0 add 33ffe:3240:800:1005::2/64
```

为网卡 eth0 删除 IPv6 地址，完整演示如下代码所示。

```
[root@linux-command ~]#ifconfig eth0 add 33ffe:3240:800:1005::2/64
[root@linux-command ~]#ifconfig eth0 del 33ffe:3240:800:1005::2/64
```

【实例 7-5】ifconfig 指令修改主机 MAC 地址

```
ifconfig eth0 down
```

表示关闭 eth0 网卡。

```
ifconfig eth0 hw ether 00:DD:BB:CC:DD:EE
```

修改 eth0 MAC 地址。

```
ifconfig eth0 up
```

启动 eth0 网卡。

```
ifconfig eth0 hw ether 00:50:16:3E:26:20
```

关闭 eth0 网卡服务并修改 MAC 地址，完整输出及代码如下所示。

```
[root@linux-command ~]# ifconfig eth0 down
[root@linux-command ~]# ifconfig eth0 hw ether 00:DD:BB:CC:DD:EE
[root@linux-command ~]# ifconfig eth0 up
```

```
[root@linux-command ~]# ifconfig
eth0      Link encap:Ethernet  HWaddr 00:DD:BB:CC:DD:EE
          inet addr:10.123.79.8   Bcast:192.168.120.255  Mask:255.255.255.0
          UP BROADCAST RUNNING MULTICAST  MTU:1500  Metric:1
          RX packets:8700857 errors:0 dropped:0 overruns:0 frame:0
          TX packets:31533 errors:0 dropped:0 overruns:0 carrier:0
          collisions:0 txqueuelen:1000
          RX bytes:596390239 (568.7 MiB)  TX bytes:2886956 (2.7 MiB)

lo        Link encap:Local Loopback
          inet addr:127.0.0.1  Mask:255.0.0.0
          UP LOOPBACK RUNNING  MTU:16436  Metric:1
          RX packets:68 errors:0 dropped:0 overruns:0 frame:0
          TX packets:68 errors:0 dropped:0 overruns:0 carrier:0
          collisions:0 txqueuelen:0
          RX bytes:2856 (2.7 KiB)  TX bytes:2856 (2.7 KiB)
[root@linux-command ~]# ifconfig eth0 hw ether 00:50:16:3E:26:20
[root@linux-command ~]# ifconfig eth0 up
[root@linux-command ~]# ifconfig
eth0      Link encap:Ethernet  HWaddr 00:50:16:3E:26:20
          inet addr:10.123.79.8   Bcast:192.168.120.255  Mask:255.255.255.0
          UP BROADCAST RUNNING MULTICAST  MTU:1500  Metric:1
          RX packets:8700857 errors:0 dropped:0 overruns:0 frame:0
          TX packets:31533 errors:0 dropped:0 overruns:0 carrier:0
          collisions:0 txqueuelen:1000
          RX bytes:596390239 (568.7 MiB)  TX bytes:2886956 (2.7 MiB)

lo        Link encap:Local Loopback
          inet addr:127.0.0.1  Mask:255.0.0.0
          UP LOOPBACK RUNNING  MTU:16436  Metric:1
          RX packets:68 errors:0 dropped:0 overruns:0 frame:0
          TX packets:68 errors:0 dropped:0 overruns:0 carrier:0
          collisions:0 txqueuelen:0
          RX bytes:2856 (2.7 KiB)  TX bytes:2856 (2.7 KiB)
```

【实例 7-6】临时配置 IP 地址

```
ifconfig eth0 192.168.1.5
```

为 eth0 网卡配置 IP 地址：192.168.1.5。

```
ifconfig eth0 192.168.1.5 netmask 255.255.255.0
```

为 eth0 网卡配置 IP 地址：192.168.1.5，并加上子掩码：255.255.255.0。

```
ifconfig eth0 192.168.1.5 netmask 255.255.255.0 broadcast 192.168.120.255
```

为 eth0 网卡配置 IP 地址 192.168.1.5，子网掩码地址 255.255.255.0，广播地址 192.168.120.255，完整输出及代码如下所示。

```
[root@linux-command ~]# ifconfig eth0 192.168.1.5
[root@linux-command ~]# ifconfig eth0 192.168.1.5 netmask 255.255.255.0
[root@linux-command ~]#ifconfig eth0 192.168.1.5 netmask 255.255.255.0
broadcast 192.168.120.255
```

【实例 7-7】启用和关闭 arp 协议

```
ifconfig eth0 arp
```

开启网卡 eth0 arp 协议。

```
ifconfig eth0 -arp
```

关闭网卡 eth0 arp 协议。

```
[root@linux-command ~]# ifconfig eth0 arp
[root@linux-command ~]# ifconfig eth0 -arp
```

【实例 7-8】设置 eth0 网卡最大传输单元

```
ifconfig eth0 mtu 1500
```

设置 eth0 网卡能通过的最大数据包大小为 1500 Bytes（字节）。

```
[root@linux-command ~]# ifconfig eth0 mtu 1500
[root@linux-command ~]# ifconfig
eth0      Link encap:Ethernet  HWaddr 00:50:56:BF:26:1F
         inet addr:192.168.1.8  Bcast:192.168.120.255  Mask:255.255.255.0
         UP BROADCAST RUNNING MULTICAST  MTU:1500  Metric:1
         RX packets:8712548 errors:0 dropped:0 overruns:0 frame:0
         TX packets:36685 errors:0 dropped:0 overruns:0 carrier:0
         collisions:0 txqueuelen:1000
         RX bytes:597072333 (569.4 MiB)  TX bytes:2650581 (2.5 MiB)

lo        Link encap:Local Loopback
         inet addr:127.0.0.1  Mask:255.0.0.0
         UP LOOPBACK RUNNING  MTU:16436  Metric:1
         RX packets:9973 errors:0 dropped:0 overruns:0 frame:0
         TX packets:9973 errors:0 dropped:0 overruns:0 carrier:0
         collisions:0 txqueuelen:0
         RX bytes:518096 (505.9 KiB)  TX bytes:518096 (505.9 KiB)
```

【实例 7-9】配置虚拟网络接口

为了满足不同环境的配置需求，需要配置和启用多个虚拟网络接口，使用不同的 IP 地址运行多个 Web 服务器。如单台服务器需要架设两个 Web 服务器时，可根据需求，在同一个物理网络接口配置两个虚拟网络接口，然后在虚拟接口配置不同的 IP 地址，分别指向对应的 Web 服务器。

虚拟网络接口指的是为一个网卡接口配置多个 IP 地址，虚拟接口格式如 eth0:0、eth0:1、eth0:2、……、eth1N。其中“N”代表 1～9 之类的数字，同时也可以为第二块网卡 eth1 网卡指定多个 IP 地址，如 eth1:0、eth1:1、eth1:2 等，依次类推。

```
    [root@linux-command ~]#ifconfig eth1:0 192.168.1.111 hw ether 04:0C:29:00:1
2:51 netmask 255.255.255.0 broadcast 192.168.1.1 up
    [root@linux-command ~]#ifconfig eth1 hw ether 04:0C:29:00:12:51
    [root@linux-command ~]#ifconfig eth1 192.168.1.112 netmask 255.255.255.0 br
```

```
oadcast 192.168.1.1 up
```

注意：为单个网卡指定多个虚拟接口时，要为每个虚拟网卡指定不同的物理地址。

对于 CentOS 系列操作系统，读者可以配置信息写入/etc/rc.d/rc.local 文件中，如下代码所示。

```
    [root@linux-command ~]#ifconfig eth1:0 192.168.1.128 hw ether 00:0C:29:33:
11:44 netmask 255.255.255.0 broadcast 192.168.1.1 up
    [root@linux-command ~]#ifconfig eth1:1 192.168.1.129 hw ether 00:0C:29:33:
11:55 netmask 255.255.255.0 broadcast 192.168.1.1 up
```

为 eth1 网络接口设置两个虚拟 IP 地址，但每个接口都有独立的物理硬件地址（MAC 地址）、IP 地址。

7.2.2 ifdown & ifup 指令

ifdown 指令用来停用系统指定的网卡，而 ifup 指令用来启动系统指定的网卡。

【实例 7-10】重启所有网卡服务

```
    /etc/rc.d/init.d/network restart
```

重启网卡服务，即不用重启机器使网卡配置立即生效，完整代码和输出如下所示。

```
    [root@linux-command ~]#/etc/init.d/network restart
    正在关闭接口 eth0:                                      [确定]
    关闭环回接口:                                          [确定]
    弹出环回接口:                                          [确定]
    弹出界面 eth0:  Determining if ip address 192.168.1.56 is already in use for
device eth0...
                                                           [确定]
    [root@linux-command ~]#service network restart
    正在关闭接口 eth0:                                      [确定]
    关闭环回接口:                                          [确定]
    弹出环回接口:                                          [确定]
    弹出界面 eth0:  Determining if ip address 192.168.1.56 is already
in use for device eth0...
```

【实例 7-11】安全重启网络服务

```
    ifdown eth1 && ifup eth1
```

关闭 eth1 网卡后立即启动，“&&”操作符表示前者的指令执行成功，后者的指令立即执行。

```
    [root@linux-command ~]# ifdown eth1 && ifup eth1
    Device 'eth1' successfully disconnected.
    Connection successfully activated (D-Bus active path: /org/freedesktop/Netw
orkManager/ActiveConnection/2)
```

建议：尽量不要使用“ifdown eth1 && ifup eth1”指令，若必须使用，请在两指令中间使用“&&”符号前后连接同时执行，尽量避免单独使用。

7.2.3 ethtool 指令

ethtool 是用来查询和设置网卡驱动和硬件信息的工具，在进行网络调试和网络性能分析时非常有用，可用来提供统计信息查询、设置 ring buffer、协议卸载设置、网卡测试等。

ethtool 指令还可用于获取以太网卡的配置信息，或者修改这些配置。

【实例 7-12】查看 eth0 网卡信息

```
ethtool  eth0
```

查询 eth0 网口基本设置，其中 0 是对应网卡的编号，如 eth0、eth1 等。

```
[root@linux-command ~]#ethtool  eth0
Settings for eth0:
       Supported ports: [ TP ]
       Supported link modes:   10baseT/Half 10baseT/Full
                               100baseT/Half 100baseT/Full
                               1000baseT/Full
       Supported pause frame use: No
       Supports auto-negotiation: Yes
       Advertised link modes:  10baseT/Half 10baseT/Full
                               100baseT/Half 100baseT/Full
                               1000baseT/Full
       Advertised pause frame use: No
       Advertised auto-negotiation: Yes
       Speed: 1000Mb/s
       Duplex: Full
       Port: Twisted Pair
       PHYAD: 0
       Transceiver: internal
       Auto-negotiation: on
       MDI-X: off (auto)
       Supports Wake-on: d
       Wake-on: d
       Current message level: 0x00000007 (7)
                              drv probe link
       Link detected: yes
```

- Advertised auto-negotiation：Yes 表示自动协商开启。
- Speed：1000Mb/s 表示速度 1000 Mb/s。
- Duplex：Full 表示全双工。
- Link detected：yes 表示 eth0 已经激活。

【实例 7-13】查看网卡型号

```
ethtool -i eth0
```

查询 eth0 网口的相关信息，如网卡型号、网卡驱动版本、总线信息等。

```
[root@linux-command ~]#ethtool -i eth0
driver: e1000
```

```
version: 7.3.21-k8-NAPI
firmware-version:
bus-info: 0000:02:01.0
supports-statistics: yes
supports-test: yes
supports-eeprom-access: yes
supports-register-dump: yes
supports-priv-flags: no
```

【实例 7-14】查看网卡速率及丢包信息等

```
ethtool -S eth0
```

查询 eth0 网口收发包统计，其中以 tx 开头的选项为网卡发送方面的统计信息，以 rx 开头的选项为网卡接收方面的统计信息，完整输出如下代码所示。

```
[root@linux-command ~]#ethtool -S eth0
NIC statistics:
    rx_packets: 1452
    tx_packets: 1141
    rx_bytes: 219068
    tx_bytes: 399108
    rx_broadcast: 0
    tx_broadcast: 0
    rx_multicast: 0
    tx_multicast: 0
    rx_errors: 0
    tx_errors: 0
    tx_dropped: 0
    multicast: 0
    collisions: 0
    rx_length_errors: 0
    rx_over_errors: 0
    rx_crc_errors: 0
    rx_frame_errors: 0
    rx_no_buffer_count: 0
    rx_missed_errors: 0
    tx_aborted_errors: 0
    tx_carrier_errors: 0
    tx_fifo_errors: 0
    tx_heartbeat_errors: 0
    tx_window_errors: 0
    tx_abort_late_coll: 0
    tx_deferred_ok: 0
    tx_single_coll_ok: 0
    tx_multi_coll_ok: 0
    tx_timeout_count: 0
    tx_restart_queue: 0
    rx_long_length_errors: 0
    rx_short_length_errors: 0
    rx_align_errors: 0
```

```
    tx_tcp_seg_good: 0
    tx_tcp_seg_failed: 0
    rx_flow_control_xon: 0
    rx_flow_control_xoff: 0
    tx_flow_control_xon: 0
    tx_flow_control_xoff: 0
    rx_long_byte_count: 219068
    rx_csum_offload_good: 1258
    rx_csum_offload_errors: 0
    alloc_rx_buff_failed: 0
    tx_smbus: 0
    rx_smbus: 0
    dropped_smbus: 0
```

【实例 7-15】查看 eth0 网卡寄存器缓存信息

```
ethtool -d eth0
```

查看 eth0 网卡寄存器缓存的详细信息，非常全面，完整输出如下代码所示。

```
[root@www.ntp_server.com ~]# ethtool -d eth0
MAC Registers
-------------
0x00000: CTRL (Device control register)  0x00C00249
     Endian mode (buffers):             little
     Link reset:                        reset
     Set link up:                       1
     Invert Loss-Of-Signal:             no
     Receive flow control:              disabled
     Transmit flow control:             disabled
     VLAN mode:                         disabled
     Auto speed detect:                 disabled
     Speed select:                      1000Mb/s
     Force speed:                       no
     Force duplex:                      no
0x00008: STATUS (Device status register) 0x0000CB83
     Duplex:                            full
     Link up:                           link config
     TBI mode:                          disabled
     Link speed:                        1000Mb/s
     Bus type:                          PCI
     Bus speed:                         66MHz
     Bus width:                         32-bit
0x00100: RCTL (Receive control register) 0x00008002
     Receiver:                          enabled
     Store bad packets:                 disabled
     Unicast promiscuous:               disabled
     Multicast promiscuous:             disabled
     Long packet:                       disabled
     Descriptor minimum threshold size: 1/2
     Broadcast accept mode:             accept
     VLAN filter:                       disabled
```

```
     Canonical form indicator:        disabled
     Discard pause frames:           filtered
     Pass MAC control frames:         don't pass
     Receive buffer size:            2048
0x02808: RDLEN (Receive desc length)   0x00001000
0x02810: RDH   (Receive desc head)     0x0000004E
0x02818: RDT   (Receive desc tail)     0x0000004C
0x02820: RDTR  (Receive delay timer)   0x00000000
0x00400: TCTL (Transmit ctrl register)  0x0103F0FA
     Transmitter:                    enabled
     Pad short packets:               enabled
     Software XOFF Transmission:        disabled
     Re-transmit on late collision:      enabled
0x03808: TDLEN (Transmit desc length)    0x00001000
0x03810: TDH   (Transmit desc head)      0x000000AC
0x03818: TDT   (Transmit desc tail)      0x000000AC
0x03820: TIDV  (Transmit delay timer)    0x00000008
PHY type:                            M88
M88 PHY STATUS REGISTER:               0x0000AC00
     Jabber:                         no
     Polarity:                       normal
     Downshifted:                     no
     MDI/MDIX:                       MDI
     Cable Length Estimate:            0-50 meters
     Link State:                     Up
     Speed & Duplex Resolved:          Yes
     Page Received:                   No
     Duplex:                         Full
     Speed:                          1000 mbps
M88 PHY CONTROL REGISTER:               0x00000B68
     Jabber funtion:                  enabled
     Auto-polarity:                   disabled
     SQE Test:                       disabled
     CLK125:                         enabled
     Auto-MDIX:                      auto
     Extended 10Base-T Distance:         disabled
     100Base-TX Interface:             5-bit
     Scrambler:                      disabled
     Force Link Good:                 disabled
     Assert CRS on Transmit:            enabled
```

【实例 7-16】调整网卡模式

```
ethtool -r eth0
```

重置 eth0 网口到自适应模式。

```
[root@www.ntp_server.com ~]# ethtool -r eth0
```

【实例 7-17】设置网卡 eth0 接口工作速率为 10Mb/s，采用半双工模式工作

```
ethtool -s eth0 speed 10 duplex half autoneg off
```

设置网卡 eth0 接口工作速率为 10Mb/s，采用半双工模式工作。

```
[root@www.ntp_server.com ~]# ethtool -s eth0 speed 10 duplex half autoneg off
```

确认上述代码是否执行成功，如下代码所示。

```
[root@www.ntp_server.com ~]# ethtool eth0 |grep -E "Speed|Duplex|auto-negotiation"
     Supports auto-negotiation: Yes
     Advertised autc-negotiation: No
     Speed: 10Mb/s
     Duplex: Half
```

从上述代码输出结果中可以看到网口速率、网口半双工、网口协商模式等都已设置成功。

【实例 7-18】ethtool 解决网卡丢包案例

生产中有一台 Linux 设备并发比较大，droped 包比较多，尤其是在跑大量的后台数据时，存在严重的丢包现象。出现这种现象，怀疑网卡性能不足，也有可能是网卡缓存（buffer size）太小的原因，遂尝试更改 buffer 大小来解决。下面的设备运行了 30 天，丢包超过 10 多亿次。

```
[root@www.ntp_server.com ~]# ethtool -g eth0
Ring parameters for eth0:
Pre-set maximums:
RX:             4096
RX Mini:         0
RX Jumbo:        0
TX:             4096
Current hardware settings:
RX:             256
RX Mini:         0
RX Jumbo:        0
TX:             256
```

上述代码查看当前网卡的 buffer size 情况。

由于作者维护的服务器是 rx 包会有 droped 的情况，执行如下指令增大网卡 buffer size 参数设置。

```
[root@www.ntp_server.com ~]# ethtool -G eth0 rx 2048
[root@www.ntp_server.com ~]# ethtool -g eth0
Ring parameters for eth0:
Pre-set maximums:
RX:             4096
RX Mini:         0
RX Jumbo:        0
TX:             4096
Current hardware settings:
RX:             2048
RX Mini:         0
RX Jumbo:        0
TX:             256
```

上述代码设置 eth0 的 rx buffer 值为 2048。

【实例 7-19】为网卡点灯

可以针对特定网卡执行一条指令，让该网卡上的灯点亮 N 秒，Linux 服务器执行如下指令。

```
ethtool --identify eth0 20
```

设置 eth0 标识的网卡的灯点亮 20 秒。

如果网卡标号与网卡实际的物理位置关系乱了，又不知道 eth0 是哪个网卡，上述网卡点灯程序可以协助找到具体网卡。

【实例 7-20】配置 ethtool 属性信息永久生效

方法 1：

ethtool 设置可通过/etc/sysconfig/network-scripts/ifcfg-ethX 文件保存，从而在设备下次启动时激活选项。

```
ethtool -s eth0 speed 100 duplex full autoneg off
```

将 eth0 设备设置为全双工自适应，速度为 100Mb/s。若要 eth0 启动时设置这些参数，修改文件/etc/sysconfig/network-scripts/ifcfg-eth0 并添加如下代码。

```
ETHTOOL_OPTS="speed 100 duplex full autoneg off"
```

方法 2：

将 ethtool 设置写入/etc/rc.d/rc.local 开机启动配置程序。

7.2.4 mii-tool 指令

1．mii-tool 简介

mii-tool 指令可查看 Linux 网卡的物理配置信息是否正确，还可以更改网络接口协议。有时网卡需要配置协商方式，比如 10/100/1000Mb/s 的网卡半双工、全双工、自动协商的配置，但大多数网络设备是不允许操作者修改协商。因为大多数网络设置接入时，都采用自动协商来解决相互通信的问题。不过自动协商也不是万能的，有时也会出现错误，比如丢包率比较高，这时就需要 Linux 系统维护人员自定义网卡协商方式。

2．mii-tool 的用法

mii-tool 在更改网络设备通信协商方式的方法比较简单，用“–v”选项查看网络接口的状态，示例如下所示。

【实例 7-21】查看网络接口的协商状态

```
mii-tool -v eth0
```

查看网络接口的协商状态信息。

```
[root@www.ntp_server.com ~]# mii-tool -v eth0
eth0: 10 Mbit, half duplex, link ok
  product info: vendor 00:50:43, model 2 rev 3
  basic mode:   10 Mbit, half duplex
  basic status: link ok
```

```
    capabilities: 100baseTx-FD 100baseTx-HD 10baseT-FD 10baseT-HD
    advertising:  10baseT-HD
    link partner: 100baseTx-FD 100baseTx-HD 10baseT-FD 10baseT-HD
```

从输出结果中看到自动协商已经关闭，采用半双工的工作模式。

【实例 7-22】更改网络接口协商方式

网络接口协商可选模式有 100baseTx-FD、100baseTx-HD、10baseT-FD、10baseT-HD 等。Interface 代表所选择的网卡，如 eth0、eth1 等，默认为 eth0，如下代码所示。

```
[root@linux-command ~]#mii-tool -F 10baseT-FD eth0
```

置网卡工作在 10Mb/s 半双工模式，恢复网卡的自适应工作模式，代码如下所示。

```
[root@linux-command ~]#mii-tool -r eth0
```

注意：CentOS 操作系统下可能需要管理员权限才可以修改或查看网卡配置，若没有权限系统会提示如下“操作者没有权限执行相关操作而被拒绝”，英文代码输出如下所示。

```
SIOCGMIIPHY  on 'eth0' failed: operation not permitted
```

执行如下指令查看现在网卡状态。

```
[root@www.ntp_server.com ~]# mii-tool -v eth0
eth0: 10 Mbit, full duplex, link ok
  product info: vendor 00:50:43, model 2 rev 3
  basic mode:   10 Mbit, full duplex
  basic status: link ok
  capabilities: 100baseTx-FD 100baseTx-HD 10baseT-FD 10baseT-HD
  advertising:  10baseT-HD
  link partner: 100baseTx-FD 100baseTx-HD 10baseT-FD 10baseT-HD
```

上述代码中“–v”选项显示网卡设置的详细信息。

7.2.5 ip 指令

ip 是 iproute2 软件包里的网络配置工具，它能够替代一些传统的网络管理工具，例如 ifconfig、route 等，使用权限为超级用户，几乎所有的 Linux 发行版本都支持该命令。

ip 指令用来显示或操纵 Linux 主机的路由、网络设备、策略路由和隧道，是 Linux 下较新的功能强大的命令行网络配置工具，ip 指令常用选项如表 7-2 所示。

表 7-2 ip 指令常用选项

选项	说明
–V	显示指令版本信息
–s	输出更详细的信息
–f	强制使用指定的协议族

续表

选项	说明
–4	指定使用的网络层协议是 IPv4 协议
–6	指定使用的网络层协议是 IPv6 协议
–0	输出信息每条记录输出一行，即使内容较多也不换行显示
–r	显示主机时，不使用 IP 地址，而使用主机的域名

CentOS 7 操作系统弃用了 ifconfig 指令之后，ip 指令是其替代品，ip 指令使用格式如下所示。

```
    ip [ OPTIONS ] OBJECT { COMMAND | help }
          ip [ -force ] -batch filename
          OBJECT := { link | addr | addrlabel | route | rule | neigh | ntable |
 tunnel | tuntap |
                maddr | mroute | mrule | monitor | xfrm | netns | l2tp | tcp_metrics }
          OPTIONS := { -V[ersion] | -s[tatistics] | -r[esolve] | -f[amily] { in
et | inet6 | ipx |
                dnet | link } | -o[neline] }
```

从上述输出中可以看到 ip 指令的二级命令非常多，最常用的是 ip addr 也可以简写为 ip a（ip 指令中更有很多这种简写方法），所有的选项都是以“–”字符开头，分为长、短两种形式。ip 指令主要操作网络地址相关内容，如列出 IP 地址、添加 IP 地址、删除 IP 地址等。

【实例 7-23】显示网络设备的运行状态

```
    ip link list
```

显示网络设备的运行状态。

```
    [root@linux-command ~]# ip link list
    1: lo: <LOOPBACK,UP,LOWER_UP> mtu 65536 qdisc noqueue state UNKNOWN mode DEF
AULT qlen 1
       link/loopback 00:00:00:00:00:00 brd 00:00:00:00:00:00
    2: eth0: <BROADCAST,MULTICAST,UP,LOWER_UP> mtu 1500 qdisc pfifo_fast state UP
 mode DEFAULT qlen 1000
       link/ether 52:54:00:83:dc:63 brd ff:ff:ff:ff:ff:ff
    3: eth1: <BROADCAST,MULTICAST,UP,LOWER_UP> mtu 1500 qdisc pfifo_fast state UP
 mode DEFAULT qlen 1000
       link/ether 52:54:00:d3:0a:21 brd ff:ff:ff:ff:ff:ff
```

上述代码与下面的代码显示结果完全相同，显示了网络设备运行的相关详细信息。

```
    [root@www.ntp_server.com ~]# ip link list
    1: lo: <LOOPBACK,UP,LOWER_UP> mtu 65536 qdisc noqueue state UNKNOWN
       link/loopback 00:00:00:00:00:00 brd 00:00:00:00:00:00
    2: eth0: <BROADCAST,MULTICAST,UP,LOWER_UP> mtu 1500 qdisc pfifo_fast state UP
 qlen 1000
       link/ether 00:0c:29:01:c7:01 brd ff:ff:ff:ff:ff:ff
```

【实例 7-24】显示更详细的设备信息

```
ip -s link list
```

显示网络统计数据以及不同网络接口的统计数据，完整输出如下所示。

```
[root@linux-command ~]# ip -s link list
1: lo: <LOOPBACK,UP,LOWER_UP> mtu 65536 qdisc noqueue state UNKNOWN mode DEFAULT qlen 1
    link/loopback 00:00:00:00:00:00 brd 00:00:00:00:00:00
    RX: bytes  packets  errors  dropped overrun mcast
    1203318377 4539644  0       0       0       0
    TX: bytes  packets  errors  dropped carrier collsns
    1203318377 4539644  0       0       0       0
2: eth0: <BROADCAST,MULTICAST,UP,LOWER_UP> mtu 1500 qdisc pfifo_fast state UP
mode DEFAULT qlen 1000
    link/ether 52:54:00:83:dc:63 brd ff:ff:ff:ff:ff:ff
    RX: bytes  packets  errors  dropped overrun mcast
    654718302  1614829  0       0       0       0
    TX: bytes  packets  errors  dropped carrier collsns
    757221364  1336971  0       0       0       0
3: eth1: <BROADCAST,MULTICAST,UP,LOWER_UP> mtu 1500 qdisc pfifo_fast state UP
mode DEFAULT qlen 1000
    link/ether 52:54:00:d3:0a:21 brd ff:ff:ff:ff:ff:ff
    RX: bytes  packets  errors  dropped overrun mcast
    12660      211      0       0       0       0
    TX: bytes  packets  errors  dropped carrier collsns
    8988       214      0       0       0       0
```

Linux 系统管理员需要获取一个特定网络接口的信息时，在网络接口名字后面添加选项 ls 即可，使用多个“–s”选项会返回特定接口更详细的信息，特别是在排除网络连接故障时，这会非常有用，完整输出下代码所示。

```
[root@linux-command ~]# ip -s -s link ls  eth0
2: eth0: <BROADCAST,MULTICAST,UP,LOWER_UP> mtu 1500 qdisc pfifo_fast state
UP mode DEFAULT qlen 1000
    link/ether 52:54:00:83:dc:63 brd ff:ff:ff:ff:ff:ff
    RX: bytes  packets errors  dropped overrun mcast
    654753708  1615220 0       0       0       0
    RX errors: length  crc     frame   fifo    missed
               0       0       0       0       0
    TX: bytes  packets  errors  dropped carrier collsns
    757259570  1337287  0       0       0       0
    TX errors: aborted  fifo    window heartbeat transns
               0        0       0       0       2
```

“–s”选项出现两次或者更多次，ip 会输出更为详细的错误信息统计。

【实例 7-25】显示核心路由表

```
ip route list
```

上述代码显示当前主机的核心路由表。

```
[root@linux-command ~]# ip route list
default via 122.114.79.1 dev eth0  proto static  metric 100
10.0.0.0/8 via 10.123.0.1 dev eth1  proto static  metric 100
10.123.0.0/16 dev eth1  proto kernel  scope link  src 10.123.79.8  metric 100
122.114.79.0/24 dev eth0  proto kernel  scope link  src 122.114.79.8  metric 100
```

【实例 7-26】显示邻居表

地址解析协议（arp）用于将一个 IP 地址转换成它对应的物理 MAC 地址，使用 ip 指令的 neigh 或者 neighbour 选项，可查看接入所处局域网的设备的 MAC 地址。

```
[root@linux-command ~]# ip neighbour
122.114.79.254 dev eth0 lladdr 00:13:80:40:d6:80 STALE
122.114.79.1 dev eth0 lladdr 00:00:0c:07:ac:08 REACHABLE
122.114.79.160 dev eth0 lladdr 52:54:00:fb:61:89 STALE
122.114.79.12 dev eth0 lladdr 52:54:00:eb:7a:c2 STALE
122.114.79.74 dev eth0 lladdr 52:54:00:e8:a0:c3 STALE
122.114.79.55 dev eth0 lladdr 52:54:00:d3:4b:50 STALE
122.114.79.128 dev eth0 lladdr 52:54:00:c9:61:30 STALE
122.114.79.198 dev eth0 lladdr 52:54:00:2f:82:db STALE
122.114.79.93 dev eth0 lladdr 52:54:00:31:48:b2 STALE
122.114.79.23 dev eth0 lladdr 52:54:00:eb:1e:ae STALE
122.114.79.80 dev eth0 lladdr 52:54:00:1e:a1:51 STALE
122.114.79.91 dev eth0 lladdr 52:54:00:88:6e:f5 STALE
122.114.79.145 dev eth0 lladdr 52:54:00:3f:55:ad STALE
10.123.0.1 dev eth1 lladdr 00:11:20:6e:fb:c0 STALE
122.114.79.24 dev eth0 lladdr 52:54:00:7e:a8:3a STALE
122.114.79.113 dev eth0 lladdr 52:54:00:9e:27:8e STALE
122.114.79.51 dev eth0 lladdr 52:54:00:8e:e1:c0 STALE
122.114.79.105 dev eth0 lladdr 52:54:00:15:be:3b STALE
122.114.79.70 dev eth0 lladdr 52:54:00:12:81:bb STALE
122.114.79.197 dev eth0 lladdr 52:54:00:a8:e9:40 STALE

[root@linux-command ~]# ip neigh list
122.114.79.254 dev eth0 lladdr 00:13:80:40:d6:80 STALE
122.114.79.1 dev eth0 lladdr 00:00:0c:07:ac:08 REACHABLE
122.114.79.160 dev eth0 lladdr 52:54:00:fb:61:89 STALE
122.114.79.12 dev eth0 lladdr 52:54:00:eb:7a:c2 STALE
122.114.79.74 dev eth0 lladdr 52:54:00:e8:a0:c3 STALE
122.114.79.55 dev eth0 lladdr 52:54:00:d3:4b:50 STALE
122.114.79.128 dev eth0 lladdr 52:54:00:c9:61:30 STALE
122.114.79.198 dev eth0 lladdr 52:54:00:2f:82:db STALE
122.114.79.93 dev eth0 lladdr 52:54:00:31:48:b2 STALE
122.114.79.23 dev eth0 lladdr 52:54:00:eb:1e:ae STALE
122.114.79.80 dev eth0 lladdr 52:54:00:1e:a1:51 STALE
122.114.79.91 dev eth0 lladdr 52:54:00:88:6e:f5 STALE
122.114.79.145 dev eth0 lladdr 52:54:00:3f:55:ad STALE
10.123.0.1 dev eth1 lladdr 00:11:20:6e:fb:c0 STALE
122.114.79.24 dev eth0 lladdr 52:54:00:7e:a8:3a STALE
122.114.79.113 dev eth0 lladdr 52:54:00:9e:27:8e STALE
122.114.79.51 dev eth0 lladdr 52:54:00:8e:e1:c0 STALE
122.114.79.105 dev eth0 lladdr 52:54:00:15:be:3b STALE
122.114.79.70 dev eth0 lladdr 52:54:00:12:81:bb STALE
```

```
122.114.79.197 dev eth0 lladdr 52:54:00:a8:e9:40 STALE
```

【实例 7-27】列出默认路由表

ip 指令的路由对象的参数还可以帮助你查看网络中的路由数据，并设置路由表，第一个条目是默认的路由条目，读者可以根据需要进行调整和修改。

```
[root@linux-command ~]# ip route show
default via 122.114.79.1 dev eth0  proto static  metric 100
10.0.0.0/8 via 10.123.0.1 dev eth1  proto static  metric 100
10.123.0.0/16 dev eth1  proto kernel  scope link  src 10.123.79.8  metric 100
122.114.79.0/24 dev eth0  proto kernel  scope link  src 122.114.79.8  metric 100
```

假设现在有一个 IP 地址，需要知道路由包从哪里来，可使用下面的路由选项。

```
[root@linux-command ~]# ip route get   192.168.1.102
192.168.1.102 dev eth0  src 192.168.1.168
   cache  mtu 1500 hoplimit 64
```

【实例 7-28】更改默认路由

要更改默认路由，可以使用下面的 ip 指令。

```
ip route add default via 192.168.0.196
```

【实例 7-29】设置和删除 IP 地址

```
ip addr add 10.10.25.16/24 dev eth1
```

Linux 系统设置 IP 地址，注意 IP 地址要有一个后缀，比如/24，这种用法用于在无类域内路由选择（CIDR）中来显示所用的子网掩码。此例子中，子网掩码是 255.255.255.0。

查看是否已经生效，如下代码所示。

```
ip addr show eth0
```

使用相同的方式来删除 IP 地址，用 del 指令代替 add 指令即可。

```
ip addr del 10.10.25.16/24 dev eth1
```

【实例 7-30】监控 netlink 消息

使用 ip 指令查看 netlink 消息，monitor 选项允许你查看网络设备的状态，完整输出如下代码所示。

```
[root@linux-command ~]# ip monitor all
[nsid current]122.114.79.1 dev eth0 lladdr 00:00:0c:07:ac:08 STALE
[nsid current]122.114.79.1 dev eth0 lladdr 00:00:0c:07:ac:08 REACHABLE
[nsid current]122.114.79.1 dev eth0 lladdr 00:00:0c:07:ac:08 STALE
[nsid current]122.114.79.1 dev eth0 lladdr 00:00:0c:07:ac:08 REACHABLE
[nsid current]122.114.79.1 dev eth0 lladdr 00:00:0c:07:ac:08 STALE
[nsid current]122.114.79.1 dev eth0 lladdr 00:00:0c:07:ac:08 REACHABLE
[nsid current]122.114.79.1 dev eth0 lladdr 00:00:0c:07:ac:08 STALE
[nsid current]122.114.79.1 dev eth0 lladdr 00:00:0c:07:ac:08 REACHABLE
```

【实例 7-31】查看 IP 地址

```
ip ro
```

查看除了 lo 以外的网络接口 IP 地址信息。

```
[root@linux-command ~]#ip ro
192.168.1.0/24 dev eth0  proto kernel  scope link  src 192.168.1.56
169.254.0.0/16 dev eth0  scope link  metric 1002
default via 192.168.1.1 dev eth0
```

【实例 7-32】关于路由的相关设定

路由的相关设定使用 ip route 子命令。

```
ip route show
```

上述代码显示出路由的设置，ip route 指令常用选项如下所示。

- Show：单纯地显示出路由表，也可以使用 list。
- add|del：添加或删除路由。
- IP 或网络：可使用 192.168.50.50/24 之类的网络或者单纯的 IP 地址。
- Via：从哪个 gateway 出去，不一定需要。
- Dev：由哪个设备出去。
- Mtu：可以额外地设置 MTU 的数值。

【实例 7-33】显示出当前的路由信息

```
ip route show
```

显示当前主机的路由相关信息。

```
[root@linux-command ~]# ip route show
default via 122.114.79.1 dev eth0  proto static  metric 100
10.0.0.0/8 via 10.123.0.1 dev eth1  proto static  metric 100
10.123.0.0/16 dev eth1  proto kernel  scope link  src 10.123.79.8  metric 100
122.114.79.0/24 dev eth0  proto kernel  scope link  src 122.114.79.8  metric 100
```

【实例 7-34】添加路由

```
ip route add 10.10.5.0/24 dev eth0
```

添加主机路由地址为 10.10.5.0/24。

```
[root@linux-command ~]# ip route add 10.10.5.0/24 dev eth0
[root@linux-command ~]# ip route show
default via 122.114.79.1 dev eth0  proto static  metric 100
10.0.0.0/8 via 10.123.0.1 dev eth1  proto static  metric 100
10.10.5.0/24 dev eth0  scope link
10.123.0.0/16 dev eth1  proto kernel  scope link  src 10.123.79.8  metric 100
122.114.79.0/24 dev eth0  proto kernel  scope link  src 122.114.79.8  metric 100、
```

【实例 7-35】增加可以通过外部的路由，需通过 router

```
ip route add 10.10.10.0/24 via 10.10.5.100 dev eth0
```

添加 10.10.10.0/24 网段设置 eth0 网卡路由。

```
[root@linux-command ~]#ip route add 10.10.10.0/24 via 10.10.5.100 dev eth0
```

【实例 7-36】添加默认路由

```
ip route add default via 10.10.1.254 dev eth0
```

添加 10.10.1.254 为 eth0 网卡的默认路由。

```
[root@linux-command ~]#ip route add default via 10.10.1.254 dev eth0
```

【实例 7-37】删除路由

```
ip route del 10.10.10.0/24
ip route del 10.10.5.0/24
```

上述代码中，删除了 10.10.10.0/24 以及 10.10.5.0/24 的主机路由。

```
[root@linux-command ~]#ip route del 10.10.10.0/24
[root@linux-command ~]#ip route del 10.10.5.0/24
```

【实例 7-38】改变网络设备属性

“ip link set”指令可以改变设备的属性，其中“set”选项可以缩写为字母“s”。

（1）up/down 启动/关闭设备。

```
# ip link set dev eth0 up
```

上述代码与下面的代码作用相同，都可以开启或关闭网卡服务。

```
[root@linux-command ~]#ifconfig eth0 up(down)
```

（2）改变设备传输队列的长度。

选项“txqueuelen NUMBER”或“txqlen NUMBER”可修改备传输队列的长度。

```
[root@linux-command ~]#ip link set dev eth0 txqueuelen 100
```

（3）改变网络设备 MTU（最大传输单元）的值。

```
[root@linux-command ~]#ip link set dev eth0 mtu 1500
```

设置当前服务器 eth0 网卡 MTU（最大传输单元）为 1500。

（4）修改网络设备的 MAC 地址。

选项“address LLADDRESS”可以修改网络设备的 MAC 地址。

```
[root@linux-command ~]#ip link set dev eth0 address 00:01:4f:00:15:f1
```

修改 eth0 网卡 MAC 地址为 00:01:4f:00:15:f1。

7.2.6 ping 指令

Linux 系统的 ping 指令是常用的网络指令，它通常用来测试与目标主机的连通性。

ping 指令通过发送“ICMP ECHO_REQUEST”数据包到网络主机（send ICMP ECHO_REQUEST to network hosts），并显示响应情况，这样我们就可以根据它输出的信息来确定目标主机是否可访问（但这不是绝对的）。有些服务器为了防止通过 ping 探测到，通过防火墙设置了禁止 ping 或者在内核参数中禁止 ping，这样就不能通过 ping 确定该主机是否还处于开启状态。Linux 系统 ping 指令和 Windows 系统 ping 指令稍有区别，Linux 下 ping 指令默认不会自动终止，需要按<Ctrl+c>组合键终止或使用“–c”选项指定要求完成的回应次数。

ping 命令常用选项如表 7-3 所示。

表 7-3 ping 命令常用选项

选项	说明
–d	使用 Socket 的 SO_DEBUG 功能
–f	极限检测。大量且快速地送网络封包给一台机器，看它的回应
–n	只输出数值
–q	不显示任何传送封包的信息，只显示最后的结果
–r	忽略普通的 Routing Table，直接将数据包送到远端主机上。通常是查看本机的网络接口是否有问题
–R	记录路由过程
–v	详细显示指令的执行过程
<p>–c	数目：在发送指定数目的包后停止
–i	秒数：设定间隔几秒送一个网络封包给一台机器，预设值是一秒送一次
–I	网络界面：使用指定的网络界面送出数据包
–l	前置载入：设置在送出要求信息之前，先行发出的数据包
–p	范本样式：设置填满数据包的范本样式
–s	字节数：指定发送的数据字节数，预设值是 56，加上 8 字节的 ICMP 头，一共是 64ICMP 数据字节
–t	存活数值：设置存活数值 TTL 的大小

【实例 7-39】将地址解析为计算机名

```
ping -a www.jd.com
```

将地址解析为计算机名，完整输出如下代码所示。

```
[root@linux-command ~]#ping -a www.jd.com
PING www.jdcdn.com (111.206.231.1) 56(84) bytes of data.
64 bytes from 111.206.231.1: icmp_seq=1 ttl=64 time=4.82 ms
64 bytes from 111.206.231.1: icmp_seq=2 ttl=64 time=4.71 ms
64 bytes from 111.206.231.1: icmp_seq=3 ttl=64 time=4.49 ms
```

```
64 bytes from 111.206.231.1: icmp_seq=4 ttl=64 time=5.54 ms
64 bytes from 111.206.231.1: icmp_seq=5 ttl=64 time=4.16 ms
64 bytes from 111.206.231.1: icmp_seq=6 ttl=64 time=2.78 ms
^C
--- www.jdcdn.com ping statistics ---
6 packets transmitted, 6 received, 0% packet loss, time 5564ms
rtt min/avg/max/mdev = 2.788/4.422/5.549/0.843 ms
```

- 64 bytes：表示本次传送的 ICMP 包的大小，此值为预设值。
- icmp_seq=0：ICMP 所侦测的次数，第一次为 0，第二次为 1，依次类推。
- ttl=64：数据包生存时间。
- time：数据包响应时间。

【实例 7-40】测试网络的连通性

```
ping -c 10 -i 1 www.jd.com
```

测试网络的连通性，总共执行 ping 指令探测 10 次，每次间隔时间为 1 秒，其中“–c”选项表示次数，“–i”选项表示时间间隔。

```
 [root@linux-command ~]#ping -c 10 -i 1 www.jd.com
PING www.jdcdn.com (111.206.231.1) 56(84) bytes of data.
64 bytes from 111.206.231.1: icmp_seq=1 ttl=64 time=4.36 ms
64 bytes from 111.206.231.1: icmp_seq=2 ttl=64 time=5.72 ms
64 bytes from 111.206.231.1: icmp_seq=3 ttl=64 time=3.74 ms
64 bytes from 111.206.231.1: icmp_seq=4 ttl=64 time=63.9 ms
64 bytes from 111.206.231.1: icmp_seq=5 ttl=64 time=137 ms
64 bytes from 111.206.231.1: icmp_seq=6 ttl=64 time=3.84 ms
64 bytes from 111.206.231.1: icmp_seq=7 ttl=64 time=3.55 ms
64 bytes from 111.206.231.1: icmp_seq=8 ttl=64 time=5.23 ms
64 bytes from 111.206.231.1: icmp_seq=9 ttl=64 time=1462 ms
64 bytes from 111.206.231.1: icmp_seq=10 ttl=64 time=462 ms

--- www.jdcdn.com ping statistics ---
10 packets transmitted, 10 received, 0% packet loss, time 9483ms
rtt min/avg/max/mdev = 3.557/215.315/1462.958/437.444 ms, pipe 2
```

【实例 7-41】探测主机连通性

每隔 1 秒 ping 一台主机，看是否有回应，由于共 ping 一次，而且只睡眠 1 秒，所以 ping 的选项为“–c1 –w1”。假设你的电脑所在的网络为“192.168.1.1–254”，可编写 Shell 如下脚本。

```
[root@linux-command ~]#cat /data/sh/ping_site.sh
#!/bin/bash
for siteip in $(seq 1 254) ;do
      site="192.168.1.${siteip}"
      ping -c1 -W1 ${site} &> /dev/null
      if [ "$?" == "0" ]; then
            echo "$site is UP"
      else
```

```
            echo "$site is DOWN"
        fi
done
```

核心代码说明。

```
ping -c1 -w1
```

其中“–c1”指 ping 的次数，“–w”指执行的时间，单位为秒。

```
&>/dev/null
```

指标准输出和错误输出都输出到/dev/null 上，而不在界面上显示。

```
&&和||
```

&&表示同时满足前后条件才会执行，||表示或者，代码分解如下。

```
a && b||c
```

表示 a 为真，则执行 b；否则执行 c。

【实例 7-42】测试与网关 IP 的连通性

```
ping -b 192.168.1.1
```

测试与网关 IP 的连通性，“–b”选项是 broadcast 的缩写，表示广播地址。

```
[root@www.ntp_server.com ~]# ping -b 192.168.1.1
PING 192.168.1.1 (192.168.1.1) 56(84) bytes of data.
64 bytes from 192.168.1.1: icmp_seq=1 ttl=64 time=1.65 ms
64 bytes from 192.168.1.1: icmp_seq=2 ttl=64 time=1.43 ms
64 bytes from 192.168.1.1: icmp_seq=3 ttl=64 time=1.38 ms
64 bytes from 192.168.1.1: icmp_seq=4 ttl=64 time=1.37 ms
^C
```

【实例 7-43】ping 指令使用多选项

```
ping -c3 -i 3 -s 10240 -t 255 192.168.1.1
```

ping 指令总共探测 3 次，每次间隔 3 秒，发送探测包大小为 10240 字节，存活值大小为 255。

```
[root@www.ntp_server.com ~]# ping -c3 -i 3 -s 10240 -t 255 192.168.1.1
PING 192.168.1.1 (192.168.1.1) 10240(10268) bytes of data.
10248 bytes from 192.168.1.1: icmp_seq=1 ttl=64 time=6.35 ms
10248 bytes from 192.168.1.1: icmp_seq=2 ttl=64 time=5.31 ms
10248 bytes from 192.168.1.1: icmp_seq=3 ttl=64 time=4.71 ms

--- 192.168.1.1 ping statistics ---
3 packets transmitted, 3 received, 0% packet loss, time 6015ms
rtt min/avg/max/mdev = 4.711/5.462/6.358/0.682 m
```

什么是 TTL？

TTL 指定数据报被路由器丢弃之前允许通过的网段数量，它是为了防止数据包在网络中无限制的循环，而设定的网络数据包在网络传输中最大的转发次数。因为每转发一次在路由器，就会转向下一跳，所以又通常称为最大跳数。

我们本地机器会发出一个数据包，数据包经过一定数量的路由器传送到目的主机，但是由于很多的原因，一些数据包不能正常传送到目的主机。如果不给这些数据包一个生存时间，这些数据包会一直在网络上传送，导致网络开销的增大。当数据包传送到一个路由器之后，TTL 就自动减 1，如果减到 0 了还是没有传送到目的主机，那么就自动丢失。

例如：你定义了数据包的 TTL 为 64，那么在你的数据包被转发了 64 次，也就是经过了 63 个中间路由器后，还没有到达目的网络，那么你的电脑就会显示 Requet time out（请求超时）了，这就是 TTL 的含义。

由于不同的操作系统所定义的 TTL 是不同的，一般有如下规则和默认情况。

- Linux 系统的 TTL 值为 64 或 255。
- Windows NT/2000/XP 系统的 TTL 值为 128。
- Windows 98 系统的 TTL 值为 32。
- UNIX 主机的 TTL 值为 255。

【实例 7-44】使用 ping 指令探测网络质量

源地址为 192.168.1.105，目标地址为 192.168.1.106，通过在两个远程节点之间持续 ping 来检测网络质量是否稳定，如下脚本每秒 ping 一次，每天生成一个日志。

（1）ping 脚本/opt/pinglog.sh，带日志记录。

```
#!/usr/bin/env bash
if [ ! -d /var/log/ping ];then
mkdir -p /var/log/ping
fi
pkill -f "/bin/ping -i 1 192.168.1.106" || sleep 1
/bin/ping -i 1 192.168.1.106  | awk '{ print strftime("%Y%m%d %T",systime()),
"src 192.168.1.105", "dst 192.168.1.106" "\t" $0 }' > /var/log/ping/ping.log&
```

网络中有多个主机时，有时需要检查所有不活动的主机，或者活动的主机。这时可以使用在 Shell 代码里面嵌入 ping 命令来探测主机存活。

（2）代码改进。

上面的指令需要执行很久，可以使用()括上需要执行的部分，最后加一个&符号，这样 for 循环中执行的是多个后台进程，并行处理。

```
#!/usr/bin/env bash
for i in 192.168.1.{1..255}
do
   (
      ping $i -c 2 > /dev/null 2>&1
      [ $? -eq 0 ] && echo "$i is alive"
   )&
done
```

（3）ping 程序日志轮转文件/etc/logrotate.d/ping。

```
/var/log/ping/ping.log {
daily
rotate 365
notifempty
missingok
compress
delaycompress
postrotate
/opt/pinglog.sh
endscript
}
```

上述代码会每天生成一个文件，方便 Linux 系统管理人员进行相关数据的搜集和分析。

7.2.7 fping 指令

早期的 ping 扫描工具大都需要等待前一个被探测主机返回某种响应消息之后才能继续探测下一台主机是否存在，但 fping 却能以轮转方式并行地发出大量的 ping 请求。这样一来，用 fping 工具去扫描多个 IP 地址的速度要比 ping 快很多。

fping 程序类似于 ping，fping 与 ping 不同的地方在于，fping 可以在命令行中指定要 ping 的主机数量范围，也可以指定含有要 ping 的主机列表文件。

与 ping 要等待某一主机连接超时或发回反馈信息不同，fping 给一个主机发送完数据包后，马上给下一个主机发送数据包，实现多主机同时 ping。如果某一主机 ping 通，则此主机将被打上标记，并从等待列表中移除，如果没 ping 通，说明主机无法到达，主机仍然留在等待列表中，等待后续操作。ping 是通过网络控制信息协议（Internet Control Message Protocol，ICMP）回复请求以检测主机是否存在。fping 指令常用选项如表 7-4 所示。

表 7-4　　fping 指令常用选项

选项	说明
–a	显示可 ping 通目标
–A	显示目标地址
–b n	大量 ping 数据要发送，以字节为单位（默认 56）
–B f	将指数退避算法因子设置为 f
–c n	计数的 ping 命令发送到每个目标（默认为 1）
–C n–c	相同报告结果在冗长的格式
–D	打印前每个输出行的时间戳
–e	显示经过的时间上返回数据包
–f	文件读取列表中的目标是从一个文件（–意味着 stdin）（仅当没有–g 指定）

续表

选项	说明
–g	生成目标列表（仅当没有–f 指定）。（指定的开始和结束 IP 在目标列表中，或提供一个 IP 子网掩码）（如：fping-g 192.168.1.0 192.168.1.255 或 fping-g 192.168.1.0/24）
–h	显示本帮助页
–H n	设置 IP TTL（生存时间跃点）
–i n	（在毫秒的时间内）发送 ping 数据包之间的间隔
–l	循环永远发送 ping 信号
–m ping	目标主机上的多个接口
–n	显示目标的名称（–d 是等效）
–O n	设置的服务（tos）标志类型的 ICMP 数据包
–p n	间隔 ping 数据包到一个目标（在毫秒的时间内）。（在循环和计数模式，默认值 1000 年）
–q	安静（不显示每个目标/每平结果）
–Q n–q	相同但显示摘要每隔 n 秒钟
–r n	试次数（默认 3）
–s	打印最终统计
–S	地址设置源地址
–t n	个人目标初始超时（以毫秒的时间内）（默认 500）
–T n	忽略（为了兼容 fping 2.4）
–u	显示是遥不可及的目标

跟普通 Shell 批量 ping 脚本相比，具有并行、结果易读的优点，具体用法如下所示。

fping 工具有两种用法。

（1）可以通过标准输入设备（STDIN）向它提供一系列 IP 地址作为输入。

（2）可以让它去读取某个文件，让 fping 工具去读取一个文件，创建一个文本文件并把 IP 地址按每行一个的格式创建 fping.txt 文件，如下代码所示。

```
cat >/data/sh/shell/fping.txt<<fping
119.254.109.26
119.254.109.27
119.254.109.28
119.254.109.30
119.254.109.31
119.254.109.33
119.254.109.32
fping
```

【实例 7-45】安装 fping 工具

首先安装 epel 源，指令如下，然后安装 fping 软件包。

```
[root@linux-command ~]# yum -y install epel-release
Loaded plugins: fastestmirror, priorities
```

```
atrpms                                               | 3.0 kB  00:00:00
base                                                 | 3.6 kB  00:00:00
epel/x86_64/metalink                                   | 6.4 kB  00:00:00
epel                                                 | 4.3 kB  00:00:00
extras                                               | 3.4 kB  00:00:00
ius                                                  | 2.3 kB  00:00:00
nodesource                                            | 2.5 kB  00:00:00
remi-safe                                             | 2.9 kB  00:00:00
updates                                               | 3.4 kB  00:00:00
(1/5): epel/x86_64/updateinfo                            | 812 kB  00:00:00
(2/5): epel/x86_64/primary_db                            | 4.8 MB  00:00:00
(3/5): extras/7/x86_64/primary_db                        | 191 kB  00:00:00
(4/5): ius/x86_64/primary_db                            | 207 kB  00:00:02
(5/5): remi-safe/primary_db                             | 1.1 MB  00:00:02
Loading mirror speeds from cached hostfile
 * epel: mirrors.tuna.tsinghua.edu.cn
 * ius: mirrors.tuna.tsinghua.edu.cn
 * remi-safe: mirrors.tuna.tsinghua.edu.cn
Package epel-release-7-10.noarch already installed and latest version
Nothing to do
```

上述代码安装 epel 第三方扩展源。

```
[root@linux-command ~]# yum list fping
Loaded plugins: fastestmirror, priorities
Loading mirror speeds from cached hostfile
 * epel: mirrors.tuna.tsinghua.edu.cn
 * ius: mirrors.tuna.tsinghua.edu.cn
 * remi-safe: mirrors.tuna.tsinghua.edu.cn
Installed Packages
fping.x86_64     3.10-4.el7      @epel
[root@linux-command ~]# yum list fping
Loaded plugins: fastestmirror, priorities
Loading mirror speeds from cached hostfile
 * epel: mirrors.tuna.tsinghua.edu.cn
 * ius: mirrors.tuna.tsinghua.edu.cn
 * remi-safe: mirrors.tuna.tsinghua.edu.cn
Installed Packages
fping.x86_64     3.10-4.el7      @epel
```

上述代码列出 fping 软件包在远程仓库是否存在。

```
[root@linux-command ~]# yum -y install fping
Loaded plugins: fastestmirror, priorities
Loading mirror speeds from cached hostfile
 * epel: mirrors.tuna.tsinghua.edu.cn
 * ius: mirrors.tuna.tsinghua.edu.cn
 * remi-safe: mirrors.tuna.tsinghua.edu.cn
Package fping-3.10-4.el7.x86_64 already installed and latest version
Nothing to do
```

上述代码安装 fping 软件包。

【实例 7-46】探测指定 ip 存活信息

```
fping -a -f  /data/sh/shell/fping.txt
```

使用“–f”选项读取 IP 地址文件，如下代码所示。

```
[root@linux-command ~]# fping -a -f  /data/sh/shell/fping.txt
119.254.109.26
119.254.109.27
119.254.109.28
119.254.109.30
119.254.109.31
119.254.109.33
119.254.109.32
```

【实例 7-47】探测指定 ip 存活详细信息

```
fping -s -a -f  /data/sh/shell/fping.txt
```

“–a”选项表示只在输出报告里列出当前正在运行的系统，可以看到输出的信息非常丰富，包括目标数量、存活个数、目标不可达数量、位置的地址信息、超时，以及其他 ICMP 协议相关信息。

```
[root@linux-command ~]# fping -s -a -f  /data/sh/shell/fping.txt
119.254.109.26
119.254.109.27
119.254.109.28
119.254.109.30
119.254.109.31
119.254.109.33
119.254.109.32

       7 targets
       7 alive
       0 unreachable
       0 unknown addresses

       0 timeouts (waiting for response)
       7 ICMP Echos sent
       7 ICMP Echo Replies received
       0 other ICMP received

 18.5 ms (min round trip time)
 24.1 ms (avg round trip time)
 28.5 ms (max round trip time)
        0.172 sec (elapsed real time)
```

【实例 7-48】指定 ip 扫描范围

扫描局域网里面的 IP 地址：“fping –a –g 起始 ip 结束 ip”

```
[root@linux-command ~]# fping  -a -g 119.254.109.0/24
119.254.109.1
119.254.109.3
119.254.109.4
```

```
119.254.109.5
119.254.109.6
119.254.109.10
119.254.109.11
119.254.109.12
119.254.109.13
119.254.109.14
119.254.109.15
119.254.109.17
119.254.109.18
(中间内容略)
ICMP Time Exceeded from 119.254.104.173 for ICMP Echo sent to 119.254.109.157
ICMP Time Exceeded from 119.254.104.173 for ICMP Echo sent to 119.254.109.158
ICMP Time Exceeded from 119.254.104.173 for ICMP Echo sent to 119.254.109.159
```

【实例 7-49】指定 ip 扫描范围并提供详细信息

```
fping -a -g 119.254.109.0/24
```

指定 ip 扫描范围并提供详细信息。

```
[root@linux-command ~]# fping -a -g 119.254.109.0/24
119.254.109.1
119.254.109.3
119.254.109.4
119.254.109.5
119.254.109.6
119.254.109.10
(中间内容略)
119.254.109.210
119.254.109.212
119.254.109.214
119.254.109.215
119.254.109.220
119.254.109.221
119.254.109.225
ICMP Time Exceeded from 119.254.104.173 for ICMP Echo sent to 119.254.109.144
ICMP Time Exceeded from 119.254.104.173 for ICMP Echo sent to 119.254.109.154
ICMP Time Exceeded from 119.254.104.173 for ICMP Echo sent to 119.254.109.155
ICMP Time Exceeded from 119.254.104.173 for ICMP Echo sent to 119.254.109.156
ICMP Time Exceeded from 119.254.104.173 for ICMP Echo sent to 119.254.109.157
(中间内容略)
ICMP Time Exceeded from 119.254.104.173 for ICMP Echo sent to 119.254.109.158
ICMP Time Exceeded from 119.254.104.173 for ICMP Echo sent to 119.254.109.159

    254 targets
    138 alive
    116 unreachable
      0 unknown addresses

    116 timeouts (waiting for response)
    602 ICMP Echos sent
    138 ICMP Echo Replies received
     28 other ICMP received
```

```
    17.9 ms (min round trip time)
    23.2 ms (avg round trip time)
    30.1 ms (max round trip time)
        16.839 sec (elapsed real time)
```

7.2.8 traceroute 指令

traceroute 是显示数据包到主机间的路径指令。

traceroute 通过发送小的数据包到目的设备直到其返回，来测量其需要多长时间，一条路径上的每个设备 traceroute 要测 3 次。输出结果中包括每次测试的时间（ms）和设备的名称及其 IP 地址，traceroute 指令让你追踪网络数据包的路由途径，预设数据包大小是 40 字节，用户可另行设置。tracetoute 指令常用选项如表 7-5 所示。

表 7-5　traceroute 指令常用选项说明

选项	说明
–d	使用 Socket 层级的排错功能
–f	<存活数值>设置第一个检测数据包的存活数值 TTL 的大小
–F	设置勿离断位
–g	<网关>设置来源路由网关，最多可设置 8 个
–i	<网络界面>使用指定的网络界面送出数据包
–I	使用 ICMP 回应取代 UDP 资料信息
–m	<存活数值>设置检测数据包的最大存活数值 TTL 的大小
–n	直接使用 IP 地址而非主机名称
–p	<通信端口>设置 UDP 传输协议的通信端口
–r	忽略普通的 Routing Table，直接将数据包送到远端主机上
–s	<来源地址>设置本地主机送出数据包的 IP 地址
–t	<服务类型>设置检测数据包的 TOS 数值
–v	详细显示指令的执行过程
–w	<超时秒数>设置等待远端主机回报的时间
–x	开启或关闭数据包的正确性检验

【实例 7-50】安装 traceroute 软件包

```
yum -y install traceroute
```

使用 yum 指令安装 traceroute 软件包。

```
[root@linux-command ~]# yum list traceroute
Loaded plugins: fastestmirror, priorities
Loading mirror speeds from cached hostfile
 * epel: mirrors.tuna.tsinghua.edu.cn
 * ius: mirrors.tuna.tsinghua.edu.cn
 * remi-safe: mirrors.tuna.tsinghua.edu.cn
```

```
Available Packages
traceroute.x86_64                              3:2.0.22-2.el7                  base
[root@linux-command ~]# yum -y install traceroute
（中间内容略）
Installed size: 92 k
Downloading packages:
traceroute-2.0.22-2.el7.x86_64.rpm                       |  59 kB  00:00:00
Running transaction check
Running transaction test
Transaction test succeeded
Running transaction
  Installing : 3:traceroute-2.0.22-2.el7.x86_64                       1/1
  Verifying  : 3:traceroute-2.0.22-2.el7.x86_64                       1/1

Installed:
  traceroute.x86_64 3:2.0.22-2.el7

Complete!
```

【实例 7-51】追踪外部网址

```
traceroute www.ziroom.com
```

追踪外部网址。

```
[root@linux-command ~]# traceroute www.ziroom.com
traceroute to www.ziroom.com (119.254.76.105), 30 hops max, 60 byte packets
 1  122.114.222.254 (122.114.222.254)  0.814 ms  0.760 ms  0.768 ms
 2  172.31.12.3 (172.31.12.3)  0.852 ms  0.717 ms  0.695 ms
 3  219.147.63.217 (219.147.63.217)  0.959 ms  0.971 ms  1.003 ms
 4  222.85.74.185 (222.85.74.185)  1.611 ms 89.123.85.222.broad.zz.ha.dynamic.
163data.com.cn (222.85.123.89)  15.278 ms 222.85.74.185 (222.85.74.185)  1.659 ms
 5  219.150.149.33 (219.150.149.33)  5.995 ms 219.150.148.13 (219.150.148.13)
 5.851 ms 219.150.149.33 (219.150.149.33)  6.023 ms
 6  202.97.54.33 (202.97.54.33)  14.003 ms 202.97.54.17 (202.97.54.17)  18.086
 ms 202.97.63.85 (202.97.63.85)  31.633 ms
 7  202.97.88.254 (202.97.88.254)  25.223 ms 202.97.88.250 (202.97.88.250)
 18.764 ms 202.97.88.242 (202.97.88.242)  18.849 ms
 8  219.158.40.181 (219.158.40.181)  19.621 ms 219.158.43.5 (219.158.43.5)
 17.653 ms 219.158.39.65 (219.158.39.65)  24.133 ms
 9  219.158.5.5 (219.158.5.5)  22.504 ms * *
10  124.65.194.26 (124.65.194.26)  22.419 ms 124.65.194.158 (124.65.194.158)
 16.176 ms 124.65.194.2 (124.65.194.2)  16.241 ms
11  123.126.7.146 (123.126.7.146)  23.738 ms 61.51.114.130 (61.51.114.130)
 24.140 ms 61.148.146.30 (61.148.146.30)  19.249 ms
12  * * *
13  124.65.222.62 (124.65.222.62)  23.828 ms  22.228 ms  16.438 ms
14  119.253.3.242 (119.253.3.242)  19.080 ms 119.253.3.234 (119.253.3.234)
 40.456 ms 119.253.3.242 (119.253.3.242)  28.465 ms
15  119.253.4.49 (119.253.4.49)  19.851 ms 119.253.4.53 (119.253.4.53)  25.088 ms
 25.187 ms
16  119.253.2.62 (119.253.2.62)  19.803 ms 119.253.2.198 (119.253.2.198)  25.823 ms
 18.948 ms
```

```
 17  119.253.4.98 (119.253.4.98)  26.394 ms  20.179 ms  20.681 ms
 18  * * *
 19  * * *
 20  * * *
 21  * * *
 22  * * *
 23  * * *
 24  * * *
 25  * * *
 26  * * *
 27  * * *
 28  * * *
 29  * * *
 30  * * *
```

记录按序列号从 1 开始，每个记录就是一跳，每跳表示一个网关。

【实例 7-52】路由目标跳数设置

```
traceroute -m 8  www.ziroom.com
```

"–m"选项探测查询到目标路由的跳数。

```
[root@linux-command ~]# traceroute -m 8  www.ziroom.com
traceroute to www.ziroom.com (119.254.76.106), 8 hops max, 60 byte packets
 1  122.114.222.254 (122.114.222.254)  0.681 ms  0.650 ms  0.612 ms
 2  172.31.12.3 (172.31.12.3)  0.742 ms  0.662 ms  0.779 ms
 3  219.147.63.217 (219.147.63.217)  1.183 ms  1.199 ms  1.180 ms
 4  222.85.74.189 (222.85.74.189)  3.022 ms 89.123.85.222.broad.zz.ha.dynamic.
163data.com.cn (222.85.123.89)  1.382 ms 222.85.74.193 (222.85.74.193)  1.369 ms
 5  * 222.85.82.53 (222.85.82.53)  3.665 ms 222.85.82.61 (222.85.82.61)  9.030 ms
 6  202.97.80.41 (202.97.80.41)  13.325 ms 202.97.80.241 (202.97.80.241)
26.983 ms 202.97.80.49 (202.97.80.49)  18.706 ms
 7  * * *
 8  219.158.43.1 (219.158.43.1)  25.060 ms  24.980 ms 219.158.41.101 (219.
158.41.101)  24.931 ms
```

【实例 7-53】不查看主机名而显示 IP 地址

```
traceroute -n www.ziroom.com
```

"–n"选项可以不查看主机名而显示 IP 地址。

```
[root@linux-command ~]# traceroute -n www.ziroom.com
traceroute to www.ziroom.com (119.254.83.229), 30 hops max, 60 byte packets
 1  122.114.222.254  0.800 ms  0.754 ms  0.735 ms
 2  172.31.12.3  0.890 ms  0.709 ms  0.961 ms
 3  219.147.63.217  1.013 ms  0.943 ms  0.950 ms
 4  222.85.82.197  1.331 ms 222.85.74.197  1.244 ms 222.85.74.185  1.440 ms
 5  219.150.148.13  8.822 ms 222.85.82.61  9.285 ms 219.150.149.33  5.789 ms
 6  202.97.80.33  16.253 ms 202.97.80.97  12.728 ms 202.97.80.105  28.641 ms
 7  202.97.88.254  24.045 ms  24.242 ms *
 8  219.158.43.5  24.067 ms 219.158.41.105  17.651 ms 219.158.39.65  24.457 ms
 9  * * *
```

```
 10  202.96.12.78  25.548 ms 202.96.12.90  24.376 ms 124.65.194.86  17.472 ms
 11  61.148.152.202  20.923 ms 202.96.12.182  23.955 ms 124.65.61.34  24.458 ms
 12  61.148.4.118  26.376 ms 61.148.4.74  23.921 ms 61.148.4.118  18.100 ms
 13  124.65.222.62  16.363 ms  16.175 ms  24.992 ms
 14  119.253.3.234  32.220 ms 119.253.3.242  27.637 ms  25.027 ms
 15  119.253.4.53  19.135 ms 119.253.4.49  19.685 ms  26.624 ms
 16  119.253.2.62  20.235 ms  20.228 ms  29.491 ms
 17  119.253.4.98  22.133 ms  20.219 ms  20.461 ms
 18  * * *
 19  * * *
 20  * * *
 21  * * *
 22  * * *
 23  * * *
 24  * * *
 25  * * *
 26  * * *
 27  * * *
 28  * * *
 29  * * *
 30  * * *
```

【实例 7-54】设置探测包个数

```
traceroute -q 6 www.ziroom.com
```

“-q”选项可以设置探测包个数。

```
[root@linux-command ~]# traceroute -q 6 www.ziroom.com
traceroute to www.ziroom.com (119.254.76.105), 30 hops max, 60 byte packets
 1  122.114.222.254 (122.114.222.254)  0.886 ms  0.838 ms  0.810 ms  0.893 ms
0.739 ms  0.778 ms
 2  172.31.12.3 (172.31.12.3)  0.783 ms  0.780 ms  0.908 ms  0.974 ms  1.100 ms
1.197 ms
 3  219.147.63.217 (219.147.63.217)  1.162 ms  1.166 ms  1.191 ms  1.219 ms
 0.811 ms  0.798 ms
 4  222.85.74.185 (222.85.74.185)  1.357 ms 222.85.74.193 (222.85.74.193)
1.473 ms 222.85.82.193 (222.85.82.193)  2.252 ms 222.85.74.185 (222.85.74.185)
1.620 ms 222.85.74.197 (222.85.74.197)  1.546 ms 222.85.74.189 (222.85.74.189)
 1.761 ms
 5  222.85.82.53 (222.85.82.53)  3.640 ms 222.85.82.65 (222.85.82.65)  6.999 ms
6.923 ms 222.85.82.61 (222.85.82.61)  7.483 ms 219.150.149.41 (219.150.149.41)
6.262 ms 219.150.148.13 (219.150.148.13)  7.024 ms
 6  202.97.63.85 (202.97.63.85)  28.673 ms  28.655 ms 202.97.80.37 (202.97.80.37)
13.220 ms 202.97.80.85 (202.97.80.85)  14.347 ms 202.97.54.205 (202.97.54.205)
28.142 ms 202.97.80.33 (202.97.80.33)  15.074 ms
 7  * * * * 202.97.88.250 (202.97.88.250)  18.792 ms  18.990 ms
 8  219.158.43.17 (219.158.43.17)  15.635 ms 219.158.39.69 (219.158.39.69)
26.952 ms 219.158.42.249 (219.158.42.249)  15.603 ms 219.158.40.177 (219.158.40.177)
 18.955 ms 219.158.43.13 (219.158.43.13)  16.900 ms 219.158.41.113 (219.158.41.113)
15.510 ms

 9  219.158.5.5 (219.158.5.5)  21.728 ms  16.405 ms  15.660 ms  15.541 ms * *
```

```
    10  124.65.194.90 (124.65.194.90)  18.518 ms 124.65.194.22 (124.65.194.22)
 17.029 ms 61.49.214.14 (61.49.214.14)  23.184 ms 124.65.194.158 (124.65.194.158)
 17.105 ms * *
    11  61.51.114.118 (61.51.114.118)  20.734 ms 61.51.113.142 (61.51.113.142)
 21.901 ms 61.51.114.118 (61.51.114.118)  16.090 ms 61.148.155.162 (61.148.155.162)
 25.504 ms 124.65.61.34 (124.65.61.34)  16.196 ms 61.148.4.38 (61.148.4.38)  23.974 ms
    12  * * * * * *
    13  124.65.222.62 (124.65.222.62)  23.755 ms  16.614 ms  22.545 ms  23.348 ms
22.121 ms  23.200 ms
    14  119.253.3.234 (119.253.3.234)  27.010 ms 119.253.3.242 (119.253.3.242)
33.207 ms  19.224 ms 119.253.3.234 (119.253.3.234)  20.755 ms  29.364 ms  21.188 ms
   15  119.253.4.53 (119.253.4.53)  19.202 ms 119.253.4.49 (119.253.4.49)  19.655 ms
119.253.4.53 (119.253.4.53)  19.099 ms  25.159 ms  20.336 ms  26.427 ms
    16  119.253.2.62 (119.253.2.62)  23.221 ms  20.143 ms 119.253.2.198 (119.253.2.
198)  21.292 ms  27.571 ms  18.849 ms 119.253.2.62 (119.253.2.62)  29.612 ms
    17  119.253.4.98 (119.253.4.98)  25.572 ms  20.482 ms  27.467 ms  20.146 ms
  26.722 ms  20.753 ms
    18  * * * * * *
    19  * * * * * *
    20  * * * * * *
    21  * * * * * *
    22  * * * * * *
    23  * * * * * *
    24  * * * * * *
    25  * * * * * *
    26  * * * * * *
    27  * * * * * *
    28  * * * * * *
    29  * * * * * *
    30  * * * * * *
```

【实例 7-55】设置探测包基本端口

```
traceroute -p 8888  www.ziroom.com
```

设置探测包基本端口。

```
[root@linux-command ~]# traceroute -p 8888  www.ziroom.com
traceroute to www.ziroom.com (119.254.76.106), 30 hops max, 60 byte packets
 1  122.114.222.254 (122.114.222.254)  0.828 ms  0.794 ms  0.778 ms
 2  172.31.12.3 (172.31.12.3)  0.781 ms  0.878 ms  0.705 ms
 3  219.147.63.217 (219.147.63.217)  0.881 ms  0.967 ms  0.954 ms
 4  37.123.85.222.broad.zz.ha.dynamic.163data.com.cn (222.85.123.37)  1.243 ms
 222.85.82.193 (222.85.82.193)  1.408 ms 33.123.85.222.broad.zz.ha.dynamic.163data.
com.cn (222.85.123.33)  1.136 ms
 5  219.150.149.33 (219.150.149.33)  3.835 ms 219.150.148.13 (219.150.148.13)
 6.547 ms 222.85.82.61 (222.85.82.61)  10.712 ms
 6  202.97.80.33 (202.97.80.33)  17.825 ms 202.97.80.93 (202.97.80.93)  26.625 ms
 26.976 ms
 7  * 202.97.57.178 (202.97.57.178)  17.824 ms 202.97.57.106 (202.97.57.106)
 26.402 ms
 8  219.158.43.5 (219.158.43.5)  17.153 ms 219.158.41.105 (219.158.41.105)
 29.519 ms 219.158.43.25 (219.158.43.25)  15.824 ms
```

```
   9  219.158.4.153 (219.158.4.153)  21.462 ms * *
  10  124.65.194.34 (124.65.194.34)  13.608 ms * *
  11  61.148.4.34 (61.148.4.34)  22.668 ms 61.148.155.222 (61.148.155.222)
21.629 ms 123.126.0.126 (123.126.0.126)  26.559 ms
  12  * * *
  13  124.65.222.62 (124.65.222.62)  16.323 ms  24.050 ms  23.931 ms
  14  119.253.3.234 (119.253.3.234)  29.450 ms  29.602 ms  29.630 ms
  15  119.253.4.53 (119.253.4.53)  18.937 ms  19.178 ms  27.810 ms
  16  119.253.2.62 (119.253.2.62)  21.109 ms  28.938 ms 119.253.2.198 (119.253.
2.198)  27.337 ms
  17  119.253.4.98 (119.253.4.98)  28.912 ms  20.156 ms  27.992 ms
  18  * * *
  19  * * *
  20  * * *
  21  * * *
  22  * * *
  23  * * *
  24  * * *
  25  * * *
  26  * * *
  27  * * *
  28  * * *
  29  * * *
  30  * * *
```

【实例 7-56】绕过正常路由表，直接探测网路中的主机

```
traceroute -r www.ziroom.com
```

绕过正常路由表，直接探测网路中的主机。

```
[root@linux-command ~]# traceroute -r www.ziroom.com
traceroute to www.ziroom.com (119.254.83.228), 30 hops max, 60 byte packets
connect: Network is unreachable
```

上述代码使用“–r”选项绕过正常路由表，直接探测网路中的主机。

7.2.9 tracepath 指令

tracepath 命令用来追踪并显示报文到达目的主机所经过的路由信息。

【实例 7-57】追踪并显示报文到达目的主机所经过的路由信息

（1）追踪并显示报文到达目的主机所经过的路由信息。

```
[root@linux-command ~]# tracepath www.ziroom.com
1?: [LOCALHOST]                                     pmtu 1500
1:  122.114.222.254                                  0.855ms
1:  122.114.222.254                                  1.014ms
2:  172.31.12.3                                     1.358ms
3:  219.147.63.217                                   1.666ms
4:  37.123.85.222.broad.zz.ha.dynamic.163data.com.cn      3.450ms
```

```
 5:  222.85.82.65                                       5.260ms asymm  7
 6:  202.97.80.29                                      28.860ms asymm  7
 7:  no reply
 8:  219.158.39.61                                     17.413ms
 9:  219.158.4.153                                     48.001ms asymm  6
10:  124.65.194.82                                     21.796ms asymm  7
11:  202.106.36.214                                    23.373ms asymm  9
12:  no reply
13:  124.65.222.62                                     16.824ms asymm 11
14:  119.253.3.234                                     28.186ms asymm 11
15:  119.253.4.53                                      25.578ms asymm 10
16:  119.253.2.62                                      20.451ms asymm 13
17:  119.253.4.98                                      20.476ms asymm 14
18:  no reply
19:  no reply
20:  no reply
21:  no reply
22:  no reply
23:  no reply
24:  no reply
25:  no reply
26:  no reply
27:  no reply
28:  no reply
29:  no reply
30:  no reply
     Too many hops: pmtu 1500
     Resume: pmtu 1500
```

（2）用 tracepath 分析网络延迟。

网络特别慢，怎么解决？从内部局域网到外部 Internet 是复杂的路由过程，特别是手上没有网络结构图时，tracepath 检测工具可以协助分析网络延迟，完整输出如下代码所示。

```
$ tracepath www.google.com
 1:  sloop2.local                                       0.058ms pmtu 1500
 1:  10.110.18.254                                      0.516ms
 1:  10.128.18.254                                      0.485ms
 2:  142.17.127.124.broad.bj.bj.static.163data.com.cn     1.161ms
 3:  no reply
 4:  no reply
 5:  102.97.57.201                                     12.920ms
 6:  102.97.53.98                                       6.140ms asymm  7
 7:  102.97.58.94                                       6.104ms asymm  8
 8:  102.97.58.54                                     205.371ms
 9:  ffm-b10-link.telia.net                             205.516ms asymm 10
10:  ffm-bb1-link.telia.net                             202.567ms asymm 12
11:  s-bb4-link.telia.net                               220.604ms
12:  s-b6-link.telia.net                                224.233ms asymm 13
13:  no reply
14:  no reply
```

输出结果中第一个大延迟发生在第 8 跳路由，可检查该 IP 所属的 ISP 供应商，联系相关供应商协助排查解决问题。

7.2.10 mtr 指令

mtr 是 Linux 平台上一款非常好用的网络诊断工具，集成了 traceroute、ping、nslookup 的功能，常用于诊断网络状态。

【实例 7-58】安装 mtr 软件

```
yum install mtr  -y
```

安装 mtr 软件，适用于 CentOS 系列操作系统，mtr 指令常用选项如表 7-6 所示。

表 7-6 mtr 指令常用选项

选项	说明
mtr –h	提供帮助命令
mtr –v	显示 mtr 的版本信息
mtr –r	已报告模式显示
mtr –s	用来指定 ping 数据包的大小
mtr – –no–dns	不对 IP 地址做域名解析
mtr –a	设置发送数据包的 IP 地址，这对一个主机由多个 IP 地址是有用的
mtr –i	使用这个参数来设置 ICMP 返回之间的要求默认是 1 秒
mtr –4	IPv4
mtr –6	IPv6

【实例 7-59】以报告形式显示路由跟踪结果

```
mtr -r www.ziroom.com
```

以报告形式显示路由跟踪结果。

```
[root@linux-command ~]#mtr -r www.ziroom.com
HOST: www.bashedu.com              Loss%   Snt   Last   Avg  Best  Wrst StDev
 1. 192.168.1.1                     0.0%    10    1.7   1.6   1.5   1.7   0.1
 2. ???                            100.0    10    0.0   0.0   0.0   0.0   0.0
[root@linux-command ~]#
[root@linux-command ~]#mtr -r www.jd.com
HOST: www.bashedu.com              Loss%   Snt    Last   Avg  Best  Wrst StDev
  1. 192.168.1.1                   0.0%    10     1.6   1.7   1.6   2.0   0.1
  2. 111.206.231.1                 0.0%    10     3.6   4.0   2.5   8.1   1.6
```

- 第 1 列：显示 IP 地址和本机域名，这点和 tracert 很像。
- 第 2 列 Loss%：显示每个对应 IP 的丢包率。
- 第 3 列 Snt：Snt 等于 10，设置每秒发送数据包的数量，默认值是 10 可以通过参数–c 来指定。

- 第 4 列 Last：显示最近一次的返回时延。
- 第 5 列 Avg：平均值，这应该是发送 ping 包的平均时延。
- 第 6 列 Best：最好或者是时延最短的时间。
- 第 7 列 Wrst：最坏或者是时延最长的时间。
- 第 8 列 StDev：标准偏差。

【实例 7-60】设置每秒发送数据包的数量个数为 30 次

```
mtr -r -c 30 www.jd.com
```

设置每秒发送数据包的数量个数为 30 次，“–c”选项设置设置每秒发送数据包的数量。

```
[root@linux-command ~]#mtr -r -c 30 www.jd.com
HOST: www.bashedu.com              Loss%   Snt   Last   Avg  Best  Wrst StDev
  1. 192.168.1.1                   0.0%    30    1.6    1.6   1.5   2.1  0.1
  2. 111.206.231.1                 0.0%    30  208.1   11.2   2.9 208.1  37.2
```

【实例 7-61】设置 ping 包大小为 1024 字节

```
mtr -r -c 30 -s 1024 www.jd.com
```

上述代码中“–s”选项指定发送数据包的大小。

```
[root@linux-command ~]#mtr -r -c 30 -s 1024 www.jd.com
HOST: www.bashedu.com              Loss%   Snt   Last   Avg   Best  Wrst  StDev
  1. 192.168.1.1                   0.0%    30    1.6    1.7   1.0   2.2   0.2
  2. 111.206.231.1                 0.0%    30    4.7    5.3   3.8  11.1   1.
```

【实例 7-62】生成路由信息报告

```
mtr -report www.ziroom.com
```

生成路由信息报告。

```
[root@linux-command ~]# mtr -report www.ziroom.com
                             My traceroute  [v0.85]
linux-command (0.0.0.0)                            Sat Sep  2 12:16:37 2017
Resolver: Received error response 2. (server failure)er of fields  quit
                                                   Packets              Pings
 Host                            Loss%   Snt   Last   Avg  Best  Wrst StDev
 1. 122.114.222.254               0.0%    36   35.6   2.1   0.4  35.6   6.4
 2. 172.31.12.3                  0.0%    36    0.7   0.8   0.6   3.7   0.3
 3. 219.147.63.217                0.0%    36    1.1   0.9   0.7   4.4   0.4
 4. 222.85.74.193                 0.0%    36    1.7   1.7   1.4   3.4   0.3
 5. 219.150.148.29               10.3%    36    6.7   6.5   6.3   6.9   0.0
 6. 202.97.63.85                  0.0%    36   27.0  30.2  26.0  34.1   2.2
 7. 202.97.88.254                44.7%    77   25.1  25.0  24.9  25.5   0.0
 8. 219.158.43.5                  2.6%    77   27.7  25.7  23.7  27.7   1.1
 9. 219.158.4.153                67.1%    77   22.8  23.6  22.7  35.5   2.6
10. 124.65.194.26                88.2%    77   23.6  23.6  23.5  23.9   0.0
11. 123.126.9.198                 0.0%    77   24.9  26.0  23.6  34.1   1.4
12. 61.148.4.74                  97.4%    77   2032. 2426. 2032. 2820. 557.5
```

```
13. 124.65.222.62                0.0%    77    24.0   25.5   23.8   66.9    6.5
14. 119.253.3.234               10.4%    77    28.7   31.7   28.4   70.8    7.2
15. 119.253.4.53                 0.0%    77    26.8   26.7   26.5   26.8    0.0
16. 119.253.2.198                0.0%    77    26.2   27.1   25.9   29.4    0.9
17. 119.253.4.98                 0.0%    77    28.0   28.0   27.8   30.8    0.3
```

第 9 跳和第 10 跳路由都有超过 60%的丢包率，从接下来的几跳都有丢包现象，所以不像是人为限制 ICMP 速率的原因。可以猜测到 60%的丢包率除了网络糟糕的原因之前还有人为限制 ICMP，看到不同的丢包率时，通常以最后几跳为准。

7.2.11 dhclient 指令

dhclient 指令使用动态主机配置协议动态的配置网络接口的网络参数。

- 0：指定 DHCP 客户端监听的端口号。
- –d：总是以前台方式运行程序。
- –q：安静模式，不打印任何错误的提示信息。
- –r：释放 IP 地址。

```
dhclient  eth0
```

网卡 eth0 自动获取 IP 地址和 DNS 了。

【实例 7-63】自动获取 IP 地址

```
 [root@linux-command ~]# dhcplient -r
[root@linux-command ~]# dhclient
```

“dhclient –r”指令并没有真正释放 IP，下一次执行 dhclient eth1 时，没有 discover 这个步骤，而是直接 REQUEST 上次 IP。网络拓扑或者配置变化时，若获取不到 IP，需要删除 /var/lib/dhclient/dhclient.leases 文件。

7.2.12 nethogs 指令

nethogs 是一个开源的命令行工具（类似于 Linux 的 top 命令），用来按进程或程序实时统计网络带宽使用率。

【实例 7-64】安装 nethogs 软件

```
yum -y install nethogs  >/dev/null 2>&1
```

安装 nethogs 软件包。

```
[root@linux-command ~]# yum list |grep nethogs
nethogs.x86_64                          0.8.5-1.el7                 epel
[root@linux-command ~]# yum -y install nethogs  >/dev/null 2>&1
[root@linux-command ~]# rpm -qa nethogs
```

```
nethogs-0.8.5-1.el7.x86_64
[root@linux-command ~]# rpm -ql nethogs|head
/usr/sbin/nethogs
/usr/share/doc/nethogs-0.8.5
/usr/share/doc/nethogs-0.8.5/Changelog
/usr/share/doc/nethogs-0.8.5/DESIGN
/usr/share/doc/nethogs-0.8.5/README.md
/usr/share/man/man8/nethogs.8.gz
```

nethogs 指令常用的交互控制（键盘快捷键），如表 7-7 所示。

表 7-7 nethogs 指令交互式按键

选项	说明
–m	修改单位
–r	按流量排序
–s	按发送流量排序
–q	退出命令提示符

【实例 7-65】每 5 秒刷新频率

```
nethogs -d 5
```

“–d”选项每 5 分钟显示当前网络流量的传输交互信息。

```
[root@linux-command ~]# nethogs -d 5
Ethernet link detected
                    Ethernet link detected
                                        Waiting for first packet to arrive (see
scurceforge.net bug 1C19381)
NetHogs version 0.8.5

    PID USER      PROGRAM                       DEV    SENT     RECEIVED
   9835 root      sshd: root@pts/C,pts/2         eth0   0.105      0.023 KB/sec
      ? root     122.114.79.8:80-73.93.143.117:80      0.011      0.000 KB/sec
      ? root     unknown TCP                          0.000    0.000 KB/sec

   TOTAL                                              0.116      0.023 KB/sec
```

【实例 7-66】实时监控 eth0 网络流量

```
nethogs eth0
```

监视设备（eth0）的网络带宽实用信息，完整输出如下代码所示。

```
[root@linux-command ~]# nethogs eth0
Ethernet link detected
                    Waiting for first packet to arrive (see sourceforge.net bug 1019381)
NetHogs version 0.8.5

    PID USER      PROGRAM                                DEV       SENT    RECEIVED
   9835 root        sshd: root@pts/0,pts/2                       eth0         0.133
```

```
0.068 KB/sec
       ? root       122.114.79.8:23-90.177.76.42:62599                    0.000
0.012 KB/sec
       ? root       122.114.79.8:80-24.228.24.119:80                      0.000
0.000 KB/sec
       ? root     unknown TCP                                  0.000      0.000
KB/sec

    TOTAL                                                      0.133      0.079
KB/sec
```

上述代码种使用 nethogs 指令直接查看 eth0 网口的流量传输信息。

【实例 7-67】同时监控多个网络接口

```
nethogs eth0 eth1
```

使用 nethogs 指令同时观察服务器上 eth0 和 eth1 实时流量信息。

```
 [root@linux-command ~]# nethogs eth0 eth1
Ethernet link detected
                Ethernet link detected
                                Waiting for first packet to arrive (see
sourceforge.net bug 1019381)
NetHogs version 0.8.5

   PID USER     PROGRAM                         DEV      SENT   RECEIVED
  9835 root      sshd: root@pts/0,pts/2                  eth0        0.133
0.068 KB/sec
     ? root     unknown TCP                                 0.000    0.000
KB/sec

    TOTAL                                                   0.133    0.068
KB/sec
```

7.2.13 bwm-ng 指令

Bandwidth Monitor NG（Bwm-NG）是一个简单的网络和磁盘带宽监视程序，可在 Linux、BSD、Solaris 等平台上运行。它支持各种各样的检测元件，用于收集各种统计数据，包括 /proc/net/dev、netstat、getifaddr、sysctl、kstat、/proc/diskstats /proc/partitions、IOKit、devstat、libstatgrab 等。接口或设备可以黑白方式列示，这样用户就可以只查看感兴趣的数据。Bwm-NG 程序支持多种输出选项，如图形、纯文本、CVS 及 HTML 等。

```
yum list bwm-ng
```

查询 bwm-ng 软件包是否存在当前软件仓库中。

```
[root@linux-command ~]# yum list bwm-ng
Loaded plugins: fastestmirror
Repodata is over 2 weeks old. Install yum-cron? Or run: yum makecache fast
```

```
Loading mirror speeds from cached hostfile
 * epel: mirrors.tuna.tsinghua.edu.cn
Available Packages
bwm-ng.x86_64                    0.6.1-2.el7            epel
```

使用 yum 工具查询 bmw-ng 软件是否存在，需要先安装 epel 源，然后进行 bmw-ng 软件的安装即可。

【实例 7-68】安装 bwm-ng 软件

```
[root@linux-command ~]# yum -y install bwm-ng
```

bwm-ng 指令默认界面如图 7-1 所示。

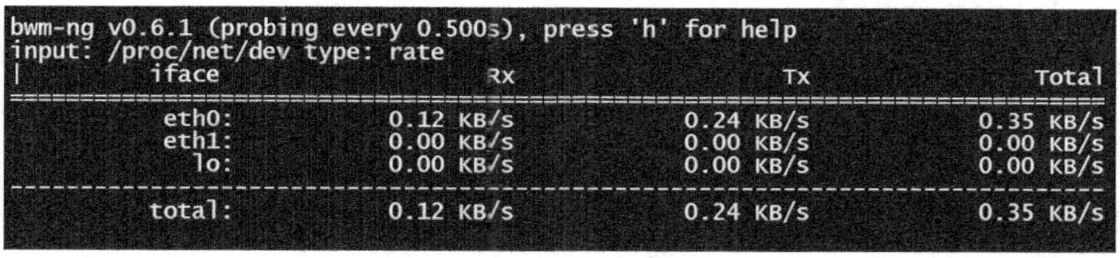

图 7-1　bwm-ng 网络流量图

如果控制台足够大，bwm-ng 还能使用 curses2 输出模式，为流量绘制条形图。

```
[root@linux-command ~]#bwm-ng -o curses2
```

默认输出方式有“h”“q”“a”“t”和“u”这 5 个命令键，如表 7-8 所示。

表 7-8　bwm-ng 指令常用选项

选项	说明
h	显示帮助文本
q	退出监控
a	在全部传感器接口和选定接口间转换
t	在 rate、max（峰值）、sum（程序启动后的总吞吐量），以及 30 秒平均值之间切换
u	在显示 bytes/bits/packets/errors 之间切换

7.2.14 lsof 指令

lsof（list open files）是一个列出当前系统打开文件的工具。

在 Linux 环境下，任何事物都以文件的形式存在，通过文件不仅可以访问常规数据，还可以访问网络连接和硬件。所以如传输控制协议（TCP）和用户数据报协议（UDP）套接字等，系统在后台都为该应用程序分配了一个文件描述符，无论这个文件的本质如何，该文件描述符为应用程序与基础操作系统之间的交互提供了通用接口。

【实例 7-69】查看进程打开的文件

```
[root@linux-command ~]# lsof /data/app/php/sbin/php-fpm
COMMAND   PID   USER  FD  TYPE DEVICE SIZE/OFF     NODE NAME
php-fpm  2571   root txt   REG 252,17 37469584 100667270 /data/app/php/sbin/php-fpm
php-fpm  5520 php-fpm txt   REG 252,17 37469584 100667270 /data/app/php/sbin/php-fpm
php-fpm 29453 php-fpm txt   REG 252,17 37469584 100667270 /data/app/php/sbin/php-fpm
php-fpm 31367 php-fpm txt   REG 25,17 37469584 100667270 /data/app/php/sbin/php-fpm
```

每行显示一个打开的文件，默认如果后面不跟任何东西，将打开系统打开的所有文件。

- COMMAND：进程名称。
- PID：进程标识符。
- USER：进程所有者。
- FD：文件描述符，应用程序通过文件描述符识别到该文件。如 cwd、txt 等。
- TYPE：文件类型，如 DIR、REG。
- DEVICE：指定磁盘名称。
- SIZE：文件大小。
- NODE：索引节点（文件在磁盘上的标识）。
- NAME：打开文件的确切名称。

小结：只需要执行文件的绝对路径，lsof 就会列出所有使用这个文件的进程，也可以列出多个文件，lsof 会列出所有使用这些文件的进程。

读者也可以一次指定多个二进制可执行文件，如下代码所示。

```
lsof /path/binary/file1 /path/binary/file2
```

【实例 7-70】查看进程可执行文件

```
lsof `which httpd`
```

查看当前服务器上哪个进程在使用 apache 服务的可执行文件。

```
[root@linux-command ~]# lsof `which httpd`
COMMAND  PID   USER  FD   TYPE DEVICE SIZE/OFF   NODE NAME
httpd   5572   root txt    REG  253,0   356224 268341 /usr/sbin/httpd
httpd   5574 apache txt    REG  253,0   356224 268341 /usr/sbin/httpd
httpd   5575 apache txt    REG  253,0   356224 268341 /usr/sbin/httpd
httpd   5576 apache txt    REG  253,0   356224 268341 /usr/sbin/httpd
httpd   5577 apache txt    REG  253,0   356224 268341 /usr/sbin/httpd
httpd   5578 apache txt    REG  253,0   356224 268341 /usr/sbin/httpd
httpd   5579 apache txt    REG  253,0   356224 268341 /usr/sbin/httpd
httpd   5580 apache txt    REG  253,0   356224 268341 /usr/sbin/httpd
httpd   5581 apache txt    REG  253,0   356224 268341 /usr/sbin/httpd
[root@linux-command ~]# lsof $(which httpd)
COMMAND  PID   USER  FD   TYPE DEVICE SIZE/OFF   NODE NAME
httpd   5572   root txt    REG  253,0   356224 268341 /usr/sbin/httpd
httpd   5574 apache txt    REG  253,0   356224 268341 /usr/sbin/httpd
httpd   5575 apache txt    REG  253,0   356224 268341 /usr/sbin/httpd
```

```
httpd   5576 apache txt    REG  253,0    356224 268341 /usr/sbin/httpd
httpd   5577 apache txt    REG  253,0    356224 268341 /usr/sbin/httpd
httpd   5578 apache txt    REG  253,0    356224 268341 /usr/sbin/httpd
httpd   5579 apache txt    REG  253,0    356224 268341 /usr/sbin/httpd
httpd   5580 apache txt    REG  253,0    356224 268341 /usr/sbin/httpd
httpd   5581 apache txt    REG  253,0    356224 268341 /usr/sbin/httpd
```

上述代码中可以看到 httpd 进程正在使用 apache 的可执行文件。

【实例 7-71】根据进程反推文件使用信息

```
lsof -c httpd |wc -l
```

统计使用 lsof 指令查看 httpd 进程正在使用系统的文件数量。

```
[root@linux-command ~]# lsof -c httpd |wc -l
873
```

【实例 7-72】根据端口反推进程

- 使用–i:port 显示与指定端口相关的网络信息。
- lsof –i 显示所有打开的端口。
- lsof –i:8080 显示所有打开 8080 端口的进程。

```
[root@linux-command ~]# lsof -i:8080
COMMAND  PID   USER   FD   TYPE DEVICE SIZE/OFF NODE NAME
httpd   5572   root   4u  IPv6  67461      0t0  TCP *:webcache (LISTEN)
httpd   5574 apache   4u  IPv6  67461      0t0  TCP *:webcache (LISTEN)
httpd   5575 apache   4u  IPv6  67461      0t0  TCP *:webcache (LISTEN)
httpd   5576 apache   4u  IPv6  67461      0t0  TCP *:webcache (LISTEN)
httpd   5577 apache   4u  IPv6  67461      0t0  TCP *:webcache (LISTEN)
httpd   5578 apache   4u  IPv6  67461      0t0  TCP *:webcache (LISTEN)
httpd   5579 apache   4u  IPv6  67461      0t0  TCP *:webcache (LISTEN)
httpd   5580 apache   4u  IPv6  67461      0t0  TCP *:webcache (LISTEN)
httpd   5581 apache   4u  IPv6  67461      0t0  TCP *:webcache (LISTEN)
```

"–i" 选项指定当前系统运行进程的端口号，可以看到端口为 8080 对应的进程是 httpd。

【实例 7-73】使用@host 显示指定到指定主机的连接

```
[root@linux-command ~]# lsof -i@192.174.87.2
COMMAND  PID USER   FD  TYPE DEVICE SIZE/OFF NODE NAME
sshd          5309   root         3r      IPv4      63750           0t0   TCP
192.174.87.2:ssh->6.220.120.106.static.bjtelecom.net:53410 (ESTABLISHED)
```

使用@host 显示指定到指定主机的连接，从本地操作就可以知道远程主机的相关连接信息。

【实例 7-74】使用@host:port 显示基于主机与端口的连接

```
lsof -i@192.174.87.2:22
```

可以组合主机与端口的显示信息。

```
[root@linux-command ~]# lsof -i@192.174.87.2:22
```

上述代码表示使用@host 显示指定到指定主机的连接。

【实例 7-75】杀死指定用户的进程

杀死指定用户所做的一切事情，可以消灭指定用户运行的所有东西，请读者慎用。

```
[root@linux-command ~]kill -9 `lsof -t -u apache`
```

上述代码中使用“kill –9”命令杀死 apache 用户打开的所有文件相关的进程信息。

【实例 7-76】显示当前系统已经打开的正在使用的所有文件

```
lsof |more -10
```

显示当前系统已经打开的正在使用的所有文件。

```
[root@linux-command ~]# lsof |more -10
COMMAND     PID   TID   USER  FD      TYPE      DEVICE  SIZE/OFF    NODE NAME
systemd       1         root  cwd     DIR       253,0     4096        64 /
systemd       1         root  rtd     DIR       253,0     4096        64 /
systemd       1         root  txt       REG           253,0   1482128 33650811
/usr/lib/systemd/systemd
systemd       1         root  mem       REG           253,0     20040     7501
/usr/lib64/libuuid.so.1.3.0
systemd       1         root  mem       REG           253,0    256960    13132
/usr/lib64/libblkid.so.1.1.0
systemd       1         root  mem       REG           253,0     90664     7497
/usr/lib64/libz.so.1.2.7
systemd       1         root  mem       REG           253,0    157424     7444
/usr/lib64/liblzma.so.5.2.2
systemd       1         root  mem       REG           253,0     23968     7643
/usr/lib64/libcap-ng.so.0.0.0
systemd       1         root  mem       REG           253,0     19888     7702
/usr/lib64/libattr.so.1.1.0
```

FW 详解如下。

- cwd（current work dirctory）：应用程序的当前工作目录，应用程序启动的目录，除非它本身对这个目录进行更改。
- txt：该类型的文件是程序代码，如应用程序二进制文件本身或共享库。
- rtd：root directory。
- 0：表示标准输出。
- 1：表示标准输入。
- 2：表示标准错误。
- TYPE：文件类型，如 DIR、REG 等，常见的文件类型。
- DIR：表示目录。
- CHR：表示字符类型。
- BLK：块设备类型。

- UNIX：UNIX 域套接字。
- FIFO：先进先出（FIFO）队列。
- IPv4：网际协议（IP）套接字。
- DEVICE：指定磁盘的名称。
- SIZE：文件的大小。
- NODE：索引节点（文件在磁盘上的标识）。
- NAME：打开文件的名字。

【实例 7-77】查看与指定文件相关的进程的信息

查看与指定文件相关的进程的信息，即找出使用此文件的进程。

```
[root@linux-command ~]# lsof /bin/bash
COMMAND    PID USER  FD    TYPE DEVICE SIZE/OFF      NODE NAME
bash     23912 root txt     REG  253,0   960392 100664820 /usr/bin/bash
bash     25031 root txt     REG  253,0   960392 100664820 /usr/bin/bash
```

【实例 7-78】递归查看某个目录的文件信息

```
lsof +D /usr/lib
```

递归查看某个目录的文件信息，完整输出如下代码所示。

```
    [root@linux-command ~]# lsof +D /usr/lib
    COMMAND      PID     USER  FD     TYPE DEVICE  SIZE/OFF       NODE NAME
    systemd        1     root txt     REG  253,0   1482128  33650811 /usr/lib/
systemd/systemd
    systemd-j   472     root txt     REG  253,0    274760  33650826 /usr/lib/
systemd/systemd-journald
    systemd-u   503     root txt     REG  253,0    361376  33650845 /usr/lib/
systemd/systemd-udevd
    systemd-u   503     root mem     REG  253,0    432777 100857451 /usr/lib/
modules/3.10.0-514.el7.x86_64/modules.symbols.bin
    systemd-u   503     root mem     REG  253,0    735054 100839581 /usr/lib/
modules/3.10.0-514.el7.x86_64/modules.alias.bin
    systemd-u   503     root mem     REG  253,0    343333 100895460 /usr/lib/
modules/3.10.0-514.el7.x86_64/modules.dep.bin
    systemd-u   503     root mem     REG  253,0      8035 100857452 /usr/lib/
modules/3.10.0-514.el7.x86_64/modules.builtin.bin
    systemd-l   632     root txt     REG  253,0    572296  33650828 /usr/lib/
systemd/systemd-logind
    NetworkMa   653     root mem     REG  253,0 106070960 100664793 /usr/lib/
locale/locale-archive
    polkitd     654 polkitd txt     REG  253,0    116320  67272252 /usr/lib/
polkit-1/polkitd
    agetty      673     root mem     REG  253,0 106070960 100664793 /usr/lib/
locale/locale-archive
    tuned       983     root mem     REG  253,0 106070960 100664793 /usr/lib/
locale/locale-archive
    php-fpm    2571     root mem     REG  253,0 106070960 100664793 /usr/lib/
```

```
locale/locale-archive
   php-fpm    5520 php-fpm mem    REG  253,0 106070960 100664793 /usr/lib/
locale/locale-archive
   crond       7650    root mem    REG  253,0 106070960 100664793 /usr/lib/
locale/locale-archive
   screen     23911    root mem    REG  253,0 106070960 100664793 /usr/lib/
locale/locale-archive
   bash       23912    root mem    REG  253,0 106070960 100664793 /usr/lib/
locale/locale-archive
   bash       25031    root mem    REG  253,0 106070960 100664793 /usr/lib/
locale/locale-archive
   lsof       25101    root mem    REG  253,0 106070960 100664793 /usr/lib/
locale/locale-archive
   lsof       25102    root mem    REG  253,0 106070960 100664793 /usr/lib/
locale/locale-archive
   php-fpm   29453 php-fpm mem    REG  253,0 106070960 100664793 /usr/lib/
locale/locale-archive
   php-fpm   31367 php-fpm mem    REG  253,0 106070960 100664793 /usr/lib/
locale/locale-archive
```

【实例 7-79】应用 lsof 恢复删除文件案例

当系统中的某个文件被意外删除了，只要这时系统中有进程正在访问这个文件，那么可以通过 lsof 从/proc 目录下恢复文件的内容。假如/var/log/messages 文件被删了，恢复方法如下。

首先使用 lsof 查看当前是否有进程打开/var/log/messages 文件。

```
[root@linux-command ~]# lsof  /var/log/messages
COMMAND  PID USER   FD   TYPE DEVICE SIZE/OFF     NODE NAME
rsyslogd 981 root    4w   REG  253,0  7419441 67909124 /var/log/message
```

（1）写入测试字符串。

```
[root@linux-command ~]# echo 'hanyanwei_test_2018-04-10' >>/var/log/messages
[root@linux-command ~]# grep hanyanwei  /var/log/messages
hanyanwei_test_2018-04-10
```

上述代码中写入 hanyanwei 字符串到/var/log/messages 文件中，方便后续恢复数据做验证使用。

（2）删除文件。

```
[root@linux-command ~]# lsattr  /var/log/messages
-----a---------- /var/log/messages
[root@linux-command ~]# chattr  -i  /var/log/messages
[root@linux-command ~]# chattr  -a  /var/log/messages
[root@linux-command ~]# lsattr  /var/log/messages
---------------- /var/log/messages
[root@linux-command ~]# rm -fv /var/log/messages
removed '/var/log/messages'
```

由于作者对/var/log/messages 文件做过加固处理，因此需放行权限后再执行删除操作。

（3）确认文件是否已被删除。

```
[root@linux-command ~]# grep hanyanwei /var/log/messages
grep: /var/log/messages: No such file or directory
[root@linux-command ~]# lsof |grep  /var/log/messages
rsyslogd     981          root     4w      REG              253,0    7419467
67909124 /var/log/messages (deleted)
in:imjour    981    986   root     4w      REG              253,0    7419467
67909124 /var/log/messages (deleted)
rs:main      981    987   root     4w      REG              253,0    7419467
67909124 /var/log/messages (deleted)
```

从上面的信息中可以看到 PID 981(rsyslogd)打开文件的文件描述符为 4，同时发现/var/log/messages 已经被删除了，因此可以通过/var/log/messages 文件描述符来查看文件信息。

（4）查看文件描述符信息。

```
[root@linux-command ~]# cat /proc/981/fd/4 |head
Aug 27 03:15:01 linux-command systemd: Started Session 8748 of user root.
Aug 27 03:15:01 linux-command systemd: Starting Session 8748 of user root.
Aug 27 03:20:01 linux-command systemd: Started Session 8749 of user root.
Aug 27 03:20:01 linux-command systemd: Starting Session 8749 of user root.
Aug 27 03:20:01 linux-command systemd: Started Session 8750 of user root.
Aug 27 03:20:01 linux-command systemd: Starting Session 8750 of user root.
Aug 27 03:25:01 linux-command systemd: Started Session 8751 of user root.
Aug 27 03:25:01 linux-command systemd: Starting Session 8751 of user root.
Aug 27 03:30:01 linux-command systemd: Started Session 8753 of user root.
Aug 27 03:30:01 linux-command systemd: Starting Session 8753 of user root.
```

可以看到对应的文件描述符里面有对应的文件内容信息。

（5）恢复误删除文件。

- 最后通过重定向的方法恢复被删除的/var/log/messages。

```
[root@linux-command ~]# cat /proc/981/fd/4 >/var/log/messages
```

在上述代码中，通过重定向的方式找回被误删除的文件。

- 确认之前写入的字符串是否存在。

```
[root@linux-command ~]# grep hanyanwei /var/log/messages
hanyanwei_test_2018-04-10
```

从上述代码中可以看到，之前被写入的 hanyanwei 字符串已经出现在删除的文件中，说明数据被成功恢复了。

【实例 7-80】列出某个用户打开的所有文件

```
# lsof -u  nginx
```

–u 选项限定只列出所有被用户 nginx 打开的文件，你可以通过逗号指定多个用户：

```
# lsof -u nginx,php-fpm
```

列出所有 nginx 和 php-fpm 用户打开的文件，也可以像下面这样使用多个–u 做同样的事情。

```
# lsof -u mongodb -u redis
```

【实例 7-81】查找某个程序打开的所有文件

```
# lsof -c apache
```

"–c"选项限定只列出以 apache 开头的进程打开的文件。

所以你可以不用像下面这样写：

```
# lsof | grep foo
```

而使用下面这个更简短的版本：

```
# lsof -c foo
```

事实上，你可以只制定进程名称的开头：

```
# lsof -c apa
```

这会列出所有以 apa 开头的进程打开的文件。

你同样可以制定多个"-c"选项：

```
# lsof -c apache -c python
```

这会列出所有由 apache 和 python 打开的文件。

【实例 7-82】列出所有由某个用户或某个进程打开的文件

```
# lsof -u apache -c httpd
```

你也可以组合使用多个选项，这些选项默认进行或关联，也就是说上面的命令会输入由 apache 用户或是 httpd 进程打开的文件。

【实例 7-83】列出所有由一个用户与某个进程打开的文件

```
# lsof -a -u www -c bash
```

"–a"选项可以将多个选项的组合条件由或变为与，上面的命令会显示所有由 www 用户以及 bash 进程打开的文件。

【实例 7-84】列出除 root 用户外的所有用户打开的文件

```
# lsof -u ^root
```

注意 root 前面的^符号，它执行取反操作，因此 lsof 会列出所有 root 用户之外的用户打开的文件。

【实例 7-85】列出所有由某个 PID 对应的进程打开的文件

```
# lsof -p 1
```

"–p"选项让你可以使用进程 id 来过滤输出，可以用逗号来分离多个 pid。

```
# lsof -p 450,980,333
```

列出所有进程打开的文件，除了某个 pid 的。

```
# lsof -p ^1
```

同前面的用户一样，也可以对“–p”选项使用^来进行取反。

【实例 7-86】列出所有网络连接

```
# lsof -i
```

lsof 的“–i”选项可以列出所有打开了网络套接字（TCP 和 UDP）的进程。

【实例 7-87】列出所有 TCP 网络连接

```
# lsof -i tcp
```

也可以为“–i”选项加上参数，比如 tcp 选项会强制 lsof 只列出打开 TCP sockets 的进程。

【实例 7-88】列出所有 UDP 网络连接

```
# lsof -i udp
```

同样 udp 让 lsof 只列出使用 UDP socket 的进程。

【实例 7-89】找到使用某个端口的进程

```
# lsof -i :25
```

:25 和-i 选项组合可以让 lsof 列出占用 TCP 或 UDP 的 25 端口的进程。

你也可以使用/etc/services 中制定的端口名称来代替端口号，比如：

```
# lsof -i :smtp
```

找到使用某个 udp 端口号的进程：

```
# lsof -i udp:53
```

同样的，也可以找到使用某个 tcp 端口的进程：

```
# lsof -i tcp:80
```

【实例 7-90】找到某个用户的所有网络连接

```
# lsof -a -u hanyanwei -i
```

使用–a 将–u 和–i 选项组合可以让 lsof 列出某个用户的所有网络行为。

【实例 7-91】列出所有 NFS（网络文件系统）文件

```
# lsof -N
```

“–N”选项对应 NFS 文件系统。

【实例 7-92】列出所有 UNIX 域 Socket 文件

```
# lsof -U
```

“–U”选项对应 UNIX。

【实例 7-93】列出所有对应某个组 id 的进程

```
# lsof -g 1234
```

进程组用来在逻辑上对进程进行分组，这个例子查找所有 PGID 为 1234 的进程打开的文件。

【实例 7-94】列出所有与某个描述符关联的文件

```
# lsof -d 2
```

这个命令会列出所有以描述符 2 打开的文件，你也可以为描述符指定一个范围。

```
# lsof -d 0-2
```

这会列出所有描述符为 0、1、2 的文件。

“–d”选项还支持其他很多特殊值，下面的命令列出所有内存映射文件。

```
# lsof -d mem
```

txt 则列出所有加载在内存中并正在执行的进程。

```
# lsof -d txt
```

【实例 7-95】输出使用某些资源的进程 PID

```
# lsof -t -i
```

“–t”选项输出进程的 PID，你可以将它和–i 选项组合输出使用某个端口的进程的 PID，下面的命令将会杀掉所有使用网络的进程。

```
# kill -9 'lsof -t -i'
```

【实例 7-96】循环列出文件

```
# lsof -r 1
```

“–r”选项让 lsof 可以循环列出文件直到被中断，参数 1 的意思是每秒重复打印一次，这个选项最好同某个范围比较小的查询组合使用，比如用来监测网络活动。

```
# lsof -r 1 -u john -i -a
```

7.2.15 rz 上传和 sz 下载

lrzsz 程序简介如下。

- lrzsz 和 FileZilla 功能类似用于上传文件，上传速度比较慢，适用于比较小的文件。
- lrzsz 在 Linux 里可代替 FTP 上传和下载。
- lrzsz 是一个 Unix 通信套件提供的 X、Y 和 ZModem 文件传输协议。
- Windows 需要向 CentOS 服务器上传文件，可直接在 CentOS 上执行命令。

- CentOS 服务器，可直接执行“yum –y install lrzsz”指令进行安装。

```
yum -y install lrzsz
```

【实例 7-97】安装 lrzsz 软件包

```
[root@linux-command ~]# yum -y install lrzsz
```

【实例 7-98】上传文件

上传文件，执行命令 rz，会跳出文件选择窗口，选择上传目标文件，单击“确定”即可，如图 7-2 所示。

图 7-2 rz 上传示意图

执行结果如下代码所示。

```
[root@linux-command ~]# rz -bey
rz waiting to receive.
 zmodem trl+C ȡ

  100%       96 KB    96 KB/s 00:00:01       0 Errors
```

- –b binary 用 binary 的方式上传下载。
- –e 强制 escape 所有控制字符，比如<Ctrl+x>、DEL 等。
- –y 表示 yes，不提示，直接操作。

【实例 7-99】下载文件

```
sz  -bey /etc/passwd
```

下载/etc/passwd 文件到本地终端。

```
[root@linux-command ~]# sz  -bey /etc/passwd
rz
 zmodem trl+C ȡ

  100%        1 KB     1 KB/s 00:00:01       0 Errors
```

7.2.16 tcpdump 指令

tcpdump 命令是一款 sniffer 工具，它可以打印所有经过网络接口的数据包的头信息，也可以使用“–w”选项将数据包保存到文件中，方便以后分析，tcpdump 指令常用选项如表 7-9 所示。

表 7-9 tcpdump 指令常用选项

参数	说明
–A	以 ASCII 码方式显示每一个数据包（不会显示数据包中链路层头部信息）。在抓取包含网页数据的数据包时，可方便查看数据（即 Handy for capturing web pages）
–c(count)	tcpdump 将在接受到 count 个数据包后退出

续表

参数	说明
–C	file-size（nt：此选项用于配合-w file 选项使用） 该选项使得 tcpdump 在把原始数据包直接保存到文件中之前，检查此文件大小是否超过 file-size。如果超过了，将关闭此文件，另创一个文件继续用于原始数据包的记录。新创建的文件名与–w 选项指定的文件名一致，但文件名后多了一个数字，该数字会从 1 开始随着新创建文件的增多而增加。file-size 的单位是百万字节（这里指 1000000 字节，并非 1048576 字节，后者是以 1024 字节为 1KB，1024KB 为 1MB 计算所得，即 1MB=1024×1024B＝1048576B）
–d	以容易阅读的形式在标准输出上打印出编排过的包匹配码，随后 tcpdump 停止。（rt: human readable，容易阅读的，通常是指以 ascii 码来打印一些信息。compiled：编排过的。packet-matching code：包匹配码，含义未知，需补充）
–dd	以 C 语言的形式打印出包匹配码
–ddd	以十进制数的形式打印出包匹配码（会在包匹配码之前有一个附加的“count”前缀）
–D	打印系统中所有 tcpdump 可以在其上进行抓包的网络接口。每一个接口会打印出数字编号、相应的接口名字，以及可能的一个网络接口描述。其中网络接口名字和数字编号可以用在 tcpdump 的–i flag 选项（把名字或数字代替 flag），来指定要在其上抓包的网络接口。 此选项在不支持接口列表命令的系统上很有用（比如 Windows 系统，或缺乏 ifconfig –a 的 UNIX 系统）；接口的数字编号在 Windows 2000 或其后的系统中很有用，因为这些系统上的接口名字比较复杂，而不易使用。如果 tcpdump 编译时所依赖的 libpcap 库太老，–D 选项不会被支持，因为其中缺乏 pcap_findalldevs()函数
–e	每行的打印输出中将包括数据包的数据链路层头部信息
–E	spi@ipaddr algo:secret,... 可通过 spi@ipaddr algo:secret 来解密 IPsec ESP 包（rt:IPsec Encapsulating Security Payload，IPsec 封装安全负载，IPsec 可理解为一整套对 ip 数据包的加密协议，ESP 为整个 IP 数据包或其中上层协议部分被加密后的数据，前者的工作模式称为隧道模式；后者的工作模式称为传输模式。工作原理，另需补充）。 需要注意的是，在终端启动 tcpdump 时，可以为 IPv4 ESP packets 设置密钥（secret）。 可用于加密的算法包括 des-cb、3des-cbc、blowfish-cbc、rc3-cbc、cast128-cbc，或者没有（none）。默认的是 des-cbc（des, Data Encryption Standard，数据加密标准，加密算法未知，另需补充）。secret 为用于 ESP 的密钥，使用 ASCII 字符串方式表达。如果以 0x 开头，该密钥将以十六进制方式读入。 该选项中 ESP 的定义遵循 RFC2406，而不是 RFC1827。并且此选项只是用来调试的，不推荐以真实密钥（secret）来使用该选项，因为这样不安全：在命令行中输入的 secret 可以被其他人通过 ps 等命令查看到。 除了以上的语法格式（指 spi@ipaddr algo:secret），还可以在后面添加一个语法输入文件名字供 tcpdump 使用（即把 spi@ipaddr algo:secret,... 中...换成一个语法文件名）。此文件在接收到第一个 ESP 包时会打开此文件，所以最好此时把赋予 tcpdump 的一些特权取消（可理解为这样防范之后，当该文件为恶意编写时，不至于造成过大损害）
–f	显示外部的 IPv4 地址时（foreign IPv4 addresses，可理解为非本机 IP 地址），采用数字方式而不是名字。（此选项是用来对付 Sun 公司的 NIS 服务器的缺陷（NIS，网络信息服务，tcpdump 显示外部地址的名字时会用到她提供的名称服务）。此 NIS 服务器在查询非本地地址名字时，常常会陷入无尽的查询循环）。 由于对外部（foreign）IPv4 地址的测试需要用到本地网络接口（tcpdump 抓包时用到的接口）及其 IPv4 地址和网络掩码。如果此地址或网络掩码不可用，或者此接口根本就没有设置相应网络地址和网络掩码（Linux 下的“any”网络接口就不需要设置地址和掩码，不过此“any”接口可以收到系统中所有接口的数据包），该选项不能正常工作

续表

参数	说明
–F file	使用 file 文件作为过滤条件表达式的输入，此时命令行上的输入将被忽略
–i interface	指定 tcpdump 需要监听的接口。如果没有指定，tcpdump 会从系统接口列表中搜寻编号最小的已配置好的接口（不包括 loopback 接口）。一旦找到第一个符合条件的接口，搜寻马上结束。 在采用 2.2 版本或之后版本内核的 Linux 操作系统上，“any”这个虚拟网络接口可被用来接收所有网络接口上的数据包（这会包括目的是该网络接口的，也包括目的不是该网络接口的）。需要注意的是如果真实网络接口不能工作在“混杂”模式（promiscuous）下，则无法在“any”这个虚拟的网络接口上抓取其数据包 如果 –D 标志被指定，tcpdump 会打印系统中的接口编号，而该编号就可用于此处的 interface 参数
–l	对标准输出进行行缓冲（使标准输出设备遇到一个换行符就马上把这行的内容打印出来）。在需要同时观察抓包打印以及保存抓包记录时很有用，比如可通过以下命令组合来达到此目的： ``tcpdump –l | tee dat" 或者 "tcpdump –l > dat & tail –f dat"。（前者使用 tee 来把 tcpdump 的输出同时放到文件 dat 和标准输出中，而后者通过重定向操作“>”，把 tcpdump 的输出放到 dat 文件中，同时通过 tail 把 dat 文件中的内容放到标准输出中）
–L	列出指定网络接口所支持的数据链路层的类型后退出（指定接口通过–i 来指定）
–m module	通过 module 指定的 file 装载 SMI MIB 模块（Structure of Management Information，SMI。管理信息结构 MIB，Management Information Base，管理信息库。可理解为这两者用于 SNMP（Simple Network Management Protoco）协议数据包的抓取。具体 SNMP 的工作原理未知，另需补充） 此选项可多次使用，从而为 tcpdump 装载不同的 MIB 模块
–M secret	如果 TCP 数据包（TCP segments）有 TCP-MD5 选项（在 RFC 2385 有相关描述），则为其摘要的验证指定一个公共的密钥 secret
–n	不对地址（比如主机地址、端口号）进行数字表示到名字表示的转换
–N	不打印出 host 的域名部分。如果设置了此选项, tcpdump 将会打印“nic”而不是“nic.ddn.mil”
–O	不启用进行包匹配时所用的优化代码。当怀疑某些 bug 是由优化代码引起的，此选项将很有用
–p	一般情况下，把网络接口设置为非“混杂”模式。但必须注意，在特殊情况下此网络接口还是会以“混杂”模式来工作；从而，“–p”的设与不设，不能当作以下选项的代名词：“ether host {local-hw-add}”或“ether broadcast”（前者表示只匹配以太网地址为 host 的包，后者表示匹配以太网地址为广播地址的数据包）
–q	快速（也许用“安静”更好）打印输出。即打印很少的协议相关信息，从而输出行都比较简短
–R	设定 tcpdump 对 ESP/AH 数据包的解析按照 RFC1825 而不是 RFC1829（AH，认证头，ESP，安全负载封装，这两者会用在 IP 包的安全传输机制中）。如果此选项被设置，tcpdump 将不会打印出“禁止中继”域（relay prevention field）。另外，由于 ESP/AH 规范中没有规定 ESP/AH 数据包必须拥有协议版本号域，所以 tcpdump 不能从收到的 ESP/AH 数据包中推导出协议版本号
–r file	从文件 file 中读取包数据。如果 file 字段为“–”符号，则 tcpdump 会从标准输入中读取包数据
–S	打印 TCP 数据包的顺序号时使用绝对的顺序号，而不是相对的顺序号。（相对顺序号可理解为相对第一个 TCP 包顺序号的差距，比如接受方收到第一个数据包的绝对顺序号为 232323，对于后来接收到的第 2 个、第 3 个数据包，tcpdump 会打印其序列号为 1、2 分别表示与第一个数据包的差距为 1 和 2。而如果此时–S 选项被设置，对于后来接收到的第 2 个、第 3 个数据包会打印出其绝对顺序号：232324、232325）

续表

参数	说明
–s snaplen	设置 tcpdump 的数据包抓取长度为 snaplen，如果不设置默认将会是 68 字节（而支持网络接口分接头（NIT 在上文已有描述，可搜索“网络接口分接头”关键字找到那里）的 SunOS 系列操作系统中默认的也是最小值是 96）。68 字节对于 IP，ICMP（Internet Control Message Protocol，因特网控制报文协议）、TCP 以及 UDP 协议的报文已足够，但对于名称服务（可理解为 dns、nis 等服务），NFS 服务相关的数据包会产生包截短。如果产生包截短这种情况，tcpdump 的相应打印输出行中会出现“ [|proto] ”的标志（proto 实际会显示为被截短的数据包的相关协议层次）。需要注意的是，采用长的抓取长度（snaplen 比较大），会增加包的处理时间，并且会减少 tcpdump 可缓存的数据包的数量，从而会导致数据包的丢失。所以在能抓取我们想要的包的前提下，抓取长度越小越好。把 snaplen 设置为 0 意味着让 tcpdump 自动选择合适的长度来抓取数据包
–T type	强制 tcpdump 按 type 指定的协议所描述的包结构来分析收到的数据包。目前已知的 type 可取的协议为：aodv（Ad-hoc On-demand Distance Vector protocol，按需距离向量路由协议，在 Ad hoc（点对点模式）网络中使用）。cnfp (Cisco NetFlow protocol)、rpc(Remote Procedure Call)、rtp (Real-Time Applications protocol)、rtcp (Real-Time Applications con-trol protocol)、snmp (Simple Network Management Protocol)、tftp（Trivial File Transfer Protocol，碎文件协议）、vat（Visual Audio Tool，可用于在 Internet 上进行电视电话会议的应用层协议），以及 wb （distributed White Board，可用于网络会议的应用层协议）
–t	在每行输出中不打印时间戳
–tt	不对每行输出的时间进行格式处理（这种格式一眼可能看不出其含义，如时间戳打印成 1261798315）
–ttt	tcpdump 输出时，每两行打印之间会延迟一个段时间（以毫秒为单位）
–tttt	在每行打印的时间戳之前添加日期的打印
–U	使得当 tcpdump 在使用–w 选项时，其文件写入与包的保存同步（即当每个数据包被保存时，它将及时被写入文件中，而不是等文件的输出缓冲已满时才真正写入此文件）
–U	标志在老版本的 libcap 库（tcpdump 所依赖的报文捕获库）上不起作用，因为其中缺乏 pcap_cump_flush() 函数
–v	当分析和打印时产生详细的输出。比如包的生存时间、标识、总长度，以及 IP 包的一些选项。这也会打开一些附加的包完整性检测，比如对 IP 或 ICMP 包头部的校验和
–vv	产生比–v 更详细的输出。比如 NFS 回应包中的附加域将会被打印，SMB 数据包也会被完全解码
–vvv	产生比–vv 更详细的输出。比如 telent 时所使用的 SB、SE 选项将会被打印，如果 telnet 同时使用的是图形界面
–w	把包数据直接写入文件而不进行分析和打印输出。这些包数据可在随后通过–r 选项来重新读入并进行分析和打印
–W filecount	此选项与–C 选项配合使用，这将限制可打开的文件数目，并且当文件数据超过这里设置的限制时，依次循环替代之前的文件，这相当于一个拥有 filecount 个文件的文件缓冲池。同时，该选项会使得每个文件名的开头会出现足够多并用来占位的 0，这可以方便这些文件被正确排序
–x	当分析和打印时，tcpdump 会打印每个包的头部数据，同时会以十六进制打印出每个包的数据（但不包括连接层的头部）。总共打印的数据大小不会超过整个数据包的大小与 snaplen 中的最小值。必须要注意的是，如果高层协议数据没有 snaplen 这么长，并且数据链路层（比如 Ethernet 层）有填充数据，则这些填充数据也会被打印（so for link layers that pad，未能衔接理解和翻译，需补充）

续表

参数	说明
–xx	tcpdump 会打印每个包的头部数据，同时会以十六进制打印出每个包的数据，其中包括数据链路层的头部
–X	当分析和打印时，tcpdump 会打印每个包的头部数据，同时会以十六进制和 ASCII 码形式打印出每个包的数据（但不包括连接层的头部）。这对于分析一些新协议的数据包很方便
–XX	当分析和打印时，tcpdump 会打印每个包的头部数据，同时会以十六进制和 ASCII 码形式打印出每个包的数据，其中包括数据链路层的头部。这对于分析一些新协议的数据包很方便
–y datalinktype	设置 tcpdump 只捕获数据链路层协议类型是 datalinktype 的数据包
–Z user	使 tcpdump 放弃自己的超级权限（如果以 root 用户启动 tcpdump，tcpdump 将会有超级用户权限），并把当前 tcpdump 的用户 ID 设置为 user，组 ID 设置为 user 首要所属组的 ID（tcpdump 此处可理解为 tcpdump 运行之后对应的进程）。此选项也可在编译的时候被设置为默认打开（此时 user 的取值未知，需补充）

【实例 7-100】抓取所有经过 eth0、源地址或目的地址是 122.114.79.8 的数据包

```
tcpdump -nt -i eth0 host 122.114.79.8
```

具体代码如下：

```
[root@linux-command ~]# tcpdump -nt -i eth0 host 122.114.79.8
tcpdump: verbose output suppressed, use -v or -vv for full protocol decode
listening on eth0, link-type EN10MB (Ethernet), capture size 65535 bytes
IP 122.114.79.8.61618 > 221.218.91.246.63936: Flags [P.], seq 3399762206:3399762402, ack 1135559957, win 381, length 196
（中间内容略）
IP 122.114.79.8.61618 > 221.218.91.246.63936: Flags [P.], seq 2912:3060, ack 1, win 381, length 148
IP 122.114.79.8.61618 > 221.218.91.246.63936: Flags [P.], seq 3060:3288, ack 1, win 381, length 228
IP 221.218.91.246.63936 > 122.114.79.8.61618: Flags [.], ack 3060, win 255, length 0
IP 122.114.79.8.61618 > 221.218.91.246.63936: Flags [P.], seq 3288:3436, ack 1, win 381, length 148
IP 122.114.79.8.61618 > 221.218.91.246.63936: Flags [P.], seq 3436:3664, ack 1, win 381, length 228
IP 221.218.91.246.63936 > 122.114.79.8.61618: Flags [.], ack 3664, win 253, length 0
IP 122.114.79.8.61618 > 221.218.91.246.63936: Flags [P.], seq 3664:3812, ack 1, win 381, length 148
IP 122.114.79.8.61618 > 221.218.91.246.63936: Flags [P.], seq 3812:4040, ack 1, win 381, length 228
IP 122.114.79.8.61618 > 221.218.91.246.63936: Flags [P.], seq 4040:4188, ack 1, win 381, length 148
IP 122.114.79.8.61618 > 221.218.91.246.63936: Flags [P.], seq 4564:4712, ack 1, win 381, length 148
IP 221.218.91.246.63936 > 122.114.79.8.61618: Flags [.], ack 4712, win 255, length 0
IP 122.114.79.8.61618 > 221.218.91.246.63936: Flags [P.], seq 4712:4860, ack 1, win 381, length 148
```

```
IP 122.114.79.8.61618 > 221.218.91.246.63936: Flags [P.], seq 4860:5088, ack 1,
win 381, length 228
IP 122.114.79.8.61618 > 221.218.91.246.63936: Flags [P.], seq 5088:5236, ack 1,
win 381, length 148
^C
```

【实例 7-101】指定抓取源主机的数据包

```
tcpdump -nt -i eth0  src host 122.114.79.8
```

具体代码如下：

```
[root@linux-command ~]# tcpdump -nt -i eth0  src host 122.114.79.8
tcpdump: verbose output suppressed, use -v or -vv for full protocol decode
listening on eth0, link-type EN10MB (Ethernet), capture size 65535 bytes
IP 122.114.79.8.61618 > 221.218.91.246.63936: Flags [P.], seq 3399768350:33
99768546, ack 1135560457, win 381, length 196
IP 122.114.79.8.61618 > 221.218.91.246.63936: Flags [P.], seq 196:360, ack 1,
win 381, length 164
IP 122.114.79.8.61618 > 221.218.91.246.63936: Flags [P.], seq 360:508, ack 1,
win 381, length 148
IP 122.114.79.8.61618 > 221.218.91.246.63936: Flags [P.], seq 508:656, ack 1,
win 381, length 148
IP 122.114.79.8.61618 > 221.218.91.246.63936: Flags [P.], seq 656:804, ack 1,
win 381, length 148
IP 122.114.79.8.61618 > 221.218.91.246.63936: Flags [P.], seq 804:952, ack 1,
win 381, length 148
IP 122.114.79.8.61618 > 221.218.91.246.63936: Flags [P.], seq 952:1100, ack 1,
win 381, length 148
IP 122.114.79.8.61618 > 221.218.91.246.63936: Flags [P.], seq 1100:1248, ack 1,
win 381, length 148
IP 122.114.79.8.61618 > 221.218.91.246.63936: Flags [P.], seq 1248:1396, ack 1,
win 381, length 148
IP 122.114.79.8.61618 > 221.218.91.246.63936: Flags [P.], seq 1396:1544, ack 1,
win 381, length 148
IP 122.114.79.8.61618 > 221.218.91.246.63936: Flags [P.], seq 1544:1692, ack 1,
win 381, length 148
IP 122.114.79.8.61618 > 221.218.91.246.63936: Flags [P.], seq 1692:1840, ack 1,
win 381, length 148
IP 122.114.79.8.61618 > 221.218.91.246.63936: Flags [P.], seq 2876:3024, ack 1,
win 381, length 148
^C
20 packets captured
```

【实例 7-102】抓取目的主机的数据包

```
tcpdump -nt -i eth0  dst  host 122.114.79.8
```

具体代码如下：

```
[root@linux-command ~]# tcpdump -nt -i eth0  dst  host 122.114.79.8
tcpdump: verbose output suppressed, use -v or -vv for full protocol decode
listening on eth0, link-type EN10MB (Ethernet), capture size 65535 bytes
IP 221.218.91.246.63936 > 122.114.79.8.61618: Flags [.], ack 3399772378, win 253,
length 0
```

```
IP 221.218.91.246.63936 > 122.114.79.8.61618: Flags [.], ack 133, win 253, length 0
IP 221.218.91.246.63936 > 122.114.79.8.61618: Flags [.], ack 265, win 252, length 0
IP 221.218.91.246.63936 > 122.114.79.8.61618: Flags [.], ack 397, win 252, length 0
IP 221.218.91.246.63936 > 122.114.79.8.61618: Flags [.], ack 529, win 280, length 0
IP 221.218.91.246.63936 > 122.114.79.8.61618: Flags [.], ack 661, win 280, length 0
IP 221.218.91.246.63936 > 122.114.79.8.61618: Flags [.], ack 793, win 250, length 0
```

【实例 7-103】过滤端口

```
tcpdump -i eth0  port 80
```

如下代码抓取所有经过 eth0、源端口或目标端口是 80 的数据包。

```
 [root@linux-command ~]# tcpdump -i eth0  port 80
tcpdump: verbose output suppressed, use -v or -vv for full protocol decode
listening on eth0, link-type EN10MB (Ethernet), capture size 65535 bytes
18:37:20.544206 IP linux-command.http > 221.218.91.246.57204: Flags [.], seq
3491124596:3491126036, ack 2763840645, win 60, length 1440
18:37:20.672199 IP linux-command.http > 221.218.91.246.57206: Flags [.], seq
2406310775:2406312215, ack 1237399943, win 60, length 1440
18:37:23.188329 IP 221.218.91.246.57282 > linux-command.http: Flags [S], seq
1566650828, win 8192, options [mss 1440,nop,wscale 8,nop,nop,sackOK], length 0
18:37:23.188458 IP linux-command.http > 221.218.91.246.57282: Flags [S.], seq
3928507127, ack 1566650829, win 29200, options [mss 1460,nop,nop,sackOK,nop,wscale
9], length 0
18:37:23.222054 IP 221.218.91.246.57282 > linux-command.http: Flags [.], ack 1,
win 258, length 0
18:37:23.223586 IP 221.218.91.246.57282 > linux-command.http: Flags [P.], seq
 1:364, ack 1, win 258, length 363
18:37:23.223618 IP linux-command.http > 221.218.91.246.57282: Flags [.], ack
364, win 60, length 0
18:37:23.510327 IP linux-command.http > 221.218.91.246.57282: Flags [.], seq
1:2881, ack 364, win 60, length 2880
18:37:23.510346 IP linux-command.http > 221.218.91.246.57282: Flags [.], seq
2881:5761, ack 364, win 60, length 2880
18:37:23.510349 IP linux-command.http > 221.218.91.246.57282: Flags [P.], seq
5761:8313, ack 364, win 60, length 2552
18:37:23.529624 IP 221.218.91.246.57282 > linux-command.http: Flags [.], ack
8313, win 258, length 0
18:37:23.538217 IP linux-command.http > 221.218.91.246.57282: Flags [.], seq
8313:11193, ack 364, win 60, length 2880
18:37:23.538232 IP linux-command.http > 221.218.91.246.57282: Flags [.], seq
11193:14073, ack 364, win 60, length 2880
（中间内容略）
18:37:23.588806 IP linux-command.http > 221.218.91.246.57282: Flags [.], seq
47737:50617, ack 364, win 60, length 2880
^C
31 packets captured
```

【实例 7-104】源端口

```
tcpdump -i eth0 src port 80
```

如下代码抓取所有经过 eth0，源端口或目标端口是 80 的数据包。

```
[root@linux-command ~]# tcpdump -i eth0 src port 80
tcpdump: verbose output suppressed, use -v or -vv for full protocol decode
listening on eth0, link-type EN10MB (Ethernet), capture size 65535 bytes
18:38:02.029976 IP linux-command.http > 221.218.91.246.57316: Flags [S.], seq 2205558777, ack 3352308770, win 29200, options [mss 1460,nop,nop,sackOK,nop,wscale 9], length 0
18:38:02.430677 IP linux-command.http > 221.218.91.246.57316: Flags [.], seq 36665:39545, ack 390, win 60, length 2880
18:38:02.430689 IP linux-command.http > 221.218.91.246.57316: Flags [.], seq
（中间内容略）
18:38:02.470974 IP linux-command.http > 221.218.91.246.57316: Flags [FP.], seq 71225:71907, ack 390, win 60, length 682
18:38:02.482214 IP linux-command.http > 221.218.91.246.57328: Flags [S.], seq 915251493, ack 1556877412, win 29200, options [mss 1460,nop,nop,sackOK,nop,wscale 9], length 0
18:38:02.483733 IP linux-command.http > 221.218.91.246.57327: Flags [S.], seq 1183375492, ack 727759207, win 29200, options [mss 1460,nop,nop,sackOK,nop,wscale 9], length 0
```

【实例 7-105】目的端口

```
#tcpdump -i eth0 dst port 80
```

如下代码抓取所有经过 eth0，源端口或目标端口是 80 的数据包。

```
[root@linux-command ~]# tcpdump -i eth0 dst port 80
tcpdump: verbose output suppressed, use -v or -vv for full protocol decode
listening on eth0, link-type EN10MB (Ethernet), capture size 65535 bytes
18:38:33.976789 IP 221.218.91.246.57539 > linux-command.http: Flags [S], seq 2961010869, win 8192, options [mss 1440,nop,wscale 8,nop,nop,sackOK], length 0
18:38:33.997734 IP 221.218.91.246.57539 > linux-command.http: Flags [.], ack 3083077956, win 258, length 0
18:38:33.997897 IP 221.218.91.246.57539 > linux-command.http: Flags [P.], seq 0:389, ack 1, win 258, length 389
18:38:34.330348 IP 221.218.91.246.57539 > linux-command.http: Flags [.], ack 8313, win 258, length 0
（中间内容略）
18:38:34.465939 IP 221.218.91.246.57557 > linux-command.http: Flags [.], ack 2192966169, win 258, length 0
18:38:34.466317 IP 221.218.91.246.57556 > linux-command.http: Flags [.], ack 142565084, win 258, length 0
18:38:34.467907 IP 221.218.91.246.57553 > linux-command.http: Flags [.], ack 176, win 258, length 0
^C
31 packets captured
159 packets received by filter
128 packets dropped by kernel
```

7.2.17 dstat 指令

dstat 是一个可以取代 vmstat、iostat、netstat 和 ifstat 这些命令的多功能产品。

dstat 可以让你实时地看到所有系统资源，并以列表的形式为你提供选项信息并清晰地告诉你是在何种幅度和单位显示输出。

dstat 的默认输出是专门为人们实时查看而设计的，不过你也可以将详细信息通过 CSV 输出到一个文件并导入 Excel 生成表格，dstat 有如下特性。

- 结合了 vmstat、iostat、ifstat、netstat 以及更多的信息。
- 实时显示统计情况。
- 在分析和排障时可以通过启用监控项并排序。
- 模块化设计。
- 使用 Python 编写，更方便扩展现有的工作任务。
- 容易扩展和添加你的计数器（请为此做出贡献）。
- 包含的许多扩展插件充分说明了增加新的监控项目是很方便的。
- 可以分组统计块设备/网络设备，并给出总数。
- 可以显示每台设备的当前状态。
- 极准确的时间精度，即便是系统负荷较高也不会延迟显示。
- 显示准确的单位和限制转换误差范围。
- 用不同的颜色显示不同的单位。
- 显示中间结果延时小于 1 秒。
- 支持输出 CSV 格式报表，并能导入 Gnumeric 和 Excel 以生成图形。

dstat 指令常用选项如表 7-10 所示。

表 7-10　　dstat 指令常用选项

参数	说明
–l	显示负载统计量
–m	显示内存使用率（包括 used、buffer、cache、free 值）
–r	显示 I/O 统计
–s	显示交换分区使用情况
–t	将当前时间显示在第一行
–fs	显示文件系统统计数据（包括文件总数量和 inodes 值）
–nocolor	不显示颜色（有时候有用）
–socket	显示网络统计数据
–tcp	显示常用的 TCP 统计
– –disk-util	显示某一时间磁盘的忙碌状况
– –freespace	显示当前磁盘空间使用率
– –proc-count	显示正在运行的程序数量
– –top-bio	指出块 I/O 最大的进程
– –top-CPU	图形化显示 CPU 占用最大的进程
– –top-io	显示正常 I/O 最大的进程

dstat 指令在 epel 扩展源里，需要先安装 epel，再安装 dstat，输出结果如下。

【实例 7-106】安装 dstat 软件

```
yum -y install epel-release
```

安装 epel 源。

```
yum -y install dstat
```

安装 dstat 软件包。

```
[root@linux-command ~]# yum -y install epel-release
Loaded plugins: fastestmirror, priorities
atrpms                                                   | 3.0 kB  00:00:00
base                                                     | 3.6 kB  00:00:00
epel/x86_64/metalink                                     | 6.9 kB  00:00:00
extras                                                   | 3.4 kB  00:00:00
ius                                                      | 2.3 kB  00:00:00
nodesource                                               | 2.5 kB  00:00:00
remi-safe                                                | 2.9 kB  00:00:00
updates                                                  | 3.4 kB  00:00:00
ius/x86_64/primary_db                                    | 207 kB  00:00:02
Loading mirror speeds from cached hostfile
 * epel: mirrors.tuna.tsinghua.edu.cn
 * ius: mirrors.tuna.tsinghua.edu.cn
 * remi-safe: mirrors.tuna.tsinghua.edu.cn
Package epel-release-7-10.noarch already installed and latest version
Nothing to do
[root@linux-command ~]# yum -y install dstat
Loaded plugins: fastestmirror, priorities
Loading mirror speeds from cached hostfile
 * epel: mirrors.tuna.tsinghua.edu.cn
 * ius: mirrors.tuna.tsinghua.edu.cn
 * remi-safe: mirrors.tuna.tsinghua.edu.cn
Package dstat-0.7.2-12.el7.noarch already installed and latest version
Nothing to do
```

dstat 软件安装完成后，执行 dstat 命令，默认情况它会收集–CPU–、–disk–、–net–、–paging–、–system–的数据，每 1 秒收集一次。

默认输入如下代码。

```
dstat
```

等于输入了如下代码。

```
dstat -cdngy 1
```

或如下代码。

```
dstat -a 1
```

推荐使用 date && dstat -tclmdny 60，每 1 分钟监视一次（注意调节显示的宽度，或去掉

–t 选项）。

统计时间、CPU、磁盘读写、I/O、负载、内存、网络、最高的 CPU 占用和内存占用。如图 7-3 所示。

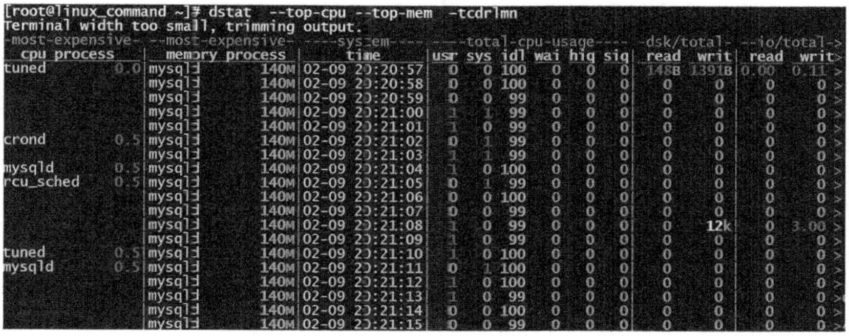

图 7-3 统计时 CPU、磁盘读写、I/O、负载、内存、网络、最高的 CPU 和内存占用

【实例 7-107】统计系统相关信息

```
dstat  --top-CPU --top-mem  -tcdrlmn
```

具体代码如下：

```
[root@linux-command ~]# dstat  --toc-CPU --top-mem  -tcdrlmn
Terminal width too small, trimming cutput.
-most-expensive- --most-expensive- ----system---- ----total-CPU-usage---- -dsk/total
- --io/total->
  CPU process  |  memory process |    time    |usr sys idl wai hiq siq| read  writ|
read  writ>
tuned      0.0|mysqld    140M|02-09 20:20:57  0  0 100  0  0  0| 148B 1391B|0.00 0.11 >
              |mysqld    140M|02-09 20:20:58|  0  0 100  0  0  0|  0    0 |  0    0 >
              |mysqld    140M|02-09 20:20:59|  0  0  99  0  0  0|  0    0 |  0    0 >
              |mysqld    140M|02-09 20:21:00|  1  1  99  0  0  0|  0    0 |  0    0 >
              |mysqld    140M|02-09 20:21:01|  1  0  99  0  0  0|  0    0 |  0    0 >
crond      0.5|mysqld    140M|02-09 20:21:02|  0  1  99  0  0  0|  0    0 |  0    0 >
              |mysqld    140M|02-09 20:21:03|  1  1  99  0  0  0|  0    0 |  0    0 >
mysqld     0.5|mysqld    140M|02-09 20:21:04|  1  0 100  0  0  0|  0    0 |  0    0 >
rcu_sched  0.5|mysqld    140M|02-09 20:21:05|  0  1  99  0  0  0|  0    0 |  0    0 >
              |mysqld    140M|02-09 20:21:06|  0  0 100  0  0  0|  0    0 |  0    0 >
              |mysqld    140M|02-09 20:21:07|  0  0  99  0  0  0|  0    0 |  0    0 >
              |mysqld    140M|02-09 20:21:08|  1  0  99  0  0  0|  0  12k|  0 3.00 >
              |mysqld    140M|02-09 20:21:09|  1  0  99  0  0  0|  0    0 |  0    0 >
tuned      0.5|mysqld    140M|02-09 20:21:10|  1  0 100  0  0  0|  0    0 |  0    0 >
mysqld     0.5|mysqld    140M|02-09 20:21:11|  0  1 100  0  0  0|  0    0 |  0    0 >
              |mysqld    140M|02-09 20:21:12|  1  0 100  0  0  0|  0    0 |  0    0 >
              |mysqld    140M|02-09 20:21:13|  1  0  99  0  0  0|  0    0 |  0    0 >q
              |mysqld    140M|02-09 20:21:14|  0  0 100  0  0  0|  0    0 |  0    0 >
              |mysqld    140M|02-09 20:21:15|  0  0  99  0  0  0|  0    0 |  0  0 >^C
```

上述代码统计时间、CPU、磁盘读写、I/O、负载、内存、网络、最高的 CPU 占用和最高的内存占用等信息。

【实例 7-108】统计 2 颗核心，每颗核心的使用情况和 CPU 使用情况

如图 7-4 所示。

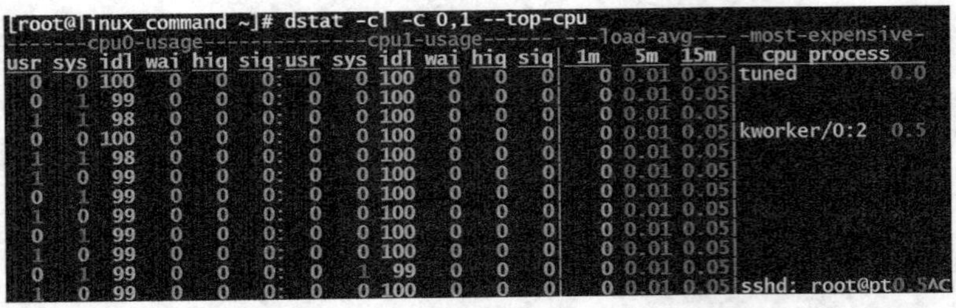

图 7-4　统计 2 颗核心，每颗核心的使用情况和 CPU 使用情况

```
[root@linux-command ~]# dstat -cl -C 0,1 --top-CPU
-------CPU0-usage--------------CPU1-usage------ ---load-avg--- -most-expensive-
usr sys idl wai hiq siq:usr sys idl wai hiq siq| 1m   5m  15m |  CPU process
  0   0 100   0   0   0:   0   0 100   0   0   0|   0 0.01 0.05|tuned          0.0
  0   1  99   0   0   0:   0   0 100   0   0   0|   0 0.01 0.05|
  1   1  98   0   0   0:   0   0 100   0   0   0|   0 0.01 0.05|
  0   0 100   0   0   0:   0   0 100   0   0   0|   0 0.01 0.05|kworker/0:2  0.5
  1   1  98   0   0   0:   0   0 100   0   0   0|   0 0.01 0.05|
  1   0  99   0   0   0:   0   0 100   0   0   0|   0 0.01 0.05|
  0   1  99   0   0   0:   0   0 100   0   0   0|   0 0.01 0.05|
  1   0  99   0   0   0:   0   0 100   0   0   0|   0 0.01 0.05|
  0   1  99   0   0   0:   0   0 100   0   0   0|   0 0.01 0.05|
  1   0  99   0   0   0:   0   0 100   0   0   0|   0 0.01 0.05|
  0   1  99   0   0   0:   0   1  99   0   0   0|   0 0.01 0.05|
  1   0  99   0   0   0:   0   0 100   0   0   0|   0 0.01 0.05|sshd: root@pt0.5^C
```

上述代码统计 CPU 等信息，并按 CPU 排序。

【实例 7-109】查看全部内存都有谁在占用

```
dstat -g -l -m -s --top-mem
```

查看全部内存都有谁在占用，上述代码查看系统内存有哪些进程在使用。

```
[root@linux-command ~]# dstat -g -l -m -s --top-mem
---paging-- ---load-avg--- ------memory-usage----- ----swap--- --most-expensive-
  in   out | 1m   5m  15m| used  buff  cach  free| used  free|  memory process
  0    1B|  0 0.01 0.05| 646M    0  1180M  175M|7348k 3961M|mysqld        140M
  0     0 |  0 0.01 0.05| 646M    0  1180M  175M|7348k 3961M|mysqld        140M
  0     0 |  0 0.01 0.05| 646M    0  1180M  175M|7348k 3961M|mysqld        140M
  0     0 |  0 0.01 0.05| 646M    0  1180M  175M|7348k 3961M|mysqld        140M
  0     0 |  0 0.01 0.05| 646M    0  1180M  175M|7348k 3961M|mysqld        140M
  0     0 |  0 0.01 0.05| 646M    0  1180M  175M|7348k 3961M|mysqld        140M
  0     0 |  0 0.01 0.05| 646M    0  1180M  175M|7348k 3961M|mysqld        140M
  0     0 |  0 0.01 0.05| 646M    0  1180M  175M|7348k 3961M|mysqld        140M
  0     0 |  0 0.01 0.05| 646M    0  1180M  175M|7348k 3961M|mysqld        140M
  0     0 |  0 0.01 0.05| 646M    0  1180M  175M|7348k 3961M|mysqld        140M
```

```
  0    0 |  0 0.01 0.05| 646M    0  118DM  175M|7348k 3961M|mysqld      140M
  0    0 |  0 0.01 0.05| 646M    0  118DM  175M|7348k 3961M|mysqld      140M
  0    0 |  0 0.01 0.05| 646M    0  118DM  175M|7348k 3961M|mysqld      140M^C
```

【实例 7-110】显示一些关于 CPU 资源损耗的数据

```
dstat -c -y -l --proc-count --tcp-CPU
```

上述代码统计 CPU 资源使用信息。

```
[root@linux-command ~]# dstat -c -y -l --proc-count --top-CPU
----total-CPU-usage---- ---system-- ---load-avg--- proc -most-expensive-
usr sys idl wai hiq siq| int   csw | 1m   5m 15m |tota|  CPU process
  0   0 100   0   0   0|  30   105 |   0 0.01 0.05| 104|tuned         0.0
  0   0 100   0   0   0|  75   166 |   0 0.01 0.05| 104|
  1   0 100   0   0   0|  76   164 |   0 0.01 0.05| 104|
  0   1 100   0   0   0|  80   170 |   0 0.01 0.05| 104|
  1   0 100   0   0   0|  74   169 |   0 0.01 0.05| 104|
  0   1  99   0   0   0|  84   174 |   0 0.01 0.05| 104|mysqld        0.5
  1   0 100   0   0   0|  87   182 |   0 0.01 0.05| 104|
  1   0 100   0   0   0|  81   170 |   0 0.01 0.05| 104|
  0   0 100   0   0   0|  73   160 |   0 0.01 0.05| 104|
  0   0  99   0   0   0|  82   169 |   0 0.01 0.05| 104|tuned         0.5
  1   0 100   0   0   0|  73   160 |   0 0.01 0.05| 104|
  0   1 100   0   0   0|  89   182 |   0 0.01 0.05| 104|
  1   0 100   0   0   0|  77   160 |   0 0.01 0.05| 104|
  1   0 100   0   0   0|  76   165 |   0 0.01 0.05| 104|
```

【实例 7-111】显示系统负载

```
dstat -l
```

显示当前服务器最近 1 分钟、5 分钟、15 分钟系统负载状态信息。

```
[root@linux-command ~]# dstat -l
---load-avg---
 1m   5m  15m
   0 0.01 0.05
   0 0.01 0.05
   0 0.01 0.05
   0 0.01 0.05
   0 0.01 0.05
   0 0.01 0.05
   0 0.01 0.05
   0 0.01 0.05
   0 0.01 0.05
```

【实例 7-112】显示内存使用率

```
dstat -m
```

具体代码如下：

```
[root@linux-command ~]# dstat -m
------memory-usage-----
```

```
 used  buff  cach  free
 646M    0  1180M  175M
 646M    0  1180M  175M
 646M    0  1180M  175M
 646M    0  1180M  175M
 646M    0  1180M  175M
 646M    0  1180M  175M
 646M    0  1180M  175M
 646M    0  1180M  175M
```

显示当前服务器内存使用状态信息，其中包括 buffer 和 cache 等。

【实例 7-113】显示 I/O 使用率

```
dstat -r
```

具体代码如下：

```
[root@linux-command ~]# dstat -r
--io/total-
 read  writ
0.00  0.11
   0     0
   0     0
   0     0
   0     0
   0     0
   0     0
   0     0
   0     0
   0     0
```

统计 I/O 使用率，核心指标为读磁盘信息、写磁盘信息等。

【实例 7-114】显示网络统计

```
dstat -socket
```

显示网络统计信息，统计 swap 虚拟内存使用信息。

```
[root@linux-command ~]# dstat -socket
----swap---
 used  free
7348k 3961M
7348k 3961M
7348k 3961M
7348k 3961M
7348k 3961M
7348k 3961M
7348k 3961M
7348k 3961M
7348k 3961M
```

【实例 7-115】统计所有工程序数量

```
[root@linux-command ~]# dstat -proc-count
```

```
---procs--- --io/total-
run blk new| read  writ
  0   0 0.2|0.00  0.11
  0   0    0|  0   6.00
  0   0    0|  0      0
  0   0    0|  0      0
  0   0    0|  0      0
  0   0    0|  0      0
  0   0    0|  0      0
  0   0    0|  0      0
  0   0    0|  0      0
  0   0    0|  0      0
  0   0    0|  0      0
  0   0    0|  0      0
  0   0    0|  0      0
  0   0    0|  0      0
  0   0    0|  0      0
```

【实例 7-116】统计目前读写 I/O 最大的程序

```
[root@linux-command ~]# dstat -top-bio
----system----
    time
02-09 20:38:37
02-09 20:38:38
02-09 20:38:39
02-09 20:38:40
02-09 20:38:41
02-09 20:38:42
02-09 20:38:43
02-09 20:38:44
02-09 20:38:45
02-09 20:38:46
02-09 20:38:47^C
```

【实例 7-117】统计目前 CPU 占用最多的程序

```
[root@linux-command ~]# dstat -top-CPU
----system----
    time
02-09 20:39:32
02-09 20:39:33
02-09 20:39:34
02-09 20:39:35
02-09 20:39:36
02-09 20:39:37
02-09 20:39:38
02-09 20:39:39
02-09 20:39:40^C
```

【实例 7-118】统计目前内存使用最多的程序

```
[root@linux-command ~]# dstat -top-mem
----system----
```

```
    time
02-09 20:39:49
02-09 20:39:50
02-09 20:39:51
02-09 20:39:52
02-09 20:39:53
02-09 20:39:54
02-09 20:39:55
02-09 20:39:56
02-09 20:39:57
02-09 20:39:58
02-09 20:39:59
02-09 20:40:00
02-09 20:40:01
02-09 20:40:02
```

【实例 7-119】显示结果输出到 CSV

```
[root@linux-command ~]# dstat --output /tmp/dstat_test.csv
You did not select any stats, using -cdngy by default.
----total-CPU-usage---- -dsk/total- -net/total- ---paging-- ---system--
usr sys idl wai hiq siq| read  writ| recv  send|  in   out | int   csw
  0   0 100   0   0   0| 148B 1391B|   0     0 |   0    1B|  30   105
  0   0 100   0   0   0|   0     0 | 120B  154B|   0     0 |  56   156
  0   0 100   0   0   0|   0     0 |  60B  826B|   0     0 |  49   149
  0   0 100   0   0   0|   0     0 | 120B  692B|   0     0 |  64   164
  0   0 100   0   0   0|   0     0 |  60B   82B|   0     0 |  48   147
  0   0 100   0   0   0|   0     0 |  60B  346B|   0     0 |  47   149
  0   0 100   0   0   0|   0   29k|  60B  346B|   0     0 |  63   175
  0   0 100   0   0   0|   0     0 |  60B  346B|   0     0 |  47   147
  0   0 100   0   0   0|   0     0 |  60B  346B|   0     0 |  52   156 ^C
[root@linux-command ~]# ls -lh /tmp/dstat_test.csv
-rw-r--r--. 1 root root 1006 Sep  2 20:41 /tmp/dstat_test.csv
```

【实例 7-120】查看全部内存占用

```
[root@linux-command ~]# dstat -g -l -m -s --top-mem
---paging-- ---load-avg--- ------memory-usage----- ----swap--- --most-expensive-
  in   out | 1m   5m  15m | used  buff  cach  free| used  free|  memory process
   0    1B|  0 0.01 0.05| 646M    0  1180M  175M|7348k 3961M|mysqld      140M
   0     0 |  0 0.01 0.05| 646M    0  1180M  175M|7348k 3961M|mysqld      140M
   0     0 |  0 0.01 0.05| 646M    0  1180M  175M|7348k 3961M|mysqld      140M
   0     0 |  0 0.01 0.05| 646M    0  1180M  175M|7348k 3961M|mysqld      140M
   0     0 |  0 0.01 0.05| 646M    0  1180M  175M|7348k 3961M|mysqld      140M
   0     0 |  0 0.01 0.05| 646M    0  1180M  175M|7348k 3961M|mysqld      140M
   0     0 |  0 0.01 0.05| 646M    0  1180M  175M|7348k 3961M|mysqld      140M
   0     0 |  0 0.01 0.05| 646M    0  1180M  175M|7348k 3961M|mysqld      140M
   0     0 |  0 0.01 0.05| 646M    0  1180M  175M|7348k 3961M|mysqld      140M
   0     0 |  0 0.01 0.05| 646M    0  1180M  175M|7348k 3961M|mysqld      140M
   0     0 |  0 0.01 0.05| 646M    0  1180M  175M|7348k 3961M|mysqld      140M
   0     0 |  0 0.01 0.05| 646M    0  1180M  175M|7348k 3961M|mysqld      140M
   0     0 |  0 0.01 0.05| 646M    0  1180M  175M|7348k 3961M|mysqld      140M
   0     0 |  0 0.01 0.05| 646M    0  1180M  175M|7348k 3961M|mysqld      140M
   0     0 |  0 0.01 0.05| 646M    0  1180M  175M|7348k 3961M|mysqld      140M^C
```

【实例 7-121】显示耗费 CPU 的程序

```
[root@linux-command ~]# dstat -c -y -l --proc-count --top-CPU
----total-CPU-usage---- ---system-- ---load-avg--- proc -most-expensive-
usr sys idl wai hiq siq| int   csw | 1m   5m 15m |tota|  CPU process
  0   0 100   0   0   0|  30   105 |    0 0.01 0.05| 104|tuned        0.0
  1   0 100   0   0   0|  50   123 |    0 0.01 0.05| 104|
  0   1 100   0   0   0|  58   128 |    0 0.01 0.05| 104|
  1   0 100   0   0   0|  49   123 |    0 0.01 0.05| 104|
  0   0 100   0   0   0|  54   130 |    0 0.01 0.05| 104|
  1   0 100   0   0   0|  60   141 |    0 0.01 0.05| 104|
  0   1 100   0   0   0|  51   123 |    0 0.01 0.05| 104|mysqld       0.5
  1   0 100   0   0   0|  49   124 |    0 0.01 0.05| 104|
  0   0 100   0   0   0|  61   139 |    0 0.01 0.05| 104|
  1   0  99   0   0   0|  58   129 |    0 0.01 0.05| 104|kworker/1:0 0.5
  0   0  99   0   0   0|  53   123 |    0 0.01 0.05| 104|
  1   0  99   0   0   0|  58   132 |    0 0.01 0.05| 104|
  0   0 100   0   0   0|  49   125 |    0 0.01 0.05| 104|
  0   1 100   0   0   0|  54   125 |    0 0.01 0.05| 104|kworker/0:2 0.5
  1   0 100   0   0   0|  49   121 |    0 0.01 0.05| 104|             ^C
```

7.2.18 bmon 指令

bmon 是类 UNIX 系统中一个基于文本，简单但非常强大的网络监视和调试工具，它能抓取网络相关统计信息并把它们以用户友好的格式展现出来。它是一个可靠高效的带宽监视和网速估测工具。

它能使用各种输入模块读取输入，并以各种输出模式显示输出，包括交互式文本用户界面和用于脚本编写的可编程文本输出。

【实例 7-122】安装 bmon 软件

```
yum list bmon
```

列出 bmon 软件包是否存在。

```
yum -y install bmon
```

安装 bmon 软件包。

```
[root@linux-command ~]# yum list bmon
Loaded plugins: fastestmirror, priorities
Loading mirror speeds from cached hostfile
 * epel: mirrors.tuna.tsinghua.edu.cn
 * ius: mirrors.tuna.tsinghua.edu.cn
 * remi-safe: mirrors.tuna.tsinghua.edu.cn
Available Packages
bmon.x86_64                                                   3.6-1.el7
epel
[root@linux-command ~]# yum -y install bmon
Loaded plugins: fastestmirror, priorities
```

```
Loading mirror speeds from cached hostfile
 * epel: mirrors.tuna.tsinghua.edu.cn
 * ius: mirrors.tuna.tsinghua.edu.cn
（中间内容略）
Complete!
```

安装好后直接执行 bmon 命令就可以打开了。

```
bmon -p eth0
```

随后 bmon 会显示监控界面，输入“g”打开图形监控栏，输入“d”可以开启详细模式（如果没有显示，请放大终端窗口）。

【实例 7-123】bmon 默认输出界面

通过以下命令运行它（初学者说明：RX 表示每秒接收数据，TX 表示每秒发送数据），完整输出如图 7-5 所示。

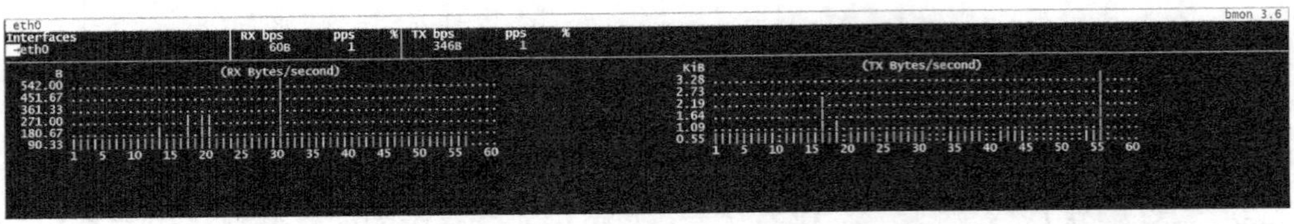

图 7-5　bmon 默认界面

【实例 7-124】详细带宽信息

按<d>键可以查看更详细的带宽使用情况的图形化统计信息，如图 7-6 所示。

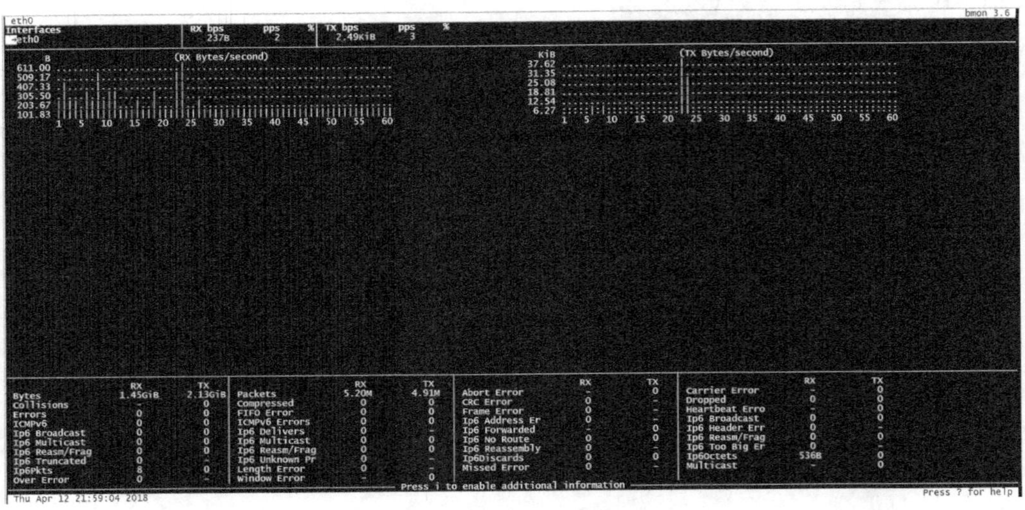

图 7-6　bmon 详细带宽信息

【实例 7-125】按秒指定刷新间隔时间

要查看每秒位数而不是每秒字节数，可以像下面这样使用“–b”选项，如图 7-7 所示。

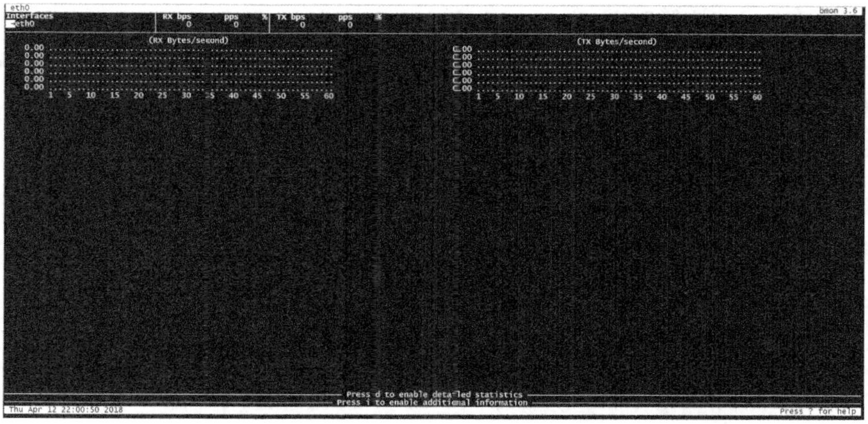

图 7-7 按秒显示

```
[root@linux-command ~]# bmon -r 5 -p eth0
 eth0                                                                    bmon
3.6
Interfaces                         | RX bps       pps     %| TX bps      pps    %
 →eth0                             |   23B         0       |   81B         0
---------------------------------------------------------------------------------

                           (RX Bytes/second)
     0.00 ............................................................
     0.00 ............................................................
     0.00 ............................................................
     0.00 ............................................................
     0.00 ............................................................
     0.00 ............................................................
          1  5  10  15  20  25  30 ┌─────────────────────────────┐ 55  60
                          (TX Bytes |                |
     0.00 ..........................| Really Quit? (y/n) |........
     0.00 ..........................|                  |........
     0.00 ..........................└─────────────────────────────┘........
     0.00 ............................................................
     0.00 ............................................................
     0.00 ............................................................
        1   5   10   15   20   25   30   35   40   45   50   55   60
  ------------------------------------- Increase screen height to see detailed
statistics ------------------------------------
  ----------------------------------------Press i to enable additional
information ------------------------------------
```

上述代码中，“–p”选项指定了要显示的网卡，“–r”选项秒指定刷新间隔时间。

【实例 7-126】格式化输出结果

```
bmon -p eth0 -o format
```

“–o format”选项格式化输出网卡流量显示结果，format 输出模式，然后在脚本或者其他程序中使用获取的值。

```
[root@linux-command ~]# bmon -p eth0 -o format
eth0 670655035 841907888 1699488 1429172
eth0 670655095 841907994 1699489 1429173
eth0 670655155 841908132 1699490 1429174
eth0 670655215 841908270 1699491 1429175
eth0 670655275 841908408 1699492 1429176
eth0 670655335 841908546 1699493 1429177
eth0 670655395 841908684 1699494 1429178
eth0 670655455 841908822 1699495 1429179
eth0 670655515 841908960 1699496 1429180
eth0 670655575 841909098 1699497 1429181
eth0 670655635 841909236 1699498 1429182
eth0 670655695 841909374 1699499 1429183
eth0 670655755 841909512 1699500 1429184
eth0 670655815 841909650 1699501 1429185
eth0 670655917 841909926 1699503 1429187
eth0 670655977 841909968 1699504 1429188
eth0 670656037 841910106 1699505 1429189
eth0 670656097 841910244 1699506 1429190
eth0 670656157 841910382 1699507 1429191
eth0 670656217 841910520 1699508 1429192
eth0 670656277 841910658 1699509 1429193
eth0 670656337 841910796 1699510 1429194
eth0 670656397 841910934 1699511 1429195
eth0 670656457 841911072 1699512 1429196
```

【实例 7-127】以基本的方式查看

```
bmon -o ascii -p eth0
```

具体代码如下：

```
[root@linux-command ~]# bmon -o ascii -p eth0
Interfaces                    RX bps      pps     %  TX bps     pps    %
  eth0                            0         0            0       0
Interfaces                    RX bps      pps     %  TX bps     pps    %
  eth0                          59B         0         105B       0
Interfaces                    RX bps      pps     %   TX bps    pps    %
  eth0                          59B         0          249B      0
Interfaces                    RX bps      pps     %   TX bps    pps    %
  eth0                          60B         1          286B      1
Interfaces                    RX bps      pps     %   TX bps    pps    %
  eth0                          60B         1          295B      1
Interfaces                    RX bps      pps     %   TX bps    pps    %
  eth0                          59B         0          297B      0
```

```
Interfaces                          RX bps     pps     %    TX bps   pps     %
  eth0                              60B         1            297B    1
Interfaces                          RX bps     pps     %    TX bps   pps     %
  eth0                              60B         1            297B    1
Interfaces                          RX bps     pps     %    TX bps   pps     %
  eth0                              59B         0            297B    0
Interfaces                          RX bps     pps     %    TX bps   pps     %
  eth0                              60B         1            298B    1
^C
```

上述代码可以在 Shell 终端下监控网络流量的状况（具有动态效果）。

- RX：流进。
- TX：流出。

还可以把结果输出到浏览器，网页输出命令如下。

```
bmon -I distribution:multicast -o null -O html:path=/var/htdocs/
```

可实用 Nginx 这样的网络服务器来配置网站目录为这个输出目录，这样读者就可以远程监控服务器的网络流量了。

【实例 7-128】每隔 3 秒以基本的方式查看网卡流量信息

```
[root@linux-command ~]# bmon -o ascii -r 3  -p eth0
Interfaces                        RX bps      pps     %    TX bps      pps      %
  eth0                              0         0            0           0
Interfaces                        RX bps      pps     %     TX bps     pps      %
  eth0                              19B        0             35B       0
Interfaces                        RX bps      pps     %     TX bps     pps      %
  eth0                              19B        0             83B       0
Interfaces                        RX bps      pps     %     TX bps     pps      %
  eth0                              20B        0               95B     0
^C
```

上述代码分别使用“–o”“–r”“–p”选项查看 eth0 网卡流量信息。

7.2.19 atop 指令

atop 就是一款用于监控 Linux 系统资源与进程的工具。它以一定的频率记录系统的运行状态，所采集的数据包含系统资源（CPU、内存、磁盘和网络）使用情况和进程运行情况，并能以日志文件的方式保存在磁盘中。服务器出现问题后，我们可获取相应的 atop 日志文件进行分析。在安装 atop 之后，我们在命令行下敲入“atop”命令即可看到系统当前的运行情况。

【实例 7-129】安装 atop 软件

```
[root@linux-command ~]# yum install atop -y
Loaded plugins: fastestmirror, priorities
Loading mirror speeds from cached hostfile
 * epel: mirrors.tuna.tsinghua.edu.cn
（中间内容略）
```

```
Running transaction
  Installing                          :                    atop-2.1-1.el7.x86_64
 1/1
  Verifying                             :                  atop-2.1-1.el7.x86_64
 1/1

Installed:
  atop.x86_64 0:2.1-1.el7

Complete!
```

atop 运行后默认界面如图 7-8 所示。

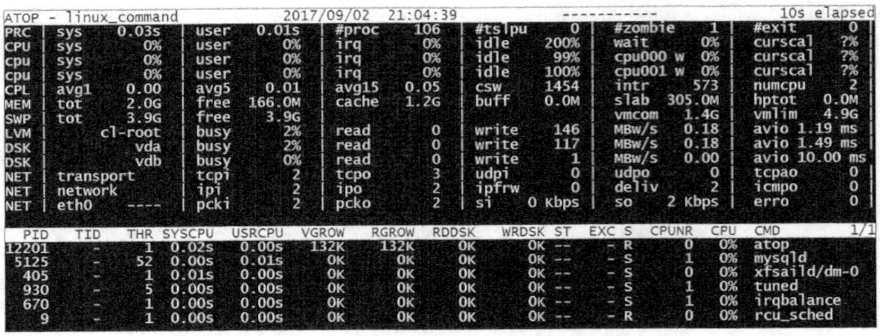

图 7-8　atop 运行后默认界面

图 7-8 中列出了不少字段以及数值，各字段的含义是什么？我们应该怎么看？以上每个字段的含义都是相对采样周期而言的，下面我们先来关注图 7-8 显示的上半部分。

（1）ATOP 列：该列显示了主机名、信息采样日期和时间点。

（2）PRC 列：该列显示了进程整体运行情况。

sys、usr 字段分别指示进程在内核态和用户态的运行时间。

- proc 字段指示进程总数。
- zombie 字段指示僵死进程的数量。
- exit 字段指示 atop 采样周期期间退出的进程数量。

（3）CPU 列：该列显示 CPU 整体（即多核 CPU 作为一个整体 CPU 资源）的使用情况，我们知道 CPU 可被用于执行进程、处理中断，也可处于空闲状态（空闲状态分两种，一种是活动进程等待磁盘 I/O 导致 CPU 空闲，另一种是完全空闲）。

- sys、usr 字段指示 CPU 被用于处理进程时，进程在内核态、用户态所占 CPU 的时间比例。
- irq 字段指示 CPU 被用于处理中断的时间比例。
- idle 字段指示 CPU 处在完全空闲状态的时间比例。
- wait 字段指示 CPU 处在“进程等待磁盘 I/O 导致 CPU 空闲”状态的时间比例。
- CPU 列各个字段指示值相加结果为 N00%，其中 N 为 CPU 核数。

（4）CPU 列：该列显示某一核 CPU 的使用情况，各字段含义可参照 CPU 列，各字段值相加结果为 100%。

（5）CPL 列：该列显示 CPU 负载情况。

- avg1、avg5 和 avg15 字段：过去 1 分钟、5 分钟和 15 分钟内运行队列中的平均进程数量。
- csw 字段指示上下文交换次数。
- intr 字段指示中断发生次数。

（6）MEM 列：该列指示内存的使用情况。

- tot 字段指示物理内存总量。
- free 字段指示空闲内存的大小。
- cache 字段指示用于页缓存的内存大小。
- buff 字段指示用于文件缓存的内存大小。
- slab 字段指示系统内核占用的内存大小。

（7）SWP 列：该列指示交换空间的使用情况。

- tot 字段指示交换区总量。
- free 字段指示空闲交换空间大小。
- PAG 列：该列指示虚拟内存分页情况。
- swin、swout 字段：换入和换出内存页数。

（8）DSK 列：该列指示磁盘使用情况，每一个磁盘设备对应一列，如果有 sdb 设备，那么增多一列 DSK 信息。

- sda 字段：磁盘设备标识。
- busy 字段：磁盘忙时比例。
- read、write 字段：读、写请求数量。

（9）NET 列：多列 NET 展示了网络状况，包括传输层（TCP 和 UDP）、IP 层以及各活动的网口信息。

- XXXi 字段指示各层或活动网口收包数目。
- XXXo 字段指示各层或活动网口发包数目。

7.2.20 nmon 指令

nmon 是一种在 AIX 与各种 Linux 操作系统上广泛使用的监控与分析工具，它能在系统运行过程中实时地捕捉系统资源的使用情况，并且能输出结果到文件中。nmon 工具可以帮助在一个屏幕上显示所有重要的性能优化信息，并动态地对其进行更改，并且 nmon 运行不会占用过多的系统资源，通常情况下 CPU 利用率不会超过 2%。

针对不同的操作系统版本，nmon 有相应版本的程序，需要注意的是该文件需要执行授权操作方可正常运行，nmon 工具可以为 AIX 和 Linux 性能专家提供监视和分析性能数据的功能，涉及如下。

- CPU 使用率。
- 内存使用情况。
- 内核统计信息和运行队列信息。
- 磁盘 I/O 速度、传输和读/写比率。
- 文件系统中的可用空间。
- 磁盘适配器。
- 网络 I/O 速度、传输和读/写比率。
- 页面空间和页面速度。
- CPU 和 AIX 规范。
- 消耗资源最多的进程。
- IBM HTTP Web 缓存。
- 用户自定义的磁盘组。
- 计算机详细信息和资源。
- 异步 I/O，仅适用于 AIX。
- 工作负载管理器（WLM），仅适用于 AIX。
- IBM TotalStorage® Enterprise Storage Server® (ESS)磁盘，仅适用于 AIX。
- 网络文件系统（NFS）。
- 动态 LPAR (DLPAR)更改，仅适用于面向 AIX 或 Linux 的 pSeries p5 和 OpenPower。

下载 nmon 之前要确认当前操作系统的版本及内核信息。

```
[root@linux-command ~]# cat /etc/redhat-release
CentOS Linux release 7.3.1611 (Core)
[root@linux-command ~]# uname -m
x86_64
[root@linux-command ~]# getconf LONG_BIT
64
```

根据对应版本信息去下载对应软件包，如图 7-9 所示。

【实例 7-130】查看 nmon 软件

```
[root@linux-command ~]# ls -hl nmon16e_x86_rhel72
-rw-r--r--. 1 root root 393K Apr 12  2016 nmon16e_x86_rhel72
```

实际工作中，nmon 有 3 种常用的使用模式，分别是实时监控、后台监控和定期监控模式。

（1）实时监控

在完成配置后，只需要“#./nmon”命令即可运行程序，通过一些快捷键调取关心的系统资源指标进行显示，如按键<C>可以查看 CPU 相关信息、按键<D>可以查看磁盘信息、按键<T>可以查看系统的进程信息、<M>对应内存、<N>对应网络等。完整的快捷键对应内容可以通过帮助（按键“H”）查看，可以显示 Linux 系统 CPU、内存、进程信息，包括了 CPU 的用户、系统、等待和空闲状态值，可用内存、缓存大小以及进程的 CPU 消耗等详细指标。该种方式显示信息实时性强，能够及时掌握系统承受压力下的运行情况，每颗 CPU 利用率是多少、内存使用多少、网络流量多少、磁盘读写……这些数据实时刷新，一目了然。但是如果我们希望将一段时间的资源情况记录下来，以备后续的分析工作，则需要以另一种方式使用 nmon。

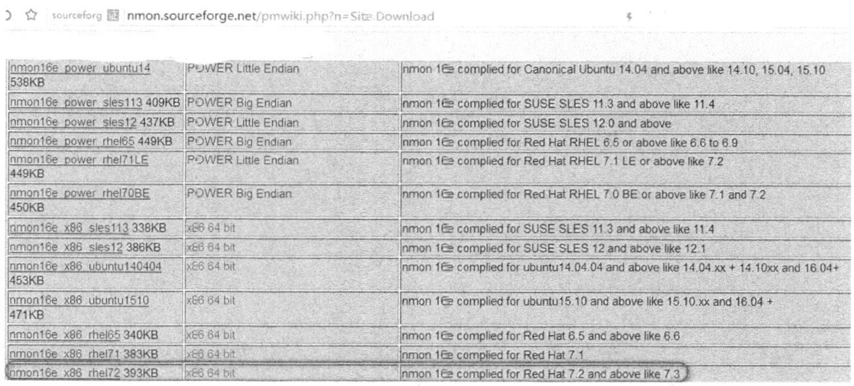
nmon.sourceforge.net/pmwiki.php?n=Site.Download

nmon16e_power_ubuntu14 538KB	POWER Little Endian	nmon 16e complied for Canonical Ubuntu 14.04 and above like 14.10, 15.04, 15.10
nmon16e_power_sles113 409KB	POWER Big Endian	nmon 16e complied for SUSE SLES 11.3 and above like 11.4
nmon16e_power_sles12 437KB	POWER Little Endian	nmon 16e complied for SUSE SLES 12.0 and above
nmon16e_power_rhel65 449KB	POWER Big Endian	nmon 16e complied for Red Hat RHEL 6.5 or above like 6.6 to 6.9
nmon16e_power_rhel71LE 449KB	POWER Little Endian	nmon 16e complied for Red Hat RHEL 7.1 LE or above like 7.2
nmon16e_power_rhel70BE 450KB	POWER Big Endian	nmon 16e complied for Red Hat RHEL 7.0 BE or above like 7.1 and 7.2
nmon16e_x86_sles113 338KB	x86 64 bit	nmon 16e complied for SUSE SLES 11.3 and above like 11.4
nmon16e_x86_sles12 386KB	x86 64 bit	nmon 16e complied for SUSE SLES 12 and above like 12.1
nmon16e_x86_ubuntu140404 453KB	x86 64 bit	nmon 16e complied for ubuntu14.04.04 and above like 14.04.xx + 14.10xx and 16.04+
nmon16e_x86_ubuntu1510 471KB	x86 64 bit	nmon 16e complied for ubuntu15.10 and above like 15.10.xx and 16.04 +
nmon16e_x86_rhel65 340KB	x86 64 bit	nmon 16e complied for Red Hat 6.5 and above like 6.6
nmon16e_x86_rhel71 383KB	x86 64 bit	nmon 16e complied for Red Hat 7.1
nmon16e_x86_rhel72 393KB	x86 64 bit	nmon 16e complied for Red Hat 7.2 and above like 7.3

图 7-9　nmon 版本下载

（2）后台监控

为了配合性能测试，我们往往需要将一个时间段内系统资源消耗情况记录下来，这时可以使用命令：./nmon –f –s 10 –c 360。

- –f：按标准格式输出文件名称：<hostname>_YYYYMMDD_HHMM.nmon。
- –s：每隔 n 秒抽样一次，这里为 10 秒。
- –c：取出多少个抽样数量，这里为 360，即监控=10×360/3600=1 小时。

该命令启动后，会在 nmon 所在目录下生成监控文件，并持续写入资源数据，直至 360 个监控点收集完成——即监控 1 小时。这些操作均自动完成，无需手工干预，测试人员可以继续完成其他操作。如果想停止该监控，需要通过“#ps –ef|grep nmon”查询进程号，然后杀掉该进程以停止监控。

（3）定期监控

除配合性能测试的短期监控，我们也可以实现对系统的定期监控，作为运营维护阶段的参考，定期监控可通过“crontab –e”定时任务实现，在最后一行添加“0 8 * * 1,2,3,4,5/nmon –f–s 30 –c 1200”，表示从周一到周五，从早上 8 点开始，监控 10 小时（到 18:00 整为止）。

【实例 7-131】运行 nmon 程序

```
[root@linux-command ~]# chmod +x nmon16e_x86_rhel72
[root@linux-command ~]# mv -v nmon16e_x86_rhel72  nmon
'nmon16e_x86_rhel72' -> 'nmon'
[root@linux-command ~]# ./nmon
```

nmon 默认运行界面如图 7-10 所示。

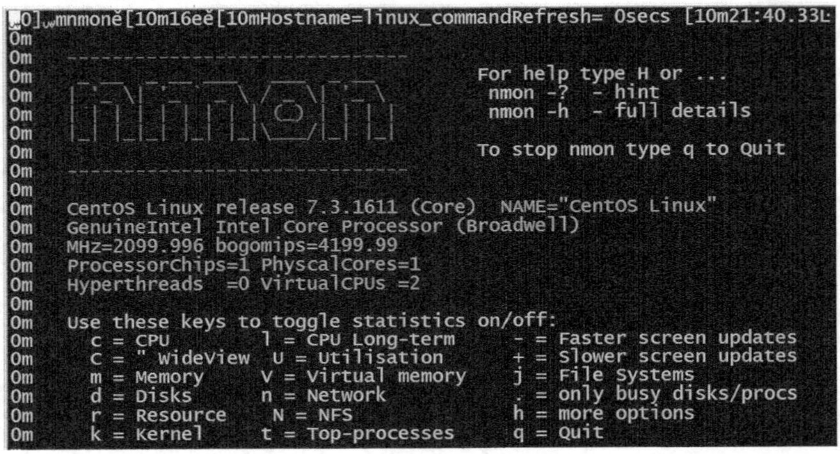

图 7-10　nmon 默认运行界面

查看相应的参数输入相应的字母即可，如查看 CPU 的，输入“C”即可，如图 7-11 所示。

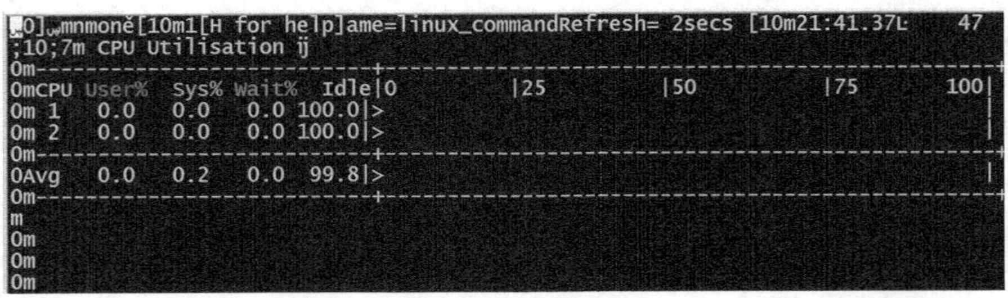

图 7-11　nmon 监控 CPU 状态示意图

使用“q”选项即可退出 nmon 监控程序。

【实例 7-132】生成报表并分析

```
[root@linux-command ~]# ./nmon -f -s 10 -c 60
可以通过命令看到 nmon 在后台运行
[root@linux-command ~]# ps -ef |grep nmon
root      12341     1  0 21:46 pts/0    00:00:00 ./nmon -f -s 10 -c 60
root      12402 11925  0 21:46 pts/0    00:00:00 grep --color=auto nmon
```

- –f 表示生成的数据文件名中有时间。
- –s 10 表示每 10 秒采集一次数据。
- –c 60 表示采集 60 次，10×60=600 秒。

【实例 7-133】下载分析工具 nmon_analyser

如图 7-12 所示，word 文件是 nmon 程序说明文档，Excel 是数据分析工具，双击打开 Excel 文件，单击“Analyze nmon data”，然后选择生成的 nmon 文件，大概十几秒（数据量不同，生成的时间也不一样）会生成服务器采集报表，可查看服务器 CPU、内存系统负载信息。

图 7-12　nmon 分析工具压缩包

```
 [root@linux-command ~]# ls -lhrt |tail -1
-rw-r--r--. 1 root root  53K Sep  2 21:51 linux-command_170902_2146.nmo
[root@linux-command ~]# sz -bey linux-command_170902_2146.nmon
rz
 zmodem trl+C d

  100%     52 KB    52 KB/s 00:00:01     0 Errors146.nmon...
```

打开分析工具，如图 7-13 所示。

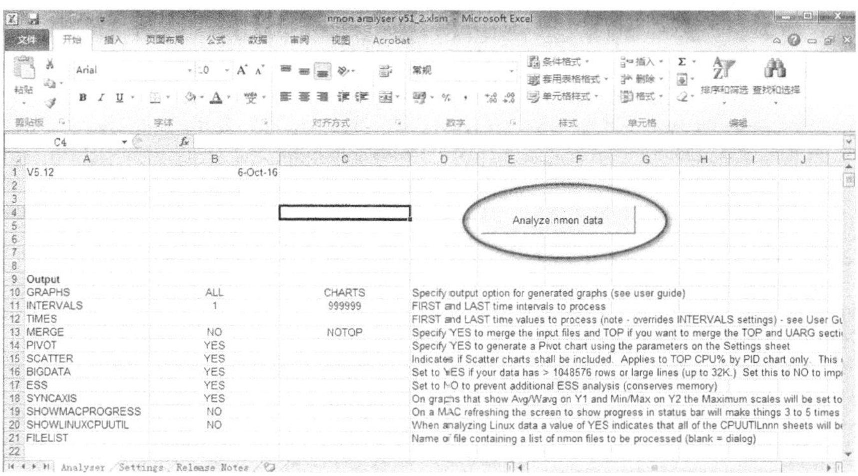

图 7-13　nmon 分析工具

分析结果如图 7-14 所示。

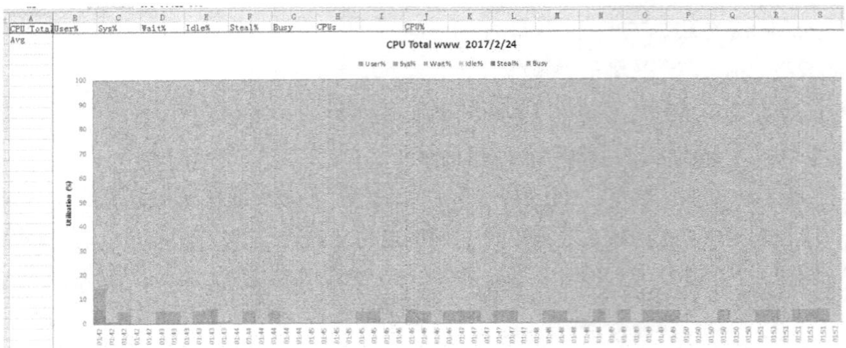

图 7-14　nmon 分析结果一览

7.2.21　collectl 指令

collectl 作为一个轻量级的监控工具，在同类工具中是功能最全的，用户可监测不同的复杂系统矩阵值，并可保留数据以做之后的分析。不同于其他只用来监测特定系统参数的工具，collectl 可以同时监测不同的变量，并以合适的方式记录它们。

【实例 7-134】安装 collectl

```
yum list collectl
yum -y install collectl
```

上述代码先查询出 collectl 软件包是否存在，然后使用 yum 工具对其进行安装。

```
[root@linux-command ~]# yum list collectl
Loaded plugins: fastestmirror, priorities
Loading mirror speeds from cached hostfile
 * epel: mirrors.tuna.tsinghua.edu.cn
 * ius: mirrors.tuna.tsinghua.edu.cn
 * remi-safe: mirrors.tuna.tsinghua.edu.cn
Installed Packages
collectl.noarch                                                4.2.0-1.el7
@epel
[root@linux-command ~]# yum -y install collectl
Loaded plugins: fastestmirror, priorities
Loading mirror speeds from cached hostfile
 * epel: mirrors.tuna.tsinghua.edu.cn
 * ius: mirrors.tuna.tsinghua.edu.cn
 * remi-safe: mirrors.tuna.tsinghua.edu.cn
Package collectl-4.2.0-1.el7.noarch already installed and latest version
Nothing to do
```

【实例 7-135】collectl 默认输出

```
collectl
```

collectl 指令默认输出。

```
[root@linux-command ~]# collectl
waiting for 1 second sample...
#<--------CPU--------><----------Disks-----------><----------Network---------->
#cpu sys inter  ctxsw KBRead  Reads KBWrit Writes   KBIn  PktIn  KBOut  PktOut
   0   0    59    132      0      0      0      0      0      1      0      1
   0   0    75    143      0      0      0      0      0      1      0      1
   0   0    59    133      0      0      0      0      0      1      0      1
   0   0    64    136      0      0      0      0      0      2      0      2
   0   0    59    133      0      0      0      0      0      1      0      1
   0   0    58    131      0      0      0      0      0      2      0      2
   0   0    53    126      0      0      0      0      0      1      0      2
   0   0    53    126      0      0      0      0      0      1      0      1
   0   0    62    132      0      0      0      0      0      1      0      1
   0   0    55    130      0      0      0      0      0      1      0      1
   0   0    67    139      0      0      0      0      0      1      0      1
   0   0    49    129      0      0      0      0      0      1      0      1
   0   0    50    127      0      0      0      0      0      1      0      1
   0   0    48    123      0      0      0      0      0      1      0      1
   0   0    62    139      0      0      0      0      0      1      0      1
Ouch!
```

CPU 使用率、磁盘输入输出和网络活动以秒为单位来加载，这项列表在给定的时间间隔里会持续增加，并可直接形成一项文件跟踪日志。collectl 工具提供了各种命令来对这些数据进行记录、查找及其他处理。

【实例 7-136】监测 CPU 使用率

```
collectl -sc
```

“–sc”选项实现 CPU 总使用率的监测。

```
[root@linux-command ~]# collectl -sc
waiting for 1 second sample...
#<--------CPU-------->
#cpu sys inter  ctxsw
   0   0    61    161
   0   0    84    176
   0   0    75    170
   0   0    63    163
   0   0    61    165
   0   0    59    157
   0   0    61    164
   0   0    55    157
   0   0    68    166
   0   0    55    157
   0   0    76    174
   0   0    65    163
   0   0    59    161
   0   0    58    160
   0   0    65    171
   0   0    62    158
   0   0    61    163
   0   0    56    156
```

```
   0  0   62    171
   0  0   55    156
   0  0   58    160
   0  0   56    157
#<--------CPU-------->
#cpu sys inter  ctxsw
   0  0   70    172
   0  0   63    160
   0  0   65    162
   0  0   62    160
   0  0   60    166
   0  0   61    160
   0  0   46    129
   0  0   39    118
Ouch!
```

【实例 7-137】观察各个 CPU 使用情况

```
collectl -sC
```

使用“–C”观察各个单独的 CPU 使用情况，结果将会输出多行，分别对应一个 CPU。

```
[root@linux-command ~]# collectl -sC
waiting for 1 second sample...

# SINGLE CPU STATISTICS
#   Cpu  User Nice  Sys Wait IRQ  Soft Steal Guest NiceG Idle
      0    0    0    0    0    0    0    0     0    0  100
      1    0    0    0    0    0    0    0     0    0  100
      0    0    0    0    0    0    0    0     0    0  100
      1    0    0    0    0    0    0    0     0    0  100
      0    0    0    0    0    0    0    0     0    0  100
      1    0    0    0    0    0    0    0     0    0  100
      0    0    0    0    0    0    0    0     0    0  100
      1    0    0    0    0    0    0    0     0    0  100
      0    0    0    0    0    0    0    0     0    0  100
      1    0    0    0    0    0    0    0     0    0  100
      0    0    0    0    0    0    0    0     0    0  100
      1    0    0    0    0    0    0    0     0    0  100
      0    1    0    0    0    0    0    0     0    0   99
      1    0    0    0    0    0    0    0     0    0  100
      0    0    0    0    0    0    0    0     0    0  100
      1    0    0    0    0    0    0    0     0    0   99
      0    0    0    0    0    0    0    0     0    0  100
      1    0    0    0    0    0    0    0     0    0  100
      0    0    0    0    0    0    0    0     0    0   99
      1    0    0    0    0    0    0    0     0    0  100
```

如果需要，可以同时使用“C”和“c”来获取单项 CPU 监测数据和汇总数据。

【实例 7-138】使用 m 子系统查看内存

```
collectl -sm
```

使用 m 子系统查看内存，上述代码中使用“–m”选项查看更多内存的详细信息。

```
[root@linux-command ~]# collectl -sm
waiting for 1 second sample...
#<-----------Memory----------->
#Free Buff Cach Inac Slab  Map
 142M  24K   1G 557M 308M 333M
 141M  24K   1G 557M 308M 334M
 141M  24K   1G 557M 308M 334M
 141M  24K   1G 557M 308M 334M
 141M  24K   1G 557M 308M 334M
 142M  24K   1G 557M 308M 333M
 142M  24K   1G 557M 308M 333M
 142M  24K   1G 557M 308M 333M
 142M  24K   1G 557M 308M 333M
 142M  24K   1G 557M 308M 333M
 142M  24K   1G 557M 308M 333M
Ouch!
```

【实例 7-139】查看磁盘使用情况

```
collectl -sd
```

查看磁盘使用情况。

```
 [root@linux-command ~]# collectl -sd
waiting for 1 second sample...
#<----------Disks----------->
#KBRead  Reads KBWrit Writes
      0      0      0      0
      0      0      0      0
      0      0      0      0
      0      0      0      0
      0      0      0      0
      0      0      0      0
      0      0      0      0
      0      0      0      0
      0      0      0      0
      0      0      0      0
      0      0      0      0
      0      0      0      0
      0      0      0      0
      0      0      0      0
      0      0      0      0
      0      0      0      0
      0      0      0      0
      0      0      0      0
      0      0      2      3
      0      0      0      0
      0      0      0      0
      0      0      0      0
#<----------Disks----------->
```

上述代码中“d”和“D”选项可以查看磁盘使用的概况和详细情况。

【实例 7-140】获得更多信息

```
collectl -sd --verbose
```

具体代码如下：

```
 [root@linux-command ~]# collectl -sd --verbose
waiting for 1 second sample...

# DISK SUMMARY (/sec)
#KBRead RMerged  Reads SizeKB  KBWrite WMerged Writes SizeKB
     0       0     0      0       0       0      0      0
     0       0     0      0       0       0      0      0
     0       0     0      0       0       0      0      0
     0       0     0      0       0       0      0      0
     0       0     0      0       0       0      0      0
     0       0     0      0       0       0      0      0
     0       0     0      0       0       0      0      0
     0       0     0      0       0       0      0      0
     0       0     0      0       0       0      0      0
     0       0     0      0       0       0      0      0
     0       0     0      0       0       0      0      0
     0       0     0      0       0       0      0      0
     0       0     0      0       0       0      0      0
     0       0     0      0       0       0      0      0
     0       0     0      0       0       0      0      0
```

“--verbose”命令可以用来查看附加信息，和 D 命令不同，它将概况扩展，包含了更多信息。

【实例 7-141】同时报告多系统情况

```
collectl -scmd
```

具体代码如下：

```
[root@linux-command ~]# collectl -scmd
waiting for 1 second sample...
#<--------CPU--------><-----------Memory-----------><----------Disks----------->
#cpu sys inter  ctxsw Free Buff Cach Inac Slab  Map KBRead  Reads KBWrit Writes
   0   0   51    132 142M  24K  1G 557M 308M 333M      0      0      0      0
   0   0   68    138 142M  24K  1G 557M 308M 333M      0      0      0      0
   0   0   62    134 142M  24K  1G 557M 308M 333M      0      0      0      0
   0   0   42    120 142M  24K  1G 557M 308M 333M      0      0      0      0
   0   0   52    130 142M  24K  1G 557M 308M 333M      0      0      0      0
   0   0   48    123 142M  24K  1G 557M 308M 333M      0      0      0      0
   0   0   50    135 142M  24K  1G 557M 308M 333M      0      0      0      0
   0   0   54    128 142M  24K  1G 557M 308M 333M      0      0      0      0
   0   0   60    137 142M  24K  1G 557M 308M 333M      0      0      0      0
   0   0   56    122 142M  24K  1G 557M 308M 333M      0      0      0      0
   0   0   52    125 142M  24K  1G 557M 308M 333M      0      0      0      0
   0   0   47    125 142M  24K  1G 557M 308M 333M      0      0      0      0
   0   0   54    134 142M  24K  1G 557M 308M 333M      0      0      0      0
   0   0   46    122 142M  24K  1G 557M 308M 333M      0      0      0      0
```

```
      0  0   47    125 142M  24K  1G 557M 308M 333M      0     0     0     0
      0  0   44    122 142M  24K  1G 557M 308M 333M      0     0     0     0
      0  0   70    145 142M  24K  1G 557M 308M 333M      0     0     0     0
      0  0   46    121 142M  24K  1G 557M 308M 333M      0     0     0     0
      0  0   47    129 142M  24K  1G 557M 308M 333M      0     0     0     0
      0  0   53    127 142M  24K  1G 557M 308M 333M      0     0     0     0
      0  0   48    126 142M  24K  1G 557M 308M 333M      0     0     0     0
      0  0   48    125 142M  24K  1G 557M 308M 333M      0     0     0     0
#<--------CPU--------><-----------Memory-----------><----------Disks----------->
```

【实例 7-142】像 iotop 一样使用 collectl

```
collectl --top iokb
```

具体代码如下：

```
[root@linux-command ~]# collectl --top iokb
waiting for 1 second sample...
# TOP PROCESSES sorted by iokb (counters are /sec) 22:25:55
# PID  User      PR  PPID THRD S   VSZ   RSS CP  SysT  UsrT Pct  AccuTime
RKB  WKB MajF MinF Command
     1  root      20     0    0 S  125M    5M  0  0.00  0.00   0  02:24.75
 0    0    0    0 /sbin/init
     2  root      20     0    0 S     0     0  0  0.00  0.00   0  00:03.17
 0    0    0    0 kthreadd
     3  root      20     2    0 S     0     0  0  0.00  0.00   0  00:00.95
 0    0    0    0 ksoftirqd/0
     7  root      RT     2    0 S     0     0  0  0.00  0.00   0  00:05.99
 0    0    0    0 migration/0
     8  root      20     2    0 S     0     0  1  0.00  0.00   0  00:00.00
 0    0    0    0 rcu_bh
 # TOP PROCESSES sorted by iokb (counters are /sec) 22:25:56  0  00:57.65
 0    0    0    0 rcu_sch# PID  User      PR  PPID THRD S   VSZ   RSS CP  SysT
UsrT Pct  AccuTime  RKB  WKB MajF MinF Command
     1  root      20     0    0 S  125M    5M  0  0.00  0.00   0  02:24.75
 0    0    0    0 /sbin/init
     2  root      20     0    0 S     0     0  0  0.00  0.00   0  00:03.17
 0    0    0    0 kthreadd
     3  root      20     2    0 S     0     0  0  0.00  0.00   0  00:00.95
 0    0    0    0 ksoftirqd/0
     7  root      RT     2    0 S     0     0  0  0.00  0.00   0  00:05.99
 0    0    0    0 migration/0
     8  root      20     2    0 S     0     0  1  0.00  0.00   0  00:00.00
 0    0    0    0 rcu_bh # TOP PROCESSES sorted by iokb (counters are /sec) 22:
25:57  0  00:57.65    0    0    0    0 rcu_sch
```

top 命令将 collectl 像 iostat/top 工具一样进行智能统计，列表会持续更新，且可以使用不同字段实现排序。

```
collectl --top iokb
```

【实例 7-143】显示统计时间

```
collectl -scmd -oT
```

若要将每行的监测信息和时间一同显示，使用 T 选项，通过“–o”选项来指定。

```
[root@linux-command ~]# collectl -scmd -oT
waiting for 1 second sample...
#
<--------CPU--------><-----------Memory-----------><----------Disks----------->
#Time     cpu sys inter  ctxsw Free Buff Cach Inac Slab  Map KBRead  Reads KBWrit Writes
22:26:36   0   0    57    130 142M  24K   1G 557M 308M 333M      0      0      0      0
22:26:37   0   0    70    134 142M  24K   1G 557M 308M 333M      0      0      0      0
22:26:38   0   0    63    131 142M  24K   1G 557M 308M 333M      0      0      0      0
22:26:39   0   0    54    125 142M  24K   1G 557M 308M 333M      0      0      0      0
22:26:40   0   0    50    124 142M  24K   1G 557M 308M 333M      0      0      0      0
22:26:41   0   0    50    126 142M  24K   1G 557M 308M 333M      0      0      0      0
22:26:42   0   0    62    136 142M  24K   1G 557M 308M 333M      0      0      0      0
22:26:43   0   0    46    122 142M  24K   1G 557M 308M 333M      0      0      0      0
22:26:44   0   0    51    128 142M  24K   1G 557M 308M 333M      0      0      0      0
22:26:45   0   0    51    126 142M  24K   1G 557M 308M 333M      0      0      0      0
22:26:46   0   0    57    138 142M  24K   1G 557M 308M 333M      0      0      0      0
22:26:47   0   0    48    122 142M  24K   1G 557M 308M 333M      0      0      0      0
22:26:48   0   0    59    132 142M  24K   1G 557M 308M 333M      0      0      0      0
22:26:49   0   0    49    123 142M  24K   1G 557M 308M 333M      0      0      0      0
22:26:50   0   0    63    134 142M  24K   1G 557M 308M 333M      0      0      0      0
22:26:51   0   0    53    132 142M  24K   1G 557M 308M 333M      0      0      0      0
22:26:52   0   0    56    133 142M  24K   1G 557M 308M 333M      0      0      0      0
22:26:53   0   0    52    127 142M  24K   1G 557M 308M 333M      0      0      0      0
22:26:54   0   0    54    135 142M  24K   1G 557M 308M 333M      0      0      0      0
22:26:55   0   0    48    124 142M  24K   1G 557M 308M 333M      0      0      0      0
Ouch!
```

7.2.22 ngrep 指令

ngrep 工具是 grep 命令的网络版，ngrep 用于抓包，并可以通过正则表达式，过滤、获取指定样式的数据包，能识别 TCP、UDP 和 ICMP 协议，理解 bpf 的过滤机制，用来分析、定位服务中的问题。如果包含多个服务的大型服务出现问题，需要逐步分析定位问题到具体的服务，那么使用 ngrep 抓包可以确定数据包是否已经到了某个服务模块，快速定位问题。

【实例 7-144】安装 ngrep 软件

```
yum -y install ngrep
```

具体代码如下：

```
[root@linux-command ~]# yum list ngrep
Loaded plugins: fastestmirror, priorities
Loading mirror speeds from cached hostfile
 * epel: mirrors.tuna.tsinghua.edu.cn
 * ius: mirrors.tuna.tsinghua.edu.cn
 * remi-safe: mirrors.tuna.tsinghua.edu.cn
Installed Packages
ngrep.x86_64                                        1.47-0.1.a39256b.el7
```

```
@epel
[root@linux-command ~]# yum -y install ngrep
Loaded plugins: fastestmirror, priorities
Loading mirror speeds from cached hostfile
 * epel: mirrors.tuna.tsinghua.edu.cn
 * ius: mirrors.tuna.tsinghua.edu.cn
 * remi-safe: mirrors.tuna.tsinghua.edu.cn
Package ngrep-1.47-0.1.a39256b.el7.x86_64 already installed and latest version
Nothing to do
```

【实例 7-145】监听 http 请求和响应包

```
ngrep -W byline -d eth0 port 80 |nl
```

监听 http 请求和响应包，监听网页的 request 和 response，注意需要以管理员身份运行。

```
[root@linux-command ~]# ngrep -W byline -d eth0 port 80 |nl
     1  interface: eth0 (122.114.79.0/255.255.255.0)
     2  filter: ( port 80 ) and ((ip || ip6) || (vlan && (ip || ip6)))
     3  ###
     4  T 221.218.91.246:57834 -> 122.114.79.8:80 [A]
     5  ......
     6  #
     7  T 221.218.91.246:57834 -> 122.114.79.8:80 [AP]
     8  GET / HTTP/1.1.
     9  Host: booxin.vip.
    10  Cache-Control: max-age=0.
    11  Accept: text/html,application/xhtml+xml,application/xml;q=0.9,image/
webp,*/*;q=0.8.
    12  Upgrade-Insecure-Requests: 1.
    13  User-Agent: Mozilla/5.0 (Windows NT 6.1; WOW64) AppleWebKit/537.36
(KHTML, like Gecko) Chrome/50.0.2661.102 Safari/537.36.
    14  Accept-Encoding: gzip, deflate, sdch.
    15  Accept-Language: zh-CN,zh;q=0.8.
    16  Connection: close.
    17  .
```

- "–W byline"是指遇到换行符时换行显示，否则数据是连续的不可读。
- "–d eth0"是指监听 eth0 网卡，"–d lo"是指监听本地网卡，跟/etc/network/interfaces 里的配置一致。
- port 80 是指监听 80 端口。

【实例 7-146】匹配博信关键字

```
[root@linux-command ~]# ngrep -qd eth0 '博信 Linux'  tcp port 80|nl
     1  interface: eth0 (122.114.79.0/255.255.255.0)
     2  filter: ( tcp port 80 ) and ((ip || ip6) || (vlan && (ip || ip6)))
     3  match: 博信 Linux

     4  T 122.114.79.8:80 -> 221.218.91.246:58099 [A]
     5    HTTP/1.1 200 OK..Server: Apache2.4..Date: Sat, 02 Sep 2017 14:38:
34 GMT..Content-Type: text/htm
```

```
l; charset=UTF-8..Transfer-Encoding: chunked..Connection: close..X-Powered-By: PHP/5.6.30..Link
: <http://www.myxiaobai.com/index.php?rest_route=/>; rel="https://api.w.org/"....1f61..<!DOCTYP
E html>.<html lang="zh-CN" prefix="og: http://ogp.me/ns#" class="no-js no-svg">.<head>.<meta ch
arset="UTF-8">.<meta name="viewport" content="width=device-width, initial-scale=1">.<link rel="
profile" href="http://gmpg.org/xfn/11">..<script>(function(html){html.className = html.classNam
e.replace(/\bno-js\b/,'js')})(document.documentElement);</script>.<title>......Linux-WEB.......
```

监听 TCP 报文 eth0 网卡 80 服务接口，并且只包括“博信 Linux”字符串。

```
ngrep -qd eth0 'USER|PASS' tcp port 21
```

监听 TCP 报文 eth0 的 21 接口，并且只包括“user 和 pass”字符串，21 端口是 FTP 连接端口，可以采集用于 FTP 连接的用户名称和密码。

7.3 Linux 下查看实时网卡流量实战

在工作中，Linux 服务器管理员经常需要查看服务器的实时网卡流量，比如网站遇到了大的流量冲击或实时排查网络问题等。

7.3.1 sar 指令

系统活动情况报告（System Activity Reporter，sar）是目前 Linux 上最为全面的系统性能分析工具之一，可以从多方面对系统的活动进行报告，包括：文件的读写情况、系统调用的使用情况、磁盘 I/O、CPU 效率、内存使用状况、进程活动及 IPC 有关的活动等。

sar 命令包含在 sysstat 工具包中，提供系统的众多统计数据，不同的系统上命令有些差异。某些系统提供的 sar 支持基于网络接口的数据统计，也可以查看设备上每秒收发包的个数和流量。

【实例 7-147】安装 sysstat 指令组件集

```
yum -y install sysstat
```

上述代码首先安装 sysstat 软件包，然后查看软件包里面包含有哪些组件。

```
[root@linux-command ~]# yum -y install sysstat
[root@linux-command ~]# rpm -ql sysstat |head
/etc/cron.d/sysstat
/etc/sysconfig/sysstat
/etc/sysconfig/sysstat.ioconf
/usr/bin/cifsiostat
```

```
/usr/bin/iostat
/usr/bin/mpstat
/usr/bin/nfsiostat-sysstat
/usr/bin/pidstat
/usr/bin/sadf
/usr/bin/sar
```

【实例 7-148】查看网络信息

```
sar -n DEV  1 2
```

具体代码如下：

```
[root@linux-command ~]#  sar -n DEV  1 2
Linux 3.10.0-514.el7.x86_64 (linux-command)   09/02/2017   _x86_64_    (2 CPU)

10:43:35 PM     IFACE   rxpck/s    txpck/s    rxkB/s    txkB/s rxcmp/s  txcmp/s
rxmcst/s
10:43:36 PM     eth0    1.00      0.00       0.06     0.00      0.00    0.00      0.00
10:43:36 PM     eth1    0.00      0.00       0.00     0.00      0.00    0.00      0.00
10:43:36 PM       lo    0.00      0.00       0.00     0.00      0.00    0.00      0.00

10:43:36 PM      IFACE  rxpck/s    txpck/s    rxkB/s     txkB/s rxcmp/s  txcmp/s
rxmcst/s
10:43:37 PM     eth0    1.00      1.00       0.06     0.17      0.00    0.00      0.00
10:43:37 PM     eth1    0.00      0.00       0.00     0.00      0.00    0.00      0.00
10:43:37 PM       lo    0.00      0.00       0.00     0.00      0.00    0.00      0.00

Average:         IFACE  rxpck/s    txpck/s    rxkB/s     txkB/s rxcmp/s  txcmp/s
rxmcst/s
Average:        eth0    1.00      0.50       0.06     0.08      0.00    0.00      0.00
Average:        eth1    0.00      0.00       0.00     0.00      0.00    0.00      0.00
Average:          lo    0.00      0.00       0.00     0.00      0.00    0.00      0.00
```

- 命令后面 12 意思是：每 1 秒取 1 次值，取 2 次值。
- DEV 显示网络接口信息。

另外，-n 参数有 6 个不同的开关：DEV | EDEV | NFS | NFSD | SOCK | ALL，其代表的含义如下。

- DEV 显示网络接口信息。
- EDEV 显示关于网络错误的统计数据。
- NFS 统计活动的 NFS 客户端的信息。
- NFSD 统计 NFS 服务器的信息。
- SOCK 显示套接字信息。

sar 命令常用格式如下。

```
sar [options] [-A] [-o file] t [n]
```

常用选项如下。

- t 为采样间隔，n 为采样次数，默认值是 1。

- –o file 表示将命令结果以二进制格式存放在文件中，file 是文件名。
- options 为命令行选项。

sar 指令常用选项如下所示。

- –A：所有报告的总和。
- –u：输出 CPU 使用情况的统计信息。
- –v：输出 inode、文件和其他内核表的统计信息。
- –d：输出每一个块设备的活动信息。
- –r：输出内存和交换空间的统计信息。
- –b：显示 I/O 和传送速率的统计信息。
- –a：文件读写情况。
- –c：输出进程统计信息，每秒创建的进程数。
- –R：输出内存页面的统计信息。
- –y：终端设备活动情况。
- –w：输出系统交换活动信息。

sar 指令常用选项输出结果说明，如表 7-11 所示。

表 7-11　　sar 指令常用选项输出结果说明

选项	说明
IFACE	LAN 接口
rxpck/s	每秒接收的数据包
txpck/s	每秒发送的数据包
rxbyt/s	每秒接收的字节数
txbyt/s	每秒发送的字节数
rxcmp/s	每秒接收的压缩数据包
txcmp/s	每秒发送的压缩数据包
rxmcst/s	每秒接收的多播数据包
rxerr/s	每秒接收的坏数据包
txerr/s	每秒发送的坏数据包
coll/s	每秒的冲突数
rxdrop/s	因为缓冲充满，每秒丢弃的已接收数据包数
txdrop/s	因为缓冲充满，每秒丢弃的已发送数据包数
txcarr/s	发送数据包时，每秒的载波错误数
rxfram/s	每秒接收数据包的帧对齐错误数
rxfifo/s	接收的数据包每秒 FIFO 过速的错误数
txfifo/s	发送的数据包每秒 FIFO 过速的错误数

这种方式简单直观，推荐使用。

特别适合用于实时的网络流量的动态监控，比如网站遇到大流量冲击，或者大量的非法连接伴随着大量的流量时，会有非常显著的效果。和前面介绍的 iftop 之类的命令是非常的相似的。

```
sar -n { DEV | EDEV | NFS | NFSD | SOCK | ALL }
```

sar 提供 6 种不同的语法选项来显示网络信息。-n 选项使用 6 个不同的开关：

```
DEV | EDEV | NFS | NFSD | SOCK | ALL
```

DEV 显示网络接口信息，EDEV 显示关于网络错误的统计数据，NFS 统计活动的 NFS 客户端的信息，NFSD 统计 NFS 服务器的信息，SOCK 显示套接字信息，ALL 显示所有 5 个开关。它们可以单独或者一起使用。

【实例 7-149】查看网络信息

```
sar -n SOCK 2 10
```

具体代码如下：

```
[root@linux-command ~]# sar -n SOCK 2 10
Linux 3.10.0-514.el7.x86_64 (linux-command)    09/02/2017  _x86_64_  (2 CPU)

10:49:21 PM    totsck    tcpsck    udpsck    rawsck   ip-frag    tcp-tw
10:49:23 PM      109         5         0         0         0        3
10:49:25 PM      112         9         0         0         0        5
10:49:27 PM      109         5         0         0         0       33
10:49:29 PM      109         5         0         0         0       34
10:49:31 PM      109         5         0         0         0       34
10:49:33 PM      109         5         0         0         0       34
10:49:35 PM      109         5         0         0         0       34
10:49:37 PM      109         5         0         0         0       34
10:49:39 PM      109         5         0         0         0       34
10:49:41 PM      109         5         0         0         0       34
Average:         109         5         0         0         0       28
```

- totsck：使用的套接字总数量。
- tcpsck：使用的 TCP 套接字数量。
- udpsck：使用的 UDP 套接字数量。
- rawsck：使用的 raw 套接字数量。
- ip-frag：使用的 IP 段数量。

【实例 7-150】监控 CPU 资源使用信息

```
sar -u -o cpu.info 10 3
```

具体代码如下：

```
[root@linux-command ~]# sar -u -o cpu.info 10 3
Linux 3.10.0-514.el7.x86_64 (linux-command)    04/09/2018   _x86_64_ (2 CPU)
```

```
05:11:31 PM     CPU     %user     %nice   %system   %iowait    %steal     %idle
05:11:41 PM     all      0.00      0.00      0.00      0.00      0.00    100.00
05:11:51 PM     all      0.05      0.00      0.10      0.00      0.00     99.85
05:12:01 PM     all      0.00      0.00      0.00      0.00      0.00    100.00
Average:        all      0.02      0.00      0.03      0.00      0.00     99.95
```

输出项说明。

- CPU：all 表示统计信息为所有 CPU 的平均值。
- %user：显示在用户级别（application）运行使用 CPU 总时间的百分比。
- %nice：显示在用户级别，用于 nice 操作，所占用 CPU 总时间的百分比。
- %system：在核心级别（kernel）运行所使用 CPU 总时间的百分比。
- %iowait：显示用于等待 I/O 操作占用 CPU 总时间的百分比。
- %steal：管理程序（hypervisor）为另一个虚拟进程提供服务而等待虚拟 CPU 的百分比。
- %idle：显示 CPU 空闲时间占用 CPU 总时间的百分比。

磁盘 I/O 运维经验谈。

- 若%iowait 的值过高，表示硬盘存在 I/O 瓶颈。
- 若%idle 的值高但系统响应慢时，有可能是 CPU 等待分配内存，此时应加大内存容量。
- 若%idle 的值持续低于 1，则系统的 CPU 处理能力相对较低，表明系统中最需要解决的资源是 CPU。

查看二进制文件 cpu.info 中的内容，需键入如下 sar 命令。

```
[root@linux-command ~]# sar -u -f cpu.info
Linux 3.10.0-514.el7.x86_64 (linux-command)  04/09/2018   _x86_64_  (2 CPU)

05:11:31 PM     CPU     %user     %nice   %system   %iowait    %steal     %idle
05:11:41 PM     all      0.00      0.00      0.00      0.00      0.00    100.00
05:11:51 PM     all      0.05      0.00      0.10      0.00      0.00     99.85
05:12:01 PM     all      0.00      0.00      0.00      0.00      0.00    100.00
Average:        all      0.02      0.00      0.03      0.00      0.00     99.95
```

【实例 7-151】inode 文件和其他内核表监控

```
sar -v 10 3
```

每 10 秒采样一次，连续采样 3 次，观察核心表的状态。

```
[root@linux-command ~]# sar -v 10 3
Linux 3.10.0-514.el7.x86_64 (linux-command)  04/09/2018  _x86_64_  (2 CPU)

05:14:23 PM dentunusd   file-nr  inode-nr    pty-nr
05:14:33 PM    474050       960     63392         3
05:14:43 PM    474050       960     63392         3
05:14:53 PM    474050       960     63392         3
Average:       474050       960     63392         3
```

输出项说明。

- dentunusd：目录高速缓存中未被使用的条目数量。
- file–nr：文件句柄（file handle）的使用数量。
- inode–nr：索引节点句柄（inode handle）的使用数量。
- pty–nr：使用的 pty 数量。

【实例 7-152】内存和交换空间监控

```
sar -r 10 3
```

每 10 秒采样一次，连续采样 3 次，监控内存分页，完整输出如下代码所示。

```
[root@linux-command ~]# sar -r 10 3
Linux 3.10.0-514.el7.x86_64 (linux-command)   04/09/2018   _x86_64_   (2 CPU)

05:15:30 PM kbmemfree kbmemused  %memused kbbuffers  kbcached  kbcommit
%commit  kbactive   kbinact   kbdirty
05:15:40 PM    130748   1917724     93.62         0   1024008   1554952
 25.44    651448    725648         0
05:15:50 PM    130748   1917724     93.62         0   1024008   1554952
 25.44    651452    725648         0
05:16:00 PM    130624   1917848     93.62         0   1024008   1554952
 25.44    651452    725648         0
Average:       130707   1917765     93.62         0   1024008   1554952
 25.44    651451    725648         0
```

- kbmemfree：这个值和 free 命令中的 free 值基本一致，所以它不包括 buffer 和 cache 的空间。
- kbmemused：这个值和 free 命令中的 used 值基本一致，所以它包括 buffer 和 cache 的空间。
- %memused：这个值是 kbmemused 和内存总量（不包括 swap）的一个百分比。
- kbbuffers 和 kbcached：这两个值是 free 命令中的 buffer 和 cache。
- kbcommit：保证当前系统所需要的内存，即为了确保不溢出而需要的内存（RAM+swap）。
- %commit：这个值是 kbcommit 与内存总量（包括 swap）的一个百分比。

【实例 7-153】内存分页监控

```
sar -B 10 3
```

每 10 秒采样一次，连续采样 3 次，监控内存分页。

```
 [root@linux-command ~]# sar -B 10 3
Linux 3.10.0-514.el7.x86_64 (linux-command)   04/09/2018   _x86_64_    (2 CPU)

05:16:23 PM  pgpgin/s pgpgout/s   fault/s  majflt/s  pgfree/s pgscank/s
pgscand/s pgsteal/s    %vmeff
05:16:33 PM      0.00      0.00      6.70      0.00      5.90      0.00      0.00
 0.00      0.00
```

```
05:16:43 PM      0.00     0.20      2.80      0.00      5.09      0.00      0.00
0.00       0.00
05:16:53 PM      0.00     0.00    317.40      0.00     90.10      0.00      0.00
0.00       0.00
Average:         0.00     0.07    108.93      0.00     33.69      0.00      0.00
0.00       0.00
```

- pgpgin/s：表示每秒从磁盘或 SWAP 置换到内存的字节数（KB）。
- pgpgout/s：表示每秒从内存置换到磁盘或 SWAP 的字节数（KB）。
- fault/s：每秒系统产生的缺页数，即主缺页与次缺页之和（major + minor）。
- majflt/s：每秒产生的主缺页数。
- pgfree/s：每秒被放入空闲队列中的页个数。
- pgscank/s：每秒被 kswapd 扫描的页个数。
- pgscand/s：每秒直接被扫描的页个数。
- pgsteal/s：每秒从 cache 中被清除来满足内存需要的页个数。
- %vmeff：每秒清除的页（pgsteal）占总扫描页（pgscank+pgscand）的百分比。

【实例 7-154】I/O 和传送速率监控

```
sar -b 10 3
```

每 10 秒采样一次，连续采样 3 次，报告缓冲区的使用情况。

```
[root@linux-command ~]# sar -b 10 3
Linux 3.10.0-514.el7.x86_64 (linux-command)  04/09/2018  _x86_64_   (2 CPU)

05:17:48 PM       tps      rtps      wtps   bread/s   bwrtn/s
05:17:58 PM      0.00      0.00      0.00      0.00      0.00
05:18:08 PM      0.30      0.00      0.30      0.00      0.30
05:18:18 PM      0.00      0.00      0.00      0.00      0.00
Average:         0.10      0.00      0.10      0.00      0.10
```

- tps：每秒物理设备的 I/O 传输总量。
- rtps：每秒从物理设备读入的数据总量。
- wtps：每秒向物理设备写入的数据总量。
- bread/s：每秒从物理设备读入的数据量，单位为块/秒。
- bwrtn/s：每秒向物理设备写入的数据量，单位为块/秒。

【实例 7-155】进程队列长度和平均负载状态监控

```
sar -q 10 3
```

每 3 秒采样一次，连续采样 3 次，监控进程队列长度和平均负载状态。

```
 [root@linux-command ~]# sar -q 3 3
Linux 3.10.0-514.el7.x86_64 (linux-command)  04/09/2018  _x86_64_   (2 CPU)

05:19:35 PM   runq-sz  plist-sz   ldavg-1   ldavg-5  ldavg-15   blocked
```

```
05:19:38 PM         1       176       0.00      0.01      0.05         0
05:19:41 PM         0       176       0.00      0.01      0.05         0
05:19:44 PM         0       176       0.00      0.01      0.05         0
Average:            0       176       0.00      0.01      0.05         0
```

- runq–sz：运行队列的长度（等待运行的进程数）。
- plist–sz：进程列表中进程（processes）和线程（threads）的数量。
- ldavg–1：最后 1 分钟的系统平均负载（System load average）。
- ldavg–5：过去 5 分钟的系统平均负载。
- ldavg–15：过去 15 分钟的系统平均负载。

【实例 7-156】系统交换活动信息监控

```
sar -W 5 3
```

每 5 秒采样一次，连续采样 3 次，监控系统交换活动信息。

```
[root@linux-command ~]# sar -W 5 3
Linux 3.10.0-514.el7.x86_64 (linux-command)  04/09/2018  _x86_64_  (2 CPU)

05:20:28 PM  pswpin/s pswpout/s
05:20:33 PM      0.00      0.00
05:20:38 PM      0.00      0.00
05:20:43 PM      0.00      0.00
Average:         0.00      0.00
```

- pswpin/s：每秒系统换入的交换页面（swap page）数量。
- pswpout/s：每秒系统换出的交换页面（swap page）数量。

【实例 7-157】设备使用情况监控

```
sar -d 6 3 -p
```

每 6 秒采样一次，连续采样 3 次，报告设备使用情况。

```
[root@linux-command ~]# sar -d 6 3 -p
Linux 3.10.0-514.el7.x86_64 (linux-command)     04/09/2018      _x86_64_
 (2 CPU)

05:22:24 PM       DEV       tps  rd_sec/s  wr_sec/s  avgrq-sz  avgqu-sz
await     svctm     %util
05:22:30 PM       vda      0.00      0.00      0.00      0.00      0.00
  0.00      0.00      0.00
05:22:30 PM       vdb      0.00      0.00      0.00      0.00      0.00
  0.00      0.00      0.00
05:22:30 PM   cl-root      0.00      0.00      0.00      0.00      0.00
  0.00      0.00      0.00
05:22:30 PM   cl-swap      0.00      0.00      0.00      0.00      0.00
  0.00      0.00      0.00

05:22:30 PM       DEV       tps  rd_sec/s  wr_sec/s  avgrq-sz  avgqu-sz
await     svctm     %util
```

```
  05:22:36 PM       vda      0.00      0.00      0.00      0.00      0.00
 0.00     0.00     0.00
  05:22:36 PM       vdb      0.00      0.00      0.00      0.00      0.00
 0.00     0.00     0.00
  05:22:36 PM   cl-root      0.00      0.00      0.00      0.00      0.00
 0.00     0.00     0.00
  05:22:36 PM   cl-swap      0.00      0.00      0.00      0.00      0.00
 0.00     0.00     0.00

  05:22:36 PM       DEV       tps  rd_sec/s  wr_sec/s  avgrq-sz  avgqu-sz
await     svctm     %util
  05:22:42 PM       vda      0.67      0.00     12.17     18.25      0.00
 0.00     0.00     0.00
  05:22:42 PM       vdb      0.00      0.00      0.00      0.00      0.00
 0.00     0.00     0.00
  05:22:42 PM   cl-root      0.67      0.00     12.17     18.25      0.00
 0.00     0.00     0.00
  05:22:42 PM   cl-swap      0.00      0.00      0.00      0.00      0.00
 0.00     0.00     0.00

  Average:          DEV       tps  rd_sec/s  wr_sec/s  avgrq-sz  avgqu-sz
await     svctm     %util
  Average:          vda      0.22      0.00      4.06     18.25      0.00
 0.00     0.00     0.00
  Average:          vdb      0.00      0.00      0.00      0.00      0.00
 0.00     0.00     0.00
  Average:      cl-root      0.22      0.00      4.06     18.25      0.00
 0.00     0.00     0.00
  Average:      cl-swap      0.00      0.00      0.00      0.00      0.00
 0.00     0.00     0.00
```

- 选项“–p”打印 sda、hdc 等磁盘设备名称，不使用此选项，输出信息中包含的设备节点则有可能是 dev8-0 和 dev22-0。
- tps：每秒从物理磁盘 I/O 的次数。多个逻辑请求会被合并为一个 I/O 磁盘请求，一次传输的大小是不确定的。
- rd_sec/s：每秒读扇区的次数。
- wr_sec/s：每秒写扇区的次数。
- avgrq-sz：平均每次设备 I/O 操作的数据大小（扇区）。
- avgqu-sz：磁盘请求队列的平均长度。
- await：从请求磁盘操作到系统完成处理，每次请求的平均消耗时间，包括请求队列等待时间，单位是毫秒（1 秒=1000 毫秒）。
- svctm：系统处理每次请求的平均时间，不包括在请求队列中消耗的时间。
- %util：I/O 请求占 CPU 的百分比，比率越大，说明越饱和。

（1）avgqu–sz 的值较低时，设备的利用率较高。

（2）当%util 的值接近 1%时，表示设备带宽已经占满。

sar 指令使用运维经验谈。

要判断系统瓶颈问题，有时需几个 sar 命令选项结合起来。

- 怀疑 CPU 存在瓶颈，可用 sar–u 和 sar–q 等来查看。
- 怀疑内存存在瓶颈，可用 sar–B、sar–r 和 sar–W 等来查看。
- 怀疑 I/O 存在瓶颈，可用 sar–b、sar–u 和 sar–d 等来查看。

7.3.2 ifstat 指令

ifstat 命令就像 iostat/vmstat 描述其他的系统状况一样，是一个统计网络接口活动状态的工具。ifstat 工具系统中并不默认安装，需要自己下载源码包，重新编译安装，使用过程相对比较简单。

【实例 7-158】安装 ifstat

```
tar xf ifstat-1.1.tar.gz
make && make install;echo $?
```

编译安装 ifstat 软件。

```
tar xf ifstat-1.1.tar.gz
ll
cd ifstat-1.1
ll
./configure
make && make install;echo $?
ifstat
history
```

【实例 7-159】查看当前服务器实时网卡流量

```
ifstat
```

默认 ifstat 不监控回环接口，显示的流量单位是 KB/s。

```
 [root@linux-command ~]# ifstat
       eth0                eth1
 KB/s in   KB/s out   KB/s in   KB/s out
    0.06      0.10      0.00       0.00
    0.06      0.18      0.00       0.00
    0.06      0.13      0.00       0.00
    0.06      0.13      0.00       0.00
    0.06      0.13      0.00       0.00
    0.06      0.13      0.00       0.00
    0.06      0.13      0.00       0.00
    0.06      0.13      0.00       0.00
    0.06      0.13      0.00       0.00
    0.06      0.13      0.00       0.00
    0.06      0.13      0.00       0.00
    0.06      0.13      0.00       0.00
```

```
      0.06     0.13     0.00      0.00
      0.31     0.33     0.00      0.00
      0.06     0.05     0.00      0.00
      0.06     0.13     0.00      0.00
      0.06     0.13     0.00      0.00
      0.06     0.13     0.00      0.00
      0.18     0.27     0.00      0.00
```

【实例 7-160】查看所有网络接口流量

```
ifstat  -a
```

查看所有网络接口流量，可以使用“–a”选项，完整输出如下代码所示。

```
[root@linux-command ~]# ifstat  -a
       lo                  eth0                  eth1
 KB/s in  KB/s out   KB/s in  KB/s out   KB/s in  KB/s out
    0.00      0.00      0.06      0.10      0.00      0.00
    0.00      0.00      0.06      0.21      0.00      0.00
    0.00      0.00      0.06      0.15      0.00      0.00
    0.00      0.00      0.06      0.15      0.00      0.00
    0.00      0.00      0.06      0.15      0.00      0.00
    0.00      0.00      0.18      0.30      0.00      0.00
    0.00      0.00      0.06      0.06      0.00      0.00
    0.00      0.00      0.06      0.15      0.00      0.00
    0.00      0.00      0.06      0.15      0.00      0.00
    0.00      0.00      0.06      0.15      0.00      0.00
    0.00      0.00      0.06      0.15      0.00      0.00
    0.00      0.00      0.06      0.15      0.00      0.00
    0.00      0.00      0.06      0.15      0.00      0.00
    0.00      0.00      0.06      0.15      0.00      0.00
^C
```

【实例 7-161】定时检查网络流量

```
ifstat  -a 1 3
```

查看所有网络接口流量，每隔 1 秒检查 3 次，如下代码所示。

```
[root@linux-command ~]# ifstat  -a 1 3
       lo                  eth0                  eth1
 KB/s in  KB/s out   KB/s in  KB/s out   KB/s in  KB/s out
    0.00      0.00      0.06      0.10      0.00      0.00
    0.00      0.00      0.06      0.21      0.00      0.00
    0.00      0.00      0.06      0.15      0.00      0.00
```

7.3.3 nload 指令

nload 是 Linux 的一款网络流量实时监控软件，由于本人在 Linux 下经常需要监控流量监控，所以选择了它。

首先在 CentOS 或者基于 RHEL 的操作系统上启用 epel 仓库，然后键入 yum 命令安装 nload。

【实例 7-162】安装 nload 软件

```
yum install nload
```

具体代码如下：

```
[root@linux-command ~]# yum install nload
```

【实例 7-163】nload 默认输出。

nload 默认输出界面，如图 7-15 所示。

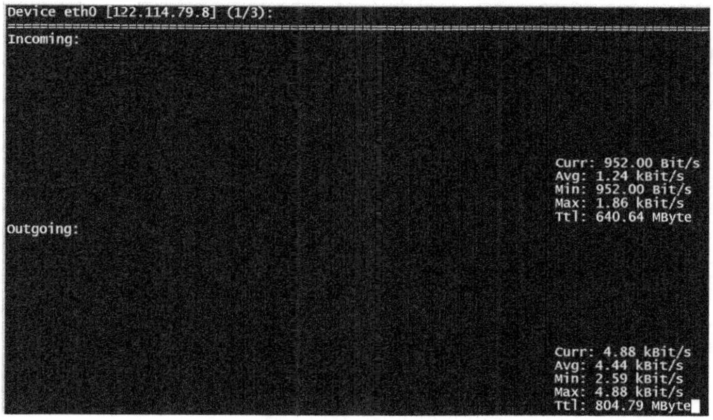

图 7-15　nload 默认输出界面

【实例 7-164】操控 nload 应用程序快捷键

nload 指令一旦执行就会开始监控网络设备，nload 指令常用快捷键如表 7-12 所示。

表 7-12　　nload 指令常用快捷键

选项	说明
按键盘上的 ← → 或者 Enter/Tab 键	在设备间切换
F2	显示选项窗口
F5	将当前设置保存到用户配置文件
F6	从配置文件重新加载设置
q 或者 <Ctrl+c>	退出 nload

【实例 7-165】设置显示刷新间隔

默认每 100 毫秒刷新一次显示数值，下面的例子将时间间隔设置成 500 毫秒。

```
Incoming:


                                                    Curr: 952.00 Bit/s
                                                    Avg: 1.12 kBit/s
```

```
                                                    Min: 952.00 Bit/s
                                                    Max: 1.86 kBit/s
                                                    Ttl: 640.65 MByte
Outgoing:


                                                    Curr: 4.48 kBit/s
                                                    Avg: 6.98 kBit/s
                                                    Min: 2.59 kBit/s
                                                    Max: 12.19 kBit/s
                                                    Ttl: 804.80 MByte
[1]+  Stopped                  nload -t 500
```

【实例 7-166】数值显示的单位

```
 [root@linux-command ~]#nload -u h|H|b|B|k|K|m|M|g|G
[root@linux-command ~]#nload -U h|H|b|B|k|K|m|M|g|G
[root@linux-command ~]#nload -u h
[root@linux-command ~]#nload -u G
[root@linux-command ~]#nload -U G
```

- 小写选项–u：“–h”为自动格式化为人类易读的单位，“–b”为 bit/s，“–k”为 Kb/s，“–m”为 Mb/s，“–g”为 Gb/s。
- 大写字母意为使用 Byte 替代 bit，默认为 K。
- 大写选项“–U”与小写选项“–u”相似，不同之处在于它展示的是数据量，比如 bit、KByte、Gbit 等（没有“/s”），默认值是 M。

7.3.4 iptraf 指令

如图 7-16 所示，官方已经很久没有更新 iptraf 了，不建议大家深入研究，了解即可。

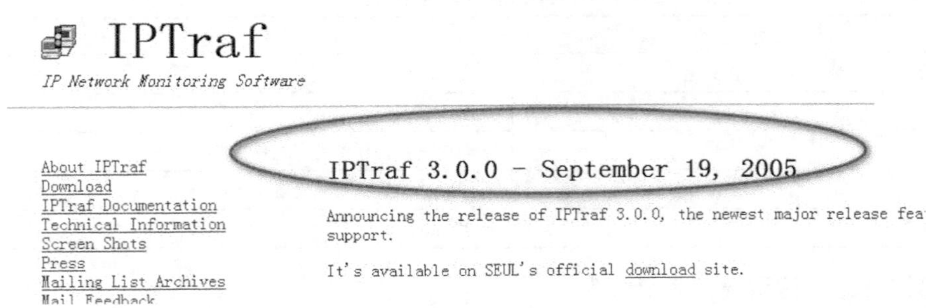

图 7-16 iptraf 官方版本更新示意图

7.3.5 iftop 指令

iftop 是 Linux 下的流量监控工具，可以用来观察实时的网络连接和网络流量情况。

【实例 7-167】安装 iftop

```
yum -y install iftop
```

具体代码如下：

```
[root@linux-command ~]# yum -y install iftop
Loaded plugins: fastestmirror, priorities
Loading mirror speeds from cached hostfile
 * epel: mirrors.tuna.tsinghua.edu.cn
 * ius: mirrors.tuna.tsinghua.edu.cn
 * remi-safe: mirrors.tuna.tsinghua.edu.cn
（中间内容略）

Installed:
  iftop.x86_64 0:1.0-0.14.pre4.el7

Complete!
```

【实例 7-168】iftop 默认界面

iftop 默认界面如图 7-17 所示。

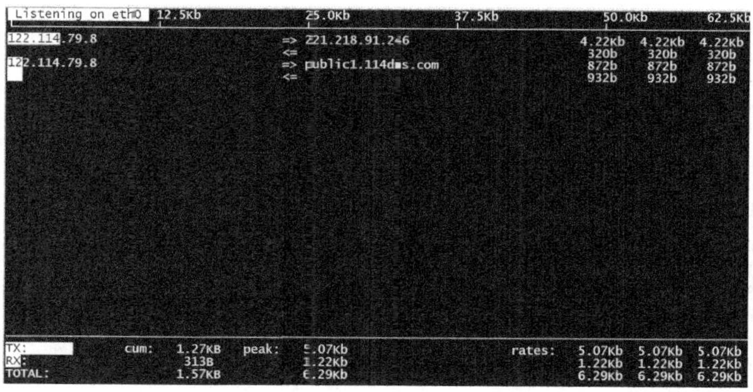

图 7-17　iftop 默认界面

（1）iftop 界面相关说明

界面上面显示的是类似刻度尺的刻度范围，是显示流量图形的长条作标尺用的。

中间的<=和=>这两个左右箭头表示流量的方向，如表 7-13 所示。

表 7-13　iftop 界面参数说明

选项	说明
TX	发送流量
RX	接收流量
TOTAL	总流量
Cumm	运行 iftop 到目前时间的总流量

（2）iftop 相关选项

iftop 指令常用选项，如表 7-14 所示。

表 7-14 iftop 指令常用选项

选项	说明
–i	设定监测的网卡，如：# iftop –i eth1
–B	以字节为单位显示流量（默认是 bit），如：# iftop –B
–n	使 host 信息默认直接都显示 IP，如：# iftop –n
–N	使端口信息默认直接都显示端口号，如：# iftop –N
–F	显示特定网段的进出流量，如：# iftop –F 10.10.1.0/24 或# iftop –F 10.10.1.0/255.255.255.0
–h	帮助，显示参数信息
–p	使用这个参数后，中间的列表显示的本地主机信息，出现了本机以外的 IP 信息
–b	使流量图形条默认就显示
–f	暂时不太会用，过滤计算包用的
–P	使 host 信息及端口信息默认就都显示
–m	设置界面最上边的刻度的最大值，刻度分 5 个大段显示，如：# iftop –m 100M

（3）iftop 指令常用选项

进入 iftop 画面后的一些操作命令（注意大小写），如表 7-15 所示。

表 7-15 iftop 指令常用选项

选项	说明
h	切换是否显示帮助
n	切换显示本机的 IP 或主机名
s	切换是否显示本机的 host 信息
d	切换是否显示远端目标主机的 host 信息
t	切换显示格式为 2 行/1 行/只显示发送流量/只显示接收流量
N	切换显示端口号或端口服务名称
S	切换是否显示本机的端口信息
D	切换是否显示远端目标主机的端口信息
p	切换是否显示端口信息
P	切换暂停/继续显示
b	切换是否显示平均流量图形条
B	切换计算 2 秒或 10 秒或 40 秒内的平均流量
T	切换是否显示每个连接的总流量
l	打开屏幕过滤功能，输入要过滤的字符，比如 IP，按<Enter>键后，屏幕就只显示这个 IP 相关的流量信息
L	切换显示画面上边的刻度；刻度不同，流量图形条会有变化
j	或按 k，可以向上或向下滚动屏幕显示的连接记录
1	或 2 或 3 可以根据右侧显示的 3 列流量数据进行排序

续表

选项	说明
<	根据左边的本机名或 IP 排序
>	根据远端目标主机的主机名或 IP 排序
o	切换是否固定只显示当前的连接
f	可以编辑过滤代码，这是翻译过来的说法，还没用过
!	可以使用 shell 命令，这个暂时没用过
q	退出监控
h	切换是否显示帮助

【实例 7-169】找出流量最大的连接

```
iftop -i eth0 -nP
```

找出系统中下载带宽最高的连接，假设网卡接口名称为 eth0。

```
[root@linux-command ~]# iftop -i eth0 -nP
interface: eth0
IP address is: 122.114.79.8
MAC address is: 52:54:00:83:dc:63
              12.5Kb              25.0Kb           37.5Kb    50.0Kb        62.5Kb
122.114.79.8:61618                => 221.218.91.246:53479     1.86Kb  2.27Kb
2.27Kb
                                <=                           160b  240b   240b
122.114.79.8                      => 36.226.146.20               0b     129b     129b
                                <=                              0b     0b     0b
122.114.79.8:53413                => 36.226.146.20:31947           0b     0b      0b
                                 <=                             0b    3b     73b

TX:             cum: 2.40KB  peak:  4.22Kb          rates:  1.86Kb 2.40Kb 2.40Kb
RX:                  313B          448b                       160b  313b   313b
[root@linux-command ~]# q71KB        4.53Kb                  2.02Kb  2.71Kb
2.71Kb
```

通过执行操作，切换到最适合观察的显示结果。

- 按下 t，切换显示模式，切换到只显示接收流量（Received traffic only）。
- 按下 T，显示每个连接的累计总流量（Show cummulative totals）。
- 按下 3，按最近 40 秒的平均网络流量排序（Sort by col 3）。
- 按下 B，切换 bar graph 显示为最近 40 秒的平均网络流量（Bars show 40s average），便于观察。

观察一段时间后，基本上可以看出下载最快的连接了。

7.3.6 tcptrack 指令

tcptrack 可以展示 TCP 连接的状态，它在一个给定的网络端口上进行监听。tcptrack 监控它们的状态并展示出排序且不断更新的列表，包括来源/目标地址、带宽使用情况等信息，这与 top 命令的输出非常类似。

【实例 7-170】监听特定的端口

```
[root@kvm_online_35_7 RPMS]# tcptrack -i br0 port 80
```

详情见图 7-18。

请替换上面的 80 为你想要监控的端口号。注意：将上面的 eth0 替换为你想使用的网络接口名称，假如你想通过扫描了解你的网络接口名称，可以在一个虚拟终端或 shell 中运行 ip link show 命令。

【实例 7-171】监听特定端口

```
[root@kvm_online_35_7 RPMS]# tcptrack -i br0
You have mail in /var/spool/mail/root
```

监听特定端口详情如图 7-19 所示。

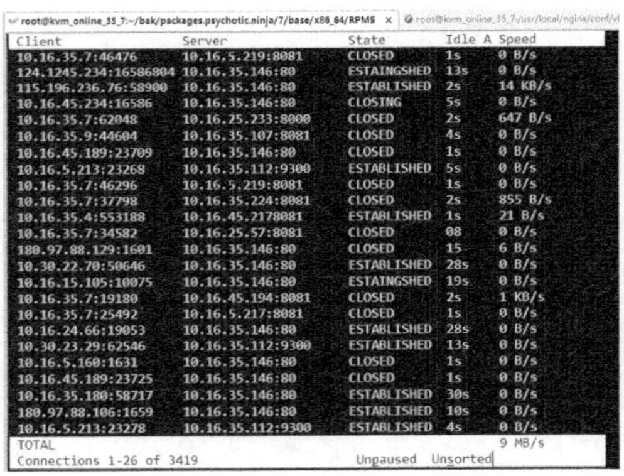

图 7-18 监听特定端口

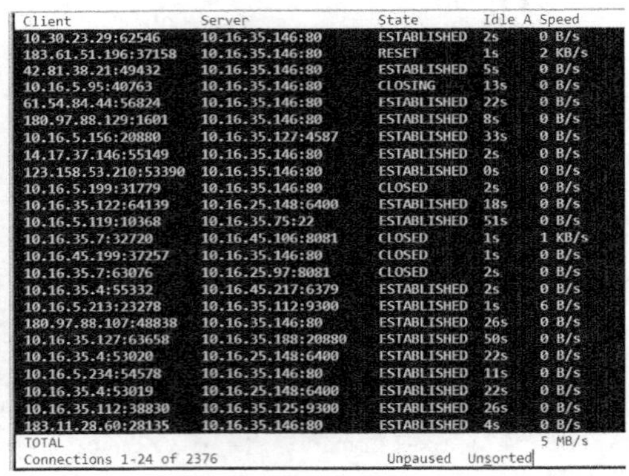

图 7-19 监听特定端口

7.3.7 glances 指令

glances 是一个由 Python 编写，使用 psutil 库来从系统抓取信息的基于 curses 开发的跨平台命令行系统监视工具。通过 Glances，我们可以监视 CPU、平均负载、内存、网络流量、磁盘 I/O、其他处理器和文件系统空间的利用情况。

glances 是一个用来监视 GNU/Linux 和 FreeBSD 操作系统的 GPL 授权的自由软件。

glances 同时也提供了很多实用的选项。其中我们能够在配置文件见到的一项主要的功能就是设置关键值及相应的标签（careful[小心]、warning[警告]和 critical[严重]），然后它会自动帮我们用不同颜色标出系统达到某个瓶颈的信息。

glances 主要功能如下。

- CPU 信息（用户的相关应用、系统核心程序和空闲程序）。
- 总内存信息，包括物理内存、交换空间和空闲内存等。
- 之前的 1 分钟、5 分钟和 15 分钟平均的 CPU 负载。
- 网络链接的下行和上行速度。
- 处理器总数及其活动状态。
- 硬盘 I/O 相关（读写）速度详情。
- 当前挂载设备的磁盘使用情况。
- 高 CPU、内存使用的进程名和相关应用的位置。
- 在底部显示当前日期和时间。
- 将消耗最高系统资源的进程用红色标出。

【实例 7-172】安装 glances 软件

```
yum -y install glances
```

具体代码如下：

```
[root@linux-command ~]# yum list glances
Loaded plugins: fastestmirror, priorities
Loading mirror speeds from cached hostfile
 * epel: mirrors.tuna.tsinghua.edu.cn
 * ius: mirrors.tuna.tsinghua.edu.cn
 * remi-safe: mirrors.tuna.tsinghua.edu.cn
Available Packages
glances.noarch                                                    1.7.7-1.el7
epel
[root@linux-command ~]# yum -y install glances
Loaded plugins: fastestmirror, priorities
（中间内容略）
  Verifying  : python-setuptools-0.9.8-4.el7.noarch
                    3/5
Dependency Installed:
  python-backports.x86_64 0:1.0-8.el7    python-backports-ssl_match_hostname
.noarch 0:3.4.0.2-4.el7
  python-setuptools.noarch 0:0.9.8-4.el7 python2-psutil.x86_64 0:2.2.1-2.el7

Complete!
```

【实例 7-173】glances 默认运行界面

glances 默认运行界面如图 7-20 所示。

按下<q>键（<Esc>键和<Ctrl+c>组合键也可以），退出 glances 终端。

【实例 7-174】指定刷新频率

```
glances -t 2
```

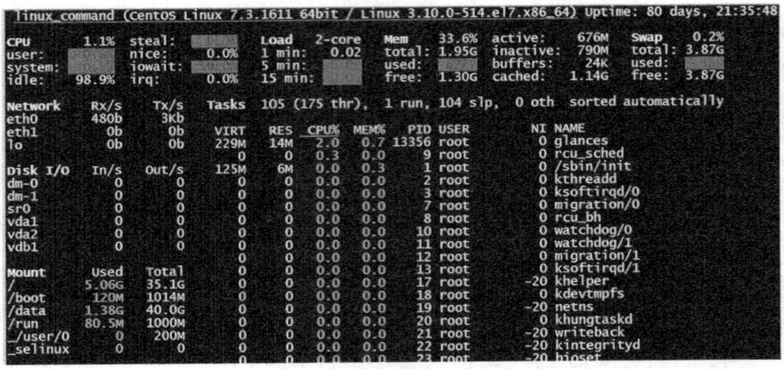

图 7-20 glances 默认运行界面

指定刷新频率，上述代码中 glances 的默认刷新频率是 1 秒，但是你可以通过在终端指定参数来手动定义刷新频率。

```
    [root@linux-command ~]# glances -t 2
    linux-command (CentOS Linux 7.3.1611 64bit / Linux 3.10.0-514.el7.x86_64)
Uptime: 80 days, 21:38:05

  CPU            Load    2-core    Mem     33.5%  active:     675M   Swap     0.2%
  Compute data...  1 min:  0.03    total: 1.95G  inactive:  789M   total: 3.87G
                 5 min:   0.03    used:   671M  buffers:    24K   used:  7.18M
                 15 min:  0.05    free:  1.30G  cached:   1.14G   free:  3.87G

  Network     Rx/s     Tx/s
  Compute data...

  Disk I/O    In/s   Out/s
  Compute data...

  Mount       Used   Total
  /          5.06G   35.1G
  /boot       120M   1014M
  /data      1.38G   40.0G
  /run       80.5M   1000M
  _/user/0       0    200M
  _selinux       0       0
```

7.3.8 brctl 指令

brctl 是 Linux 网桥管理工具，可用于查看网桥、创建网桥、把网卡加入网桥等。

【实例 7-175】查看网桥信息

```
brctl show
```

具体代码如下：

```
[root@linux-command ~]# brctl show
bridge name     bridge id               STP enabled     interfaces
brq9284d7a8-71          8000.12841adee45f       no              tap36daf550-27
                                                        tape729e013-df
                                                        vxlan-80
brqcb225471-1f          8000.080027c9b4f2       no              eth0
                                                        tap0d258e6d-83
                                                        tapb844e7a5-83
docker0         8000.0242e4580b61       no              veth50ed8dd
```

以上因为部署了 openstack neutron 以及 docker，网桥比较复杂。其他子命令如 addbr 用于创建网桥、delbr 用户删除网桥（删除之前必须处于 down 状态，使用 ip link set br_name down）、addif 把网卡加到网桥等。

7.3.9 ss 指令

ss 命令也是一个查看网络连接的工具（another utility to investigate sockets），用来显示处于活动状态的套接字（socket）信息。关于 ss 的描述，引用 Linux 命令大全–ss 命令。

ss 命令可以用来获取套接字统计信息，它可以显示和 netstat 类似的内容。ss 的优势在于它能够显示更多更详细的有关 TCP 和连接状态的信息，而且比 netstat 更快速高效。当服务器的套接字连接数量变得非常大时，无论是使用 netstat 命令还是直接 cat /proc/net/tcp，执行速度都会很慢。当服务器维持的连接达到上万个的时候，使用 netstat 等于会很浪费时间，而用 ss 会节省时间。“天下武功，唯快不破”，ss 快的秘诀在于它利用了 TCP 协议栈中 tcp_diag。tcp_diag 是一个用于分析统计的模块，可以获得 Linux 内核中第一手的信息，这就确保了 ss 的快捷高效。当然，如果你的系统中没有 tcp_diag，ss 也可以正常运行，只是效率会变得稍慢。

其中比较常用的选项如下。

- –l 查看处于 LISTEN 状态的连接。
- –t 查看 tcp 连接。
- –4 查看 IPv4 连接。
- –n 不进行域名解析。

【实例 7-176】查看本地端口

```
ss  -t -l -n -4
```

查看本地端口，从下面代码输出中可以看到，服务器本地开放的端口有 3306、9000、80、61618 等端口。

```
[root@linux-command ~]# ss  -t -l -n -4
State      Recv-Q Send-Q                                    Local Address:Port
Peer Address:Port
LISTEN     0      511                                                    *:80
*:*
```

```
LISTEN     0      128                                              *:61618
*:*
LISTEN     0      16384                                        127.0.0.1:9000
*:*
LISTEN     0      1                                                 *:6088
*:*
```

【实例 7-177】显示 TCP 连接

下面代码输出中过滤 9200 端口的前 10 条连接，最后一行代码统计 9200 端口的所有连接数量。

```
[root@kvm_online_15_16 ~]# ss -t -a  |grep 9200 |head
ESTAB     0      0     10.16.15.16:3038              10.16.15.16:9200
ESTAB     0      0     10.16.15.16:27853             10.16.15.16:9200
ESTAB     0      0     10.16.15.16:46874             10.16.15.16:9200
ESTAB     0      0     10.16.15.16:41438             10.16.15.16:9200
ESTAB     0      0     10.16.15.16:13185             10.16.15.16:9200
ESTAB     0      0     10.16.15.16:62173             10.16.15.16:9200
ESTAB     0      0     10.16.15.16:7817              10.16.15.16:9200
ESTAB     0      0     10.16.15.16:48145             10.16.15.16:9200
ESTAB     0      0     10.16.15.16:26363             10.16.15.16:9200
ESTAB     0      0     10.16.15.16:15536             10.16.15.16:9200
[root@kvm_online_15_16 ~]# ss -t -a  |grep 9200 |wc -l
129024
```

【实例 7-178】显示套接字摘要信息

```
ss -s
```

具体代码如下，说明：列出当前的建立、关闭、孤立和等待的 TCP 套接字。

```
[root@kvm_online_15_16 ~]# ss -s
Total: 131747 (kernel 134476)
TCP:   131265 (estab 131028, closed 53, orphaned 121, synrecv 0, timewait 50/0),
ports 0

Transport Total     IP        IPv6
*         134476    -         -
RAW       2         2         0
UDP       6         3         3
TCP       131212    66391     64821
INET      131220    66396     64824
FRAG      0         0         0
```

【实例 7-179】列出所有打开的网络连接端口

```
ss -l |more
```

采用分页方式列出所有的网络连接端口。

```
[root@kvm_online_15_16 ~]# ss -l |more
Netid  State      Recv-Q Send-Q Local Address:Port          Peer Address:Port
nl     UNCONN     0      0      rtnl:keepalived/7839      *
```

```
nl      UNCONN    0      0      rtnl:-1602222765         *
nl      UNCONN    0      0      rtnl:-4229              *
nl      UNCONN    0      0      rtnl:keepalived/7840      *
nl      UNCONN    0      0      rtnl:kernel             *
nl      UNCONN    0      0      rtnl:1598030807          *
nl      UNCONN    0      0      rtnl:-4230              *
nl      UNCONN    0      0      rtnl:1526728019          *
nl      UNCONN    0      0      rtnl:keepalived/7840      *
nl      UNCONN    0      0      rtnl:keepalived/7839       *
nl      UNCONN    0      0      rtnl:1598030807            *
nl      UNCONN    4352   0      tcpdiag:ss/559            *
nl      UNCONN    768    0      tcpdiag:kernel                *
nl      UNCONN    0      0      xfrm:kernel                   *
nl      UNCONN    0      0      selinux:kernel           *
nl      UNCONN    0      0      audit:systemd/1               *
nl      UNCONN    0      0      audit:libvirtd/1363         *
nl      UNCONN    0      0      audit:auditd/949              *
nl      UNCONN    0      0      audit:kernel                *
nl      UNCONN    0      0      fiblookup:kernel           *
nl      UNCONN    0      0      connector:kernel                 *
nl      UNCONN    0      0      uevent:-4209                     *
nl      UNCONN    0      0      uevent:-1916795565          *
nl      UNCONN    0      0      uevent:libvirtd/1363          *
nl      UNCONN    0      0      uevent:systemd-logind/986      *
nl      UNCONN    0      0      uevent:-4211                     *
nl      UNCONN    0      0      uevent:-4210                  *
nl      UNCONN    0      0      uevent:tuned/1339             *
nl      UNCONN    0      0      uevent:-4137                   *
nl      UNCONN    0      0      uevent:-4212                  *
nl      UNCONN    0      0      uevent:NetworkManager/983     *
nl      UNCONN    0      0      uevent:systemd/1               *
nl      UNCONN    0      0      uevent:kernel                 *
nl      UNCONN    0      0      uevent:tuned/1339              *
nl      UNCONN    0      0      ueven
```

【实例 7-180】查看进程使用的套接字

```
ss -pl |more
```

采用分页方式显示进程使用的套接字详细信息。

```
 [root@kvm_online_15_16 ~]# ss -pl |more
Netid   State     Recv-Q Send-Q Local Address:Port          Peer Address:Port
nl      UNCONN    0      0       rtnl:keepalived/7839     *
nl      UNCONN    0      0       rtnl:-1602222765        *
nl      UNCONN    0      0       rtnl:-4229             *
nl      UNCONN    0      0       rtnl:keepalived/7840     *
nl      UNCONN    0      0       rtnl:kernel             *
nl      UNCONN    0      0       rtnl:1598030807          *
nl      UNCONN    0      0       rtnl:-4230              *
nl      UNCONN    0      0       rtnl:1526728019          *
nl      UNCONN    0      0       rtnl:keepalived/7840      *
```

```
nl      UNCONN      0      0      rtnl:keepalived/7839     *
nl      UNCONN      0      0      rtnl:1598030807          *
nl      UNCONN      768    0      tcpdiag:kernel           *
nl      UNCONN      4352   0      tcpdiag:ss/3583          *
nl      UNCONN      0      0      xfrm:kernel              *
nl      UNCONN      0      0      selinux:kernel           *
nl      UNCONN      0      0      audit:systemd/1          *
nl      UNCONN      0      0      audit:libvirtd/1363      *
nl      UNCONN      0      0      audit:auditd/949         *
nl      UNCONN      0      0      audit:kernel             *
nl      UNCONN      0      0      fiblookup:kernel         *
nl      UNCONN      0      0      connector:kernel         *
nl      UNCONN      0      0      uevent:-4209             *
nl      UNCONN      0      0      uevent:-1916795565       *
nl      UNCONN      0      0      uevent:libvirtd/1363     *
nl      UNCONN      0      0      uevent:systemd-logind/986  *
nl      UNCONN      0      0      uevent:-4211             *
nl      UNCONN      0      0      uevent:-4210             *
nl      UNCONN      0      0      uevent:tuned/1339        *
nl      UNCONN      0      0      uevent:-4137             *
nl      UNCONN      0      0      uevent:-4212             *
nl      UNCONN      0      0      uevent:NetworkManager/983  *
nl      UNCONN      0      0      uevent:systemd/1         *
nl      UNCONN      0      0      uevent:kernel            *
nl      UNCONN      0      0      uevent:tuned/1339        *
nl      UNCONN      0      0      uevent:libvirtd/1363     *
```

【实例 7-181】找出打开套接字/端口应用程序

```
ss -lp | grep 3306
```

找出对应端口的进程号信息。

```
 [root@kvm_online_15_16 ~]# ss -lp | grep 3306
您在 /var/spool/mail/root 中有邮件
[root@kvm_online_15_16 ~]# ss -lp | grep 9200
tcp       LISTEN      0         32768     :::9200                     :::*
 users:(("java",pid=24866,fd=356))
```

【实例 7-182】显示所有 UDP 套接字

```
ss -u -a
```

显示所有 UDP 套接字相关信息。

```
[root@kvm_online_15_16 ~]# ss -u -a
State           Recv-Q Send-Q                           Local Address:Port
Peer Address:Port
UNCONN          0        0                                        *:sunrpc
*:*
UNCONN           0        0                                  127.0.0.1:323
*:*
```

```
UNCONN         0        0                                  *:fcp-udp
*:*
UNCONN                                                              0
0                   :::sunrpc                              :::*
UNCONN                                                              0
0                   ::1:323                                :::*
UNCONN                                                              0
0                   :::fcp-udp                             :::
```

【实例 7-183】显示所有状态为 **established** 的 **HTTP** 连接

```
ss -o state established '( dport = :http or sport = :http )'|head
```

具体代码如下：

```
[root@kvm_online_15_16 ~]# ss -o state established '( dport = :http or sport
= :http )'|head
Netid  Recv-Q Send-Q Local Address:Port                Peer Address:Port
tcp    0      0      10.16.15.149:http                183.134.53.47:53549
tcp    0      0      10.16.15.149:http                42.6.114.184:42997
tcp    0      0      10.16.15.149:http                58.220.71.12:58482
tcp    0      0      10.16.15.149:http                61.148.244.55:56335
tcp    0      0      10.16.15.149:http                116.231.197.21:36723
tcp    0      0      10.16.15.149:http                10.16.25.226:14690
tcp    0      0      10.16.15.149:http                115.238.237.47:30806
tcp    0      0      10.16.15.149:http                60.12.126.44:57422
tcp    0      0      10.16.15.149:http                123.183.164.156:50144
```

7.3.10 curl 指令

curl 是强大的 URL 传输工具，支持 FILE、FTP、HTTP、HTTPS、IMAP、LDAP、POP3、RTMP、RTSP、SCP、SFTP、SMTP、SMTPS、TELNET 以及 TFTP 等协议。这个命令最常用的功能就是通过命令行发送 HTTP 请求以及下载文件，它几乎能够模拟所有浏览器的行为请求，比如模拟 refer（从哪个页面跳转过来的）、cookie、agent（使用什么浏览器）等，同时还能够模拟表单数据。

```
curl -X POST -d "qqq=12343412434&upass=qwe&save_me=1&R1=0"192.168.1.11
```

以上方法利用 curl 往认证服务器发送 POST 请求，发送数据为用户名以及密码（模拟表单输入），curl 指令常用选项如表 7-16 所示。

表 7-16　　curl 指令常用选项

选项	说明
–i	显示头部信息
–I	只显示头部信息，不显示正文
–X	指定请求方法，比如 GET、POST 等
–d	发送数据

续表

选项	说明
--form	模拟表单，利用这个参数可以上传文件、模拟点击按钮等
–A	指定用户代理，比如 Mozilla/4.0
–b	设置 cookie
–c	指定 cookie 文件
–e	指定 referer，有些网址必须从某个页面跳转过去
--header	设置请求的头部信息
--user	有些页面需要 HTTP 认证，传递 name:password 认证

【实例 7-184】获取页面内容

不加任何选项使用 curl 时，默认会发送 GET 请求来获取链接内容到标准输出。

```
[root@linux-command ~]# curl http://www.jd.com
<html>
<head><title>302 Found</title></head>
<body bgcolor="white">
<center><h1>302 Found</h1></center>
<hr><center>JDWS/2.0</center>
</body>
</html>
```

从上述代码中可以看到 curl 不加任何选项的默认输出。

【实例 7-185】显示 HTTP 头信息

如果我们只想显示 HTTP 头，而不显示文件内容，可以使用“–I”选项。

```
[root@linux-command ~]# curl -I  http://www.jd.com
HTTP/1.1 302 Moved Temporarily
Server: JDWS/2.0
Date: Thu, 12 Apr 2018 14:57:18 GMT
Content-Type: text/html
Content-Length: 157
Connection: keep-alive
Location: https://www.jd.com/
Strict-Transport-Security: max-age=360
```

也可以同时显示 HTTP 头和文件内容，使用–i 选项，如下代码所示。

```
[root@linux-command ~]# curl -i  http://www.jd.com
HTTP/1.1 302 Moved Temporarily
Server: JDWS/2.0
Date: Thu, 12 Apr 2018 14:57:48 GMT
Content-Type: text/html
Content-Length: 157
Connection: keep-alive
Location: https://www.jd.com/
Strict-Transport-Security: max-age=360
```

```
<html>
<head><title>302 Found</title></head>
<body bgcolor="white">
<center><h1>302 Found</h1></center>
<hr><center>JDWS/2.0</center>
</body>
</html>
```

【实例 7-186】将链接保存到文件

下面代码使用重定向“>”符号将输出重定向到本地文件中。

```
[root@linux-command ~]# curl http://www.jd.com > index.html
  % Total    % Received % Xferd  Average Speed  Time    Time    Time  Current
                                 Dload  Upload   Total   Spent   Left  Speed
100   157  100   157    0    0   1516      0 --:--:-- --:--:-- --:--:--  1524
```

- 也可以通过 curl 自带的–o/–O 选项将内容保存到文件中。
- –o（小写的 o）：结果会被保存到命令行中提供的文件名。
- –O（大写的 O）：URL 中的文件名会被用作保存文件到本地。

```
curl -o index.html http://www.jd.com
curl https://img20.360buyimg.com/vc/jfs/t17368/340/1617561606/1069487/96769
71/5ad014b1Nb8463c4e.jpg -O
```

注意：使用 –O 选项时，必须确保链接末尾包含文件名，否则 curl 无法正确保存文件。如果遇到链接中无文件名的情况，应该使用 –o 选项手动指定文件名，或使用重定向符号。下面代码中将 5ad014b1Nb8463c4e.jpg 文件名称保存在本地并重命名为 chuizi.jpg。

```
[root@linux-command ~]# curl https://img20.360buyimg.com/vc/jfs/t17368/340/
1617561606/1069487/9676971/5ad014b1Nb8463c4e.jpg -o chuizi.jpg
  % Total    % Received % Xferd  Average Speed   Time    Time    Time  Current
                                 Dload  Upload   Total   Spent    Left  Speed
100 1044k  100 1044k    0     0  1168k      0 --:--:-- --:--:-- --:--:--1168k
[root@linux-command ~]#
[root@linux-command ~]# ls -lh
total 1.1M
drwxr-xr-x. 3 root root  255 2018-04-16 10:16:11.766000000 +0800 hanyanwei2018
-rw-r--r--. 1 root root  212 2018-04-16 10:26:30.000000000 +0800 user_login.py
-rw-r--r--. 1 root root  157 2018-04-16 15:35:15.626000000 +0800 index.html
-rw-r--r--. 1 root root 1.1M 2018-04-16 15:42:59.489000000 +0800 chuizi.jpg
```

【实例 7-187】同时下载多个文件

可以使用“–o”或“–O”选项来同时指定多个链接，按照以下格式编写指令。

```
[root@linux-command ~]# url_1='https://m.360buyimg.com/mobilecms/s970x604_jf
s/t17773/293/1513713762/50882/8949bb0c/5acdd3d0N7ce561d0.jpg!q70.jpg'
[root@linux-command ~]# url_2='https://m.360buyimg.com/mobilecms/s1188x758_j
fs/t19762/33/1568649996/90521/6d1b6cfc/5acde61eN7142b993.jpg!q70.jpg'
[root@linux-command ~]# curl -O $url_1 -O $url_2
  % Total    % Received % Xferd  Average Speed   Time    Time    Time  Current
```

```
                                Dload  Upload  Total   Spent    Left  Speed
   100 45065  100 45065    0     0   195k     0 --:--:-- --:--:-- --:--:-- 196k
   100 50965  100 50965    0     0  1206k     0 --:--:-- --:--:-- --:--:-- 1206k
   [root@linux-command ~]# ls -lhrt
   total 1.2M
   drwxr-xr-x. 3 root root  255 2018-04-16 10:16:11.766000000 +0800 hanyanwei2018
   -rw-r--r--. 1 root root  212 2018-04-16 10:26:30.000000000 +0800 user_login.py
   -rw-r--r--. 1 root root  157 2018-04-16 15:35:15.626000000 +0800 index.html
   -rw-r--r--. 1 root root 1.1M 2018-04-16 15:42:59.489000000 +0800 chuizi.jpg
   -rw-r--r--. 1 root root  45K 2018-04-16 15:53:20.970000000 +0800 5acdd3d0N7
ce561d0.jpg!q70.jpg
   -rw-r--r--. 1 root root  50K 2018-04-16 15:53:21.012000000 +0800 5acde61eN7
142b993.jpg!q70.jpg
```

使用“–o”选项指定文件名，如下代码所示。

```
   [root@linux-command ~]# curl -o a.jpg  $url_1 -o b.jpg  $url_2
     % Total    % Received % Xferd  Average Speed   Time    Time     Time  Current
                                 Dload  Upload   Total   Spent    Left  Speed
   100 45065  100 45065    0     0   170k     0 --:--:-- --:--:-- --:--:--  171k
   100 50965  100 50965    0     0  1799k     0 --:--:-- --:--:-- --:--:-- 1799k
   [root@linux-command ~]# ls -lhrt
   total 1.3M
   drwxr-xr-x. 3 root root  255 2018-04-16 10:16:11.766000000 +0800 hanyanwei2018
   -rw-r--r--. 1 root root  212 2018-04-16 10:26:30.000000000 +0800 user_login.py
   -rw-r--r--. 1 root root  157 2018-04-16 15:35:15.626000000 +0800 index.html
   -rw-r--r--. 1 root root 1.1M 2018-04-16 15:42:59.489000000 +0800 chuizi.jpg
   -rw-r--r--. 1 root root  45K 2018-04-16 15:53:20.970000000 +0800 5acdd3d0N7
ce561d0.jpg!q70.jpg
   -rw-r--r--. 1 root root  50K 2018-04-16 15:53:21.012000000 +0800 5acde61eN7
142b993.jpg!q70.jpg
   -rw-r--r--. 1 root root  45K 2018-04-16 15:54:26.165000000 +0800 a.jpg
   -rw-r--r--. 1 root root  50K 2018-04-16 15:54:26.192000000 +0800 b.jpg
```

curl 指令文件下载小结。

curl 将下载文件输出到 stdout，将进度信息输出到 stderr，不显示进度信息使用-silent 选项。

（1）curl URL – –silent

这条命令是将下载文件输出到终端，所有下载的数据都被写入 stdout。

（2）curl URL – –silent –O

使用选项–O 将下载的数据写入文件，必须使用文件的绝对地址。

（3）curl URL –o filename – –progress

选项–o 将下载数据写入指定名称的文件中，并使用–progress 显示进度条。

（4）同时获取多个文件

curl –O URL1 –O URL2

若同时从同一站点下载多个文件时，curl 会尝试重用链接（connection）。

【实例 7-188】大文件使用断点续传功能

下面代码输出中，当文件在下载完成之前结束该进程，通过添加–C 选项继续对该文件进行下载，已经下载过的文件不会被重新下载。

```
[root@linux-command ~]# url='https://img20.360buyimg.com/vc/jfs/t17368/340/
1617561606/1069487/9676971/5ad014b1Nb8463c4e.jpg'
[root@linux-command ~]# curl -O $url
  % Total    % Received % Xferd  Average Speed   Time    Time     Time  Current
                                 Dload  Upload   Total   Spent    Left  Speed
100 1044k  100 1044k    0     0  961k      0  0:00:01 0:00:01 --:--:--  961k
[root@linux-command ~]# curl -C - -O  $url
** Resuming transfer from byte position 1069487
  % Total    % Received % Xferd  Average Speed   Time    Time     Time  Current
                                 Dload  Upload   Total   Spent    Left  Speed
  0   207    0     0    0     0      0      0 --:--:-- --:--:-- --:--:--     0
curl: (33) HTTP server doesn't seem to support byte ranges. Cannot resume.
```

【实例 7-189】对 curl 使用网络限速

通过“– –limit–rate”选项对 curl 的最大网络使用进行限制，下载速度最大不会超过 1024bit/s。

```
[root@linux-command ~]# url='https://img20.360buyimg.com/vc/jfs/t17368/340/
1617561606/1069487/9676971/5ad014b1Nb8463c4e.jpg'
[root@linux-command    ~]#      curl       --limit-rate    1024B        -O
$url                                                 % Total  % Received % Xferd
Average Speed    Time     Time      Time  Current
                         Dload  Upload   Total    Spent     Left  Speed
100 1044k  100 1044k   0    0   1024      0  0:17:24  0:17:24 --:--:--  1229
```

【实例 7-190】下载指定时间内修改过的文件

当下载一个文件时，可对该文件的最后修改日期进行判断，如果该文件在指定日期内修改过，就进行下载，否则不下载。

该功能可通过使用–z 选项来实现：若 a.html 文件在 2018/12/21 之后有过更新才会进行下载。

```
curl -z 21-Dec-18 http://www.a.com/a.html
```

【实例 7-191】curl 授权

在访问需要授权的页面时，可通过–u 选项提供用户名和密码进行授权。

```
curl -u username:password URL
```

通常的做法是在命令行只输入用户名，之后会提示输入密码，这样可以保证在查看历史记录时不会将密码泄露。

```
curl -u username URL
```

【实例 7-192】使用–L 跟随链接重定向

如果直接使用 curl 打开某些被重定向后的链接，这种情况下就无法获取我们想要的网页内容。例如：

```
curl http://jd.com
```

会得到如下提示：

```
<html>
<head><title>301 Moved Permanently</title></head>
<body bgcolor="white">
<center><h1>301 Moved Permanently</h1></center>
<hr><center>nginx/1.10.3</center>
</body>
</html>
```

而当通过浏览器打开该链接时，会自动跳转到 http://www.jd.com。此时我们想要 curl 做的是像浏览器一样跟随链接的跳转，获取最终的网页内容。可以在命令中添加 -L 选项来跟随链接重定向：

```
curl -L http://jd.com
```

这样就能获取到经过重定向后的网页内容了。

7.3.11 wget 指令

Linux wget 是一个下载文件的工具，它用在命令行下，对于 Linux 用户是必不可少的工具，尤其对于网络管理员，经常要下载一些软件或从远程服务器恢复备份到本地服务器。

wget 工具体积小但功能完善，它支持断点下载功能，同时支持 FTP 和 HTTP 下载方式，支持代理服务器和设置起来方便简单。

【实例 7-193】使用 wget 下载单个文件

以下代码从网络下载一个文件并保存在当前目录中。

```
[root@linux-command ~]# cd /opt/
[root@linux-command /opt]# wget http://mirrors.sohu.com/centos/7.4.1708/iso
s/x86_64/CentOS-7-x86_64-Minimal-1708.iso
--2018-04-16 16:20:19--  http://mirrors.sohu.com/centos/7.4.1708/isos/x86_64
/CentOS-7-x86_64-Minimal-1708.iso
Resolving mirrors.sohu.com (mirrors.sohu.com)... 221.236.12.140
Connecting to mirrors.sohu.com (mirrors.sohu.com)|221.236.12.140|:80... con
nected.
HTTP request sent, awaiting response... 200 OK
Length: 830472192 (792M) [application/octet-stream]
Saving to: 'CentOS-7-x86_64-Minimal-1708.iso'

 3% [==>
] 31,090,700  1.55MB/s  eta 8m 26s
```

在下载的过程中会显示进度条，包含（下载完成百分比、已经下载的字节、当前下载速度、剩余下载时间）。

【实例 7-194】使用 wget -O 下载并以不同的文件名保存

wget 默认会以最后一个符合“/”的后面的字符来命令，对于动态链接的下载通常文件名会不正确。

错误：下面的例子会下载一个文件并以名称 CentOS–7–x86_64–Minimal–1708.iso 保存。

```
wget http://mirrors.sohu.com/centos/7.4.1708/isos/x86_64/CentOS-7-x86_64-Minimal-1708.iso
```

文件名称太长不方便运维人员操作，可以自定义文件名称。为了解决此问题，可以使用参数“–O”来指定一个文件名，如下代码所示。

```
[root@linux-command /opt]# wget -O CentOS7_4_mini.iso  http://mirrors.sohu.com/centos/7.4.1708/isos/x86_64/CentOS-7-x86_64-Minimal-1708.iso
--2018-04-16 16:23:32--  http://mirrors.sohu.com/centos/7.4.1708/isos/x86_64/CentOS-7-x86_64-Minimal-1708.iso
Resolving mirrors.sohu.com (mirrors.sohu.com)... 221.236.12.140
Connecting to mirrors.sohu.com (mirrors.sohu.com)|221.236.12.140|:80... connected.
HTTP request sent, awaiting response... 200 OK
Length: 830472192 (792M) [application/octet-stream]
Saving to: 'CentOS7_4_mini.iso'

 5% [====>
] 47,807,132  1.13MB/s  eta 9m 15s
```

【实例 7-195】使用 wget –limit –rate 限速下载

运行 wget 指令下载文件时，默认会占用全部可能的宽带进行下载操作。当准备下载一个大文件时，可以根据需要进行限速控制。

```
[root@linux-command /opt]# url='http://mirrors.sohu.com/centos/7.4.1708/isos/x86_64/CentOS-7-x86_64-Minimal-1708.iso'
[root@linux-command /opt]# wget -O CentOS7_4_mini.iso --limit-rate=600k $url
--2018-04-16 16:26:04--  http://mirrors.sohu.com/centos/7.4.1708/isos/x86_64/CentOS-7-x86_64-Minimal-1708.iso
Resolving mirrors.sohu.com (mirrors.sohu.com)... 221.236.12.140
Connecting to mirrors.sohu.com (mirrors.sohu.com)|221.236.12.140|:80... connected.
HTTP request sent, awaiting response... 200 OK
Length: 830472192 (792M) [application/octet-stream]
Saving to: 'CentOS7_4_mini.iso'

23% [===================>
] 195,944,864  600KB/s  eta 17m 13s
```

【实例 7-196】断点续传

使用“wget –c”指令可重新启动下载过程中断的文件。

```
[root@linux-command /opt]# url='http://mirrors.sohu.com/centos/7.4.1708/isos/x86_64/CentOS-7-x86_64-Minimal-1708.iso'
```

```
[root@linux-command /opt]# wget -c $url
--2018-04-16 16:32:00--  http://mirrors.sohu.com/centos/7.4.1708/isos/x86_64
/CentOS-7-x86_64-Minimal-1708.iso
Resolving mirrors.sohu.com (mirrors.sohu.com)... 221.236.12.140
Connecting to mirrors.sohu.com (mirrors.sohu.com)|221.236.12.140|:80... con
nected.
HTTP request sent, awaiting response... 206 Partial Content
Length: 830472192 (792M), 826436752 (788M) remaining [application/octet-stream]
Saving to: 'CentOS-7-x86_64-Minimal-1708.iso'

 3% [==>
] 32,317,992  1.52MB/s  eta 18m 23s
```

下载大文件时，如果突然由于网络等原因中断，断点续传会非常有帮助，可以继续接着下载而不是重新下载一个文件，需要继续中断的下载时可以使用“–c”选项。

```
[root@linux-command /opt]# wget -c $url
--2018-04-16 16:33:00--  http://mirrors.sohu.com/centos/7.4.1708/isos/x86_64
/CentOS-7-x86_64-Minimal-1708.iso
Resolving mirrors.sohu.com (mirrors.sohu.com)... 221.236.12.140
Connecting to mirrors.sohu.com (mirrors.sohu.com)|221.236.12.140|:80... con
nected.
HTTP request sent, awaiting response... 206 Partial Content
Length: 830472192 (792M), 784263192 (748M) remaining [application/octet-stream]
Saving to: 'CentOS-7-x86_64-Minimal-1708.iso'

 7% [+++++>
] 61,192,412  1.32MB/s  eta 9m 33s ^C
```

【实例 7-197】使用 wget –b 后台下载

在下载非常大的文件时，可使用选项“–b”后台下载。

```
[root@linux-command /opt]# url='http://mirrors.sohu.com/centos/7.4.1708/isos/
x86_64/CentOS-7-x86_64-Minimal-1708.iso'
Output will be written to 'wget-log'.
```

可以使用如下指令查看下载进度。

```
[root@linux-command /opt]# tailf wget-log
 73000K .......... .......... .......... .......... ..........  9% 1.17M 9m2s
 73050K .......... .......... .......... .......... ..........  9% 1.20M 9m2s
 73100K .......... .......... .......... .......... ..........  9% 1.17M 9m2s
 73150K .......... .......... .......... .......... ..........  9% 1.20M 9m2s
 73200K .......... .......... .......... .......... ..........  9% 1.17M 9m2s
 73250K .......... .......... .......... .......... ..........  9% 1.16M 9m3s
 73300K .......... .......... .......... .......... ..........  9% 37.0M 9m1s
 73350K .......... .......... .......... .......... ..........  9% 1.17M 9m1s
 73400K .......... .......... .......... .......... ..........  9% 1.17M 9m1s
 73450K .......... .......... .......... .......... ..........  9% 1.17M 9m1s
 73500K .......... .......... .......... .......... ..........  9% 1.17M 9m2s
 73550K .......... .......... .......... .......... ..........  9% 66.1M 9m0s
 73600K .......... .......... .......... .......... ..........  9% 1.17M 9m0s
```

```
    73650K .......... .......... .......... .......... ..........  9% 1.18M 9m0s
    73700K .......... .......... .......... .......... ..........  9% 1.17M 9m0s
    73750K .......... .......... .......... .......... ..........  9% 1.17M 9m1s
```

【实例 7-198】伪装代理名称下载

有些网站能通过根据判断代理名称不是浏览器而拒绝你的下载请求，可以通过“ -user–agent”选项伪装。

```
    wget --user-agent="Mozilla/5.0 (Windows; U; Windows NT 6.1; en-US) AppleWeb
Kit/534.16 (KHTML, like Gecko) Chrome/10.0.648.204 Safari/534.16" 下载链接
```

【实例 7-199】测试下载链接

有定时下载任务时，应在预定时间测试下载链接是否有效，可以增加“ - spider”选项进行检查。

```
    wget --spider URL
```

如果下载链接正确，将会输出如下信息。

```
    [root@linux-command /opt]# url='http://mirrors.sohu.com/centos/7.4.1708/iso
s/x86_64/CentOS-7-x86_64-Minimal-1708.iso
    [root@linux-command /opt]# wget --spider $url
    Spider mode enabled. Check if remote file exists.
    --2018-04-16 16:54:38--  http://mirrors.sohu.com/centos/7.4.1708/isos/x86_64
/CentOS-7-x86_64-Minimal-1708.iso
    Resolving mirrors.sohu.com (mirrors.sohu.com)... 221.236.12.140
    Connecting to mirrors.sohu.com (mirrors.sohu.com)|221.236.12.140|:80... con
nected.
    HTTP request sent, awaiting response... 200 OK
    Length: 830472192 (792M) [application/octet-stream]
    Remote file exists.
```

如果你给错了一个链接，将会显示如下错误。

```
    [root@linux-command /opt]# url='http://mirrors.sohu.com/centos/7.4.1708/iso
s/x86_64/CentOS-7-x86_64-Minimal-9999.iso
    [root@linux-command /opt]# wget --spider $url
    Spider mode enabled. Check if remote file exists.
    --2018-04-16 16:55:06--  http://mirrors.sohu.com/centos/7.4.1708/isos/x86_64
/CentOS-7-x86_64-Minimal-9999.iso
    Resolving mirrors.sohu.com (mirrors.sohu.com)... 221.236.12.140
    Connecting to mirrors.sohu.com (mirrors.sohu.com)|221.236.12.140|:80... con
nected.
    HTTP request sent, awaiting response... 404 Not Found
    Remote file does not exist -- broken link!!!
```

读者可以在以下几种情况下使用 spider 选项。

- 定时下载之前进行检查。
- 间隔检测网站是否可用。
- 检查网站页面的死链接。

【实例 7-200】使用 wget –tries 增加重试次数

如果网络有问题或下载一个大文件，也有可能失败。wget 默认重试 20 次连接下载文件。如果需要，可以使用–tries 增加重试次数。

```
wget --tries=30 URL
```

【实例 7-201】使用 wget –i 下载多个文件

首先，保存一份下载链接文件。

```
cat >iso_list.txt<<a
http://mirrors.sohu.com/centos/7.4.1708/isos/x86_64/CentOS-7-x86_64-Minimal-9999.iso
http://mirrors.sohu.com/centos/7.4.1708/isos/x86_64/CentOS-7-x86_64-Minimal-8888.iso
http://mirrors.sohu.com/centos/7.4.1708/isos/x86_64/CentOS-7-x86_64-Minimal-7777.iso
http://mirrors.sohu.com/centos/7.4.1708/isos/x86_64/CentOS-7-x86_64-Minimal-6666.iso
a
```

接着使用这个文件和选项“–i”下载，如下代码所示。

```
wget -i iso_list.txt
```

【实例 7-202】使用 wget 做网站镜像

如下示例为下载整个网站到本地。

```
wget --mirror -p --convert-links -P ./LOCAL URL
```

- – –mirror：设置这个参数用来建立本地镜像。
- –p：下载所有 html 文件适合显示的元素。
- – –convert–links：下载完成后，将文档链接都转换成本地的。
- –P ./LOCAL–DIR：保存所有的文件和目录到指定文件夹下。

【实例 7-203】过滤指定格式下载

下载站点时，不打算下载 gif 动画图片。

```
wget --reject=gif url
```

【实例 7-204】使用 wget –o 把下载信息存入日志文件

下载信息直接显示在终端，而是在一个日志文件中，使用小写字母 o，如下代码所示。

```
wget -o download.log URL
```

【实例 7-205】使用 wget –Q 限制总下载文件大小

下载的文件超过 10MB 而退出下载，可以使用如下指令。

```
wget -Q10m -i iso_list.txt
```

注意：此选项对单个文件下载不起作用，只能递归下载时才有效。

【实例 7-206】下载指定格式文件

可以在以下场景使用该功能。

- 下载一个网站的所有图片。
- 下载一个网站的所有视频。
- 下载一个网站的所有 PDF 文件。

```
wget -r -A.pdf url
```

从一个网站中下载所有的 PDF 文件

【实例 7-207】使用 wget FTP 下载

可使用 wget 完成 FTP 链接的下载，匿名 FTP 下载类似于 HTTP 下载。

```
wget ftp-url
```

如果需要输入用户名和密码，则使用 wget 用户名和密码认证的 FTP 下载。

```
wget --ftp-user=USERNAME --ftp-password=PASSWORD url
```

7.3.12 axel 指令

axel 是一个多线程下载工具（A light download accelerator for Linux），通过建立多连接，能够大幅度提高下载速度，且默认支持断点下载，适合下载大文件。

开启 20 个线程下载文件。

```
axel -n 20 URL
```

极力推荐这个强大的下载工具，非常好用！

【实例 7-208】查看 axel 软件是否安装

```
[root@linux-command ~]# yum list axel
Loaded plugins: fastestmirror, priorities
Loading mirror speeds from cached hostfile
 * epel: mirrors.ustc.edu.cn
 * ius: mirrors.tuna.tsinghua.edu.cn
 * remi-safe: mirrors.tuna.tsinghua.edu.cn
Installed Packages
axel.x86_64
2.4-9.el7
epel
```

从上述代码输出中可以看到，axel 软件包在 epel 源中。

【实例 7-209】安装 axel 软件包

具体代码如下：

```
[root@linux-command ~]# yum install -y  axel
Loaded plugins: fastestmirror, priorities
Loading mirror speeds from cached hostfile
 * epel: mirrors.ustc.edu.cn
 * ius: mirrors.tuna.tsinghua.edu.cn
 * remi-safe: mirrors.tuna.tsinghua.edu.cn
Resolving Dependencies
--> Running transaction check
---> Package axel.x86_64 0:2.4-9.el7 will be installed
--> Finished Dependency Resolution
（中间内容略）
Running transaction test
Transaction test succeeded
Running transaction
  Installing                  :                        axel-2.4-9.el7.x86_641/1
  Verifying                           :                axel-2.4-9.el7.x86_641/1

Installed:
  axel.x86_64 0:2.4-9.el7

Complete!
```

【实例 7-210】axel 下载实例

开启 10 个线程数下载文件。

```
axel -n 10 http://www.kernel.org/pub/linux/kernel/v2.6/patch-2.6.39.gz
```

【实例 7-211】多线程下载对比

同时开启 1000 个进程下载镜像文件。

```
axel -n 1000 http://mirrors.ustc.edu.cn/ubuntu-releases//precise/ubuntu-12.
04.1-desktop-i386.iso
```

7.3.13 nc 指令

Linux 中 nc 指令是一个功能强大的网络工具，全称是 netcat。

nc（netcat）被称为网络工具的“瑞士军刀”，常作为网络应用的 debug 分析器，可以根据需要创建各种不同类型的网络连接，还能够实现简单的聊天工具、模拟 ssh 登录远程主机、远程传输文件等，常用于端口扫描，如扫描 192.168.1.168 主机，探测 1–80 号端口信息。

```
[root@linux-command ~]# nc -zv 192.168.1.168 1-80 |& grep 'succeeded!'
Connection to 192.168.1.168 22 port [tcp/ssh] succeeded!
Connection to 192.168.1.168 80 port [tcp/http] succeeded!
```

从输出结果中发现，该主机打开了 22 和 80 端口。

【实例 7-212】TCP 端口扫描

```
nc -v -z -w2 127.0.0.1 80  |grep succeeded
```

扫描本机 127.0.0.1 TCP 80 端口。

```
nc -v -z -w2 127.0.0.1 8080  |grep succeeded
```

扫描本机 127.0.0.1 TCP 8080 端口。

```
[root@linux-command ~]# nc -v -z -w2 127.0.0.1 80  |grep succeeded
Connection to 127.0.0.1 80 port [tcp/http] succeeded!
[root@linux-command ~]# nc -v -z -w2 127.0.0.1 8080  |grep succeeded
Connection to 127.0.0.1 8080 port [tcp/webcache] succeeded!
```

7.3.14 实时监控网络流量脚本

【实例 7-213】实时监控流量脚本

```
#!/bin/bash

ethn=$1
while true
do
  RX_pre=$(cat /proc/net/dev | grep $ethn | sed 's/:/ /g' | awk '{print $2}')
  TX_pre=$(cat /proc/net/dev | grep $ethn | sed 's/:/ /g' | awk '{print $10}')
  sleep 1
  RX_next=$(cat /proc/net/dev | grep $ethn | sed 's/:/ /g' | awk '{print $2}')
  TX_next=$(cat /proc/net/dev | grep $ethn | sed 's/:/ /g' | awk '{print $10}')

  clear
  echo -e "\t RX `date +%k:%M:%S` TX"

  RX=$((${RX_next}-${RX_pre}))
  TX=$((${TX_next}-${TX_pre}))

  if [[ $RX -lt 1024 ]];then
    RX="${RX}B/s"
  elif [[ $RX -gt 1048576 ]];then
    RX=$(echo $RX | awk '{print $1/1048576 "MB/s"}')
  else
    RX=$(echo $RX | awk '{print $1/1024 "KB/s"}')
  fi

  if [[ $TX -lt 1024 ]];then
    TX="${TX}B/s"
  elif [[ $TX -gt 1048576 ]];then
    TX=$(echo $TX | awk '{print $1/1048576 "MB/s"}')
  else
    TX=$(echo $TX | awk '{print $1/1024 "KB/s"}')
  fi

  echo -e "$ethn \t $RX   $TX "

done
```

演示效果如下。

```
[root@linux-command shell]# bash net_total.sh eth0
             RX 18:02:47 TX
eth0       102B/s    106B/s
             RX 18:02:48 TX
eth0        60B/s    0B/s
             RX 18:02:49 TX
eth0        60B/s    0B/s
             RX 18:02:50 TX
eth0        60B/s    0B/s
             RX 18:02:51 TX
eth0        60B/s    0B/s
             RX 18:02:52 TX
eth0        60B/s    0B/s
             RX 18:02:53 TX
eth0        60B/s    0B/s
             RX 18:02:54 TX
eth0        60B/s    0B/s
```

此脚本不需要额外再安装软件，并且可自定义欲查看接口，精确到小数，可根据流量大小灵活显示单位，默认采集间隔为 1 秒，脚本使用方法如下所示。

- 将脚本保存为可执行脚本文件，比如叫 net_total.sh。
- chmod +x ./net_total.sh 将文件改成可执行脚本。
- sh net_total eth0 即可开始监看接口 eth0 流量，按<Ctrl+c>组合键退出。
- 脚本通过读取运行时文件系统/proc/net/dev 中的网络实时数据，并通过简单计算得到的，关于目录/proc/net/dev，请参考相关的/proc 文件系统的 man 文档。

7.3.15 统计/proc 下网络信息

Linux 内核提供了一种通过/proc 文件系统，在运行时访问内核内部数据结构、改变内核设置的机制。proc 文件系统是一个伪文件系统，它只存在内存当中，而不占用外存空间。它以文件系统的方式为访问系统内核数据的操作提供接口。

用户和应用程序可以通过 proc 得到系统的信息，并可以改变内核的某些参数。由于系统的信息，如进程是动态改变的，所以用户或应用程序读取 proc 文件时，proc 文件系统是动态从系统内核读出所需信息并提交的。/proc 文件系统中包含了很多目录，其中/proc/net/dev 保存了网络适配器及统计信息。

【实例 7-214】查看网络信息

```
[root@linux-command ~]# cat /proc/net/dev
Inter-|   Receive                                                |  Transmit
 face |bytes    packets errs drop fifo frame compressed multicast|bytes
packets errs drop fifo colls carrier compressed
  eth0: 128742347  824835    0    0    0     0          0         0 3433906
```

```
37  762546     0    0    0     0        0           0
      eth1:     8580      143     0    0     0     0           0          0     6048
    144     0    0    0     0        0           0
        lo: 320324872  633291    0    0    0     0           0          0 3203248
72  633291     0    0    0     0        0           0
```

最左边的表示接口的名字，Receive 表示收包，Transmit 表示发送包，各输出字段说明如下。

- bytes 表示收发的字节数。
- packets 表示收发正确的包量。
- errs 表示收发错误的包量。
- drop 表示收发丢弃的包量。

其实，我们平时经常用的很多查看网卡实时流量的命令，都是通过读取该目录下的实时流量，并通过简单计算得到的。

7.3.16 组合 SHELL 指令实时查看

使用 watch 命令，配合 ifconfig、more /proc/net/dev、cat /proc/net/dev 来实时监控。

【实例 7-215】每隔 1 秒输出 etho 网络接口信息

```
watch -n 1 "ifconfig eth0"
```

每隔 1 秒输出 eth0 网络接口信息。

```
[root@linux-command ~]# watch -n 1 "ifconfig eth0"
Every 1.0s: ifconfig eth0                                 Sun Aug 20 17:58:10
2017

eth0: flags=4163<UP,BROADCAST,RUNNING,MULTICAST>  mtu 1500
        inet 122.114.79.8  netmask 255.255.255.0  broadcast 122.114.79.255
        ether 52:54:00:83:dc:63  txqueuelen 1000  (Ethernet)
        RX packets 824857  bytes 128743931 (122.7 MiB)
        RX errors 0  dropped 0  overruns 0  frame 0
        TX packets 762569  bytes 343394367 (327.4 MiB)
        TX errors 0  dropped 0 overruns 0  carrier 0  collisions 0
```

7.4 本章小结及思维导图

1. 本章小结

Linux 网络功能非常强大，本章只是初步介绍了 Linux 命令行模式下一些常用的网络监控工具。如果需要专门的流量监控，建议大家采用 cacti 或者 zabbix 专业的监控软件来做网络流量的采集和监控。

- nethogs：按进程查看流量占用。

- iptraf：按连接/端口查看流量。
- ifstat：按设备查看流量。
- ethtool：诊断工具。
- tcpdump：抓包工具。
- ss：连接查看工具。
- 其他：dstat、slurm、nload、bmon。
- 监控总体带宽使用：nload、bmon、slurm、bwm-ng、cbm、speedometer 和 netload。
- 监控总体带宽使用（批量式输出）：vnstat、ifstat、dstat 和 collectl。
- 每个套接字连接的带宽使用：iftop、iptraf、tcptrack、pktstat、netwatch 和 trafshow。
- 每个进程的带宽使用：nethogs。

2．本章思维导图

本章思维导图如图 7-21 所示。

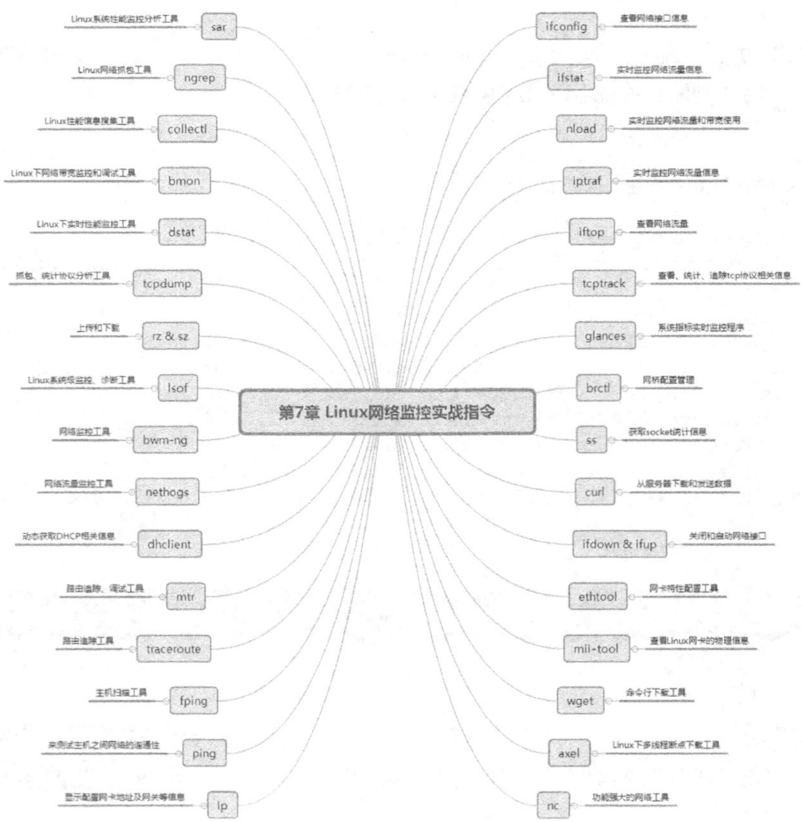

图 7-21 本章思维导图

第 8 章

Linux 应用运维磁盘操作指令

磁盘管理属于 Linux 系统管理基础类操作，如安装操作系统时先做 RAID 阵列、后续服务器扩容添加磁盘需要对其进行格式化分区操作，以及磁盘硬件故障需要修复和更换等操作，是 Linux 系统运维人员必须掌握的基本技能。本章以理论结合实战，模拟企业级生产环境使用场景，带领读者从入门到进阶，逐步掌握 Linux 磁盘运维管理工作。

8.1 磁盘基础指令

1. 什么是磁盘分区

分区是将一个硬盘驱动器分成若干个逻辑驱动器，把硬盘连续的区块当作一个独立的硬盘使用，分区表是一个硬盘分区的索引，分区的信息都会写进分区表。

2. 为什么一块磁盘要有至少一个或多个分区

- 防止数据丢失：如果系统只有一个分区，若此分区损坏，将会丢失分区内所有数据。
- 增加磁盘空间使用效率：可使用不同的区块大小来格式化磁盘分区，若业务系统决定了磁盘将存储很多 1KB 的文件，而硬盘分区区块大小为 4KB，那么每存储一个文件将会浪费 3KB 空间，此时需要计算这些文件大小的平均值进行区块大小的规划和划分。
- 数据激增到极限后不会引起系统挂起：将用户数据和系统数据分开，可以避免用户数据填满整个硬盘，引起的系统挂起，导致操作系统上服务不可用。

3. 磁盘编号和分区编号

- 硬盘分区的表示：Linux 系统通过“hd*x”或“sd*n”表示磁盘分区，其中星号“*”分别使用 a、b、c 等字母标识，分别表示第 1 块磁盘、第 2 块磁盘、第 3 块磁盘。而字母“n”表示数字 1、2、3 等表示对应的分区信息，hd 大多是 IDE 硬盘，sd 大多是 SCSI 磁盘或移动存储。
- 引导（Boot）：表示引导分区。
- start（开始）：表示一个分区从 cylinder（柱面）开始。
- end（结束）：表示一个分区到 cylinder 结束。
- id 和 system 表示同一个意思，id 看起来不太直观，使用 fdisk 指令分区时，通过指定 id 选项确认分区类型，如数字 7 表示 NTFS 分区，fdisk 指令中通过选项“t”功能键指定。
- blocks（容量）：单位是 KB。

由于 fdisk 工具对磁盘分区有大小限制，只能划分小于 2TB 的磁盘，现在磁盘容量大于 2TB，甚至达到 20TB 和 30TB 的比比皆是。基于此，有两个方法可以解决 fdisk 指令无法格式化大于 2TB 磁盘的束缚，其一是通过卷管理来实现，其二就是通过 parted 工具来实现对 GPT 磁盘进行分区操作。

另外，fdisk 指令只能针对 MBR 分区进行操作，MBR 分区因为自身设计原因，不能处理大于 2TB 的硬盘，且只能有 4 个主分区。

针对大于 2TB 的硬盘分区操作，可使用 parted 指令将磁盘格式化为 GPT 分区。

本章内容使用 VMware Workstation 虚拟机软件结合 CentOS 6.9 操作系统进行演示。首先需要关闭 CentOS 6.9 操作系统，然后添加一块 5GB SCSI 类型的磁盘，具体添加步骤如图 8-1～图 8-8 所示。

（1）关闭虚拟机，编辑虚拟机设置，开始编辑操作，如图 8-1 所示。

（2）单击“添加”按钮，准备添加虚拟机磁盘，如图 8-2 所示。

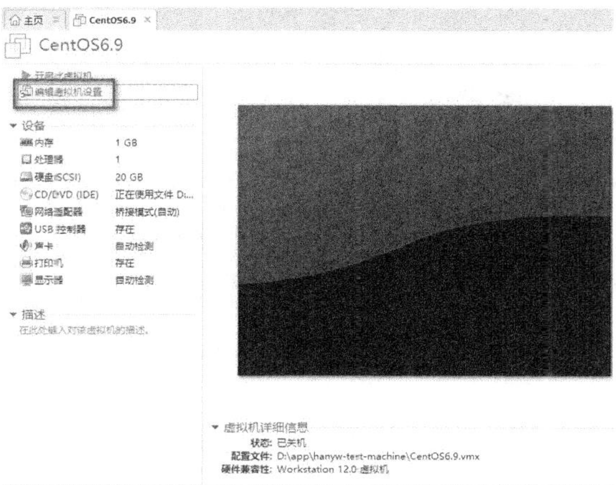

图 8-1　关闭虚拟机

图 8-2　添加磁盘选项

（3）单击“添加硬件向导”按钮，执行“下一步”操作，如图 8-3 所示。

（4）选择“添加磁盘类型”，如图 8-4 所示。

（5）勾选“创建新虚拟机磁盘”，如图 8-5 所示。

（6）添加容量为 5GB 的磁盘，并存储为单个磁盘文件，如图 8-6 所示。

（7）指定磁盘名称及存储位置，如图 8-7 所示。

（8）通过服务器硬件信息预览，确认磁盘是否添加成功，如图 8-8 所示。

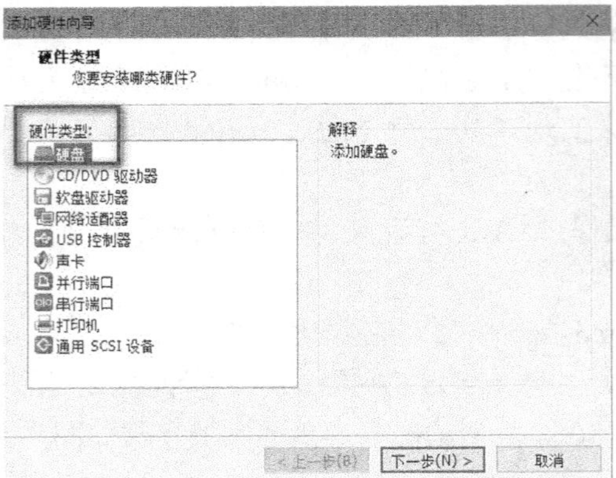

图 8-3　添加硬件向导

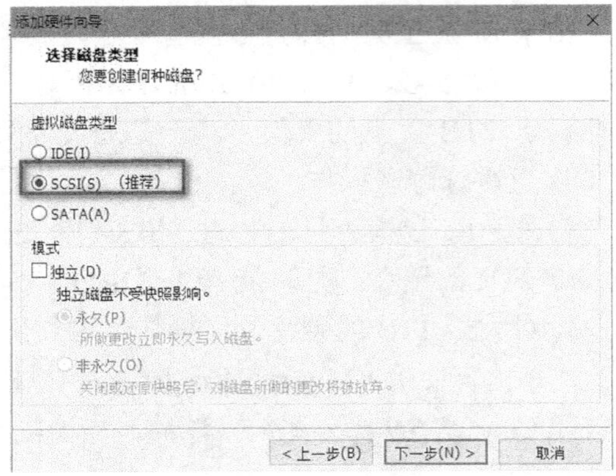

图 8-4　选择磁盘类型

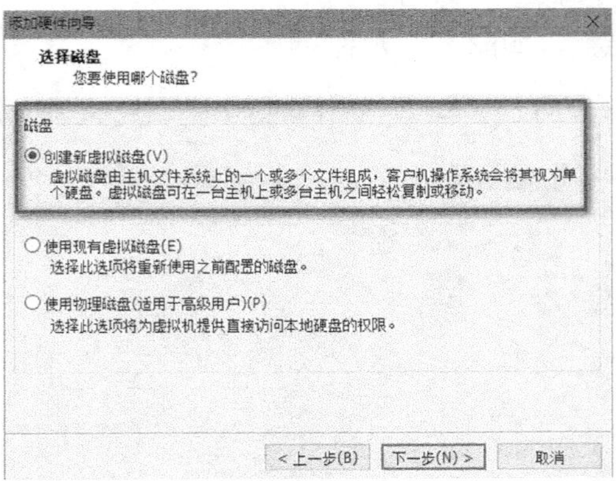

图 8-5　创建新磁盘

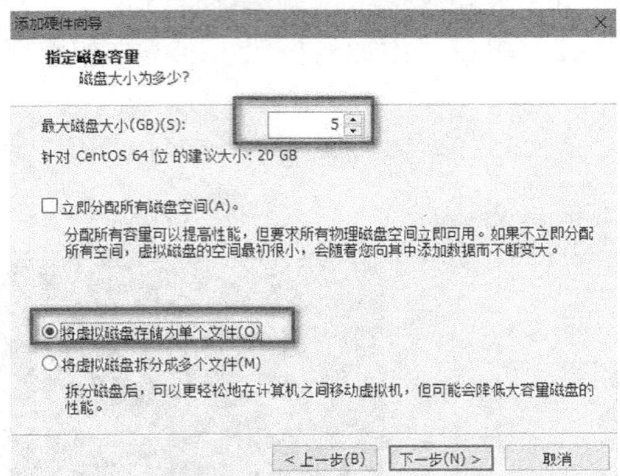

图 8-6　指定磁盘容量

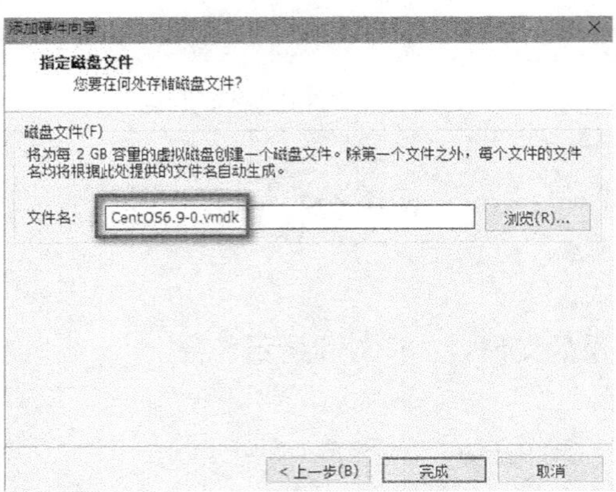

图 8-7　指定磁盘名称及存储位置

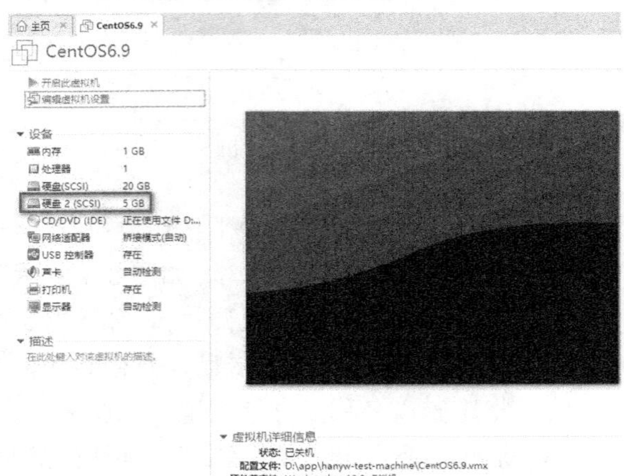

图 8-8　服务器硬件信息

8.1.1 fdisk 指令

fdsik 指令可以将磁盘划分为若干个区。当使用 fdisk 指令对磁盘操作分区完毕后，还要将分区格式化特定的文件系统，最后挂载此分区到相应目录，并分配对应的读写权限，此时该分区才能被程序读写使用。

【实例 8-1】fdisk 指令默认操作界面

在 Linux 终端下，输入 fdisk 指令默认显示如下帮助信息。

```
[root@Linux_command ~]#fdisk

Usage:
 fdisk [options] <disk>    change partition table
 fdisk [options] -l <disk> list partition table(s)
 fdisk -s <partition>      give partition size(s) in blocks

Options:
 -b <size>                  sector size (512, 1024, 2048 or 4096)
 -c                        switch off DOS-compatible mode
 -h                        print help
 -u <size>                  give sizes in sectors instead of cylinders
 -v                        print version
 -C <number>                specify the number of cylinders
 -H <number>                specify the number of heads
 -S <number>                specify the number of sectors per track
```

在上述代码输出中，fdisk 操作的对象是基于磁盘分区，fdisk 指令常用选项介绍如下。

- “p”选项表示打印分区表。
- “n”选项表示新建一个新分区。
- “d”选项表示删除一个分区。
- “q”选项表示退出不保存。
- “w”选项表示把分区写进分区表，保存并退出。

【实例 8-2】fdisk 指令手动操作磁盘分区

```
fdisk /dev/sdb
```

表示对/dev/sdb 磁盘对象做相关操作。

```
p
Partition number (1-4): 1
```

- 字母“p 选项”表示打印当前磁盘分区信息。
- 数字“1”选项表示主分区。

```
First cylinder (1-2610, default 1):
```

按<Enter>键，表示从开始扇区处开始磁盘分区，即从数字 1 开始。

```
Last cylinder, +cylinders or +size{K,M,G} (1-2610, default 2610):
```

按<Enter>键，表示从结束扇区处结束磁盘分区，即结束数字为 2610。

```
Command (m for help): w
```

w 选项表示保存分区信息并退出。

```
[root@Linux-command ~]#cat /proc/partitions
```

查看内核分区信息。

```
[root@Linux-command ~]#mkfs.ext4 /dev/sdb1
```

格式化磁盘为 ext4 文件系统，必须把磁盘分区格式化成文件系统才可用。

```
[root@Linux-command ~]#mkdir /test
```

创建/test/目录为分区挂载目录。

```
[root@Linux-command ~]#mount /dev/sdb1 /test/
```

挂载分区/dev/sdb1 到/test 目录，分区被创建好以后，只有映射到当前操作系统目录上才可以被读写，磁盘分区要与目录做映射关联关系。

```
[root@Linux-command ~]#df -Th
```

查看当前系统分区挂载信息。

```
[root@Linux-command ~]#head /etc/passwd >/test/passwd_10
```

复制/etc/passwd 文件前 10 行内容到挂载目录并新建 psswd_10 测试文件。

```
[root@Linux-command ~]#cat /test/passwd_10
```

查看并确认测试文件是否存在，完整输出如下代码所示。

```
[root@linux-command ~]# fdisk /dev/sdb
Device contains neither a valid DOS partition table, nor Sun, SGI or OSF disklabel
Building a new DOS disklabel with disk identifier 0xf6ffe90a.
Changes will remain in memory only, until you decide to write them.
After that, of course, the previous content won't be recoverable.

Warning: invalid flag 0x0000 of partition table 4 will be corrected by w(rite)

WARNING: DOS-compatible mode is deprecated. It's strongly recommended to
         switch off the mode (command 'c') and change display units to
         sectors (command 'u').

Command (m for help): n
Command action
   e   extended
```

```
   p  primary partition (1-4)
p
Partition number (1-4): 1
First cylinder (1-652, default 1):
Using default value 1
Last cylinder, +cylinders or +size{K,M,G} (1-652, default 652):
Using default value 652

Command (m for help): p

Disk /dev/sdb: 5368 MB, 5368709120 bytes
255 heads, 63 sectors/track, 652 cylinders
Units = cylinders of 16065 * 512 = 8225280 bytes
Sector size (logical/physical): 512 bytes / 512 bytes
I/O size (minimum/optimal): 512 bytes / 512 bytes
Disk identifier: 0xf6ffe90a

   Device Boot      Start         End      Blocks   Id  System
/dev/sdb1               1         652     5237158+  83  Linux

Command (m for help): w
The partition table has been altered!

Calling ioctl() to re-read partition table.
Syncing disks.

[root@linux-command ~]# cat /proc/partitions
major minor  #blocks  name

   8        0   20971520 sda
   8        1     512000 sda1
   8        2   20458496 sda2
   8       16    5242880 sdb
   8       17    5237158 sdb1
 253        0   18423808 dm-0
 253        1    2031616 dm-1
[root@linux-command ~]# mkfs.ext4 /dev/sdb1
mke2fs 1.41.12 (17-May-2010)
Filesystem label=
OS type: Linux
Block size=4096 (log=2)
Fragment size=4096 (log=2)
Stride=0 blocks, Stripe width=0 blocks
327680 inodes, 1309289 blocks
65464 blocks (5.00%) reserved for the super user
First data block=0
Maximum filesystem blocks=1342177280
40 block groups
32768 blocks per group, 32768 fragments per group
8192 inodes per group
Superblock backups stored on blocks:
        32768, 98304, 163840, 229376, 294912, 819200, 884736
```

```
Writing inode tables: done
Creating journal (32768 blocks): done
Writing superblocks and filesystem accounting information: done

This filesystem will be automatically checked every 36 mounts or
180 days, whichever comes first.  Use tune2fs -c or -i to override.

[root@linux-command ~]#mkdir /test
[root@linux-command ~]# mount /dev/sdb1 /test/
[root@linux-command ~]# df -TH
Filesystem           Type   Size  Used Avail Use% Mounted on
/dev/mapper/VolGroup-lv_root
                    ext4    19G  852M   17G   5% /
tmpfs                tmpfs  515M     0  515M   0% /dev/shm
/dev/sda1             ext4   500M   29M  445M   7% /boot
/dev/sdb1             ext4   5.2G   11M  4.9G   1% /test
[root@linux-command ~]# head /etc/passwd >/test/passwd_10
[root@linux-command ~]# cat /test/passwd_10
root:x:0:0:root:/root:/bin/bash
bin:x:1:1:bin:/bin:/sbin/nologin
daemon:x:2:2:daemon:/sbin:/sbin/nologin
adm:x:3:4:adm:/var/adm:/sbin/nologin
lp:x:4:7:lp:/var/spool/lpd:/sbin/nologin
sync:x:5:0:sync:/sbin:/bin/sync
shutdown:x:6:0:shutdown:/sbin:/sbin/shutdown
halt:x:7:0:halt:/sbin:/sbin/halt
mail:x:8:12:mail:/var/spool/mail:/sbin/nologin
uucp:x:10:14:uucp:/var/spool/uucp:/sbin/nologin
```

磁盘分区格式化步骤总结。

- 关机新增加一块 5GB 的硬盘，标识为/dev/sdb。
- 整个磁盘分成一个主分区。
- 分区格式化为 ext4 文件系统。
- 创建/test 目录，挂载/dev/sdb1 分区。
- 使用 mount 命令临时挂载。
- 磁盘读写数据测试。
- 验证/test 目录数据写入和读取是否可以成功。

【实例 8-3】fdisk 指令非交互式分区

一般情况下，使用 fdisk 指令进行手动分区，本实例将新增一块 6GB 磁盘，采用非交互式方式对磁盘进行分区，新增磁盘信息如图 8-9 所示。

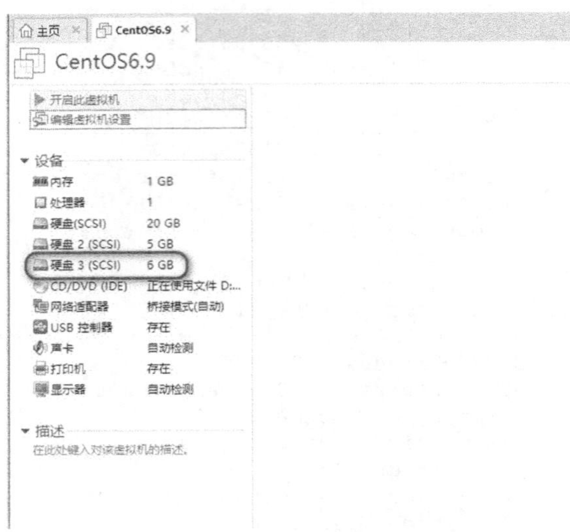

图 8-9 新增磁盘信息

查看新增磁盘信息，如下代码所示。

```
[root@linux-command ~]# fdisk -l |grep  -A6 sdc
Disk /dev/sdc: 6442 MB, 6442450944 bytes
255 heads, 63 sectors/track, 783 cylinders
Units = cylinders of 16065 * 512 = 8225280 bytes
Sector size (logical/physical): 512 bytes / 512 bytes
I/O size (minimum/optimal): 512 bytes / 512 bytes
Disk identifier: 0x00000000
```

执行自动分区指令，如下代码所示。

```
fdisk /dev/sdc <<EOF
n
p
1
1

w
q
EOF
```

注意：数字“1”和字母“w”之间有个回车，所有硬盘都分一个区，读者也可以在 1 后面写多大，比如+3G，然后执行即可，完整输出如下代码所示。

```
[root@linux-command ~]# fdisk /dev/sdc <<EOF
> n
> p
> 1
> 1
>
> w
> q
> EOF
Device contains neither a valid DOS partition table, nor Sun, SGI or OSF di
sklabel
Building a new DOS disklabel with disk identifier 0xdfbbebb5.
Changes will remain in memory only, until you decide to write them.
After that, of course, the previous content won't be recoverable.

Warning: invalid flag 0x0000 of partition table 4 will be corrected by w(rite)

WARNING: DOS-compatible mode is deprecated. It's strongly recommended to
         switch off the mode (command 'c') and change display units to
         sectors (command 'u').

Command (m for help): Command action
   e   extended
   p   primary partition (1-4)
Partition number (1-4): First cylinder (1-783, default 1): Last cylinder, +
cylinders or +size{K,M,G} (1-783, default 783): Using default value 783

Command (m for help): The partition table has been altered!
```

```
Calling ioctl() to re-read partition table.
Syncing disks.
```

还有一种替代的方法，把分区信息写入 format-disk.txt 文本，内容如下所示。

```
n
p
1
1

w
q
```

然后执行如下指令,即可对/dev/sdc 磁盘进行分区。

```
fdisk /dev/sdc < format-disk.txt
```

添加硬盘/新建分区（fdisk） 步骤小结。

- 查看当前系统所有硬盘及分区信息使用“fdisk -l”指令。
- 在指定的硬盘（例：/dev/sda）上创建分区：fdisk/dev/sda，根据提示进行下一步操作，如：查看帮助（m），新建分区（n），删除分区（d），查看分区情况（p）。
- 分区成功后，写分区表并退出（w 选项）。

注意：fdisk 支持每个分区的最大容量为 2TB，更详细说明请参考 Linux 在线手册（man fdisk）。

8.1.2 parted 指令

parted 是一个磁盘分区管理工具，它比 fdisk 更加灵活，功能也更丰富，同时还支持 GUID 分区表（GUID Partition Table），这在 IA64 平台上管理磁盘时非常有用。

parted 同时支持交互模式和非交互模式。它除了能够进行分区的添加、删除等常见操作外，还可以移动分区、制作文件系统、调整文件系统大小、复制文件系统。

parted 指令对磁盘的操作实时生效，当执行一个分区的指令，按<Enter>键确认后，指令就马上执行，对磁盘的更改立即生效，不像 fdisk 指令，需要执行 w 选项后才执行修改信息。因此使用 parted 指令时做好充足的测试工作，数据无价。

【实例 8-4】安装 parted 软件包

```
yum -y install parted-devel parted
```

yum 指令安装 parted 软件包。

```
 [root@www.linux-command ~]#yum -y install parted-devel parted
Loaded plugins: fastestmirror
Setting up Install Process
Loading mirror speeds from cached hostfile
```

```
（中间内容略）
Running rpm_check_debug
Running Transaction Test
Transaction Test Succeeded
Running Transaction
  Installing          :               parted-2.1-29.el6.x86_64
1/2
  Installing         :          parted-devel-2.1-29.el6.x86_64
2/2
  Verifying                :          parted-2.1-29.el6.x86_64
1/2
  Verifying             :          parted-devel-2.1-29.el6.x86_64
2/2

Installed:
  parted.x86_64                                      0:2.1-29.el6
parted-devel.x86_64 0:2.1-29.el6

Complete!
```

如下代码查看 parted 软件包安装了哪些实用工具。

```
[root@Linux_command ~]#rpm -ql parted|head -6
/lib64/libparted-2.1.so.0
/lib64/libparted-2.1.so.0.0.0
/sbin/parted
/sbin/partprobe
/usr/share/doc/parted-2.1
```

parted 指令交互式新建分区常用选项，如表 8-1 所示。

表 8-1　　parted 指令交互式新建分区常用选项

命令	说明
(parted)parted /dev/sdb	对/dev/sdb 进行分区或管理操作
(parted)mklabel　gpt	定义分区表格式（常用的有 msdos 和 gpt 分区表格式，msdos 不支持 2TB 以上容量的磁盘，所以大于 2TB 的磁盘选 gpt 分区表格式）
(parted)start?　1	定义分区的起始位置（单位支持 K、M、G、T）
(parted)end?　5T	定义分区的结束位置（单位支持 K、M、G、T）
(parted)　print	查看当前分区信息

parted 指令交互式删除分区常用选项，如表 8-2 所示。

表 8-2　　parted 指令交互式删除分区常用选项

命令	说明
parted /dev/sdb	对/dev/sdb 进行分区或管理操作
(parted)　rm	rm 删除命令（删除之前必须确保分区没有被挂载）
Partition number?　1	删除第一个分区
(parted)　print	查看当前分区信息

【实例 8-5】将/dev/sdb 磁盘所有的容量划分成一个主分区

```
(parted) mkpart primary 0 -1
```

划分/dev/sdb 磁盘所有空间到一个分区。

```
cat /proc/partitions
```

查看当前服务器所有分区信息，完整代码输出如下所示。

```
[root@Linux_command ~]#parted /dev/sdb mkpart primary '0 -1'
警告: The resulting partition is not properly aligned for best performance.
忽略/Ignore/放弃/Cancel? Ignore
信息: You may need to update /etc/fstab.

[root@Linux_command ~]#cat /proc/partitions
major minor  #blocks  name

   8        0  20971520 sda
   8        1    204800 sda1
   8        2    204800 sda2
   8        3  20560896 sda3
   8       16  20971520 sdb
   8       17  20970527 sdb1
```

【实例 8-6】分区表基础

1. MBR 分区

MBR 的意思是“主引导记录”，是 IBM 公司早年间提出的。它是存在于磁盘驱动器开始部分的一个特殊的启动扇区。这个扇区包含了已安装的操作系统信息，并用一小段代码来启动系统。如果你安装了 Windows，其启动信息就放在这一段代码中——如果 MBR 的信息损坏或误删就不能正常启动 Windows，这时你需要找一个引导修复软件工具来修复它。Linux 系统中 MBR 通常会是 GRUB 加载器。当一台电脑启动时，它会先启动主板自带的 BIOS 系统，BIOS 加载 MBR，MBR 再启动 Windows，这就是 MBR 的启动过程。

2. GPT 分区

GPT 的意思是 GUID Partition Table，即“全局唯一标识磁盘分区表”。它是另外一种更加先进新颖的磁盘组织方式，一种使用 UEFI 启动的磁盘组织方式。最开始是为了更好的兼容性，后来因为其更大的支持内存（MBR 分区最多支持 2TB 的磁盘），更多的兼容而被广泛使用。特别是苹果的 MAC 系统全部使用 GPT 分区，GPT 不再有分区的概念，所有磁盘都在一段信息中存储。

下面是两种分区格式的具体区别。

（1）MBR 分区表（MBR 含义：主引导记录）

- 所支持的最大卷：2TB（T：terabytes，1TB=1024GB）
- 对分区的设限：最多 4 个主分区或 3 个主分区加一个扩展分区。

（2）GPT 分区表（GPT 含义：GUID 分区表）

- 支持最大卷：18EB（E：exabytes，1EB=1024TB）
- 每个磁盘最多支持 128 个分区

【实例 8-7】parted 演示交互式使用

```
parted /dev/sdb
```

对/dev/sdb 磁盘进行操作。

```
(parted) mklabel gpt
```

表示指定/dev/sdb 磁盘分区表为 GPT 格式。

```
(parted) mkpart primary 1 -1
```

指定磁盘分区为主分区，并分配所有空间。

```
(parted) p
(parted) print
```

查看磁盘分区信息，两行代码作用相同。

```
(parted) rm 1
```

表示删除磁盘中第 1 号分分区。

```
(parted) q                                (parted) quit
```

上述两行代码作用相同，即退出 parted 命令行交换模式 。

```
[root@linux-command ~]# parted /dev/sdb
GNU Parted 2.1
Using /dev/sdb
Welcome to GNU Parted! Type 'help' to view a list of commands.
(parted) mklabel gpt
Warning: The existing disk label on /dev/sdb will be destroyed and all data
on this disk will be lost. Do you want to continue?
Yes/No? yes
(parted) mkpart primary 1 -1
(parted) p
Model: VMware, VMware Virtual S (scsi)
Disk /dev/sdb: 5369MB
Sector size (logical/physical): 512B/512B
Partition Table: gpt

Number  Start   End     Size    File system  Name     Flags
 1      1049kB  5368MB  5367MB               primary

(parted) rm 1
(parted) p
Model: VMware, VMware Virtual S (scsi)
Disk /dev/sdb: 5369MB
Sector size (logical/physical): 512B/512B
```

```
Partition Table: gpt

Number  Start  End  Size  File system  Name  Flags

(parted)  print
Model: VMware, VMware Virtual S (scsi)
Disk /dev/sdb: 5369MB
Sector size (logical/physical): 512B/512B
Partition Table: gpt

Number  Start  End  Size  File system  Name  Flags

(parted) mkpart primary 1 -1
(parted) p
Model: VMware, VMware Virtual S (scsi)
Disk /dev/sdb: 5369MB
Sector size (logical/physical): 512B/512B
Partition Table: gpt

Number  Start   End     Size    File system  Name     Flags
 1      1049kB  5368MB  5367MB               primary

(parted)  quit
Information: You may need to update /etc/fstab.

You have new mail in /var/spool/mail/root
```

使用如下代码打印磁盘分区信息。

```
[root@linux-command ~]# parted  /dev/sdb print
Model: VMware, VMware Virtual S (scsi)
Disk /dev/sdb: 5369MB
Sector size (logical/physical): 512B/512B
Partition Table: gpt

Number  Start   End     Size    File system  Name     Flags
 1      1049kB  5368MB  5367MB               primary
```

下面代码和上面代码作用相同，即显示当前磁盘分区信息。

```
[root@linux-command ~]# parted /dev/sdb p
Model: VMware, VMware Virtual S (scsi)
Disk /dev/sdb: 5369MB
Sector size (logical/physical): 512B/512B
Partition Table: gpt

Number  Start   End     Size    File system  Name     Flags
 1      1049kB  5368MB  5367MB               primary
```

【实例 8-8】交互式创建主分区为 200MB 的分区

```
mkpart primary 0 200
```

表示在当前磁盘创建容量为 200MB 的主分区。

```
[root@linux-command ~]# parted /dev/sdb
GNU Parted 2.1
Using /dev/sdb
Welcome to GNU Parted! Type 'help' to view a list of commands.
(parted) mkpart primary 0 200
Warning: The resulting partition is not properly aligned for best performance.
Ignore/Cancel? I
(parted) p
Model: VMware, VMware Virtual S (scsi)
Disk /dev/sdb: 5369MB
Sector size (logical/physical): 512B/512B
Partition Table: gpt

Number  Start   End    Size   File system  Name     Flags
 1      17.4kB  200MB  200MB               primary

(parted) q
Information: You may need to update /etc/fstab.
```

【实例 8-9】创建 100MB 的主分区

```
mkpart primary 200 300
```

创建 100MB 磁盘分区空间，在创建指定的磁盘分区大小之前，要先确定当前磁盘的分区信息，然后根据当前的分区信息对应调整和创建符合业务需求的磁盘分区容量。

```
[root@linux-command ~]# parted /dev/sdb p
Model: VMware, VMware Virtual S (scsi)
Disk /dev/sdb: 5369MB
Sector size (logical/physical): 512B/512B
Partition Table: gpt

Number  Start   End    Size   File system  Name     Flags
        17.4kB  200MB  200MB               primary
```

上述代码确认磁盘分区信息，划分 100MB 的主分区。

```
[root@linux-command ~]# parted /dev/sdb
GNU Parted 2.1
Using /dev/sdb
Welcome to GNU Parted! Type 'help' to view a list of commands.
(parted) p
Model: VMware, VMware Virtual S (scsi)
Disk /dev/sdb: 5369MB
Sector size (logical/physical): 512B/512B
Partition Table: gpt

Number  Start   End    Size   File system  Name     Flags
 1      17.4kB  200MB  200MB               primary

(parted)  mkpart primary 200 300
(parted) p
Model: VMware, VMware Virtual S (scsi)
```

```
Disk /dev/sdb: 5369MB
Sector size (logical/physical): 512B/512B
Partition Table: gpt

Number  Start   End    Size    File system  Name     Flags
 1      17.4kB  200MB  200MB                primary
 2      200MB   300MB  99.6MB               primary

(parted) q
Information: You may need to update /etc/fstab.
```

【实例 8-10】创建一个逻辑分区并且指定文件类型 ext4

```
mkpart logical ext4 300 400
```

创建大小为 100MB 的逻辑分区。

```
[root@linux-command ~]# parted /dev/sdb
GNU Parted 2.1
Using /dev/sdb
Welcome to GNU Parted! Type 'help' to view a list of commands.
(parted) p
Model: VMware, VMware Virtual S (scsi)
Disk /dev/sdb: 5369MB
Sector size (logical/physical): 512B/512B
Partition Table: gpt

Number  Start   End    Size    File system  Name     Flags
 1      17.4kB  200MB  200MB                primary
 2      200MB   300MB  99.6MB               primary

(parted) mkpart logical ext4 300 400
(parted) p
Model: VMware, VMware Virtual S (scsi)
Disk /dev/sdb: 5369MB
Sector size (logical/physical): 512B/512B
Partition Table: gpt

Number  Start   End    Size    File system  Name     Flags
 1      17.4kB  200MB  200MB                primary
 2      200MB   300MB  99.6MB               primary
 3      300MB   400MB  99.6MB               logical

(parted) q
Information: You may need to update /etc/fstab.
```

【实例 8-11】交互式分区实例

（1）新增分区 primary 分区，起始 2048 sector（柱面），结束磁盘大小的 50%。

```
(parted) mkpart primary 2048s 50%
```

（2）新增另一个分区，primary 分区，起始磁盘的 50%，结束 100%大小。

```
(parted) mkpart primary 50% 100%
```

完整代码演示输出信息如下所示。

```
[root@linux-command ~]# parted /dev/sdb
GNU Parted 2.1
Using /dev/sdb
Welcome to GNU Parted! Type 'help' to view a list of commands.
(parted) p
Model: VMware, VMware Virtual S (scsi)
Disk /dev/sdb: 5369MB
Sector size (logical/physical): 512B/512B
Partition Table: gpt

Number  Start   End     Size    File system  Name     Flags
 2      200MB   300MB   99.6MB               primary
 3      300MB   400MB   99.6MB               logical

(parted) rm 2
(parted) rm 3
(parted) p
Model: VMware, VMware Virtual S (scsi)
Disk /dev/sdb: 5369MB
Sector size (logical/physical): 512B/512B
Partition Table: gpt

Number  Start  End  Size  File system  Name  Flags

(parted) mkpart primary 2048s 50%
(parted) p
Model: VMware, VMware Virtual S (scsi)
Disk /dev/sdb: 5369MB
Sector size (logical/physical): 512B/512B
Partition Table: gpt

Number  Start   End     Size    File system  Name     Flags
 1      1049kB  2684MB  2683MB               primary

(parted) mkpart primary 50% 100%
(parted) p
Model: VMware, VMware Virtual S (scsi)
Disk /dev/sdb: 5369MB
Sector size (logical/physical): 512B/512B
Partition Table: gpt

Number  Start   End     Size    File system  Name     Flags
 1      1049kB  2684MB  2683MB               primary
 2      2684MB  5368MB  2683MB               primary

(parted) q
Information: You may need to update /etc/fstab.
```

上述代码表示从 2048 扇区开始分区，分区大小为磁盘的一般容量，即 50%。

```
mkpart primary 50% 100%
```

上述代码表示从磁盘容量的 50%（磁盘起始容量）开始分区，到分区大小为 100%结束（磁盘结束容量）。

【实例 8-12】命令行非交互模式下分区

```
parted /dev/sdb mklabel gpt yes
```

格式化/dev/sdb 磁盘为 GPT 分区。

```
parted /dev/sdb mkpart primary ext4 0 10 ignore
```

格式化/dev/sdb 磁盘为 GPT 分区格式，主分区，分区类型为 ext4。

```
parted /dev/sdb mkpart primary linux-swap 11 20 ignore
```

格式化/dev/sdb 磁盘为 GPT 分区格式，主分区，分区类型为 ext4。

```
parted /dev/sdb mkpart logical ext4 21 30 ignore
```

格式化/dev/sdb 磁盘为 GPT 分区格式，主分区，分区类型为 ext4。

```
parted /dev/sdb p
```

打印/dev/sdb 磁盘信息。

```
parted /dev/sdb mklabel gpt yes
parted /dev/sdb mkpart primary ext4 0 10 ignore
parted /dev/sdb mkpart primary linux-swap 11 20 ignore
parted /dev/sdb mkpart logical ext4 21 30 ignore
parted /dev/sdb p
```

8.1.3 mkfs 指令

Linux mkfs 指令用于在特定的分区上建立 Linux 文件系统，mkfs 指令使用格式如下所示。

```
mkfs -t 文件系统  存储设备
mfks -t ext3 /dev/sda1
```

将 sda1 分区格式化为 ext3 文件系统。

```
mkfs -t ext4 /dev/sda2
```

将 sda2 分区格式化为 ext4 文件格式。

【实例 8-13】查看当前操作系统支持的格式化文件系统类型

在 Linux 操作系统终端下，输入 mkfs 指令，连续按下<Tab>键两次，即可查看当前操作系统所支持的格式化文件系统类型有哪些，具体如下代码所示。

```
[root@www.linux-command ~]#mkfs
mkfs            mkfs.cramfs    mkfs.ext2     mkfs.ext3     mkfs.ext4
mkfs.ext4dev  mkfs.xfs
```

【实例 8-14】mkfs 指令常用选项

磁盘建立分区后还需对每一个分区上进行格式化操作，格式化的本质是指定文件系统，Windows 系统常见文件系统有 Fat32 和 NTFS。CentOS 早期使用的文件系统为 ext 系列，CentOS 5 版本使用 ext3 作为默认的文件系统，而 CentOS 6 使用 ext4 作为默认的文件系统，CentOS 7 则使用 xfs 作为默认的文件系统。mkfs 指令常用选项如表 8-3 所示。

表 8-3　mkfs 指令常用选项

选项	说明
–b	分区时设定每个数据块占用空间大小，目前支持 1024、2048 以及 4096 字节
–i	设定 inode 的大小
–N	设定 inode 数量，有时使用默认的 inode 数不够用，所以要自定设定 inode 数量
–c	在格式化前先检测一下磁盘是否有问题，加上这个选项后会非常慢
–L	预设该分区的标签 label
–j	建立 ext3 格式的分区，如果使用 mkfs.ext3 就不用加这个选项了
–t	用来指定什么类型的文件系统，可以是 ext2、ext3，也可以是 ext4
–m	在格式化时，指定预留给管理员的磁盘比例，是一个百分比，只针对 mke2fs 命令

mkfs 指令格式化磁盘示例如下代码所示。

```
mke2fs -t ext4 -b 4096 /dev/sdb1
```

注意：其中一个指标是“块的大小=4096”此处涉及“块”的概念.磁盘在被格式化的时候会预先规定好每一个块的大小，然后把所有的空间分割成一个一个的小块，存数据时按块写入.若磁盘存储的都是小文件，如 1KB 或者 2KB，那么建议在格式化磁盘时指定块数值小一点.ext 文件系统默认块的大小为 4096 字节，也就是 4KB。格式化文件系统时，可以指定块大小为 1024、2048 或者 4096 字节，成倍增加。虽然格式化时可以指定大小超过 4096 字节，但是一旦超过 4096，则不能正常挂载，如下面实例所示。

分区时指定磁盘块大小如下代码所示。

```
mke2fs -t ext4 -b 8192 /dev/sdb1
```

【实例 8-15】mkfs 指定磁盘块大小

（1）创建挂载目录。

```
mkdir /test
```

创建/test 挂载目录，/dev/sdb1/分区测试挂载在该目录下。

```
[root@www.linux-command ~]#mkdir /test
```

（2）mkfs 格式化磁盘分区指定块大小为 4096 字节。

```
mke2fs -t ext4 -b 4096 /dev/sdb1
```

使用“-b”选项指定磁盘块大小为4096字节。

```
[root@www.linux-command ~]#mke2fs -t ext4 -b 4096 /dev/sdb1
mke2fs 1.41.12 (17-May-2010)
Filesystem label=
OS type: Linux
Block size=4096 (log=2)
Fragment size=4096 (log=2)
Stride=0 blocks, Stripe width=0 blocks
131072 inodes, 523776 blocks
26188 blocks (5.00%) reserved for the super user
First data block=0
Maximum filesystem blocks=536870912
16 block groups
32768 blocks per group, 32768 fragments per group
8192 inodes per group
Superblock backups stored on blocks:
       32768, 98304, 163840, 229376, 294912

Writing inode tables: done
Creating journal (8192 blocks): done
Writing superblocks and filesystem accounting information: done

This filesystem will be automatically checked every 38 mounts or
180 days, whichever comes first.  Use tune2fs -c or -i to override.
```

（3）挂载测试。

```
mount -t ext4 /dev/sdb1 /test/
```

挂载/dev/sdb1分区到/test目录下。

```
 [root@www.linux-command ~]#mount -t ext4 /dev/sdb1 /test/
[root@www.linux-command ~]#df -Th
Filesystem     Type   Size  Used Avail Use% Mounted on
/dev/sda3      ext4    18G  863M   16G   6% /
tmpfs         tmpfs  491M     0  491M   0% /dev/shm
/dev/sda1      ext4   190M  1.8M  178M   1% /boot/efi
/dev/sdb1      ext4   2.0G  3.0M  1.9G   1% /test
```

上述代码输出结果最后一行可以看到，/dev/sdb1已经被成功挂载到/test目录下。

（4）mkfs格式化磁盘分区指定块大小为8192。

```
mke2fs -t ext4 -L sdb1 -b 8192 /dev/sdb1
```

对/dev/sdb1分区创建ext4文件系统，指定块大小为8192字节。

```
 [root@www.linux-command ~]#mke2fs -t ext4 -L sdb1 -b 8192 /dev/sdb1
Warning: blocksize 8192 not usable on most systems.
mke2fs 1.41.12 (17-May-2010)
mke2fs: 8192-byte blocks too big for system (max 4096)
Proceed anyway? (y,n) y
Warning: 8192-byte blocks too big for system (max 4096), forced to continue
```

```
Filesystem label=sdb1
OS type: Linux
Block size=8192 (log=3)
Fragment size=8192 (log=3)
Stride=0 blocks, Stripe width=0 blocks
130944 inodes, 261888 blocks
13094 blocks (5.00%) reserved for the super user
First data block=0
Maximum filesystem blocks=268402688
4 block groups
65528 blocks per group, 65528 fragments per group
32736 inodes per group
Superblock backups stored on blocks:
        65528, 196584

Writing inode tables: done
Creating journal (4096 blocks): done
Writing superblocks and filesystem accounting information: done

This filesystem will be automatically checked every 36 mounts or
180 days, whichever comes first.  Use tune2fs -c or -i to override.
```

上述代码使用“–b”选项指定磁盘块大小为 8192 字节。

（5）挂载测试。

```
[root@www.linux-command ~]#mount -t ext4 /dev/sdb1 /test/
mount: wrong fs type, bad option, bad superblock on /dev/sdb1,
       missing codepage or helper program, or other error
       In some cases useful info is found in syslog - try
       dmesg | tail  or so
```

从上述代码可以看到，由于使用“–b”选项指定了 8192 字节的块大小，导致挂载失败。

注意：可以使用“–L”选项指定标签，标签会在挂载磁盘时使用，另外也可以写到配置文件里。关于格式化的这一部分，作者建议除非有需求，否则不需要指定磁盘块大小。

【实例 8-16】mkfs 创建文件系统，并显示信息

（1）格式化磁盘分区为 ext4 文件系统。

```
[root@www.linux-command ~]#mkfs.ext4 -v /dev/sdb1
mke2fs 1.41.12 (17-May-2010)
fs_types for mke2fs.conf resolution: 'ext4', 'default'
Filesystem label=
OS type: Linux
Block size=4096 (log=2)
Fragment size=4096 (log=2)
Stride=0 blocks, Stripe width=0 blocks
131072 inodes, 523776 blocks
26188 blocks (5.00%) reserved for the super user
First data block=0
Maximum filesystem blocks=536870912
```

```
16 block groups
32768 blocks per group, 32768 fragments per group
8192 inodes per group
Superblock backups stored on blocks:
        32768, 98304, 163840, 229376, 294912

Writing inode tables: done
Creating journal (8192 blocks): done
Writing superblocks and filesystem accounting information: done

This filesystem will be automatically checked every 33 mounts or
180 days, whichever comes first.  Use tune2fs -c or -i to override.
```

注意：“–V”选项要写在其他参数的前面，确认格式化 ext4 文件系统是否成功，如下代码所示。

```
[root@www.linux-command ~]#blkid  /dev/sdb1
/dev/sdb1: UUID="7fb0a34b-96c7-43cd-bfad-8518acd56454" TYPE="ext4"
```

（2）格式化磁盘分区为 xfs 文件系统。

```
[root@www.linux-command ~]#mkfs.xfs -f  /dev/sdb1
meta-data=/dev/sdb1              isize=256    agcount=4, agsize=130944 blks
         =                       sectsz=512   attr=2, projid32bit=0
data     =                       bsize=4096   blocks=523776, imaxpct=25
         =                       sunit=0      swidth=0 blks
naming   =version 2              bsize=4096   ascii-ci=0
log      =internal log           bsize=4096   blocks=2560, version=2
         =                       sectsz=512   sunit=0 blks, lazy-count=1
realtime =none                   extsz=4096   blocks=0, rtextents=0
[root@www.linux-command ~]#blkid  /dev/sdb1
/dev/sdb1: UUID="4465873d-46ae-4657-a6aa-fe583fc35e80" TYPE="xfs"
```

确认格式化 xfs 文件系统是否成功，如下代码所示。

```
[root@www.linux-command ~]#blkid  /dev/sdb1
/dev/sdb1: UUID="4465873d-46ae-4657-a6aa-fe583fc35e80" TYPE="xfs"
```

上述代码中使用了“–f”选项，表示强制格式化为指定的文件系统。

【实例 8-17】使用 mkfs.ext4 格式化大容量磁盘

```
mkfs -t ext4 -d /dev/sda
```

格式化操作系统磁盘，发现 50GB 的空盘格式化经过 30 分钟还未执行完毕，而使用如下指令。

```
mkfs.ext4  /dev/sda
```

可以在几十秒之内完成格式化文件系统，这两个指令有什么区别呢？

使用 mkfs.ext4 默认参数格式化磁盘后，发现格式化时间特别长，并且格式化会占用磁盘很大的空间。例如 2TB 的磁盘格式化会占用 10 分钟左右时间，并占用 30GB 左右的磁盘空间。inode 会占用磁盘空间，每个 inode 占用 256bit 大小空间，默认情况下，mkfs2fs 会为每 16KB 的磁盘空间分配一个 inode。格式化时系统根据磁盘大小，计算可以保存的文件个数，进而为 inode 保留空间。所以格式化大容量磁盘，系统会分配过多 inode，为 inode 预留过多空间，导致磁盘空间占用特别大。

“–i”选项可以在格式化磁盘时分配指定 inode 大小。

8.1.4 swap 分区指令

【实例 8-18】创建 swap 分区的两种方法

（1）swap 指令把一个分区格式化成为 swap 交换区。

```
mkswap /dev/sdb1
```

创建此分区为 swap 交换分区。

```
swapon /dev/sdb1
```

加载交换分区。

```
swapoff /dev/sdb1
```

关闭交换分区，完整代码演示如下所示。

```
[root@www.linux-command ~]#mkswap /dev/sdb1
Setting up swapspace version 1, size = 2095100 KiB
no label, UUID=e86d5edf-1e06-4ac3-b2a0-178cd4645913
[root@www.linux-command ~]#swapon  /dev/sdb1
[root@www.linux-command ~]#swapoff /dev/sdb1
```

（2）如果硬盘不方便再进行分区，可以创建一个 swap 文件，如下代码所示。

```
[root@www.linux-command ~]#dd if=/dev/zero of=/tmp/swap bs=1M count=512
512+0 records in
512+0 records out
536870912 bytes (537 MB) copied, 3.25688 s, 165 MB/s
[root@www.linux-command ~]#ls -lh /tmp/swap
-rw-r--r--. 1 root root 512M Apr  7 12:11 /tmp/swap
```

注解：创建一个大小为 512MB 的 swap 文件，在/tmp 目录中，读者可以根据需要创建 swap 文件。

```
[root@www.linux-command ~]#mkswap /tmp/swap
mkswap: /tmp/swap: warning: don't erase bootbits sectors
        on whole disk. Use -f to force.
Setting up swapspace version 1, size = 524284 KiB
no label, UUID=791ae260-ade8-4ab9-aadd-f82013169191
[root@www.linux-command ~]#
[root@www.linux-command ~]#mkswap -f /tmp/swap
Setting up swapspace version 1, size = 524284 KiB
```

```
no label, UUID=3c84bbc4-8727-473a-8474-daa6c0b5668b
```

把/tmp/swap 文件创建成 swap 交换分区。

```
swapon /tmp/swap
```

挂载 swap 分区，不能使用 mount 命令将交换分区加载到某个目录。

（3）查看系统已经加载的 swap 交换分区。

```
[root@www.linux-command ~]#swapon -s
Filename                                Type            Size    Used    Priority
/dev/sda2                               partition       2047996 3376     -1
/dev/sdb1                               partition       2095100 0       -2
/tmp/swap                               file            524284  0       -3
```

Tepe 一列为 file 的即为上面采用文件方式创建的 swap 分区。

8.1.5 mount 指令

mount 是 Linux 操作系统中的一个指令，它可以将分区挂载到 Linux 系统的某个目录文下，从而将分区和该目录联系起来，只要访问这个文件夹，就相当于访问该分区。

1. mount 指令挂载描述基本术语解释

（1）挂载：将额外文件系统与根文件系统某现存的目录建立起关联关系，进而使得此目录做为其他文件访问入口的行为。

（2）卸载：为解除此关联关系的过程。umount 卸载时，可使用设备，也可以使用挂在点。

（3）设备关联的挂载点：mount point，挂载点下原有文件在挂载完成后会被临时隐藏；挂载点目录一般为空。

（4）多个设备不能同时挂载到同一个挂载点上，即使都挂上也是最后一个生效。

（5）挂载方法。

- 命令 mount 要挂载的设备源（/dev/sda6）挂载目的点（/mnt）。
- mount：通过查看/etc/mtab 文件显示当前已挂载的所有设备 。
- 例如：挂载前先要在/mnt 目录下创建一个空目录
- mount /dev/sda6/mnt/test
- mount 可以查看当前挂载的设备情况。

2. mount 指令格式

```
mount [-fnrsvw] [-t vfstype] [-o options] device dir
```

（1）device：指明要挂载的设备。

- 设备文件：例如/dev/sda1。
- 卷标：–L 'LABEL'，例如–L 'DB_3316'。

- UUID, –U 'UUID'：例如–U '0c50523c–43f145e7–85c0–a126711d406e'。

（2）dir：挂载点事先存在；建议使用空目录；进程正在使用中的设备无法被卸载。

mount 指令常用选项如表 8-4 所示。

表 8-4 mount 指令常用选项

选项	说明
–t	vsftype 指定要挂载的设备上的文件系统类型：例如：–t ext3、–t ext4
–r	Readonly 只读挂载
–w	read and write 读写挂载
–n	不更新/etc/mtab，mount 不可见，cat /proc/mounts 可以查看
–a	自动挂载所有支持自动挂载的设备（读取配置文件/etc/fstab 里带有默认的 auto，让设备自动挂载）
–L	LABEL 以卷标指定挂载设备
–U	UUID 以 UUID 指定要挂载的设备
–B	–bind：挂载目录到另一个目录上,用 mount 可以查看

mount 指令有很多功能强大的子选项，如表 8-5 所示。

```
mount -o [options]：（挂载文件系统的选项），多个选项使用逗号分隔
```

表 8-5 mount 指令子选项-o 常用参数

选项	说明
atime/noatime	包含目录和文件；#mount -o noatime /dev/sdb2 /mnt/sdb2 禁止文件访问时间的刷新
diratime/nodiratime	目录的访问时间戳
auto/noauto	是否支持自动挂载，是否支持-a 选项
exec/noexec	是否支持文件系统上运行的应用程序
dev/nodev	是否支持在此文件系统上使用设备文件
suid/nosuid	是否支持 suid 和 sgid 权限；suid，作用在二进制的可执行程序上，继承该程序的所有者的权限
remount	重新挂载
ro	只读
rw	读写
user/nouser	是否允许普通用户挂载此设备，默认管理员才能挂载
acl	启用此文件系统上的 acl 功能：CentOS7 默认就有 acl 功能
loop	使用 loop 设备（把文件当成设备，挂载到目录上）

【实例 8-19】挂载本地磁盘

```
mount /dev/vdb1 /data/
```

挂载/dev/vdb1 分区到/data/目录。

```
mount -a
```

从/etc/fstab 读取挂载分区信息。

```
[root@Linux_command ~]# mount /dev/vdb1 /data/
[root@Linux_command ~]# mount -a
[root@Linux_command ~]# df -Th
Filesystem          Type      Size  Used Avail Use% Mounted on
/dev/mapper/cl-root xfs        36G  4.5G   31G  13% /
devtmpfs            devtmpfs  990M     0  990M   0% /dev
tmpfs              tmpfs    1001M     0 1001M   0% /dev/shm
tmpfs              tmpfs    1001M   65M  936M   7% /run
tmpfs              tmpfs    1001M     0 1001M   0% /sys/fs/cgroup
/dev/vdb1           xfs        40G  644M   40G   2% /data
/dev/vda1           xfs      1014M  121M  894M  12% /boot
tmpfs              tmpfs     201M     0  201M   0% /run/user/0
```

“mount –a”指令会自动读取/etc/fstab 配置文件里的挂载信息，即会自动读取/etc/fstab 里面的分区信息到对应的挂载目录。

【实例 8-20】挂载 ntfs 移动硬盘知识预备

有时候做大数据量迁移时，为了快速迁移大数据，有可能在 Linux 服务器上临时挂载 NTFS 格式的移动硬盘，一般情况下，Linux 是识别不了 NTFS 格式移动硬盘的（需要重编译 Linux 核心才能，加挂 NTFS 分区），让 Linux 服务器识别 NTFS 的移动硬盘，就必须安装 ntfs–3g（Third Generation Read/Write NTFS Driver）软件包。

ntfs–3g 是一个开源项目，ntfs–3g 是为 Linux、Android、Mac OS X、FreeBSD、NetBSD、OpenSolaris、QNX、Haiku 和其他操作系统提供的一个稳定的，功能齐全，读写 NTFS 的驱动程序的。它提供了安全处理 Windows XP、Windows Server 2003、Windows 2000、Windows Vista、Windows Server 2008 和 Windows 7 操作系统下的 NTFS 文件系统。

【实例 8-21】安装 ntfs–3g 的两种方法

解压安装 ntfs–3g，安装方式有如下两种。

（1）源码安装。

下载源码包。

```
[root@Linux_command ~]# wget -c https://tuxera.com/opensource/ntfs-3g_ntfsprogs-2017.3.23.tgz
--2017-09-03 10:51:17--  https://tuxera.com/opensource/ntfs-3g_ntfsprogs-2017.3.23.tgz
Resolving tuxera.com (tuxera.com)... 77.86.224.47
Connecting to tuxera.com (tuxera.com)|77.86.224.47|:443... connected.
HTTP request sent, awaiting response... 200 OK
Length: 1259054 (1.2M) [application/x-gzip]
Saving to: 'ntfs-3g_ntfsprogs-2017.3.23.tgz'

100%[=====================================================>] 1,259,054
 185KB/s   in 6.6s
```

```
    2017-09-03 10:51:25 (185 KB/s) - 'ntfs-3g_ntfsprogs-2017.3.23.tgz' saved [12
59054/1259054]
```

执行安装过程如下代码所示。

```
[root@Linux_command ~]# tar xf ntfs-3g_ntfsprogs-2017.3.23.tgz
[root@Linux_command ~]# cd ntfs-3g_ntfsprogs-2017.3.23
[root@Linux_command ntfs-3g_ntfsprogs-2017.3.23]# ./configure ;echo $?


config.status: creating config.h
config.status: executing depfiles commands
config.status: executing libtool commands
/usr/bin/rm: cannot remove 'libtoolT': No such file or directory
You can type now 'make' to build ntfs-3g.
0
```

编译之后系统会提示安装成功，下面就可以用 ntfs–3g 来实现对 NTFS 分区的读写了。

```
[root@Linux_command ntfs-3g_ntfsprogs-2017.3.23]# make && make install;echo $?
/usr/bin/mkdir -p //usr/local/lib/ntfs-3g
make[3]: Leaving directory `/root/ntfs-3g_ntfsprogs-2017.3.23/src'
 /usr/bin/mkdir -p '/usr/local/share/man/man8'
 /usr/bin/install -c -m 644 ntfs-3g.8 ntfs-3g.probe.8 '/usr/local/share/man/man8'
ln -s -f ntfs-3g.8 "/usr/local/share/man/man8/mount.ntfs-3g.8"
ln -s -f ntfs-3g.8 "/usr/local/share/man/man8/mount.lowntfs-3g.8"
make[2]: Leaving directory `/root/ntfs-3g_ntfsprogs-2017.3.23/src'
make[1]: Leaving directory `/root/ntfs-3g_ntfsprogs-2017.3.23/src'
make[1]: Entering directory `/root/ntfs-3g_ntfsprogs-2017.3.23'
make[2]: Entering directory `/root/ntfs-3g_ntfsprogs-2017.3.23'
make[2]: Nothing to be done for `install-exec-am'.
 /usr/bin/mkdir -p '/usr/local/share/doc/ntfs-3g'
 /usr/bin/install -c -m 644 README '/usr/local/share/doc/ntfs-3g'
make[2]: Leaving directory `/root/ntfs-3g_ntfsprogs-2017.3.23'
make[1]: Leaving directory `/root/ntfs-3g_ntfsprogs-2017.3.23'
0
```

（2）yum 安装。

这种安装方式的前提是系统中安装了 epel 源，如下代码所示，确认系统中已经安装了 epel 仓库源。

```
[root@www.linux-command ~]#ll /etc/yum.repos.d/ |grep epel
-rw-r--r--. 1 root root  957 Nov  5  2012 epel.repo
-rw-r--r--. 1 root root 1056 Nov  5  2012 epel-testing.rep
```

使用 yum 指令进行查找和安装 ntfs–3g–devel、ntfs–3g 软件，如下代码所示。

```
[root@Linux_command ~]# yum list "ntfs*"
Loaded plugins: fastestmirror, priorities
Loading mirror speeds from cached hostfile
```

```
 * epel: mirrors.tuna.tsinghua.edu.cn
 * ius: mirrors.tuna.tsinghua.edu.cn
 * remi-safe: mirrors.tuna.tsinghua.edu.cn
Installed Packages
ntfs-3g.x86_64                                      2:2017.3.23-1.el7
@epel
Available Packages
ntfs-3g-devel.x86_64                                2:2017.3.23-1.el7
epel
ntfsprogs.x86_64                                    2:2017.3.23-1.el7
epel

[root@Linux_command ~]# yum -y install ntfs-3g-devel ntfs-3g
[root@Linux_command ~]# yum -y install ntfs-3g-devel ntfs-3g
Loaded plugins: fastestmirror, priorities
atrpms                                              | 3.0 kB  00:00:00
(中间内容略)

Installed:
  ntfs-3g-devel.x86_64 2:2017.3.23-1.el7

Complete!

[root@Linux_command ~]# rpm -ql ntfs-3g |head
/usr/bin/lowntfs-3g
/usr/bin/ntfs-3g
/usr/bin/ntfs-3g.probe
/usr/bin/ntfsmount
/usr/lib64/libntfs-3g.so.88
/usr/lib64/libntfs-3g.so.88.0.0
/usr/sbin/mount.lowntfs-3g
/usr/sbin/mount.ntfs
/usr/sbin/mount.ntfs-3g
/usr/sbin/mount.ntfs-fuse
```

上述代码中使用 yum 指令安装及查看 ntfs-3g 相关软件包组。

【实例 8-22】配置挂载 NTFS 格式的移动硬盘

首先得到 NTFS 分区的信息。

```
[root@Linux_command ~]# fdisk -l | grep NTFS
[root@Linux_command ~]# fdisk -l | grep NTFS
/dev/sdc1 * 1 244 1955776+ 7 HPFS/NTFS
```

上述代码查看 NFS 分区信息。

设置挂载点，用如下命令实现挂载。

```
mount -t ntfs-3g <NTFS Partition> <Mount Point>
```

例如得到的 NTFS 分区信息为/dev/sdc1，挂载点设置在/mnt/usb 下，可以用：

```
mount -t ntfs-3g /dev/sdc1 /mnt/usb
```

或者直接用：

```
ntfs-3g ntfs-3g /dev/sdc1 /mnt/usb
```

如果想实现开机自动挂载，可以在/etc/fstab 里面添加如下格式语句。

```
<NTFS Partition> <Mount Point> ntfs-3g silent,umask=0,locale=zh_CN.utf8 0 0
```

这样可以实现 NTFS 分区里中文文件名的显示。

卸载分区可以用 umount 实现，用下面的代码即可。

```
umount <NTFS Partition>
```

或者

```
umount <Mount Point>
```

【实例 8-23】挂载 nfs 网络文件系统

```
[root@Linux_command ~]# mount -t nfs 10.16.15.16:/data/nfs/img1 /data/img1
```

mount 挂载，添加一行，临时生效，重新启动系统后会自动取消。

```
vim /etc/rc.local
echo 'mount -t nfs 10.16.15.16:/data/nfs/img1 /data/img1'>>/etc/rc.local
```

设置开机自动挂载，永久生效，上述两行代码作用相同。

【实例 8-24】挂载 iso 镜像文件

在 Linux 中挂载 iso 文件一般使用 mount 命令，在终端中输入如下命令即可。

```
sudo mount -o loop filename.iso /cdrom
```

其中 filename.iso 是需要挂载的 iso 文件的文件名，而/cdrom 则是作为挂载点的目录，挂载之后 iso 文件中的内容可以在该目录中找到，如果使用其他目录，则需要保证该目录已经存在，挂载完成之后访问/cdrom 目录即可，使用完毕之后可输入以下命令卸载。

```
sudo umount /cdrom
```

【实例 8-25】单用户模式重新挂载根分区

Linux 系统无法启动时，通常需要进入单用户模式下进行修改配置文件，或调整一些参数，但是在进入单用户模式后，根“/”文件系统是只读模式，无法进行修改，此时需要使用“mount–o remount,rw /”指令来根“/”路径文件系统设置为可读模式后方可实现修改。

```
mount -o remount, rw /
because root directory / is mounted inread only mode. type follwing command,
then you should be able to editrc.sysint script.
mount -o remount,rw / 这个命令来让我们的/文件系统为可读可写模式，这样就可以实现自由修改了。
```

【实例 8-26】mount 指令使用经验谈

使用 mount 指令时挂载点必须是一个已经存在的目录，这个目录可以不为空，但挂载后这个目录下以前的内容将不可用，umount 以后会恢复正常，使用多个“–o”参数的时候，“–o”参数只使用一次，参数之间用半角逗号隔开。

【实例 8-27】开机挂载及/etc/fstab 挂载格式

挂载磁盘时，除了利用磁盘的代号之外（/dev/hdxx）也可以直接利用磁盘的 label 来作为挂载的磁盘挂载点。

优点：不论硬盘代号怎么变，不论将硬盘插在那个 IDE 接口（IDE1 或 IDE2 或 master 或 slave 等），由于系统是透过 Label 的，所以磁盘插在那个接口将不会有影响。

缺点：如果插了两个硬盘，刚好两个硬盘的 Label 有重复的，会出现一些问题，因为系统会无法判断哪个磁盘分割槽才是正确的。

开机挂载/etc/fstab 及/etc/mtab 文件，系统挂载的一些限制。

- 根目录/是必须挂载的，而且一定要先于其他挂载点被挂载进来。
- 其他挂载点必须为已建立的目录，可任意指定，但一定要遵守必须的系统目录架构原则。
- 所有挂载点在同一时间之内，只能挂载一次。
- 所有分区在同一时间之内，只能挂载一次。
- 若进行卸载，必须先将工作目录移到挂载点（及其子目录）之外。

```
[root@linux-command ~]#  cat /etc/fstab

#
# /etc/fstab
# Created by anaconda on Wed Jun 27 00:39:58 2018
#
# Accessible filesystems, by reference, are maintained under '/dev/disk'
# See man pages fstab(5), findfs(8), mount(8) and/or blkid(8) for more info
#
/dev/mapper/VolGroup-lv_root /                       ext4    defaults        1 1
UUID=eaa074ab-f781-4c3e-8d36-3a7cff4cf49e /boot                   ext4
defaults        1 2
/dev/mapper/VolGroup-lv_swap swap                    swap    defaults        0 0
tmpfs                   /dev/shm                tmpfs   defaults        0 0
devpts                  /dev/pts                devpts  gid=5,mode=620  0 0
sysfs                   /sys                    sysfs   defaults        0 0
proc                    /proc                   proc    defaults        0 0
You have new mail in /var/spool/mail/root
```

8.1.6 umount 指令

umount 命令用于卸载已经加载的文件系统，利用设备名或挂载点都能 umount 文件系统，不过最好还是通过挂载点卸载，以免使用绑定挂载（一个设备，多个挂载点）时产生混乱。

卸载文件系统时，所有用户须退出挂载的文件系统，也没有任何程序在读写文件系统。

卸载文件系统时，按挂载的逆顺序依次卸载。如果你的光盘挂载点是/mnt/cdrom，使用

umount/dev/cdrom 时提示 busy，可以使用以下指令强行卸载。

```
[root@Linux_command ~]# fuser -km /mnt/cdrom
[root@Linux_command ~]# umount /mnt/cdrom
```

【实例 8-28】通过设备名卸载

```
umount -v /dev/sda1
```

通过/dev/sda1 名称卸载分区。

```
[root@Linux_command ~]# umount -v /dev/sda1
/dev/sda1 umounted
```

【实例 8-29】通过挂载点卸载

```
umount -v /data/mysql/mysql3316/
```

通过/data/mysql/mysql3316/名称卸载分区。

```
[root@Linux_command ~]# umount -v /data/mysql/mysql3316/
/data/mysql/mysql3316 umounted
```

【实例 8-30】卸载失败一例

如果设备正忙，卸载即告失败，卸载失败的常见原因是某个打开的 Shell 当前目录为挂载点里的某个目录。

```
[root@Linux_command ~]# umount -v /data/mysql/mysql3316/
umount: /data/mysql/mysql3316: device is busy
umount: /data/mysql/mysql3316: device is busy
```

有时，导致设备忙的原因并不好找，碰到这种情况时可以用 lsof 列出已打开文件，然后搜索列表查找待卸载的挂载点。

```
lsof | grep mymount
```

#查找 mymount 分区里打开的文件。

```
bash 1961 francois cwd DIR 8,1 1024 2 /mnt/mymount
```

从上面的输出可知，mymount 分区无法卸载的原因在于 francois 运行的 PID 为 1961 的 bash 进程。

【实例 8-31】延迟卸载

```
umount -vl /mnt/mymount/
```

执行延迟卸载（lazy unmount）会立即卸载目录树里的文件系统，等到设备不再繁忙时才清理所有相关资源。

```
[root@Linux_command ~]# umount -vl /mnt/mymount/
```

卸载可移动存储介质还可以用 eject 命令。下面这条命令会卸载并弹出 CD。

```
[root@Linux_command ~]# eject /dev/cdrom
```

上述代码表示卸载并弹出 CD。

【实例 8-32】Linux 下强行 umount 卸载设备

卸载 NFS，结果出现无法卸载的情况。

```
[root@Linux_command ~]# umount /mnt/
umount: /mnt: device is busy
umount: /mnt: device is busy
```

执行“umount –f”指令，问题依旧。

```
[root@Linux_command ~]# umount -f /mnt/
umount2: Device or resource busy
umount: /mnt: device is busy
umount2: Device or resource busy
umount: /mnt: device is busy
```

使用 fuser 指令，先确认有那些进程需要杀掉。

```
[root@Linux_command ~]# fuser -cu /mnt
/mnt:               32687c(root)
```

其次向进程发出 SIGKILL 信号。

```
[root@Linux_command ~]# fuser -ck /mnt
/mnt:               32687c
确认
[root@Linux_command ~]# fuser -c /mnt
[1]+  Killed                  dd if=1g of=/dev/null bs=1M  (wd: /mnt)
(wd now: /)
```

8.1.7 df 指令

Linux 中 df 指令的功能是检查 Linux 服务器的文件系统的磁盘空间占用情况，可以利用该命令来获取硬盘被占用了多少空间、目前还剩下多少空间等信息。df 指令常用选项如表 8-6 所示。

表 8-6 df 指令常用选项表

选项	说明
–a, –all	包含所有的具有 0 Blocks 的档案系统
–block–size={SIZE}	使用 {SIZE} 大小的 Blocks
–h, –human-readable	使用人类可读的格式（预设值是不加这个选项的）
–H, –si	很像–h，但是以 1000 为单位，而不是 1024
–i, –inodes	列出 inode 资讯，不列出已使用 block

续表

选项	说明
–k, –kilobytes	就像–block–size=1024
–l, –local	限制列出的档案结构
–m, –megabytes	就像–block–size=1048576
–no-sync	取得资讯前不 sync（预设值）
–P, –portability	使用 POSIX 输出格式
–sync	在取得资讯前 sync
–t, –type=TYPE	限制列出档案系统的 TYPE
–T, –print-type	显示档案系统的形式
–x, –exclude-type=TYPE	限制列出档案系统不要显示 TYPE
–help	显示这个帮手并且离开
–version	输出版本资讯并且离开

【实例 8-33】显示磁盘使用情况

将系统内所有的文件系统列出来，如下代码所示。

```
[root@Linux_command ~]# df
Filesystem            1K-blocks    Used Available Use% Mounted on
/dev/mapper/cl-root    36805060 4636160  32168900  13% /
devtmpfs                1013292       0   1013292   0% /dev
tmpfs                   1024236       0   1024236   0% /dev/shm
tmpfs                   1024236   65972    958264   7% /run
tmpfs                   1024236       0   1024236   0% /sys/fs/cgroup
/dev/vdb1              41921540  663016  41258524   2% /data
/dev/vda1               1038336  123388    914948  12% /boot
tmpfs                    204848       0    204848   0% /run/user/0
```

df 指令不加任何选项，默认会将系统内所有的（不含特殊内存内的文件系统与 swap）容量展示出来。

【实例 8-34】将容量结果以易读的容量格式显示出来

“–h 选项”表示以人类易于阅读的方式输出显示。

```
[root@Linux_command ~]# df -h
Filesystem           Size  Used Avail Use% Mounted on
/dev/mapper/cl-root   36G  4.5G   31G  13% /
devtmpfs             990M     0  990M   0% /dev
tmpfs               1001M     0 1001M   0% /dev/shm
tmpfs               1001M   65M  936M   7% /run
tmpfs               1001M     0 1001M   0% /sys/fs/cgroup
/dev/vdb1             40G  648M   40G   2% /data
/dev/vda1           1014M  121M  894M  12% /boot
tmpfs                201M     0  201M   0% /run/user/0
```

【实例 8-35】将系统内的所有特殊文件格式及名称都列出来

```
df -aT
```

从如下代码执行输出结果中可以看到有“cgroup”的关键字，可以确定此机器是一台虚拟机。

```
[root@Linux_command ~]# df -aT
Filesystem          Type          1K-blocks    Used Available Use% Mounted on
rootfs              -                     -       -         -    - /
sysfs               sysfs                 0       0         0    - /sys
proc                proc                  0       0         0    - /proc
devtmpfs            devtmpfs        1013292       0   1013292   0% /dev
securityfs          securityfs            0       0         0    - /sys/kernel/security
tmpfs               tmpfs           1024236       0   1024236   0% /dev/shm
devpts              devpts                0       0         0    - /dev/pts
tmpfs               tmpfs           1024236   65972    958264   7% /run
tmpfs               tmpfs           1024236       0   1024236   0% /sys/fs/cgroup
cgroup              cgroup                0       0         0    - /sys/fs/cgroup/systemd
pstore              pstore                0       0         0    - /sys/fs/pstore
cgroup              cgroup                0       0         0    - /sys/fs/cgroup/freezer
cgroup              cgroup                0       0         0    - /sys/fs/cgroup/blkio
cgroup              cgroup                0       0         0    - /sys/fs/cgroup/memory
cgroup              cgroup                0       0         0    - /sys/fs/cgroup/perf_event
cgroup              cgroup                0       0         0    - /sys/fs/cgroup/pids
cgroup              cgroup                0       0         0    - /sys/fs/cgroup/devices
cgroup              cgroup                0       0         0    - /sys/fs/cgroup/cpuset
cgroup              cgroup                0       0         0    - /sys/fs/cgroup/cpu,cpuacct
cgroup              cgroup                0       0         0    - /sys/fs/cgroup/net_cls,net_prio
cgroup              cgroup                0       0         0    - /sys/fs/cgroup/hugetlb
configfs            configfs              0       0         0    - /sys/kernel/config
/dev/mapper/cl-root xfs            36805060 4636160  32168900  13% /
seLinuxfs           seLinuxfs             0       0         0    - /sys/fs/seLinux
systemd-1           -                     -       -         -    - /proc/sys/fs/binfmt_misc
debugfs             debugfs               0       0         0    - /sys/kernel/debug
hugetlbfs           hugetlbfs             0       0         0    - /dev/hugepages
mqueue              mqueue                0       0         0    - /dev/mqueue
/dev/vdb1           xfs            41921540  663016  41258524   2% /data
/dev/vda1           xfs             1038336  123388    914948  12% /boot
tmpfs               tmpfs            204848       0    204848   0% /run/user/0
binfmt_misc         binfmt_misc           0       0         0    - /proc/sys/fs/binfmt_misc
```

【实例 8-36】显示磁盘容量及文件系统类型以易读的容量格式显示

```
df -Th
```

“–Th”两个选项分别表示文件类型和以适合人类阅读的格式展示。

```
[root@Linux_command ~]# df -Th
Filesystem          Type      Size  Used Avail Use% Mounted on
/dev/mapper/cl-root xfs        36G  4.5G   31G  13% /
devtmpfs            devtmpfs  990M     0  990M   0% /dev
```

```
tmpfs                tmpfs   1001M     0 1001M   0% /dev/shm
tmpfs                tmpfs   1001M   65M  936M   7% /run
tmpfs                tmpfs   1001M     0 1001M   0% /sys/fs/cgroup
/dev/vdb1             xfs      40G  648M   40G   2% /data
/dev/vda1             xfs    1014M  121M  894M  12% /boot
tmpfs                tmpfs    201M     0  201M   0% /run/user/0
```

【实例 8-37】以 inode 模式来显示磁盘使用情况

```
df -i
```

“-i”选项显示磁盘 inode 元数据节点信息。

```
[root@Linux_command ~]# df -i
Filesystem            Inodes  IUsed    IFree IUse% Mounted on
/dev/mapper/cl-root 18411520 133768 18277752    1% /
devtmpfs              253323    374   252949    1% /dev
tmpfs                 256059      1   256058    1% /dev/shm
tmpfs                 256059    477   255582    1% /run
tmpfs                 256059     16   256043    1% /sys/fs/cgroup
/dev/vdb1           20971008   7941 20963067    1% /data
/dev/vda1             524288    329   523959    1% /boot
tmpfs                 256059      1   256058    1% /run/user/0
```

【实例 8-38】显示指定类型磁盘

```
df -t xfs
```

上述代码中使用“-t”选项查看特定磁盘类型的具体信息。

```
[root@Linux_command ~]# df -t xfs
Filesystem          1K-blocks    Used Available Use% Mounted on
/dev/mapper/cl-root  36805060 5334852  31470208  15% /
/dev/vdb1            41921540 1483792  40437748   4% /data
/dev/vda1             1038336  123388    914948  12% /boot
```

【实例 8-39】列出各文件系统的 i 节点使用情况

```
df -ai
```

组合选项“-ai”显示当前所有分区的所有 inode 元素据节点信息。

```
[root@Linux_command ~]# df -ai
Filesystem          Inodes  IUsed   IFree IUse% Mounted on
rootfs                   -      -       -     - /
sysfs                    0      0       0     - /sys
proc                     0      0       0     - /proc
devtmpfs            253323    374  252949    1% /dev
securityfs               0      0       0     - /sys/kernel/security
tmpfs               256059      1  256058    1% /dev/shm
devpts                   0      0       0     - /dev/pts
tmpfs               256059    477  255582    1% /run
tmpfs               256059     16  256043    1% /sys/fs/cgroup
cgroup                   0      0       0     - /sys/fs/cgroup/systemd
```

```
pstore                  0       0       0     - /sys/fs/pstore
cgroup                  0       0       0     - /sys/fs/cgroup/freezer
cgroup                  0       0       0     - /sys/fs/cgroup/blkio
cgroup                  0       0       0     - /sys/fs/cgroup/memory
cgroup                  0       0       0     - /sys/fs/cgroup/perf_event
cgroup                  0       0       0     - /sys/fs/cgroup/pids
cgroup                  0       0       0     - /sys/fs/cgroup/devices
cgroup                  0       0       0     - /sys/fs/cgroup/cpuset
cgroup                  0       0       0     - /sys/fs/cgroup/cpu,cpuacct
cgroup                  0       0       0     - /sys/fs/cgroup/net_cls,net_prio
cgroup                  0       0       0     - /sys/fs/cgroup/hugetlb
configfs                0       0       0     - /sys/kernel/config
/dev/mapper/cl-root 18411520 133768 18277752    1% /
seLinuxfs               0      0        0     - /sys/fs/seLinux
systemd-1               -      -        -     - /proc/sys/fs/binfmt_misc
debugfs                 0      0        0     - /sys/kernel/debug
hugetlbfs               0      0        0     - /dev/hugepages
mqueue                  0      0        0     - /dev/mqueue
/dev/vdb1          20971008   7941  20963067    1% /data
/dev/vda1            524288    329    523959    1% /boot
tmpfs                256059      1    256058    1% /run/user/0
binfmt_misc               0      0         0     - /proc/sys/fs/binfmt_misc
```

【实例 8-40】以更易读的方式显示目前磁盘空间和使用情况

```
df -lh
```

"–lh"选项以更易读的方式显示目前磁盘空间和使用情况。

```
[root@Linux_command ~]# df -lh
Filesystem           Size  Used Avail Use% Mounted on
/dev/mapper/cl-root   36G  5.1G   31G  15% /
devtmpfs             990M     0  990M   0% /dev
tmpfs               1001M     0 1001M   0% /dev/shm
tmpfs               1001M   89M  912M   9% /run
tmpfs               1001M     0 1001M   0% /sys/fs/cgroup
/dev/vdb1             40G  1.5G   39G   4% /data
/dev/vda1           1014M  121M  894M  12% /boot
tmpfs                201M     0  201M   0% /run/user/0
[root@Linux_command ~]# df -lH
Filesystem           Size  Used Avail Use% Mounted on
/dev/mapper/cl-root   38G  5.5G   33G  15% /
devtmpfs             1.1G     0  1.1G   0% /dev
tmpfs                1.1G     0  1.1G   0% /dev/shm
tmpfs                1.1G   93M  957M   9% /run
tmpfs                1.1G     0  1.1G   0% /sys/fs/cgroup
/dev/vdb1             43G  1.6G   42G   4% /data
/dev/vda1            1.1G  127M  937M  12% /boot
tmpfs                210M     0  210M   0% /run/user/0
```

- "–h"选项根据目前磁盘空间和使用情况以更易读的方式显示。
- "–H"和上面的"–h"选项相同，在格式化显示时，采用 1000 字节，而不是 1024

字节进行容量转换。

- 以"–KB"单位显示磁盘的使用情况。
- "–l"选项显示本地的分区的磁盘空间使用率，如果服务挂载 NFS 远程服务器磁盘，在 df 指令后上加上"–l"后系统显示是过滤 NFS 驱动器后结果。

8.1.8 du 指令

du 指令显示每个文件和目录的磁盘使用空间，报告磁盘空间使用情况。

du 指令常用选项如表 8-7 所示。

表 8-7 du 指令常用选项

选项	说明
–a 或–all	显示目录中个别文件的大小
–b 或–bytes	显示目录或文件大小时，以字节为单位
–c 或 - total	除了显示个别目录或文件的大小外，同时也显示所有目录或文件的总和
–k 或 - kilobytes	以 KB(1024 Bytes)为单位输出
–m 或 - megabytes	以 MB 为单位输出
–s 或 - summarize	仅显示总计，只列出最后加总的值
–h 或 - human-readable	以 K、M、G 为单位，提高信息的可读性
–x 或 - one-file-xystem	以一开始处理时的文件系统为准，若遇上其他不同的文件系统目录则略过
–L<符号链接>	显示选项中所指定符号链接的源文件大小
–S 或 - separate-dirs	显示个别目录的大小时，并不含其子目录的大小
–X<文件>	在<文件>指定目录或文件
–exclude=目录或文件>	略过指定的目录或文件
–D	显示指定符号链接的源文件大小
–H 或–si 与–h 参数相同	但是 K、M、G 以 1000 为换算单位
–l 或–count–links	重复计算硬件链接的文件

【实例 8-41】显示目录或者文件所占空间

```
du
```

显示当前目录下面的子目录的目录大小和当前目录的总的大小，最下面的 27624 为当前目录的总大小。

```
[root@Linux_command ~]# du
0       ./.pki/nssdb
0       ./.pki
44      ./ntfs-3g_ntfsprogs-2017.3.23/src/.deps
1060    ./ntfs-3g_ntfsprogs-2017.3.23/src/.libs
2444    ./ntfs-3g_ntfsprogs-2017.3.23/src
```

```
192     ./ntfs-3g_ntfsprogs-2017.3.23/ntfsprogs/.deps
1768    ./ntfs-3g_ntfsprogs-2017.3.23/ntfsprogs/.libs
6480    ./ntfs-3g_ntfsprogs-2017.3.23/ntfsprogs
316     ./ntfs-3g_ntfsprogs-2017.3.23/m4
252     ./ntfs-3g_ntfsprogs-2017.3.23/libntfs-3g/.deps
6236    ./ntfs-3g_ntfsprogs-2017.3.23/libntfs-3g/.libs
10512   ./ntfs-3g_ntfsprogs-2017.3.23/libntfs-3g
72      ./ntfs-3g_ntfsprogs-2017.3.23/libfuse-lite/.deps
1712    ./ntfs-3g_ntfsprogs-2017.3.23/libfuse-lite/.libs
3016    ./ntfs-3g_ntfsprogs-2017.3.23/libfuse-lite
404     ./ntfs-3g_ntfsprogs-2017.3.23/include/ntfs-3g
132     ./ntfs-3g_ntfsprogs-2017.3.23/include/fuse-lite
580     ./ntfs-3g_ntfsprogs-2017.3.23/include
25040   ./ntfs-3g_ntfsprogs-2017.3.23
0       ./a/b/c/d/e
0       ./a/b/c/d
0       ./a/b/c
0       ./a/b
40      ./a/ifstat-1.1/debian
584     ./a/ifstat-1.1
652     ./a
27624   .
```

【实例 8-42】统计目前目录下的所有文件容量

```
cd /data/sh/
du
```

在 Linux 终端下直接输入 du 指令没有加任何选项时，du 指令会分析当前所在目录的文件与目录所占用的硬盘空间。

```
[root@Linux_command ~]# cd /data/sh/
[root@Linux_command sh]# du
160     ./shell/sh_bak      <==每个目录都会列出来
244     ./shell
0       ./python
0       ./php
92      ./book
352     .                   <==这个目录(.)所占用的总量
0       ./.abc              <==包括隐藏文件的目录
```

【实例 8-43】将文件的容量也列出来

```
du -a
```

“–a”选项查看所有文件和目录的容量。

```
[root@Linux_command sh]# du -a
4       ./shell/a.log
0       ./shell/aa
4       ./shell/sh_bak/wenhao.sh <==有文件的列表了
```

```
(中间内容略)
4       ./shell/sh_bak/while_2.sh
4       ./shell/sh_bak/while_3.sh
352     .
```

【实例 8-44】检查当前目录下每个目录及文件所占用的容量

```
dd if=/dev/zero of=du.iso bs=1M count=128
```

使用 dd 指令从/dev/zero 复制数据到 du.iso，bs 大小为 1MB，共复制 128 次。

```
du -sm *
du -sh *
```

上述代码中，通配符“*”代表每个目录与文件，与 df 指令不同，du 指令直接到文件系统内去搜寻所有的文件数据。

```
[root@Linux_command sh]# dd if=/dev/zero of=du.iso bs=1M count=128
128+0 records in
128+0 records out
134217728 bytes (134 MB) copied, 0.222047 s, 604 MB/s
[root@Linux_command sh]# du -sm *
1       book
128     du.iso
1       free.sh
1       fun1.sh
1       fun2.sh
0       php
0       python
1       shell
1       str.sh
[root@Linux_command sh]# du -sh *
92K     book
128M    du.iso
4.0K    free.sh
4.0K    fun1.sh
4.0K    fun2.sh
0       php
0       python
244K     shell
4.0K     str.sh
```

【实例 8-45】显示磁盘总和的大小

```
du -s
```

“–s”选项显示所有磁盘文件容量的总和大小。

```
[root@Linux_command ~]# du -s
27624   .
```

【实例 8-46】统计文件和目录的容量信息

```
du -ah |head
```

显示当前系统的所有文件和目录容量信息。

```
du -ah |awk '{print $1}'|grep M|sort |uniq -c |sort -rn -k2
```

按照 MB 过滤，并按照数值从大到小排序。

```
[root@Linux_command ~]# du -ah |head
4.0K    ./.bash_logout
4.0K    ./.cshrc
4.0K    ./.tcshrc
28K     ./.bash_history
0       ./.pki/nssdb
0       ./.pki
4.0K    ./.bash_profile
24K     ./ntfs-3g_ntfsprogs-2017.3.23/depcomp
32K     ./ntfs-3g_ntfsprogs-2017.3.23/Makefile.in
16K     ./ntfs-3g_ntfsprogs-2017.3.23/INSTALL
  [root@Linux_command ~]# du -ah |awk '{print $1}'|grep M|sort |uniq -c |sort
-rn -k2
      1 27M
      1 25M
      1 11M
      1 6.4M
      1 6.1M
      1 3.0M
      2 2.4M
      1 1.8M
      1 1.7M
      1 1.4M
      1 1.3M
      1 1.1M
```

8.1.9 fuser 指令

【实例 8-47】安装 fuser 指令

CentOS 系统最小化安装后，没有 fuser 命令，使用如下指令安装即可。

```
yum list psmisc
yum install psmisc -y
```

具体的安装步骤以及过程如下，如果读者安装时发现没有 psmisc 软件包，先执行如下指令安装第三方扩展源。

```
[root@Linux_command sh]# yum -y install epel-release
[root@Linux_command sh]# yum list psmisc
Loaded plugins: fastestmirror
Loading mirror speeds from cached hostfile
 * epel: mirrors.tuna.tsinghua.edu.cn
Available Packages
```

```
psmisc.x86_64                                              22.20-11.el7
base
```

上述代码安装 eple 源，并安装 psimsc 软件包。

```
[root@Linux_command sh]# rpm -ql psmisc|head
/usr/bin/killall
/usr/bin/peekfd
/usr/bin/prtstat
/usr/bin/pstree
/usr/bin/pstree.x11
/usr/sbin/fuser
/usr/share/doc/psmisc-22.20
/usr/share/doc/psmisc-22.20/AUTHORS
/usr/share/doc/psmisc-22.20/COPYING
/usr/share/doc/psmisc-22.20/ChangeLog
```

上述代码查看 psmisc 软件包有哪些实用工具。

【实例 8-48】如何列出进程的详细信息，而不仅仅是进程 id

说明：–v 含义是 verbose output，详细的输出信息。

```
[root@Linux_command sh]# fuser /var/log/messages
/var/log/messages:     933
[root@Linux_command sh]# fuser /data/app/nginx/sbin/nginx
/data/app/nginx/sbin/nginx: 18416e 24577e 24578e
```

上述代码使用“–v”参数列出进程的详细信息。

【实例 8-49】如何列出进程所属的用户

```
pgrep nginx
```

列出 nginx 进程。

```
fuser -u /data/app/nginx/sbin/nginx
```

“–u”选项列出进程所属的用户。

```
[root@Linux_command sh]# pgrep nginx
18416
24577
24578
[root@Linux_command sh]# fuser -u /data/app/nginx/sbin/nginx
/data/app/nginx/sbin/nginx: 18416e(root) 24577e(nginx) 24578e(nginx)
```

pgrep 指令执行的结果和 ps 指令查看进程结果对比，如下代码所示。

```
[root@Linux_command sh]# ps aux |grep nginx
root      6508  0.0  0.0 112648  964 pts/1   S+  21:30  0:00 grep --color=auto nginx
root     18416  0.0  0.1  97024  2772 ?      Ss  Aug14  0:00 nginx: master process /
data/app/nginx/sbin/nginx
nginx    24577  0.0  0.2 101612  5664 ?      S   Aug16  0:33 nginx: worker process
nginx    24578  0.0  0.2 101592  5860 ?      S   Aug16  0:03 nginx: worker process
```

【实例 8-50】杀死所有正在访问指定文件的进程

```
fuser -k /var/log/secure
```

“–k”选项杀死显示正在访问指定文件的进程。

```
[root@Linux_command sh]# fuser -v /var/log/messages
                      USER        PID ACCESS COMMAND
/var/log/messages:    root        933 F.... rsyslogd
                      用户        进程号 权限    命令
[root@Linux_command ~]# fuser -v /var/log/secure
                      USER        PID ACCESS COMMAND
/var/log/secure:      root       6536 F.... rsyslogd
[root@Linux_command ~]# fuser -k /var/log/secure
/var/log/secure:       6536
[root@Linux_command ~]# fuser -v /var/log/secure
```

- “–k”选项能够杀死所有的正在访问指定文件的进程，在杀进程时用它非常方便。
- fuser 如何杀死进程？它发送的是信号 SIGKILL。

【实例 8-51】fuser 可以列出它所知的信号

```
fuser  -l
```

上述代码使用“–l”选项列出所知的信号。

```
[root@Linux_command ~]# fuser  -l
HUP INT QUIT ILL TRAP ABRT IOT BUS FPE KILL USR1 SEGV USR2 PIPE ALRM TERM
STKFLT CHLD CONT STOP TSTP TTIN TTOU URG XCPU XFSZ VTALRM PROF WINCH IO PWR SYS
UNUSED
```

【实例 8-52】利用 fuser 传递信号

fuser 可以发送它已知的信号给访问的指定文件进程，而代替“–k”选项默认发送的 SIGKILL，只是挂起进程，发送 HUP 信号即可。

```
[root@Linux_command ~]# fuser -v /var/log/secure
                      USER        PID ACCESS COMMAND
/var/log/secure:      root       6559 F.... rsyslogd
                      用户       进程号 权限    命令
[root@Linux_command ~]# fuser -v /var/log/secure
                      USER        PID ACCESS COMMAND
/var/log/secure:      root       6603 F.... rsyslogd
[root@Linux_command ~]#
[root@Linux_command ~]# fuser -k -SIGHUP  /var/log/secure
/var/log/secure:       6603
[root@Linux_command ~]# fuser -v /var/log/secure
```

8.1.10 lsblk 指令

【实例 8-53】列出块设备信息

lsblk 命令默认情况下将以树状列出所有块设备，完整代码输出如下所示。

```
[root@www.ntp_server.com ~]# lsblk
NAME    MAJ:MIN RM   SIZE RO TYPE MOUNTPOINT
sr0      11:0    1  408M  0 rom
sda       8:0    0   20G  0 disk
├─sda1    8:1     0  200M  0 part /boot/efi
├─sda2    8:2     0  7.8G  0 part /
├─sda3    8:3     0    2G  0 part [SWAP]
├─sda4    8:4     0    1K  0 part
└─sda5    8:5     0   10G  0 part /data
```

7 个栏目名称如下。

- NAME：块设备名。
- MAJ:MIN：本栏显示主要和次要设备号。
- RM：本栏显示设备是否可移动设备。注意：在本例中，设备 sdb 和 sr0 的 RM 值等于 1，这说明它们是可移动设备。
- SIZE：本栏列出设备的容量大小信息。例如 298.1G 表明该设备大小为 298.1GB，而 1K 表明该设备大小为 1KB。
- RO：该项表明设备是否为只读。在本例中，所有设备的 RO 值为 0，表明它们不是只读的。
- TYPE：本栏显示块设备是否是磁盘或磁盘上的一个分区。在本例中，sda 和 sdb 是磁盘，而 sr0 是只读存储（rom）。（LCTT 译注，此处 sr0 的 RO 项没有标记为 1，可能存在一些错误。）
- MOUNTPOINT：本栏指出设备挂载的挂载点。

【实例 8-54】列出所有块设备信息

默认选项不会列出所有空设备，要查看这些空设备，可使用如下指令。

```
lsblk -a
```

上述代码中“–a”选项将列出所有设备，包括空设备在内。

```
[root@linux_command ~]# lsblk -a
NAME        MAJ:MIN RM   SIZE RO TYPE MOUNTPOINT
sr0          11:0    1 1024M  0 rom
vda         252:0    0    40G  0 disk
├─vda1       252:1    0     1G  0 part /boot
└─vda2       252:2    0    39G  0 part
  ├─cl-root 253:0    0 35.1G  0 lvm  /
  └─cl-swap 253:1    0  3.9G  0 lvm  [SWAP]
vdb          252:16  0    40G  0 disk
└─vdb1        252:17  0    40G  0 part /data
```

【实例 8-55】列出设备权限和属主

lsblk 指令也可以用于列出一个特定设备的拥有关系，同时也可以列出组和模式。

```
[root@linux_command ~]# lsblk  -m
NAME          SIZE OWNER GROUP MODE
sr0          1024M root  cdrom brw-rw----
vda            40G root  disk  brw-rw----
├─vda1          1G root  disk  brw-rw----
└─vda2         39G root  disk  brw-rw----
  ├─cl-root 35.1G root  disk  brw-rw----
  └─cl-swap  3.9G root  disk  brw-rw----
vdb            40G root  disk  brw-rw----
└─vdb1         40G root  disk  brw-rw----
```

【实例 8-56】列出指定设备

```
lsblk -b /dev/vda
```

获取指定设备的信息，以字节显示磁盘驱动器大小。

```
[root@linux_command ~]# lsblk -b /dev/vda
NAME          MAJ:MIN RM        SIZE RO TYPE MOUNTPOINT
vda           252:0    0 42949672960  0 disk
├─vda1        252:1    0  1073741824  0 part /boot
└─vda2        252:2    0 41874882560  0 part
  ├─cl-root 253:0    0 37706792960  0 lvm  /
  └─cl-swap 253:1    0  4160749568  0 lvm  [SWAP]
```

以下指令也可以获取指定设备的信息，完整输出如下所示。

```
[root@linux_command ~]# lsblk --bytes /dev/vda
NAME          MAJ:MIN RM        SIZE RO TYPE MOUNTPOINT
vda           252:0    0 42949672960 0 disk
├─vda1        252:1    0  1073741824 0 part /boot
└─vda2        252:2    0 41874882560 0 part
  ├─cl-root 253:0    0 37706792960 0 lvm  /
  └─cl-swap 253:1    0  4160749568 0 lvm  [SWAP]
```

【实例 8-57】以列表形式列出不带头的设备

```
lsblk -nl
```

以列表格式列出设备。

```
[root@linux_command ~]# lsblk -nl
sr0      11:0    1 1024M  0 rom
vda     252:0    0   40G  0 disk
vda1    252:1    0    1G  0 part /boot
vda2    252:2    0   39G  0 part
cl-root 253:0    0 35.1G  0 lvm  /
cl-swap 253:1    0  3.9G  0 lvm  [SWAP]
vdb     252:16   0   40G  0 disk
vdb1    252:17   0   40G  0 part /data
```

或者可以使用下面的长选项，它们也能给出相同的输出。

```
[root@linux_command ~]# lsblk --noheadings --list
sr0       11:0    1 1024M  0 rom
vda      252:0    0   40G  0 disk
vda1     252:1    0    1G  0 part /boot
vda2     252:2    0   39G  0 part
cl-root 253:0     0 35.1G  0 lvm  /
cl-swap 253:1     0  3.9G  0 lvm  [SWAP]
vdb      252:16   0   40G  0 disk
vdb1     252:17   0   40G  0 part /data
```

【实例 8-58】列出 SCSI 设备

获取 SCSI 设备列表可使用字母“–s”选项。

```
[root@linux_command ~]# lsblk -s
NAME      MAJ:MIN RM  SIZE RO TYPE OUNTPOINT
sr0        11:0    1 1024M  0 rom
vda1      252:1    0    1G  0 part /boot
└─vda     252:0    0   40G  0 disk
vdb1      252:17   0   40G  0 part /data
└─vdb     252:16   0   40G  0 disk
cl-root 253:0      0 35.1G  0 lvm  /
└─vda2    252:2    0   39G  0 part
  └─vda 252:0      0   40G  0 disk
cl-swap 253:1      0  3.9G  0 lvm  [SWAP]
└─vda2    252:2    0   39G  0 part
  └─vda 252:0      0   40G  0 disk
```

8.2 磁盘高级指令

8.2.1 fsck 指令

fsck 不仅可以对文件系统进行扫描，还能修正文件系统的一些问题，fsck 扫描文件系统时一定要在单用户模式、修复模式或把设备 umount 置后进行，fsck 指令常用选项如表 8-8 所示。

表 8-8 fsck 指令常用选项

选项	说明
–a	非互交模式，自动修复
–c	检查是否存在有损坏的区块
–C	反叙述器 fsck.ext4 命令会把全部的执行过程，都交由其逆向叙述，便于监控程序
–d	详细显示命令执行过程
–f	强制进行检查

续表

选项	说明
–F	检查文件系统之前，先清理该保存设备块区内的数据
–l	损坏区块文件，把文件中所列出的损坏区块，加入标记
–L	损坏区块文件，清除所有损坏标志，重新标记
–n	非交互模式,把欲检查的文件系统设成只读
–P	数字，设置 fsck.ext2 命令所能处理的 inode 大小为多少
–r	交互模式
–R	忽略目录
–s	顺序检查
–S	效果和指定"–s"参数类似
–t	显示 fsck.ext2 命令的时序信息
–v	显示详细的处理过程
–y	关闭互动模式

【实例 8-59】检测磁盘

```
df -Th
```

查看系统分区信息。

```
umount  /data/
```

卸载/data/目录。

```
fsck.ext4 /dev/sda5
```

检测/dev/sda5 分区。

```
[root@Linuxcommand ~]# df -Th
Filesystem     Type   Size  Used Avail Use% Mounted on
/dev/sda2      ext4   7.6G  801M  6.4G  11% /
tmpfs          tmpfs  935M     0  935M   0% /dev/shm
/dev/sda1      ext4   190M  1.8M  178M   1% /boot/efi
/dev/sda5      ext4   9.8G   23M  9.3G   1% /data
[root@Linuxcommand ~]# umount  /data/
[root@Linuxcommand ~]# fsck.ext4 /dev/sda5
e2fsck 1.41.12 (17-May-2010)
/dev/sda5: clean, 11/658368 files, 79880/2631168 blocks
```

【实例 8-60】检测磁盘并显示时序信息

```
fsck.ext4 -ft /dev/sda5
```

下述代码检测磁盘并显示时序信息。

```
[root@Linux-command ~]# fsck.ext4 -ft /dev/sda5
```

```
e2fsck 1.41.12 (17-May-2010)
Pass 1: Checking inodes, blocks, and sizes
Pass 2: Checking directory structure
Pass 3: Checking directory connectivity
Pass 4: Checking reference counts
Pass 5: Checking group summary information
/dev/sda5: 11/658368 files (0.0% non-contiguous), 79880/2631168 blocks
Memory used: 1080k/0k (464k/617k), time:  0.16/ 0.10/ 0.04
I/O read: 4MB, write: 1MB, rate: 24.46MB/s
```

【实例 8-61】查看 fsck 报错的日志。

```
ls -l /var/log/fsck/
```

查看 fsck 的报错信息文件。

```
[root@linux-command ~]#ls -l /var/log/fsck/
total 8
-rw-r----- 1 root adm 190 2018-06-09 10:03 checkfs
-rw-r----- 1 root adm 192 2018-06-09 10:03 checkroot
[root@linux-command ~]# more /var/log/fsck/checkfs
[root@linux-command ~]# more /var/log/fsck/checkroot
```

【实例 8-62】查看当前的运行级别

fsck.ext4 扫描文件系统时一定要在单用户模式、修复模式或把设备 umount 置后进行。如果扫描运行中的系统，会造成系统文件损坏，因此要选择在单用户模式下运行。

```
runlevel
```

查看当前操作系统的运行级别。

```
nfs_server:~# runlevel
N 2
#init 1
```

表示单用户模式（1 S），在转换成单用户模式时可能会需要输入 root 密码。

```
nfs_server:~# init 1
```

切换到单用户模式。

【实例 8-63】修复 nfs 文件系统

```
nfs_server:~# fsck.ext4  -y /dev/sda5
```

上述代码执行完毕后表示开始进入扫描、修正文件系统，注意问答式交互界面的地方，该位置需要输入 yes，表示确认执行相关修复受损磁盘分区文件系统操作。

“fsck.ext4”指令开始进入扫描、修正文件系统，这个过程时间比较长，中间有数次停顿的过程，只需等待即可，千万不要以为死机而重启服务器。

“fsck.ext4”指令扫描、修正完文件系统后，根据提示可能需要重启系统，如果没有提示重启系统，也需要 reboot 来重启系统。

```
nfs_server:~# reboot
```

在重启系统的过程中，fsck 会对文件系统进行扫描。

- fsck 扫描完以后，会启动到系统的登录界面，不需要进行任何干涉。
- 再次重新启动系统，系统可以正常启动。
- 至此服务器 nfs_server 使用 fsck 修复文件系统完成。

8.2.2 e2fsck 指令

e2fsck 命令用于检查第二扩展文件系统的完整性，通过适当的选项可以尝试修复出现的错误，e2fsck 执行后的传回值及代表意义如下。

- 0 没有任何错误发生。
- 1 文件系统发生错误，并且已经修正。
- 2 文件系统发生错误，并且已经修正。
- 4 文件系统发生错误，但没有修正。
- 8 运作时发生错误。
- 16 使用的语法发生错误。
- 128 共享的函数库发生错误。

e2fsck 指令常用选项如表 8-9 所示。

表 8-9 e2fsck 指令常用选项

–a	不询问使用者意见，便自动修复文件系统
–b<superblock>	指定 superblock，而不使用预设的 superblock
–B<区块大小>	指定区块的大小，单位为字节
–c	一并执行 badblocks，以标示损坏的区块
–C	将检查过程的信息完整记录在 file descriptor 中，使得整个检查过程都能完整监控
–d	显示排错信息
–f	即使文件系统没有错误迹象，仍强制地检查正确性
–F	执行前先清除设备的缓冲区
–l<文件>	将文件中指定的区块加到损坏区块列表
–L<文件>	先清除损坏区块列表，再将文件中指定的区块加到损坏区块列表。因此损坏区块列表的区块跟文件中指定的区块是一样的
–n	以只读模式开启文件系统，并采取非互动方式执行，所有的问题对话均设置以“no”回答
–p	不询问使用者意见，便自动修复文件系统
–r	此参数只为了兼容性而存在，并无实际作用

续表

–s	如果文件系统的字节顺序不适当，就交换字节顺序，否则不做任何动作
–S	不管文件系统的字节顺序，一律交换字节顺序
–t	显示时间信息
–v	执行时显示详细的信息
–V	显示版本信息
–y	采取非互动方式执行，所有的问题均设置以"yes"回答

【实例 8-64】修复/dev/sdb1

```
e2fsck -y /dev/sdb1
```

检查/dev/sdb1 是否有问题，如发现问题便自动修复。

```
[root@linux-command ~]# e2fsck -y /dev/sdb1
e2fsck 1.41.12 (17-May-2010)
/dev/sdb1: clean, 11/163840 files, 27636/655104 blocks
```

8.2.3 badblocks 指令

硬盘是比较容易坏掉的设备，使用一段时间后可能会出现坏道等物理故障。当硬盘出现坏道后，若不及时更换或者进行技术上的处理，磁盘的坏道就会越来越多，并会造成频繁死机和数据丢失，最好的处理方法是更换新的磁盘。

badblocks 是一个检查磁盘是否有坏道的工具，可以以读的方式检查，也可以以写的方式检查。

【实例 8-65】检查/dev/sdb1 是否有坏道

```
badblocks -v /dev/sdb1
```

检查/dev/sdb1 分区是否有坏道。

```
[root@linux-command ~]# badblocks -v /dev/sdb1
Checking blocks 0 to 2620415
Checking for bad blocks (read-only test): done
Pass completed, 0 bad blocks found.
```

badblocks 指令常用选项如表 8-10 所示。

表 8-10 badblocks 指令常用选项

选项	说明
–b blocksize	指定磁盘的区块大小，单位为字节，默认值为"block 4K"(4KB/block)
–c blocksize	每个区块检查的次数，默认是 16 次
–f	强制在一个已经挂载的设备上执行读写或非破坏性的写测试操作 （建议先 umount 设备，再进行坏道检测。仅当/etc/mtab 出现误报设备挂载错误时可以使用该选项）

续表

选项	说明
–i file	跳过已经显示在 file 文件中的坏道，而不进行检测（可以避免重复检测）
–o file	把检测结果输出到 file 文件
–p number	重复搜寻设备，直到在指定通过次数内都没有找到新的坏块位置，默认次数为 0
–s	在检查时显示进度
–t pattern	通过按指定的模式读写来检测区块。你可以指定一个 0 到 ULONG_MAX–1 的十进制正值，或使用 random（随机） 如果你指定多个模式，badblocks 将使用第一个模式检测所有的区块，然后再使用下一个模式检测所有的区块 read–only 方式仅接受一个模式，它不能接受 random 模式的
–v	执行时显示详细的信息
–w	对每个区块都先写入，再从它读取信息 [device] 指定要检查的磁盘装置 [last–block] 指定磁盘装置的区块总数 [start–block] 指定要从哪个区块开始检查

8.2.4 tune2fs 指令

tune2fs 可以调整和查看 ext2/ext3 文件系统的文件系统参数，其常用选项如表 8-11 所示。

表 8-11 tune2fs 指令常用选项

选项	说明
–c	调整最大加载次数
–C	设置文件系统已经被加载的次数
–e	设置内核代码检测到错误时的行为
–f	强制执行修改，即使发生错误
–i	设置相邻两次文件系统检查的相隔时间
–j	为“ext2”文件系统添加日志功能，将其转换为“ext3”文件系统
–l	显示文件超级块内容
–L	设置文件系统卷标
–m	显示文件保留块的百分比
–M	设置文件系统最后被加载到的目录
–o	设置或清除文件系统加载的特性或选项
–O	设置或清除文件系统的特性或选项
–r	设置文件系统保留块的大小
–T	设置文件系统上次被检查的时间
–u	设置可以使用文件系统保留块的用户
–U	设置文件系统的 UUID

【实例 8-66】设置或清除默认挂载的文件系统选项

设置或清除默认挂载的文件系统选项常见用法如下所示。

```
tune2fs -m 1 /dev/sda1
```

将/dev/sda1 分区的保留比调为 1%。

```
tune2fs -r 40000 /dev/sda1
```

调整/dev/hda1 分区的保留空间为 40000 个磁盘块。

```
tune2fs -c -1 /dev/hda1
```

关闭强制检查挂载次数限制。

```
tune2fs -i 10 /dev/hda1
```

10 天后检查。

```
tune2fs -i 1d /dev/hda1
```

1 天后检查。

```
tune2fs -i 3w /dev/hda1
```

3 周后检查。

```
tune2fs -i 6m /dev/hda1
```

半年后检查。

```
tune2fs -i 0 /dev/hda1
```

上述代码表示禁用时间检查。

ext2 文件系统不具备日志功能，将 ext2 文件系统转换为 ext3 类型能为服务器增加日志功能，对于老的服务器是非常有用的功能，它可以防止因为断电、异常关机、数据丢失、或者是长时间自检导致开机时间过长。

```
tune2fs -l /dev/sdb1  |grep "Maximum mount count"
```

上述代码查看 mount count 挂载次数，“Maximum mount count”为最大挂载次数，达到最大挂载次数后，再次开机时就会强制自检。

```
[root@linux-command ~]#  tune2fs -l /dev/sdb1  |grep "Maximum mount count"
Maximum mount count:      24
```

【实例 8-67】使用 tune2fs 命令获得 Linux 操作系统的安装时间

```
[root@rac1 ~]# tune2fs -l /dev/sda1 |grep create
Filesystem created:       Tue Sep 27 13:01:00 2016
[root@rac1 ~]# df -h
Filesystem      Size  Used Avail Use% Mounted on
```

```
/dev/sda3        296G  5.9G  275G   3% /
devtmpfs          63G     0   63G   0% /dev
tmpfs             63G     0   63G   0% /dev/shm
tmpfs             63G  9.2M   63G   1% /run
tmpfs             63G     0   63G   0% /sys/fs/cgroup
/dev/sda1        9.8G  139M  9.1G   2% /boot
tmpfs             13G     0   13G   0% /run/user/0
```

【实例 8-68】通过 tune2fs 释放 Linux 系统预留的硬盘空间

大多数文件系统都会默认保留一部分空间用于紧急情况时用（比如硬盘空间满了），这样能保证有些关键应用（比如数据库）在硬盘满的时候有点余地，不至于马上就宕机。

Linux 文件系统上默认预留 5%的硬盘空间，如果硬盘是 4TB，就意味着有 200GB 的空间就这样浪费了，可以通过 tune2fs 来改变 5%的默认设置，比如只预留 1%的空间。

```
df -Th
```

查看调整前磁盘分区信息。

```
[root@linux-command ~]# df -Th
Filesystem           Type   Size  Used Avail Use% Mounted on
/dev/mapper/VolGroup-lv_root
                    ext4    18G  775M   16G   5% /
tmpfs                tmpfs  491M     0  491M   0% /dev/shm
/dev/sda1            ext4   477M   28M  425M   7% /boot
/dev/sdc1            ext4   5.8G   12M  5.5G   1% /data2
/dev/sdb1            ext4   2.4G  3.8M  2.3G   1% /data1
```

预留 1%的磁盘空间。

```
tune2fs -m 1 /dev/sdc1
```

调整前/dev/sdc1/分区可用空间为 5.5GB，调整后可用空间为 5.8GB，完整输入如下代码所示。

```
 [root@linux-command ~]# tune2fs -m 1 /dev/sdc1
tune2fs 1.41.12 (17-May-2010)
Setting reserved blocks percentage to 1% (15723 blocks)
[root@linux-command ~]# df -Th
Filesystem           Type   Size  Used Avail Use% Mounted on
/dev/mapper/VolGroup-lv_root
                    ext4    18G  775M   16G   5% /
tmpfs                tmpfs  491M     0  491M   0% /dev/shm
/dev/sda1            ext4   477M   28M  425M   7% /boot
/dev/sdc1            ext4   5.8G   12M  5.8G   1% /data2
/dev/sdb1            ext4   2.4G  3.8M  2.3G   1% /data1
```

8.2.5 iostat 指令

iostat 主要用于监控系统设备的 I/O 负载情况，iostat 首次运行时显示自系统启动开始的各项统计信息，之后运行 iostat 将显示自上次运行该命令以后的统计信息，用户可以通过指定统计的次数和时间来获得所需的统计信息。

I/O 监测工具 iostat 属于 sysstat 软件包组件。

```
[root@Linux_command ~]# iostat
-bash: iostat: command not found
```

在系统中找不到 iostat 指令，可使用如下指令进行安装。sysstat 软件包中涵盖了 iostat、mpstat、sar、sa 等系统管理工具。

```
[root@Linux_command ~]# yum -y instal sysstat
```

上述代码中使用 yum 工具安装 sysstat 软件包，iostat 指令常用选项如表 8-12 所示。

表 8-12 iostat 指令常用选项

选项	说明
–c	输出 CPU 统计信息
–d	输出磁盘统计信息。注意：默认是两个都输出
–N	根据 device mapper，也就是我们经常说的 LVM 来输出 io 信息
–n	根据网络文件系统（NFS）输出 io 信息（kernel version> 2.6.17）
–h	可读性更好的 NFS 统计信息
–k | –m	以 KB/s 或 MB/s 代替原来的块/s
–t	输出时打印收集信息时刻的时间。注意：时间的打印格式和系统变量 S_TIME_FORMAT 相关
–V	版本信息
–x	输出拓展统计信息
–z	复位磁盘输入/输出信息
device	设备列表
–p device	设备列表，但是这个会输出子设备的 io 信息。比如 sdb 就会连 sdb1、sdb2 等的分区信息一同输出
Inter count	统计的时间间隔单位是秒，count 则是统计次数

【实例 8-69】iostat 指令入门使用

```
iostat -d -k 1 3
```

- “–d”选项表示显示设备（磁盘）的使用状态。
- “–k”指某些使用 block 为单位的列强制使用 KB 为单位。
- 2 表示数据显示每隔 2 秒刷新一次。

```
[root@Linux_command ~]# iostat -d -k 1 3
Linux 2.6.32-642.el6.x86_64 (ceshi)     04/11/2017     _x86_64_       (2 CPU)

Device:            tps    kB_read/s    kB_wrtn/s    kB_read    kB_wrtn
vda               0.87         5.81         4.43     144647     110282
```

```
vdb              0.03         0.11         0.00        2768        76
dm-0             1.34         5.63         4.43      140133    110268
dm-1             0.01         0.05         0.00        1200         0

Device:            tps    kB_read
/s    kB_wrtn/s  kB_read    kB_wrtn
vda              0.00         0.00         0.00           0         0
vdb              0.00         0.00         0.00           0         0
dm-0             0.00         0.00         0.00           0         0
dm-1             0.00         0.00         0.00           0         0

Device:            tps    kB_read/s    kB_wrtn/s    kB_read    kB_wrtn
vda              1.00         0.00         8.00           0         8
vdb              0.00         0.00         0.00           0         0
dm-0             2.00         0.00         8.00           0         8
dm-1             0.00         0.00         0.00           0         0
```

上述代码输出信息解读。

- tps: 该设备每秒的传输次数(Indicate the number of transfers per second that were issued to the device.)。“一次传输”意思是“一次 I/O 请求”。多个逻辑请求可能会被合并为“一次 I/O 请求”。“一次传输”请求的大小是未知的。
- kB_read/s：每秒从设备（drive expressed）读取的数据量。
- kB_wrtn/s：每秒向设备（drive expressed）写入的数据量。
- kB_read：读取的总数据量。
- kB_wrtn：写入的总数量数据量；这些单位都为 KB。

指定监控的设备名称为 sda，该命令的输出结果和上面命令完全相同。

```
iostat -d sda 2
```

默认监控所有的硬盘设备，现在指定只监控 sda。

【实例 8-70】获取更多磁盘信息

iostat 指令常用选项“–x”，该选项用于显示和 I/O 相关的扩展数据。

```
 [root@Linux_command ~]# iostat -d -k -x 1
Linux 2.6.32-642.el6.x86_64 (ceshi)     04/11/2017      _x86_64_        (2 CPU)

Device:         rrqm/s   wrqm/s     r/s     w/s    rkB/s    wkB/s avgrq-sz
avgqu-sz    await r_await w_await  svctm  %util
vda               0.07     0.58    0.19    0.68     5.80     4.56    23.61
0.00     5.08     0.64     6.34    4.81   0.42
vdb               0.09     0.00    0.03    0.00     0.11     0.00     7.77
0.00     0.28     0.23     1.86    0.28   0.00
dm-0              0.00     0.00    0.21    1.16     5.62     4.56    14.88
0.01     3.84     1.01     4.35    3.08   0.42
dm-1              0.00     0.00    0.01    0.00     0.05     0.00     8.00
0.00     0.66     0.66     0.00    0.46   0.00
```

```
 Device:         rrqm/s   wrqm/s     r/s     w/s    rkB/s    wkB/s avgrq-sz
avgqu-sz   await r_await w_await  svctm  %util
 vda               0.00     5.00    0.00    5.00     0.00    36.00    14.40
0.05     9.40    0.00    9.40    9.00   4.50
 vdb               0.00     0.00    0.00    0.00     0.00     0.00     0.00
0.00     0.00    0.00    0.00    0.00   0.00
 dm-0              0.00     0.00    0.00    9.00     0.00    36.00     8.00
0.05     5.78    0.00    5.78    5.00   4.50
 dm-1              0.00     0.00    0.00    0.00     0.00     0.00     0.00
0.00     0.00    0.00    0.00    0.00   0.00

 Device:         rrqm/s   wrqm/s     r/s     w/s    rkB/s    wkB/s avgrq-sz
avgqu-sz   await r_await w_await  svctm  %util
 vda               0.00     0.00    0.00    0.00     0.00     0.00     0.00
0.00     0.00    0.00    0.00    0.00   0.00
 vdb               0.00     0.00    0.00    0.00     0.00     0.00     0.00
0.00     0.00    0.00    0.00    0.00   0.00
 dm-0              0.00     0.00    0.00    0.00     0.00     0.00     0.00
0.00     0.00    0.00    0.00    0.00   0.00
 dm-1              0.00     0.00    0.00    0.00     0.00     0.00     0.00
0.00     0.00    0.00    0.00    0.00   0.00

 Device:         rrqm/s   wrqm/s     r/s     w/s    rkB/s    wkB/s avgrq-sz
avgqu-sz   await r_await w_await  svctm  %util
 vda               0.00     0.00    0.00    0.00     0.00     0.00     0.00
0.00     0.00    0.00    0.00    0.00   0.00
 vdb               0.00     0.00    0.00    0.00     0.00     0.00     0.00
0.00     0.00    0.00    0.00    0.00   0.00
 dm-0              0.00     0.00    0.00    0.00     0.00     0.00     0.00
0.00     0.00    0.00    0.00    0.00   0.00
 dm-1              0.00     0.00    0.00    0.00     0.00     0.00     0.00
0.00     0.00    0.00    0.00    0.00   0.00
```

iostat 指令输出结果解读如表 8-13 所示。

表 8-13　　iostat 指令输出结果说明

选项	说明
rrqm/s	每秒这个设备相关的读取请求有多少被合并（Merge）了（当系统调用需要读取数据时，VFS 将请求发到各个 FS，如果 FS 发现不同的读取请求读取的是相同 Block 的数据，FS 会将这个请求合并）
wrqm/s	每秒这个设备相关的写入请求有多少被合并了
rsec/s	每秒读取的扇区数
wsec/s	每秒写入的扇区数
rKB/s	每秒向设备发出的读取请求的数量
await	每一个 I/O 请求的处理的平均时间（单位是微秒或毫秒）。这里可以理解为 I/O 的响应时间，一般的系统 I/O 响应时间应该少于 5 毫秒，如果多于 10 毫秒就比较大了。 这个时间包括了队列时间和服务时间，也就是说，一般情况下，await 大于 svctm。它们的差值越小，则说明队列时间越短；反之，差值越大，队列时间越长，说明系统出了问题

续表

选项	说明
svctm	表示平均每次设备 I/O 操作的服务时间（以 ms 为单位）。如果 svctm 的值与 await 很接近，表示几乎没有 I/O 等待，磁盘性能很好；如果 await 的值远高于 svctm 的值，则表示 I/O 队列等待太长，系统上运行的应用程序将变慢
%util	在统计时间内所有处理 I/O 时间，除以总共统计时间。例如，如果统计间隔 1 秒，该设备有 0.8 秒在处理 I/O，而 0.2 秒闲置，那么该设备的%util = 0.8/1 = 80%，所以该参数暗示了设备的繁忙程度。一般如果该参数是 100%，表示设备已经接近满负荷运行了（当然如果是多磁盘，即使%util 是 100%，因为磁盘的并发能力，所以磁盘使用未必到了瓶颈）

【实例 8-71】查看 CPU 的状态

```
iostat -c 1 3
```

上述代码查看当前系统 CPU 使用状态。

```
[root@Linux_command ~]# iostat -c 1 3
Linux 2.6.32-642.el6.x86_64 (ceshi)    04/11/2017     _x86_64_        (2 CPU)

avg-cpu:  %user   %nice %system %iowait  %steal   %idle
           0.15    0.00    0.06    0.19    0.04   99.56

avg-cpu:  %user   %nice %system %iowait  %steal   %idle
           0.00    0.00    0.00    0.00    0.50   99.50

avg-cpu:  %user   %nice %system %iowait  %steal   %idle
           0.00    0.00    0.50    0.00    0.00   99.50
```

【实例 8-72】查看 TPS 和吞吐量信息

```
iostat -d -k 1 2
```

上述代码查看 TPS 和吞吐量信息(磁盘读写速度单位为 KB)。

```
[root@linux_command ~]# iostat -d -k 1 2
Linux 3.10.0-514.el7.x86_64 (linux_command)   04/13/2018   _x86_64_   (2 CPU)

Device:            tps    kB_read/s    kB_wrtn/s    kB_read    kB_wrtn
vda               0.10         0.05         0.75     808459   13430530
vdb               0.03         0.01         0.44     192501    7893583
dm-0              0.09         0.04         0.75     800853   13406308
dm-1              0.00         0.00         0.00       1484      21704

Device:            tps    kB_read/s    kB_wrtn/s    kB_read    kB_wrtn
vda               0.00         0.00         0.00          0          0
vdb               0.00         0.00         0.00          0          0
dm-0              0.00         0.00         0.00          0          0
dm-1              0.00         0.00         0.00          0          0
```

【实例 8-73】查看 TPS 和吞吐量信息

```
iostat -d -m 1 2
```

上述代码查看 TPS 和吞吐量信息（磁盘读写速度单位为 KB）。

```
[root@linux_command ~]# iostat -d -m 1 2
Linux 3.10.0-514.el7.x86_64 (linux_command)   04/13/2018   _x86_64_   (2 CPU)

Device:            tps    MB_read/s    MB_wrtn/s    MB_read    MB_wrtn
vda               0.10         0.00         0.00        789      13116
vdb               0.03         0.00         0.00        187       7708
dm-0              0.09         0.00         0.00        782      13092
dm-1              0.00         0.00         0.00          1         21

Device:            tps    MB_read/s    MB_wrtn/s    MB_read    MB_wrtn
vda               0.00         0.00         0.00          0          0
vdb               0.00         0.00         0.00          0          0
dm-0              0.00         0.00         0.00          0          0
dm-1              0.00         0.00         0.00          0          0
```

【实例 8-74】查看设备使用率

```
iostat -d -x -k 1 3
```

上述代码查看设备使用率（%util）、响应时间（await）。

```
[root@linux_command ~]#  iostat -d -x -k 1 3
```

【实例 8-75】报告磁盘 I/O 信息

（1）每隔 1 秒查看磁盘信息，总共查看 3 次。

```
iostat -x 1
[root@linux_command ~]# iostat -x 1 3
```

（2）显示自启动以来的 CPU 和设备的报告。

```
[root@linux_command ~]# iostat
Linux 3.10.0-514.el7.x86_64 (linux_command)   04/13/2018   _x86_64_   (2 CPU)

avg-cpu:  %user   %nice  %system %iowait  %steal   %idle
           0.21    0.00     0.03    0.00    0.00   99.75

Device:            tps    kB_read/s    kB_wrtn/s    kB_read    kB_wrtn
vda               0.10         0.05         0.75     808475   13431460
vdb               0.03         0.01         0.44     192501    7897316
dm-0              0.09         0.04         0.75     800869   13407239
dm-1              0.00         0.00         0.00       1484      21704
```

（3）每 2 秒间隔持续显示报告。

```
iostat -d 2
[root@linux_command ~]# iostat -d 2
Linux 3.10.0-514.el7.x86_64 (linux_command)   04/13/2018   _x86_64_   (2 CPU)

Device:            tps    kB_read/s    kB_wrtn/s    kB_read    kB_wrtn
```

```
vda               0.10        0.05        0.75     808475   13431791
vdb               0.03        0.01        0.44     192501    7897532
dm-0              0.09        0.04        0.75     800869   13407570
dm-1              0.00        0.00        0.00       1484      21704

Device:            tps    kB_read/s    kB_wrtn/s    kB_read    kB_wrtn
vda               0.00        0.00        0.00          0          0
vdb               0.00        0.00        0.00          0          0
dm-0              0.00        0.00        0.00          0          0
dm-1              0.00        0.00        0.00          0          0

Device:            tps    kB_read/s    kB_wrtn/s    kB_read    kB_wrtn
vda               0.00        0.00        0.00          0          0
vdb               0.00        0.00        0.00          0          0
dm-0              0.00        0.00        0.00          0          0
dm-1              0.00        0.00        0.00          0          0

^C
```

（4）每2秒间隔持续显示报告，显示6次。

```
iostat -d 2 6
[root@linux_command ~]# iostat -d 2 6
Linux 3.10.0-514.el7.x86_64 (linux_command)    04/14/2018    _x86_64_   (2 CPU)

Device:            tps    kB_read/s    kB_wrtn/s    kB_read    kB_wrtn
vda               0.10        0.05        0.75     808507   13432057
vdb               0.03        0.01        0.44     192501    7897549
dm-0              0.09        0.04        0.75     800901   13407835
dm-1              0.00        0.00        0.00       1484      21704

Device:            tps    kB_read/s    kB_wrtn/s    kB_read    kB_wrtn
vda               0.00        0.00        0.00          0          0
vdb               0.00        0.00        0.00          0          0
dm-0              0.00        0.00        0.00          0          0
dm-1              0.00        0.00        0.00          0          0

Device:            tps    kB_read/s    kB_wrtn/s    kB_read    kB_wrtn
vda               0.00        0.00        0.00          0          0
vdb               0.00        0.00        0.00          0          0
dm-0              0.00        0.00        0.00          0          0
dm-1              0.00        0.00        0.00          0          0

Device:            tps    kB_read/s    kB_wrtn/s    kB_read    kB_wrtn
vda               0.00        0.00        0.00          0          0
vdb               0.00        0.00        0.00          0          0
dm-0              0.00        0.00        0.00          0          0
dm-1              0.00        0.00        0.00          0          0

Device:            tps    kB_read/s    kB_wrtn/s    kB_read    kB_wrtn
vda               0.00        0.00        0.00          0          0
vdb               0.00        0.00        0.00          0          0
dm-0              0.00        0.00        0.00          0          0
```

```
dm-1             0.00         0.00         0.00          0            0

Device:            tps    kB_read/s    kB_wrtn/s    kB_read    kB_wrtn
vda               0.00         0.00         0.00          0          0
vdb               0.00         0.00         0.00          0          0
dm-0              0.00         0.00         0.00          0          0
dm-1              0.00         0.00         0.00          0          0
```

（5）生成 sda 和 sdb 报告信息，每 2 秒间隔显示 6 次。

```
[root@linux-command ~]# iostat -x sda sdb 2 2
Linux 2.6.32-696.el6.x86_64 (linux-command)   07/07/18   _x86_64_   (1 CPU)

avg-cpu:  %user   %nice %system %iowait  %steal   %idle
           0.02    0.00    0.19    0.07    0.00   99.71

Device:         rrqm/s   wrqm/s     r/s     w/s   rsec/s   wsec/s avgrq-sz
avgqu-sz   await r_await w_await  svctm  %util
sda               0.10     0.53    0.29    0.16    19.54     5.56    55.67
 0.00    4.10    3.61    4.97   2.10   0.09
sdb               0.15     1.76    3.06    0.02   348.40    14.23   117.55
 0.00    0.13    0.09    6.09   0.09   0.03

avg-cpu:  %user   %nice %system %iowait  %steal   %idle
           0.00    0.00    0.00    0.00    0.00  100.00

Device:         rrqm/s   wrqm/s     r/s     w/s   rsec/s   wsec/s avgrq-sz
avgqu-sz   await r_await w_await  svctm  %util
sda               0.00     0.00    0.00    0.00     0.00     0.00     0.00
 0.00    0.00    0.00    0.00   0.00   0.00
sdb               0.00     0.00    0.00    0.00     0.00     0.00     0.00
 0.00    0.00    0.00    0.00   0.00   0.00
```

（6）为 vda 及子分区显示报告，每 2 秒间隔显示 6 次。

```
[root@linux_command ~]# iostat -p vda 2 6
Linux 3.10.0-514.el7.x86_64 (linux_command)   04/14/2018   _x86_64_  (2 CPU)

avg-cpu:  %user   %nice %system %iowait  %steal   %idle
           0.21    0.00    0.03    0.00    0.00   99.75

Device:            tps    kB_read/s    kB_wrtn/s    kB_read    kB_wrtn
vda               0.10         0.05         0.75     808707   13432488
vda1              0.00         0.00         0.00       4818       2517
vda2              0.08         0.04         0.75     803085   13429970

avg-cpu:  %user   %nice %system %iowait  %steal   %idle
           0.00    0.00    0.00    0.00    0.00  100.00

Device:            tps    kB_read/s    kB_wrtn/s    kB_read    kB_wrtn
vda               0.00         0.00         0.00          0          0
vda1              0.00         0.00         0.00          0          0
vda2              0.00         0.00         0.00          0          0
```

```
avg-cpu:  %user   %nice %system %iowait  %steal   %idle
           0.00    0.00    0.00    0.00    0.00  100.00

Device:            tps    kB_read/s    kB_wrtn/s    kB_read    kB_wrtn
vda               0.00         0.00         0.00          0          0
vda1              0.00         0.00         0.00          0          0
vda2              0.00         0.00         0.00          0          0

avg-cpu:  %user   %nice %system %iowait  %steal   %idle
           0.00    0.00    0.00    0.00    0.00  100.00

Device:            tps    kB_read/s    kB_wrtn/s    kB_read    kB_wrtn
vda               0.00         0.00         0.00          0          0
vda1              0.00         0.00         0.00          0          0
vda2              0.00         0.00         0.00          0          0

avg-cpu:  %user   %nice %system %iowait  %steal   %idle
           0.25    0.00    0.00    0.00    0.00   99.75

Device:            tps    kB_read/s    kB_wrtn/s    kB_read    kB_wrtn
vda               0.00         0.00         0.00          0          0
vda1              0.00         0.00         0.00          0          0
vda2              0.00         0.00         0.00          0          0

avg-cpu:  %user   %nice %system %iowait  %steal   %idle
           0.00    0.00    0.00    0.00    0.00  100.00

Device:            tps    kB_read/s    kB_wrtn/s    kB_read    kB_wrtn
vda               0.00         0.00         0.00          0          0
vda1              0.00         0.00         0.00          0          0
vda2              0.00         0.00         0.00          0          0
```

8.2.6 iotop 指令

Linux 下的 I/O 统计工具如 iostat、nmon 等大多数是只能统计到 per 设备的读写情况。如果你想知道每个进程是如何使用 I/O 的，可以很方便地使用 iotop 命令来查看。

iotop 命令可以用来监控系统中各个进程对 I/O 的使用量，它和 top 一样可以在非 batch 模式下运行时进行与用户交互。它主要监控的内容如下。

- 各个进程占用的 I/O 带宽。
- 进程在进行 swapin/进行 I/O 时占用的时间比例。
- 顶端显示了单个运行周期内的读写总量。下面从启动选项和交互模式进行说明。

iotop 使用 Python 语言编写而成，要求 Python 2.5（及以上版本）和 Linux kernel 2.6.20（及以上版本）。iotop 提供有源代码及 rpm 包供使用者选择。

在 CentOS 下执行下面的命令安装即可。

```
yum install iotop -y
```

iotop 常用选项及参数说明如表 8-14 所示。

表 8-14 iotop 指令常用快捷键

快捷键	说明
左右箭头	左右箭头改变排序方式，默认是按 I/O 排序
–o	只显示有实际读写 I/O 的进程或线程，而不是显示所有进程或线程，在交互时可以按下<o>键来切换显示模式
–b	非交互模式，通常用于记录 I/O 使用的脚本中
–n NUM	设置退出前执行的次数，通常在非交互的脚本中使用
–d SEC	刷新间隔时间，默认 1 秒。也可以使用小数点，例如 1.1 秒
–p PID	列出要监控的一组进程/线程（默认是所有）
–u USER	监控的用户列表（默认是所有）
–P	只显示进程
–a	显示积累的（accumulated）I/O 代替带宽。在这个模式下，iotop 显示从 iotop 启动依赖已经完成的 I/O 进程数量
–k	使用 KB 来显示而不是使用人容易理解的计算单位。这个模式比较适合在脚本中使用 iotop
–t	在每一行添加一个时间戳
–q	去除头部一些行：这个参数可以设置最多 3 次来移除头部行：–q 列头部只在最初交互显示一次；–qq 列头部不显示；–qqq，I/O 的总结不显示
–o	只显示有实际读写 I/O 的进程或线程，而不是显示所有进程或线程，在交互时可以按下<o>键来切换显示模式

【实例 8-76】iotop 指令默认输出

```
iotop
```

具体代码如下：

```
[root@Linux_command ~]# iotop
Total DISK READ :      0.00 B/s | Total DISK WRITE :      0.00 B/s
Actual DISK READ:      0.00 B/s | Actual DISK WRITE:      0.00 B/s
  TID  PRIO  USER    DISK READ  DISK WRITE  SWAPIN     IO>    COMMAND
16419 be/4 root       0.00 B/s    0.00 B/s  0.00 %  0.02 % [kworker/0:1]
    1 be/4 root      0.00 B/s    0.00 B/s  0.00 %  0.00 % init
    2 be/4 root      0.00 B/s    0.00 B/s  0.00 %  0.00 % [kthreadd]
    3 be/4 root       0.00 B/s  0.00 B/s  0.00 %  0.00 % [ksoftirqd/0]
    7 rt/4 root       0.00 B/s  0.00 B/s  0.00 %  0.00 % [migration/0]
    8 be/4 root       0.00 B/s  0.00 B/s  0.00 %  0.00 % [rcu_bh]
    9 be/4 root       0.00 B/s  0.00 B/s  0.00 %  0.00 % [rcu_sched]
   10 rt/4 root       0.00 B/s  0.00 B/s  0.00 %  0.00 % [watchdog/0]
   11 rt/4 root       0.00 B/s  0.00 B/s  0.00 %  0.00 % [watchdog/1]
   12 rt/4 root       0.00 B/s  0.00 B/s  0.00 %  0.00 % [migration/1]
   13 be/4 root       0.00 B/s  0.00 B/s  0.00 %  0.00 % [ksoftirqd/1]
   17 be/0 root       0.00 B/s  0.00 B/s  0.00 %  0.00 % [khelper]
   18 be/4 root       0.00 B/s  0.00 B/s  0.00 %  0.00 % [kdevtmpfs]
   19 be/0 root       0.00 B/s  0.00 B/s  0.00 %  0.00 % [netns]
```

iotop 指令输出设备统计信息解读如下所示。

- Device：设备或分区名称。
- Tps：设备每秒的传输次数。一个 I/O 请求表示一个传输，多个逻辑请求可以被组成一个 I/O 请求，一个传输的大小未知。
- Blk_read/s：每秒从设备读取数据量。
- Blk_wrtn/s：每秒写入设备的数据量。
- Blk_read：读取的总数量。
- Blk_wrtn：写入的总数量。
- kB_read/s：每秒从设备读取的数据量（单位：KB）。
- kB_wrtn/s：每秒写入设备的数据量（单位：KB）。
- kB_read：读取的总数量（单位：KB）。
- kB_wrtn：写入的总数量（单位：KB）。
- MB_read/s：每秒从设备读取的数据量（单位：MB）。
- MB_wrtn/s：每秒写入设备的数据量（单位：MB）。
- MB_read：读取的总数量（单位：MB）。
- MB_wrtn：写入的总数量（单位：MB）。
- rrqm/s：每秒被合并的读请求数。
- wrqm/s：每秒被合并的写请求数。
- r/s：每秒的读请求数。
- w/s：每秒的写请求数。
- rsec/s：每秒读取的扇区数。
- wsec/s：每秒写入的扇区数。
- rkB/s：每秒从设备读取的数据量（单位：KB）。
- wkB/s：每秒写入设备的数据量（单位：KB）。
- rMB/s：每秒从设备读取的数据量（单位：MB）。
- wMB/s：每秒写入设备的数据量（单位：MB）。
- avgrq-sz：平均每次 I/O 操作的数据量（扇区数为单位）。
- avgqu-sz：平均等待处理的 I/O 请求队列长度。
- await：I/O 请求等待时间的平均值（单位：毫秒）。
- svctm：I/O 请求处理时间的平均值（单位：毫秒）。
- %util：消耗在 I/O 请求中的 CPU 时间百分比（设备带宽利用率）。如果该值接近 100%，说明设备出现了瓶颈。

【实例 8-77】定位 I/O 瓶颈的一些方法

使用 iotop 工具具体查看 I/O 负载主要是落在哪个进程上。

I/O 瓶颈往往是我们可能会忽略的地方（我们常会看 top、free、netstat 等，但经常会忽略 I/O 的负载情况），iowait≠I/O 负载。要看真实的 I/O 负载情况，可使用“iostat –x”指令。

```
    $ iostat -x 1
    avg-cpu:  %user   %nice %system %iowait  %steal   %idle
               0.04    0.00    0.04    4.99    0.00   94.92

    Device:         rrqm/s   wrqm/s    r/s    w/s   rsec/s    wsec/s avgrq-sz
 avgqu-sz   await  svctm  %util
    sda               0.00    81.00 104.00   4.00 13760.00    680.00   133.70
  2.08   19.29    9.25  99.90
    sda1              0.00     0.00   0.00   0.00     0.00      0.00     0.00
 0.00    0.00   0.00   0.00
    sda2              0.00     0.00   0.00   0.00     0.00      0.00     0.00
 0.00    0.00   0.00   0.00
    sda3              0.00     0.00   0.00   0.00     0.00      0.00     0.00
 0.00    0.00   0.00   0.00
    sda4              0.00     0.00   0.00   0.00     0.00      0.00     0.00
 0.00    0.00   0.00   0.00
    sda5              0.00    81.00 104.00   4.00 13760.00    680.00   133.70
  2.08   19.29    9.25  99.90
```

这里重点指标是 svctm 和 util 这两列，man 手册可以看到如下解释。

```
    svctm
          The average service time (in milliseconds) for I/O requests that were
issued to the device.
    %util
          Percentage  of  CPU time during which I/O requests were issued to the
device (bandwidth utilization for the device).Device saturation occurs when this
value is close to 100%.
```

可以看到，svctm 指的是“平均每次设备 I/O 操作的服务时间（毫秒）”，而 util 指的是“1 秒中 I/O 操作的利用率，或者说 1 秒中有多少时间 I/O 队列是非空的。”

若发现 util 已经接近 100%，结合 man 手册的说明“Device saturation occurs when this value is close to 100%”可以知道，其实目前这台服务器的 I/O 已经到达瓶颈了。

那为什么最前面的 CPU 统计图的 iowait 项只有 5.5%左右呢？因为这个 iowait（也就是 top 里的 wa%）指的是从整体来看，CPU 等待 I/O 的耗时占比：

```
    wa -- iowait
    Amount of time the CPU has been waiting for I/O to complete.
```

CPU 可能拿出一部分时间来等待 I/O 完成（iowait），但从磁盘的角度看，磁盘的利用率已经满了（util%）。这种情况下，CPU 使用率可能不高，但是系统整体 QPS 已经上不去了。如果加大流量，会导致单次 I/O 耗时的继续增加（因为 I/O 请求都堵在队列里了），从而影响系统整体的处理性能。

确认了 I/O 负载过高后，可以使用 iotop 工具具体查看 I/O 负载主要是落在哪个进程上了。

那如何规避 I/O 负载过高的问题呢？具体问题具体分析。

- 如果你的服务器用来做日志分析，要避免多个 crontab 交叠执行导致多进程随机 I/O（参考：随机 I/O 和顺序 I/O），避免定期的压缩、解压大日志（这种任务会造成某段时间的 I/O 抖动）。
- 如果是前端应用服务器，要避免程序频繁打本地日志或者异常日志等。
- 如果是存储服务（MySQL、NoSQL），尽量将服务部署在单独的节点上，不要和其他服务共用，甚至服务本身做读写分离以降低读写压力；调优一些 buffer 参数以降低 I/O 写的频率等。

8.2.7 dd 指令

dd 指令用于复制文件并对原文件的内容进行转换和格式化处理，用 dd 来备份裸设备。dd 指令常用选项如表 8-15 所示。

表 8-15 dd 指令常用选项

参数	说明
if =	输入文档（或设备名称）
of =	输出文档（或设备名称）
ibs = bytes	一次读取的字节，即读入缓冲区的字节数
skip = blocks	跳过读入缓冲区开头的 ibs*blocks 块
obs = bytes	一次写入的字节，即写入缓冲区的字节数
bs = bytes	同时配置读/写缓冲区的字节数（等于配置 ibs 和 obs）
cbs = byte	一次转换的字节
count=blocks	只复制输入的 blocks 块
conv = ASCII	把 EBCDIC 码转换为 ASCIl 码
conv = ebcdic	把 ASCIl 码转换为 EBCDIC 码
conv = ibm	把 ASCIl 码转换为 alternate EBCDIC 码
conv = block	把变动位转换成固定字符
conv = ublock	把固定位转换成变动位
conv = ucase	把字母由小写转换为大写
conv = lcase	把字母由大写转换为小写
conv = notrunc	不截短输出文档
conv = swab	交换每一对输入字节
conv = noerror	出错时不停止处理
conv = sync	把每个输入记录的大小都调到 ibs 的大小（用 NUL 填充）

【实例 8-78】备份整个硬盘

使用 dd 命令备份整个硬盘。在这个例子中，源硬盘的设备名为/dev/sda 的，目标硬盘的设备名是/dev/sdb。

执行 dd 命令，备份整个硬盘/dev/sda 到同一系统的另一个硬盘/dev/sdb。如下所示：

```
[root@Linux_command ~]#  dd if=/dev/sda of=/dev/sdb
```

- “if”后跟输入文件，“of”后跟输出文件。
- 上述命令在执行过程中如有任何错误都会失败。但若加入参数“CONV=NOERROR”，则即使执行过程中有错误，它也会继续复制。
- 输入文件和输出文件在执行前必须检查再三，如果两者顺序颠倒，你可能会损失所有数据。

【实例 8-79】创建硬盘的映像

使用 dd 命令为硬盘创建一个图像文件并将其保存在其他存储设备。这种备份方式有很多好处：一是易于使用，二是这种备份方法的速度快于其他方法的备份，也能更快速地恢复数据。

创建一个硬盘/dev/sda 的 image 命令：

```
[root@Linux_command ~]#  dd if=/dev/sda of=/data/sdadisk.img
```

【实例 8-80】恢复硬盘映像文件恢复数据

使用 dd 命令将硬盘的映像文件恢复数据到另一个硬盘。如下所示：

```
[root@Linux_command ~]#  dd if=sdadisk.img of=/dev/sdb
```

sdadisk.img 文件是/dev/sda 的映像，所以上面的命令将恢复/dev/had 的映像到/dev/sdb。

【实例 8-81】备份分区

使用 dd 命令备份硬盘分区。输入文件填写分区的设备名称，输出文件填写你指定的目标路径或映像文件。dd 命令示例所示如下：

```
[root@Linux_command ~]#  dd if=/dev/sda1 of=~/partition1.img
```

【实例 8-82】光盘备份

dd 命令允许我们创建源文件的 iso 文件，所以我们可以插入 CD，输入 dd 命令来创建一个 CD 的 iso 文件内容。

```
[root@Linux_command ~]#  dd if=/dev/cdrom of=tgsservice.iso bs=2048
```

dd 命令从输入中读取一个块并将其写入输出文件。你可以指定输入和输出文件的块大小。参数“bs”指定输入和输出文件的块大小。上面的 dd 命令使用的块大小为 2048 字节。

注意：如果光盘是自动挂载的，在使用 dd 命令创建 iso 映像之前最好 umount 掉，以避免造成对 CD ROM 不必要的访问。

8.3 磁盘 I/O 性能监控指标解析

有时我们会觉得系统响应慢，传数据很慢，这个“慢”可能是多方面原因导致的。如 CPU 利用率高、网络差、系统平均负载高甚至是磁盘已经损坏了。对此，系统性能出问题时，磁盘 I/O 是一个值得重点分析的重要指标。

8.3.1 磁盘 I/O 性能主要监控解析

磁盘 I/O 性能主要监控的指标有如下几类。

1. 磁盘吞吐量

主要体现在硬盘传输数据的能力，传输数据是读、写数据之和。当传输大块不连续数据时，该值可做参考。

吞吐量计算公式为：I/O 吞吐量 =IOPS×平均 I/O 数据大小（size）

> 注意：IOPS 就是 tps，即每秒 I/O 数。

从公式可以看出，IOPS 和平均数据大小越大，吞吐量则越大。

2. IOPS

磁盘每秒的 I/O 数（读、写之和）。当传输小块不连续数据时，该值可作为参考对象。在 iostat 报告中，tps=r/s+w/s。

3. 数据平均大小

平均 I/O 数据尺寸为吞吐量除以 I/O 数目，该指标对揭示磁盘使用模式有重要意义。一般来说，如果平均 I/O 数据尺寸小于 32KB，可认为磁盘使用模式以随机存取为主；如果平均每次 I/O 数据尺寸大于 32KB，可认为磁盘使用模式以顺序存取为主。

> 注意：iostat 命令输出的平均尺寸是以扇区为单位的，因此转换成字节时，应该用 512×扇区数。

4. 磁盘活动时间比

该值对用 iostat 输出的%util 字段，表示磁盘处于活动时间的百分比，即磁盘利用率。磁盘在数据传输和处理命令（如寻道）处于活动状态。磁盘利用率与资源争用程度成正比，与性能成反比。也就是说磁盘利用率越高，资源争用就越严重，性能也就越差，响应时间就越长。一般来说，如果磁盘利用率超过 70%，应用进程将花费较长的时间等待 I/O 完成，因为绝大多数进程在等待过程中将被阻塞或休眠。

5. 服务时间

指磁盘读或写操作执行的时间，包括寻道、旋转时延和数据传输等时间。其大小一般和磁盘性能有关，CPU 内存的负荷也会对其有影响，请求过多也会间接导致服务时间的增加。如果该值持续超过 20 毫秒，一般可考虑会对上层应用产生影响。

6. I/O 等待队列长度

对用 iostat 输出的 avgqu-sz。指待处理的 I/O 请求的数目，如果 I/O 请求压力持续超出磁盘处理能力，该值将增加。如果单块磁盘的队列长度持续超过 2，一般认为该磁盘存在 I/O 性能问题。需要注意的是，如果该磁盘为磁盘阵列虚拟的逻辑驱动器，需要再将该值除以组成这个逻辑驱动器的实际物理磁盘数目，以获得平均单块硬盘的 I/O 等待队列长度。

7. 等待时间

对应 iostat 输出的 await 字段。指磁盘读或写操作等待执行的时间，即在队列中排队的时间。如果 I/O 请求持续超出磁盘处理能力，意味着来不及处理的 I/O 请求不得不在队列中等待较长时间。

这里重点讲解吞吐量和 IOPS(tps)。为什么呢？因为不同的业务场景，所需要的磁盘性能侧重点不同。对于磁盘随机读写频繁的业务，比如图片存取、数据库、邮件服务器等此类业务，IOPS 才是关键点。对于顺序读写频繁的业务，需要传输大块数据的，如视频点播、文件同步，关注的是磁盘的吞吐量。如果平均 I/O 数据尺寸小于 32KB，可认为磁盘使用模式是以随机存取为主（关注 IOPS）；如果平均每次 I/O 数据尺寸大于 32KB，可认为磁盘使用模式以顺序存取为主（关注吞吐量）。

对上述论述可以做一个测试：写 10MB 文件，一个做法是一次写 1024B，写 10000 次。第二个是一次写 1B，写 10240000 次，测试结果如下：

```
[root@Linux_command ~]# dd if=/dev/zero of=/dev/null bs=1024 count=10000
10000+0 records in
10000+0 records out
10240000 bytes (10 MB) copied, 0.00560555 s, 1.8 GB/s
[root@Linux_command ~]# dd if=/dev/zero of=/dev/null bs=1 count=10240000
10240000+0 records in
10240000+0 records out
10240000 bytes (10 MB) copied, 4.77607 s, 2.1 MB/s
```

从结果看出，写大块数据和写小块数据，吞吐量是不一样的，耗时相差也是很大。

在进行磁盘性能分析时要注意下各个指标之间的关系，结合 iostat 时要注意换算。

8.3.2 如何解决磁盘性能

关于这一问题，目前作者能想到的暂时有以下几点。

（1）RAID 级别选择。

现代企业，尤其是互联网企业，需要根据业务选择合适的 RAID 磁盘。考虑到资金、性能等，用 x86 机器的比较多。以戴尔的 R730 为例，磁盘挂满可以高达几十 TB，这个量级目前来说可以满足一般企业的文件存储和备份的需求，而且比传统的存储产品在价格上有非常大的优势。

RAID 级别的选择，有条件尽量选 RAID10，追求速度一般是选 RAID0。考虑性能又考虑经济型，那么选 RAID5 的居多。

（2）磁盘缓存、缓冲（内核层面，页高速缓存、缓冲）。

（3）利用现有的一些开源软件缓存数据，如 redis。

让程序直接和内存打交道，尽量避免去直接访问磁盘。但是有的情况下，直接 I/O（跳过缓存）又是业务所需求的，关于这一点还需要具体问题具体分析。

（4）网络 I/O 优化。

读者的服务有如下场景时需要考虑使用 CDN 之类的缓存加速。

- 有大量的静态文件需要进行通过网络进行传输。
- 客户分散在全国各地，分布不均衡。
- 客户网络环境复杂，网络质量参差不齐。

有上述需求时，需要考虑用到 CDN 技术，可以把用户想要的数据直接放到用户的“家门口”，从而大大降低网络 I/O 请求。

8.3.3 RAID 基础知识

1. RAID-0 的特性

采用剥离数据，将在几个磁盘上进行分割。数据被分成很多数据块，每一数据块会被写入不同的磁盘。从而，每一磁盘的工作负荷都得到了降低，这有助于加速数据传输。

RAID-0 可让磁盘更好地响应，尤其是电子邮件、数据库和互联网应用。实施 RAID-0 最少需要两块硬盘。优势：通过把 I/O 负载分布到多个硬盘上，可提高系统性能，实现简单。

需要注意的是：RAID-0 不具有数据保护功能，不适用于关键数据。

2. RAID-1 的特性

RAID-1 通过磁盘镜像来实现，主要用来确保数据的可靠性。同样的数据将被复制存储到不同的磁盘上。如果某个磁盘出现故障，还可以在阵列内的某个磁盘上找到相应的数据，因此可以很容易地进行恢复。

镜像不但可以创建冗余数据而带来高可用性，还可以保持关键应用的正常运行。优势：数据读取的性能有所提高，而数据写入性能与单个磁盘没有区别。100%数据冗余意味着某个出现磁盘故障时不需要对数据进行重建。注意：磁盘容量的低效率使用在所有 RAID 类型中费用最高（100%）。

3. RAID-10 的特性

RAID-10 是 RAID-1 和 RAID-0 的结合。此配置要求至少 4 个硬盘，在所有的 RAID 等级中，性能、保护功能及容量都是最佳的。

RAID-10 包含成对的镜像磁盘，其数据在整个阵列上进行剥离。多数情况下，RAID-10 能够承受多个磁盘出现故障的情况，因此更能保证系统的正常运行。其数据丢失的概率最小。优势：与 RAID-1（镜像）有同样的冗余特性，是数据保护的理想选择。注意：可能价格很高，与镜像磁盘阵列有关。

4. RAID-5 的特性

RAID-5 通过一种称为奇偶检验的技术保持数据的冗余。在多个磁盘上进行数据剥离时，奇偶位数据也会包括在内并分布于阵列内的所有磁盘上。

奇偶数据用于保持数据的完整性并在磁盘出现故障时进行重建。如果阵列内的某个磁盘出现故障，丢失的数据可以根据其他磁盘上的奇偶位数据进行重建。RAID-5 配置要求至少 3 个硬盘。优势：更有效地利用所有冗余 RAID 配置的磁盘容量。

保持良好的读写性能。需要注意的是：磁盘故障会影响吞吐速率。故障后重建信息的时间比镜像配置情况下要长。

5. RAID-50 的特性

RAID-50 是 RAID-5 与 RAID-0 的结合。此配置在 RAID-5 的子磁盘组的每个磁盘上进行包括奇偶信息在内的数据的剥离。每个 RAID-5 子磁盘组要求 3 个硬盘。

RAID-50 具备更高的容错能力，因为它允许某个组内有一个磁盘出现故障，而不会造成数据丢失。而且因为奇偶位分部于 RAID-5 子磁盘组上，故重建速度有很大提高。

优势：更高的容错能力，具备更快数据读取速率的潜力。需要注意的是：磁盘故障会影响吞吐量，故障后重建信息的时间比镜像配置情况下要长。

6. RAID-6 的特性

- RAID-6 的随机读取性能：很好（当使用大数据块时）。
- RAID-6 的随机写入性能：差，因为不仨要在每硬盘上写入校验数据，而且要在专门的校验硬盘上写入数据。
- RAID-6 的持续读取性能：好（当使用小数据块时）。
- RAID-6 的持续写入性能：一般。
- RAID-6 的优点：快速的读取性能，更高的容错能力。
- RAID-6 的缺点：很慢的写入速度，RAID 控制器在设计上更加复杂，成本更高。

7. RAID-60 的特性

具备更高的容错性，支持同时两块硬盘出现故障的修复功能和更高的读性能。技术上还存在一定的问题，不够成熟，目前很少有使用者。

8.4 磁盘 I/O 性能测试

8.4.1 hdparm 基本应用

hdparm 命令提供了一个命令行的接口用于读取和设置 IDE 或 SCSI 硬盘参数。这是一个是用来获取 ATA/IDE 硬盘的参数的命令，是由早期 Linux IDE 驱动的开发和维护人员 Mark Lord 开发编写的（hdparm has been written by Mark Lord <mlord@pobox.com>, the primary developer and maintainer of the (E)IDE driver for Linux, with suggestions from many netfolk）。该命令应该也是仅用于 Linux 系统，对于 UNIX 系统，ATA/IDE 硬盘用的可能比较少，一般大型的系统都是使用磁盘阵列的。

hdparm 常用选项，如表 8-16 所示。

表 8-16 hdparm 指令常用选项

选项	说明
–a<快取分区>	设定读取文件时，预先存入块区的分区数，若不加上<快取分区>选项，则显示目前的设定
–A<0 或 1>	启动或关闭读取文件时的快取功能
–c	设定 IDE32 位 I/O 模式
–C	检测 IDE 硬盘的电源管理模式
–d	<0 或 1>设定磁盘的 DMA 模式
–f	将内存缓冲区的数据写入硬盘，并清楚缓冲区
–g	显示硬盘的磁轨、磁头、磁区等参数
–h	显示帮助
–i	显示硬盘的硬件规格信息，这些信息是在开机时由硬盘本身所提供。–I 直接读取硬盘所提供的硬件规格信息
–k<0 或 1>	重设硬盘时，保留–dmu 参数的设定
–K<0 或 1>	重设硬盘时，保留–APSWXZ 参数的设定
–m<磁区数>	设定硬盘多重分区存取的分区数
–n<0 或 1>	忽略硬盘写入时所发生的错误
–p	设定硬盘的 PIO 模式
–P<磁区数>	设定硬盘内部快取的分区数
–q:	在执行后续的参数时，不在屏幕上显示任何信息

续表

选项	说明
-r<0 或 1>:	设定硬盘的读写模式
-S<时间>:	设定硬盘进入省电模式前的等待时间
-t。	评估硬盘的读取效率
-T	评估硬盘快取的读取效率
-u<0 或 1>	在硬盘存取时，允许其他中断要求同时执行
-v	显示硬盘的相关设定
-w<0 或 1>	设定硬盘的写入快取
-X<传输模式>	设定硬盘的传输模式
-y	使 IDE 硬盘进入省电模式
-Y	使 IDE 硬盘进入睡眠模式
-Z	关闭某些 Seagate 硬盘的自动省电功能

hdparm 工具安装如下代码所示。

```
[root@Linux_command ~]# yum list hdparm
Loaded plugins: fastestmirror, priorities
(中间内容略)                                          base
[root@Linux_command ~]# yum -y install hdparm
Loaded plugins: fastestmirror, priorities
atrpms                                                                   |

Total download size: 83 k
Installed size: 152 k
Downloading packages:
hdparm-9.43-5.el7.x86_64.rpm                                                    |  83 kB
00:00:00
Running transaction check
Running transaction test
Transaction test succeeded
Running transaction
  Installing                              :                 hdparm-9.43-5.el7.x86_64
1/1
  Verifying                                     :           hdparm-9.43-5.el7.x86_64
1/1
(中间内容略)
Installed:
  hdparm.x86_64 0:9.43-5.el7

Complete!
```

【实例 8-83】显示硬盘的相关设置

```
hdparm /dev/vda
```

具体代码如下：

```
[root@Linux_command ~]# hdparm /dev/vda

/dev/vda:
 HDIO_DRIVE_CMD(identify) failed: Inappropriate ioctl for device
 readonly      =  0 (off)
 readahead     = 8192 (on)
 geometry      = 83220/16/63, sectors = 83886080, start = 0
[root@Linux_command ~]#
[root@Linux_command ~]# hdparm /dev/vda1

/dev/vda1:
 HDIO_DRIVE_CMD(identify) failed: Inappropriate ioctl for device
 readonly      =  0 (off)
 readahead     = 8192 (on)
 geometry      = 16383/16/63, sectors = 2097152, start = 2048
```

8.4.2 hdparm 磁盘 I/O 测速

【实例 8-84】hdparm 磁盘 I/O 测速

```
[root@Linux_command ~]# hdparm -Tt /dev/vdb1

/dev/vdb1:
 Timing cached reads:   15046 MB in  2.00 seconds = 7534.02 MB/sec
 Timing buffered disk reads: 2462 MB in  3.00 seconds = 820.39 MB/sec


# hdparm -Tt /dev/vdb1
/dev/vdb1:
Timing cached reads: 6676 MB in 2.00 seconds = 3340.18 MB/sec
Timing buffered disk reads: 218 MB in 3.11 seconds = 70.11 MB/sec
```

在输出结果中，2 秒读取了 15046MB 的缓存，约合 7523MB/s。3.11 秒读取了 2462MB 磁盘（物理读），读取速度约合 791.64MB/s。

8.4.3 使用 dd 命令测试 I/O

这不是一个专业的测试工具，不过如果对于测试结果的要求不是很苛刻,平时可以使用来对磁盘的读写速度作一个简单的评估。另外由于这是一个免费软件，基本上 UNIX 系统上都有安装。对于 Oracle 裸设备的复制迁移，dd 工具一般都是首选。

首先了解两个特殊设备。

- /dev/null 伪设备，回收站，写该文件不会产生 I/O。
- /dev/zero 伪设备，会产生空字符流，对它不会产生 I/O。

【实例 8-85】测试磁盘的 I/O 写速度

```
time dd if=/dev/zero of=io_test1 bs=8k count=300000
```

如果要测试实际速度，还要在末尾加上 oflag=direct，测到的才是真实的 I/O 速度。

```
[root@Linux_command ~]# time dd if=/dev/zero of=io_test1 bs=8k count=300000
300000+0 records in
300000+0 records out
2457600000 bytes (2.5 GB) copied, 4.20422 s, 585 MB/s

real    0m4.437s
user    0m0.033s
sys     0m2.935s
```

如果用 dd 测试，需要加“oflag=direct”，测到的才是真实的磁盘 I/O。

8.5 本章小结及思维导图

本章的知识要求读者务必动手亲自操作，唯有进行实际演练，才能不断地自我成长，进而突破自我。

另外，读者在做基于磁盘的 I/O 读写测试时，一定要做好数据的备份，以及预知未来可能产生的风险点。

1. 本章小结

从最基础的磁盘分区格式化开始讲解，到磁盘修复以及 I/O 性能指标等都做了较为详细的分析和对比。

在日常的运维工作中，磁盘管理是每个运维人员都必须要引起重视的。根据作者多年的运维经验，一个应用程序很慢，我们排查问题到最后会发现无外乎下面几点。

（1）网络质量差：底层的网络优化不好，会直接导致上层的应用程序各种超时。

（2）应用程序 BUG：应用程序代码问题会导致服务不可用，以及各种错误，需要通过日志进行查看。

（3）内存耗尽：意味着操作系统本身已经没有可用内存而言，那么留给应用程序的可用内存还有多少呢？

（4）磁盘 I/O 慢：根据经验，数据库服务器基本是慢 SQL 导致的，还有 RAID 卡损坏硬件等因素。

2. 本章思维导图

本章思维导图如图 8-10 所示。

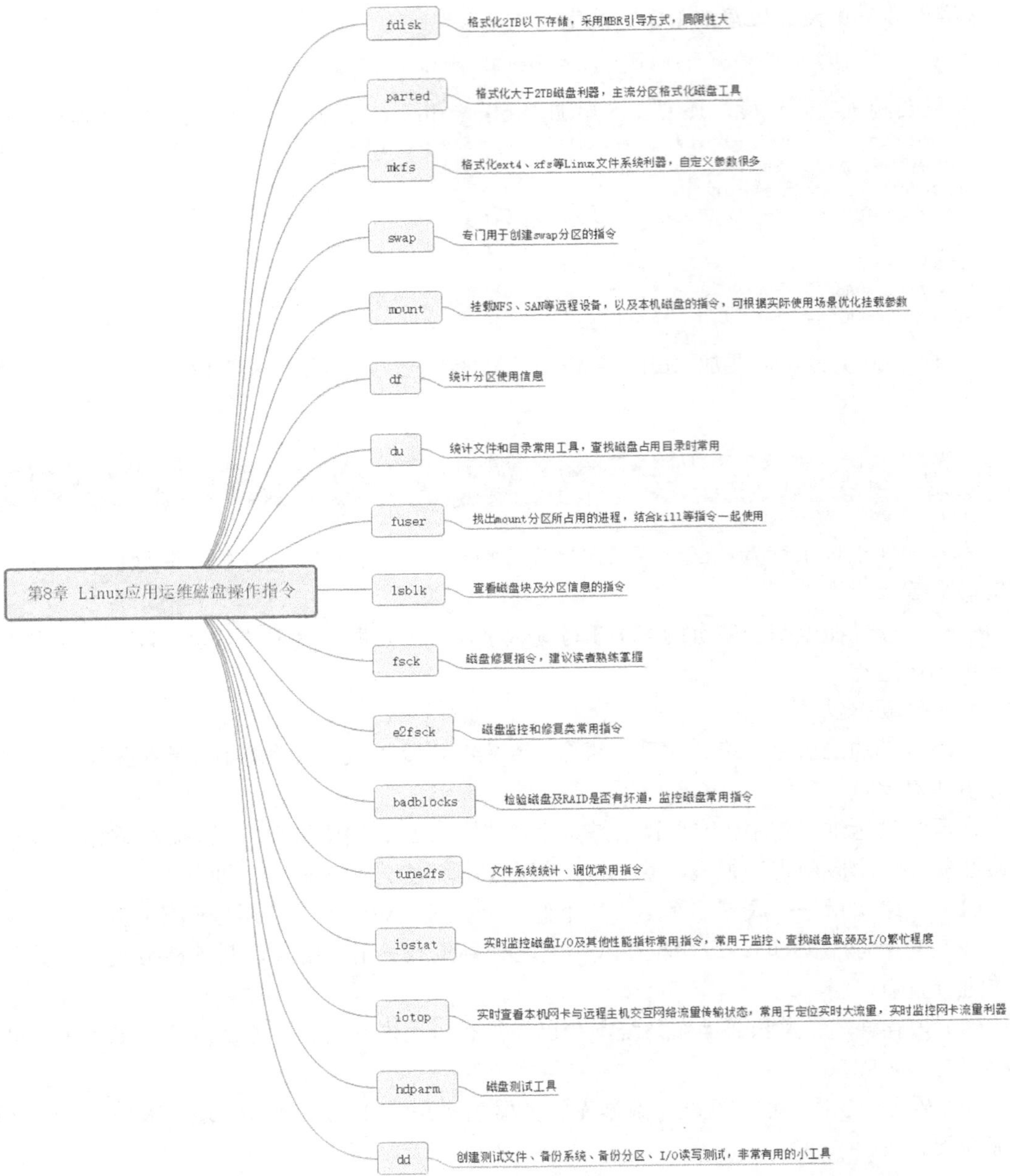
第8章 Linux应用运维磁盘操作指令
fdisk
格式化2TB以下存储，采用MBR引导方式，局限性大
parted
格式化大于2TB磁盘利器，主流分区格式化磁盘工具
mkfs
格式化ext4、xfs等Linux文件系统利器，自定义参数很多
swap
专门用于创建swap分区的指令
mount
挂载NFS、SAN等远程设备，以及本机磁盘的指令，可根据实际使用场景优化挂载参数
df
统计分区使用信息
du
统计文件和目录常用工具，查找磁盘占用目录时常用
fuser
找出mount分区所占用的进程，结合kill等指令一起使用
lsblk
查看磁盘块及分区信息的指令
fsck
磁盘修复指令，建议读者熟练掌握
e2fsck
磁盘监控和修复类常用指令
badblocks
检验磁盘及RAID是否有坏道，监控磁盘常用指令
tune2fs
文件系统统计、调优常用指令
iostat
实时监控磁盘I/O及其他性能指标常用指令，常用于监控、查找磁盘瓶颈及I/O繁忙程度
iotop
实时查看本机网卡与远程主机交互网络流量传输状态，常用于定位实时大流量，实时监控网卡流量利器
hdparm
磁盘测试工具
dd
创建测试文件、备份系统、备份分区、I/O读写测试，非常有用的小工具

图 8-10　本章思维导图

第9章

Linux应用高级运维指令实战

9.1 Linux 应用指令运维实战

本章收录的是高级运维工程师必备的指令，也是作者在日常运维工作中使用频率较高的指令，请广大读者熟练掌握。本章的核心指令集如下。

- 后台任务执行的指令，如 srceen、nohup 等指令。
- 打包压缩指令，如 tar、gzip、zip 等压缩备份指令。
- 提取文本片段的 cut 指令。
- 对字符和数字进行排序的 sort 指令。
- 对文本字符串进行过滤的 grep 指令。
- 提取列数据类型做运算的 awk 指令。
- 大文本抽取特定信息的 sed 指令。
- 查找特定文件或目录的 find 指令。

9.1.1 tee 指令

在执行 Linux 指令时，既想把指令的输出结果保存到文件中，又想在屏幕上看到输出其内容，可以使用 tee 指令满足此需求。

【实例 9-1】指令输出信息显示到屏幕并保存至文件中

同时开启两个 Linux 终端，终端 1 执行如下指令。

```
ping jd.com |tee ping_jd.log
```

连续执行 ping jd.cm，指令输出结果显示到屏幕的同时，重定向到 ping_jd.log 文件中。

```
[root@linux-command ~]# ping jd.com |tee ping_jd.log
PING jd.com (106.39.167.118) 56(84) bytes of data.
64 bytes from 106.39.167.118: icmp_seq=1 ttl=47 time=4.41 ms
64 bytes from 106.39.167.118: icmp_seq=2 ttl=47 time=6.44 ms
64 bytes from 106.39.167.118: icmp_seq=3 ttl=47 time=5.31 ms
64 bytes from 106.39.167.118: icmp_seq=4 ttl=47 time=6.50 ms
64 bytes from 106.39.167.118: icmp_seq=5 ttl=47 time=6.26 ms
64 bytes from 106.39.167.118: icmp_seq=6 ttl=47 time=4.48 ms
64 bytes from 106.39.167.118: icmp_seq=7 ttl=47 time=4.46 ms
64 bytes from 106.39.167.118: icmp_seq=8 ttl=47 time=7.23 ms
64 bytes from 106.39.167.118: icmp_seq=9 ttl=47 time=61.2 ms
64 bytes from 106.39.167.118: icmp_seq=10 ttl=47 time=4.48 ms
64 bytes from 106.39.167.118: icmp_seq=11 ttl=47 time=28.5 ms
64 bytes from 106.39.167.118: icmp_seq=12 ttl=47 time=4.91 ms
64 bytes from 106.39.167.118: icmp_seq=13 ttl=47 time=7.98 ms
64 bytes from 106.39.167.118: icmp_seq=14 ttl=47 time=6.21 ms
```

终端 2 执行如下指令。

```
tailf ping_jd.log
```

实时查看 ping_jd.log 文件输出内容。

```
[root@linux-command ~]# tailf ping_jd.log
64 bytes from 106.39.167.118: icmp_seq=11 ttl=47 time=28.5 ms
64 bytes from 106.39.167.118: icmp_seq=12 ttl=47 time=4.91 ms
64 bytes from 106.39.167.118: icmp_seq=13 ttl=47 time=7.98 ms
64 bytes from 106.39.167.118: icmp_seq=14 ttl=47 time=6.21 ms
64 bytes from 106.39.167.118: icmp_seq=15 ttl=47 time=5.95 ms
64 bytes from 106.39.167.118: icmp_seq=16 ttl=47 time=8.14 ms
64 bytes from 106.39.167.118: icmp_seq=17 ttl=47 time=5.55 ms
64 bytes from 106.39.167.118: icmp_seq=18 ttl=47 time=6.63 ms
64 bytes from 106.39.167.118: icmp_seq=19 ttl=47 time=4.23 ms
64 bytes from 106.39.167.118: icmp_seq=20 ttl=47 time=5.53 ms
64 bytes from 106.39.167.118: icmp_seq=21 ttl=47 time=4.51 ms
64 bytes from 106.39.167.118: icmp_seq=22 ttl=47 time=4.26 ms
64 bytes from 106.39.167.118: icmp_seq=23 ttl=47 time=5.67 ms
64 bytes from 106.39.167.118: icmp_seq=24 ttl=47 time=7.20 ms
```

终端 1 执行指令过程如图 9-1 所示，终端 2 执行指令过程如图 9-2 所示。

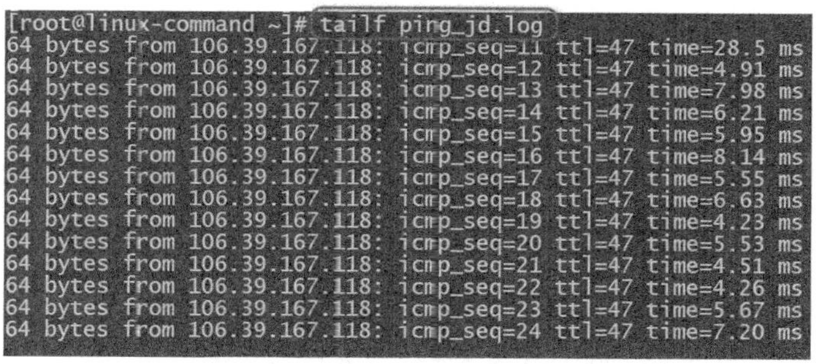

图 9-1　终端 1 指令输出过程

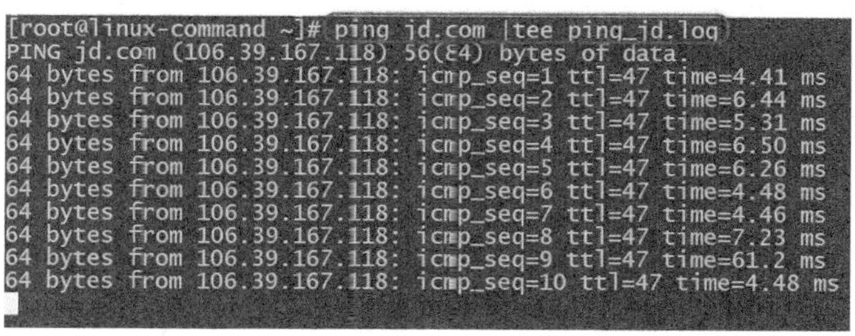

图 9-2　终端 2 指令输出过程

【实例 9-2】追加指令输出信息到指定文件

默认情况下，在同一个文件下再次使用 tee 指令会覆盖之前的信息。可以通过“-a”选项改变默认设置，格式如下。

```
[command] | tee -a [file]
```

“-a”选项强制 tee 指令追加信息到文件中，而不会覆盖原有文件内容。

```
ping -c 2 www.jd.com|tee 1.log
```

“ping -c 2 www.jd.com”指令输出结果显示到屏幕，并将输出结果写入 1.log 文件中。

```
nl 1.log
```

输出 1.log 文件内容，并显示行号。

```
ping -c 2 www.booxin.vip|tee -a 1.log
```

“ping -c 2 www.booxin.vip|tee -a 1.log”指令输出结果显示到屏幕，并将结果追加到 1.log 文件中，完整输出内容如下代码所示。

```
[root@linux-command ~]# ping -c 2 www.jd.com|tee 1.log
PING www.jdcdn.com (111.206.231.1) 56(84) bytes of data.
64 bytes from 111.206.231.1: icmp_seq=1 ttl=57 time=3.61 ms
64 bytes from 111.206.231.1: icmp_seq=2 ttl=57 time=4.77 ms

--- www.jdcdn.com ping statistics ---
2 packets transmitted, 2 received, 0% packet loss, time 1007ms
rtt min/avg/max/mdev = 3.618/4.194/4.770/0.576 ms
[root@linux-command ~]#
[root@linux-command ~]# nl 1.log
     1  PING www.jdcdn.com (111.206.231.1) 56(84) bytes of data.
     2  64 bytes from 111.206.231.1: icmp_seq=1 ttl=57 time=3.61 ms
     3  64 bytes from 111.206.231.1: icmp_seq=2 ttl=57 time=4.77 ms

     4  --- www.jdcdn.com ping statistics ---
     5  2 packets transmitted, 2 received, 0% packet loss, time 1007ms
     6  rtt min/avg/max/mdev = 3.618/4.194/4.770/0.576 ms
[root@linux-command ~]#
[root@linux-command ~]# ping -c 2 www.booxin.vip|tee -a  1.log
PING www.booxin.vip (122.114.79.8) 56(84) bytes of data.
64 bytes from 122.114.79.8: icmp_seq=1 ttl=53 time=21.2 ms
64 bytes from 122.114.79.8: icmp_seq=2 ttl=53 time=22.3 ms

--- www.booxin.vip ping statistics ---
2 packets transmitted, 2 received, 0% packet loss, time 1024ms
rtt min/avg/max/mdev = 21.286/21.824/22.362/0.538 ms
[root@linux-command ~]#
[root@linux-command ~]# nl 1.log
     1  PING www.jdcdn.com (111.206.231.1) 56(84) bytes of data.
     2  64 bytes from 111.206.231.1: icmp_seq=1 ttl=57 time=3.61 ms
     3  64 bytes from 111.206.231.1: icmp_seq=2 ttl=57 time=4.77 ms

     4  --- www.jdcdn.com ping statistics ---
     5  2 packets transmitted, 2 received, 0% packet loss, time 1007ms
```

```
     6	rtt min/avg/max/mdev = 3.518/4.194/4.770/0.576 ms
     7	PING www.booxin.vip (122.114.79.8) 56(84) bytes of data.
     8	64 bytes from 122.114.79.8: icmp_seq=1 ttl=53 time=21.2 ms
     9	64 bytes from 122.114.79.8: icmp_seq=2 ttl=53 time=22.3 ms

    10	--- www.booxin.vip ping statistics ---
    11	2 packets transmitted, 2 received, 0% packet loss, time 1024ms
    12	rtt min/avg/max/mdev = 21.286/21.824/22.362/0.538 ms
```

【实例 9-3】tee 指令写入多个文件

```
ping jd.com -c 3 |tee 1.log 2.log 3.log
```

“ping jd.com -c 3”指令输出结果到屏幕，同时将输出内容写入 1.log、2.log、3.log 文件中。

```
[root@linux-command ~]# ping jd.com -c 3 |tee 1.log 2.log 3.log
PING jd.com (106.39.167.118) 56(84) bytes of data.
64 bytes from 106.39.167.118: icmp_seq=1 ttl=47 time=4.03 ms
64 bytes from 106.39.167.118: icmp_seq=2 ttl=47 time=4.84 ms
64 bytes from 106.39.167.118: icmp_seq=3 ttl=47 time=4.66 ms

--- jd.com ping statistics ---
3 packets transmitted, 3 received, 0% packet loss, time 2008ms
rtt min/avg/max/mdev = 4.032/4.513/4.844/0.352 ms
```

确认 tee 指令同时写入多个文件是否成功。

```
[root@linux-command ~]# nl 1.log
     1	PING jd.com (106.39.167.118) 56(84) bytes of data.
     2	64 bytes from 106.39.167.118: icmp_seq=1 ttl=47 time=4.03 ms
     3	64 bytes from 106.39.167.118: icmp_seq=2 ttl=47 time=4.84 ms
     4	64 bytes from 106.39.167.118: icmp_seq=3 ttl=47 time=4.66 ms

     5	--- jd.com ping statistics ---
     6	3 packets transmitted, 3 received, 0% packet loss, time 2008ms
     7	rtt min/avg/max/mdev = 4.032/4.513/4.844/0.352 ms
[root@linux-command ~]# nl 2.log
     1	PING jd.com (106.39.167.118) 56(84) bytes of data.
     2	64 bytes from 106.39.167.118: icmp_seq=1 ttl=47 time=4.03 ms
     3	64 bytes from 106.39.167.118: icmp_seq=2 ttl=47 time=4.84 ms
     4	64 bytes from 106.39.167.118: icmp_seq=3 ttl=47 time=4.66 ms

     5	--- jd.com ping statistics ---
     6	3 packets transmitted, 3 received, 0% packet loss, time 2008ms
     7	rtt min/avg/max/mdev = 4.032/4.513/4.844/0.352 ms
[root@linux-command ~]# nl 3.log
     1	PING jd.com (106.39.167.118) 56(84) bytes of data.
     2	64 bytes from 106.39.167.118: icmp_seq=1 ttl=47 time=4.03 ms
     3	64 bytes from 106.39.167.118: icmp_seq=2 ttl=47 time=4.84 ms
     4	64 bytes from 106.39.167.118: icmp_seq=3 ttl=47 time=4.66 ms

     5	--- jd.com ping statistics ---
     6	3 packets transmitted, 3 received, 0% packet loss, time 2008ms
     7	rtt min/avg/max/mdev = 4.032/4.513/4.844/0.352 ms
```

使用 nl 指令分别查看 1.log、2.log、3.log，发现指令输出内容都已成功写入对应文件。

【实例 9-4】使用 tee 指令输出重复字符串到标准输出

```
echo 'http://www.booxin.vip'
echo 'http://www.booxin.vip' | tee
```

echo 输出字符串“http://www.booxin.vip”到标准输出。

```
echo 'http://www.booxin.vip' | tee -
echo 'http://www.booxin.vip' | tee - -
echo 'http://www.booxin.vip' | tee - - -
```

“tee –”指令可指定字符串重复输出次数到标准输出，完整输出如下代码所示。

```
[root@linux-command ~]# echo 'http://www.booxin.vip'
http://www.booxin.vip
[root@linux-command ~]# echo 'http://www.booxin.vip' | tee
http://www.booxin.vip
[root@linux-command ~]# echo 'http://www.booxin.vip' | tee -
http://www.booxin.vip
http://www.booxin.vip
[root@linux-command ~]# echo 'http://www.booxin.vip' | tee - -
http://www.booxin.vip
http://www.booxin.vip
http://www.booxin.vip
[root@linux-command ~]# echo 'http://www.booxin.vip' | tee - - -
http://www.booxin.vip
http://www.booxin.vip
http://www.booxin.vip
http://www.booxin.vip
```

9.1.2 cut 指令

cut 命令是一个选取指令，其功能是将文件中的每一行“字节”“字符”“字段”进行剪切，选取我们需要的，并将这些选取好的数据输出至标准处，截取方式有 3 种。

- 按照字符位置。
- 按照字节位置。
- 使用一个分隔符将一行分割成多个 field，并提取指定的 field。

cut 指令常用选项如表 9-1 所示。

表 9-1 cut 指令常用选项

选项	说明
-d	用来定义分隔符，默认为<Tab>键，一般与-f 配合使用（如果分隔符是空格，必须是两个单引号之间确实有一个空格，不支持多个空格）
-f	需要选取的字段（field），根据-d 切分的字段集选取，下标从 1 开始
-s	表示不包括那些不含分隔符的行，用于去掉注释或者标题一类的信息

续表

选项	说明
-c	以字符（character）为单位进行分割，可以选取指定字符
-b	以字节（Byte）为单位进行分割，可以选取指定字节，这些字节位置将忽略多字节字符边界（比如：汉字），除非同时指定了“-n”选项
-n	取消分割多字节字符，只能和-b参数配合使用。即如果字符的最后一字节落在由“-b”选项列表指定的范围之内，则该字符将被选出；否则，该字符将被排除。 “-f”“-c”“-b”选项都是用来表示提取指定范围数据的，这个范围的表示方法如下。 N：只取第N项 N-：从第N项一直到行尾 N-M：从第N项到第M项（包括M项） -M：从第1项到第M项（包括M项） -：从第1项开始到结束的所有项

【实例 9-5】剪切单字节

```
head /etc/passwd> passwd.txt
```

创建 passwd.txt 测试文件。

```
[root@linux-command ~]# head /etc/passwd> passwd.txt
[root@linux-command ~]# nl passwd.txt
     1  root:x:0:0:root:/root:/bin/bash
     2  bin:x:1:1:bin:/bin:/sbin/nologin
     3  daemon:x:2:2:daemon:/sbin:/sbin/nologin
     4  adm:x:3:4:adm:/var/adm:/sbin/nologin
     5  lp:x:4:7:lp:/var/spool/lpd:/sbin/nologin
     6  sync:x:5:0:sync:/sbin:/bin/sync
     7  shutdown:x:6:0:shutdown:/sbin:/sbin/shutdown
     8  halt:x:7:0:halt:/sbin:/sbin/halt
     9  mail:x:8:12:mail:/var/spool/mail:/sbin/nologin
    10  uucp:x:10:14:uucp:/var/spool/uucp:/sbin/nologin
```

只剪切 passwd.log 文件每一行的第 1 字节，完整输出如下代码所示。

```
[root@linux-command ~]# cut -b 1 passwd.txt
r
b
d
a
l
s
s
h
m
u
```

【实例 9-6】剪切多字节

剪切多字节有很多方式，示例如下。

```
-b 1,3,5
```

剪切每一行第 1、3、5 字节。

```
-b 1-5
```

剪切每一行第 1～5 字节。

```
-b -5
```

剪切每一行第 1～5 字节。

```
-b 3-
```

剪切每一行第 3 个字符以后的所有字节。

```
cut -b 1-4 passwd.txt
```

剪切 passwd.txt 文件中每一行的第 1～4 字节，完整代码输出如下所示。

```
[root@linux-command ~]# cut -b 1-4 passwd.txt
root
bin:
daem
adm:
lp:x
sync
shut
halt
mail
uucp
```

【实例 9-7】剪切字符

```
echo '韩艳威'> chinese.log
echo '韩多多'>> chinese.log
```

创建汉字测试字符并写入 chiness.log 文件，UTF-8 字符集编码 1 个汉字等于 2 字节，完整输出如下代码所示。

```
[root@linux-command ~]# echo '韩艳威'> chinese.log
[root@linux-command ~]# echo '韩多多'>> chinese.log
[root@linux-command ~]# nl chinese.log
     1  韩艳威
     2  韩多多
[root@linux-command ~]# cut -b 1-3 chinese.log
韩
韩
[root@linux-command ~]# cut -b 1,2,3 chinese.log
韩
韩
[root@linux-command ~]#
[root@linux-command ~]# cut -b 1,2,3,4,5,6 chinese.log
```

```
韩艳
韩多
[root@linux-command ~]# cut -b 1-9 chinese.log
韩艳威
韩多多
[root@linux-command ~]# echo $LANG
en
```

“-c”选项剪切中文字符出现乱码解决方案。

“-c”选项会以字符为单位，输出正常.而“-b”选项只会以字节（8 位二进制位）计算，输出的结果即是乱码。当遇到多字节字符时，可以使用“-n”选项告诉 cut 指令不要将多字节字符拆开。

【实例 9-8】提取非格式化数据

“-b”“-c”选项只是针对格式固定的数据进行剪切，但是对于一些格式不固定的数据源，就没有办法获取到我们想要的数据了。因此便有了“-f”选择域的概念，测试文件 passwd.txt 内容及数据组成格式如下所示。

```
[root@linux-command ~]# nl passwd.txt
     1  root:x:0:0:root:/root:/bin/bash
     2  bin:x:1:1:bin:/bin:/sbin/nologin
     3  daemon:x:2:2:daemon:/sbin:/sbin/nologin
     4  adm:x:3:4:adm:/var/adm:/sbin/nologin
     5  lp:x:4:7:lp:/var/spool/lpd:/sbin/nologin
     6  sync:x:5:0:sync:/sbin:/bin/sync
     7  shutdown:x:6:0:shutdown:/sbin:/sbin/shutdown
     8  halt:x:7:0:halt:/sbin:/sbin/halt
     9  mail:x:8:12:mail:/var/spool/mail:/sbin/nologin
    10  uucp:x:10:14:uucp:/var/spool/uucp:/sbin/nologin
```

将 passwd.txt 文件中第一个冒号“:”前面的字符给剪切出来，可以使用“-d”选项，指定其分割符对象为冒号“:”，然后选取第一个域内的内容即可，如下代码所示。

```
[root@linux-command ~]# cat passwd.txt  |cut -d : -f 1
root
bin
daemon
adm
lp
sync
shutdown
halt
mail
uucp
```

【实例 9-9】提取 IP 地址

提取服务器本机 IP 地址，过程如下。

```
ip addr |grep "scope global"
```

过滤 IP 地址输出结果中包含“scope global”字符串的行。

```
ip addr |grep "scope global" |cut -d '/' -f1
```

过滤 IP 地址输出结果中包含“scope global”字符串的行，通过管道处理后使用“cut -d '/' -f1”指令以反斜线“/”作为分隔符，取第 1 列的值。

```
ip addr |grep "scope global" |cut -d '/' -f1|cut -c 9-
```

过滤 IP 地址输出结果中包含“scope global”字符串的行，通过管道处理后使用“cut -d '/' -f1”指令以反斜线“/”作为分隔符，取第 1 列的值，即获取到 192.168.1.168 主机地址，代码完整输出结果如下所示。

```
[root@linux-command ~]# ip addr |grep "scope global"
   inet 192.168.1.168/24 brd 192.168.1.255 scope global eth0
[root@linux-command ~]# ip addr |grep "scope global" |cut -d '/' -f1
   inet 192.168.1.168
[root@linux-command ~]# ip addr |grep "scope global" |cut -d '/' -f1|cut -c 9-
   192.168.1.168
```

9.1.3 tr 指令

tr 指令从标准输入中通过替换或删除操作进行字符转换，使用 tr 指令时需要转换两个字符串：字符串 1 用于查询，字符串 2 用于处理各种转换。tr 指令执行时，字符串 1 中的字符被映射到字符串 2 中的字符，然后转换操作开始，转换格式如下所示。

```
tr -c -d -s ["str1_to_translate_from"]["str2_to_translate_to"] < file
```

tr 是单个字符处理工具，而不是字符串处理工具。

使用 tr 指令可以实现 sed 指令的许多基本功能，可以将 tr 指令看作 sed 指令的（极其）简化的变体：它可以用一个字符来替换另一个字符，或者可以完全除去一些字符，也可以用它来除去重复字符，tr 指令常用选项如表 9-2 所示。

表 9-2 tr 指令常用选项

选项	说明
-c	用字符串 1 中字符集的补集来替换此字符集，要求字符集为 ASCII
-d	删除字符串 1 中所有输入字符
-s	删除所有重复出现字符序列，只保留第一个，即将重复出现字符串压缩为一个字符串

使用 tr 指定字符串 1 或字符串 2 的内容时，只能使用单字符或字符串范围或列表，内容如表 9-3 所示。

表 9-3 tr 指令常用字符串范围

字符参数	说明
[a-z]	a～z 内的字符组成的字符串
[A-Z]	A～Z 内的字符组成的字符串

续表

字符参数	说明
[0-9]	数字串
\octal	一个 3 位的八进制数，对应有效的 ASCII 字符
[A*n]	表示字符 A 重复出现指定次数 r，因此[A*2]匹配 AA 的字符串

【实例 9-10】将文件 root.txt 中出现的“root”替换为“gYYd”

```
grep root /etc/passwd >root.txt
```

grep 指令从/etc/passwd 文件中过滤包含 root 关键字的行，将内容输出到 root.txt 文件中。

```
cat root.txt
```

查看 root.txt 文件内容。

```
grep root --color root.txt
```

grep 指令从 root.txt 文件中过滤（关键字显示为红色）包含 root 关键字的行。

```
tr 'root' 'gYYd' <root.txt
```

从标准输入读取 root.txt 文件，将“root”字符逐个对应替换为“gYYd”字符，完整代码输出如下所示。

```
[root@linux-command ~]# grep root /etc/passwd >root.txt
[root@linux-command ~]# cat root.txt
root:x:0:0:root:/root:/bin/bash
operator:x:11:0:operator:/root:/sbin/nologin
[root@linux-command ~]#
[root@linux-command ~]# grep root --color root.txt
root:x:0:0:root:/root:/bin/bash
operator:x:11:0:operator:/root:/sbin/nologin
[root@linux-command ~]# tr 'root' 'gYYd' <root.txt
gYYd:x:0:0:gYYd:/gYYd:/bin/bash
YpegadYg:x:11:0:YpegadYg:/gYYd:/sbin/nYlYgin
[root@linux-command ~]# cat root.txt
root:x:0:0:root:/root:/bin/bash
operator:x:11:0:operator:/root:/sbin/nologin
```

注意：凡是在 root.txt 文件中出现的“root”字符，都替换成“gYYd”字符，“r”字符替换为“g”字符，第 1 个“o”字符替换为“Y”字符，第 2 个“o”字符替换为“Y”字符，第 4 个“t”字符替换为“d”字符。而不是将字符串“root”替换为字符串“gYYd”，此处替换不修改 root.txt 源文件内容。

【实例 9-11】大小写字母转换

```
echo hanyanwei | tr [a-c] [A-C]
```

echo 指令输出“hanyanwei”字符串，通过管道输出传递给 tr 指令将字符“a”“b”“c”

转换为对应的“A”“B”“C”，完整代码输出如下所示。

```
[root@linux-command ~]# echo hanyanwei | tr [a-c] [A-C]
hAnyAnwei
```

【实例 9-12】将数字转换为字符

```
echo 123456 |tr [1-6] [A-F]
```

echo 指令输出数字 1、2、3、4、5、6，通过管道输出传递给 tr 指令转换为对应的字符“A”“B”“C”“D”“E”“F”字符，完整输出如下代码所示。

```
[root@linux-command ~]# echo 123456 |tr [1-6] [A-F]
ABCDEF
```

【实例 9-13】替换英文字符

```
ip ro |grep src
```

过滤 IP 地址输出中的中文字符，完整代码输出如下所示。

```
[root@linux-command ~]# ip ro |grep src
192.168.1.0/24 dev eth0  proto kernel  scope link  src 192.168.1.168
[root@linux-command ~]# ip ro |grep src |tr '[a-z]' ' '
192.168.1.0/24       0                          192.168.1.168
```

注意：凡是在指令“ip ro |grep src”输出的字符“a-z”26 个小写字母替换为空字符。

【实例 9-14】删除指定字符

```
head -1 /etc/passwd |tr -d 'root'
```

tr 指令从/etc/passwd 文件中出现的“root”字符，完整代码输出如下所示。

```
[root@linux-command ~]# head -1 /etc/passwd |tr -d 'root'
:x:0:0::/:/bin/bash
```

注意：凡是在“head -1 /etc/passwd”指令的输出中的“r”“o”“o”“t”字符都会被删除，而不仅仅是删除出现的“root”字符串。

【实例 9-15】删除文件 a.txt 中出现的换行符“\n”、制表符“\t”

数字 1、2、3 后面均有“Tab”制表符，其中“2 world”后有换行符“\n”，测试文件内容如下所示。

```
[root@linux-command ~]# cat a.txt
1    hello
2    world




3    hanyanwei
[root@linux-command ~]# cat a.txt  | tr -d "\n"
```

```
1	hello2	world	3	hanyanwei[root@linux-command ~]#
[root@linux-command ~]#
[root@linux-command ~]# cat a.txt  | tr -d "\t"
1hello
2world



3hanyanwei
[root@linux-command ~]# cat a.txt  | tr -d "\n\t"
1hello2world3hanyanwei[root@linux-command ~]# cat a.txt  | tr -d "\t\n"
```

【实例 9-16】删除空行

删除空行的完整代码输出如下所示。

```
[root@linux-command ~]# cat a.txt_bak
1	hello
2	world

3	hanyanwei
[root@linux-command ~]#
[root@linux-command ~]#
[root@linux-command ~]# cat a.txt
1	hello
2	world



3	hanyanwei
```

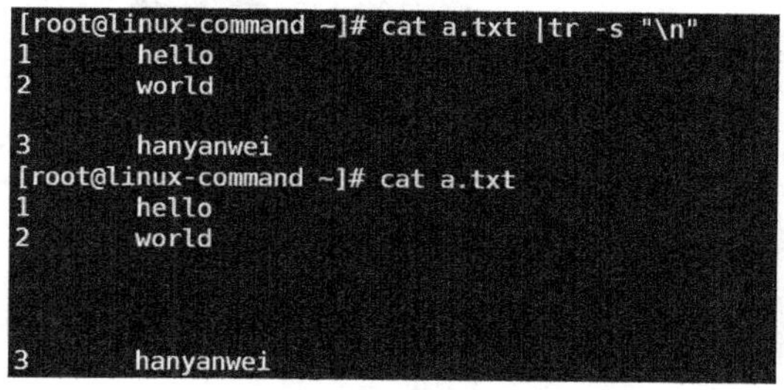

图 9-3　tr 删除空行

更为直观的显示如图 9-3 所示。

【实例 9-17】删除 Windows 文件的“^M”字符

```
# cat file | tr -d "\r"
# cat file | tr -s "\r" "\n"
```

注意：这里-s 后面是两个选项“\r”和“\n”，用后者替换前者。

【实例 9-18】用空格符\040 替换制表符\011

原生文件内容如下所示。

```
[root@linux-command ~]# cat a.txt
1	hello
2	world



3	hanyanwei
```

代码输出处理后完整输出如下所示，更为直观的输出如图 9-4 所示。

```
[root@linux-command ~]# cat a.txt |tr -s "\011" "\040"
```

```
1 hello
2 world



3 hanyanwei
```

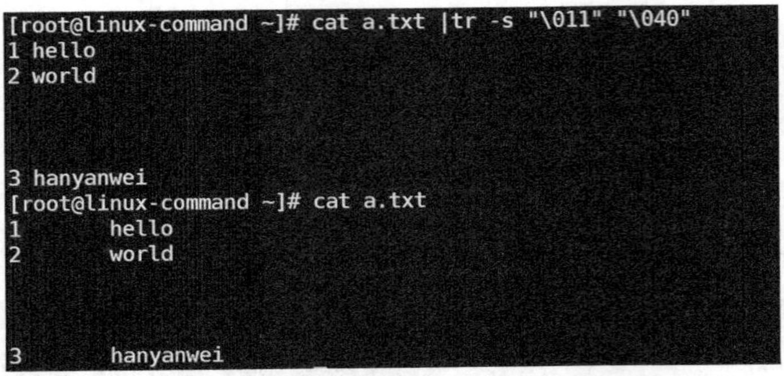

图 9-4　使用空格符\040 替换制表符\011

【实例 9-19】把路径变量中的冒号“:”，替换成换行符“\n”

$PATH 环境变量内容如下所示。

```
[root@linux-command ~]# echo $PATH
/usr/local/sbin:/usr/local/bin:/sbin:/bin:/usr/sbin:/usr/bin:/root/bin
```

将路径变量中的冒号“:”，替换成换行符“\n”后，代码完整输出如下内容所示。

```
[root@linux-command ~]# echo $PATH | tr -s ":" "\n"
/usr/local/sbin
/usr/local/bin
/sbin
/bin
/usr/sbin
/usr/bin
/root/bin
```

9.1.4　watch 指令

watch 是 Linux 操作系统的实时监测指令，可以实时监测一个或多个指令的运行结果。

使用者直接在 watch 后要运行的指令，watch 程序就会帮你重复运行，并把每次的结果都更新在屏幕上，watch 指令常用选项如表 9-4 所示。

表 9-4　watch 指令常用选项

选项	说明
-n 或--interval	watch 指令缺省每 2 秒运行一下程序，可以用-n 或-interval 来指定间隔的时间

续表

选项	说明
-d 或--differences	高亮显示变化的区域，"-d=cumulative"选项会把变动过的地方（不管最近的那次有没有变动）都高亮显示出来
-t 或-no-title	关闭 watch 指令在顶部的时间间隔
-h, --help	查看帮助文档

【实例 9-20】每隔 1 秒高亮显示网络连接数变化信息

```
watch -n 1 -d netstat -ant
```

每隔 1 秒高亮显示网络连接数变化信息，完整代码输出如下所示。

```
[root@linux-command ~]#  watch -n 1 -d netstat -ant
tcp        0      0 192.168.1.146:80        222.212.225.116:16771    SYN_RECV
tcp        0      0 192.168.1.146:443       123.165.140.99:53019     SYN_RECV

tcp        0      0 192.168.1.146:80        182.201.212.36:43655     SYN_RECV
tcp        0      0 192.168.1.146:80        125.89.198.28:45722      SYN_RECV

tcp        0      0 192.168.1.146:80        117.145.179.18:34191     SYN_RECV
Every                    1.0s:                        netstat             -ant
Fri Jul 13 22:21:54 2018

Active Internet connections (servers and established)
Proto Recv-Q Send-Q Local Address          Foreign Address         State
tcp        0      0 0.0.0.0:5900            0.0.0.0:*               LISTEN
tcp        0      0 0.0.0.0:5901            0.0.0.0:*               LISTEN
tcp        0      0 0.0.0.0:5902            0.0.0.0:*               LISTEN
tcp        0      0 0.0.0.0:111             0.0.0.0:*               LISTEN
tcp        0      0 0.0.0.0:8080            0.0.0.0:*               LISTEN
tcp        0      0 0.0.0.0:80              0.0.0.0:*               LISTEN
tcp        0      0 192.168.1.146:80         123.13.244.234:25195  SYN_RECV
tcp        0      0 0.0.0.0:5904            0.0.0.0:*               LISTEN
tcp        0      0 0.0.0.0:5905            0.0.0.0:*               LISTEN
tcp        0      0 0.0.0.0:5907            0.0.0.0:*               LISTEN
tcp        0      0 0.0.0.0:5908            0.0.0.0:*               LISTEN
tcp        0      0 0.0.0.0:5909            0.0.0.0:*               LISTEN
tcp        0      0 0.0.0.0:5910            0.0.0.0:*               LISTEN
tcp        0      0 0.0.0.0:22              0.0.0.0:*               LISTEN
tcp        0      0 0.0.0.0:5911            0.0.0.0:*               LISTEN
tcp        0      0 0.0.0.0:3000            0.0.0.0:*               LISTEN
tcp        0      0 0.0.0.0:8888            0.0.0.0:*               LISTEN
tcp        0      0 0.0.0.0:5913            0.0.0.0:*               LISTEN
tcp        0      0 0.0.0.0:8889            0.0.0.0:*               LISTEN
tcp        0      0 127.0.0.1:25            0.0.0.0:*               LISTEN
tcp        0      0 0.0.0.0:5914            0.0.0.0:*               LISTEN
tcp        0      0 0.0.0.0:443             0.0.0.0:*               LISTEN
tcp        0      0 192.168.1.146:443        123.165.140.99:53157    SYN_RECV
tcp        0      0 192.168.1.146:443        10.150.10.238:46166     SYN_RECV
```

```
tcp        0      0 192.168.1.146:443       124.204.219.70:50411    SYN_RECV
tcp        0      0 192.168.1.146:443       58.243.254.84:28728     SYN_RECV
tcp        0      0 192.168.1.146:443       219.157.254.92:41598    SYN_RECV
tcp        0      0 192.168.1.146:443       117.139.252.40:30221    SYN_RECV
tcp        0      0 192.168.1.146:443       119.129.229.210:64879   SYN_RECV
tcp        0      0 192.168.1.146:443       58.243.254.84:28727     SYN_RECV
tcp        0      0 192.168.1.146:443       10.150.10.238:41309    SYN_RECV
tcp        0      0 0.0.0.0:6811          0.0.0.0:*             LISTEN
tcp        0      0 0.0.0.0:5915          0.0.0.0:*             LISTEN
tcp        0      0 0.0.0.0:5916          0.0.0.0:*             LISTEN
tcp        0      0 0.0.0.0:8000          0.0.0.0:*             LISTEN
tcp        0      0 127.0.0.1:32000       0.0.0.0:*             LISTEN
tcp        0      0 192.168.1.146:443      221.223.178.246:1189    TIME_WAIT
tcp        0      0 192.168.1.146:443      117.136.38.164:41591    ESTABLISHED
tcp        0      0 192.168.1.146:80       10.16.45.227:19433      ESTABLISHED
tcp        0      0 192.168.1.7:27198      10.16.5.171:8080        TIME_WAIT
tcp        0      0 192.168.1.146:80       10.16.5.234:7538       ESTABLISHED
tcp        0      0 192.168.1.146:80       115.238.237.39:25317    ESTABLISHED
tcp        0      0 192.168.1.146:443      221.223.89.93:56602     ESTABLISHED
tcp        0      0 192.168.1.146:443      125.227.64.119:42489    ESTABLISHED
tcp        0      0 192.168.1.146:80       106.2.234.83:58923      ESTABLISHED
tcp        1      1 192.168.1.146:443      114.245.95.149:60873    CLOSING
tcp        0      0 192.168.1.7:52050      10.16.25.43:3000        TIME_WAIT
```

【实例 9-21】动态查看内存使用信息

```
watch -n 1 -d 'free -m'
```

每隔 1 秒动态查看内存容量占用信息，完整代码输出如下所示。

```
[root@linux-command ~]#  watch -n 1 -d 'free -m'
Every                      1.0s:                  free                       -m
Fri Jul 13 22:24:46 2018

              total        used        free      shared  buff/cache   available
Mem:         127943       98161        3058        4520       26723       22225
Swap:          4095        4095           0
```

【实例 9-22】监控用户登录信息

```
watch -d -n 10 'who'
```

每隔 10 秒执行一次 who 命令，以监视服务器当前用户登录的状况，完整代码输出如下所示。

```
[root@linux-command ~]#
Every 10.0s: who                                                              Fri
Jul 13 22:33:41 2018

root     pts/0        Jul 13 22:32 (192.168.1.102)
root     pts/1        Jul 11 23:50 (192.168.1.102)
root     pts/2        Jul 13 00:29 (192.168.1.102)
```

【实例 9-23】同时运行多个指令

watch 可以同时运行多个指令，指令之间采用分号分隔。

```
watch -d -n 10 'df -TH;ls -lhrt --full-time'
```

监控磁盘的使用状况，以及当前目录下文件的变化状况，包括文件的新增、删除和文件修改日期的更新等，完整代码输出如下所示。

```
[root@linux-command ~]# watch -d -n 10 'df -TH;ls -lhrt --full-time'
Every 10.0s: df -TH;ls -lhrt --full-time                                    Fri
Jul 13 22:36:13 2018

Filesystem           Type   Size  Used Avail Use% Mounted on
/dev/mapper/VolGroup-lv_root
                     ext4    19G  930M   17G   6% /
tmpfs                tmpfs 515M     0  515M   0% /dev/shm
/dev/sda1             ext4  500M   29M  445M   7% /boot
total 48K
-rw-r--r-- 1 root root 2.4K 2018-07-09 22:37:19.492382415 +0800 ping_jd.log
-rw-r--r-- 1 root root  379 2018-07-09 23:03:22.414384593 +0800 3.log
-rw-r--r-- 1 root root  379 2018-07-09 23:03:22.414384593 +0800 2.log
-rw-r--r-- 1 root root  379 2018-07-09 23:03:22.414384593 +0800 1.log
-rw-r--r-- 1 root root   66 2018-07-09 23:39:12.603369098 +0800 run.sh
-rwxr-xr-x 1 root root  135 2018-07-09 23:39:38.629380060 +0800 login.sh
-rwxr-xr-x 1 root root  153 2018-07-09 23:49:41.824376977 +0800 a.sh
-rw-r--r-- 1 root root   20 2018-07-10 00:45:43.767377249 +0800 chinese.log
-rw-r--r-- 1 root root  388 2018-07-11 23:17:39.644918951 +0800 passwd.log
-rw-r--r-- 1 root root   77 2018-07-11 23:23:06.773912941 +0800 root.txt
-rw-r--r-- 1 root root   33 2018-07-12 23:29:12.984614595 +0800 a.txt
-rw-r--r-- 1 root root   31 2018-07-12 23:37:09.396617556 +0800 a.txt_bak
```

9.1.5 进程调度指令

Linux 系统中 fg 和 bg 程序是进程的前后台调度指令，即将指定号码（非进程号）的指令进程放到前台或后台运行。比如一个需要长时间运行的指令，希望把它放入后台，这样就不会阻塞当前的操作，而一些服务型的指令进程，我们则希望能把它们长期运行于后台。

Linux 系统进程前后台操作指令或按键如表 9-5 所示。

表 9-5　　Linux 系统进程前后台操作指令及按键

指令|按键	说明
Ctrl+c	终止并退出前台命令的执行，回到 Shell
Ctrl+z	暂停前台命令的执行，将该进程放入后台，回到 Shell
jobs	查看当前在后台执行的命令，可查看命令进程号码
&	运行命令时，在命令末尾加上“&”可让命令在后台执行
fg N	将命令进程号码为 N 的命令进程放到前台执行，同%N
bg N	将命令进程号码为 N 的命令进程放到后台执行

【实例 9-24】使用“&”符号将指令放入后台执行

```
ping qq.com -a >/dev/null  &
```

将“ping qq.com -a >/dev/null”指令放入后台执行，完整输出如下所示。

```
[root@linux-command ~]# ping qq.com -a >/dev/null  &
[1] 1859
[root@linux-command ~]# jobs
[1]+  Running                 ping qq.com -a > /dev/null &
```

【实例 9-25】使用<Ctrl+z>组合键将正在前台运行的指令放入后台，并且暂停。

通过<Ctrl+z>组合键将“ping jd.com -a >/dev/null”指令放入后台执行。

```
jobs
```

查看当前有多少在后台运行的指令。

```
fg 2
```

将后台中的指令调入前台继续运行.如果后台中有多个指令，可以用 fg %jobnumber 将选中的指令调出，%jobnumber 是通过 jobs 指令查到的后台正在执行的指令的序号（不是 pid）。

```
bg 2
```

将一个在后台暂停的命令，变成继续执行。如果后台中有多个指令，可以用 bg %jobnumber 将选中的指令调出，%jobnumber 是通过 jobs 只能怪查到的后台正在执行的指令的序号（不是 pid）。

```
[root@linux-command ~]# ping jd.com -a  >/dev/null
^Z
[2]+  Stopped                 ping jd.com -a > /dev/null
[root@linux-command ~]# jobs
[1]-  Running                 ping qq.com -a > /dev/null &
[2]+  Stopped                 ping jd.com -a > /dev/null
[root@linux-command ~]# fg 2
ping jd.com -a > /dev/null
^Z
[2]+  Stopped                 ping jd.com -a > /dev/null
[root@linux-command ~]# bg 2
[2]+ ping jd.com -a > /dev/null &
[root@linux-command ~]# %2
ping jd.com -a > /dev/null
^Z
[2]+  Stopped                 ping jd.com -a > /dev/null
```

注意：方括号“[]”中的数字是作业号。

9.1.6 nohup 指令

在实际工作中，Linux 系统管理员通过 ssh 登录到远程 Linux 服务器上，运行一个程序。但是当关闭掉连接终端断开 ssh 后，刚才运行着的程序也会自动被中断结束，使用 nohup 指令即使退出 bash 终端，指令和程序依然在后台执行。

【实例 9-26】nohup 后台运行程序

```
nohup ping booxin.vip > ping.txt &
```

使用 nohup 指令将“ping booxin.vip > ping.txt &”程序放入后台执行，并打印日志到文件 ping.txt 中，完整输出如下代码所示。

```
[root@linux_command ~]# nohup ping booxin.vip > ping.txt &
[1] 15038
[root@linux_command ~]# nohup: ignoring input and redirecting stderr to stdout

[root@linux_command ~]# ps aux |grep ping
root     15038  0.0  0.0 147344 1920 pts/0   S    00:47   0:00 ping booxin.vip
root     15040  0.0  0.0 112648  964 pts/0   S+   00:47   0:00 grep --color=auto ping
```

在终端运行此命令，即使关掉终端后，ping booxin.vip 指令也会继续运行，并将输出记录到 ping.txt。

```
[root@linux_command ~]# tailf ping.txt
64 bytes from linux_command (122.114.79.8): icmp_seq=21 ttl=64 time=0.031 ms
64 bytes from linux_command (122.114.79.8): icmp_seq=22 ttl=64 time=0.063 ms
64 bytes from linux_command (122.114.79.8): icmp_seq=23 ttl=64 time=0.067 ms
64 bytes from linux_command (122.114.79.8): icmp_seq=24 ttl=64 time=0.081 ms
（结尾略）
```

关闭运行 ping 命令的终端，会发现 ping 进程还一直在后台继续运行，可以使用如下代码指令进行关闭 ping 指令，以及确认 ping 指令是否关闭。

```
[root@linux_command ~]# pkill ping
[root@linux_command ~]# pgrep ping
```

【实例 9-27】nohup 后台运行脚本

创建 nohup_2.sh 示范代码内容如下所示。

```
cat >/data/sh/shell/nohup_2.sh<<nohup
while(true)
do
echo "作者们的网址是：http://www.booxin.vip"
echo "标准错误和正确输入在此显示" 1>&2
sleep 1;
done
nohup
[root@linux_command ~]# cat >/data/sh/shell/nohup_2.sh<<nohup
> while(true)
> do
> echo "作者们的网址是：http://www.booxin.vip"
> echo "标准错误和正確输入在此显示" 1>&2
> sleep 1;
> done
```

```
> nohup
```

代码输出内容如下所示。

```
[root@linux_command ~]# bash /data/sh/shell/nohup_2.sh
作者们的网址是：http://www.booxin.vip
标准错误和正确输入在此显示
作者们的网址是：http://www.booxin.vip
标准错误和正确输入在此显示
（中间内容略）
作者们的网址是：http://www.booxin.vip
标准错误和正确输入在此显示
^C
```

Linux 终端后台运行脚本。

```
[root@linux_command ~]# pgrep nohup
[root@linux_command ~]# ps aux |grep nohup
root     17912  0.0  0.0 113124  1392 pts/0    S    17:04   0:00 sh /data/s
h/shell/nohup_2.sh
root     17991  0.0  0.0 112648   964 pts/0    R+   17:05   0:00 grep --col
or=auto nohup
[root@linux_command ~]# kill 17912
[root@linux_command ~]# ps aux |grep nohup
root     18033  0.0  0.0 112648   960 pts/0    S+   17:05   0:00 grep --col
or=auto nohup
[1]+  Terminated              nohup sh /data/sh/shell/nohup_2.sh
```

【实例 9-28】nohup 结合 find 一例

查找根目录下大于 100MB 的文件，并显示详细文件信息，完整代码输出如下所示。

```
[root@linux_command ~]# find / -size +100M -exec ls -lhrt --full-time {} \;
-r--------. 1 root root 128T 2017-09-09 17:22:20.303476000 +0800 /proc/kcore
find: '/proc/18124/task/18124/fd/6': No such file or directory
find: '/proc/18124/task/18124/fdinfo/6': No such file or directory
find: '/proc/18124/fd/6': No such file or directory
find: '/proc/18124/fdinfo/6': No such file or directory
-rw-r--r--. 1 root root 3.3G 2017-09-03 20:21:34.923476000 +0800 /root/io_test1
-rw-r--r--. 1 root root 608M 2017-07-27 23:16:34.000000000 +0800 /var/cache
/yum/x86_64/7/updates/gen/other_db.sqlite
-rw-r--r--. 1 root root 102M 2017-05-27 23:36:18.886000000 +0800 /usr/lib/
locale/locale-archive
-rw-r--r--. 1 root root 128M 2016-11-05 19:23:07.000000000 +0800 /opt/Percona-
Server-5.6.28-rel76.1-Linux.x86_64.ssl101.tar.gz
-rw-r--r--. 1 root root 128M 2017-08-20 21:12:54.921000000 +0800 /data/sh/du.iso
```

采用 nohup 结合 find，找出根目录下大于 100MB 的文件，并显示详细文件信息，代码放在后台执行，完整代码输出如下所示。

```
[root@linux_command ~]# nohup find / -size +100M -exec ls -lhrt --full-time {} \;
>100M.log &
[1] 18134
```

查看代码日志输出结果，代码如下所示。

```
[root@linux_command ~]# cat 100M.log
-r--------. 1 root root 128T 2017-09-09 17:22:55.098476000 +0800 /proc/kcore
find: '/proc/18134/task/18134/fd/6': No such file or directory
find: '/proc/18134/task/18134/fdinfo/6': No such file or directory
find: '/proc/18134/fd/6': No such file or directory
find: '/proc/18134/fdinfo/6': No such file or directory
-rw-r--r--. 1 root root 3.3G 2017-09-03 20:21:34.923476000 +0800 /root/io_test1
-rw-r--r--. 1 root root 608M 2017-07-27 23:16:34.000000000 +0800 /var/cache/
yum/x86_64/7/updates/gen/other_db.sqlite
-rw-r--r--. 1 root root 102M 2017-05-27 23:36:18.886000000 +0800 /usr/lib/
locale/locale-archive
-rw-r--r--. 1 root root 128M 2016-11-05 19:23:07.000000000 +0800 /opt/Percona-
Server-5.6.28-rel76.1-Linux.x86_64.ssl101.tar.gz
-rw-r--r--. 1 root root 128M 2017-08-20 21:12:54.921000000 +0800 /data/sh/du.iso
```

9.1.7 srceen 指令

screen 是一个可以在多个进程之间多路复用一个物理终端的窗口管理器。screen 中有会话的概念，用户可以在一个 screen 会话中创建多个 screen 窗口，在每一个 screen 窗口中就像操作一个真实的 telnet/SSH 连接窗口那样。

【实例 9-29】终端关闭带来的问题

打开两个 SSH 终端窗口，在其中一个运行如下脚本。

脚本内容如下所示。

```
[root@linux_command ~]# cat /data/sh/shell/screen_while.sh
#!/bin/bash
echo "PID of this script: $$"
while true;do sleep 6;echo -e "\033[32;40m作者们的网址是:http://www.booxin.vip
\033[0m" ;done
```

脚本运行效果如下。

```
[root@linux_command ~]# bash /data/sh/shell/screen_while.sh
PID of this script: 20437
作者们的网址是: http://www.booxin.vip
作者们的网址是: http://www.booxin.vip
作者们的网址是: http://www.booxin.vip
作者们的网址是: http://www.booxin.vip
作者们的网址是: http://www.booxin.vip
作者们的网址是: http://www.booxin.vip
作者们的网址是: http://www.booxin.vip
作者们的网址是: http://www.booxin.vip
作者们的网址是: http://www.booxin.vip
```

开启另外一个终端，找到 sleep 进程的 ID 号以及父进程的 ID 号（登录 SHELL）。

```
[root@linux_command ~]# ps -ef |grep sleep
root     20602 20437  0 20:08 pts/0    00:00:00 sleep 6
root     20604 20394  0 20:08 pts/2    00:00:00 grep --color=auto sleep
```

使用 pstree 指令可以更清楚地看到这个关系。

```
[root@linux_command ~]# pstree -H 20602|grep sleep
        |-sshd---sshd-+-bash---bash---sleep
```

关闭第一个 SSH 窗口，在另一个窗口中可以看到/data/sh/shell/screen_while.sh 也被杀掉了。

```
[root@linux_command ~]# ps -ef |grep sleep
root   20838 20394  0 20:26 pts/2    00:00:00 grep --color=auto sleep
```

【实例 9-30】screen 工具使用方式

（1）直接在命令行键入 screen 命令。

```
[root@linux_command ~]# screen
```

screen 将创建一个执行 Shell 的全屏窗口，操作者可以执行任意 Shell 程序，就像在 SSH 窗口中那样，在该窗口中输入 exit 指令即可退出该窗口。如果这是该 screen 会话的唯一窗口，该 screen 会话会退出，否则 screen 自动切换到前一个窗口。

（2）screen 指令后跟要执行的程序。

```
[root@linux_command ~]# screen vim /data/logs/mysql/slow.log-2017-09-08
```

screen 创建一个执行 vim /data/logs/mysql/slow.log-2017-09-08 的单窗口会话，退出 vim 将退出该窗口/会话。

以上两种方式都创建新的 screen 会话。

（3）screen 高级功能。

操作者可以不中断 screen 窗口中程序的运行而暂时断开（detach）screen 会话，并在随后时间重新连接（attach）该会话，重新控制各窗口中运行的程序，如操作者打开一个 screen 窗口编辑/data/app/nginx/logs/access.log 文件。

```
[root@linux_command ~]# screen vim /data/app/nginx/logs/access.log
```

之后操作者想暂时退出做点别的事情，那么在 screen 窗口按住<Ctrl>键，同时按下<a>和<d>键，screen 会给出 detached 提示。

```
[detached from 21127.pts-2.linux_command]
```

暂时中断会话，半小时后找到该 screen 会话。

```
[root@linux_command ~]# screen -ls
There are screens on:
        21127.pts-2.linux_command       (Detached)
        21111.pts-0.linux_command       (Attached)
2 Sockets in /var/run/screen/S-root.
```

重新连接会话。

```
[root@linux_command ~]# screen -r 21127
```

【实例 9-31】查看当前保存的 session 会话

```
screen -ls
```

列出当前操作系统保存的 screen 指令会话信息。

```
[root@linux_command ~]# screen -ls
There are screens on:
        21160.pts-2.linux_command       (Attached)
        21111.pts-0.linux_command       (Attached)
2 Sockets in /var/run/screen/S-root.
```

【实例 9-32】创建新 session 会话

```
screen -S ping_booxin.vip
```

创建名称为 ping_booxin.vip 的会话作业。

```
screen -ls
```

查看 screen 指令作业任务列表，完整代码输出如下所示。

```
[root@linux_command ~]# screen -S ping_booxin.vip
[root@linux_command ~]# screen -ls
There are screens on:
        21209.ping_booxin.vip   (Attached)
        21160.pts-2.linux_command       (Attached)
        21111.pts-0.linux_command       (Attached)
3 Sockets in /var/run/screen/S-root.
```

【实例 9-33】断开连接之后重新恢复

```
screen -r [pid]
[root@linux_command ~]# screen -r 20653
```

重新连接 screen 会话任务。

【实例 9-34】关闭 screen 会话

```
screen -r 21307
```

进入当前会话。

```
[root@linux_command ~]# screen -r 21307
64 bytes from linux_command (122.114.79.8): icmp_seq=44 ttl=64 time=0.046 ms
64 bytes from linux_command (122.114.79.8): icmp_seq=45 ttl=64 time=0.061 ms
64 bytes from linux_command (122.114.79.8): icmp_seq=46 ttl=64 time=0.043 ms
（中间内容略）
64 bytes from linux_command (122.114.79.8): icmp_seq=78 ttl=64 time=0.044 ms
```

使用 exit 可以直接退出会话。

```
64 bytes from linux_command (122.114.79.8): icmp_seq=75 ttl=64 time=0.072 ms
64 bytes from linux_command (122.114.79.8): icmp_seq=76 ttl=64 time=0.089 ms
64 bytes from linux_command (122.114.79.8): icmp_seq=77 ttl=64 time=0.052 ms
64 bytes from linux_command (122.114.79.8): icmp_seq=78 ttl=64 time=0.044 ms
Really kill this window [y/n]
```

按<Enter+y>组合键即可关闭当前会话。

```
[screen is terminating]
```

【实例 9-35】清除 dead 会话

如果由于某种原因其中一个会话死掉了（如杀掉该会话），这时 screen -list 会显示该会话为 dead 状态，使用 screen -wipe 指令清除该会话。

```
[root@linux_command ~]# screen -ls
There is a screen on:
        21287.ping      (Detached)
1 Socket in /var/run/screen/S-root.

[root@linux_command ~]# kill -9  21287
[root@linux_command ~]# screen -ls
There is a screen on:
         21287.ping      (Dead ???)
Remove dead screens with 'screen -wipe'.
1 Socket in /var/run/screen/S-root.
```

此时可以使用 screen -wipe 指令清除该会话。

```
[root@linux_command ~]# screen -wipe
There is a screen on:
        21287.ping      (Removed)
1 socket wiped out.
No Sockets found in /var/run/screen/S-root.

[root@linux_command ~]# screen -ls
No Sockets found in /var/run/screen/S-root
```

9.1.8 nmap 指令

nmap 又叫作 Network mapper（网络映射器），是一个开源并且为了 Linux 系统管理员或者网络管理员的万能的工具。nmap 用于浏览网络，执行安全扫描，网络审计以及在远程机器找到开放端口。它可以扫描在线主机、操作系统、滤包器和远程主机打开的端口，nmap 常用主机扫描选项如表 9-6 所示。

表 9-6　nmap 指令常用主机扫描选项

选项	说明
-sP	ping 扫描
-P0	无 ping 扫描

续表

选项	说明
-PS	TCP SYN ping 扫描
-PA	TCP ACK ping 扫描
-PU	UDP ping 扫描
-PE/PM/PP	ICMP ping Types 扫描
-PR	ARP ping 扫描
-n	禁止 DNS 反向解析
-R	反向解析域名
-system-dns	使用系统域名解析器
-sL	列表扫描
-6	扫描 IPv6 地址
-traceroute	路由跟踪
-PY	SCTP INIT ping 扫描

【实例 9-36】安装 nmap

```
yum -y install nmap
```

安装 nmap 实用程序。

```
[root@linux_command ~]# yum -y install nmap
Loaded plugins: fastestmirror, priorities
Loading mirror speeds from cached hostfile
 * epel: mirrors.tuna.tsinghua.edu.cn
(中间内容略)
Install  1 Package (+1 Dependent package)
Installed:
  nmap.x86_64 2:6.40-7.el7
Dependency Installed:
  nmap-ncat.x86_64 2:6.40-7.el7
Complete!
```

【实例 9-37】获取远程主机的系统类型及开放端口

```
nmap -sS -P0 -sV -O <target>
```

- <target>可以是单一 IP，或主机名，或域名，或子网。
- -sS TCP SYN 扫描（又称半开放，或隐身扫描）。
- -P0 允许你关闭 ICMP pings。
- -sV 打开系统版本检测。
- -O 尝试识别远程操作系统。

其他选项：

- -A 同时打开操作系统指纹和版本检测。

- -v 详细输出扫描情况。

```
[root@linux_command ~]# nmap -sS -P0 -sV -O ziroom.com

Starting Nmap 6.40 ( http://nmap.org ) at 2017-09-09 22:15 CST
Nmap scan report for ziroom.com (119.254.76.106)
Host is up (0.025s latency).
Other addresses for ziroom.com (not scanned): 119.254.83.229 119.254.76.107
119.254.76.105 119.254.83.228 119.254.76.108
Not shown: 998 filtered ports
PORT    STATE SERVICE VERSION
80/tcp  open  http    nginx
443/tcp open  http    nginx
Warning: OSScan results may be unreliable because we could not find at least
1 open and 1 closed port
Device type: general purpose
Running (JUST GUESSING): Linux 2.6.X (88%)
OS CPE: cpe:/o:linux:linux_kernel:2.6.32
Aggressive OS guesses: Linux 2.6.32 - 2.6.35 (88%), Linux 2.6.32 - 2.6.39 (87%)
No exact OS matches for host (test conditions non-ideal).

OS and Service detection performed. Please report any incorrect results at
http://nmap.org/submit/ .
Nmap done: 1 IP address (1 host up) scanned in 18.47 seconds
[root@linux_command ~]# nmap -sS -P0 -sV -O www.ziroom.com

Starting Nmap 6.40 ( http://nmap.org ) at 2017-09-09 22:17 CST
Nmap scan report for www.ziroom.com (119.254.76.106)
Host is up (0.024s latency).
Other addresses for www.ziroom.com (not scanned): 119.254.76.108 119.254.83.228
119.254.76.105 119.254.76.107 119.254.83.229
Not shown: 998 filtered ports
PORT    STATE SERVICE VERSION
80/tcp  open  http    nginx
443/tcp open  http    nginx
Warning: OSScan results may be unreliable because we could not find at least
1 open and 1 closed port
Device type: general purpose
Running (JUST GUESSING): Linux 2.6.X (88%)
OS CPE: cpe:/o:linux:linux_kernel:2.6.32
Aggressive OS guesses: Linux 2.6.32 - 2.6.35 (88%), Linux 2.6.32 - 2.6.39 (87%)
No exact OS matches for host (test conditions non-ideal).

OS and Service detection performed. Please report any incorrect results at
http://nmap.org/submit/ .
Nmap done: 1 IP address (1 host up) scanned in 19.68 seconds
```

【实例 9-38】列出开放了指定端口的主机列表

```
nmap -sT -p 80 -oG - 119.254.83.* | grep open
```

具体代码如下：

```
[root@linux_command ~]# nmap -sT -p 80 -oG - 119.254.83.* | grep open
```

```
80/tcp open  http
80/tcp open  http
（中间内容略）
80/tcp open  http
```

【实例 9-39】查找在线主机列表

```
nmap -sP 119.254.83.*
```

网络上寻找所有 IP 地址为 119.254.83 开头的在线主机列表，完整代码输出如下所示。

```
[root@linux_command ~]# nmap -sP 119.254.83.*

Starting Nmap 6.40 ( http://nmap.org ) at 2017-09-09 22:20 CST
Nmap scan report for 119.254.83.1
Host is up (0.024s latency).
Nmap scan report for 119.254.83.2
Host is up (0.025s latency).
Nmap scan report for 119.254.83.3
Host is up (0.024s latency).
（中间内容略）
Host is up (0.023s latency).
Nmap scan report for 119.254.83.253
Host is up (0.026s latency).
Nmap scan report for 119.254.83.254
Host is up (0.025s latency).
Nmap done: 256 IP addresses (72 hosts up) scanned in 15.90 seconds
```

如下指令与上述指令输出结果一致。

```
[root@linux_command ~]# nmap -sP 119.254.0.0/24

Starting Nmap 6.40 ( http://nmap.org ) at 2017-09-09 22:21 CST
Nmap scan report for 119.254.0.1
Host is up (0.022s latency).
Nmap scan report for 119.254.0.2
Host is up (0.027s latency).
Nmap scan report for 119.254.0.3
Host is up (0.025s latency).
Nmap scan report for 119.254.0.5
Host is up (0.025s latency).
Nmap scan report for 119.254.0.6
（中间内容略）
Host is up (0.027s latency).
Nmap scan report for 119.254.0.231
Host is up (0.025s latency).
Nmap scan report for 119.254.0.232
Host is up (0.023s latency).
Nmap scan report for 119.254.0.241
Host is up (0.026s latency).
Nmap done: 256 IP addresses (61 hosts up) scanned in 34.96 seconds
```

【实例 9-40】ping 指定范围内的 IP 地址

```
nmap -sP 119.254.100-200
```

扫描 119.254.100-200 地址段的 IP，完整输出如下所示。

```
nmap -sP 192.168.1.100-254
[root@linux_command ~]# nmap -sP 119.254.100-200

Starting Nmap 6.40 ( http://nmap.org ) at 2017-09-09 22:23 CST
Failed to resolve "119.254.100-200".
WARNING: No targets were specified, so 0 hosts scanned.
Nmap done: 0 IP addresses (0 hosts up) scanned in 0.04 seconds
[root@linux_command ~]# nmap -sP 119.254.100.100-200

Starting Nmap 6.40 ( http://nmap.org ) at 2017-09-09 22:23 CST
Nmap scan report for 119.254.100.102
Host is up (0.023s latency).
(中间内容略)
Host is up (0.024s latency).
Nmap scan report for 119.254.100.198
Host is up (0.026s latency).
Nmap scan report for 119.254.100.199
Host is up (0.023s latency).
Nmap done: 101 IP addresses (40 hosts up) scanned in 22.90 seconds
```

【实例 9-41】显示网络上共有多少台 Linux 及 Windows 设备

```
nmap -F -O 119.254.76.106-200  grep "Running: " > /tmp/os; echo "$(cat /tmp/os
| grep Linux \
```

完整输出如下代码所示。

```
[root@linux_command ~]# nmap -F -O 119.254.76.106-200  grep "Running: " > /tmp/
os; echo "$(cat /tmp/os | grep Linux \
| wc -l) Linux device(s)"; echo "$(cat /tmp/os | grep Windows | wc -l) Window(s)
device"
Failed to resolve "grep".
Failed to resolve "Running: ".
22 Linux device(s)
0 Window(s) device
```

【实例 9-42】扫描域名开放端口

```
[root@linux_command ~]# nmap -sT -p 80 -oG --open  abc.com

Starting nmap 6.40 ( http://nmap.org ) at 2017-09-09 22:02 CST
nmap scan report for abc.com (119.154.76.108)
Host is up (0.026s latency).
Other addresses for abc.com (not scanned): 119.154.76.106 119.154.83.229
119.154.76.107 119.154.76.105 119.254.83.228
PORT   STATE SERVICE
80/tcp open  http

nmap done: 1 IP address (1 host up) scanned in 0.21 seconds
```

扫描 abc.com 的 80 端口是否开放，并只显示开放的主机。

9.1.9 sort 指令

Linux sort 命令用于将文本文件内容加以排序，sort 可针对文本文件的内容，以行为单位来排序。

【实例 9-43】sort 的工作原理

sort 将文件的每一行作为一个单位，相互比较。比较原则是从首字符向后，依次按 ASCII 码值进行比较，最后将它们按升序输出。

```
[root@linux_command ~]#  cat seq.txt
banana
banana
banana
banana
banana
banana
apple
pear
orange
```

【实例 9-44】去除重复行

“-u”选项在输出行中去除重复行，banana 由于重复被删除了。

```
[root@linux_command ~]#  sort -u seq.txt
banana
apple
pear
orange
```

【实例 9-45】逆向排序

sort 默认的排序方式是升序，如果想改成降序，可使用“-r”选项。

```
[root@linux_command ~]#  cat number.txt
1
3
5
2
4
[root@linux_command ~]#  sort number.txt
1
2
3
4
5
[root@linux_command ~]#  sort -r number.txt
5
4
3
2
1
```

【实例 9-46】输出结果保存至文件

由于 sort 默认是把结果输出到标准输出，所以需要用重定向才能将结果写入文件，如下代码所示。

```
sort filename > newfile
```

把排序结果输出到原文件中，使用重定向。

```
[root@linux_command ~]#  sort -r number.txt > number.txt
[root@linux_command ~]#  cat number.txt
[root@linux_command ~]#
```

number 文件内容被清空了，“-o”选项可以将输出结果写入原文件。

```
[root@linux_command ~]#  cat number.txt
1
3
5
2
4
[root@linux_command ~]#  sort -r number.txt -o number.txt
[root@linux_command ~]#  cat number.txt
5
4
3
2
1
```

【实例 9-47】数字排序

有没有遇到过 10 比 2 小的情况？出现这种情况是由于排序程序将这些数字按字符来排序，使用“-n”选项告知 sort 以数值排序输出结果。

```
[root@linux_command ~]#  cat number.txt
1
10
19
11
2
5
[root@linux_command ~]#  sort number.txt
1
10
11
19
2
5
[root@linux_command ~]#  sort -n number.txt
1
2
5
10
11
19
```

【实例 9-48】指定列排序

测试文件内容如下所示。

```
[root@linux_command ~]#  cat fruits.log
banana:30:5.5
apple:10:2.5
pear:90:2.3
orange:20:3.4
```

这个文件有 3 列，列与列之间用冒号隔开了，第 1 列表示水果类型，第 2 列表示水果数量，第 3 列表示水果价格。

以水果数量排序，即第 2 列来排序，如何利用 sort 实现？

“-t”选项可以设定间隔符，指定了间隔符之后，就可以用“-k”选项来指定列数。

```
[root@linux_command ~]#  sort -n -k 2 -t : fruits.log
apple:10:2.5
orange:20:3.4
banana:30:5.5
pear:90:2.3
```

使用冒号作为间隔符，并针对第 2 列来进行数值升序排序。

9.1.10 tar 指令

通过 SSH 访问服务器，难免会要用到压缩、解压缩、打包、解包等，这时 tar 命令就是必不可少的一个功能强大的工具。

tar 指令可以为 Linux 的文件和目录创建档案。利用 tar 可以为某一特定文件创建档案（备份文件），也可以在档案中改变文件，或者向档案中加入新的文件。tar 最初被用来在磁带上创建档案，现在用户可以在任何设备上创建档案。利用 tar 指令，可以把很多的文件和目录全部打包成一个文件，这对于备份文件或将几个文件组合成为一个文件以便于网络传输是非常有用的。

首先要弄清两个概念：打包和压缩。打包是指将很多文件或目录变成一个总的文件；压缩则是将一个大的文件通过一些压缩算法变成一个小文件。

为什么要区分这两个概念呢？这源于 Linux 中很多压缩程序只能针对一个文件进行压缩，这样当你想要压缩很多文件时，你得先将这很多文件先打成一个包（tar 命令），再用压缩程序进行压缩（gzip bzip2 命令）。

tar 指令常用选项如表 9-7 所示。

表 9-7　　tar 指令常用选项

选项	说明
-A	新增压缩文件到已存在的压缩
-B	设置区块大小

续表

选项	说明
-c	建立新的压缩文件
-d	记录文件的差别
-r	添加文件到已经压缩的文件
-u	添加改变了和现有的文件到已经存在的压缩文件
-x	从压缩的文件中提取文件
-t	显示压缩文件的内容
-z	支持 gzip 解压文件
-j	支持 bzip2 解压文件
-Z	支持 compress 解压文件
-v	显示操作过程
-l	文件系统边界设置
-k	保留原有文件不被覆盖
-m	保留文件不被覆盖
-W	确认压缩文件的正确性

可选参数如下。

- -b：设置区块数目。
- -C：切换到指定目录。
- -f：指定压缩文件。
- --help：显示帮助信息。
- --version：显示版本信息。

【实例 9-49】将文件全部打包成 tar 包

```
tar -cvf log.tar access.log-20170528
```

将 access.log-20170528 文件使用 tar 指令打成 tar 包。

```
tar -zcvf log.tar.gz access.log-20170528
```

将 access.log-20170528 文件使用 tar 指令打包，并以 bz2 指令压缩。

```
tar -jcvf log.tar.bz2 access.log-20170528
```

将 access.log-20170528 文件使用 tar 指令打包，并以 gzip 指令压缩，完整代码输出如下所示。

```
[root@linux_command ~]# cd /data/logs/nginx
[root@linux_command nginx]# ls -lhrt |head
total 127M
-rw-r--r--. 1 root root 2.9M May 28 23:59 access.log-20170528
-rw-r--r--. 1 root root  12K May 28 23:59 error.log-20170528
```

```
-rw-r--r--. 1 root root 220K May 29 23:59 access.log-20170529
-rw-r--r--. 1 root root  713 May 29 23:59 error.log-20170529
-rw-r--r--. 1 root root  44K May 30 23:59 access.log-20170530
-rw-r--r--. 1 root root    0 May 30 23:59 error.log-20170530
-rw-r--r--. 1 root root   82 Jun  7 23:59 access.log-2017-06-07
-rw-r--r--. 1 root root  713 Jun  7 23:59 error.log-2017-06-07
-rw-r--r--. 1 root root  365 Jun  8 23:59 access.log-2017-06-08
[root@linux_command nginx]# tar -cvf access.log-20170528.tar access.log-20170528
access.log-20170528
 [root@linux_command nginx]# tar -cvf access.log-20170528.tar.gz access.log-
20170528
access.log-20170528
 [root@linux_command nginx]# tar -cvf access.log-20170528.tar.bz2 access.log
-20170528
access.log-20170528
 [root@linux_command nginx]# ls -lh access.log-20170528*
-rw-r--r--. 1 root root 2.9M May 28 23:59 access.log-20170528
-rw-r--r--. 1 root root 3.0M Sep  9 23:32 access.log-20170528.tar
-rw-r--r--. 1 root root 3.0M Sep  9 23:32 access.log-20170528.tar.bz2
-rw-r--r--. 1 root root 3.0M Sep  9 23:32 access.log-20170528.tar.gz
[root@linux_command nginx]#
```

选项“-f”之后的文件名需要自定义，规范和习惯上建议使用用“.tar”作为辨识。如果加“-z”选项，则以“.tar.gz”或“.tgz”来代表 gzip 压缩过的 tar 包。如果加“-j”选项，则以“.tar.bz2”作为 tar 包名。

【实例 9-50】查看 tar 包内有哪些文件

```
tar -ztvf log.tar.gz
```

查看 log.tar 包内有哪些文件，完整输出如下代码所示。

```
 [root@linux_command nginx]# tar xvf access.log-20170528.tar.gz
access.log-20170528
[root@linux_command nginx]# tar xfv access.log-20170528.tar.bz2
access.log-20170528
```

使用 gzip 指令压缩过的“log.tar.gz”文件，查看“log.tar.gz”包内文件时，需要使用“-z”选项。

9.1.11 gzip 指令

gzip 是在 Linux 系统中经常使用的一个对文件进行压缩和解压缩的指令，方便好用。gzip 不仅可以用来压缩大的、较少使用的文件，以节省磁盘空间，还可以和 tar 命令一起构成 Linux 操作系统中比较流行的压缩文件格式。据统计，gzip 命令对文本文件有 60%～70%的压缩率。

减少文件大小有两个明显的好处：一是可以减少存储空间；二是通过网络传输文件时，可以减少传输的时间。

gzip 压缩指令常用选项如表 9-8 所示。

表 9-8 gzip 指令常用选项

选项	说明
-c	将压缩或解压缩的结果写到标准输出，而不是写到文件
-d	解压缩用 gzip 压缩的文件。该选项用于 gzip，与 gunzip 等价
-f	压缩/解压缩时强制覆盖已存在的文件
-l	对于在 file-list 中要压缩的每个文件，显示压缩和解压缩后文件的大小、压缩比和压缩前的文件名
-n	在压缩速度和压缩量间进行权衡，n 为从 1～9 的数字，第 1 级为最快压缩，但压缩量最小；第 9 级的压缩速度最慢，但压缩量最大，默认级别为 6，--fast 和--best 分别等价于-1 和-9
-q	禁止显示警告信息
-r	递归压缩/解压缩 file-list 中的文件
-t	验证压缩文件的完整性。如果文件完整，则不显示任何信息
-v	显示文件名、压缩后的文件名和每个被处理文件的压缩量

【实例 9-51】准备测试文件

```
mkdir /data/sh/gzip
cd /data/sh/gzip
```

准备测试文件，创建/data/sh/gzip 目录，复制 nginx 日志文件到此目录。

```
[root@linux_command ~]# mkdir /data/sh/gzip
[root@linux_command ~]# cd /data/sh/gzip
[root@linux_command gzip]# cp -av /data/logs/nginx/* .
'/data/logs/nginx/access.log-20170528' -> './access.log-20170528'
'/data/logs/nginx/access.log-20170528.tar' -> './access.log-20170528.tar'
'/data/logs/nginx/access.log-20170528.tar.bz2' -> './access.log-20170528.tar.bz2'
（中间内容略）
'/data/logs/nginx/error.log-2017-09-08' -> './error.log-2017-09-08'
'/data/logs/nginx/error.log-2017-09-09' -> './error.log-2017-09-09'
'/data/logs/nginx/nginx.log' -> './nginx.log'
```

统计目录下文件数量及大小，完整代码输出如下所示。

```
[root@linux_command gzip]# ll |wc -l
201
[root@linux_command gzip]# du -sh
136M    .
```

【实例 9-52】将目录内的所有文件压缩成.gz 文件

```
gzip *
```

压缩当前目录内的所有文件，完整代码输出如下所示。

```
[root@linux_command gzip]# gzip *
gzip: access.log-20170528.tar.gz already exists; do you wish to overwrite
```

```
(y or n)? y
   gzip: access.log-20170528.tar.gz already has .gz suffix -- unchanged
   [root@linux_command gzip]# ls -lh
   total 2.7M
   -rw-r--r--. 1 root root  62K May 28 23:59 access.log-20170528.gz
   -rw-r--r--. 1 root root  62K Sep  9 23:32 access.log-20170528.tar.bz2.gz
   -rw-r--r--. 1 root root  62K Sep  9 23:32 access.log-20170528.tar.gz
   -rw-r--r--. 1 root root 6.5K May 29 23:59 access.log-20170529.gz
   （中间内容略）
   -rw-r--r--. 1 root root 5.9K Sep  8 23:59 error.log-2017-09-08.gz
   -rw-r--r--. 1 root root 4.5K Sep  9 23:59 error.log-2017-09-09.gz
   -rw-r--r--. 1 root root   30 Aug 25 20:54 nginx.log.gz
```

【实例 9-53】显示解压详细信息

```
gzip -dv *
```

将每个压缩的文件解压，并列出详细信息。

```
   [root@linux_command gzip]# gzip -dv *
   access.log-20170528.gz:  97.9% -- replaced with access.log-20170528
   access.log-20170528.tar.bz2.gz:  97.9% -- replaced with access.log-20170528.
tar.bz2
   access.log-20170528.tar.gz:      97.9% -- replaced with access.log-20170528.tar
   access.log-20170529.gz:  97.1% -- replaced with access.log-20170529
   access.log-20170530.gz:  95.7% -- replaced with access.log-20170530
   access.log-2017-06-07.gz:         8.5% -- replaced with access.log-2017-06-07
   （中间内容略）
   error.log-2017-09-06.gz:         93.0% -- replaced with error.log-2017-09-06
   error.log-2017-09-07.gz:         91.6% -- replaced with error.log-2017-09-07
   error.log-2017-09-08.gz:         91.2% -- replaced with error.log-2017-09-08
   error.log-2017-09-09.gz:         93.3% -- replaced with error.log-2017-09-09
   nginx.log.gz:     0.0% -- replaced with nginx.log
```

【实例 9-54】显示压缩文件内容信息

```
gzip -v *
```

显示每个压缩的文件的信息，并不解压。

```
   [root@linux_command gzip]# gzip -v *
   access.log-20170528:     97.9% -- replaced with access.log-20170528.gz
   access.log-20170528.tar:         97.9% -- replaced with access.log-20170528.
tar.gz
   access.log-20170528.tar.bz2:     97.9% -- replaced with access.log-20170528.
tar.bz2.gz
   access.log-20170529:     97.1% -- replaced with access.log-20170529.gz
   （中间内容略）
   error.log-2017-09-08:    91.2% -- replaced with error.log-2017-09-08.gz
   error.log-2017-09-09:    93.3% -- replaced with error.log-2017-09-09.gz
   nginx.log:        0.0% -- replaced with nginx.log.gz

   [root@linux_command gzip]# gzip -l *
            compressed      uncompressed  ratio uncompressed_name
```

```
           62714           3040775  97.9% access.log-20170528
           62868           3051520  97.9% access.log-20170528.tar.bz2
           62864           3051520  97.9% access.log-20170528.tar
            6622            224531  97.1% access.log-20170529
（中间内容略）          5980             67748  91.2% error.log-2017-09-08
            4508             66627  93.3% error.log-2017-09-09
              30                 0   0.0% nginx.log
         2272147         138504907  98.4% (totals)
```

【实例 9-55】递归的压缩目录

```
gzip -rv gzip/
```

将 gzip 目录下面的文件都压缩成"*.gz"，压缩后目录依然存在，只是目录里面的文件相应变成了"*.gz"，这就是压缩。和打包不同，因为是对目录操作，所以需要加上"-r"选项，也可以对子目录进行递归压缩。

```
[root@linux_command sh]# gzip -rv gzip/
gzip//access.log-2017-06-07:      8.5% -- replaced with gzip//access.log-
2017-06-07.gz
gzip//access.log-20170528.tar.bz2:       97.9% -- replaced with gzip//
access.log-20170528.tar.bz2.gz
gzip//access.log-2017-06-10:      0.0% -- replaced with gzip//access.log-
2017-06-10.gz
gzip//access.log-2017-06-11:     95.1% -- replaced with gzip//access.log-
2017-06-11.gz
gzip//access.log-2017-06-12:     38.5% -- replaced with gzip//access.log-
2017-06-12.gz
gzip//access.log-2017-06-13:     72.9% -- replaced with gzip//access.log-
2017-06-13.gz
gzip//access.log-2017-06-14:      0.0% -- replaced with gzip//access.log-
2017-06-14.gz
（中间内容略）
gzip//error.log-2017-06-27:      63.3% -- replaced with gzip//error.log-
2017-06-27.gz
[root@linux_command sh]# ll gzip/ |head
total 2740
-rw-r--r--. 1 root root  62714 May 28 23:59 access.log-20170528.gz
-rw-r--r--. 1 root root  62868 Sep  9 23:32 access.log-20170528.tar.bz2.gz
-rw-r--r--. 1 root root  62864 Sep  9 23:32 access.log-20170528.tar.gz
-rw-r--r--. 1 root root   6622 May 29 23:59 access.log-20170529.gz
-rw-r--r--. 1 root root   1972 May 30 23:59 access.log-20170530.gz
-rw-r--r--. 1 root root    115 Jun  7 23:59 access.log-2017-06-07.gz
-rw-r--r--. 1 root root    229 Jun  8 23:59 access.log-2017-06-08.gz
-rw-r--r--. 1 root root   1306 Jun  9 23:59 access.log-2017-06-09.gz
-rw-r--r--. 1 root root     42 Jun 10 23:59 access.log-2017-06-10.gz
```

递归地解压目录可以使用"gzip-dr gzip"指令。

【实例 9-56】压缩量最大的方式递归压缩目录中的文件

```
gzip -9 -vr   gzip/
```

压缩量最大（数字 9）的方式递归压缩目录中的文件。

```
[root@linux_command sh]# gzip -9 -vr   gzip/
gzip//access.log-2017-06-14:     0.0% -- replaced with gzip//access.log-2017-06-14.gz
gzip//access.log-2017-06-15:     0.0% -- replaced with gzip//access.log-2017-06-15.gz
gzip//access.log-2017-06-16:     0.0% -- replaced with gzip//access.log-2017-06-16.gz
gzip//access.log-2017-06-17:     0.0% -- replaced with gzip//access.log-2017-06-17.gz
gzip//access.log-2017-06-18:     0.0% -- replaced with gzip//access.log-2017-06-18.gz
（中间内容略）
gzip//access.log-20170528.tar.bz2:                    98.0% -- replaced with gzip//access.log-20170528.tar.bz2.gz
gzip//error.log-2017-08-16:     79.4% -- replaced with gzip//error.log-2017-08-16.gz
gzip//access.log-2017-06-13:    72.9% -- replaced with gzip//access.log-2017-06-13.gz
```

【实例 9-57】gzip 指令解压缩保留源文件

```
gzip -c filename > filename.gz
gunzip -c filename.gz > filename
```

gzip 指令解压缩保留源文件，完整代码演示如下所示。

```
[root@linux_command gzip]# gzip -c access.log-2017-06-10.gz >access.log-2017-06-10
[root@linux_command gzip]# ls -lh access.log-2017-06-10*
-rw-r--r--. 1 root root 80 Sep 10 09:32 access.log-2017-06-10
-rw-r--r--. 1 root root 42 Jun 10 23:59 access.log-2017-06-10.gz

[root@linux_command gzip]# gzip -c access.log-2017-06-10 >access.log-2017-06-10.gz

[root@linux_command gzip]# ls -lh access.log-2017-06-10*
-rw-r--r--. 1 root root  80 Sep 10 09:32 access.log-2017-06-10
-rw-r--r--. 1 root root 123 Sep 10 09:33 access.log-2017-06-10.gz
```

9.1.12 zip 和 unzip 指令

Linux 系统没有自带的压缩解压工具，如果没有安装 unzip 和 zip，会出现“unzip: Command Not Found”或“zip: Command Not Found”，这是因为没有安装，可使用如下命令进行安装。

```
yum -y install zip unzip
```

压缩时，运行在 UNIX 环境下，支持正在表达式匹配：?、*、[]。分别代表匹配单个字符、匹配任意数量字符（包括空）、其中之一匹配。

【实例 9-58】压缩目录

使用 zip 指令直接压缩目录，测试文件如下所示。

```
[root@linux_command nginx]# cp -av /data/logs/nginx/* .
'/data/logs/nginx/access.log-20170528' -> './access.log-20170528'
'/data/logs/nginx/access.log-20170528.tar' -> './access.log-20170528.tar'
（中间内容略）
'/data/logs/nginx/error.log-2017-09-04' -> './error.log-2017-09-04'
'/data/logs/nginx/error.log-2017-09-05' -> './error.log-2017-09-05'
'/data/logs/nginx/error.log-2017-09-06' -> ''./error.log-2017-09-06'
'/data/logs/nginx/error.log-2017-09-07' -> './error.log-2017-09-07'
'/data/logs/nginx/error.log-2017-09-08' -> './error.log-2017-09-08'
'/data/logs/nginx/error.log-2017-09-09' -> './error.log-2017-09-09'
'/data/logs/nginx/nginx.log' -> './nginx.log'
[root@linux_command nginx]# ls -l |head
total 138556
-rw-r--r--. 1 root root  3040775 May 28 23:59 access.log-20170528
-rw-r--r--. 1 root root  3051520 Sep  9 23:32 access.log-20170528.tar
-rw-r--r--. 1 root root  3051520 Sep  9 23:32 access.log-20170528.tar.bz2
-rw-r--r--. 1 root root  3051520 Sep  9 23:32 access.log-20170528.tar.gz
-rw-r--r--. 1 root root   224531 May 29 23:59 access.log-20170529
-rw-r--r--. 1 root root    44868 May 30 23:59 access.log-20170530
-rw-r--r--. 1 root root       82 Jun  7 23:59 access.log-2017-06-07
-rw-r--r--. 1 root root      365 Jun  8 23:59 access.log-2017-06-08
-rw-r--r--. 1 root root    19546 Jun  9 23:59 access.log-2017-06-09
[root@linux_command nginx]# ls -l |wc -l
201

[root@linux_command sh]# zip nginx.zip nginx/
  adding: nginx/ (stored 0%)
[root@linux_command sh]# ls -lh nginx.zip
-rw-r--r--. 1 root root 162 Sep 10 10:19 nginx.zip
```

这样确实可以直接压缩目录，但是如果目录“nginx”下全是目录文件，那么压缩包里就是空的，因为只压缩了目录（确实是压缩了）。

这种压缩只压缩目录本身，里面的文件不会进行压缩，提醒读者在做压缩测试时一定要多测试几遍。

```
[root@linux_command sh]# zip nginx.zip nginx/
updating: nginx/ (stored 0%)
[root@linux_command sh]# rm -rfv nginx/
removed 'nginx/error.log-20170528'
removed 'nginx/error.log-20170529'
removed 'nginx/error.log-20170530'
（中间内容略）
removed 'nginx/access.log-2017-09-08'
removed 'nginx/access.log-2017-09-09'
removed directory: 'nginx/'
[root@linux_command sh]# unzip nginx.zip
Archive:  nginx.zip
   creating: nginx/
```

```
[root@linux_command sh]# ll nginx
total 0
```

压缩目录“nginx”下的所有文件（包含其中子目录及子目录中文件），解压后还有目录“nginx”。（选项带“-r”、末尾带星号“*”）

```
[root@linux_command sh]# zip -r  nginx.zip nginx/*
  adding: nginx/access.log-20170528 (deflated 98%)
  adding: nginx/access.log-20170528.tar (deflated 98%)
  adding: nginx/access.log-20170528.tar.bz2 (deflated 98%)
  adding: nginx/access.log-20170528.tar.gz (deflated 98%)
  adding: nginx/access.log-20170529 (deflated 97%)
（中间内容略）
  adding: nginx/error.log-2017-09-08 (deflated 91%)
  adding: nginx/error.log-2017-09-09 (deflated 93%)
  adding: nginx/nginx.log (stored 0%)
```

下面为代码实现效果。

```
[root@linux_command sh]# zip -r  nginx.zip nginx
  adding: nginx/ (stored 0%)
  adding: nginx/access.log-20170528 (deflated 98%)
（中间内容略）
  adding: nginx/error.log-2017-09-07 (deflated 92%)
  adding: nginx/error.log-2017-09-08 (deflated 91%)
  adding: nginx/error.log-2017-09-09 (deflated 93%)
[root@linux_command sh]# ls -lh nginx.zip
-rw-r--r--. 1 root root 2.3M Sep 10 10:27 nginx.zip
```

【实例 9-59】压缩文件

压缩当前目录下的所有文件和目录（不包含当前目录子目录中的文件）。

```
[root@linux_command sh]# zip -r nginx.zip nginx/*
  adding: nginx/access.log-20170528 (deflated 98%)
  adding: nginx/access.log-20170528.tar (deflated 98%)
  adding: nginx/access.log-20170528.tar.bz2 (deflated 98%)
  adding: nginx/access.log-20170528.tar.gz (deflated 98%)
（中间内容略）
  adding: nginx/error.log-2017-09-09 (deflated 93%)
  adding: nginx/nginx.log (stored 0%)
```

【实例 9-60】指定压缩包位置

指定压缩文件到其他目录下。

```
[root@linux_command sh]# zip -r /tmp/nginx.zip nginx/*
  adding: nginx/access.log-20170528 (deflated 98%)
  adding: nginx/access.log-20170528.tar (deflated 98%)
（中间内容略）
  adding: nginx/error.log-2017-09-08 (deflated 91%)
  adding: nginx/error.log-2017-09-09 (deflated 93%)
  adding: nginx/nginx.log (stored 0%)
[root@linux_command sh]# ls -lh /tmp/nginx.zip
```

```
-rw-r--r--. 1 root root 2.3M Sep 10 11:03 /tmp/nginx.zip
```

【实例 9-61】压缩后删除原始文件

创建压缩文件“nginx.zip”的同时删除原始文件“err 开头的文件”。

```
[root@linux_command nginx]# zip -rmv nginx.zip err*
  adding: error.log-20170528    (in=12119) (out=1560) (deflated 87%)
  adding: error.log-20170529    (in=713) (out=263) (deflated 63%)
  adding: error.log-20170530    (in=0) (out=0) (stored 0%)
  adding: error.log-2017-09-09  (in=66627) (out=4469) (deflated 93%)
total bytes=4049734, compressed=200403 -> 95% savings
zip diagnostic: deleting file error.log-20170528
zip diagnostic: deleting file error.log-20170529
zip diagnostic: deleting file error.log-20170530
zip diagnostic: deleting file error.log-2017-06-07
zip diagnostic: deleting file error.log-2017-06-08

zip diagnostic: deleting file error.log-2017-09-09
[root@linux_command nginx]# ls -lh nginx.zip
-rw-r--r--. 1 root root 212K Sep 10 11:04 nginx.zip
```

【实例 9-62】为压缩包设置密码

给压缩包加密，使用选项“-e”。

```
[root@linux_command nginx]# cd ..
[root@linux_command sh]# zip -rev nginx.zip nginx
Enter password:
Verify password:
  adding: nginx/        (in=0) (out=0) (stored 0%)
  adding: nginx/access.log-20170528     (in=3040775) (out=62676) (deflated 98%)
  adding: nginx/access.log-20170528.tar         (in=3051520) (out=62822)
(deflated 98%)
  adding: nginx/access.log-20170528.tar.bz2     (in=3051520) (out=62822)
(deflated 98%)
  adding: nginx/access.log-20170528.tar.gz      (in=3051520) (out=62822)
(deflated 98%)
  adding: nginx/access.log-20170529     (in=224531) (out=6584) (deflated 97%)
  adding: nginx/access.log-20170530     (in=44868) (out=1934) (deflated 96%)
（中间内容略）
  adding: nginx/error.log-2017-07-03   (in=0) (out=0) (stored 0%)
  adding: nginx/error.log-2017-07-04   (in=711) (out=261) (deflated 63%)
  adding: nginx/error.log-2017-07-05   (in=0) (out=0) (stored 0%)
  adding: nginx/error.log-2017-07-06   (in=0) (out=0) (stored 0%)
  adding: nginx/error.log-2017-07-07   (in=479) (out=163) (deflated 66%)
  adding: nginx/error.log-2017-07-08    (in=138814) (out=3370) (deflated 98%)
  adding: nginx/error.log-2017-07-09    (in=135242) (out=3370) (deflated 98%)
  adding: nginx/error.log-2017-07-10    (in=74024) (out=6009) (deflated 92%)
  adding: nginx/error.log-2017-07-11    (in=129559) (out=3167) (deflated 98%)
（中间内容略）
  adding: nginx/error.log-2017-09-09    (in=66627) (out=4469) (deflated 93%)
total bytes=141556427, compressed=2329439 -> 98% savings
[root@linux_command sh]# ls -lh nginx.zip
```

```
-rw-r--r--. 1 root root 2.3M Sep 10 11:09 nginx.zip
```

把加密压缩文件下载到本地，采用 Windows 操作系统软件打开，确认是否加密成功。

```
[root@linux_command sh]# sz -bey nginx.zip
rz
 zmodem trl+C ȡ

  100%     2313 KB   100 KB/s 00:00:23       0 Erro
```

如图 9-5 所示。

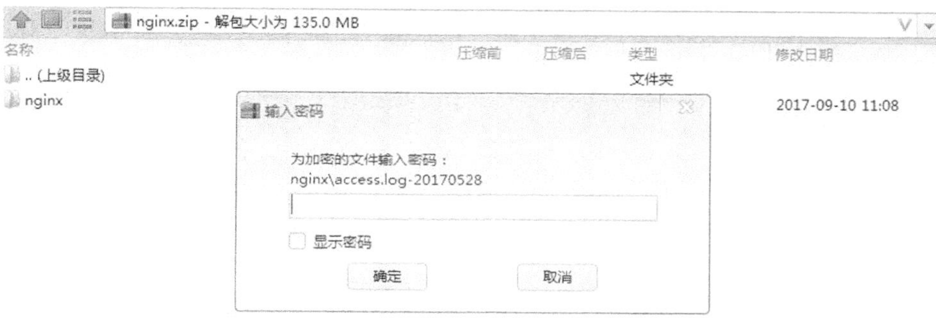

图 9-5　zip 解压需输入密码示意图

可以使用大写字符“-P”在命令行指定加密密码。

```
[root@linux_command sh]# zip -rev -P 'http://www.booxin.vip' nginx.zip nginx
   adding: nginx/        (in=0) (out=0) (stored 0%)
   adding: nginx/access.log-20170528      (in=3040775) (out=62676) (deflated 98%)
   adding: nginx/access.log-20170528.tar        (in=3051520) (out=62822)
(deflated 98%)
   adding: nginx/access.log-20170528.tar.bz2    (in=3051520) (out=62822)
(deflated 98%)
   adding: nginx/access.log-20170528.tar.gz     (in=3051520) (out=62822)
(deflated 98%)
  （中间内容略）
   adding: nginx/error.log-2017-09-08    (in=67748) (out=5941) (deflated 91%)
   adding: nginx/error.log-2017-09-09    (in=66627) (out=4469) (deflated 93%)
  total bytes=141556427, compressed=2329439 -> 98% savings
```

再次下载加密后的文件，使用 Windows 操作系统解压缩文件查看，确认输入的加密密码是否正确，如图 9-6 和图 9-7 所示。

【实例 9-63】显示压缩了多少文件

在压缩完成后显示压缩了多少文件。

```
[root@linux_command sh]# zip -dc nginx.zip acesss
       zip warning: name not matched: acesss
```

```
zip error: Nothing to do! (nginx.zip)
[root@linux_command sh]# zip -dc nginx.zip acesss*
        zip warning: name not matched: acesss*

zip error: Nothing to do! (nginx.zip)
[root@linux_command sh]# zip -dc nginx.zip nginx/*
  0/200 updating: nginx/access.log-20170528 (deflated 98%)
  1/199 updating: nginx/access.log-20170528.tar (deflated 98%)
  2/198 updating: nginx/access.log-20170528.tar.bz2 (deflated 98%)
（中间内容略）
199/  1 updating: nginx/error.log-2017-09-09 (deflated 93%)
[root@linux_command sh]# zip -dc nginx.zip nginx/* |wc -l
200
```

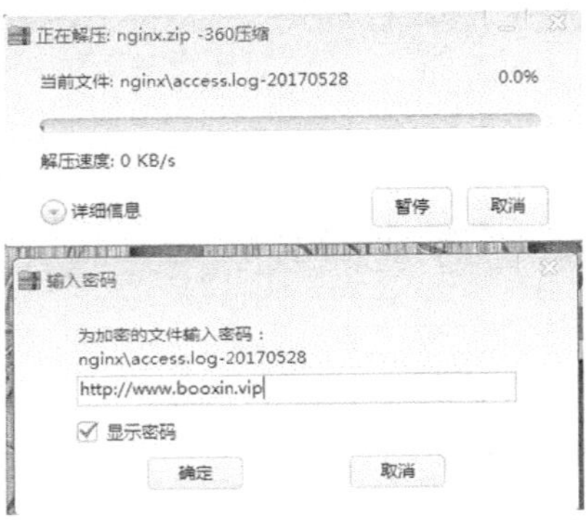

图 9-6　复杂密码加密

图 9-7　复杂密码解密示意图

【实例 9-64】压缩后去掉目录

仅压缩指定目录下的文件，而不包含其中子目录，也不包含当前目录（zip-dir）（解压后只有文件不见目录）。

```
[root@linux_command ~]# zip -rvj nginx.zip  /data/sh/nginx/
  adding: access.log-20170528   (in=3040775) (out=62676) (deflated 98%)
  adding: access.log-20170528.tar      (in=3051520) (out=62822) (deflated 98%)
（中间内容略）
total bytes=141556427, compressed=2327039 -> 98% savings
[root@linux_command ~]# ls -lh nginx.zip
-rw-r--r--. 1 root root 2.3M Sep 10 14:48 nginx.zip
```

【实例 9-65】把所有*.sh 的文件打包成一个 shell.zip 文件

shell.zip 可以省略扩展名简写成 shell，它会自行默认“.zip”的扩展名，具体代码如下。

```
[root@linux_command shell]# zip shell.zip *.sh
  adding: 10_1.sh (deflated 77%)
  adding: b.sh (deflated 6%)
  adding: comm_num1.sh (deflated 30%)
  adding: func2.sh (deflated 75%)
  adding: func.sh (deflated 11%)
```

```
  adding: if.sh (deflated 31%)
  adding: net_total.sh (deflated 65%)
  adding: nohup_2.sh (stored 0%)
  adding: screen_while.sh (deflated 2%)
  adding: var.sh (stored 0%)
[root@linux_command shell]# zip shell *.sh
  adding: 10_1.sh (deflated 77%)
  adding: b.sh (deflated 6%)
  adding: comm_num1.sh (deflated 30%)
  adding: func2.sh (deflated 75%)
  adding: func.sh (deflated 11%)
  adding: if.sh (deflated 31%)
  adding: net_total.sh (deflated 65%)
  adding: nohup_2.sh (stored 0%)
  adding: screen_while.sh (deflated 2%)
  adding: var.sh (stored 0%)
[root@linux_command shell]# ls -lh shell.zip
-rw-r--r--. 1 root root 3.4K Sep 10 14:57 shell.zip
```

【实例 9-66】删除.zip 文件中的指定文件

```
[root@linux_command shell]# zip -dv shell.zip 10_1.sh
1>1: updating: 10_1.sh (deflated 77%)
```

如果当初 10_1.sh 是压缩在 shell.zip 中的一个文件，现在这条指令把它从压缩文件中抽走并删掉，“-d”选项是删除之意。

【实例 9-67】添加一个文件到.zip 文件中

```
[root@linux_command shell]# zip -gv shell.zip 10_1.sh
updating: 10_1.sh       (in=1942) (out=442) (deflated 77%)
total bytes=4606, compressed=1979 -> 57% savings
```

如果当初并没有把 10_1.sh 压在 shell.zip 里面，现在把它加进去，“-g”选项是增加而不要重新产生的意思。

【实例 9-68】将更改过的文件添加到压缩包中

```
zip -u shell.zip 10_1.sh
```

如果当初 10_1.sh 都已经压缩进 shell.zip 里面了，但是后来 10_1.sh 中有几个文件有更改，又不想去找出到底是哪些文件更改了。这条命令请系统自行帮助检查，更改过的才更新到压缩，否则就不必动。

下面先来改动 10_1.sh 这个文件，向脚本后面追加一些空行。

```
[root@linux_command shell]# wc -l 10_1.sh
52 10_1.sh
[root@linux_command shell]# echo 'echo' >>10_1.sh
[root@linux_command shell]# echo 'echo' >>10_1.sh
[root@linux_command shell]# echo 'echo' >>10_1.sh
[root@linux_command shell]# echo 'echo' >>10_1.sh
[root@linux_command shell]# echo 'echo' >>10_1.sh
```

```
[root@linux_command shell]# echo 'echo' >>10_1.sh
[root@linux_command shell]# wc -l 10_1.sh
58 10_1.sh
[root@linux_command shell]# zip -u shell.zip 10_1.sh
updating: 10_1.sh (deflated 77%)
```

【实例 9-69】同时处理多个文件和目录

把一个文件 tongji.log 和一个目录 sh_bak 压缩成为 sh_bak_tongji.zip。

读者可以使用 zip 命令同时处理多个文件和目录，方法是将它们逐一列出，并用空格间隔，比如可以使用 zip 指令对多个文件和目录进行同时压缩，如下代码所示。

```
[root@linux_command shell]# zip -r sh_bak_tongji.zip sh_bak tongji.log
  adding: sh_bak/ (stored 0%)
  adding: sh_bak/2.sh (deflated 44%)
  adding: sh_bak/auto_lamp.sh (deflated 47%)
（中间内容略）
  adding: sh_bak/while_3.sh (deflated 9%)
  adding: tongji.log (deflated 38%)
[root@linux_command shell]# ls -lh sh_bak_tongji.zip
-rw-r--r--. 1 root root 11K Sep 10 15:05 sh_bak_tongji.zip
```

【实例 9-70】安静模式打包文件和目录

将/data/app/nginx/这个目录下所有文件和文件夹打包为当前目录下的 html.zip。

```
[root@linux_command ~]# du -sh /data/app/nginx/
84M     /data/app/nginx/
[root@linux_command ~]# zip -qr html.zip /data/app/nginx/;echo $?
0
[root@linux_command ~]# ls -lh html.zip
-rw-r--r--. 1 root root 45M Sep 10 15:08 html.zip
```

“-q”选项为安静模式，在压缩时不显示指令的执行过程

【实例 9-71】Linux 下解压分卷压缩 zip

假设要解压的分卷文件是 file.zip file.z01 和 file.z02 file.z03（其他情况可类推），将分卷文件合成一个完整的压缩文件 hana.zip，然后在使用 unzip 解压 file.zip 即可。

注意：cat 里面文件顺序不能乱，否则解压会失败。

```
cat file.z01 file.z02 file.z03 file.zip > hana.zip
unzip hana.zip
```

【实例 9-72】unzip 解压缩指令常用选项

unzip 解压缩指令常用解压选项，如表 9-9 所示。

表 9-9 unzip 解压缩指令常用选项

选项	说明
-c	将解压缩的结果显示到屏幕上，并对字符做适当转换
-p	与-c 参数类似，会将解压缩的结果显示到屏幕上，但不会执行任何的转换

续表

选项	说明
-l	显示压缩文件内所包含的文件
-f	更新现有的文件
-t	检查压缩文件是否正确，但不解压
-u	与-f参数类似，但是除了更新现有的文件外，也会将压缩文件中的其他文件解压缩到目录中
-z	仅显示压缩文件的备注文字
-v	执行时显示详细的信息或查看压缩文件目录，但不解压
-T	将压缩文件内的所有文件的最新变动时间设为解压缩时的时间
-x	指定不要处理.zip 压缩文件中的哪些文件
-d	指定文件解压缩后所要存储的目录
-n	解压缩时不要覆盖原有的文件
-q	安静模式，执行时不显示任何信息
-o	不必先询问用户，unzip 执行后覆盖原有文件
-a	对文本文件进行必要的字符转换
-j	不处理压缩文件中原有的目录路径
-a	把所有的文件目录当作文本处理
-U	忽略 Unicode 编码字符
-C	压缩文件中的文件名称区分大小写
-L	将压缩文件中的全部文件名改为小写
-X	解压缩时同时回存文件原来的 UID/GID
-V	保留 VMS 的文件版本信息
-K	保留文件的 setuid/setgid/tacky 属性
-M	将输出结果送到 more 程序处理
-O	指定字符编码为 DOS、Windows 和 OS/2
-I	指定字符编码为 UNIX
-c	将解压缩的结果显示到屏幕上，并对字符做适当的转换
-p	与-c 参数类似，会将解压缩的结果显示到屏幕上，但不会执行任何的转换
-l	显示压缩文件内所包含的文件

【实例 9-73】检查 zip 文件是否损坏

```
unzip -t html.zip
```

验证 html.zip 文件是否损坏。

```
[root@linux_command ~]# unzip -t html.zip
（中间内容略）
    testing: data/app/nginx/confblockip.conf   OK
    testing: data/app/nginx/nginx.pid   OK
```

```
No errors detected in compressed data of html.zip.
```

验证 html.zip 压缩包里面的文件是否完整，“-t”选项会针对压缩包里面的每个文件进行逐个校验，没有问题就返回“OK”。

9.1.13 zcat 和 zgrep 指令

zcat 命令用于不真正解压缩文件就能显示压缩包中文件的内容的场合。

和 zgrep 一样，可以用于.gz 压缩过的文件，直接可以查看里面内容。

直接查看 tar.gz 压缩包里的内容可以使用如下指令。

```
zcat xxx.tar.gz
```

在其后面直接加管道 grep 处理的代码如下。

```
[root@linux_command ~]# zgrep 'html' /data/bak/nginx_20170910020001.tar.gz
Binary file (standard input) matches
[root@linux_command ~]# zcat /data/bak/nginx_20170910020001.tar.gz |grep 'html'
Binary file (standard input) matches
```

可以发现，不论是使用 zgrep，还是使用 zcat 后再 grep，都会报错。

```
    [root@linux_command ~]# zcat  /data/bak/nginx_20170910020001.tar.gz |grep -
-binary-files=text "html" |wc -l
    6485
    [root@linux_command ~]# zgrep --binary-files=text 'html' /data/bak/nginx_20
170910020001.tar.gz |wc -l
    6485
```

9.2 文本处理与正则表达式

在 Linux 系统中，文本处理有 4 个比较常用的指令，分别是 awk、sed、grep 和 find。它们各自都有各自的优势，一般都是相互配合使用的场景比较多。

文本处理是指对文本进行查找、替换、删除、排序等操作，Linux 在文本处理方面提供了大量优秀的工具，使得在 Linux 下进行文本处理极为方便.

我们平常的工作中经常会用到文本处理，如日志分析、文本抽取等，所以掌握好文本处理十分有必要。

9.2.1 文本处理四剑客之 find 指令

在 Linux 系统中，“一切皆文件”。

find 指令在目录结构中搜索文件，列出当前目录及子目录下所有的文件和文件夹。

find 指令主要用来在硬盘上搜索文件，基于此搜索工作特性，当被查找目录深度达到两位数或者被查找目录大于 10TB 时，其遍历查找的工作方式效率会极具下降。基于此导致的磁盘 I/O 资源消耗会加速 CPU 负载，导致系统整体负载飙升，这需要读者在实际应用 find 指令时需要加以关注。find 指令格式如下。

```
find pathname -options [-print -exec -ok ..]
```

find 指令常用参数如下。

- pathname：查找的目录路径“.”代表当前目录“/”代表根目录。
- -print：将匹配到的内容打印出来。
- -exec：对匹配到的内容做进一步处理（shell 命令）；命令形式：'command'{} \；注意{}和\之间的空格。
- -ok：类似于-exec 但是每一步操作会给出相应的提示，让用户确定是否执行。

find 指令常用选项如表 9-10 所示。

表 9-10　find 指令常用选项

选项	说明
-name	按照文件名查找
-perm	按照文件权限查找
-user	按文件属主查找
-group	按文件属组查找
-mtime -n +n	按文件更改时间查找；-n 表示文件修改时间距现在 n 天之内，+n 表示文件修改时间在现在 n 天之前
-nogroup	查找没有属组的文件
-nouser	查找没有属主的文件
-newer file1 ! file2	查找更改时间比 file1 新且比 file2 旧的文件
-type	查找某一类型的文件，支持以下几个选项。 b：块设备文件 d：目录文件 c：字符设备文件 p：管道文件 l：符号连接文件 f：普通文件
-size n	将文件长度按块计算查找
-size nc	将文件长度按照字节计算查找
-fstype	按照文件系统类型查找
-mount	在查找文件时不跨越文件系统挂载点

续表

选项	说明
-follow	如果查找过程中遇到符号链接文件，则查找到符号链接指向的地方
-cpio	对匹配到的文件使用 cpio 命令，备份文件到磁带设备中
-amin n	查找系统最后 n 分钟被访问的文件
-atime n	查找系统最后 n*24 小时被访问的文件
-cmin n	查找系统最后 n 分钟被修改状态的文件
-ctime n	查找系统最后 n*24 小时被修改状态的文件
-mmin n	查找系统最后 n 分钟被修改文件内容的文件
-mtime n	查找系统最后 n*24 小时被修改文件内容的文件

【实例 9-74】查找系统最近 1 小时被访问的文件

```
find . -atime -1 -exec echo 'hello'  {} \;
```

当前目录下查找系统最近 1 小时被访问的文件，打印出来，并在每一行加上 echo“hello”字符串，完整输出如下所示。

```
[root@linux-command ~]# find . -atime -1 -exec echo 'hello'  {} \;
hello .
hello ./.bash_history
hello ./.bash_logout
hello ./.bash_profile
hello ./.viminfo
hello ./passwd.txt
hello ./.bashrc
```

【实例 9-75】查找当前目录下大于 9MB 的文件的详细信息

```
dd if=/dev/zero of=nginx1.log bs=1 count=10M
```

当前目录下创建大小为 10MB，名称为 nginx1.log 的普通文件。

```
dd if=/dev/zero of=nginx2.log bs=1 count=10M
```

当前目录下创建大小为 10MB，名称为 nginx2.log 的普通文件。

```
find . -size +9M  |xargs ls -lh
```

查找当前目录下大于 9MB 的文件的详细信息，完整输出如下代码所示。

```
[root@linux-command ~]# dd if=/dev/zero of=nginx1.log bs=1 count=10M
10485760+0 records in
10485760+0 records out
10485760 bytes (10 MB) copied, 7.2758 s, 1.4 MB/s
[root@linux-command ~]# ls -lh nginx1.log
-rw-r--r-- 1 root root 10M Jul 14 20:44 nginx1.log
[root@linux-command ~]# dd if=/dev/zero of=nginx2.log bs=1 count=10M
10485760+0 records in
```

```
10485760+0 records out
10485760 bytes (10 MB) copied, 7.25799 s, 1.4 MB/s
[root@linux-command ~]# ls -lh nginx1.log
-rw-r--r-- 1 root root 10M Jul 14 20:44 nginx1.log

[root@linux-command ~]# ls -lh |grep M
total 21M
-rw-r--r-- 1 root root  10M Jul 14 20:44 nginx1.log
-rw-r--r-- 1 root root  10M Jul 14 20:44 nginx2.log
[root@linux-command ~]# find . -size +9M  |xargs ls -lh
-rw-r--r-- 1 root root 10M Jul 14 20:44 ./nginx1.log
-rw-r--r-- 1 root root 10M Jul 14 20:44 ./nginx2.log
```

【实例 9-76】查找当前目录下以.log 结尾的文件，文件大于 5MB，并复制到/tmp 目录下

```
find . -type f -name "*.log" -size +5M -exec cp -av {} /tmp \;
```

完整输出如下代码所示。

```
[root@linux-command ~]# find . -type f -name "*.log" -size +5M -exec cp -av
{} /tmp \;
`./nginx1.log' -> `/tmp/nginx1.log'
`./nginx2.log' -> `/tmp/nginx2.log
```

【实例 9-77】查找当前目录下以.log 结尾且大于 8MB、权限为 644 的文件，并删除文件

```
find . -type f -name "*.log" -size +8M -perm 644 -exec rm -fv {} \;
```

完整输出如下代码所示。

```
[root@linux-command ~]# find . -type f -name "*.log" -size +8M -perm 644
-exec rm -fv {} \;
removed `./nginx1.log'
removed `./nginx2.log'
```

【实例 9-78】查找当前目录下以.log 结尾、30 天以前、大小是 8MB，并移动到/data 目录

```
touch -d "2018-05-31 08:10:30" nginx*.log
```

同时修改 nginx*.log 文件的修改时间和访问时间。

```
find . -type f -name "*.log" -size +8M -exec mv -v {} /data \;
```

查找当前目录下以.log 结尾、30 天以前、大小是 8MB 并移动到/data 目录，完整输出如下代码所示。

```
[root@linux-command ~]# touch -d "2018-05-31 08:10:30" nginx*.log
[root@linux-command ~]# ls -lh --full-time nginx*.log
-rw-r--r-- 1 root root 10M 2018-05-31 08:10:30.000000000 +0800 nginx1.log
-rw-r--r-- 1 root root 10M 2018-05-31 08:10:30.000000000 +0800 nginx2.log
[root@linux-command ~]# ls -lh nginx*.log
-rw-r--r-- 1 root root 10M May 31 08:10 nginx1.log
-rw-r--r-- 1 root root 10M May 31 08:10 nginx2.log
[root@linux-command ~]# find . -type f -name "*.log" -size +8M -exec mv -v {
```

```
} /data \;
    `./nginx1.log' -> `/data/nginx1.log'
    `./nginx2.log' -> `/data/nginx2.log'
```

9.2.2 文本处理四剑客之 grep 指令

grep（global search regular expression(RE) and print out the line，全面搜索正则表达式并把行打印出来）是一种强大的文本搜索工具，它能使用正则表达式搜索文本，并把匹配的行打印出来。

UNIX 的 grep 家族包括 grep、egrep 和 fgrep。egrep 和 fgrep 的指令只跟 grep 有很细微的不同。egrep 是 grep 的扩展，支持更多的 re 元字符。fgrep 就是 fixed grep 或 fast grep，它们把所有的字母都看作单词，也就是说，正则表达式中的元字符表示回其自身的字面意义，不再特殊。Linux 使用 GNU 版本的 grep，它功能更强，可以通过-G、-E、-F 命令行选项来使用 egrep 和 fgrep 的功能。

【实例 9-79】显示“root”关键字行号

```
grep -n 'root' /etc/passwd
```

显示关键字的行号，使用“-n”选项，完整输出如下代码所示。

```
[root@linux_command ~]#grep -n 'root' /etc/passwd
1:root:x:0:0:root:/root:/bin/bash
11:operator:x:11:0:operator:/root:/sbin/nologin
```

【实例 9-80】关键字着色显示

```
grep 'root' /etc/passwd -color
```

显示含有 root 关键字的行，并以红色方式显示。

```
[root@linux_command ~]#grep 'root' /etc/passwd --color
root:x:0:0:root:/root:/bin/bash
operator:x:11:0:operator:/root:/sbin/nologin
```

grep 指令可以使用“--color=auto”将关键字部分使用颜色显示，但如果每次使用 grep 都要自行加上“--color=auto”选项略显麻烦，此时可使用 alias 处理，操作者可以在~/.bashrc 文件中添加如下代码。

```
alias grep='grep --color=auto'
```

然后执行如下指令使设置立即生效。

```
source ~/.bashrc
```

也可以在/etc/profile 全局选项进行修改，CentOS 7 系列版本默认已经有此功能。

【实例 9-81】多关键字取反-Ev

```
grep -Ev "root|nologin"
```

查找不包含 root 和 nologin 关键字的行，完整输出如下代码所示。

```
[root@linux_command ~]#grep -Ev "root|nologin"
/etc/passwd
sync:x:5:0:sync:/sbin:/bin/sync
shutdown:x:6:0:shutdown:/sbin:/sbin/shutdown
halt:x:7:0:halt:/sbin:/sbin/halt
```

【实例 9-82】当前目录下搜索当有“艳”字符串的行

```
grep "艳" *
```

完整输出如下代码所示。

```
[root@linux_command ~]#grep "艳" *
wKgBFVjOFBqEVUftAAAAAFvm2YM546.log:艳威
yanwei.log:艳威
```

【实例 9-83】只显示字符串本身

```
grep -o “root” /etc/passwd
```

“-o”选项只显示被模式匹配到的字符串本身，而每一个被模式匹配命中的串显示为独立的一行。

```
[root@linux_command ~]#grep -o "root" /etc/passwd
root
root
root
root
```

【实例 9-84】多文件查找关键字

```
grep "root" /etc/{passwd,shadow}
```

从/etc/passwd、/etc/shadow 文件中查找包含 root 关键字的行，完整输出如下代码所示。

```
[root@linux_command ~]#grep "root" /etc/{passwd,shadow}
/etc/passwd:root:x:0:0:root:/root:/bin/bash
/etc/passwd:operator:x:11:0:operator:/root:/sbin/nologin
/etc/shadow:root:$6$hdVS.DVXfEE9cibW$ykUM1uko22Bqt/MoQcB8puk95bhZwXY4mvDvUS
2uV.CiGTIHSBZQ/yiFhniUlw7W0ajjyIptDNfdqURpouWfH/:17209:0:99999:7:::

root@www.fdfs1.com 09:00:12 ~ #grep 'hello' hello.txt  hello2.txt
hello.txt:hello ,world
hello2.txt:hello ,world
```

【实例 9-85】通配符表示多文件

```
grep 'hello' *.txt
```

当前目录下查找前缀为任意字符，结尾“.txt”结尾的所有文件，完整输出如下代码所示。

```
[root@linux_command ~]#grep 'hello' *.txt
hello2.txt:hello ,world
hello.txt:hello ,world
wKgBFVjOEcGEZnwsAAAAAKMnGcg630.txt:hello ,world
```

【实例 9-86】匹配字符串的行数

```
grep -c root /etc/passwd
```

查找 root 字符在/etc/passwd 文件中的数量。

```
[root@linux-command ~]# grep -c root /etc/passwd
2
```

【实例 9-87】不区分大小写

```
grep -i 'hanyanwei' yanwei.log
```

不区分大小写地查找字符串“hanyanwei”。

```
[root@linux_command ~]#grep 'hanyanwei' yanwei.log
hanyanwei
root@www.fdfs1.com 09:22:13 ~ #grep -i 'hanyanwei' yanwei.log
HANyanwei
HanYanWei
hanyanwei
HANyanwei
HANyanWEi
hanYANwei
```

【实例 9-88】查询多文件时不显示文件名

```
grep -h "han" *.log
```

“-h”选项表示查询多文件时不显示文件名，完整输出如下代码所示。

```
[root@linux_command ~]#grep -h "han" *.log
hanyanwei
hanYANwei
hanyanwei
hanYANwei
hanyanwei
hanYANwei
```

对比上面代码的查询结果。

```
root@www.fdfs1.com 09:26:21 ~ #grep  "han" *.log
yanwei2.log:hanyanwei
yanwei2.log:hanYANwei
yanwei3.log:hanyanwei
yanwei3.log:hanYANwei
yanwei.log:hanyanwei
yanwei.log:hanYANwei
```

9.2.3　文本处理四剑客之 sed 指令

sed（stream editor）是一款高效的流编辑器，它一次只处理一行内容。处理时，把当前处理的行存储在临时缓冲区中，称为“模式空间”（pattern space）。接着用 sed 指令处理缓冲区中的内容，处理完成后把缓冲区的内容送往屏幕，接着处理下一行。这样不断重复，直到文件末尾。

sed 处理过的文件内容并没有改变，除非使用重定向存储输出，sed 指令格式如下：

```
sed [option] 'command' input_file
```

其中 option 是可选项，常用的模式如表 9-11 所示。

表 9-11　sed 常用模式

选项	说明
-n	使用安静（silent）模式，只列出经过 sed 特殊处理的那一行（或者动作）内容
-e	直接在指令列模式上进行 sed 的动作编辑
-f	直接将 sed 的动作写在一个文件内，-f filename 则可以执行 filename 内的 sed 指令
-r	让 sed 指令持扩展的正则表达式（默认是基础正则表达式）

sed 指令常用选项如表 9-12 所示。

表 9-12　sed 指令常用选项

指令	含义
a	即 append 追加字符串，可将其后的字符加在所选择内容的后面
c	取代/替换字符串，可将其后内容替换至所选内容
d	即 delete 删除，该命令会将当前选中的行删除
i	即 insert 插入字符串，可将其后内容插入至所选内容前
p	print 即打印，该命令会打印当前选择的行到屏幕上
s	替换，通常和 s 的动作可以搭配，如 1,20s/old/new/g
&	表示存到缓存中的内容
n1, n2	选择进行动作的行数

【实例 9-89】以行为单位的新增/删除

```
nl /etc/passwd | sed '2,5d'
```

将/etc/passwd 的内容列出并且列印行号，同时请注意将第 2～5 行删除！

```
[root@linux_command ~]# nl /etc/passwd | sed '2,5d'
1 root:x:0:0:root:/root:/bin/bash
6 sync:x:5:0:sync:/sbin:/bin/sync
7 shutdown:x:6:0:shutdown:/sbin:/sbin/shutdown
```

【实例 9-90】以行为单位的替换与显示

```
nl /etc/passwd | sed '2,5c No 2-5 number'
```

将第 2～5 行的内容取代成为字符串“I am han duoduo”。

```
[root@linux-command ~]# nl   /etc/passwd | sed '2,5c "I am han duoduo" '
     1      root:x:0:0:root:/root:/bin/bash
"I am han duoduo"
     6      sync:x:5:0:sync:/sbin:/bin/sync
     7      shutdown:x:6:0:shutdown:/sbin:/sbin/shutdown
```

上述方法能够将整行数据进行替换。

【实例 9-91】数据的搜寻并删除

```
nl /etc/passwd | sed  '/root/d'
```

删除/etc/passwd 所有包含 root 的行，完整输出如下代码所示。

```
[root@linux-command ~]# nl /etc/passwd | sed  '/root/d'
     2      bin:x:1:1:bin:/bin:/sbin/nologin
     3      daemon:x:2:2:daemon:/sbin:/sbin/nologin
     4      adm:x:3:4:adm:/var/adm:/sbin/nologin
     5      lp:x:4:7:lp:/var/spool/lpd:/sbin/nologin
     6      sync:x:5:0:sync:/sbin:/bin/sync
```

第 1 行的匹配 root 已经删除了。

【实例 9-92】数据的搜寻并执行命令

找到匹配模式的行后，搜索/etc/passwd，找到 root 对应的行，执行后面大括号中的一组命令，每个命令之间用分号分隔。这里把 bash 替换为 booxin.vip，再输出这行，完整代码输出如下所示。

```
[root@linux-command ~]# nl /etc/passwd | sed -n '/root/{s/bash/booxin.vip/;p}'
     1    root:x:0:0:root:/root:/bin/booxin.vip
    11    operator:x:11:0:operator:/root:/sbin/nologin
```

如果只替换/etc/passwd 的第 1 个 bash 关键字为 booxin.vip，就退出。

```
[root@linux-command ~]# nl /etc/passwd | sed -n '/bash/{s/bash/booxin.vip/;p;q}'
     1    root:x:0:0:root:/root:/bin/booxin.vip
```

大括号中的 q 指令表示退出。

【实例 9-93】数据的搜寻并替换

除了整行的处理模式之外，sed 还可以以行为单位进行部分数据的搜寻并取代。

```
sed 's/要被取代的字串/新的字串/g'
```

使用/sbin/ifconfig 指令查询 IP 地址。

```
[root@linux_command ~]# /sbin/ifconfig eth0
```

```
eth0 Link encap:Ethernet HWaddr 00:90:CC:A6:34:84
inet addr:192.168.1.100 Bcast:192.168.1.255 Mask:255.255.255.0
inet6 addr: fe80::290:ccff:fea6:3484/64 Scope:Link
UP BROADCAST RUNNING MULTICAST MTU:1500 Metric:1
(结尾略)
```

本机 IP 地址为 192.168.1.100，将 IP 地址前面的字符串部分删除。

```
[root@linux_command ~]#  /sbin/ifconfig eth0 | grep 'inet addr' | sed 's/^.*
addr://g'
192.168.1.100 Bcast:192.168.1.255 Mask:255.255.255.0
```

删除 IP 地址后的字符串。

```
[root@linux_command ~]# /sbin/ifconfig eth0 | grep 'inet addr' | sed 's/^.*a
ddr://g' | sed 's/Bcast.*$//g'
192.168.1.100
```

【实例 9-94】多点编辑

一条 sed 指令，删除/etc/passwd 第 3 行到末尾的数据，并把 bash 替换为 booxin.vip。

```
[root@linux-command ~]# nl /etc/passwd | sed -e '3,$d' -e 's/bash/booxin.vip/'
     1    root:x:0:0:root:/root:/bin/booxin.vip
     2    bin:x:1:1:bin:/bin:/sbin/nologin
```

-e 表示多点编辑，第 1 个编辑命令删除/etc/passwd 第 3 行到末尾的数据，第 2 条指令搜索 bash 替换为 booxin.vip。

【实例 9-95】直接修改文件内容

sed 可以直接修改文件的内容，不必使用管道指令或数据流重导向。由于此操作会直接修改原始文件，所以请不要随便拿系统配置来测试。

```
sed -i 's#\.$#\!#g' passwd.txt
```

使用 sed 将 passwd.log 文件内每一行结尾的点号“.”替换成感叹号“!”，完整输出如下所示。

```
[root@linux-command ~]# sed -i 's#\.$#\!#g' passwd.txt
[root@linux-command ~]# nl passwd.txt
     1     root:x:0:0:root:/root:/bin/bash!
     2     bin:x:1:1:bin:/bin:/sbin/nologin!
     3     daemon:x:2:2:daemon:/sbin:/sbin/nologin!
     4     adm:x:3:4:adm:/var/adm:/sbin/nologin!
     5     lp:x:4:7:lp:/var/spool/lpd:/sbin/nologin!
     6     sync:x:5:0:sync:/sbin:/bin/sync!
     7     shutdown:x:6:0:shutdown:/sbin:/sbin/shutdown!
     8     halt:x:7:0:halt:/sbin:/sbin/halt!
     9     mail:x:8:12:mail:/var/spool/mail:/sbin/nologin!
    10     uucp:x:10:14:uucp:/var/spool/uucp:/sbin/nologin!


[root@linux_command ~]# sed -i 's/\.$/\!/g' regular_express.txt
```

9.2.4 文本处理四剑客之 awk 指令

awk 是一种编程语言，用于在 Linux/Unix 下对文本和数据进行处理。数据可以来自标准输入、一个或多个文件，或其他命令的输出。它支持用户自定义函数和动态正则表达式等先进功能，是 Linux/UNIX 下的一个强大编程工具。它在命令行中使用，但更多是作为脚本来使用。awk 的处理文本和数据的方式是逐行扫描文件，从第一行到最后一行，寻找匹配的特定模式的行，并在这些行上进行你想要的操作。如果没有指定处理动作，则把匹配的行显示到标准输出（屏幕）；如果没有指定模式，则所有被操作所指定的行都被处理。

【实例 9-96】awk 入门实例分解

```
last -n 5
```

获取前 5 行终端登录信息。

```
[root@linux-command ~]#last -n 5
root     pts/1    192.168.1.100  Tue Feb 10 11:21   still logged in
root     pts/1    192.168.1.100  Tue Feb 10 00:46 - 02:28  (01:41)
root     pts/1    192.168.1.100  Mon Feb  9 11:41 - 18:30  (06:48)
dmtsai   pts/1    192.168.1.100  Mon Feb  9 11:41 - 11:41  (00:00)
root     tty1                    Fri Sep  5 14:09 - 14:10  (00:01)
```

显示最近登录的 5 个账号如下代码所示。

```
#last -n 5 | awk  '{print $1}'
root
root
root
dmtsai
root
```

awk 工作流程解析：读入有“n”换行符分割的一条记录，然后将记录按指定的域分隔符划分域、填充域，$0 则表示所有域，$1 表示第一个域,$n 表示第 n 个域。默认域分隔符是“空白键”或“键”，所以$1 表示登录用户，$3 表示登录用户 ip，依次类推。

只显示/etc/passwd 的账户，完整输出如下所示。

```
#cat /etc/passwd |awk  -F ':'  '{print $1}'
root
daemon
bin
sys
```

上述指令是典型的 awk+action 的示例，每行都会执行 action{print $1}。

还可以使用“-F”选项指定域分隔符为“：”。

只显示/etc/passwd 的账户和账户对应的 Shell，而账户与 Shell 之间以<Tab>键分隔。

```
#cat /etc/passwd |awk  -F ':'  '{print $1"t"$7}'
root    /bin/bash
daemon  /bin/sh
bin     /bin/sh
sys     /bin/sh
```

只显示/etc/passwd 的账户和账户对应的 Shell，而账户与 Shell 之间以逗号分隔，而且在所有行添加列名 name\Shell,在最后一行添加“blue,/bin/nosh”。

```
cat /etc/passwd |awk  -F ':'  'BEGIN {print "name,shell"}  {print $1","$7}
END {print "blue,/bin/nosh"}'
name,shell
root,/bin/bash
daemon,/bin/sh
bin,/bin/sh
sys,/bin/sh
....
blue,/bin/nosh
```

awk 工作流程解析：先执行 BEGING，然后读取文件，读入有/n 换行符分割的一条记录，将记录按指定的域分隔符划分域、填充域，$0 则表示所有域，$1 表示第一个域，$n 表示第 n 个域，随后开始执行模式所对应的动作 action，接着开始读入第二条记录……直到所有的记录都读完，最后执行 END 操作。

搜索/etc/passwd 有 root 关键字的所有行。

```
#awk -F: '/root/' /etc/passwd
root:x:0:0:root:/root:/bin/bash
```

这种是 pattern 的使用示例，匹配了 pattern(这里是 root)的行才会执行 action（没有指定 action，默认输出每行的内容）。

搜索支持正则，例如找 root 开头的：awk -F: '/^root/' /etc/passwd。

搜索/etc/passwd 有 root 关键字的所有行，并显示对应的 Shell。

```
# awk -F: '/root/{print $7}' /etc/passwd
/bin/bash
```

上述代码指定了 action{print $7}。

9.3 本章小结及思维导图

1. 本章小结

9.1 节主要讲解了运维工作中常见的指令，如后台运行程序常用的 nohup 以及 screen 指令、nmap 做安全扫描的指令，以及打包 tar 指令。还有 zip、gzip 等压缩和解压缩指令，这些指令在 Linux 系统管理中使用相当广泛，因此要求读者必须熟练掌握。

9.2 节主要讲解了常用的正则表达式，结合 find、grep、sed、awk 文本处理四剑客。此节内容的正则表达式建议和这 4 个指令一起熟悉和练习使用，会达到事半功倍的效果。

2．本章思维导图

本章思维导图如图 9-8 所示，请广大读者务必记住：正则表达式只有和一些指令实际结合使用起来才有实际的意义和用途，否则学习正则表达式是没有任何意义的。

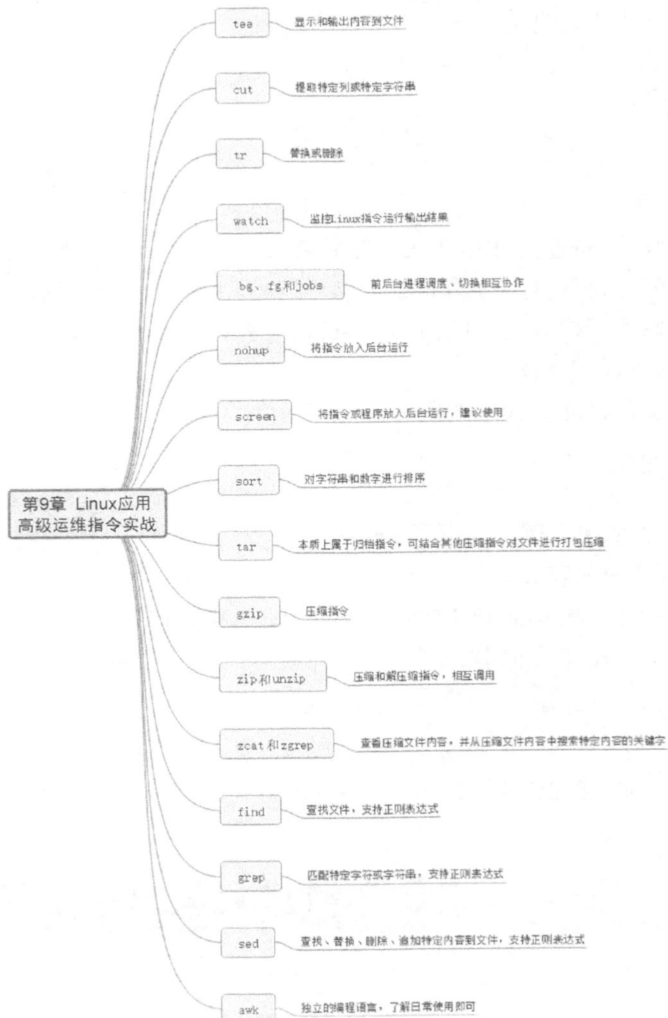

图 9-8　本章思维导图

第10章

Linux实用运维技巧

Linux 系统加固前准备工作，根据业务需要部署 Web 服务在 Linux 64 位操作系统上，准备一台 Web 服务器，关闭 Linux 系统防火墙及 Selinux。

搭建局域网测试环境，一台 CentOS 6.9 作为 Linux 平台机器，运行各种 Linux 平台下的渗透测试工具；一台 Windows7 作为 Windows 平台机器，运行各种 Windows 平台下的渗透测试工具，分别对 Linux 系统进行风险检测测试。

检测对象包括 Linux 操作系统本身、Web 服务站点、数据库。

10.1 Linux 系统基本安全加固

对于企业来说，安全加固是一门必做的安全措施，本章将从服务器物理主机安全、账号安全、认证授权、协议安全、审计安全等方面进行讨论。

10.1.1 Linux 服务器物理主机安全

服务器运行的物理安全环境是很重要的，物理安全环境主要是指服务器托管机房的设施健康运行状况，包括通风系统、电源系统、防雷防火系统，以及机房的温度、湿度条件等。这些因素都会影响到服务器的寿命和所有数据的安全。

有些机房提供专门的机柜存放服务器，而有些机房只提供机架。机柜类似于家里的橱柜，前后有门，里面有放服务器的拖架和电源、风扇等，把服务器放进去后即把门锁上，只有机房的管理人员才有钥匙打开。而机架就是一个个开放式的铁架子，服务器上架时只要把它插到拖架中即可。这两种环境对服务器的物理安全来说有着很大差别，显而易见，放在机柜里的服务器要安全得多。

如果你的服务器放在开放式机架上，那就意味着任何人都可以接触到这些服务器。别人如果能轻松接触到你的硬件，还有什么安全性可言？

很多 Linux 系统管理员在离开机房时，没有把 root 账号的 Shell 从当前终端退出。若有人要把键盘和显示器接上去，完全可以获取此操作系统的最高权限。

放在密封式机柜里的服务器会安全很多，一般情况下，你的所有服务器放在一起（同一个机柜或者几个机柜）是明智之举，机柜里不要再有其他公司的服务器。如果你的服务器只有几台，那么放在机柜里也会安全很多。因为不是任何人都可以打开机柜接触到你的硬件，就算同一个机柜的其他公司的服务器的维护人员有这个机会，风险也要小得多。而且，一旦出事了，你也可以追查到责任人。

服务器的物理安全在网站主机中占有十分重要的位置，它是网站主机安全的基础。

10.1.2 用户账号密码安全

（1）密码生存周期。

默认密码生存期如下代码所示。

```
[root@linux-command ~]# grep --color  -E "PASS_MAX_DAYS|PASS_MIN_DAYS|PASS_
WARN_AGE"  /etc/login.defs
#     PASS_MAX_DAYS   Maximum number of days a password may be used.
#     PASS_MIN_DAYS   Minimum number of days allowed between password changes.
#     PASS_WARN_AGE   Number of days warning given before a password expires.
PASS_MAX_DAYS   99999
PASS_MIN_DAYS   0
PASS_WARN_AGE   7
```

可根据需要修改为如下参数。

- PASS_MAX_DAYS　90　用户的密码不过期最多的天数。
- PASS_MIN_DAYS　10　密码修改之间最小的天数。
- PASS_WARN_AGE　7　口令失效前多少天开始通知用户修改密码。

（2）密码复杂度。

默认密码复杂度如下所示。

```
[root@linux-command ~]# grep --color  "password    requisite" /etc/pam.d/
system-auth
password    requisite    pam_cracklib.so try_first_pass retry=3 type=
```

可根据需要修改为如下参数。

```
[root@linux-command ~]# vim  /etc/pam.d/system-auth
```

在文件中找到如下内容。

```
password requisite  pam_cracklib.so
```

将其修改为：

```
password requisite  pam_cracklib.so try_first_pass retry=3 dcredit=-1 lcredit=
-1 ucredit=-1 ocredit=-1 minlen=8
```

备注：密码复杂度至少包含 1 个数字、1 个小写字母、1 个大写字母、1 个特殊字符，且密码长度不小于 8 的组合策略。

（3）修改版本信息。

Linux 默认版本信息如下所示，可根据需要自定义或隐藏操作系统版本信息。

```
[root@linux-command ~]# cat /etc/system-release
CentOS release 6.9 (Final)
```

```
[root@linux-command ~]# cat /etc/issue
CentOS release 6.9 (Final)
Kernel \r on an \m
```

（4）限制用户登录。

```
[root@linux-command ~]#vim  /etc/hosts.deny
```

禁止 10.16.5.15 用户对服务器进行 ssh 的登录。

```
sshd : 10.16.5.15
```

或使用防火墙策略。

```
iptables -I INPUT -s 119.254.108.1 -j DROP
```

119.254.108.1 主机的数据包全部屏蔽。

```
iptables -I INPUT -s 119.254.108.0/24 -j DROP
```

119.254.108.1 到 119.254.108.255 的访问全部屏蔽。

```
iptables -I INPUT -s 10.16.15.202 -p tcp --dport 80 -j DROP
```

10.16.15.202 主机的 80 端口的访问全部屏蔽。

```
iptables -I INPUT -s 10.16.15.0/24 -p tcp --dport 80 -j DROP
```

10.16.15.1～10.16.15.255 主机 80 端口的访问全部屏蔽。

（5）检查是否有除 root 用户以外 UID 为 0 的用户。

Linux 操作系统超级用户除 root 用户外不能有 UID 为 0 的用户。

```
[root@linux-command ~]# awk -F ":" '($3==0)  {print  $1}' /etc/passwd
root
```

（6）登录超时限制。

```
[root@linux-command ~]# cp -av /etc/profile /etc/profile_bak
`/etc/profile' -> `/etc/profile_bak'
[root@linux-command ~]# vim /etc/profile
TMOUT=300
export TMOUT
```

（7）检查是否使用 PAM 认证模块禁止 wheel 组之外的用户 su 为 root。

```
[root@linux-command ~]# vim /etc/pam.d/su
```

新添加两行内容。

```
auth            sufficient      pam_rootok.so
auth            required        pam_wheel.so use_uid
```

注意：auth 与 sufficient 之间由两个<Tab>键隔开，sufficient 与动态库路径之间使用一个<Tab>键隔开，然后执行如下指令。

```
usermod -G wheel username
```

username 为需要添加至 wheel 组的用户名称，将用户添加到 wheel 组。注意，第一步加固表明只有 wheel 组中的用户才能使用 su 命令切换到 root 用户。因此必须将需要切换到 root 的用户添加到 wheel 组，以使它可以使用 su 命令成为 root 用户。如果系统不存在 wheel 组，则新增指令：groupadd wheel。

PAM(Pluggable Authentication Module)是一个可插入式认证模块。在 Linux 系统中，各种不同的应用程序都需要完成认证功能，为了实现统一调配，把所有需要认证的功能做成一个模块（认证机制特别复杂的除外，如 https）。当特定的程序需要完成认证功能时，直接调用 PMA 的认证模块即可。

（8）锁定系统中多余的自建账号。

执行如下指令。

```
[root@linux-command ~]# cat /etc/passwd
[root@linux-command ~]# cat /etc/shadow
```

查看账户、密码文件，与系统管理员确认不必要的账号。对于一些保留的系统伪账户，如 bin、sys、adm、uucp、lp、nuucp、hpdb、www、daemon 等，可根据需要锁定登录。

备份方法如下。

```
[root@linux-command ~]# cp -p /etc/passwd /etc/passwd_bak
[root@linux-command ~]# cp -p /etc/shadow /etc/shadow_bak
```

加固方法如下。

- 使用命令 passwd –l <用户名>锁定不必要的账号。
- 使用命令 passwd –u <用户名>解锁需要恢复的账号。

10.1.3 统一认证安全机制

（1）限制 root 用户远程登录 SSH。

默认配置如下代码所示。

```
[root@linux-command ~]# grep "#PermitRootLogin" /etc/ssh/sshd_config
#PermitRootLogin yes
```

可根据需要修改为如下配置。

```
[root@linux-command ~]# grep -v "[[:space:]]*#" /etc/ssh/sshd_config  |grep
"PermitRootLogin no"
PermitRootLogin no
```

将 protocol 级别修改为“protocol 2”。

（2）使用 SSH 协议进程远程登录。

```
[root@linux-command ~]# cp -av /etc/xinetd.d/telnet /etc/xinetd.d/telnet_bak
[root@linux-command ~]# /etc/xinetd.d/telnet(vi /etc/xinetd.d/telnet)
```

把 disable 项改为 yes，即 disable = yes.

```
[root@linux-command ~]# #service xinetd restart
```

使用 Telnet 这个用来访问远程计算机的 TCP/IP 以控制你的网络设备，相当于在离开某个建筑时大喊你的用户名和口令。很快会有人进行监听，并且他们会利用你对于安全意识的缺乏。传统的网络服务程序，如 FTP、POP 和 Telnet 在本质上都是不安全的，因为它们在网络上用明文传送口令和数据，别有用心的人非常容易截获这些口令和数据。SSH 是替代 Telnet 和其他远程控制台管理应用程序的行业标准。

SSH 命令是加密的，并以几种方式进行保密，在使用 SSH 时，一个数字证书将认证客户端（你的工作站）和服务器（你的网络设备）之间的连接，并加密受保护的口令。

（3）禁止 root 用户登录 FTP。

```
[root@linux-command ~]#cat /etc/pam.d/vsftpd
auth      required    pam_listfile.so item=user sense=deny file=/etc/vsftpd/
ftpusers onerr=succeed
```

其中，file=/etc/vsftpd/ftpusers 即为当前系统上的 ftpusers 文件。

```
[root@linux-command ~]#echo  "root"   >>   /etc/vsftpd/ftpusers
daemon
bin
sys
lp
uucp
nuucp
listen
nobody
noaccess
nobody4
root
```

（4）禁止匿名 FTP。

```
[root@linux-command ~]# vim  /etc/vsftpd/vsftpd.conf
anonymous_enable=NO
```

如果存在 anonymous_enable，则修改；如果不存在，则手动增加。

（5）预防 flood 攻击。

```
[root@linux-command ~]# vim  /etc/sysctl.conf
[root@linux-command ~]# net.ipv4.tcp_syncookies = 1
[root@linux-command ~]# sysctl  -p
```

“sysctl –p”指令让设置立即生效。

10.1.4 授权管理安全

（1）文件与目录缺省权限控制。

```
cp -av /etc/profile /etc/profile.bak
```

备份/etc/profile 文件。

```
vim   /etc/profile
```

修改/etc/profile 文件。

```
[root@linux-command ~]# cp -av /etc/profile /etc/profile.bak
[root@linux-command ~]# vim   /etc/profile
umask 027
[root@linux-command ~]# source  /etc/profile
```

（2）配置用户最小权限。

```
chmod 644 /etc/passwd
```

修改/etc/passwd 文件为 644 权限，root 用户具备可读写权限，其他用户只有只读权限。

```
chmod 400 /etc/shadow
```

修建/etc/shadow 文件为 400 权限，只有 root 用户具备可读权限。

```
chmod 644 /etc/group
```

修改/etc/group 文件为 644 权限，root 用户具备可读写权限，其他用户只有只读权限。

```
[root@linux-command ~]# chmod 644 /etc/passwd
[root@linux-command ~]# chmod 400 /etc/shadow
[root@linux-command ~]# chmod 644 /etc/group
```

10.1.5 操作日志设计安全策略

什么是日志？简单地说，日志就是计算机系统、设备、软件等在某种情况下记录的信息，具体的内容取决于日志的来源。例如，Linux 操作系统会记录用户登录和注销的消息，防火墙将记录 ACL 通过和拒绝的消息，磁盘存储系统在故障发生或者在某些系统认为将会发生故障的情况下生成日志信息。日志中有大量信息，这些信息告诉你为什么需要生成日志，系统已经发生了什么。

例如，Web 服务器一般会在有人访问 Web 页面请求资源时记录日志。如果用户访问的页面需要通过认证，日志消息将会包含用户名。如可以使用用户名来判断谁访问过一个资源，通过日志，IT 管理人员可以了解系统的运行及安全状况，甚至是运营的状况。

（1）启用远程日志功能。

在 Linux 中，通常可以通过 rsyslog 来实现系统日志的集中管理，这种情况下通常会有一个日志服务器，然后每个机器配置自己日志通过 rsyslog 来写到远程的日志服务器上。

rsyslog 是一个开源工具，被广泛用于 Linux 系统以通过 TCP/UDP 转发或接收日志消息。rsyslog 守护进程可以被配置成两种环境，一种是配置成日志收集服务器，rsyslog 进程可以从网络中收集其他主机上的日志数据，这些主机会将日志配置为发送到另外的远程服务器。rsyslog 的另一个用法是可以配置为客户端，用来过滤和发送内部日志消息到本地文件夹（如/var/log）或一台可以路由到的远程 rsyslog 服务器上。

假定你的网络中已经有一台已经配置好并启动的 rsyslog 服务器，CentOS 系统将其内部日志消息路由到一台远程 rsyslog 服务器上，设置方法如下所示。

```
[root@linux-command ~]#  vim   /etc/rsyslog.conf
```

增加如下内容：

```
*.*         @Syslog 日志服务器 IP
```

注意：*和@之间存在的是<Tab>键，并非空格。

（2）检查是否记录安全事件日志。

```
[root@linux-command ~]#  vim  /etc/syslog.conf
```

或在/etc/rsyslog.conf 文件中加入如下内容。

```
*.err;kern.debug;daemon.notice     /var/log/messages
```

修改权限并重启日志服务。

```
[root@linux-command ~]#  chmod 640 /var/log/messages
[root@linux-command ~]#  service rsyslog restart
```

10.2 高并发系统 Linux 内核调优基本方法

Linux 操作系统默认参数对高并发支持并不好，主要受限于单进程最大打开文件数限制、内核 TCP 参数方面和 I/O 事件分配机制等。

10.2.1 内核网络参数优化

调整 Linux 内核参数以便满足高并发访问，解决大量 time_wait 占用太多本地端口导致的“Can not assign requested address”问题。

客户端与服务端每建立一个连接，客户端一侧都会占用一个本地端口（假设没有启用 SO_REUSEADDR 选项），本地端口数量是有限制的（默认是 net.ipv4.ip_local_port_range= 32768 61000）。

在没设置 socket 的 SO_REUSEADDR 选项时，一台 Linux 服务器作为客户端（注意是作为客户端）默认只能建立大概 3 万个 TCP 连接（服务端没有这个限制），可以更改“net.ipv4.ip_local_port_range”作为客户端可发起的并发连接数，但最多不会超过 65535 个（服务端没有这个限制）。

当 Linux 服务器作为客户端频繁建立 TCP 短连接时，本地可能会产生很多 TIME_WAIT 状态的连接，客户端侧的 TIME_WAIT 状态的连接会占用一个本地端口直到达到 2MSL（最长分解生命期）的时间。这样会导致本地端口被暂时占用，当短连接建立速度过快时（如压测时），会导致“Cannot assign requested address”错误，解决办法有几种，如设置端口复用（复用 TIME_WAIT 状态的连接）。

打开并编辑/etc/sysctl.conf 文件，增加或修改如下设置。

```
net.ipv4.tcp_timestamps = 1
net.ipv4.tcp_tw_reuse = 1
net.ipv4.tcp_tw_recycle = 1
```

运行“sysctl -p”指令，使配置立即生效。

10.2.2 系统打开文件数优化

Linux 系统设置程序打开文件数，解决高并发下“too many open files”问题，此选项直接影响单个进程容纳的客户端连接数。

root 用户启动的单一进程最大可打开文件数设置为 65535 个。设置过程中出现“Operation not permitted”提示，说明上述限制修改失败，是因为指定的数值超过了 Linux 系统对该用户打开文件数的软限制或硬限制。因此，还需要修改 Linux 系统对用户的关于打开文件数的软限制和硬限制。

“Soft open files”是 Linux 系统参数，影响系统单个进程能够打开最大的文件句柄数量，这个值会影响到长连接应用中单个进程能够维持的用户连接数。运行“ulimit –n”指令输出此参数值，若为 1024，则代表单个进程只能同时最多只能维持 1024，甚至更少（因为有其他文件的句柄被打开）。如果开启 4 个进程维持用户连接，那么整个应用能够同时维持的连接数不会超过 4×1024 个，即最多只能支持 4×1024 个用户在线，可以增大此设置以便服务能够维持更多的 TCP 连接。

soft open files 的修改方法如下。

（1）当前终端运行如下指令.

```
ulimit -HSn 102400
```

在当前终端有效，退出之后，open files 又变为默认值。

（2）写入/etc/profile 全局配置文件。

将 ulimit –HSn 102400 写到/etc/profile 中，这样每次登录终端时，都会自动执行/etc/profile。

（3）修改/etc/security/limits.conf 配置文件。

修改 open files 的数值永久生效，则必须修改配置文件/etc/security/limits.conf，在这个文件后加上：

```
* soft nofile 1024000
* hard nofile 1024000
root soft nofile 1024000
root hard nofile 1024000
```

其中“*”号表示修改所有用户的限制，soft 或 hard 指定要修改软限制还是硬限制，65536 则指定了想要修改的新的限制值，即最大打开文件数（请注意软限制值要小于或等于硬限制）。修改完后保存文件。

（4）修改/etc/pam.d/login 文件，在文件中添加如下行。

```
[root@linux-command ~]#
sessionrequired /lib/security/pam_limits.so
```

用户完成系统登录后，调用 pam_limits.so 模块来设置系统对该用户可使用的各种资源数量的最大限制（包括用户可打开的最大文件数限制），而 pam_limits.so 模块会从/etc/security/limits.conf 文件中读取配置来设置这些限制值。修改完后保存此文件。

（5）查看 Linux 系统级的最大打开文件数限制，使用如下指令。

```
[root@linux-command ~]# cat /proc/sys/fs/file-max
96982
```

单台 Linux 系统最多允许同时打开（即包含所有用户打开文件数总和）96982 个文件，是 Linux 系统级硬限制，所有用户级的打开文件数限制都不应超过这个数值。通常这个系统级硬限制是 Linux 系统在启动时，根据系统硬件资源状况计算出来的最佳的最大同时打开文件数限制。如果没有特殊需要，不应该修改此限制。除非想为用户级打开文件数限制设置超过此限制的值，修改此硬限制的方法是修改/etc/sysctl.conf 文件内 fs.file-max= 131072。

上述代码让 Linux 在启动完成后强行将系统级打开文件数硬限制设置为 131072，修改完后保存此文件。

完成上述步骤后重启系统，一般情况下就可以将 Linux 系统对指定用户的单一进程允许同时打开的最大文件数限制设为指定的数值。如果重启后，用 ulimit–n 命令查看用户可打开文件数限制仍然低于上述步骤中设置的最大值，这可能是因为在用户登录脚本/etc/profile 中使用 ulimit–n 命令已经将用户可同时打开的文件数做了限制。由于通过 ulimit–n 修改系统对用户可同时打开文件的最大数限制时，新修改的值只能小于或等于上次 ulimit–n 设置的值，因此想用此命令增大这个限制值是不可能的。所以，如果有上述问题存在，就只能去打开/etc/profile 脚本文件，在文件中查找是否使用了 ulimit–n 限制了用户可同时打开的最大文件数量。如果找到，则删除这行命令，或者将其设置的值改为合适的值，然后保存文件，用户退出，并重新登录系统即可。

通过上述步骤，就为支持高并发 TCP 连接处理的通信处理程序解除了关于打开文件数量方面的系统限制。

10.2.3 内核 TCP 参数优化

在 Linux 系统下，TCP 连接断开后，会以 TIME_WAIT 状态保留一定的时间，然后才会释放端口。当并发请求过多时，会产生大量的 TIME_WAIT 状态的连接。若无法及时断开，会占用大量的端口资源和服务器资源，可通过优化 TCP 内核参数来及时将 TIME_WAIT 状态的端口清理掉。

下面介绍的方法只对拥有大量 TIME_WAIT 状态的连接导致系统资源消耗有效，如果不是在这种情况下，效果可能不明显。使用 netstat 指令查看 TIME_WAIT 状态的连接状态，输入下面的组合指令，查看当前 TCP 连接的状态和对应的连接数量。

```
netstat-n | awk '/^tcp/ {++S[$NF]} END {for(a in S) print a, S[a]}'
```

此指令会输出类似下面的结果。

```
AST_ACK 37
SYN_RECV 7
CLOSE_WAIT 79
ESTABLISHED 1784
FIN_WAIT1 75
FIN_WAIT2 35
CLOSING 13
SYN_SENT 3
TIME_WAIT 453
```

这里只关心 TIME_WAIT 的数值，有 453 多个 TIME_WAIT，这样就占用了 453 个端口。要知道端口的数量只有 65535 个，占用一个少一个，有可能会影响到后继的新连接。这种情况下，有必要调整下 Linux 的 TCP 内核参数，让系统更快地释放 TIME_WAIT 连接。

编辑配置文件/etc/sysctl.conf，加入以下内容。

```
# vim /etc/sysctl.conf
net.ipv4.tcp_syncookies= 1

net.ipv4.tcp_tw_reuse= 1
net.ipv4.tcp_tw_recycle= 1
net.ipv4.tcp_fin_timeout= 30
```

输入下面的指令，让内核参数生效。

```
sysctl-p
```

TCP 内核参数介绍如下所示。

```
net.ipv4.tcp_syncookies= 1
```

表示开启 SYN cookies。当出现 SYN 等待队列溢出时，启用 cookies 来处理，可防范少量 SYN 攻击，默认为 0，表示关闭。

```
net.ipv4.tcp_tw_reuse= 1
```

表示开启重用。允许将 TIME–WAITsockets 重新用于新的 TCP 连接，默认为 0，表示关闭。

```
net.ipv4.tcp_tw_recycle= 1
```

表示开启 TCP 连接中 TIME–WAITsockets 的快速回收，默认为 0，表示关闭。

```
net.ipv4.tcp_fin_timeout
```

修改系统默认的 TIMEOUT 时间。

经过上述调整之后，除了会进一步提升服务器的负载能力之外，还能够防御小流量程度的 DoS、CC 和 SYN 攻击。

此外，如果当前系统连接数本身就很多，可以进一步优化 TCP 的可使用端口范围，提升服务器的并发能力。在/etc/sysctl.conf 文件中，加入下面这些配置。

```
net.ipv4.tcp_keepalive_time= 1200
net.ipv4.ip_local_port_range= 1024 65535
net.ipv4.tcp_max_syn_backlog= 8192
net.ipv4.tcp_max_tw_buckets= 5000
```

对于上述参数，建议只在流量非常大的服务器上开启，这样会有显著的效果。对流量小的服务器上没有必要去设置这几个参数。

```
net.ipv4.tcp_keepalive_time= 1200
```

表示当 keepalive 起用时，TCP 发送 keepalive 消息的频度。缺省是 2 小时，改为 20 分钟。

```
ip_local_port_range= 1024 65535
```

表示用于向外连接的端口范围。缺省情况下很小，改为 1024 到 65535。

```
net.ipv4.tcp_max_syn_backlog= 8192
```

表示 SYN 队列的长度，默认为 1024，加大队列长度为 8192，可以容纳更多等待连接的网络连接数。

```
net.ipv4.tcp_max_tw_buckets= 5000
```

表示系统同时保持 TIME_WAIT 的最大数量，如果超过这个数字，TIME_WAIT 将立刻被清除并打印警告信息。此项参数可以控制 TIME_WAIT 的最大数量，默认为 180000，改为 5000。

10.2.4 内核其他 TCP 参数优化

```
net.ipv4.tcp_max_syn_backlog= 65536
```

记录尚未收到客户端确认信息的连接请求的最大值，对于有 128MB 内存的系统而言，缺省值是 1024，小内存的系统则是 128。

```
net.core.netdev_max_backlog= 32768
```

每个网络接口接收数据包的速率比内核处理这些包的速率快时，允许送到队列的数据包的最大数目。

```
net.core.somaxconn= 32768
```

例如 Web 应用中 listen 函数的 backlog，默认会给我们内核参数的 net.core.somaxconn 限制到 128。而 nginx 定义的 NGX_LISTEN_BACKLOG 默认为 511，所以有必要调整这个值。

```
net.core.wmem_default= 8388608
net.core.rmem_default= 8388608
net.core.rmem_max= 16777216
```

最大 socket 读 buffer,可参考的优化值：873200。

```
net.core.wmem_max= 16777216
```

最大 socket 写 buffer，可参考的优化值：873200。

```
net.ipv4.tcp_timestsmps= 0
```

时间戳可以避免序列号的卷绕，一个 1GB/s 的链路肯定会遇到以前用过的序列号。时间戳能够让内核接受这种“异常”的数据包，这里需要将其关掉。

```
1
net.ipv4.tcp_synack_retries= 2
```

为了打开对端的连接，内核需要发送一个 SYN 并附带一个回应前面一个 SYN 的 ACK。也就是所谓 3 次握手中的第 2 次握手。这个设置决定了内核放弃连接之前发送 SYN+ACK 包的数量。

```
net.ipv4.tcp_syn_retries= 2
```

在内核放弃建立连接之前发送 SYN 包的数量。

```
#net.ipv4.tcp_tw_len= 1
net.ipv4.tcp_tw_reuse= 1
```

开启重用，允许将 TIME–WAITsockets 重新用于新的 TCP 连接。

```
net.ipv4.tcp_wmem= 8192 436600 873200
```

TCP 写 buffer，可参考的优化值：8192 436600 873200。

```
net.ipv4.tcp_rmem = 32768 436600 873200
```

TCP 读 buffer，可参考的优化值：32768 436600 873200。

```
net.ipv4.tcp_mem= 94500000 91500000 92700000
```

同样有 3 个值，含义如下。

- net.ipv4.tcp_mem[0]：低于此值，TCP 没有内存压力。
- net.ipv4.tcp_mem[1]：在此值下，进入内存压力阶段。
- net.ipv4.tcp_mem[2]：高于此值，TCP 拒绝分配 socket。

上述内存单位是页，而不是字节，可参考的优化值：7864321048576 1572864。

```
net.ipv4.tcp_max_orphans= 3276800
```

- 系统中最多有多少个 TCP 套接字不被关联到任何一个用户文件句柄上。
- 如果超过这个数字，连接将即刻被复位并打印出警告信息。
- 这个限制仅仅是为了防止简单的 DoS 攻击，不能过分依靠它或者人为地减小这个值，更应该增加这个值（如果增加了内存之后）。

```
net.ipv4.tcp_fin_timeout= 30
```

如果套接字由本端要求关闭，这个参数决定了它保持在 FIN-WAIT-2 状态的时间。对端可以出错并永远不关闭连接，甚至意外宕机。缺省值是 60 秒，Linux 2.2 内核的通常值是 180 秒，你可以按这个设置。但要注意即使你的机器是一个轻载的 Web 服务器，也有因为大量的死套接字而有内存溢出的风险。FIN-WAIT-2 的危险性比 FIN-WAIT-1 要小，因为它最多只能占用 1.5KB 内存，但是它们的生存期长些。

同时还涉及一个 TCP 拥塞算法的问题，可以用下面的命令查看本机提供的拥塞算法控制模块：

```
sysctlnet.ipv4.tcp_available_congestion_control
```

对于几种算法的分析，详情可以参考 TCP 拥塞控制算法的优缺点、适用环境、性能分析，比如高延时可以试用 hybla，中等延时可以试用 htcp 算法等。

设置 TCP 拥塞算法为 hybla：

```
net.ipv4.tcp_congestion_control=hybla
```

对于内核版高于 Linux 3.7.1 的，可以开启 tcp_fastopen。

```
net.ipv4.tcp_fastopen= 3
```

10.2.5 I/O 事件分配机制优化

在 Linux 系统启用高并发 TCP 连接参数，必须确认应用程序是否使用了合适的网络 I/O 技术和 I/O 事件分派机制。可用的 I/O 技术有同步 I/O、非阻塞式同步 I/O，以及异步 I/O。在高 TCP 并发的情形下，如果使用同步 I/O，会严重阻塞程序的运转，除非为每个 TCP 连接的 I/O 创建一个线程。但是，过多的线程又会因系统对线程的调度造成巨大开销。因此，在高 TCP 并发的情形下，使用同步 I/O 是不可取的，这时可以考虑使用非阻塞式同步 I/O 或异步 I/O。

非阻塞式同步 I/O 的技术包括使用 select()、poll()、epoll 等机制。异步 I/O 的技术就是使用 AIO。

从 I/O 事件分派机制来看，使用 select()是不合适的，因为它所支持的并发连接数有限（通常在 1024 个以内）。如果考虑性能，poll()也是不合适的，尽管它可以支持较高的 TCP 并发数，但是由于其采用“轮询”机制，当并发数较高时，其运行效率相当低，并可能存在 I/O 事件分派不均，导致部分 TCP 连接上的 I/O 出现“饥饿”现象。而如果使用 epoll 或 AIO，则没有上述问题。早期 Linux 内核的 AIO 技术实现是通过在内核中为每个 I/O 请求创建一个线程来实现的，这种实现机制在高并发 TCP 连接的情形下使用其实也有严重的性能问题。但在最新的 Linux 内核中，AIO 的实现已经得到改进。

综上所述，在开发支持高并发 TCP 连接的 Linux 应用程序时，应尽量使用 epoll 或 AIO 技术来实现并发的 TCP 连接上的 I/O 控制，这将为提升程序对高并发 TCP 连接的支持提供有效的 I/O 保证。

经过这样的优化配置之后，服务器的 TCP 并发处理能力会显著提高。以上配置仅供参考，用于生产环境请根据自己的实际情况调整观察再调整。

10.3 Linux 系统日常运维技巧

面对运维，掌握的技能越多，工作起来就会越得心应手。

10.3.1 操作系统部署管理工具

对于 CentOS 系统安装部署，作者建议采用 PXE+Kickstart 无人值守安装操作系统。

预启动执行环境（Pre-boot Execution Environment，PXE）是由 Intel 公司开发的最新技术，工作于 Client/Server 的网络模式，支持工作站通过网络从远端服务器下载映像，并由此支持通过网络启动操作系统。在启动过程中，终端要求服务器分配 IP 地址，再用 TFTP（trivial file transfer protocol）或 MTFTP（multicast trivial file transfer protocol）协议下载一个启动软件包到本机内存中执行。由这个启动软件包完成终端基本软件设置，从而引导预先安装在服务器中的终端操作系统。

在实际部署过程中，可以根据需要设置 CentOS 多版本操作系统安装以及部署。

10.3.2 SSH 服务登录缓慢优化

SSH 服务登录很慢，登录上去后速度正常，这种情况主要有 3 种可能的原因。

1．DNS 反向解析的问题

OpenSSH 在用户登录时会验证 IP，它根据用户的 IP 使用反向 DNS 找到主机名，再使用 DNS 找到 IP 地址，最后匹配一下登录的 IP 是否合法。如果客户机的 IP 没有域名，或者 DNS 服务器很慢或不通，那么登录就会很花时间。

解决办法：只需修改/etc/ssh/sshd_config 配置文件，设置 UseDNS 选项为 no。

```
sed -i "s/#UseDNS yes/UseDNS no/"  /etc/ssh/sshd_config
```

2. gssapi 认证问题

使用“ssh -v user@server”指令登录服务器，可以看到登录时有如下信息。

```
debug1: Next authentication method: gssapi-with-mic
debug1: Unspecified GSS failure.  Minor code may provide more information
```

解决办法修改/etc/ssh/ssh_config 配置文件，设置“GSSAPIAuthentication”选项为“no”。

```
[root@linux-command ~]# sed -i 's#GSSAPIAuthentication yes#GSSAPIAuthentica
tion no#g' /etc/ssh/sshd_config
[root@linux-command ~]# grep 'GSSAPIAuthentication no' /etc/ssh/sshd_config
#GSSAPIAuthentication no
GSSAPIAuthentication no
```

3. DNS 访问设置

修改/etc/netsvc.conf 配置文件，更改内容如下所示。

```
hosts=local,bind -> hosts=local4,bind4
```

最后重启 sshd 服务，指令如下所示。

```
/init.d/sshd restart
```

10.3.3 操作系统常用监控小工具

作为 Linux 系统管理员，要善于使用如下 UNIX 和 Linux 性能监控命令及时解决和排查问题，如表 10-1 所示。

表 10-1 Linux 性能监控常用工具

工具	说明
netstat	查看、分析、统计 TCP 连接状态信息
vmstat	统计系统整体运行状体信息
iostat	实时统计当前系统磁盘使用信息
ps	查看当前主机进程运行状态信息
sar	文件读写情况、系统调用的使用情况、磁盘 I/O、CPU 效率、内存使用状况、进程活动及 IPC 有关的活动等方面进行报告
nfsstat	显示关于网络文件系统（NFS）和远程过程调用（RPC）的调用的统计信息，NFS 网络文件系统调优时使用
lsof	列出进程打开文件的工具

10.4 本章小结及思维导图

1．本章小结

本章讲解了 Linux 服务器物理安全及其他方面的安全加固，建议读者在生产环境中根据实际需要去制定并实施相关的安全策略。Linux 系统安全优化是系统工程，不是一两次简单的优化就能一步到位的，需要从 Linux 操作系统本身及其上面运行的 Web 服务、接口服务、数据库服务、各种中间件服务等进行安全加固和调优等。这不仅需要耐心，还需要了解程序代码，以及业务中的各种逻辑。

随着业务的发展和用户访问量的增多，高并发环境下系统是检验系统性能的最佳时刻。因此系统管理者需要根据高并发环境下体现出的系统瓶颈短板，进行有根据、有目的性的优化，这样才能达到事半功倍的效果。

本章最后讲解了实际 Linux 系统管理中遇到的 SSH 服务登录慢的解决思路和方法，读者可以根据实际需求进行修改或自定义设置相关参数。

2．本章思维导图

本章思维导图如图 10-1 所示。

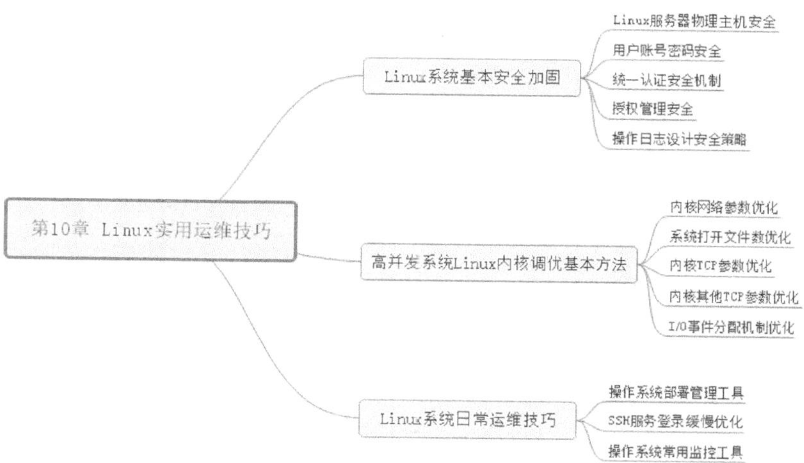

图 10-1 本章思维导图